生态环境科学与技术应用丛书

厌氧微生物学与污水处理

（第二版）

马溪平　徐成斌　付保荣　等编著

Anaerobic Microbiology and Sewage Treatment

化学工业出版社

·北京·

全书共分 11 章，从厌氧微生物学、废水厌氧生物处理的生物化学原理出发，论述了影响废水厌氧生物处理的环境因素、厌氧生物处理的废水特性、厌氧生物处理反应工艺、厌氧反应器和废水处理工艺设计、厌氧生物处理工艺运行管理与控制、难降解有机化合物的厌氧生物降解、废水厌氧处理应用实例以及废水厌氧生物处理的研究和分析方法。

本书汇集了国内外研究人员对各种废水厌氧处理工艺的研究成果和工程实例，资料丰富、可靠，可供从事废水处理技术的研究开发、设计人员和管理人员参考，也可供高等学校环境科学与工程、市政工程、生物工程及相关专业师生使用。

图书在版编目（CIP）数据

厌氧微生物学与污水处理/马溪平等编著. —北京：化学工业出版社，2016.11（2022.9 重印）
（生态环境科学与技术应用丛书）
ISBN 978-7-122-28261-3

Ⅰ.①厌… Ⅱ.①马… Ⅲ.①厌氧微生物-应用-污水处理 Ⅳ.①X703

中国版本图书馆 CIP 数据核字（2016）第 241348 号

责任编辑：刘兴春 刘 婧　　装帧设计：史利平
责任校对：宋 夏

出版发行：化学工业出版社（北京市东城区青年湖南街 13 号 邮政编码 100011）
印　　装：北京盛通数码印刷有限公司
787mm×1092mm 1/16 印张 20¾ 字数 516 千字 2022 年 9 月北京第 2 版第 8 次印刷

购书咨询：010-64518888　　售后服务：010-64518899
网　　址：http://www.cip.com.cn
凡购买本书，如有缺损质量问题，本社销售中心负责调换。

定　　价：86.00 元

前言

近年来，我国水资源匮乏和水污染问题日益严重，发展水污染防治新技术迫在眉睫。但是利用传统的好氧生物处理方法要消耗大量能源，我国现已日益感到为了解决环境问题所需付出大量能耗的沉重负担。因此，既可节能又可产能的厌氧生物处理技术日益为世人所瞩目。

厌氧生物处理是一种低成本的废水处理技术，它是把废水的处理和能源的回收利用相结合的一种技术，可以作为能源生产和环境保护体系的一个核心部分，其产物可以被积极利用而产生经济价值。近 20 年来，经过各国学者的潜心研究，废水厌氧生物处理技术已有了飞速发展，在厌氧微生物学和生物化学等基础研究方面取得了很大进展，同时又成功开发了一批废水厌氧生物处理新工艺。目前，厌氧生物法不仅可以处理高浓度有机废水，而且能处理中等浓度的有机废水，还成功地实现了处理低浓度有机废水的可行性，为废水处理方法提供了一条既高效能，又是低能耗的，且符合了可持续发展原则的处理废水途径。

《厌氧微生物学与污水处理》自 2005 年出版以来，陆续为全国各类高等学校环境科学、环境工程、化学多类专业以及从事废水处理技术的研究开发、设计人员等广泛采用。本书受到广泛社会好评，这些都是对编者的鞭策和鼓励。

为适应科研事业发展的需要，参编作者于辽宁大学环境学院举行了该书修订的研讨会。通过认真讨论明确了修订的指导思想为：“既要保持原书结构体系的特色，又要面对国内外厌氧生物处理技术的发展推陈出新，既要吸取国内外先进性经验又要结合我国国情。”

为此，对《厌氧微生物学与污水处理》（第一版）修改意见如下：

第一章“绪论”部分对国内外的研究现状进行了资料更新；

第二章“厌氧微生物学”部分产甲烷细菌与不产甲烷细菌的相互作用进行内容扩充；

第三章“废水厌氧生物处理的生物化学原理”部分对其动力学原理进行更详尽地介绍；

第六章“厌氧生物处理工艺”部分对 ABR 的工作原理进行更详尽地介绍；

第九章“难降解有机物的厌氧生物降解”部分增加讨论了多环芳烃、有机染料、制浆造纸废水处理的机理等内容；

第十章“废水厌氧处理应用实例”部分添加对各类废水的介绍；其他章节，采取补空、补新、补量化的原则加以修改补充，并适当体现推陈出新。

本书主要由马溪平、徐成斌、付保荣等编著，具体分工如下：第 1 章由马溪平和李清华编著；第 2 章由李清华编著；第 3 章由吴洁婷、付保荣编著；第 4 章由孟雪莲编著；第 5 章由孙大鹏编著；第 6 章由徐成斌、李清华编著；第 7 章由薛爽编著；第 8 章由孙学凯编著；第 9 章由解宏端编著；第 10 章由徐成斌编著；第 11 章由孙学凯编著。书稿最后由马溪平、徐成斌、吴洁婷统稿、定稿。

本书在修订出版过程中，得到周大石教授的悉心指教及逐字修改，也得到辽宁大学环境学院全体教师的大力支持和帮助，在此表示感谢。

由于编著者编著时间和水平有限，书中不足和疏漏之处在所难免，敬请专家和广大读者批评指正。

编著者

2016 年 9 月

第一版前言

近年来高浓度有机废水的处理是环境保护工作者研究的热门课题，厌氧生物处理是对高浓度有机废水处理的有效途径之一。 特别是在当今污染严重、能源短缺的双重压力下，厌氧生物处理显得尤为重要。 近些年来，经过各国学者的潜心研究，废水厌氧生物处理技术在理论和生产应用方面取得了巨大进展，对废水处理有着重大意义。

本书是编者参阅了大量国内外资料编著而成的。 立足于对厌氧微生物处理技术理论与实践的探讨，围绕厌氧微生物处理工艺和应用实例，系统介绍了研究厌氧微生物的实验室方法和最新分子生物学技术在厌氧微生物学中的应用。 全书共分 11 章，分别对厌氧生物处理过程中微生物学的能量代谢、生化机理、厌氧生物处理反应动力学、厌氧消化过程的控制、影响因子、厌氧生物处理工艺、设计方法、应用实例和实验技术进行了全面论述和介绍，是广大环境保护工作者和环境科学、环境工程专业本科生和研究生的参考书。

本书编写的具体分工是第一章由马溪平和李清华编写；第二章由李清华编写；第三章由马丽编写；第四章和第五章由孙大鹏编写；第六章由徐成斌、李清华编写；第七章由薛爽编写；第八章由孙学凯编写；第九章由解宏端编写；第十章由徐成斌编写；第十一章由孙学凯编写；全书由马溪平统稿。

本书在编写过程中，得到周大石教授的悉心指教及逐字修改，也得到辽宁大学环境与生命科学院全体教师的大力支持和帮助，在此表示感谢。

由于编者水平有限，书中难免有不足和错误之处，敬请专家和广大读者批评指正。

编著者

2004 年 12 月

目录

CONTENTS

第1章 绪论 1

1.1 厌氧微生物学的研究概况 …… 1
1.1.1 国内厌氧微生物学的研究概况 …… 1
1.1.2 国外厌氧微生物学的研究概况 …… 2
1.2 厌氧生物处理技术 …… 3
1.2.1 厌氧生物处理的产生与发展 …… 3
1.2.2 厌氧生物处理的基本原理 …… 3
1.2.3 厌氧生物处理的特点 …… 5
1.3 厌氧生物处理工艺 …… 6
1.4 废水脱氮除磷技术 …… 6
1.4.1 生物脱氮 …… 7
1.4.2 生物除磷 …… 8

第2章 厌氧微生物学 10

2.1 厌氧微生物在生物地球化学循环中的作用 …… 10
2.1.1 自然环境中的厌氧微生物 …… 10
2.1.2 厌氧微生物在污染物(元素)生物地球化学转化中的作用 …… 11
2.2 不产甲烷细菌及其作用 …… 11
2.2.1 发酵性细菌 …… 11
2.2.2 产氢产乙酸细菌 …… 13
2.2.3 同型产乙酸细菌 …… 14
2.3 产甲烷细菌及其作用 …… 16
2.3.1 产甲烷细菌的分类和形态 …… 16
2.3.2 产甲烷细菌的生理 …… 18
2.3.3 产甲烷细菌的能量代谢 …… 20
2.4 产甲烷细菌与不产甲烷细菌的相互作用 …… 20
2.4.1 不产甲烷细菌为产甲烷细菌提供生长和产甲烷所必需的基质 …… 21
2.4.2 不产甲烷细菌为产甲烷细菌创造了适宜的氧化还原电位条件 …… 21

2.4.3 不产甲烷细菌为产甲烷细菌消除了有毒物质 …… 21
2.4.4 产甲烷细菌为不产甲烷细菌的生化反应解除反馈抑制 …… 21
2.4.5 产甲烷细菌和不产甲烷细菌共同维持环境中适宜的 pH 值 …… 21
2.5 硫酸盐还原菌 …… 22
2.5.1 SRB 的生活环境和条件 …… 22
2.5.2 硫酸盐还原菌的分类及生物学特征 …… 22
2.5.3 硫酸盐还原菌的代谢机理 …… 23
2.5.4 SRB 在硫循环体系中的地位和作用 …… 24
2.5.5 影响硫酸盐还原作用的影响因子 …… 24
2.6 厌氧活性污泥 …… 25
2.6.1 厌氧活性污泥性状 …… 25
2.6.2 厌氧颗粒污泥的基本特性 …… 25
2.6.3 厌氧颗粒污泥的结构 …… 26
2.6.4 颗粒化过程 …… 27
2.7 厌氧生物膜 …… 28
2.7.1 厌氧生物膜的形成及其作用 …… 28
2.7.2 厌氧生物膜法的特点 …… 28

第3章 废水厌氧生物处理生物化学原理 30

3.1 废水厌氧生物处理技术的特点 …… 30
3.1.1 废水厌氧生物处理技术的发展 …… 30
3.1.2 厌氧生物处理技术的优点 …… 31
3.1.3 厌氧生物处理技术的缺点 …… 34
3.2 厌氧处理过程的生化机理 …… 34
3.2.1 废水中复杂基质的厌氧降解 …… 35
3.2.2 厌氧微生物 …… 35
3.2.3 水解反应阶段 …… 37
3.2.4 发酵酸化反应阶段 …… 38
3.2.5 产乙酸反应阶段 …… 40
3.2.6 产甲烷反应阶段 …… 41
3.2.7 厌氧条件下脱氮和还原硫酸盐 …… 44
3.3 厌氧过程的能量代谢 …… 46
3.3.1 动力学原理 …… 46
3.3.2 标准状态与环境条件 …… 50
3.3.3 氢分压对转化自由能的影响 …… 50
3.3.4 氧化还原电位 …… 50

第4章 影响厌氧生物处理的环境因素 52

4.1 厌氧生物处理的酸碱平衡及 pH 值控制 …… 52
4.1.1 厌氧微生物适应的 pH 值 …… 52

4.1.2 厌氧生物处理的缓冲体系 …… 53
4.1.3 厌氧生物处理系统中的酸碱平衡 …… 54
4.1.4 厌氧生物处理系统中的碱度 …… 55
4.2 温度对厌氧生物处理的影响 …… 56
4.2.1 温度对厌氧微生物的影响 …… 56
4.2.2 温度对厌氧反应过程中动力学参数的影响 …… 59
4.2.3 温度突变对厌氧消化的影响 …… 59
4.2.4 厌氧消化反应温度的选择与控制 …… 61
4.3 厌氧消化过程中的营养物质 …… 61
4.3.1 概述 …… 61
4.3.2 厌氧微生物对碳、氮、磷、硫的需求 …… 62
4.4 微量元素对厌氧生物处理的影响 …… 64
4.4.1 微量金属元素 …… 64
4.4.2 维生素 …… 66
4.5 厌氧消化过程中的抑制物质 …… 66
4.5.1 无机抑制性物质 …… 66
4.5.2 有机抑制性物质 …… 67
4.6 不产甲烷菌与产甲烷菌微生物之间的关系 …… 68
4.6.1 不产甲烷菌为产甲烷菌提供生长和产甲烷所需要的基质 …… 68
4.6.2 不产甲烷菌为产甲烷菌创造适宜的氧化还原环境 …… 68
4.6.3 不产甲烷菌为产甲烷菌清除有毒物质 …… 69
4.6.4 产甲烷菌为不产甲烷菌的生化反应解除反馈抑制 …… 69
4.6.5 不产甲烷菌和产甲烷菌在厌氧消化过程中共同维持适宜的环境 …… 70

第5章 厌氧生物处理的废水特性 71

5.1 废水的碳和氮参数 …… 71
5.1.1 碳参数 …… 71
5.1.2 氮参数 …… 72
5.2 废水的厌氧生物可降解性 …… 73
5.2.1 生物降解性能含义 …… 73
5.2.2 影响有机物生物降解性能的因素 …… 73
5.2.3 难降解有机污染物的分类及来源 …… 75
5.2.4 废水中常见的有机物生物降解性 …… 77
5.3 废水中常见的毒性物质 …… 80
5.3.1 概述 …… 80
5.3.2 无机毒性物质 …… 81
5.3.3 有机毒性物质 …… 84
5.3.4 厌氧微生物对毒性物质的适应与驯化 …… 86

第6章 厌氧生物处理反应工艺 88

6.1 厌氧接触工艺（anaerobic contagion） …… 88

6.1.1 厌氧接触工艺的原理 …… 88
6.1.2 厌氧接触工艺的特点 …… 89
6.1.3 厌氧接触工艺的应用 …… 89
6.2 厌氧滤池工艺（AF） …… 90
6.2.1 AF 的原理与特点 …… 90
6.2.2 AF 的运行与影响因素 …… 91
6.2.3 AF 的应用 …… 93
6.3 厌氧生物流化床工艺（AFB） …… 94
6.3.1 厌氧生物流化床的工艺特点 …… 94
6.3.2 厌氧生物流化床载体颗粒的特性与作用 …… 95
6.3.3 厌氧生物流化床在废水处理中的应用 …… 95
6.4 厌氧折流板反应器（ABR） …… 96
6.4.1 ABR 的工作原理 …… 96
6.4.2 ABR 的特点 …… 97
6.4.3 ABR 的主要工艺性能 …… 97
6.4.4 ABR 反应器在几种废水条件下的运行性能 …… 98
6.4.5 ABR 的工艺研究及应用现状 …… 100
6.5 升流式厌氧污泥床反应器（UASB） …… 100
6.5.1 升流式厌氧污泥床反应器（UASB）的结构 …… 101
6.5.2 升流式厌氧污泥床反应器（UASB）的原理 …… 103
6.5.3 升流式厌氧污泥床反应器（UASB）的工艺特点 …… 103
6.5.4 升流式厌氧污泥床反应器（UASB）的启动 …… 104
6.5.5 升流式厌氧污泥床反应器（UASB）处理废水的应用 …… 104
6.5.6 升流式厌氧污泥床反应器（UASB）在污水处理中的应用前景 …… 105
6.6 膨胀颗粒污泥床反应器（EGSB） …… 105
6.6.1 EGSB 的产生背景及其特征 …… 105
6.6.2 EGSB 的结构特征与工作原理 …… 106
6.6.3 EGSB 颗粒污泥的特征 …… 107
6.6.4 EGSB 的工艺特点 …… 107
6.6.5 EGSB 的应用 …… 108
6.7 内循环厌氧反应器（IC） …… 109
6.7.1 内循环厌氧反应器（IC）构造及工作原理 …… 109
6.7.2 内循环厌氧反应器（IC）的工作原理 …… 109
6.7.3 内循环厌氧反应器（IC）的工艺特点 …… 110
6.7.4 内循环厌氧反应器（IC）的应用 …… 111
6.7.5 内循环厌氧反应器（IC）与升流式厌氧污泥床反应器（UASB）的参数比较 …… 112
6.8 升流式厌氧污泥床-滤层反应器（UBF） …… 113
6.8.1 升流式厌氧污泥床-滤层反应器（UBF）的工作原理 …… 113
6.8.2 升流式厌氧污泥床-滤层反应器（UBF）的工艺特点 …… 114
6.8.3 升流式厌氧污泥床-滤层反应器（UBF）的启动过程 …… 115
6.8.4 升流式厌氧污泥床-滤层反应器（UBF）的应用 …… 115
6.9 厌氧生物转盘 …… 116

6.9.1 厌氧生物转盘的构造和工作原理 …… 116
6.9.2 厌氧生物转盘的工艺特点 …… 117
6.9.3 厌氧生物转盘的应用 …… 117
6.10 两相厌氧生物处理工艺 …… 118
6.10.1 两相厌氧消化工艺的发展 …… 118
6.10.2 两相厌氧消化工艺基本原理 …… 118
6.10.3 两相厌氧生物处理的工艺特点 …… 119
6.10.4 两相厌氧工艺的适用范围 …… 120
6.10.5 相分离方法 …… 121
6.10.6 两相厌氧工艺反应器的选择和构造 …… 121
6.10.7 两相厌氧工艺的流程和参数选择 …… 122

第7章 厌氧反应器和废水处理工艺设计 124

7.1 废水厌氧处理工艺流程的选择 …… 124
7.1.1 预处理 …… 124
7.1.2 厌氧处理 …… 126
7.1.3 后处理 …… 127
7.1.4 剩余污泥的处理 …… 130
7.2 厌氧反应器的设计 …… 130
7.2.1 反应器容积（包括沉淀区和反应区）的确定 …… 130
7.2.2 反应器的高度 …… 131
7.2.3 反应器的平面形状 …… 131
7.2.4 反应器的上流速度 …… 132
7.2.5 单元反应器的最大体积 …… 132
7.2.6 配水系统 …… 133
7.2.7 三相分离器 …… 134
7.2.8 管道设计 …… 138
7.2.9 出水系统 …… 139
7.2.10 浮渣清除装置 …… 139
7.2.11 气体收集装置 …… 139
7.2.12 污泥排放设备 …… 140
7.2.13 反应器采用的材料 …… 140
7.2.14 辅助设备 …… 140
7.3 UASB 厌氧反应器的设计及工程实例 …… 140
7.3.1 UASB 反应器的设计 …… 140
7.3.2 UASB 反应器设计举例 …… 142
7.3.3 UASB 反应器在国内外的应用情况 …… 143
7.3.4 UASB 反应器工程实例 …… 145
7.4 厌氧接触法工艺设计及工程实例 …… 149
7.4.1 厌氧接触法的工艺设计 …… 149

7.4.2 厌氧接触法设计举例 …… 151
7.4.3 厌氧接触工艺的应用情况 …… 152
7.5 厌氧生物滤池 …… 153
7.5.1 滤床有效容积的设计 …… 153
7.5.2 设计实例 …… 154
7.5.3 应用情况 …… 155
7.5.4 工程实例 …… 155
7.6 两相厌氧生物处理工艺 …… 157
7.6.1 两相厌氧反应器容积的确定 …… 157
7.6.2 工程实例 …… 158
7.7 厌氧生物转盘的设计及试验研究 …… 161
7.7.1 厌氧生物转盘的设计 …… 161
7.7.2 厌氧生物转盘的试验研究现状 …… 162
7.8 厌氧膨胀床和厌氧流化床的设计及工程实例 …… 162
7.8.1 厌氧膨胀床和厌氧流化床的设计 …… 162
7.8.2 厌氧膨胀床和厌氧流化床的试验研究 …… 163
7.8.3 厌氧膨胀床和厌氧流化床的工程实例 …… 164
7.9 EGSB 反应器的设计及工程实例 …… 165
7.9.1 EGSB 反应器的设计 …… 165
7.9.2 EGSB 反应器的应用工程实例 …… 165

第8章 厌氧生物处理工艺运行管理与控制 167

8.1 厌氧工艺中污泥的培养与驯化 …… 167
8.1.1 厌氧活性污泥的培养与驯化 …… 167
8.1.2 厌氧生物膜的培养与驯化 …… 167
8.1.3 厌氧颗粒污泥 …… 169
8.2 厌氧生物处理运行条件控制 …… 174
8.2.1 相关名词 …… 174
8.2.2 温度 …… 176
8.2.3 氧化还原电位 …… 179
8.2.4 厌氧消化过程的 pH 值 …… 181
8.2.5 中间产物 …… 186
8.2.6 营养元素 …… 188
8.2.7 监测与控制 …… 189
8.3 厌氧生物处理中容易出现的问题及其解决办法 …… 191
8.3.1 复杂废水中含有不溶解物质 …… 191
8.3.2 废水中的某些物质容易导致沉淀 …… 192
8.3.3 毒性物质 …… 193
8.3.4 泡沫问题 …… 197
8.3.5 厌氧反应器中产气的异常现象及解决方案 …… 197
8.3.6 污泥厌氧消化沼气的安全问题 …… 198

8.3.7 污泥膨胀 …… 199

第9章 难降解有机化合物的厌氧生物降解 204

9.1 概述 …… 204
9.1.1 难降解有机物的定义 …… 204
9.1.2 难降解有机物的分类 …… 204
9.1.3 难降解有机物的来源和循环转化 …… 205
9.1.4 难降解有机物的特点 …… 205
9.1.5 难降解有机物的危害 …… 205
9.2 废水中难降解物质生物降解的机理 …… 206
9.2.1 有机物生物难降解的原因 …… 206
9.2.2 共基质代谢机理 …… 207
9.2.3 种间协同代谢机理 …… 208
9.2.4 EM(有效微生物菌群)的筛选和驯化 …… 208
9.2.5 影响废水中难降解物质生物降解的因子 …… 209
9.3 鉴定难降解有机物厌氧生物处理的评价方法 …… 211
9.3.1 应用难降解化合物在厌氧降解时产生气体的量来评价的方法 …… 211
9.3.2 综合因素评价 …… 212
9.4 杂环化合物和多环芳烃的厌氧生物降解 …… 213
9.4.1 杂环化合物和多环芳烃的定义和分类 …… 213
9.4.2 环境中杂环化合物和多环芳烃污染物的主要来源 …… 213
9.4.3 杂环化合物和多环芳烃的毒性和危害 …… 214
9.4.4 杂环化合物和多环芳烃的厌氧生物处理机理 …… 214
9.5 含氯有机化合物污染物的厌氧生物降解 …… 217
9.5.1 环境中含氯有机化合物污染物的主要来源 …… 217
9.5.2 含氯有机化合物的毒性和危害 …… 217
9.5.3 含氯有机化合物厌氧降解机理 …… 217
9.5.4 有机氯化物的生物处理法 …… 219
9.6 氰化物的厌氧生物降解 …… 220
9.6.1 氰化物的定义和分类 …… 220
9.6.2 含氰废水的来源 …… 220
9.6.3 氰化物的毒性和危害 …… 220
9.6.4 氰化物传统处理方法 …… 221
9.6.5 微生物厌氧处理氰化物的机理 …… 222
9.6.6 微生物处理含氰废水 …… 223
9.7 有机染料的厌氧生物降解 …… 224
9.7.1 有机染料废水的来源和特点 …… 224
9.7.2 有机染料废水传统处理方法 …… 224
9.7.3 有机染料废水厌解菌及厌氧降解机理 …… 224
9.7.4 有机染料废水生物处理方法 …… 225
9.8 制浆造纸废水的厌氧生物降解 …… 226

9.8.1 制浆造纸废水的定义、来源和分类 …… 226
9.8.2 废水主要成分 …… 227
9.8.3 造纸的环境污染与危害 …… 227
9.8.4 制浆造纸废水的传统处理方法 …… 228
9.8.5 制浆造纸废水的厌氧生物处理机理 …… 228
9.8.6 制浆造纸废水厌氧处理的不利因素及去除方法 …… 228

第10章 废水厌氧处理应用实例 230

10.1 啤酒废水的厌氧处理 …… 230
10.1.1 啤酒废水 …… 230
10.1.2 啤酒废水的厌氧处理技术 …… 231
10.1.3 啤酒废水的厌氧处理工艺应用 …… 232
10.2 味精废水的厌氧处理技术 …… 235
10.2.1 味精废水 …… 236
10.2.2 味精废水的厌氧处理技术 …… 237
10.2.3 味精水的厌氧处理工艺应用 …… 237
10.3 淀粉废水的厌氧处理 …… 239
10.3.1 淀粉废水 …… 240
10.3.2 淀粉废水的厌氧处理技术 …… 241
10.3.3 淀粉废水的厌氧处理工艺应用 …… 241
10.4 制浆造纸废水的厌氧处理 …… 245
10.4.1 制浆造纸废水 …… 245
10.4.2 制浆造纸废水的厌氧处理技术 …… 246
10.4.3 制浆造纸废水的厌氧处理工艺应用 …… 247
10.5 含硫酸盐废水的厌氧处理 …… 251
10.5.1 含硫酸盐废水 …… 251
10.5.2 含硫酸盐废水的厌氧处理技术及应用 …… 252
10.6 含油脂类废水的厌氧处理 …… 255
10.6.1 含油脂类废水产生与特点 …… 255
10.6.2 含油脂类废水的厌氧处理技术 …… 256
10.6.3 含油脂类废水的厌氧处理工艺应用 …… 257
10.7 城市污水的厌氧处理 …… 261
10.7.1 城市污水概况 …… 261
10.7.2 城市污水的厌氧处理技术 …… 262
10.7.3 城市污水的厌氧处理工艺应用 …… 263

第11章 废水厌氧生物处理的研究和分析方法 267

11.1 化学需氧量（COD）的测定 …… 267
11.1.1 重铬酸钾法 …… 267

11.1.2 比色法 …… 269
11.2 废水厌氧生物处理监测中的 ORP 测定 …… 269
11.2.1 ORP 测定的基本原理 …… 269
11.2.2 ORP 的测定 …… 270
11.3 生物化学甲烷势（BMP）的测定 …… 271
11.3.1 说明 …… 271
11.3.2 生物化学甲烷势的测定方法 …… 271
11.4 沼气的测定 …… 272
11.4.1 两种液体置换系统 …… 272
11.4.2 测定沼气的组成 …… 273
11.4.3 甲烷的 COD 换算 …… 274
11.5 厌氧污泥产甲烷活性的测定 …… 275
11.5.1 厌氧污泥产甲烷活性测定的目的 …… 275
11.5.2 产甲烷细菌的氢化酶活性分析法 …… 275
11.6 最大比产甲烷速率的测定 …… 278
11.6.1 意义 …… 278
11.6.2 测定方法 …… 278
11.6.3 产甲烷速率公式 …… 280
11.7 厌氧生物可降解性的测定 …… 280
11.7.1 目的和原理 …… 280
11.7.2 条件 …… 280
11.7.3 测定装置 …… 281
11.7.4 测定步骤 …… 281
11.7.5 计算 …… 281
11.8 厌氧消化污泥性质的研究 …… 282
11.8.1 污泥的分类 …… 282
11.8.2 污泥的性质指标 …… 283
11.9 反应器内污泥的测定 …… 283
11.9.1 测定目的和原理 …… 283
11.9.2 仪器和设备 …… 284
11.9.3 总固体、挥发性固体和灰分的测定 …… 284
11.9.4 污泥量测定中的采样 …… 285
11.9.5 污泥量测定的步骤 …… 285
11.9.6 计算 …… 285
11.10 产甲烷毒性的测定 …… 285
11.10.1 说明 …… 285
11.10.2 测定装置 …… 286
11.10.3 情况分析 …… 286
11.10.4 产甲烷毒性测定 …… 287
11.10.5 毒性的表示方法和计算方法 …… 287
11.11 厌氧毒性测定（ATA）方法 …… 287
11.11.1 说明 …… 287

11.11.2 方法 …… 287
11.11.3 对毒物的敏感性 …… 287
11.11.4 实例 …… 288
11.12 厌氧微生物的分离与鉴定 …… 288
11.12.1 产酸细菌 …… 288
11.12.2 产甲烷细菌 …… 291
11.12.3 硫酸盐还原细菌 …… 297
11.13 PCR 技术在废水厌氧生物处理中的应用 …… 298
11.13.1 PCR 的原理及其试验方法 …… 298
11.13.2 提高 PCR 检测的准确率的方法 …… 298
11.13.3 厌氧废水处理系统中微生物群落结构变化的 PCR 技术监测手段 …… 299
11.14 微生物传感器在厌氧工艺测定中的应用 …… 301
11.14.1 构成和原理 …… 301
11.14.2 应用 …… 302
参考文献 303

第1章 绪论

近年来，我国水资源匮乏和水污染问题日益严重，发展水污染防治新技术迫在眉睫。但是利用传统的好氧生物处理方法要消耗大量能源，我国现已日益感到为了解决环境问题所需付出大量能耗的沉重负担。因此，既可节能又可产能的厌氧生物处理技术日益为世人所瞩目。

1.1 厌氧微生物学的研究概况

厌氧微生物是微生物世界的一个重要组成部分，在自然界中分布广泛，人类生活的环境和人类本身就有种类众多的厌氧微生物，它们与人类的关系十分密切。然而由于厌氧微生物的分离和纯种培养很困难，研究厌氧微生物的技术和方法进展又相当缓慢，致使人类对厌氧微生物的认识和利用远远落后于对好氧和兼性厌氧微生物的研究工作。直到近 20 年来随着厌氧操作技术的不断完善，厌氧微生物研究方法的不断改进，尤其近 10 多年来许多新技术和新方法的应用，致使厌氧微生物学取得很大进展，获得了丰硕的成果。下面将简要介绍一下厌氧微生物学的形成发展过程。

1.1.1 国内厌氧微生物学的研究概况

由于厌氧消化细菌的生长繁殖要求极其严格的厌氧条件，研究厌氧消化细菌工作较为困难，所以直到 1978 年，我国科技工作者才开始了厌氧微生物学的研究工作。1980 年美国著名微生物学家，厌氧操作技术的发明者 Hungate 教授被邀来华讲学，这大大促进了我国厌氧消化微生物的研究工作。自 1980 年后，我国科技工作者将沼气事业和废水厌氧生物处理相结合，对厌氧发酵微生物学进行了大量的研究工作，在厌氧微生物学的研究方面取得了可喜进展。

(1) 厌氧生物处理中产甲烷细菌的研究

近 20 年来，我国科技工作者对厌氧生物处理中的产甲烷细菌进行了非常深入的研究，取得了可喜的进展，这使我们对产甲烷细菌的生活习性有了更深入的了解。1980 年，周孟津和杨秀山分离出巴氏八叠球菌 BTC 菌株；1984 年，钱泽澍分离出嗜树木甲烷短杆菌和甲酸甲烷杆菌 TC708；同年赵一章和尤爱达分离到了马氏甲烷八叠球菌 C-44；1985 年，刘聿太分离到了 LYC；赵一章和张辉分离出史氏甲烷短杆菌 H13；许宝孝分离到了一种叫 HX 的菌株；1986，赵一章和张辉分离出嗜热甲酸甲烷杆菌 HB12。1987 年是成果最突出的一年，钱泽澍等人共分离出亨氏甲烷螺菌 JZ1、活动甲烷微菌 CC81 和球状产甲烷菌 SN 等 7 种产甲烷细菌。1989 年赵一章等分离出拉布雷微粒甲烷菌 Z。

下面简单介绍一下我国学者分离到的几种产甲烷细菌的生理生化特性：嗜热产甲烷杆 CB-12，发酵原料为常温沼气池污泥，呈长杆形，革兰氏染色阳性，无运动性，发酵底物为甲酸、H_2/CO_2，最适生长温度 60～65℃，最适生长 pH=7.0～7.5；甲烷八叠球菌 8505，发酵原料为猪粪，呈球形，8 个或更多个细胞包于 1 个包囊内，革兰氏染色阳性，无运动性，发酵底物为甲醇、乙酸盐、甲胺、H_2/CO_2，最适生长温度 35℃，最适生长 pH=7.4；嗜热甲烷杆菌 TH-6，发酵原料为酒精厂发酵底部污泥，呈长杆形，革兰氏染色阴性，无运动性，发酵底物为 H_2/CO_2，最适生长温度 60℃，最适生长 pH=7.0；马氏甲烷球菌 C44，8503，发酵原料为成都狮子山污水厂污泥，球形，大小不等，多个菌包于 1 个包囊内，革兰氏染色不定，无运动性，发酵底物为甲醇、乙酸盐、三甲胺和 H_2/CO_2，最适生长温度30～40℃，最适生长 pH=7.0 左右。

(2) 厌氧生物处理中不产甲烷细菌的研究

我国科技工作者在研究产甲烷细菌的同时，也对不产甲烷细菌进行了深入的研究，并且对厌氧发酵过程中产甲烷细菌和不产甲烷细菌的相互关系进行了积极的探索。

1980 年，刘克鑫，徐洁泉等分离出肠杆菌科和芽孢杆菌科中 6 株产氢细菌；1986 年，廖连华从污水处理厂污泥中分离出 1 株中温性纤维素分解菌，纤维二糖梭菌；1987 年，谭倍英从猪粪玉米秸做原料的甲烷发酵液中分离出了 1 株 C 菌株的纤维分解细菌；凌代文等从豆制品废水发酵液中分离出水解发酵性细菌；刘聿太分离到了氧化丁酸盐的沃氏互营单胞菌和产甲烷细菌的互营培养物；1989 年，钱泽澍和马晓航详细研究了丁酸盐降解菌沃氏互营单胞菌和氢营养菌共培养物的组成和互营联合条件；1990 年，赵宇华、钱泽澍研究了能降解 20 个碳的硬脂酸的产氢产乙酸菌和产甲烷的互营培养物；闵航获得了 1 株嗜热性苯甲酸厌氧降解菌和产甲烷菌共培养物，并分离到 1 株能从 H_2/CO_2 形成乙酸又能利用乙酸的硫酸盐还原菌新种嗜热氧化乙酸脱硫肠状菌。

1.1.2 国外厌氧微生物学的研究概况

国外对厌氧微生物的研究比我国早了 300 多年，早在 1630 年 Vam elmeut 就第一次发现了由生物质厌氧消化可产生可燃的甲烷气体。1776 年意大利物理学家 Volta 认为甲烷气体产生与湖泊沉积物中植物体的腐烂有关。1868 年 Becbamp 首次指出甲烷形成过程是一种微生物学过程。1875 年俄国学者 Popoff 也发现了沼气发酵是由微生物所引起的。1901 年荷兰的 N. L. Soehngen 对产甲烷菌的形态特性及其转化作用提出了一个比较清楚的概念，观察到低级脂肪酸可转化为甲烷和二氧化碳，氢和二氧化碳发酵可形成甲烷。1902 年 Maze 获得了一种产甲烷的微球菌，后命名为马氏甲烷球菌。1916 年 V. L. Omeliansky 分离一株不产芽孢、发酵乙醇产甲烷菌，后被命名为奥氏甲烷杆菌，现证实它不是一个纯种。1934 年 VanNiel 提出了二氧化碳还原为甲烷的理论。1936 年 Barker 采用化学合成培养基培养阴沟污泥，获得了能很好地发酵乙醇、丙醇和丁醇的有机体。同年 HeukeVelekian 和 Heinemann 提出了一个计算甲烷菌近似数目的技术。1950 年 R. E. Hungute 发明了厌氧培养技术，为厌氧微生物的分离培养转化提供了一种有效的方法，为以后对甲烷菌的研究创造了条件。1967 年 M. P. Bryant 采用改良的 Hungate 技术将共生的 Omeliansky 甲烷杆菌分纯。证明了它是甲烷杆菌 MOH 菌株和“S”有机体的共生体，使长达 51 年来一直认为是纯种的经典甲烷菌得以弄清楚其本来的面目。使产甲烷菌和产氢菌之间的相互关系得到了证实。揭示了种间分子氢转移的理论，为正确认识厌氧消化过程中氢的产生、消耗和调节规律奠定了基础。1977 年 Thaner 等全面阐述了关于厌氧化能营养型细菌中的能量转化的生物力能学。20 世纪 70～80 年代，Widdel 等分离得到了多种性能各异的硫酸盐还原菌，命名了多个新属，开阔了人们对硫酸盐还原菌的认识。

到 1989 年，已分离获得的产甲烷细菌有 3 目 16 科 13 属 43 种；到 1991 年已收集了产甲烷细菌 65 种，并且已阐明了产甲烷细菌的基质、辅酶、培养条件、能量代谢以及与不产甲烷细菌之间的相互作用。

随着厌氧微生物学的不断发展以及对厌氧微生物的不断深入研究，人们对有机物的厌氧消化过程的内在规律将会有更深刻的认识，厌氧消化工艺将会不断革新，人们对厌氧消化过程将有更好的控制。

1.2 厌氧生物处理技术

随着世界能源的日益短缺和废水污染负荷及废水中污染物种类的日趋复杂化，废水厌氧生物处理技术以其投资省、能耗低、可回收利用沼气能源、负荷高、产泥少、耐冲击负荷等诸多优点而再次受到环保界人士的重视。厌氧生物处理技术是利用厌氧微生物的代谢特性分解有机污染物，在不需要提供外源能量的条件下，以被还原有机物作为受氢体，同时产生有能源价值的甲烷气体的一种水处理技术。

1.2.1 厌氧生物处理的产生与发展

厌氧生物处理技术是对普遍存在于自然界的微生物过程的人为控制与强化，是处理有机污染和废水的有效手段，但由于人们对参与这一过程的微生物的研究和认识不足，致使该技术在过去的 100 年里发展缓慢，其原因主要有：a. 厌氧生物处理技术是一种多菌群、多层次的厌氧发酵过程，种群多、关系复杂、难于弄清楚；b. 有些种群之间呈互营共生性，分离鉴定的难度大；c. 厌氧条件下培养分离和鉴定细菌的技术复杂。随着科学技术发展和分离鉴定技术水平的提高，原来限制该技术发展的瓶颈已被打破，该技术的优越性更加突显出来。其发展过程大致经历了三个阶段。

① 第一阶段（1860～1899 年）。简单的沉淀与厌氧发酵合池并行的初期发展阶段。这个发展阶段具有以下特点：a. 污水沉淀和污泥发酵集中在一个腐化池（俗称化粪池）中进行，亦即以简易的沉淀池为基础，适当扩大其污泥贮存容积，作为挥发性悬浮生物固体液化的场所；b. 处理对象为污水、污泥；c. 精确设计和建造的化粪池至今仍在无排水管网地区以及某些大型居住或公用建筑的排水管网上使用着。

② 第二阶段（1899～1906 年）。污水沉淀与厌氧发酵分层进行的发展阶段。这个发展阶段具有以下特点：a. 在处理构筑物中，用横向隔板把污水沉淀和污泥发酵两种作用分隔在上下两室分别进行，由此形成了所谓的双层沉淀池；b. 当时的污染指标仍以悬浮固体为主，但生物气的能源功能已为人所认识，并开始开发利用。

③ 第三阶段（1906～2001 年）。独立式营建的高级发展阶段。这个发展阶段具有以下特点：a. 把沉淀池中的厌氧发酵室分离出来，建成独立工作的厌氧消化反应器；在此阶段中开发的主要处理设施有普通厌氧消化池和 UASB、厌氧接触工艺、两相厌氧消化工艺、AF、AFB 等；b. 把有机废水和有机污泥的处理和生物气的利用结合起来，即把环保和能源开发结合起来。沼渣的综合利用也被当作重要任务提到了议事日程；c. 处理对象除 VSS 外，还着眼于 BOD 和 COD 的降低以及某些有机毒物的降解。

1.2.2 厌氧生物处理的基本原理

厌氧生物处理又被称为厌氧消化、厌氧发酵，是指在厌氧条件下由多种（厌氧或兼性）

微生物的共同作用下，使有机物分解并产生 CH_4 和 CO_2 的过程。厌氧过程广泛地存在于自然界中。1881 年，法国的 Louis Mouras 发明了“自动净化器”，用以处理污水污泥，从而开始了人类利用厌氧生物过程处理废水废物的历程。随后人类开始较多地应用厌氧过程来处理城市污水（如化粪池、双层沉淀池等）和活性污泥工艺中产生的剩余污泥（如各种厌氧消化池等）。从 20 世纪 60 年代开始，随着能源危机的加剧，人们加强了利用厌氧消化过程处理有机废水的研究，相继出现了一批现代高速厌氧消化反应器，如厌氧接触法、厌氧滤池（AF）、上流式厌氧污泥床（UASB）反应器、厌氧流化床（AFB）、厌氧附着膜膨胀床反应器（AAFEB）等，从此厌氧消化工艺开始大规模地应用于废水处理。这些现代高速厌氧生物反应器的水力停留时间大大缩短，有机负荷大大提高，处理效率也大大提高。

在 20 世纪 30～60 年代，人们普遍认为厌氧消化过程可以简单地分为两个阶段（见图 1-1），即“两阶段理论”。第一阶段被称为发酵阶段或产酸阶段或酸性发酵阶段，废水中的有机物在发酵细菌的作用下，发生水解和酸化反应，而被降解为以脂肪酸、醇类、CO_2 和 H_2 等为主的产物。参与反应的微生物则被统称为发酵细菌或产酸细菌。其特点主要有：a. 生长速率快；b. 对环境条件（如温度、pH 值、抑制物等）的适应性较强。第二阶段则被称为产甲烷阶段或碱性发酵阶段，所发生的反应是产甲烷菌利用前一阶段的产物脂肪酸、醇类、CO_2 和 H_2 等为基质，并最终将其转为 CH_4 和 CO_2。参与反应的微生物被统称为产甲烷菌，其主要特点有：a. 生长速率很慢；b. 对环境条件（如温度、pH 值、抑制物等）非常敏感等。

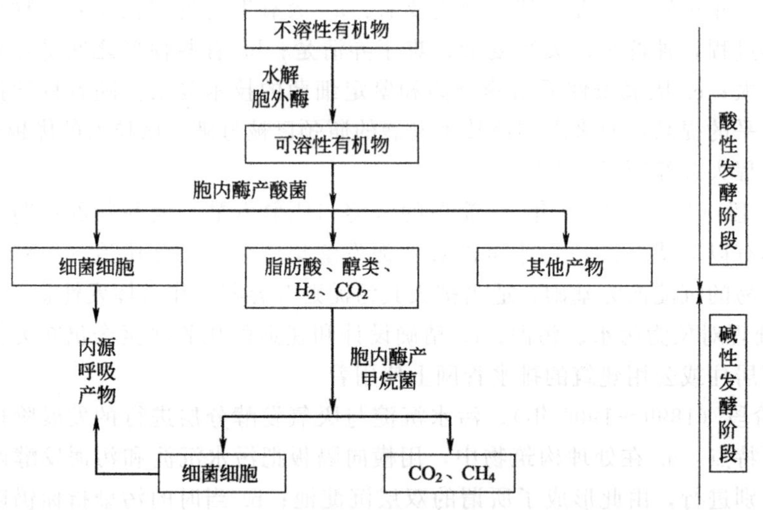

图 1-1 厌氧消化过程的两阶段理论

但是随着对厌氧微生物学研究的不断深入，很多学者都发现上述过程不能真实完整地反映厌氧消化过程的本质。厌氧微生物学的研究结果表明，产甲烷菌是一类非常特别的细菌，它们只能利用一些简单的有机物如甲酸、乙酸、甲醇、甲基胺类以及 H_2/CO_2 等，而不能利用除乙酸以外的含两个碳以上的脂肪酸和甲醇以外的醇类。20 世纪 70 年代，Bryant 发现原来认为是一种被称为“奥氏产甲烷菌”的细菌，实际上是由两种细菌共同组成的，其中一种细菌先将乙醇氧化为乙酸和 H_2，另一种细菌则利用 H_2 和 CO_2 以及乙酸产生 CH_4。由此，Bryant 提出了厌氧消化过程的“三阶段理论”（见图 1-2）。

三阶段理论认为，整个厌氧消化过程可以分为 3 个阶段：a. 水解、发酵阶段；b. 产氢产乙酸阶段；c. 产甲烷阶段。有机物首先通过发酸细菌的作用生成乙醇、丙酸、丁酸和乳

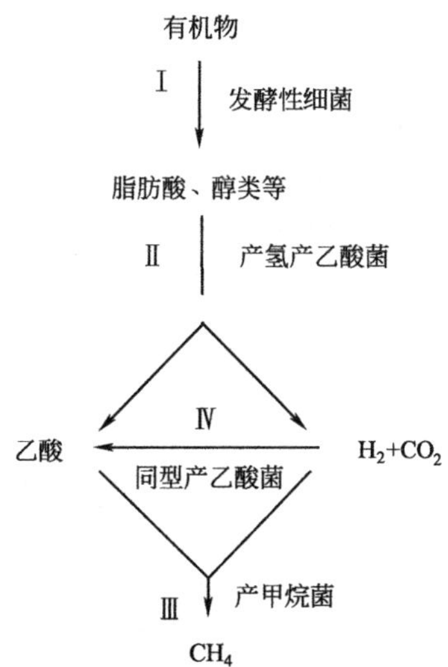

图 1-2　厌氧反应的三阶段理论和四类群理论

（所产生的细胞物质未表示在图中）

Ⅰ，Ⅱ，Ⅲ—三阶段理论；Ⅰ，Ⅱ，Ⅲ，Ⅳ—四类群理论

酸等，接着通过产氢产乙酸菌的降解作用而被转化为乙酸和 H_2/CO_2，然后再被产甲烷菌利用，最终被转化为 CH_4 和 CO_2。产氢产乙酸菌和产甲烷菌之间存在着互营共生的关系。该理论将厌氧发酵微生物分为发酵细菌群、产氢产乙酸菌群和产甲烷菌群。

几乎与三阶段理论的提出同时，Zeikus 提出了“四菌群学说”（见图 1-2），与三阶段理论相比，该理论增加了同型（耗氢）产乙酸菌群（Homoacetogenic Bacteria），该菌群的代谢特点是能将 H_2/CO_2 合成为乙酸。但是研究结果表明，这一部分乙酸的量较少，一般可忽略不计。

目前为止，三阶段理论和四菌群学说被认为是对厌氧生物处理过程较全面和较准确的描述。

1.2.3　厌氧生物处理的特点

（1）厌氧生物处理的优点

厌氧生物处理与好氧生物处理相比较，具有许多优点，下面进行简要地介绍。

① 厌氧生物处理减少了有机物的污染。避免了比 CO_2 的温室效应强几乎 3 倍的甲烷气的污染；避免了能引起水体富营养化的沥出液的污染；避免了对动物、土壤产生的恶性循环的病原体的污染；避免了影响周围环境的臭气和蝇类的繁殖。

② 废水处理工艺中，厌氧消化工艺比传统的好氧工艺产生的污泥量少，并且剩余污泥脱水性能好，浓缩时可以不使用脱水剂。因为厌氧微生物生长缓慢，因此处理同样数量的废水仅产生相当于好氧处理 1/10～1/6 的剩余污泥。

③ 厌氧生物处理工艺的副产品之一是清洁能源沼气，与传统的管道煤气和天然气相比：沼气具有较高热值，可作为管道煤气或汽车的燃料；沼气燃烧后释放的碳氢化物较少，可减少对大气环境的污染。

④ 厌氧生物处理能够提高废物中营养成分的可利用率，将不易吸收的有机态氮转化成氨或硝酸盐。

⑤ 厌氧生物处理的副产品土壤改良剂，可以极大改善土壤的持水率、土壤的透气性，这对半干旱地区具有重要意义。

⑥ 厌氧生物处理对营养物质的需求量小。有机废水一般已经含有一定量的氮和磷以及多种微量元素，所以厌氧方法可以不添加或少添加营养物质。

⑦ 厌氧生物处理可以处理高浓度的有机废水，当废水浓度过高时不需要大量稀释水。

⑧ 厌氧生物处理可以节省动力消耗。在厌氧生物处理过程中，由于细菌分解有机物是营无分子氧呼吸，所以不必给系统提供氧气。这样就节省了曝气设备所消耗的电能。可以同时获得经济效益与环境效益。

（2）厌氧生物处理的缺点

① 厌氧生物处理启动时间较长。由于厌氧微生物的世代期长，增长速率较低，污泥增长缓慢，因此厌氧反应器的启动时间较长，一般启动期长达 3～6 个月，甚至更长。

② 厌氧生物处理后的废水不能达到排放标准。厌氧方法虽然负荷高，去除有机物的绝对量和进液浓度高，但是其出水 COD 浓度高于好氧处理，去除有机物不够彻底，因此一般单独采用厌氧生物处理不能达到排放标准，必须把厌氧处理与好氧处理结合起来使用。

③ 厌氧微生物对有毒物质较为敏感，因此，如果对有毒废水性质了解不足或者操作不当，可能会导致反应器运行条件的恶化。但随着人们对厌氧微生物研究的不断深入，这一问题将得到解决。

④ 厌氧生物处理可能造成二次污染。一般废水都含有硫酸盐，在厌氧条件下会产生硫酸盐还原作用而放出硫化氢等气体。硫化氢是一种有毒和具有恶臭的气体，如果反应器不能做到完全密闭，就会散发出臭气，引起二次污染。因此，厌氧处理系统的各处理构筑物应尽可能做成密闭，以防臭气散发。

1.3 厌氧生物处理工艺

废水厌氧生物处理技术到目前为止已经取得了很大的进展，已开发出了很多种类的厌氧反应器，常见厌氧反应器包括厌氧接触工艺、厌氧滤池工艺、厌氧流化床工艺、厌氧折流式反应器、上流式厌氧滤泥床反应器、膨胀颗粒污泥床反应器、内循环厌氧反应器、两相厌氧消化工艺，以及厌氧生物转盘等。详细请见第 6 章。

1.4 废水脱氮除磷技术

随着工农业生产的高速发展和人们生活水平的不断提高，近年来水体营养化问题日趋严重。据全国 26 个主要湖泊水库富营养的调查表明：贫营养的 1 个，中营养的 9 个，富营养的 16 个，在 16 个富营养化湖泊中有 6 个的总氮、总磷的负荷量极高，已进入异常营养型阶段。同时，我国沿海赤潮发生的次数和面积也逐年增加，每年都给当地的工农业生产带来相当大的损失。自 20 世纪 70 年代以来，世界各国都认识到控制水中的氮磷是限制藻类生长，遏制水体营养化的重要因素，开展了脱氮除磷机理及工艺的研究。我国从 20 世纪 80 年代初开始，也进行了大量这方面的研究，其中有的已进入规模应用，并取得了满意的效果。随着我国 1998 年 1 月 1 日实施的污水综合排放标准对氮磷处理提出了更高的要求，废水脱氮除磷技术在我国的发展前景将更加广阔。

1.4.1 生物脱氮

（1）生物脱氮的基本原理

生物脱氮法从反应类型分类，可分为氨的硝化作用和硝酸（或亚硝酸）的反硝化作用两种。硝化作用以氨为电子供体，以分子氧为电子受体，使氮从负三价（NH_4^+）转变为正三价（NO_2^-）和（NO_3^-）。但硝化作用下只是改变了氮在水中的化合态，并没有降低水中氮的含量，这对于防止水体富养化，并没有解决根本问题。反硝化作用则是以硝酸盐为电子受体，以其他有机物（碳源）为电子供体，使硝酸盐中的氮逐渐从正五价降到零价，形成气态氮（N_2 和 N_2O）从废水中释放出来。

（2）生物硝化作用

硝化反应包括两个步骤，第一步由亚硝酸细菌将氨氮转化为亚硝酸盐（NO_2^-），第二步由硝酸细菌进一步将亚硝酸盐氧化成硝酸盐（NO_3^-）。这两类细菌统称为硝化细菌，它们利用无机碳化物 CO_3^{2-}、HCO_3^- 和 CO_2 作为碳源，从 NH_3、NH_4^+ 或 NO_2^- 的氧化反应中获取能量。

（3）生物反硝化作用

反硝化作用是指在无氧或低氧条件下，硝酸态氮、亚硝酸态氮被微生物还原转化为分子态氮（N_2）的过程。参与这一作用的微生物是反硝化细菌，这是一类异养分型的兼性厌氧细菌，如变形杆菌（Protens）、假单胞菌（Pseudomonas）、小球菌（Micrococcus）、芽孢杆菌（Bacillus）、无色杆菌（Achromobacter）、嗜气杆菌（Aerobacter）、产碱杆菌（Alcaligenes）。它们在缺氧的条件下，利用有机碳源为电子供体，NO_3^--N 作为电子受体，在降解有机物的同时进行反硝化作用，其反应过程可表式为：

$NO_2^- + 3H$（电子供体）$\longrightarrow 1/2N_2 + H_2O + OH^-$

$NO_3^- + 4H$（电子供体）$\longrightarrow 1/2N_2 + H_2O + OH^-$

目前公认的从 NO_3^- 还原为 N_2 的过程为：

$$NO_3^- \longrightarrow NO_2^- \longrightarrow NO \longrightarrow N_2O \longrightarrow N_2$$

进行生物脱氮作用，必须具备以下几个条件：a. 存在 NO_3^- 或 NO_2^-；b. 不含溶解氧；c. 存在兼性细菌菌群；d. 适宜和适量的电子供体。

（4）短程硝化-反硝化生物脱氮

早在 1975 年 Voet 就发现在硝化过程中 HNO_2 积累的现象并首次提出了短程硝化-反硝化生物脱氮（Shortcut nitrification-denitrification，也可称为力完全或称简捷硝化-反应硝化生物脱氮），随后国内外许多学者对此进行了试验研究。这种方法就是将硝化过程控制在 HNO_2 阶段而终止，随后进行反硝化。

短程生物脱氮具有以下特点：对于活性污泥法，可节省氧供应量约 25%，降低能耗；节省反硝化所需碳源 40%，在 C/N 比一定的情况下提出 TN 去除率；减少污泥生成量可达 50%；减少投碱量；缩短反应时间，相应反应器容积减少。因此这一方法受到了人们的关注。

（5）厌氧氨氧化（Anaerobic Ammonia Oxidation）

在氮素污染物的控制中，目前国内外主要采用生物脱氮技术，研究的热点集中在如何改进传统的硝化-反硝化工艺。从微生物学的角度看，硝化和反硝化是两个相互对立的生化反应，前者借助硝化细菌的作用，将氨氧化为硝酸，需要氧的有效供给；而后者则是一个厌氧反应，只有在无氧条件下，反硝化细菌才能把硝酸还原为氮气。此外，在环境中存在有机物时，自养型硝化细菌对氧和营养物质的竞争能力劣于异养型微生物，其生长速度很容易被异养型生物超过，并因此而难以在硝化中发挥应有的作用；但要使反硝化反应顺利进行，则必须为反硝化细菌提供合适的电子供体（通常为有机物如甲醇等）。1990 年，荷兰 Delft 技术大学 Kluyver 生物技术实验室开发出 ANAMMOX 工艺（Anaerobic Ammonia Oxidation），即在厌氧条件下，以 NO_3^- 为电子受体，将氨转化为 N_2。最近研究表明，NO_2 是一个关键的电子受体。由于该菌是自养菌，因此不需要添加有机物来维持反硝化。实验研究发现：厌氧反应器中 NH_4^+ 浓度的降低与 NO_3^- 的去除存在一定的比例关系。

这一重大的新发现为改进传统的生物脱氮技术提供了理论依据。若能开发利用厌氧氨氧百分比进行生物脱氮，不仅可以大幅度地降低硝化反应的充氧能耗，免去反硝化反应的外源电子供体，而且还可改善硝化反应产酸，反硝化反应产碱而均需中和的状况。其中后两项对控制化学试剂消耗，防止可能出现的二次污染具有重要作用。

1.4.2 生物除磷

生物除磷主要由一类统称为聚磷细菌的微生物完成。该类微生物均属异养型细菌，现已报道的种类包括：不动杆菌属、假单胞菌属、气单胞菌属、棒杆菌属、肠杆菌属、着色菌属、脱氮微球菌属等。上述细菌也存在于传统的活性污泥系统中，而传统活性污泥法之所以不能有效除磷，可能是其生长条件无法诱导这些微生物过度吸磷的缘故。

在厌氧条件下，聚磷菌把细菌中的聚磷水解为下磷酸盐（PO_4^{3-}）释放胞外，并从中获取能量，利用污水中易降解的 COD 如挥发性脂肪酸（VFA），合成贮藏物聚 β-羟丁酸（PHB）等贮于胞内。

聚磷菌厌氧释磷的程度与基质类型关系很大，当基质为甲酸、乙酸、丙酸等挥发性脂肪酸时，释磷迅速而彻底，基质为非挥发性脂肪酸时，释磷则十分缓慢，且总释磷量也很小。有观点认为，聚磷菌一般可直接利用的是第一类基质——挥发性脂肪酸，其他基质则需转化为第一类基质后才能被利用。

从以往的研究大体可给出这样一个生化模型：废水中的有机物进入厌氧区后，在发酵性产酸菌的作用下转化成乙酸。聚磷菌在厌氧的不利条件下（压抑条件），可将贮积在菌体内的聚磷分解。在此过程中释放出的能量可供聚磷菌在厌氧压抑环境下存活之用；另一部分能量可供聚磷菌主动吸收乙酸、H^+ 和 e^-。使之以 PHB 形式贮藏在菌体内，并使发酵产酸过

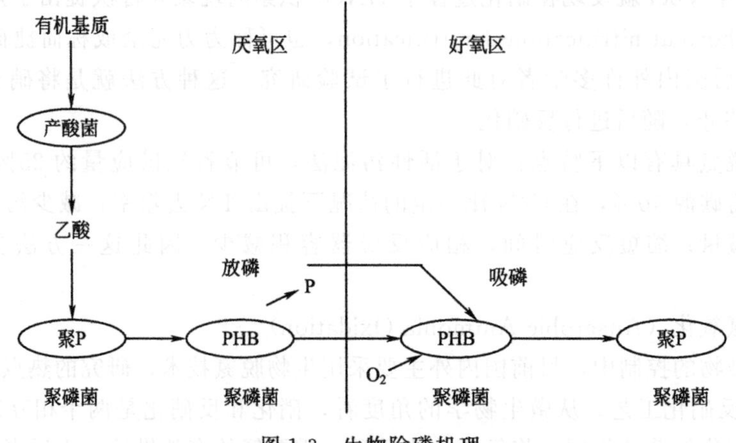

图 1-3 生物除磷机理

程得以继续进行。聚磷分解后的无机磷盐释放至聚磷菌体外，此即观察到的聚磷细菌厌氧放磷现象。进入好氧区后，聚磷菌即可将积贮的 PHB 好氧分解，释放出的大量能量可供聚磷菌的生长、繁殖。当环境中的有溶磷存在时，一部分能量可供聚磷菌主动吸收磷酸盐，并以聚磷的形式贮积在体内，此即为聚磷菌的好氧吸磷现象。生化模型如图 1-3 所示。

由于水体富营养化是一个严重的长期问题，而我国对生物脱氮除磷的研究仅始于 20 世纪 70～80 年代，目前进行了脱氮除磷处理的污水处理厂并不多。因此，为了控制水污染，保护水环境，保障人体健康，维护生态平衡，开发经济有效，能同时脱氮除磷的适合我国国情的工艺尤为重要。由于生物法运行费用较低，效果稳定，综合处理能力强，因此生物脱氮除磷工艺在我国将有很大的应用前景。

第2章 厌氧微生物学

厌氧微生物是整个微生物世界的一个重要组成部分。厌氧微生物绝大多数为细菌，很少数是放线菌，极少数是支原体，个别的属于厌氧真菌。厌氧微生物在自然界分布广泛，人类生活的环境和人体内就生存有各种厌氧微生物。它们与人类的关系十分密切。厌氧微生物可利用的基质极为广泛，包括了自然界中各种各样含氮和不含氮的有机物及二氧化碳、氢气等。它们在碳和氮等元素地球生物化学大循环中起着非常重要的作用。

2.1 厌氧微生物在生物地球化学循环中的作用

2.1.1 自然环境中的厌氧微生物

自然环境中的厌氧微生物，在330亿年前就有发酵性厌氧微生物存在，而兼性微生物的出现在110亿年之后。厌氧微生物种类丰富，到目前为止，所发现的厌氧微生物几乎都属于原核生物。各种厌氧微生物在环境中具有不同的功能，不同程度地参与化合物（污染物）的分解转化——地球化学循环。

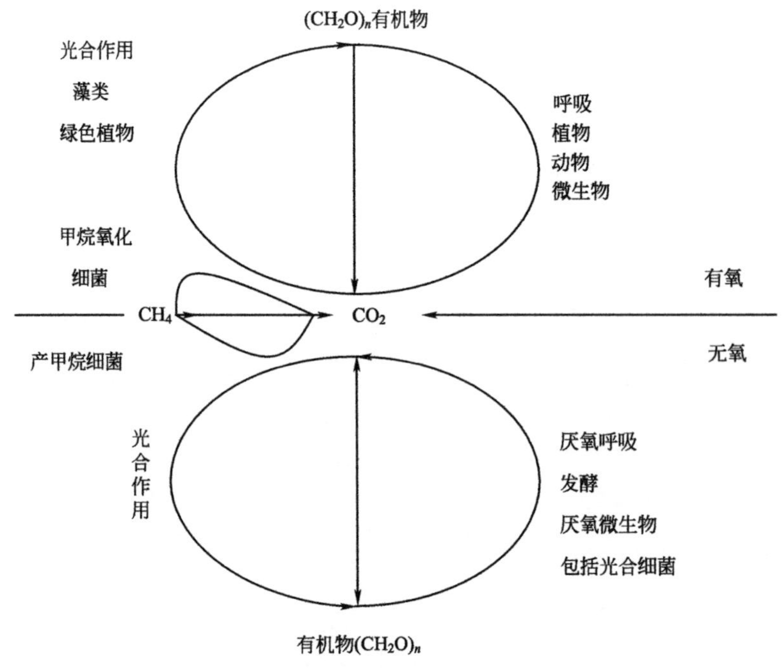

图2-1 自然界中微生物作用下的C素循环

2.1.2 厌氧微生物在污染物(元素)生物地球化学转化中的作用

自然界 C 素循环（见图 2-1）是极为重要的，在厌氧环境下，自然界中的微生物为清洁地球发挥着极其重要的作用，这也是我们开发利用环境生物技术的基础。其中几类微生物在进入环境的有机物的分解转化中，在缺氧和厌氧条件下发挥不可取代的作用，如纤维素分解菌，作用为：

$$\text{纤维素}\xrightarrow[\text{厌氧}]{\text{纤维素分解菌}}\text{半纤维素}\xrightarrow{\text{半纤维素分解菌}}\text{葡萄糖}\xrightarrow{\text{葡萄糖分解菌}}\text{乙酸盐}+H_2/CO_2\longrightarrow CH_4+CO_2$$

2.2 不产甲烷细菌及其作用

不产甲烷细菌包括发酵性细菌、产氢产乙酸细菌和同型产乙酸细菌三类，这三类细菌在厌氧消化过程中都起着非常重要的作用，下面将详细介绍它们的生理代谢特点以及所起的作用等。

2.2.1 发酵性细菌

发酵性细菌是一个非常复杂的混合细菌群，主要属于专性厌氧细菌，包括梭菌属、丁酸弧菌属和真细菌属等。该类细菌可以在厌氧条件下将多种复杂有机物水解为可溶性物质，并将可溶性有机物发酵主要生成乙酸、丙酸、丁酸、氢和二氧化碳，所以也有人称其为水解发酵性细菌或产氢产酸菌。

(1) 发酵性细菌的种类、数量和营养

发酵性细菌是复杂的混合菌群，主要包括纤维素分解菌、半纤维素分解菌、淀粉分解菌、脂肪分解菌、蛋白质分解菌等。1976 年曾报道了 18 个属的 51 个种。到目前为止，已研究过的就有几百种，在中温厌氧消化过程中，有梭状芽孢杆菌属、拟杆菌属、丁酸弧菌属、真细菌属、双歧杆菌属和螺旋体等属的细菌；在高温厌氧消化器中，有梭菌属和无芽孢的革兰氏阴性杆菌。几个研究者的资料表明，在中温发酵的下水污泥中，每毫升发酵性细菌的数量为 10^8～10^9 个，而以每克挥发性固体计算含 10^{10}～10^{11} 个。利用特异的含碳底物对发酵性细菌的计数研究报道，每毫升下水污泥中含有 10^7 个蛋白质水解菌，10^5 个纤维素水解菌。而利用 Hungate 技术进行测定，根据发酵管内是否产生有机酸而确定每毫升污泥中发酵性细菌的数量。经研究表明，在中温厌氧消化的污泥中发酵性细菌的数量可达 10^8～10^9 个/mL，其中蛋白质水解菌为 10^7 个/mL，纤维素分解菌为 10^5～10^6 个/mL。

发酵性细菌利用基质中存在的碳水化合物作为生长的能源。有些利用基质代谢的中间产物，如乳酸盐、甘油或碳水化合物的水解产物。有些发酵性细菌利用化合物作为能源表现出多样性，例如溶纤维丁酸弧菌和栖瘤拟杆菌常发酵糖苷、多糖类和其他许多碳水化合物类。少数发酵性细菌利用氨基酸、多肽作为生长的主要能源。有些发酵性细菌利用化合物具有专一性，例如嗜淀粉拟杆菌，仅利用淀粉和淀粉的水解产物、糊精、麦芽糖。

(2) 发酵性细菌的功能与生存环境

在厌氧消化过程中，发酵性细菌起着特别重要的作用，其作用主要表现在以下 2 个方面。

① 将大分子不溶性有机物水解成小分子的水溶性有机物。水解作用是在水解酶的催化作用下完成的。水解酶是一种胞外酶，因此水解过程是在细菌细胞的表面或周围介质中完成

的。发酵性细菌群中仅有一部分细菌种属具有分泌水解酶的功能，而水解产物却一般可被其他的发酵性细菌群所吸收利用。

② 发酵性细菌将水解产物吸收进细胞内，经细胞内复杂的酶系统的催化转化，将一部分供能源使用的有机物转化为代谢产物，渗入细胞外的水溶液里，成为参与下一阶段生化反应的细菌群吸收利用的基质（主要是有机酸、醇、酮等）。

发酵性细菌主要是专性厌氧菌和兼性厌氧菌，属异养菌。其优势种属随环境条件和发酵基质的不同而异。在环境条件中受温度的影响较明显。在中温消化装置中，发酵性细菌主要属于专性厌氧菌。包括梭菌属、拟杆菌属、丁酸弧菌属、真细菌属、双歧杆菌属和螺旋体等属的细菌；在高温厌氧消化器中，有梭菌属和无芽孢的革兰氏阴性杆菌。

此外，发酵基质的种类对主要发酵性细菌的种群有十分明显的影响。

① 在富含蛋白质的厌氧消化液（如处理奶酪厂废水的消化池）里，存在着蜡状芽孢杆菌、环状芽孢杆菌、球状芽孢杆菌、枯草芽孢杆菌、变异微球菌、大肠杆菌、副大肠杆菌以及假单胞菌属的一些种。

② 在含纤维素的厌氧消化液中，如在处理植物残体以及食草动物的粪便的消化液中，存在着蜡状芽孢杆菌、巨大芽孢杆菌、产粪产碱杆菌、普通变形菌、铜绿色假单胞菌、溶纤维丁酸弧菌、栖瘤胃拟杆菌等。

③ 在富含淀粉的厌氧消化液（如处理淀粉废液、酒精发酵残渣等的消化池）里，存在着变异微球菌、尿素微球菌、亮白微球菌、巨大芽孢杆菌、蜡状芽孢杆菌以及假单胞菌属的某些种。

④ 在硫酸盐含量高的消化液（如处理硫酸盐制浆黑液的厌氧消化池）里，存在着大量属于专性厌氧菌的脱硫弧菌属细菌。

⑤ 在处理生活垃圾和鸡场废弃物的消化池里，属于兼性厌氧菌的大肠杆菌和链球菌将会大量出现，有时可达细菌总数的一半。

发酵性细菌的世代期短，数分钟到数十分钟即可繁殖一代。另外，发酵性细菌大多数为异氧型细菌群，对环境条件适应性特别强。

(3) 发酵性细菌的生化反应

在厌氧消化过程中，发酵性细菌最主要的基质是蛋白质、淀粉、脂肪和纤维素。这些有机物首先在水解酶作用下分解为水溶性的简单化合物，其中包括单糖、高级脂肪酸、甘油以及氨基酸等。这些水解产物再经发酵性细菌的胞内代谢，除产生 CO_2、NH_3、H_2、H_2S 等无机物外，主要转化为一系列有机酸和醇类物质而排泄到环境中去。在这些代谢产物中．最多的是乙酸、丙酸、乙醇、丁酸和乳酸等，其次是丙酮、丙醇、丁醇、异丙醇、戊酸、琥珀酸等。

一般来说，发酵性细菌利用有机物时，首先在胞内将其转化成丙酮酸，然后根据发酵性细菌的种类不同和控制的环境条件（如 pH 值、H_2 分压、温度等）的不同而形成不同的代谢产物。

基质浓度大的时候，一般都能加快生化反应的速率。基质组成不同时，有时会影响物质的流向，形成不同的代谢产物。

代谢产物的积累一般情况下会阻碍生化反应的顺利进行，特别是发酸产物中有氢气产生（如丁酸发酵）而又出现积累时。所以，保持发酵性细菌与后续的产氢产乙酸细菌和产甲烷细菌的平衡和协同代谢是至关重要的。

2.2.2 产氢产乙酸细菌

（1）产氢产乙酸细菌的发现及其重要意义

1916 年，俄国学者奥梅粱斯基（V. L. Omeliansky）分离了第一株不产生孢子、能发酵乙醇产生甲烷的细菌，称为奥氏甲烷杆菌。1940 年巴克（Barker）发现这种细菌具有芽孢，又改名为奥氏甲烷芽孢杆菌（*Methanobacillus omelianskii*）。布赖恩特（H. P. Bryant）等人于 1967 年发表的论文中指出，所谓奥氏甲烷细菌，实为两种细菌的互营联合体：一种为能发酵乙醇产生乙酸和分子氢的、能运动的、革兰阴性的厌氧细菌，称为 S 菌株；另一种为能利用分子氢产生甲烷、不能运动、革兰氏染色不定的厌氧杆菌，称为 M. O. H 菌株，亦即能利用氢产生甲烷的细菌（*methanogenic organism utilizes* H_2）。它们进行的生化反应如下：

$$2CH_3CH_2OH+2H_2O \xrightarrow{S\text{菌株}} 2CH_3COOH+4H_2$$

$$4H_2+HCO_3^-+H^+ \xrightarrow{M.O.H\text{菌株}} CH_4+3H_2O$$

在上面的共营生化反应里，S 菌株分解乙醇产生分子氢，为 M. O. H 菌株提供基质；而 M. O. H 菌株利用分子氢降低了环境中的氢分压，为 S 菌株继续代谢乙醇提供了必要的热力学条件。研究资料表明，当氢分压大于 4.9×10^{-4}Pa 时，S 菌株的代谢即受到抑制。

产氢产乙酸细菌的发现具有非常重要的意义：

① 在厌氧消化过程中，第一酸化阶段的发酵产物除可供产甲烷细菌吸收利用的甲酸、甲醇、甲胺类外，还有许多其他重要的有机代谢产物，如三碳以及三碳以上的直链脂肪酸，二碳以及二碳以上的醇，酮和芳香族有机酸等。根据实际测定和理论分析，这些有机物至少占发酵基质的 50%以上（以 COD 计）。它们最终转化成甲烷，这表明还存在着一大批功能和 S 菌株相似的能为产甲烷细菌提供基质的产氢产乙酸细菌群。也就是说，在有机物的厌氧转化链条上，出现了一个新的环节或者阶段，从而为厌氧消化三阶段理论奠定了基础。

② 以证实奥氏甲烷芽孢杆菌非纯种作为突破口，随后又从热力学上进一步断定，以前命名的几种甲烷细菌，如能将丁酸和己酸等偶碳脂肪酸氧化成乙酸和甲烷，以及能将戊酸等奇碳脂肪酸氧化成乙酸、丙酸和甲烷的弱氧化甲烷杆菌（*methanobacterium suboxydans*），能将丙酸氧化成乙酸、CO_2 和甲烷的丙酸甲烷杆菌（*M. propioncum*）均非纯种，使得产甲烷细菌的种属进一步得到纯化和确认。

③ 否定了原以为可作为甲烷细菌基质的许多有机物（如：丙醇、乙醇、正戊醇、异丙醇、丙酸、丁酸、异丁酸、戊酸和己酸等），而将产甲烷细菌可直接吸收利用的基质范围缩小到仅包括三甲一乙［甲酸、甲醇、甲胺类（一甲胺、二甲胺、三甲胺）、乙酸］的简单有机物和以 H_2/CO_2 组合的简单无机物等为数不多的几种化学物质。

（2）种间氢转移和互营联合

产氢产乙酸菌为产甲烷细菌提供乙酸和氢气，促进产甲烷细菌的生长。产甲烷细菌由于能利用分子氢而降低生长环境中的氢分压，有利于产氢产乙酸细菌的生长。在厌氧消化过程中，这种在不同生理类群菌种之间氢的产生和利用氢的偶联现象首先被 Bryant，Wolfe，Wolin 等研究者称为种间氢转移。产氢产乙酸菌只有在耗氢微生物共生的情况下，才能将长链脂肪酸降解为乙酸和氢，并获得能量而生长，这种产氢微生物与耗氢微生物间的共生现象称为互营联合（syntrophie association）。产甲烷细菌纯培养的研究表明，发酵性细菌分解发酵复杂有机物时所产生的除甲酸、乙酸及甲醇以外的有机酸和醇类，均不能被产甲烷细菌所利用。所以，在自然界除S菌株外，一定还存在着其他种类的产氢产乙酸菌，将长链脂肪酸氧化为乙酸和氢气。这种互营联合菌种之间所形成的种间氢转移不仅在厌氧生境中普遍存在，而且对于使厌氧生境有生化活性十分重要，是推动厌氧生境中物质循环尤其是碳素转化的生物力。在厌氧发酵的场所，无论是在厌氧消化器还是反刍动物的瘤胃内，互营联合中的用氢菌主要是食氢产甲烷菌，所以种间氢转移也主要是发生在不产甲烷菌和产甲烷菌之间。

(3) 产氢产乙酸细菌的分类

① 降解丁酸盐的产氢产乙酸菌　降解丁酸的细菌一直没有被分离成纯培养，Michael 和 Bryant 等采用加入耗氢菌的富集分离方法分离纯化获得了产氢产乙酸菌和产甲烷菌的双菌培养物。Mclnemey (1979) 首次报道了氧化丁酸盐的双菌培养物。用脱硫弧菌 G11 菌株作为用氢菌与产氢产乙酸菌共同培养，以硫酸盐作为最终电子受体而分离的，命名为沃尔夫氏互营单胞菌 (*syntrophomonas wolfei*) (Mclnemey 和 Bryant，1981)。

沃尔夫氏互营单胞菌是革兰氏染色阴性，无芽孢杆菌，菌体 (0.5～1.0)μm×(2.0～7.0)μm，稍弯，端部稍尖，单生或成对，有时也呈短链，在细胞凹陷侧有 2～8 根鞭毛，缓慢运动。对青霉素敏感。

② 降解丙酸盐的产氢产乙酸菌　丙酸在厌氧条件下更难发生氧化反应，硫酸盐还原菌与丙酸的氧化有关，脱硫球形菌属 (*desulfolubous*) 的一个细菌，能在有硫酸盐的情况下降解丙酸 (Mclnerney 和 Bryant，1980)。1980 年，Boone 和 Bryant 发现了一种在丙酸为底物的富集培养物中，并要求脱硫弧菌参与进行种间氢转移才能生长的细菌，他们将其命名为沃林氏互营杆菌 (*syntrophobacter wolinii*)。

沃林氏互营杆菌是一株革兰氏染色阴性、无芽孢杆菌，单生、成对、短链或长链，有时为不规则的丝状，只有在硫酸盐的情况下，与利用氢的硫酸盐还原菌共养生长，只氧化丙酸，不氧化乙酸、丁酸、已酸。在无硫酸盐条件下，沃林氏互营杆菌、亨氏甲烷螺菌、脱硫弧菌三菌培养物的倍增时间 (161h) 约等于含有硫酸盐的双菌培养物 (87h) 的 2 倍。

2.2.3 同型产乙酸细菌

(1) 同型产乙酸细菌的代表菌种

同型产乙酸细菌是混合营养型厌氧细菌，既能利用有机基质产生乙酸，也能利用分子氢和二氧化碳产生乙酸。因为同型产乙酸细菌可以利用氢而降低氢分压，所以对产氢的发酵性细菌有利；同时对利用乙酸的产甲烷细菌也有利。下面简要介绍一下几种同型产乙酸细菌。

① 伍德乙酸杆菌 (*acetobacterium woodii*) 是由贝尔奇 (Balch) 等发现的，属于典型的混合营养型同型产乙酸细菌。它既能利用有机物如葡萄糖、果糖、丙酮酸和果酸等，又能利用无机物 (H_2/CO_2)。以果糖为发酵基质时，约有 92%～95%的果糖转化为乙酸，菌体生长较快，倍增时间为 6h；以 H_2/CO_2 为基质时，也能够产生乙酸，但是菌体生长缓慢，倍增时间为 25h。若和产甲烷细菌共同培养，则比单独培养时要好。

② 威林格乙酸杆菌 (*Acetobacterium Wieringae*) 为革兰氏染色阳性的短杆菌，有时呈链状，侧生鞭毛，最佳温度为 30℃，最佳 pH 值为 7.2～7.8，能利用有机物如 D-果糖和无机物等。该菌虽和伍德乙酸杆菌相似，但是两者 DNA 同源仅 34%。由于 K. T. Wieringae 首先描述乙酸杆菌为化能自氧的产乙酸细菌，因此以 Wieringae 的名字命名该菌。

③ 乙酸梭菌 (*clostridium aceticum*) 为厌氧芽孢杆菌，能够利用某些碳水化合物类和 H_2/CO_2 产生乙酸。分离时采用含有 10%污泥浸出液的麦芽汁琼脂培养基，在厌氧条件下培养。乙酸梭菌菌体大小为 (0.8～1.0)×5μm，在含有果糖的培养基上生长，菌体长度达

40μm。极生孢子，周生鞭毛，在 H_2/CO_2 上生长，要求较高的 pH 值。

④ 嗜热自氧梭菌（*clostridium thermoautotrophicum*）能利用 H_2/CO_2 形成乙酸，能在高温下生长并形成芽孢。分离该菌时采用含有 3mol/L 浓度的溴乙烷磺酸的培养液抑制产甲烷细菌的生长。该菌生长早期为革兰氏染色阳性，生长后期为阴性。菌体大小为 (0.8～1)μm×(3～6)μm，具有 3～8 根周生鞭毛。在以 H_2/CO_2 为底物的无基培养基上，生长的倍增时间为 2h。

（2）同型产乙酸菌的主要生理特征

近 20 年来已分离到包括 4 个属的 10 多种同型产乙酸菌；这些细菌的基本特征见表 2-1。作为一个类群来说，同型产乙酸菌可以利用已糖、戊糖、多元醇、糖醛酸、三羧酸循环中各种酸、丝氨酸、谷氨酸、3-羧基丁酮、乳酸、乙醇等形成乙酸。除诺特拉乙酸厌氧菌（*acetoanaerobinm noterae*）和拟球形芽孢菌（*sporomusa shpaeroides*）外能转换 1mol 果糖为 3mol 乙酸。威林格式产乙酸杆菌（*acetobacterium weiringae*）、乙酸梭菌（*clostridium aceticum*）、甲酸乙酸梭菌（C. *formicoaceticum*）、嗜酸芽孢菌（Spor. *acidovorans*）不能利用葡萄糖产生乙酸。它们一般不利用二糖或更复杂的碳水化合物。除少数种类外，它们能生长于 H_2/CO_2 上。在含有少量酵母汁和某些维生素的基质上生长时更好，C、Fe、Mo、Ni、Se 和 W 是必需的微量元素，它们是构成 CO_2 固定酶的组分。

部分同型产乙酸细菌的特征见表 2-1。

表 2-1 部分同型产乙酸细菌的特征

细菌	生长适宜温度/℃	适宜pH值	G+C/%（摩尔分数）	H_2/CO_2	分离源	分离年份	研究者
诺特拉乙酸厌氧菌	37	7.6～7.8	37	+	沼泽	1985	Sleat 等
裂解碳产乙酸杆菌	27	7	38	+	淤泥	1984	Eichler. 和 Schink
威林格氏产乙酸杆菌	30	7.2～7.8	43	+	废水	1982	Braun. Gottschalk
伍德氏产乙酸杆菌	30	7.5	42	+	海洋港湾	1977	Balch. Kerby 等
基维产乙酸菌	66	6.4	38	+	湖泊沉积物	1981	Leigh 等
乙酸杆菌	30	8.3	33	+	废水	1940,1981	Adamse. Braun 等
甲酸乙酸杆菌	37	7.2～7.8	34	－	淤泥废水	1970	Andresen 等
大酒瓶形梭菌	31	7.0	29	－	无氧淤泥	1984	Schink
嗜热乙酸梭菌	60	6.8	54	+	马粪便	1942	Fontaine. Wiegel. 和 Garrion
嗜热自养梭菌	60	5.7	54	+	淤泥	1981	Wiegel. 等
梭菌 CV-AAI	30	7.5	42	+		1982	Adamset. 和 Velzeboer
嗜酸芽孢菌	35	6.5	42	+	污泥	1985	Ollivier 等
卵形芽孢菌	34	6.3	42	+	蒸馏流出液	1983	Moller 等
拟球形芽孢菌	36	6.5	47	+	淤泥	1983	Moller 等

注：引自胡纪萃．废水厌氧生物处理理论与技术，2003.

（3）同型产乙酸菌在厌氧消化器中的作用

在厌氧消化器中，同型产乙酸菌的确切作用还不十分清楚。据测定，该类细菌在 1mL 下水污泥中含有 10^5～10^6 个。有人认为在肠道中产甲烷细菌利用氢的能力可能胜过同型产乙酸菌，所以它们更重要的作用可能在于发酵多碳化合物。还有人认为同型产乙酸菌能利用 H_2，因而对消化器中有机物的分解并不重要，由于这些细菌能代谢 H_2/CO_2 为乙酸，为食乙酸产甲烷细菌提供了生成甲烷的基质，又由于代谢分子氢，使厌氧消化系统中保持低的氢分压，有利于沼气发酵的正常进行。有人估计这些细菌形成的乙酸在中温消化器中占 1%～4%，在高温消化器中占 3%～4%。

2.3 产甲烷细菌及其作用

产甲烷细菌（methanogen）这一名词是1974年由Bryant提出的，其目的是为了避免这类细菌与另一类氧化甲烷的好氧细菌（*aerobic methane-oxidizing bacteria*）相混淆。产甲烷细菌是一个特殊的、专门的生理群，具有特殊的细胞成分和产能代谢功能，是一群形态多样，可代谢 H_2 和 CO_2 及少数几种简单有机物生成甲烷的严格厌氧的古细菌。产甲烷细菌也是唯一能够有效地利用氧化氢时形成的电子，并能在没有光或游离氧和诸如硝酸根和硫酸根等外源电子受体的条件下，还原 CO_2 为 CH_4 的微生物。

产甲烷细菌广泛分布于自然界中，在水田、沼泽、淡水和海洋的沉积物、人和动物的肠道以及瘤胃等厌氧环境中都有产甲烷细菌的存在。在沼气发酵中，产甲烷细菌是沼气发酵微生物的核心，是自然界碳素物质循环中厌氧生物链的最后一个成员，对于自然界中的其他许多循环具有不可估量的推动力。

2.3.1 产甲烷细菌的分类和形态

产甲烷细菌生存于极端厌氧的环境中，由于其对氧高度敏感的特性，使其成为难于研究的细菌之一。因此产甲烷细菌的分类直到20世纪70年代以后才被分类学家提出来讨论，对于产甲烷细菌的分类，初期主要是以菌体细胞的形态学特征，再辅以某些生理学性状和对各种基质的利用能力来进行的。随着电镜的使用和现代生化技术的发展，逐步进入依据细胞学水平和分子水平的差异来进行分类。

1956年，巴克将产甲烷细菌归纳成一个科和四个属，即产甲烷细菌科和甲烷杆菌属（3个种），甲烷芽孢杆菌属（1个种），甲烷球菌属（2个种）以及甲烷八叠球菌属（2个种），共8个种。1974年在伯捷氏细菌鉴定手册的第八版，布莱恩特仍根据巴克的意见把产甲烷细菌列为一个甲烷细菌科，下分为甲烷杆菌属（5个种），甲烷八叠球菌属（2个种）和甲烷球菌属（2个种），共9个种。同年，沃而夫和费米发现了亨氏甲烷螺菌，齐科斯和汉纳描述了嗜树木甲烷短杆菌。1979年，贝尔奇等根据两个种或菌株的16SrRNA碱基排列顺序间同源性的大小，确定它们在分类地位上的相近性，提出一个比较新的分类系统，他们把产甲烷细菌分为3目，4科，7属，13个种。1989年，伯捷氏细菌鉴定手册第九版中将产甲烷细菌分为3个目，6个科，13个属，43个种。截至1991年，共分离到产甲烷细菌65个种。

在我国，随着厌氧微生物学的快速发展以及我国科研工作者的潜心研究，近20年来，在分离产甲烷细菌方面已取得了很大进展。1980年，首都师范大学周孟津等首次分离获得甲烷八叠球菌纯培养物，后命名为巴氏甲烷八叠球菌BTC菌株。我国学者钱泽澍，赵一章等先后分离到产甲烷细菌20多种。

下面介绍几种产甲烷细菌的代表种。

(1) 甲酸甲烷杆菌（*methanobacterium/ormicicum*）

长杆状，宽0.4～0.8μm，长度可变，从几微米到长丝或链状，在液体培养基中老龄菌丝常互相缠绕成聚集体。革兰氏染色阳性或阴性。在滚管中形成的菌落呈圆形，具有丝状边缘，淡色。用 H_2/CO_2 为基质，37℃培养，3～7d形成菌落。利用 H_2/CO_2、甲酸盐生长并产生甲烷，没有对生长因子需求的报道，可在无机培养基上自养生长。最适生长温度37～45℃，最适pH值6.6～7.8。G+C=(40.7～42)%(摩尔分数)。

(2) 嗜热自养甲烷杆菌（*methanobacteriumthermoautotrophicum*）

长杆或丝状，(0.4～0.6)μm×(3～7)μm，丝状体可超过数百微米，革兰氏染色阳性，不运动，形态受生长条件特别是温度影响，在40℃以下或75℃以上时，丝状体变为紧密的卷曲状。菌落圆形，灰白、黄褐色，粗糙，边缘呈丝状扩散。只能利用 H_2/CO_2 生成甲烷，需要微量元素Ni、Co、Mo和Pe。不需要有机生长素。此菌生长迅速，倍增时间2～5h，液体培养物可以在24h内完成生长，最适生长温度为65～70℃，在40℃以下不生长，最适pH值为7.2～7.6，DNA的G+C=(49.7～52)%（摩尔分数）。

(3) 布氏甲烷杆菌（*methanobacteriumbryantii*）

该菌是1967年Bryant等从奥氏甲烷杆菌这个混合菌培养物中分离到的，杆状（0.5～1.0)μm×(2～4)μm，单生或形成链。革兰氏染色阳性或可变，不运动，具有纤毛。表面菌落直径可达1～5mm，扁平，边缘呈丝状扩散，一般在一周内出现菌落。深层菌落粗糙，丝状，在液体培养基中趋向于形成聚集体。利用 H_2/CO_2 生长并产生甲烷，不利用甲酸，以氨态氮为氮源，要求B族维生素和半胱氨酸，乙酸刺激生长。最适温度37～39℃，最适pH值6.9～7.2，DNA的G+C=32.7%(摩尔分数)。

(4) 瘤胃甲烷短杆菌（*methanobrevibacterruminantium*）

短杆或刺血针状球形，端部稍尖，(0.5～1.0)μm×(0.8～1.8)μm，常成对或链状，似链球菌，革兰氏染色阳性，不运动或微弱运动。菌落淡黄、半透明、圆形、突起，边缘整齐。一般在37℃、3d内出现菌落，3周后菌落直径可达3～4mm，利用 H_2/CO_2 及甲酸生长并产生甲烷；在甲酸上生长较慢。要求乙酸及氨氮为碳源和氮源，还要求氨基酸、甲基丁酸和辅酶M。最适生长温度37～39℃，最适pH值为6.3～6.8，DNA G+C=(3.0～6)%(摩尔分数)。

(5) 范尼氏甲烷球菌（*methanococcus voltae*）

范尼氏甲烷球菌由斯丹德曼和巴克于1951年定名，并以该菌代替马氏甲烷球菌（Methanococcus mazei）作为产甲烷球菌属（Methanococus）的标准种。因为巴克在1936年发现马氏甲烷球菌后，直至最近才分离获得纯培养。为对范尼尔（van Niel）提出产甲烷的还原理论所作出的贡献表示敬意而命名。

此菌球形，直径0.5～4μm，一般在1～2μm，稍呈椭圆形，常成对。有时成对很少，而成酵母状芽簇。运动性强，单独或成对，电镜观察见到有簇生鞭毛和一根单独的纤毛。

此菌利用甲酸，在0.25%～5%浓度范围内，以1.5%浓度时生长量最高，2%～3%生长缓慢，5%时不发育。利用甲酸时反应为：

$$4HCOONa+H_2O \longrightarrow Na_2CO_3+2NaHCO_3+CH_4$$

(6) 万氏甲烷球菌（*methanococcusvanielii*）

规则到不规则的球菌，直径0.5～4μm，老培养物直径可达10μm，单生、成对，革兰氏染色阴性，以丛生鞭毛而活跃运动，细胞极易破坏。深层菌落淡褐色，凸透镜状，直径0.5～1mm。利用 H_2/CO_2 和甲酸生长并产生甲烷，以甲酸为底物最适生长pH=8.0～8.5。

以 H_2/CO_2 为底物，最适pH值为6.5～7.5，最适生长要求2.4%NaCl，生长要求Se、W，酵母膏明显刺激生长。机械作用易使细胞破坏，但不易被渗透压所破坏。生长最适温度为36～40℃，DNA的G+C=31.1%(摩尔分数)。

(7) 巴氏甲烷八叠球菌（*methanosarcina barkeri*）

细胞形态为直径1～3μm的不对称的球形，通常形成几十微米到1～2mm的拟八叠球菌状的细胞聚体。革兰氏染色阳性，不运动，细胞内可能有气泡。以 H_2/CO_2 为底物时3～7d可形成菌落，以乙酸为底物生长较慢，以甲醇为底物细胞生长较快。菌落直径1～2mm，白到黄色或棕黄色，往往形成具有桑葚状表面结构的特征性菌落。

可利用乙酸盐、H_2/CO_2、甲醇、甲胺、二甲胺、三甲胺和二乙基甲胺；H_2/CO_2、甲醇、甲胺为底物时生长快，不要求生长因子，但加入酵母提取物、酪蛋白胰酶水解物等复杂有机物时能刺激生长。大多数菌株为中温型，最适生长温度35～40℃，最适pH值为6.7～7.2。DNA的G+C=(40～43)%(摩尔分数)，嗜热甲烷八叠球菌最适生长温度为50℃。

(8) 亨氏甲烷螺菌（*methanospirillumhungatei*）

细胞呈弯杆状或长度不等的波形丝状体，宽0.4μm，长度从几微米到数百微米，菌体长度受营养条件的影响（Patel等，1979），革兰氏染色阴性，具极生鞭毛，缓慢运动。表面菌落淡黄色、圆形、突起，边缘裂叶状，表面菌落具有间隔为16μm的特征性羽毛状浅蓝色条纹。35℃培养12周，菌落直径1～2mm。

(9) 索氏甲烷丝菌（*methanothrixsoehngenii*）

为了纪念早在1910年描述过该菌的微生物学家Soehngen而用他的名字命名。也有学者称该属为甲烷毛发菌属（Methaaosaeta）。细胞杆状、无芽孢、端部平齐，液体静止培养物可形成由上百个细胞连成的丝状体，单细胞0.8μm×(1.8～2)μm，外部有类似鞘的结构。革兰氏染色阴性，不运动。至今未得到菌落生长物，报道过的纯培养物都是通过富集和稀释的方法获得的。

可以在只有乙酸为有机物的培养基中生长，裂解乙酸产生CH_4和CO_2。能分解甲酸生成H_2和CO_2，不利用其他底物，如H_2/CO_2、甲醇、甲胺等生长和产生甲烷。生长的温度范围是3～45℃，最适37℃。最适pH=7.4～7.8，倍增时间3.4d。DNA G+C=51.8%(摩尔分数)。

甲烷丝菌是继甲烷八叠球菌属后发现的仅有的另一个裂解乙酸的产甲烷菌属。沼气中的甲烷70%以上来自乙酸的裂解，足以说明这两属细菌在厌氧消化器中的重要性。甲烷丝菌大量存在于厌氧消化器的污泥中，是构成附着膜和颗粒污泥的首要产甲烷菌类。甲烷丝菌适宜生长的乙酸浓度要求较低，其K_m值为0.7mmol/L，当消化器稳定运行时，消化器中的乙酸浓度一般很低，因而更适宜甲烷丝菌的生长，经长期运行，甲烷丝菌则成为消化器内乙酸裂解的优势产甲烷菌。

产甲烷细菌的形态多种多样，但大致可分为4类：a. 球状甲烷细菌通常为正圆形或椭圆形，排列成对或链状；b. 杆状甲烷细菌为短杆、长杆、竹节状或丝状；c. 螺旋状甲烷细菌仅发现一种，呈规则的弯曲杆状．最后发展为不能运动的螺旋丝状；d. 八叠状甲烷细菌，球形细胞形成规则的或不规则的堆积状。

2.3.2 产甲烷细菌的生理

产甲烷细菌是微生物中一个非常独特的类群，它们具有与众不同的生理学特性。

(1) 产甲烷细菌的营养特征

① 碳源　产甲烷菌只能利用简单的碳素化合物，这点与其他微生物用于生长和代谢的能源和碳源有明显的不同。常见的基质包括H_2/CO_2、甲酸、乙酸、甲醇、甲胺类等。有些种可以利用CO为基质但生长缓慢，有的种可以生长于异丙醇和CO_2上。1986年，Kiene等报道从水底沉积物中分离到一株纯培养，生长基质为甲基硫化物。绝大多数产甲烷细菌可以利用H_2，但食乙酸的索氏甲烷丝菌、嗜热甲烷八叠球菌（*methanosarcirathermophila*）等不能利用H_2，能利用氢的产甲烷细菌多数可利用甲酸，有些只能利用氢。甲烷八叠球菌在产甲烷细菌中是能代谢底物种类最多的细菌，一般可利用H_2/CO_2、甲醇、乙酸、甲胺、

二甲胺、三甲胺。有的甲烷八叠球菌还可以利用 CO 生长。后来的研究发现，一些食氢的产甲烷细菌还可以利用短链醇类作为电子供体，氧化仲醇成酮和氧化伯醇成羧酸（Widdel，1996；Zellner 和 Winter，1987）。

几种产甲烷细菌的适宜基质见表 2-2。

表 2-2 几种产甲烷细菌的适宜基质

菌名	生长和产甲烷的基质	菌名	生长和产甲烷的基质
甲酸甲烷杆菌	H_2,HCOOH	亨氏甲烷螺菌	H_2,HCOOH
布氏甲烷杆菌	H_2	索氏甲烷丝菌	CH_3COOH
嗜热自养甲烷杆菌	H_2	巴氏甲烷八叠球菌	H_2,CH_3OH,CH_3NH_2,CH_3COOH
瘤胃甲烷短杆菌	H_2,HCOOH	嗜热甲烷八叠球菌	CH_3OH,CH_3NH,CH_3COOH
万氏甲烷球菌	H_2,HCOOH	嗜甲基甲烷球菌	CH_3OH,CH_3NH

注：引自胡纪萃．废水厌氧生物处理理论与技术，2003.

② 氮源 产甲烷细菌均能利用氨态氮为氮源，但对氨基酸的利用能力较差。瘤胃甲烷短杆菌的生长要求有氨基酸。酪蛋白胰酶水解物（Trypticase）能刺激某些产甲烷细菌和布氏甲烷杆菌的生长。一般来说，培养基中加入氨基酸，可以缩短世代时间，并且可以增加细胞产量，但对嗜热自养甲烷杆菌并没有此效应。即使氨基酸和肽都存在时，氨态氮仍为产甲烷细菌生长所必需。

③ 生长因子 有些产甲烷细菌必需某些维生素类尤其是乙族维生素物质，或者添加维生素能够刺激它的生长。有些需加入瘤胃液才能旺盛生长。

④ 微量元素 所有产甲烷细菌的生长都需要 Ni、Co 和 Pe，培养基中 1～5μmol/L 的 Ni 能满足其生长，Ni 的吸收率为 17～80μg/g 细胞干重，Ni 是产甲烷细菌中 F_{430} 和氢酶的一种重要成分；Co 的吸收率为 17～120μg/g 细胞干重，咕啉生物合成时需要大量 Co。产甲烷细菌对 Pe 的需要量较大，吸收率也较高，为 1～3mg/g 细胞干重，因此培养基中全铁浓度需要维持在 0.3～0.8mmol/L。另外，有些产甲烷细菌还需要其他金属元素，如 Mo 能刺激嗜热自养甲烷杆菌和巴氏甲烷八叠球菌的生长并在细胞内积累。还有些产甲烷细菌的生长需要较高浓度 Mg 的存在。

（2）产甲烷细菌代谢中特有的辅酶

产甲烷细菌具有独特的辅酶，它们在激发甲烷的形成中起着不可缺少的作用，下面简单介绍一下 F_{420} 和 CoM。

① F_{420} 泽恩和切斯曼等首先提出在产甲烷细菌中存在有 F_{420}，以后又证实它在产甲烷细菌中的普遍存在。F_{420} 不仅存在于产甲烷菌细胞体内，而且存在于甲烷发酵液中。F_{420} 是一种低分子量仅为 630 的荧光化合物，被氧化时在 420nm 处呈现蓝绿色荧光，并出现一个明显的吸收峰，而被还原时则在 420nm 处失去其吸收峰和荧光。因此，产甲烷细菌在 420nm 紫外光激发下产生自发荧光。

F_{420} 是一种低电位的最初电子载体，其氧化还原电位没有测定，可能接近－300mV 或更低。F_{420} 被氢化酶分解产生的电子还原，然后把所得的电子移交给电子转移链，再由电子转移链逐步把 CO_2 还原为 CH_4。在产甲烷细菌中，NADP（即烟酰胺腺嘌呤二核苷磷酸）的还原与 F_{420} 相偶联的。F_{420} 替代铁氧还蛋白，在瘤胃甲烷短杆菌中发现甲酸盐和氢的氧化是通过 F_{420} 与 NADP 的还原作用偶联在一起而被调控的，并发现在布氏甲烷杆菌中对甲酸和氢的氧化作用也通过 NADP 与 F_{420} 的还原作用相偶联。

② CoM 麦克布里德和沃而夫在 1970 年首先在产甲烷杆菌 M. O. H 菌株中发现参与甲

基转移反应的辅酶，称为辅酶 M（CoM）。CoM 是所有已知辅酶中最小的、具渗透性的、含硫量高、对酸和热稳定的辅助因子。CoM 在 260nm 处呈现最大的吸收峰。由于 CoM 的耐热性，在低于 425℃时分解很慢，在 425℃下才分解。

CoM 在产甲烷细菌细胞内含量很高，平均浓度为 0.2～2mmol/L；在瘤胃甲烷短杆菌细胞中积累量可达 5mmol/L。细胞内含有如此高的浓度，说明 CoM 在产甲烷的过程中起着极为重要的作用。CoM 是一种新的甲基转移的辅酶，即为活性甲基的载体。产甲烷细菌中只有瘤胃甲烷短杆菌不能自身合成 CoM，需要供给 CoM。因此在培养此菌时必须在基质中加入 CoM，才能良好生长和产甲烷，且随着加入 CoM 浓度的增加，生长量和产甲烷量随之增加。

2.3.3 产甲烷细菌的能量代谢

(1) 产甲烷过程中 ATP 的催化作用

产甲烷细菌都具有利用 CO_2 氧化氢气而获得能量的能力，所取得的能量供 CO_2 同化为细胞物质的需要；另一方面，甲基化中间产物最后一步被激活还原为 CH_4，也需要有 ATP 加以促进。在乙酸的裂解脱羧反应中，每裂解 1 个分子的乙酸需要提供 81.6kJ 能量。这说明产甲烷细菌在产甲烷过程中同样需要 ATP 以激活甲基和还原生成甲烷。

(2) 产甲烷过程中的能量释放

产甲烷细菌以氢气和二氧化碳、甲酸、甲醇或乙酸为底物形成甲烷时放出的有效自由能，如表 2-3 所列。

表 2-3 产甲烷细菌的能量代谢

反应式	$\Delta G'_0$（反应的 kJ/mol）
$4H_2+HCO_3+H^+ \longrightarrow CH_4+3H_2O$	−136.9
$4HCOO^-+4H^+ \longrightarrow CH_4+3CO_2+2H_2O$	−145.3
$4CH_3OH \longrightarrow 3CH_4+CO_2+2H_2O$	−319.9
$CH_3COO^-+H^+ \longrightarrow CH_4+CO_2$	−31.0

注：引自钱泽澍，闵航．沼气发酵微生物学，1986。

从表 2-3 中可以看到，每生成 1mol 的甲烷所释放的能量，以氢气和二氧化碳为底物与以甲酸为底物是几乎相等的，以甲醇为底物则低一些，而以乙酸为底物则相当低，仅 30.98kJ/mol，只相当于其他 3 种底物所释放能量的 1/4 左右。由乙酸生成甲烷的反应，是一种分子内的氧化还原过程，因此产甲烷细菌利用乙酸生长时不可能通过电子传递进行磷酸化作用这一反应来获得能量。

在标准条件下，二氧化碳由氢气还原为甲烷的自由能变化是 −137kJ/mol，但产甲烷细菌通常生长于 1mmol/L 氢气浓度，在瘤胃中氢气浓度不会超过 1mmol/L 浓度。因此按照这种计算，自由能变化从标准条件下的 −137kJ/mol形成的甲烷降低到生理学条件下的 −62.8kJ/mol，这就表明在二氧化碳还原到甲烷期间形成的 ATP 不会超过 1ATP。

2.4 产甲烷细菌与不产甲烷细菌的相互作用

在厌氧条件下，由于缺乏外源电子受体，各种微生物只能以内源电子受体进行有机物的降解。因此，如果一种微生物的发酵产物或脱下的氢，不能被另一种微生物所利用，则其代谢作用无法持续进行。无论在自然界还是在消化器内，产甲烷细菌都是有机物厌氧降解食物链的最后一个成员，其所能利用的基质只有少数几种 C_1、C_2 化合物，所以必须要求不产甲烷细菌将复杂有机物分解为简单化合物。在厌氧处理系统中，产甲烷细菌与不产甲烷细菌相互依赖，互为对方创造良好的环境和条件，构成互生关系；同时，双方又互为制约，在厌氧生物处理系统中处于平衡状态。

2.4.1 不产甲烷细菌为产甲烷细菌提供生长和产甲烷所必需的基质

不产甲烷细菌可以通过其生命活动为产甲烷细菌提供合成细胞物质和产甲烷所需的碳前体和电子供体、氢供体和氮源。不产甲烷细菌中的发酵细菌可以把各种复杂的有机物，如高分子的碳水化合物、脂肪、蛋白质等进行发酵，生成游离氢、二氧化碳、氨、乙酸、甲酸、丙酸、丁酸、甲醇、乙醇等产物。丙酸、丁酸、乙醇等又可被产氢产乙酸细菌转化为氢气、二氧化碳和乙酸。这样，不产甲烷细菌就为甲烷细菌提供了生长繁殖的底物。

2.4.2 不产甲烷细菌为产甲烷细菌创造了适宜的氧化还原电位条件

产甲烷细菌是严格的专性厌氧菌，在有氧的情况下，产甲烷细菌就会受到抑制不能生长繁殖。但是在厌氧反应器运转过程中，由于加料过程难免使空气进入装置，有时液体原料里也含有微量溶解氧，这显然对产甲烷细菌是非常不利的。厌氧反应器内的不产甲烷细菌类群中的那些兼性厌氧或兼性好氧微生物的活动，可以将氧消除掉，从而降低反应器中的氧化还原电位。另外，通过厌氧装置中的各种厌氧微生物有序的生长和代谢活动，使消化液的氧化还原电位逐渐下降，最终为产甲烷细菌的生长创造适宜的氧化还原电位条件。

2.4.3 不产甲烷细菌为产甲烷细菌消除了有毒物质

产甲烷细菌对一些毒性物质特别敏感，尤其是一些工业废水或废弃物中常常含有一些能使产甲烷细菌中毒的物质，如苯酚、氰化物、长链脂肪酸和重金属离子等，但是在厌氧反应器中，不产甲烷细菌有很多种类能够裂解苯环、降解氰化物，这不仅解除了它们对产甲烷细菌的毒害，并且同时给产甲烷细菌提供了底物。此外不产甲烷细菌的代谢产物硫化氢，还可以和一些重金属离子发生作用，生成不溶性的金属硫化物沉淀，从而解除了一些重金属的毒害作用。

2.4.4 产甲烷细菌为不产甲烷细菌的生化反应解除反馈抑制

不产甲烷细菌的发酵产物，可以抑制其本身的生命活动。例如产酸细菌在产酸过程中产生大量的氢气，氢气的积累必然抑制产氢过程进行。但是在运行正常的消化反应器中，产甲烷细菌能连续利用由不产甲烷细菌产生的氢、乙酸、二氧化碳等生成甲烷，不会由于氢和酸的积累而产生反馈抑制作用，使不产甲烷细菌的代谢能够正常进行。

2.4.5 产甲烷细菌和不产甲烷细菌共同维持环境中适宜的 pH 值

厌氧反应器中不产甲烷细菌和产甲烷细菌的连续配合对稳定反应器中的 pH 值也是非常重要的。在沼气发酵初期，不产甲烷细菌首先降解废水中的有机物质，产生大量的有机酸和碳酸盐，使发酵液中的 pH 值明显下降。同时不产甲烷细菌中的氨化细菌，能迅速分解蛋白质产生氨。氨可以中和部分酸，起到了一定的缓冲作用。另一方面，产甲烷细菌可以利用乙酸、氢和二氧化碳形成甲烷，从而避免了酸的积累，使 pH 值稳定在一个适宜的范围，不会使发酵液中 pH 值达到对甲烷过程不利的程度。因此，产甲烷细菌和不产甲烷细菌共同维持了环境中适宜的 pH 值。

2.5 硫酸盐还原菌

硫酸盐还原菌简称 SRB，通常指的是能通过异化作用进行硫酸盐还原的一类细菌。一般来说，SRB 是一类形态、营养多样化的，利用硫酸盐作为有机物异化作用的电子受体的严格厌氧菌，1895 年首先由 Beijerinck 发现，至今已有百年的历史。Delden 于 1903 年发表了有关海水中耐盐菌种的报道，Elion 于 1925 年发现了一种嗜热的 SRB。1930 年 Baars 发表了一篇论文，较系统地讨论了 SRB。这些早期的研究工作分别在 1936 年由 Bunker 和 1949 年由 Butlin 等人进行了总结。现在人们已经认识到 SRB 是严格厌氧菌，并发现其中有些菌种在无硫酸盐存在时仍能通过发酵获得能量而生长，但是所有的 SRB 都不能以氧作为电子受体，一般来说，氧抑制其生长，与普通的土壤或水体中的微生物如假单胞菌相比，SRB 的生长速率相当缓慢，但是它们也有极强的生存能力，且分布广泛。

2.5.1 SRB 的生活环境和条件

(1) SRB 在环境中的分布

自然界中 SRB 最常见的是嗜温的革兰氏阴性、不产芽孢的类型。在淡水及其他含盐量较低的环境中，易分离到革兰氏阳性、产芽孢的菌株。此外，在自然界中存在的还有革兰氏阴性嗜热真细菌、革兰氏阴性古细菌。SRB 是严格的厌氧菌，但是它分布广泛，SRB 可以存在于土壤、水稻田、海水、盐水、自来水、温泉水、地热地区，油井和天然气井，含硫沉积物，河底污泥、污水，绵羊瘤胃、动物肠道等。还可以从一些受污染的环境中检测到它的存在，如厌氧的污水处理厂废物，被污染的食品中。

(2) 基本环境因子

SRB 可以在 0.5～75℃条件下生存，并能很快适应新的温度环境，最适温度为 37℃。某些种可以在－5℃以下生长，具有芽孢的种可以耐受 80℃的高温；在 pH 值为 5～9.5 的范围内生存，最适 pH 值为 7.0～7.8。盐分：在一些高盐的生态环境中，也能检测到它们的存在，如盐湖、死海等。在实验室中分离到的嗜盐菌多数是轻度嗜盐菌（适宜盐度范围为 1%～4%），分离到中度嗜盐菌的报道不多，最适盐度为 10%左右。E_h：其生长要求 E_h 低于－150mV。

(3) SRB 生长所需的碳源、氮源

SRB 的不同菌属生长所利用的碳源是不同的，最普遍的是利用 C_3、C_4 脂肪酸，如乳酸盐、丙酮酸、苹果酸；此外还可以利用一些挥发性脂肪酸，如乙酸盐、丙酸盐、丁酸盐；醇类，如乙醇，丙醇等；氮源：铵盐是大多 SRB 生长所需的氮源。据一些报道，某些 SRB 还能够固氮。一些菌种能够利用氨基酸中的氮作为氮源，少数菌种能通过异化还原硝酸盐和亚硝酸盐提供氮。1992，Boopath 分离出一株脱硫弧菌（Desulfovibrio）能够利用硝酸盐，亚硝酸盐和 2,4,6-三硝基苯（TNT）作为氮源和电子受体。

2.5.2 硫酸盐还原菌的分类及生物学特征

在相当长的一段时间里，对 SRB 的研究进展缓慢。20 世纪 70 年代以前，确认的硫酸盐还原菌也只有脱硫弧菌（Desulfovibrio）、脱硫肠状菌（Desulfotoma-culum）和脱硫单胞菌（Desulfomonas）3 个属。在此之后，通过许多研究者的研究和成功的分离，发现除上述

3 个属外，SRB 还存在着其他不同的属和种。1984 年出版的第一版贝捷氏系统细菌学手册第一卷中，Niddel 和 Pfenning 提出了 SRB 的属检索表，把所有的能还原硫酸盐或元素硫的细菌归属为 8 个属。此后，又有一些新属陆续被分离和命名。因此，据不完全统计，SRB 已有 12 个属近 40 多个种。

但是，到目前为止，关于硫酸盐还原菌的分类还不太令人满意，主要是因为 SRB 的分类学特征不甚明显。除了 Desulfomonas 和 Deselfovibrio 在生物学上比较类似外，其他各属 SRB 除了一个共同点即还原硫酸盐外，其他方面则没有太多类似之处。

2.5.3 硫酸盐还原菌的代谢机理

一般好氧细菌的新陈代谢能够分为合成代谢和分解代谢，但关于硫酸盐还原菌的合成代谢几乎一无所知，对其分解代谢已有人作了不少研究。可以简单地将硫酸盐还原菌的代谢过程分为 3 个阶段：分解代谢、电子传递、氧化，如图 2-2 所示。

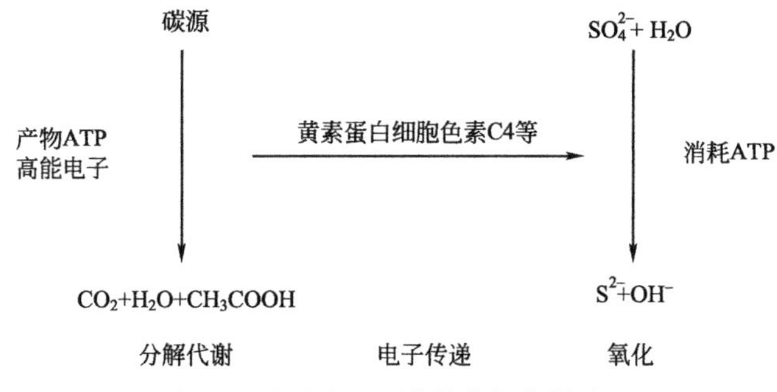

图 2-2 硫酸盐还原菌的分解代谢过程

在分解代谢的第一阶段，有机物碳源的降解是在厌氧状态下进行的，同时通过“基质水平磷酸化”产生少量 ATP；第二阶段中，前一阶段释放的高能电子通过硫酸盐还原菌中特有的电子传递链（如黄素蛋白，细胞色素 C 等）逐级传递，产生大量的 ATP；在最后阶段中，电子被传递给氧化态的硫元素，并将其还原为 S^{2-}，此时，需要消耗 ATP 提供能量。从这一过程可以看出，有机物不仅是硫酸盐还原菌的碳源，也是其能源，硫酸盐（或氧化态的硫元素）仅作为最终电子受体起作用。硫酸盐作为硫酸盐还原菌代谢过程中的最终子受体，将还原成硫离子，它首先在细胞体外积累，然后进入细胞。在细胞内，第一步反应是 SO_4^{2-} 的活化，即 SO_4^{2-} 与 ATP 反应转化为腺苷酰硫酸（APS）和焦磷酸（PPi），PPi 很快分解为无机磷酸（Pi），推动反应不断向左进行。APS 继续分解成亚硫酸盐和磷酸腺苷（AMP）。亚硫酸盐脱水后变成偏亚硫酸盐（$S_2O_3^{2-}$），$S_2O_3^{2-}$ 极不稳定，很快转化为中间产物连二亚硫酸盐（$S_2O_4^{2-}$），$S_2O_4^{2-}$ 又迅速转化为 $S_3O_6^{2-}$，$S_3O_6^{2-}$ 分解成硫代硫酸盐（$S_2O_3^{2-}$）和亚硫酸盐（SO_3^{2-}），$S_2O_3^{2-}$ 又经自身的氧化还原作用，变成 SO_3^{2-} 和最终代谢产物 S^{2-}，S^{2-} 被排出体外，进入周围环境，有关方程式如下：

$$ATP+SO_4^{2-}\xrightarrow{\text{ATP 硫酸化酶}}APS+PPi$$

$$PPi\text{-}H_2O\xrightarrow{\text{焦磷酸酶}}2Pi$$

$$APS-2e\xrightarrow{\text{APS-还原酶}}SO_3^{2-}+AMP$$

$$SO_3^{2-}\longrightarrow S_2O_3^{2-}\xrightarrow{2e}S_2O_4^{2-}\xrightarrow{2e}S_2O_3^{2-}\xrightarrow{2e}S^{2-}$$

$$S_2O_3^{2-}\longrightarrow SO_3^{2-}\ (\text{返回 } SO_3^{2-})$$

上述 SO_3^{2-} 还原成 S^{2-} 过程中，需要 6 个电子，由亚硫酸还原酶复合物系统逐步催化进行。

2.5.4 SRB在硫循环体系中的地位和作用

元素硫是构成生物细胞的基本成分之一（生物体内 C∶N∶S=100∶10∶1），自然界中的硫循环（图 2-3）是一个重要的地球化学循环，其中各个环节都有微生物参与，SRB 在这个体系中起着不可缺少的作用。在此体系中，厌氧条件下，SRB 同化有机物时可以以硫酸盐或其他含硫化合物作为电子受体，将其还原为 H_2S。在此反应中，产物 H_2S 和 CO_2 量的比例为 1∶2。

$$C_6H_{12}O_6+6H_2O \longrightarrow 6CO_2+24[H]$$

$$24[H]+3H_2SO_4 \longrightarrow 12H_2O+3H_2SO_4$$

总反应式：$C_6H_{12}O_6+3H_2SO_4 \longrightarrow 6CO_2+6H_2O+3H_2$

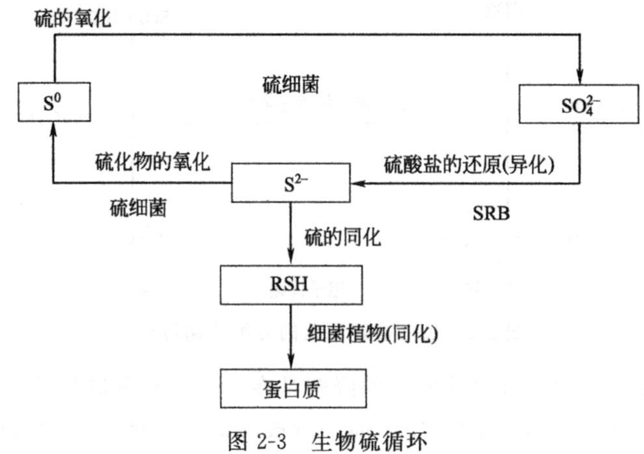

图 2-3 生物硫循环

2.5.5 影响硫酸盐还原作用的影响因子

(1) pH 值

根据有关文献报道，pH 值是影响 SRB 活力的主要因素，pH 值标志在一定范围内对〔H^+〕变化的中和能力，具有稳定体系 pH 值的作用。相对于产酸菌来说，SRB 所能耐受的 pH 值范围较窄，尽管其比产甲烷菌（MPB）适应环境的能力要强，但是过低的 pH 值下 SRB 必定难以生长和进行硫酸盐还原。SRB 生长最适 pH 一般在中性范围。有实验证明，当 pH 值在 6.48～7.43 之间变化时硫酸盐还原效果较好，而且当 pH 值为 6.6 时可以得到最大的硫酸盐还原率。此外，随着碱度的变化，硫酸盐还原率也有所变化。

(2) 温度

根据 SRB 生长对温度的要求，可以将其分为中温菌和嗜热菌两类，至今所分离到的 SRB 大多是中温性的，最适温度一般在 30℃左右。据研究，纯培养的 SRB 最佳生长温度是 30℃左右，但在含硫酸盐废水和各菌群混合共生的复杂体系中，SRB 的硫酸盐还原速度不仅仅取决于环境的温度是否为最佳温度，还是受竞争的影响，一般在 35℃时其硫酸盐还原速率最大。

(3) 基质碳源种类对硫酸盐还原速率的影响

近来许多研究结果表明，在有硫酸盐存在的条件下，SRB 以厌氧消化器中常见的易挥发有机酸（主要是乙酸、丙酸、丁酸、氯酸）为电子供体来还原硫酸盐。不同的污泥来源，不同的驯化条件下得到的生态系统中利用各种碳基质的 SRB 的分布必然有较大差别，从而表现为污泥对于各种碳源具有不同的消化能力。进而影响到它们对硫酸盐的摄取速度即硫酸盐还原速率。据研究报道，SRB 利用乳酸、丙酸、丁酸、乙酸的硫酸盐还原速率依次降低。

2.6 厌氧活性污泥

在厌氧消化系统中，微生物以群体和个体两种形式存在，但是决定消化过程的主要是那些以群体形式存在的微生物体。消化系统中的微生物群体结合成泥粒状或泥膜状。微生物能和溶液中的有机和无机悬浮物絮凝成肉眼可见的泥状絮凝体。当这种絮凝体悬浮于消化液中时，称为泥粒；当其附着于特设的片状、丝状或粒状固体挂膜介质上时，称为泥膜。泥粒和泥膜统称为厌氧活性污泥。

2.6.1 厌氧活性污泥性状

（1）泥龄

泥龄也称污泥停留时间或固体物停留时间，它是反应器赋予污泥的一种重要特性。鉴于厌氧微生物（特别是产甲烷细菌）的繁殖慢，世代期长，所以保持较长的固体物停留时间以保持必要的微生物种群是保证处理工艺成功运行的关键。有资料介绍，降解那些难于生物降解的有机物的微生物，大多是世代期很长的。在这种情况下，保持尽可能长的污泥停留时间则更重要。

为了保持长的污泥停留时间。可采用以下的工程措施：在上流式污泥床反应器内培养性能好的颗粒污泥；在一些高效反应器内将微生物固定在挂膜介质上；在厌氧生物接触工艺中经泥水分离后将污泥回流于反应器。

（2）活性

厌氧活性污泥活性（即分解有机物的能力）主要取决于污泥中的微生物含量及其组成。一般而言，微生物百分含量（以 VSS/SS 表示）高的污泥，它的活性也高。但微生物含量过高（如 VSS≥0.85）并且絮凝性差的污泥，易分散漂浮和流失，不是理想的污泥。而微生物含量过低的污泥，如 VSS/SS<0.4，活性太低，也不是理想污泥，微生物群体如能在污泥颗粒中组成一定的食物链和生态系，便能起到高效稳定的处理效果。

（3）沉降性

为了保证悬浮态厌氧活性污泥不致流失，必须使其具有良好的沉降性。

污泥的沉降性能常用污泥体积指数 SVI（sludge volume index）来衡量。SVI 的测定方法为：将混匀的污泥装入 100mL 的量筒内，至刻度后静止沉降 30min，记取泥水分界面下的体积 V(mL)，并且测定泥样的悬浮固体含量 m(g)，得到 SVI 值为

$$SVI=V/m\,(mL/g)$$

污泥的 SVI 值高，表示污泥松散，活性高，但是容易漂浮流失；SVI 值低，表示污泥密实，活性低，不易流失。

2.6.2 厌氧颗粒污泥的基本特性

（1）物理特性

厌氧颗粒污泥的形状大多数具有相对规则的球形或椭球形。成熟的厌氧颗粒污泥（简称

颗粒污泥）表面边界清晰，直径变化范围为0.14～5mm，最大直径可达7mm。

颗粒污泥的颜色通常是黑色或灰色。但贺延龄和Kosaric曾观察到白色颗粒污泥。颗粒污泥的颜色取决于处理条件，特别是与Fe、Ni、Co等金属的硫化物有关。Kosaric等发现当颗粒污泥中的S/Fe值比较低时，颗粒呈黑色。

颗粒污泥的密度在1030～1080kg/m^{3}之间。密度与颗粒直径之间的关系尚未能完全确定，一般认为污泥的密度随直径的增大而降低。

用扫描电镜观察颗粒污泥表面，经常可以发现许多孔隙和洞穴，这些孔隙和洞穴被认为是基质传递的通道，气体也可经此输送出去。直径较大的颗粒污泥往往有一个空腔，这是由于基质不足而引起细胞自溶造成的，大而空的颗粒污泥容易被水流冲出或被水流剪切成碎片，成为新生颗粒污泥的内核。颗粒污泥的孔隙率在40%～80%之间，小颗粒污泥孔隙率高而大颗粒污泥孔隙率低，因此小颗粒污泥具有更强的生命力和相对高的产甲烷活性。

颗粒污泥有良好的沉降性能，Schmidt等认为其沉降速度范围为18～100m/h，典型值在18～50m/h之间。根据沉降速率可将颗粒污泥分为三种：第一种，沉降性能不好，18～20m/h；第二种，沉降性能满意，18～50m/h；第三种，沉降性能很好，50～100m/h。后两种属于良好的污泥。杨秀山在处理豆制品废水时得到了79～180m/h沉降速度的颗粒污泥。

(2) 化学特性

颗粒污泥的干重（TSS）是挥发性悬浮物（VSS）与灰分（ASH）之和。VSS主要由细胞和胞外有机物组成，通常情况下VSS占污泥总量的比例是70%～90%。Lettinga给出的范围为30%～90%，其下限30%是在高浓度Ca^{2+}存在下取得的。Ross在其研究中发现含VSS约90%的颗粒污泥中，有机物中粗蛋白占11.0%～12.5%，碳水化合物占10%～20%。颗粒污泥中一般含C约5%，H约7%，N约10%。

2.6.3 厌氧颗粒污泥的结构

颗粒污泥的结构是指各种细菌在颗粒污泥中的分布状况。一些学者认为不同的互营细菌是随机地在颗粒污泥中生长，并不存在明显的结构层次性。Grotenhutis等的研究发现，生长在甲醇和糖类废水中的颗粒污泥中并未有细菌的有序分布，丁酸基质下生长的颗粒污泥中存在两类细菌族：一类是孙氏甲烷鬃毛菌（Methanosaeta Soehngenii）；另一类由嗜树木甲烷短杆菌和一种丙酸氧化菌组成。赵一章等对人工配水，屠宰废水和丙酮丁醇废水形成的颗粒污泥进行了观察，虽然各种形态的细菌处于有序的网状排列，但各种微生物区系多呈现随机性分布，未观察到颗粒层次之分。

另一些学者则证实细菌在颗粒污泥中的分布有较清晰的层次性，并提出了一些结构模型。Harade等在糖类废水中培养出的颗粒污泥有比较明显的层次分布，外层主要是水解菌和产酸菌，内核的优势菌为甲烷鬃毛菌。Macleod等给出了一个较为典型的颗粒污泥结构模型：甲烷鬃毛菌构成颗粒污泥的内核，在颗粒化过程中提供了很好的网络结构。甲烷鬃毛菌所需的乙酸是由产氢产乙酸菌等产乙酸菌提供，丙酸丁酸分解物中的高浓度H_2促进了氢营养型细菌的生长，产氢产乙酸菌和氢营养型细菌构成颗粒污泥的第二层。颗粒污泥的最外层由产酸菌和氢营养型细菌构成。Macleod结构模型如图2-4所示。

Macleod的模型为许多人证实，如Chui等的试验。Quarmby和Forster处理速溶咖啡废水时也得到了多层结构的颗粒污泥，他们观察到的最多层达到了4层。竺建荣等根据对颗粒污泥的观察，也提出了一个类似的结构模型，不同的是他们发现了颗粒污泥表面细菌分布

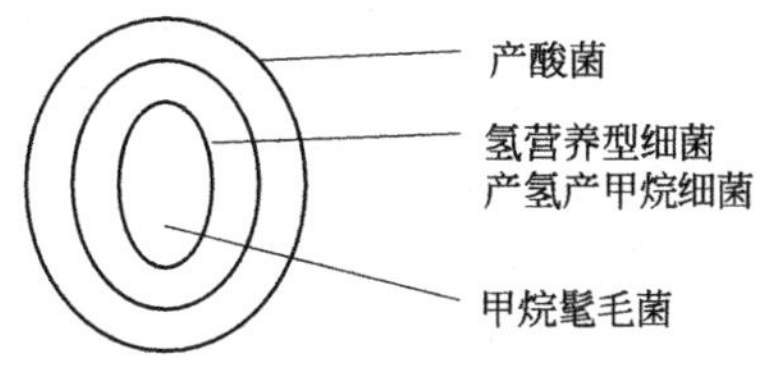

图 2-4 Macleod 的结构模型

的“区位化”，即不同细菌以成簇的方式集中存在于一定的区域内，相互之间可能发生种间氢转移。

Thaveesri 等从热力学的角度研究了颗粒污泥的结构。也有研究者从细菌细胞与水的接触角度开展研究，证明大多数产甲烷菌和产乙酸菌表面呈疏水性（低表面能、接触角大于45°），大多数产酸菌为亲水性（高表面能、接触角大于 45°）。Thaveesri 发现基质表面张力在 50～55mN/m 之间时，亲水性细菌和疏水性细菌都难以形成颗粒污泥；在糖类等表面张力小于 50mN/m 的基质中，形成的颗粒污泥外层为亲水性产酸菌，内层为疏水性产甲烷菌；而在蛋白质丰富的基质中，由于表面张力大于 55mN/m，疏水性细菌（如产甲烷菌）贯穿于颗粒污泥，占据优势地位，其结构如图 2-5 所示。低表面张力环境下形成的亲水性表面的颗粒污泥稳定性更高一些，而疏水性表面的颗粒污泥与 CH_4 等气体有强烈的黏结作用，易被气泡携带冲洗出反应器；因此，在蛋白质丰富的基质中，冲洗出的污泥量更大，而参与降解的生物量更小。

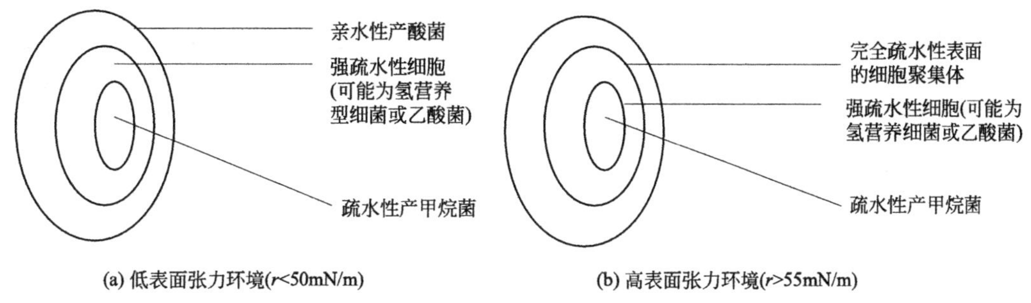

图 2-5 不同表面张力环境下颗粒污泥结构

颗粒化过程本身的复杂性决定了颗粒污泥结构的复杂性，生长基质、操作条件、反应器中的流体流动状况等都会影响颗粒污泥的结构。如 Quarmby 和 Forster 在处理马铃薯废水时得到了三层结构的颗粒污泥，在小麦淀粉和造纸废水中的颗粒却呈“蜂窝”结构，没有出现层次结构。研究者所采取的研究方法、观察手段的不同，也是导致观察结果不同的重要原因。

2.6.4 颗粒化过程

颗粒化过程是单一分散的厌氧微生物聚集生长成颗粒污泥的过程，是一个复杂而且持续时间较长的过程，影响因素很多。颗粒污泥的形成过程由多个阶段组成：a. 细菌与基质（可以是细菌，也可以是有机、无机材料）的吸引粘连过程；b. 微生物聚集体的形成；c. 成熟污泥的形成。

细菌与基体的吸引粘连过程，是颗粒污泥形成的开始阶段，也是决定污泥结构的重要阶段。一般来说，细菌与基质之间的排斥力阻碍着两者的接近，但离子强度的改变，Ca^{2+}、Mg^{2+} 的电荷中和作用以及 ECP 的作用可以降低排斥位能，促进细菌向基体接近。细菌与基质接近后，通过细菌的附属物如甲烷鬃毛菌的菌丝，或通过多聚物的黏结，将细菌黏结到基质上。随着粘连到基质上的细菌数目的增多，形成多种微生物群系互营发生的聚集体，即具有初步代谢作用的微污泥体。微生物聚集体在适宜的条件下，各种微生物竞相繁殖，最终形成沉降性能良好、产甲烷活性高的颗粒污泥。

目前大多数学说着眼于颗粒化第一阶段，对第二、三阶段的研究工作则不多见。针对基体的不同，研究者提出了不同的颗粒污泥形成机制。Macleod 等根据所观察到的颗粒污泥的层次分布情况，认为甲烷鬃毛菌相互聚集在一起形成具有框架结构的内核，从而使产乙酸菌以及氢营养菌附着其上，最后是发酵性细菌（产酸菌及其他氢营养菌）在外围生长，由此形成颗粒污泥。吴唯民等人在脂肪酸降解颗粒污泥的形成过程中发现，甲酸甲烷杆菌先粘连在马氏甲烷八叠球菌上形成聚集体，而甲酸甲烷杆菌、甲烷鬃毛菌、丁酸降解菌构成互营内酸-丁酸降解聚集体，最后两类聚集体通过甲酸甲烷杆菌的连接形成颗粒污泥。

二次核学说认为营养不足的衰弱颗粒污泥，在水流剪切力作用下，破裂成碎片，污泥碎片可作为新内核，重新形成颗粒污泥。Grotenhuis 及其合作者分别用高低浓度基质培养颗粒污泥，发现前者形成颗粒粒径较大，而后者的粒径较小，据此提出了二次核形成的模型。其他研究者如杨虹、Beeftink 等也提出过类似的二次核形成模型。二次核学说较好地说明了加入少量颗粒污泥可加速颗粒化进程的现象，已为大多数研究者接受。

2.7 厌氧生物膜

当载体浸没在营养物质和微生物的有机废水中，在废水流动的情况下，载体表面附着的细菌细胞生长繁殖而形成一种充满微生物的生物膜，这就是厌氧生物膜，它可以吸收废水中的有机营养物质，达到净化有机废水的目的。

2.7.1 厌氧生物膜的形成及其作用

废水中的有机物被吸附在载体表面，一些有机悬浮物也沉积在载体表面形成有机物薄层。这个过程很短，瞬时即可完成。接着微生物向载体表面迁移。当悬浮物本身生长着细菌时，就会出现同体着陆现象。在静止或层流液体中，其迁移速率主要取决于布朗运动和细菌本身的运动：在紊流条件下，则主要由涡流效应决定其迁移速率。随着不断迁移，微生物在载体表面逐渐形成生物膜。

生物膜可以在塑料、金属和其他惰性材料的表面形成，并且不断脱落、再生、更新。生物膜的脱落是由于生物膜内的微生物老化或者环境条件的变化而引起的，但有时水力剪切力过大也可使部分生物膜脱落。生物膜脱落后裸露的新表面可以形成新的生物膜。

与好氧生物膜一样，厌氧生物膜也对废水中的有机物起到吸附、降解作用。无论哪种厌氧生物膜工艺，其净化有机废水的过程都如图 2-6 所示。

2.7.2 厌氧生物膜法的特点

厌氧生物膜法具有以下 4 个特点。

① 由于厌氧生物膜中的厌氧微生物以附着于载体表面的生物膜形态存在，不容易随水流失，因此对于增殖速率较慢的厌氧微生物特别有利。此外，厌氧生物膜法的泥龄长，一般其生物固体停留时间（SRT）在 20d 以上，有的高达 100～200d。

② 厌氧生物膜中的微生物大多被截留在浓稠的胞外多聚物残留物中。生物膜的结构具

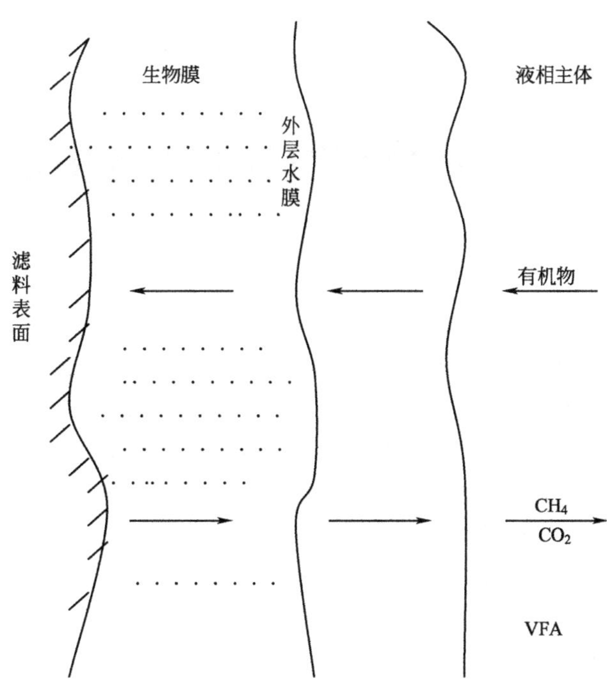

图 2-6 厌氧生物膜降解有机废水过程

有保护微生物，抵抗外部环境干扰的作用。所以，厌氧生物膜可以承受相对较高的毒物冲击负荷及相对较大的温度变化，即工艺稳定性好。因而不但能处理高浓度有机废水以及毒性有机物，而且可以在常温下处理大量的低浓度有机废水。

③ 虽然厌氧生物膜法的污泥龄长，但一般不需设置专门的生物滞留装置。产生的沼气易于气液分离，无需设置专门的气体分离装置。但有些厌氧生物膜法，采用较小尺寸的块状载体，易发生堵塞现象。

④ 在各种厌氧生物膜法的反应器内部填充着足以提供厌氧微生物附着表面的载体，使得生物膜的表面积很大，最大可达 $3300m^2/m^3$。足够大的表面积不仅提高了单位容积反应器里的微生物数量，而且为提高反应器的处理效率创造了良好条件。由于具有较大的比表面积，也增大了传质面积，使传质过程得以强化，在负荷相同的条件下，厌氧生物膜法一般较其他厌氧处理法的有机物去除率高。

第3章 废水厌氧生物处理生物化学原理

早在1929年，厌氧微生物降解已经被利用于处理污水了，当时，丹麦的Slagelse市利用厌氧微生物来处理发酵废水。但在通常情况下，厌氧微生物降解是以城市污水污泥处理工艺为主，即在无氧存在的条件下，有机物被兼性菌和专性厌氧菌降解，末端产物为二氧化碳和甲烷，使污泥得到稳定。所以厌氧微生物降解过程也可称是污泥生物稳定的过程。

厌氧生物处理技术是一种低成本的处理技术，也是一种把废水的处理和能源的回收利用相结合的一种技术。包括中国在内的大多数发展中国家面临严重的环境问题、能源短缺以及经济发展与环境治理所面临的资金不足。这些国家需要既有效、简单又费用低廉的技术。厌氧技术因此而成为特别适合我国国情的一种技术。厌氧废水处理技术同时可以作为能源生产和环境保护体系的一个核心部分（见图3-1），其产物可以被积极利用而产生经济价值。

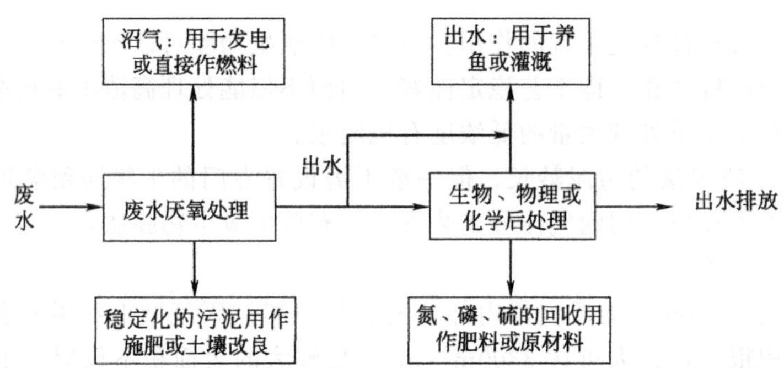

图3-1 以厌氧生物处理及后处理技术为基础的环境保护、能源生产和综合利用的体系

3.1 废水厌氧生物处理技术的特点

3.1.1 废水厌氧生物处理技术的发展

废水厌氧生物处理技术经过几代的发展、改善，最终形成了一个较普遍较合适的技术而被人们广泛地利用。而且每一代都有各自的特点。例如从20世纪70年代起，在以前的厌氧技术的基础上，国际上又出现了第二代废水的厌氧生物处理技术，它的基本特征如下：a. 反应器容积比传统工艺减少90%以上，具有相当高的有机负荷和水利负荷；b. 在低温、冲击负荷、存在抑制物等不利因素下仍具有较高的稳定性；c. 处理低浓度废水的效率已具备与好氧处理的竞争能力；d. 反应器投资小，适合各种规模和可被结合在整体的处理技术中；e. 可以作为能源净生产过程。

升流式厌氧污泥床（upflow anaerobic sludge blanket，UASB）工艺是第二代厌氧生物

处理技术中应用最为广泛的，其应用率达到了工业化厌氧反应器的 65%。

20 世纪 80 年代的研究和实践发现，以 UASB 为代表的第二代厌氧生物处理工艺存在许多缺点，比如在结构方面，高径比小，因而占地面积大；在操作方面，UASB 启动时间长，液体上升流速小，液固混合较差；负荷较高时，污泥易流失，易造成有毒难降解化合物、非活性物质的吸附和积累。于是，在 20 世纪 90 年代，第三代厌氧生物处理工艺在 UASB 基础上发展起来，其共同特点包括：a. 微生物均以颗粒污泥固定化方式存在于反应器中，使反应器单位容积的生物量更高；b. 水利负荷承受能力增高，并具有较高的有机污染物净化效能；c. 高径比增高，占地面积小，动力消耗降低。

厌氧反应与好氧反应的区别在于氧的来源或者是否需要氧气。好氧反应必须有氧气的存在，而且氧是作为氧化降解过程的最终电子受体而存在的。而厌氧反应需要参与反应的是含氧的化合物，不是原子氧和分子氧。也有的厌氧反应过程不需要含氧的化合物，只需要有一个完整的电子传递链即可进行。厌氧反应和好氧反应的电子受体都是污水中的有机物，但都有各自的电子受体。两者比较，厌氧生物处理有其自己的优点和缺点，分别介绍如下。

3.1.2 厌氧生物处理技术的优点

(1) 环境、经济效益高

厌氧生物处理技术可作为一种核心技术，即把环境保护、能源回收与生态良性循环结合起来的综合系统（见图 3-1)，环境效益很高。另外，厌氧生物处理技术与好氧技术比较起来在废水处理成本上要便宜很多，是一种非常经济的技术。尤其是对于中等以上浓度（即 COD>1500mg/L）的废水经济效益更高。例如，Pichon 等对处理 2500m^3/d COD、BOD 浓度分别为 2600mg/L 和 1000mg/L 的工业废水的费用好氧处理与厌氧处理做了比较，前者处理时每吨水成本为 0.4 美元，而后者处理时每吨成本仅为 0.14 美元，是前者的 1/3，这还未计入所创造的沼气的价值，这说明厌氧处理法比好氧处理法产生的经济效益要高得多。

厌氧生物降解过程的经济效益见表 3-1。

表 3-1　厌氧生物降解的经济效益

生物合成速率低	每去除 1000kgCOD　节省 $50(处置 1t 污泥费用 $100)
营养需要量少	每去除 1000kgCOD　节省 $50
无曝气节省电费	每去除 1000kgCOD　节省 $50[电费为 $0.05/(kW·h)]
产生甲烷的价值	每去除 1000kgCOD　甲烷热能价值 $60(10^{6}kJ＝$4.74)

(2) 节能、降耗、成本低

厌氧生物处理技术在运行过程中，微生物降解有机物是无需分子氧呼吸的，因此系统无需供氧。相反，好氧微生物降解有机物是需分子氧呼吸，必须有充足的氧存在反应才能正常进行。理论上，完全氧化 1kg BOD 必须有等量的分子氧存在。好氧生物处理过程的氧通常是靠空气进行补充的，其原理为：通过曝气设备将空气中的氧充到水中，先是空气中的氧进入水中，然后水中的氧再传递到好氧微生物体内进行降解代谢。有时在气膜液膜的阻力下，氧的传递效率会受到影响。通常情况下，普通的曝气设备，充 1kg 氧到水中需耗电大约 0.5～1.0kW·h。也就是说，完全氧化 1kg BOD 需要消耗电约 0.5～1.0kW·h。而若是采用厌氧生物处理技术，便可节省大量的电能。下面对某工业废水处理厂处理废水所采用的两种方法所用成本作以比较，如表 3-2 所列。

表 3-2 某工业废水处理厂厌氧处理与好氧处理相对成本比较

项目	厌氧法	好氧法
中和	39.6	39.5
营养物添加	7.8	81.3
污泥脱水剂	—	49.6
操作人员	7.7	15.5
维修	26.3	29.4
总费用(不含产气价值)	100.0	319.2
总费用(含产气价值)	28.7	319.2

注：以厌氧法处理总费用为 100%。

由表 3-2 不难看出，除中和费用及维修费用两法成本相差不多外，其余费用厌氧与好氧两种方法比起来明显省了许多，而且处理时厌氧法无需污泥脱水剂也就无需花费成本了。这也是厌氧法比好氧法成本低的原因。另外，如能将产生的沼气充分利用，从表 3-2 中不难看出，成本费用会更加降低，并能产生更高的利润。

Habets 等还对好氧工艺和厌氧＋好氧处理的投资与成本做了比较（见表 3-3）。

表 3-3 好氧活性污泥工艺和厌氧＋好氧工艺年操作费用比较 单位：万美元

项目		好氧系统 A	好氧系统 B	厌氧＋好氧
计算依据	处理能力/(tCOD/d)	8.25	16.5	16.5
	投资	106.0	159.0	141.0
年各项费用	电力	5.9	11.8	2.9
	化学药品	3.7	4.4	3.7
	折旧费(15 年)	7.1	10.6	9.4
	贷款利息(10%)	10.6	15.9	14.1
	操作人员	2.1	2.1	2.1
	维修	1.8	2.6	2.6
	排污系统	1.0	1.0	1.0
总费用		32.2	48.4	35.8
高压蒸汽生产		—	—	—10.9
年实际费用		32.2	48.4	24.9

从表 3-3 中不难看出，整个过程中，电力费用厌氧＋好氧法费用很少，仅为好氧系统 A 的 1/2，是好氧系统 B 的 1/5；化学药品费用也很低。总费用较少，而且高压蒸汽还能产能，产生收入，这样年实际费用就非常少，降低了成本。

因为厌氧反应器的容积负荷比好氧法要高很多，所以单位反应器容积的有机物去除量也要高很多，新一代的高速厌氧反应器的使用更是如此。其反应器体积小，占地少的这一优点用于人口密集、地价昂贵的地区是非常适合的。例如，澳大利亚某造纸厂在改造旧的好氧技术时，引入厌氧技术先行处理废水，在占地面积不变的情况下，使废水处理能力增加了 1 倍，与此同时，处理成本也降低了许多，污泥产生量也较少。

(3) 产生剩余污泥量少

下面通过好氧与厌氧两种方法在废水处理过程中，污泥的产率系数 M 的比较，来说明厌氧法处理过程中产泥量较少这一特点。

表 3-4 几种废水好氧处理污泥的产率

废水名称	$M/(kgVSS/kgBOD_5)$
含酸废水	0.70
合成纤维废水	0.38
亚硫酸盐浆粕废水	0.55
生活废水	0.50～0.65
酿造废水	0.93
制药废水	0.77

表 3-5 几种不同有机物厌氧甲烷发酵的产率系数

有机物种类	化学分子式	$M/(kgVSS/kgCOD)$
乙醇	C_2H_6O	0.077
生活废水	$C_{10}H_{19}O_3N$	0.077
蛋白质	$C_{16}H_{24}N_4$	0.056
脂肪酸	$C_{16}H_{32}O_2$	0.042
碳水化合物	$C_6H_{12}O_5$	0.20
甲醇	CH_4O	0.11

从表 3-4 和表 3-5 中的例子可以看出，以生活废水为例，好氧处理中大部分被转化合成细胞，只有一少部分被氧化分解提供能量。而在厌氧处理时，仅有极少量被同化为细胞，几乎都被转化为甲烷和二氧化碳。另外，厌氧微生物繁殖速度缓慢，因而在处理同样体积的废水时，产生的剩余污泥的量极少，仅为好氧法的 1/10～1/6。因此，厌氧处理法比好氧法处理产生的剩余污泥要少许多。且厌氧法产生的污泥很稳定，无需过于处理，这样便可降低污泥处理费用。并且，厌氧处理产生的污泥脱水性能非常好，无需脱水剂便能被浓缩，使对剩余污泥的处理容易得多。另外，厌氧法处理时，有机物几乎都被转化为甲烷和二氧化碳，因此在剩余污泥中几乎没有有机物，属于高度无机化的污泥，作农田肥料或作为新运行的废水处理厂的种泥都非常适合。

(4) 能量、营养较少，产能量高

厌氧处理技术其反应过程所需能源很少，而且在反应过程中还能产生大量的能源。有资料记载，含 1t COD 的废水在处理时，用厌氧法仅需要耗电 2.7×10^8J (75kW·h)，而用好氧法却需要耗电 36×10^8J (1000kW·h)，两法比较，厌氧法耗电是好氧法的 1/10 都不到。在产甲烷方面，厌氧法理论上每除去 1kg COD 可以产生 0.35m^3的纯甲烷气 (0℃、1.013Pa 下)。纯甲烷气与天然气比较起来，纯甲烷气的燃烧热值为 $3.93\times10^7 J/m^3$，而天然气的燃烧热值为 $3.53\times10^7 J/m^3$，比纯甲烷的燃烧热值要小。1m^3甲烷可发电 8.64×10^6J (2.4kW·h)，由此可以看出甲烷是很好的能源。同时，当沼气中的甲烷约占总沼气的 60%～80%时，沼气可用作锅炉燃料或家用燃气。以日排放 COD 10t 的工厂为例，若去除率为 80%，甲烷产量为理论值的 80%，则可日产甲烷 2240m^3，其能产生的热量相当于 2500m^3天然气或 3.85t 优质原煤所产生的热量，可发电 1.944×10^{10}J (5400kW·h)。因此，厌氧处理技术的应用，不但需能源极少，在反应过程中，其产生的能源也是非常之多，若能很好地利用，其产生的经济效益是显而易见的。

厌氧法对营养物的需求不高，以氮和磷为例，氮和磷等营养物质是组成细胞的重要元素，采用生物法处理废水，若废水中缺少氮和磷等元素，必须投加补充，以满足微生物合成细胞的需要。一般情况下，只要满足 BOD_5：N：P= (200～300)：5：1 便能使反应正常进行。对于缺乏氮和磷的有机废水，应用厌氧法可大大降低氮和磷的投加量，使运行费用降低。

3.1.3 厌氧生物处理技术的缺点

众所周知，任何事物都不是完好无缺的，厌氧法也是如此，尽管它有很多比好氧法好的方面，但总有不足之处，现介绍如下。

(1) 对有毒物质敏感

厌氧法对有毒物质非常敏感，这一缺点是导致反应器运行条件恶化的主要原因，因此要特别注意了解有毒废水中有毒物质的性质，还要注意处理时操作方法也要得当。但随着人们对这一问题的重视，人们渐渐加强了对有毒物质的种类、毒性物质的允许浓度和可驯化性的了解，并在工艺上做了改进，慢慢克服了厌氧生物处理技术的这一缺点。并且，人们发现对厌氧细菌的驯化可以在很大程度上提高其对有毒性物质的耐受能力。

(2) 启动过程缓慢

俗话说得好："万事开头难"。厌氧生物处理技术其反应器在初次启动时过程很缓慢，通常需要 8～12 个星期。造成这一不足的原因是多方面的，比如说厌氧微生物增殖较慢，污泥生长缓慢等。但也正是这个原因使得在处理过程中产生的剩余污泥较少。由于厌氧污泥具有可长期保存这一特性，只要控制适宜环境，便可将保存的厌氧污泥直接用于新建的厌氧处理系统进行污泥接种，这样反应器启动慢的问题便可解决了。

(3) 有机物去除不彻底

厌氧法虽然负荷高，但其处理有机物时仍无法将有机物彻底去除。而且经厌氧反应后，出水 COD 浓度高于好氧处理。因此，单独采用厌氧生物处理废水无法达到预期的排放标准，所以仍需要后续处理（如好氧处理）才能达到较高的排放标准。

3.2 厌氧处理过程的生化机理

厌氧处理过程还被称为厌氧发酵，厌氧消化，可以定义为在厌氧条件下由多种（厌氧或兼性）微生物共同作用，从而使有机物分解并产生 H_2O 和 CO_2 的过程。与好氧过程的根本区别在于不以分子态氧作为受氢体，而以化合态氧、碳、硫、氮等为受氢体。

厌氧处理过程在自然界的存在形式是非常广泛的。如"自动净化器"，它是于 1881 年由法国的 Louis Mouras 发明的，可以处理污水污泥，它的问世使人类懂得了利用厌氧过程处理废水废物，并将这一过程广泛地应用于处理城市污水和活性污泥工艺中产生的剩余污泥去除的过程中。随着能源危机的加剧，人们认识到厌氧过程处理有机废水的重要性，并加强了对其的研究。各种方法，各种反应器也相继出现，如：厌氧接触法、上流式厌氧污泥床（UASB）反应器、厌氧滤池（AF）、厌氧流化床（AFB）、厌氧附着膜膨胀床反应器（AAFEB）等，从此厌氧过程被大规模地应用于废水处理。这些反应器大大缩短了水利停留时间，并大大提高了有机负荷和处理效果。

20 世纪 30～60 年代，人们普遍认为可以简单地把厌氧消化过程分为两个阶段（见图 3-2），也就是"两阶段理论"。发酵阶段或产酸阶段或酸性发酵阶段为第一阶段，主要是废水中的有机物在发酵性细菌的作用下，经过水解和酸化反应之后，被降解转化为以脂肪酸、醇类、CO_2 和 H_2O 等为主的产物。这其中参与反应的微生物被统称为发酵性细菌或产酸细菌，其特点主要有：a. 生长速率快；b. 对环境条件（如温度、pH 值、抑制物等）的适应性较强；产甲烷阶段或碱性发酵阶段则为反应的第二阶段，主要发生的反应是产甲烷菌利用

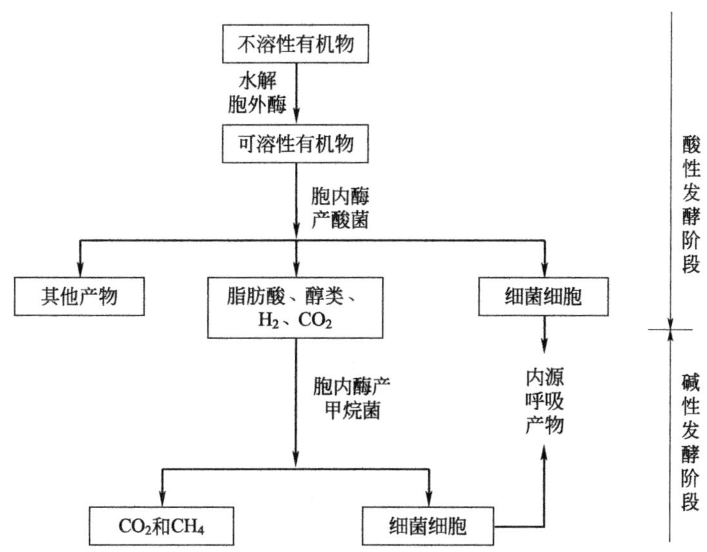

图 3-2　厌氧消化过程两阶段理论

前一阶段的产物（脂肪酸、醇类、CO_2 和 H_2O 等）为基质，最后将其转化为 CH_4 和 CO_2。这里参与反应的微生物被统称为产甲烷菌，其主要特点有：a. 生长速率很慢；b. 对环境条件（如温度、pH 值、抑制物等）非常敏感等。

但是随着对厌氧微生物学研究的不断深入，很多学者都发现上述过程不能真实完整地反映厌氧消化过程的本质。厌氧微生物学的研究结果表明，产甲烷菌是一类非常特别的细菌，它们只能利用一些简单的有机物如甲酸、乙酸、甲醇、甲基胺类以及 H_2、CO_2 等，而不能利用除乙酸以外的含两个碳以上的脂肪酸和甲醇以外的醇类。2 世纪 70 年代，Bryant 发现原来认为是一种被称为“奥氏产甲烷菌”的细菌，实际上是由两种细菌共同组成的，其中一种细菌先将乙醇氧化为乙酸和 H_2，另一种细菌则利用 H_2 和 CO_2 以及乙酸产生 CH_4。由此，Bryant 提出了厌氧消化过程的“三阶段理论”（见图 3-3）。

3.2.1　废水中复杂基质的厌氧降解

复杂基质是指在废水中以悬浮物或胶体的形式存在的高分子有机物。图 3-4 为污泥消化过程中的复杂基质的降解模式。

3.2.2　厌氧微生物

虽然在 17 世纪就有科学家发现，自然界中有机物腐烂之后能产生可燃性的气体。到 19 世纪微生物学家指出沼气的形成是一个微生物学过程。直到 20 世纪初，人们通过一系列的实验分离得到一种能产甲烷的球菌，并命名为 Methanococcus mazei，称之为马氏甲烷球菌，其细胞呈球形或呈正圆或椭圆形，排列呈对或呈链。随后又得到一种能产甲烷的杆菌，命名为 Mthanobacterium omelianskii，称之为奥氏甲烷杆菌，细胞呈杆状，连成链或长丝状，或呈短而直的杆状。从此以后大量的微生物不断地被发现，人们对厌氧微生物的研究也进一步得到开展。

自然界中厌氧环境普遍存在，而厌氧环境中厌氧微生物也必定存在。与好氧反应的微生物相比较，厌氧微生物的种类相对要少许多，但是，种类还比较丰富。厌氧微生物可以分为：发酵细菌，也称产酸细胞，还有完全厌氧反应的产甲烷细菌。在一个厌氧反应器内可同

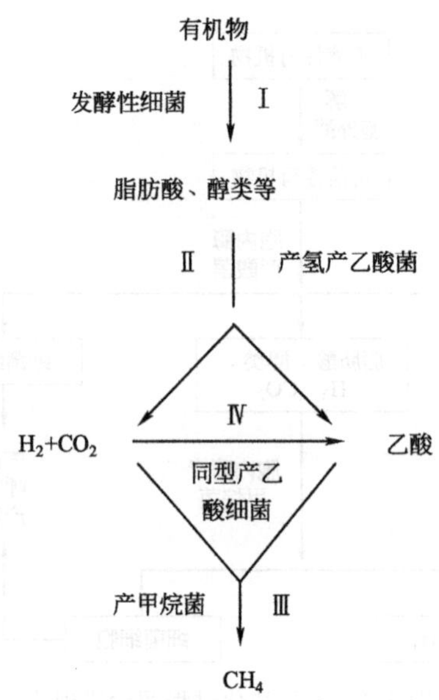

图 3-3　厌氧消化过程三阶段及四阶段理论

Ⅰ,Ⅱ,Ⅲ—三阶段理论；Ⅰ,Ⅱ,Ⅲ,Ⅳ—四阶段理论

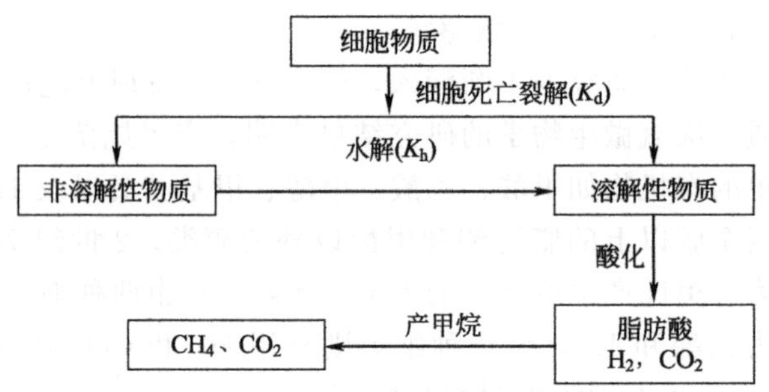

图 3-4　污泥消化中复杂基质的降解模式

时存在多种厌氧微生物，它们共同完成一个复杂的厌氧降解反应过程。

厌氧微生物是整个微生物世界的一个重要组成部分。厌氧微生物绝大多数为细菌，很少数是放线菌，极少数是支原体。厌氧微生物在自然界分布非常广泛。人类周围生活的自然环境中及人体本身就生存着多种多样的厌氧微生物，它们与人类的关系密切，不可分割。然而由于厌氧微生物在分离、纯化和菌种培养过程存在一定的困难，致使对厌氧微生物的研究在技术和方法上的进展就相当缓慢，这样人类对厌氧微生物的认识和有效利用，远远落后于对好氧微生物和兼性厌氧微生物的研究工作。

直到近二十多年，随着厌氧操作技术的不断完善，厌氧微生物研究方法的不断改进，尤其近十多年来许多新技术和新方法的应用，使厌氧微生物学取得很大的进步，获得了丰硕的成果。其中，很多种类的厌氧微生物被发现，它们不仅能在一般的常温的少氧或无氧的自然环境中生存，还能在高温环境中很好地存在。测得它们的最适生长温度为100～103℃，有一种厌氧菌可在高达105℃的环境中生存，称之为超嗜热专性厌氧细菌；另有一种可在南极生长的，称之为嗜冷厌氧菌；还有能在22～25℃的高盐浓度中生长的，称之为专性厌氧发酵的嗜盐菌。与此同时，众多的新目、新属和新种也被发现。这样一些已知的属种分类位置就要有很大变动。尤其是现已明确厌氧微生物在生物进化中系统发育的特殊地位，这就更能显示出它们的重要性。

厌氧微生物可利用的基质极为广泛，包括了自然界各种各样含氮和不含氮的有机物及二氧化碳等。它们在氮和碳等元素地球生物化学大循环中起着很重要的作用。正是由对厌氧微生物在各方面的应用所进行的广泛而深入地研究，使人们开阔了对丰富多彩的厌氧微生物世界的认识，揭示了厌氧微生物广阔的应用前景。

厌氧微生物涉及面广。现就厌氧微生物的分类及其在生物系统发育中的地位以及厌氧微生物的重要类群研究的新进展，以几种重要厌氧细菌为例，简要地介绍如下。

(1) 发酵性细菌

发酵性细菌（产酸细菌）的主要功能如下。a. 水解，即在胞外酶的作用下，将不溶性有机物水解成可溶性有机物；b. 酸化，即将可溶性大分子有机物转化为脂肪酸、醇类等小分子有机物。

这类细菌分属梭菌属、拟杆菌属、丁酸弧菌属、双歧杆菌属等，其中大多数是厌氧菌，但也有大量是兼性厌氧菌。一般来说，水解过程比较缓慢，并会受到多种因素影响（如 pH 值、水力停留时间、有机物种类等），有时会成为厌氧反应的限速步骤；但产酸反应的速率一般是比较快的。如果按功能来分类，则可将发酵性细菌分为纤维素分解菌、半纤维素分解菌、淀粉分解菌、蛋白质分解菌、脂肪分解菌等。

(2) 产氢产乙酸细菌

产氢产乙酸细菌的主要功能是将各种高级脂肪酸和醇类氧化分解为乙酸和氢气。涉及的主要反应如下。

乙醇：$CH_3CH_2OH + H_2O \longrightarrow CH_3COOH + 2H_2$

丙酸：$CH_3CH_2COOH + 2H_2O \longrightarrow CH_3COOH + 3H_2 + CO_2$

丁酸：$CH_3CH_2CH_2COOH + 2H_2O \longrightarrow 2CH_3COOH + 2H_2$

只有在乙酸浓度和氢分压都很低的情况下上述反应才能顺利进行。主要的产氢产乙酸细菌分属为互营单胞菌属、互营杆菌属、梭菌属、暗杆菌属等。多数是严格厌氧或兼性厌氧菌。

(3) 产甲烷细菌

对产甲烷细菌的研究在很长时间内并没有较大的进展。直到 20 世纪 60 年代，Hungate 开创了严格厌氧微生物培养技术，随后产甲烷菌的研究才得以广泛开展。许多研究结果表明：产甲烷菌在分类上属于古细菌（Archaebacteria），它们与真细菌的一般特性不同的是细胞壁中没有肽聚糖，细胞中也不含有细胞色素 C，而含有其他真细菌所没有的酶系统。产甲烷菌的主要功能是将产氢产乙酸菌的产物——乙酸和氢转化为甲烷和二氧化碳，使厌氧消化过程得以顺利进行。产甲烷菌一般可以分为两大类，即乙酸营养型产甲烷菌和氢气营养型产甲烷菌。一般来说，自然界中乙酸营养型产甲烷菌的种类较少，主要有产甲烷八叠球菌（Methanosarcina）和产甲烷丝状菌（Methanothrix）两大类。但在厌氧反应器中，这两种细菌的数量一般较多，而且有 70%左右的甲烷是来自乙酸的氧化分解。

3.2.3 水解反应阶段

水解是复杂的非溶性的聚合物转化成简单的溶解性的单体或二聚体的过程。高分子有机物分子量巨大，无法透过细胞膜，它们需要在细胞外酶的水解作用下转变为小分子之后，才能被细菌直接利用。例如纤维素在纤维素酶的水解作用下生成纤维二糖和葡萄糖，蛋白质在蛋白酶的作用下生成短肽和氨基酸，淀粉在淀粉酶的作用下生成麦芽糖和葡萄糖等。这些有机物小分子的水解产物能够溶解于水，并能够在透过细胞膜之后被细菌直接利用。当有机污染物进入水体环境时，首先发生的重要反应就是水解，其反应过程往往较缓慢，因此这个阶段被认为是含高分子有机物或悬浮物废液厌氧降解的限速阶段。

水解反应发生后，有机物本身的许多性质都会改变，如极性、溶解度等。而水解速度的快慢、水解程度的大小会受很多因素的影响，如水解温度、pH 值、有机质成分（如木素、蛋白质与脂肪的质量分数、碳水化合物等）、有机质颗粒的大小、氨的浓度、停留时间及水解产物的浓度等。此外，厌氧微生物还可利用胞外酶进行催化水解反应，而决定水解反应能否进行的关键就在于胞外酶能否与反应的底物直接接触。而对于来自植物中的物料，纤维素和半纤维素被木素包裹的程度决定着生物降解性的大小。原因在于，纤维素和半纤维素是有生物降解性能的，而木素却没有此性能，当纤维素和半纤维素被木素包裹时，酶与纤维素和半纤维素无法接触，也就不能充分发挥它们的降解性能，致使降解缓慢。

通常水解反应过程可用以下反应式表示

$$R—X+H_2O \longrightarrow R—OH+X^-+H^+$$

上式中 R 为有机物分子的主体碳链，而 X 则表示分子中的极性基团。

水解反应用动力学方程表示：

$$dC/dt=kC$$

式中，C 为可降解的非溶解性底物浓度，g/L；k 为水解常数，d^{-1}。

此式也是水解速度的表示方程。而水解常数与影响水解速度的因素的关系复杂，还有许多未曾知道的东西存在，因而无法将它们的关系直接表示，只能知道某种有机物在特定条件下的反应速率。Rourke 的研究表明在低温下脂肪是极难水解的，他还证明蛋白质的实际水解常数非常低。

另外，对于间歇反应器和连续搅拌槽反应器，水解过程有所不同，将上式积分可得：间歇反应器：

$$C=C_0e^{-kCt}$$

式中，C_0为非溶解性底物的初始浓度，g/L。

连续搅拌槽反应器：

$$C=C_0/(1-kT)$$

人们通过连续搅拌槽反应器对活性污泥的厌氧消化进行了研究，他们得出蛋白质的水解过程在污泥消化过程中为限速阶段。微生物是活性污泥的主要构成部分，在污泥消化过程中，活性污泥中的细胞的死亡和自溶比水解过程更快，并在污泥消化中起到重要作用。由此看来，将能使细胞壁水解的酶类加入反应器内不但能促进消化过程，还可以增加产气量，这应当是符合逻辑的结果。

3.2.4 发酵酸化反应阶段

经过水解反应之后，有机大分子开始进行下一步反应，它可以有两种：一种是有机物分子作为电子受体同时也是电子供体的生物降解过程，被称为发酵；另一种是在此过程中，溶解性有机物被转化成以挥发性脂肪酸为主的末端产物，此过程被称为酸化。

酸化过程是要在微生物参与酶的催化作用下，由大量的、多种多样的发酵细菌共同作用完成的。酸化微生物的种类则以梭状芽孢杆菌和拟杆菌最为主要。其中梭状芽孢杆菌能在极其恶劣的环境条件下很好的存活，原因在于它们是厌氧并能产芽孢的细菌。而拟杆菌是能分解糖、氨基酸和有机酸的细菌，所以它们大量存在于含有机物较丰富的地方。上诉微生物大部分都是专性厌氧菌，但往往也有及少数的兼性厌氧菌存在于厌氧环境中。专性酸化厌氧菌在酸化过程中已将环境中的氧和氧化还原电位控制在一个很合适的水平。也正因为这些兼性厌氧菌的存在，使像甲烷菌这样的严格厌氧菌免受氧的损害与抑制。

酸化在进行过程中，厌氧降解的条件、底物种类和参与酸化的微生物种群决定了酸化的末端产物的组成。底物不同，末端产物就会存在很大的差别。比如说，蛋白质水解反应生成氨基酸，其酸化底物为氨基酸；而纤维素和淀粉类有机物的水解反应结果就生成糖类分子，说明在不同情况下酸化底物的差异导致酸化末端产物的不同。具体说来，以糖为底物，酸化产物主要有丁酸、乙酸、丙酸等，二氧化碳和氢气则为酸化的附属产物。而以氨基酸为底物，酸化主要产物与以糖为底物时基本相同，但不同的是，附属产物除了二氧化碳和氢气外，还有氨气和硫化氢。若在反应过程中同时也存在产甲烷菌，那么其中氢气又能相当有效地被产甲烷菌利用。另外，氢气也可以被能利用氢的硫酸盐还原菌或脱氮菌所利用。

发酵细菌要想产生更多的供其氧化并从中获得能量的中间产物，去除氢是一个很好的途径。大多数发酵细菌也可通过两个途径利用发酵过程中产生的质子：一是使用自身的代谢产物，例如形成乙醇；二则是在氢化酶作用下把质子转化为氢气：$2H^+ + 2e \longrightarrow H_2$。这种氢化酶反应，其酸化过程的产物几乎只有乙酸。

一般的底物在进行酸化反应时，其反应过程与其他分子无关，但部分氨基酸的分解是通过所谓的史提克兰德（Stickland）反应进行的，该反应需两种氨基酸参与，或者说它需要和其他分子同时反应，其中一个氨基酸分子进行氧化脱氮，同时产生质子 H^+ 使另外一种氨基酸的两个分子还原，两个过程都有脱氨基的作用。也就是说，这两种氨基酸偶联进行氧化还原脱氨反应。以丙氨酸和甘氨酸的降解为例来说明它们就需要这种偶联反应：

$$CH_3CHNH_2COOH + 2H_2O \longrightarrow CH_3COOH + CO_2 + NH_3 + 4H^+$$

$$2CH_2NH_2COOH + 4H^+ \longrightarrow 2CH_3COOH + 2NH_4$$

即

$$CH_3CHNH_2COOH + 2CH_2NH_2COOH + 2H_2O \longrightarrow 3CH_3COOH + 3NH_4 + CO_2$$

这里丙氨酸是作为电子供体，甘氨酸则作为电子受体。而丙氨酸和甘氨酸都是有机物，却一个作电子供体，另一个作电子受体。这一特点说明，酸化反应过程是一个不稳定并没有进行到底的过程。反应过程中所生成的 NH_3 会影响反应器中溶液的酸度，使 pH 值上升，抑制酸化反应继续。

氨基酸除了能被耦合降解之外，也有一些能被单独降解。决定这个反应能否进行主要是某些特殊的菌种，例如一些梭状芽孢杆菌等。

部分级别较高的脂肪酸分子在厌氧水解或厌氧消化时，遵循脱下脂肪酸链羧基末端的两个碳原子的水解方式。产生分子更小的脂肪酸和乙酸。当含碳原子数为偶数时，较高级的脂肪酸逐步降解，反应终产物为乙酸。而当含奇数个碳原子的脂肪酸进行降解时，最终产物则形成一个丙酸。不饱和脂肪酸首先通过氢化作用变成饱和脂肪酸。棕榈酸的反应就是按照这个形式完成的，其反应方程式如下。

① 含有 16 个碳的脂肪酸的降解将是：

$$CH_3(CH_2)_{14}COO^- + 14H_2O \longrightarrow 8CH_3COO^- + 7H^+ + 14H_2$$

② 含有 17 个碳的脂肪酸的降解将是：

$$CH_3(CH_2)_{15}COO^- + 14H_2O \longrightarrow 7CH_3COO^- + CH_3CH_2COO^- + 7H^+ + 14H_2$$

从反应式不难看出，脂肪酸发酵过程中产生了大量 H_2，这与糖降解过程很相似，此反应能否顺利进行，也必须依赖消耗氢的产甲烷过程才能使氢的浓度维持在较低的水平。另外，从反应式还可以看出，脂肪酸的降解同样也会使 pH 值降低，因此，若一个反应系统中主要是以水解和脂肪酸化为主，应该保持反应系统中有足够的缓冲能力，以便保证降解过程能够较顺利地进行。

在厌氧降解过程中，还必须考虑的一个因素是酸化细菌对酸的耐受力。pH 值下降到 4 时，酸化过程仍可以进行。例如青贮饲料的熟化过程人们就利用了酸化细菌的这一特性。但是 pH 值为 4 并不是产甲烷过程的最佳 pH 值，pH 值为 6.5～7.5 才是产甲烷过程的最佳 pH 值，因此 pH 值的下降自然会引起甲烷生成的减少和氢的消耗的增加，并进一步引起酸化末端产物组成的改变。而产乙酸菌没有足够的能力克服这种改变（可以参见产乙酸中的部分论述），甲烷菌活力的下降又进一步加剧了酸的积累，使 pH 值进一步下降。厌氧降解过程由此进一步恶化，影响甲烷的形成，严重时便会中止。

3.2.5 产乙酸反应阶段

产乙酸，顾名思义就是末端产物为乙酸。在发酵酸化反应阶段我们提到由于底物结构、性质的差别，经过反应之后末端产物是不同的。发酵酸化已经有部分乙酸生成，但还会伴有其他物质，比如丁酸、乳酸等。乙酸菌具有将他们进一步转化成乙酸、氢气和二氧化碳的功能，近些年来研究所发现的产乙酸菌种类很多，主要有互营单孢菌属（Syntrophomonas）、互营杆菌属（Syntrophobacter）、暗杆菌属（Pelobscter）、梭菌属（Clostridium）等。因为完全厌氧反应的产甲烷过程只能利用一种底物，那就是乙酸，所以必须把全部的有机酸转化为乙酸。而并不是只有有机酸分子可以转化为乙酸，还有碳酸和甲醇，用方程表示为：

$$2HCO_3^- + 4H_2 + H^+ \longrightarrow CH_3COOH + 4H_2O$$

$$4CH_3OH + 2CO_2 \longrightarrow 3CH_3COOH + H_2O$$

乙醇、丁酸和丙酸在形成乙酸的反应过程中要求反应器中氢的分压很低，否则反应无法进行。当氢分压低至能将反应导向生成乙酸时，反应将释放一定的能量。而碳酸和乙醇在反应产生乙酸时需要消耗一定的能量。可以说产氢产乙酸细菌是绝对厌氧菌或是兼性厌氧菌。另外产乙酸反应除了能产生乙酸外，还会产生氢气，如果不能及时将反应产生的氢气有效利用或消耗的话，就会影响产乙酸反应的正常进行，甚至是停止。产甲烷反应是消耗氢的反应，所以能否高效进行产乙酸反应，可以利用高效产甲烷反应来保证。

有研究测算，产酸过程中所产生的氢从产生到被消耗平均移动距离为 0.1mm，这个距离恰恰在絮体污泥或颗粒污泥的范围之内，这表明在污泥中，特别是厌氧的颗粒污泥中形成了一个良好的微生态系，即产乙酸菌会靠近可以消耗氢的细菌生长，而需要利用氢的细菌就会靠近产生氢的产酸菌和产乙酸菌生长，这样就形成了一种互利共生的生态关系。

如果每一个聚集的细菌群体内都包含有嗜氢菌和产氢菌（即产甲烷菌和产氢菌），且两类细菌能够在氢的产生与利用上达到平衡，那么氢的传递效率就可以大大地提高。一个细菌的聚集体内细菌之间的距离只有分散时细菌间距离的几十分之一到几百分之一。所以氢的传递速率可以获得几十倍甚至几百倍的提高。这就是颗粒污泥的净化效率和污染负荷可以大大提高的理论依据。因此，一个具有多种功能的细菌的聚集体形成一个稳定的微生态系统，对于提高厌氧反应器的净化效率是非常重要的，即在一个反应器内如何引导其形成结构稳定的颗粒污泥是提高反应器效率的关键。

此外，凡是能形成乙酰-CoA 或乙酰-Pi 的反应都可最后在乙酸激酶的催化下形成乙酸（见图 3-5）。

图 3-5 的反应是代表各种有机发酵中的乙酸形成过程，下面介绍同型产乙酸细菌的乙酸形成过程（见图 3-6）。

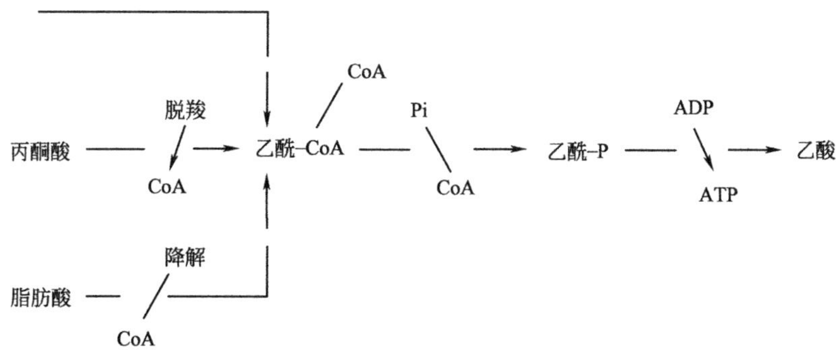

图 3-5 乙酸的形成过程

3.2.6 产甲烷反应阶段

厌氧反应器中，甲烷的主要来源是由乙酸歧化菌产生的。其反应原理为：乙酸中的羧基从乙酸分子中分离出来，而甲基则经反应后最终转化为甲烷，羧基则转化为二氧化碳，当溶液呈中性时，二氧化碳以碳酸氢盐的形式存在。从乙酸经过一系列反应形成甲烷的这一过程，将会产生 31.0kJ/mol 的能量，这些能量对于形成 ATP（三磷酸腺苷）内能量的主要载体是不够的，因为形成 ATP 需要 31.8kJ/mol 的能量。因此在很长一段时间里，人们认为形成甲烷不仅仅只有乙酸，还应有其他能生成甲烷的物质存在。但目前人们经过大量的实验、分析，已分离出纯的产甲烷菌，并证明乙酸转化为甲烷这一过程中所产生的能量能够为微生物提供充足的能源。这是因为，能的贮存可能由于它能在细胞膜两侧形成电势（即所谓“质子动力”），而这些贮存的能就可被利用形成 ATP。

有机物厌氧消化经过一系列反应后，最后一个反应阶段就是由产甲烷菌主导反应进行的产甲烷反应阶段。有机物厌氧降解食物链的最后一类微生物就是产甲烷菌，它们在自然界碳循环厌氧生物链中处于末端的位置。产甲烷细菌能利用的基质大部分是化合物中最简单的一碳和二碳化合物。早有记载，产甲烷菌可以利用甲醇和甲基胺质以及利用乙酸形成甲烷，并获得验证。H_2 和 CO_2 是大多数产甲烷菌可利用的底物，氧化 H_2 将 CO_2 还原为 CH_4。随着对产甲烷细菌甲烷形成研究的深入和产甲烷细菌中许多辅酶的相继发现，人们对 CO_2 还原转化为 CH_4 的机理越来越明确。Jone 等近年来提出嗜热自养甲烷杆菌利用 H_2 还原 CO_2 为 CH_4 的途径，如图 3-7 所示。

另外，MFR 为甲基呋喃；H_4MPT 为四氢甲基喋呤；CoM 为辅酶 M。

在厌氧反应器中，产甲烷杆菌和产甲烷球菌为产甲烷菌优势种类中的主要种类，如索氏甲烷杆菌和巴氏甲烷八叠球菌。当乙酸浓度很低时，索氏甲烷杆菌的生长速率较高，但随着甲烷浓度的升高，菌的生长速率则随着乙酸浓度的增加而不断增加，而且增加得很快，即当乙酸略积累时，巴氏甲烷八叠球菌将很容易成为产甲烷菌的优势种群。索氏甲烷杆菌的生长速率变化则趋于平缓，而巴氏甲烷八叠球菌为食乙酸产甲烷菌，由于其适宜生长的乙酸浓度较高，因而在厌氧消化器启动阶段，消化器内乙酸浓度较高时，该菌大量生长。因其细胞内有气泡，所以易悬浮而随出水流失。但是，有研究发现，控制巴氏甲烷八叠球菌的生长有利于提高厌氧反应器的处理效率，因为巴氏甲烷八叠球菌在高浓度乙酸环境下的生长速率高于索氏甲烷杆菌，但索氏甲烷杆菌对污泥的亲和力较高，其形成的颗粒污泥品质也很高。而当巴氏甲烷八叠球菌为优势种群时，污泥颗粒很小，易从反应器中洗出。根据巴氏甲烷八叠球菌和索氏甲烷杆菌的生长率来控制反应器中乙酸浓度，将乙酸控制在 1.0～1.2mol/L 以下

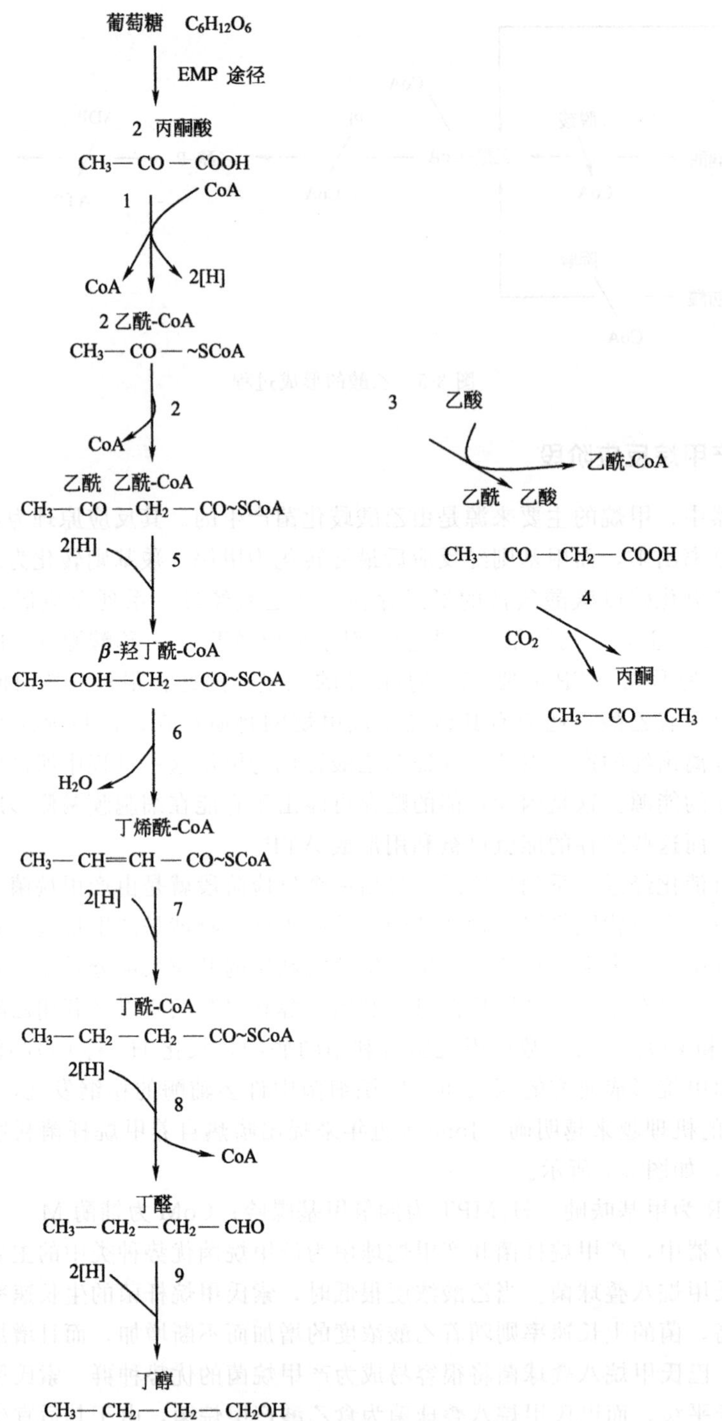

图 3-6 同型产乙酸细菌的乙酸形成过程

1—丙酮酸-铁氧还蛋白氧化还原酶；2—硫解酶；3—CoA 转移酶；4—乙酰乙酸脱羧酶；
5—β-羟丁酰-CoA 脱氢酶；6—烯酰-CoA 水解酶；
7—丁酰-CoA 脱氢酶；8—丁醛脱氢酶；9—丁醇脱氢酶

时巴氏甲烷八叠球菌的生长速率低于索氏甲烷杆菌，利用索氏甲烷杆菌对底物的高亲和力在低浓度底物下发展形成优势种群，从而形成良好的颗粒污泥。好的颗粒污泥对甲烷的产生速

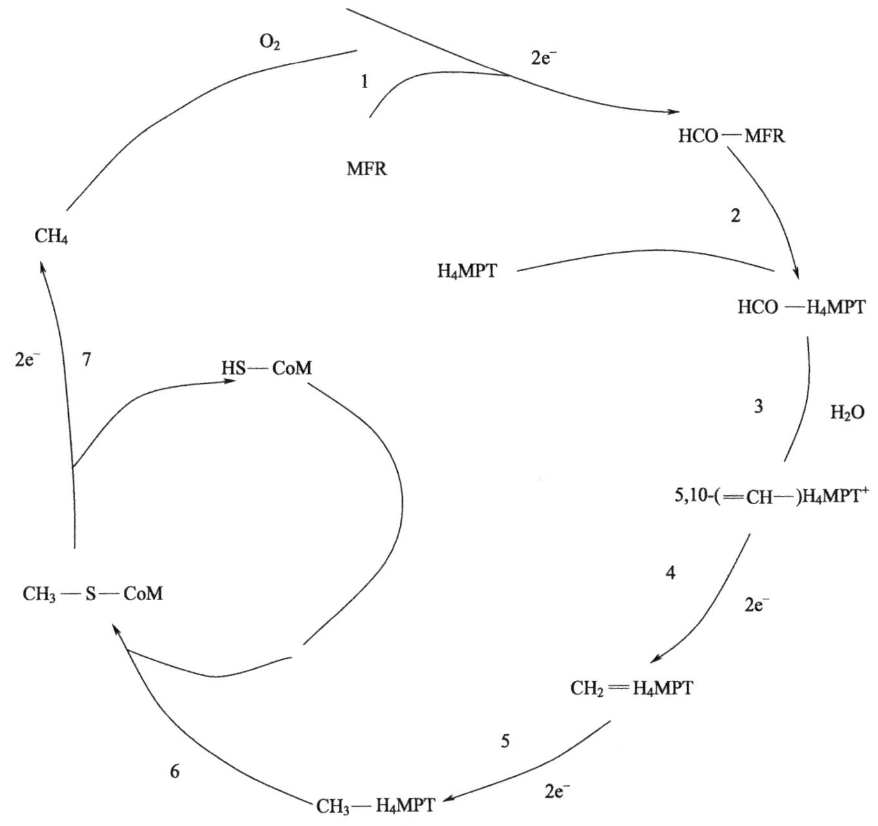

图 3-7　嗜热自养甲烷杆菌利用 H_2 还原 CO_2 为 CH_4 的途径

1—由 HCO—MFR 脱氢酶；2—由环化水解酶；3—HCO—H_4MPT 水解酶；4—由 5,10-(═CH—)H_4MPT$^+$ 脱氢酶；5—由 CH_2＝H_4MPT 还原酶；6—辅酶 M；7—由甲基辅酶 M 还原酶催化

率有较好的提高作用。因此，厌氧反应器内就不会出现乙酸的积累，保证索氏甲烷杆菌正常的生长代谢。

另一类产甲烷的微生物是嗜氢甲烷菌，它是一种能把氢气和二氧化碳转化成甲烷的细菌。当反应器条件正常时，它们可以形成甲烷的量可占到甲烷总量的 30%。大约有一半的嗜氢甲烷菌可以利用甲酸。这个过程直接或间接都能进行。

还有一种物质的降解可以产生甲烷，但它的降解在自然界的生态系统中并不是很重要，那就是甲醇的降解，但它在厌氧处理含甲醇的废水时其作用是相当重要的。因为甲醇能被 Methanosarcina 直接转化为甲烷。但甲醇也可以先由梭状芽孢杆菌（Clostridia）转化为乙酸，然后再被利用乙酸的甲烷菌进一步转化为甲烷。其中最重要的产甲烷过程用方程式表示为：

$$CH_3COO^- + H_2O \longrightarrow CH_4 + HCO_3^-$$

$$HCO_3^- + H^+ + 4H_2 \longrightarrow CH_4 + 3H_2O$$

$$4CH_3OH \longrightarrow 3CH_4 + CO_2 + 2H_2O$$

$$4HCOO^- + 2H^+ \longrightarrow CH_4 + CO_2 + 2HCO_3^-$$

甲烷的另一个产生途径是以 CO_2 和 H_2 为原料，在嗜氢甲烷菌的作用下形成甲烷。当反应器条件正常时，利用嗜氢甲烷菌形成甲烷的量可占到甲烷总量的 30%。大约有 1/2 的嗜氢甲烷菌可以利用甲酸。这个过程直接或间接都能进行。实际上这一条途径也是很重要的，因为乙酸转化形成甲烷时会产生等量的 CO_2，但是 CO_2 不能全部被转化为 CH_4，因为1个 CO_2 分子需要消耗4个 H_2，而丁酸、丙酸等有机酸形成乙酸时产生的乙酸分子与 H_2 分子比小于2，因此，CO_2 一部分不能被转化为 CH_4，一般有50%左右的 CO_2 不能被转化，没有转化的 CO_2 随 CH_4 排出。CO_2 和 CH_4 的混合气体就是我们所常见的沼气。

另外，甲酸和甲醇都是产乙酸过程中的附属产物，在产甲烷的过程中，甲烷菌也能利用甲酸和甲醇，在产甲烷细菌作用下，转化反应直接进行。即

$$4CHOOH \longrightarrow CH_4 + 3CO_2 + 4H_2O$$

$$4CH_3OH \longrightarrow 3CH_4 + CO_2 + 2H_2O$$

从反应式不难看出，甲醇降解过程中，甲烷的产率很高，这也是在厌氧反应器中甲烷的形成过程成为重要反应步骤的原因。也就是说，如果在产酸反应阶段中，参加反应的底物是有利于形成附属产物的底物，那么反应器中甲烷的产率就会很高。

3.2.7 厌氧条件下脱氮和还原硫酸盐

(1) 厌氧条件下的脱氮反应

随着工业化的发展，化肥、洗涤剂、农药和各种化学物质的普遍使用，使废水中氮、磷含量不断增加。最为突出的是水体的富营养化现象，表现为藻类过量繁殖而导致水质恶化，氨氮的耗氧特性也会使水体的溶解氧降低。

含氮有机物在厌氧反应器内经过水解和产酸等反应过程，有机物上的氮被转化为氨。氨在厌氧反应器内会积累，因为氨在厌氧条件下不会发生氧化反应，也不能被还原。所以厌氧反应脱氮不是针对反应器中有机物上的氮而言。但是，当厌氧反应器的进水中含有硝基态的氮时就会发生厌氧脱氮反应，由脱氮微生物或称反硝化细菌完成。

近十多年来，许多国家为了对日趋严重的水体富营养化问题加以控制，对废水排放标准中氮的要求作了更为严格的规定。因而研究和应用一种节能而又有效的废水脱氮工艺技术已成为当今水污染控制领域的热点方向，现已有多种废水生物脱氮工艺产生，如A/O等。这些工艺尽管在流程组合上并不相同，运行方式也各异，但其基本原理是相同的，即首先要在好氧条件下实现氨的硝化，然后再在缺氧条件下进行反硝化，将硝化产物（硝态氮和亚硝态氮）进一步转化为氮气，将其从废水中去除，从而达到脱氮的目的。由于硝化过程不仅是一个好氧过程，同时该过程的发生必须在利于自养型硝化菌生长的低有机底物一般为BODS/TKN≤3浓度的条件下才能得以实现，因而供氧能耗较多。目前一种低耗单级厌氧脱氮处理新技术——ANAMMOX工艺已引起日趋广泛的关注。

反硝化细菌是能够利用硝态氮中的氧氧化有机物的一类化能异氧型微生物。反硝化菌使硝酸盐转化为亚硝酸盐，然后再转化为氮气或氮氧化物，用释放出的氧气去氧化其他有机物，或者说为氧化其他有机物提供电子受体。但是反硝化菌也可以利用氧，所以，要使反硝化菌发挥脱氮的作用，必须是在厌氧条件下进行。如反硝化菌对甲醇的氧化：

$$5CH_3OH + 6NO_3^- \longrightarrow 3N_2 + 4HCO_3^- + CO_3^{2-} + 8H_2O$$

$$CH_3OH + 2NO_2^- \longrightarrow N_2 + CO_3^{2-} + 2H_2O$$

脱氮反应过程中会消耗一定的有机物，所以，要使脱氮反应能够顺利彻底地进行，有机物的浓度与硝态氮的浓度必须达到一定的比值，以COD计，即COD与 NO_3^{2-} 的含量之比在5∶1左右，能使脱氮反应较好地进行。

脱氮作用在厌氧过程中并不多见，其发生的必要条件为进水溶液中含有硝酸盐或亚硝酸盐。其原理是有机氮化合物或蛋白质转化为氨的过程，而不是转化成硝酸盐。脱氮过程中硝

酸盐经由亚硝酸盐转化为氮气或氮的氧化物。整个过程可由图 3-8 表示。

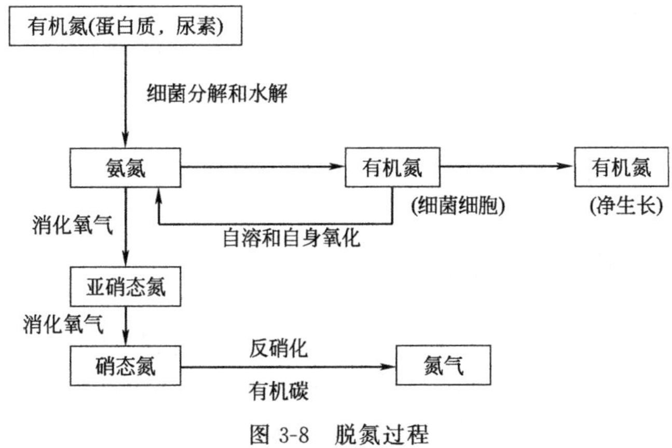

图 3-8　脱氮过程

（2）厌氧条件下的还原硫酸盐反应

厌氧生物处理进行过程中，还存在一些其他的物质，比如硫酸盐。随着有机物降解过程的不断进行，硫酸盐还原作用也相继发生。硫酸盐还原作用是指在某种微生物的作用下，硫酸盐被还原的反应。在此过程中，硫酸盐中的 SO_4^{2-} 最终以电子受体的形式参加有机物的分解反应。

含硫酸盐或亚硫酸盐废水的处理过程中，反应器内含硫化合物会被细菌还原。在其氧化有机污染物的过程中，硫酸盐还原菌（简称 SRB）会把硫酸盐和亚硫酸盐作为电子受体而加以利用，将硫酸盐和亚硫酸盐还原为硫化氢，因为硫酸盐还原菌的生长需要与产乙酸菌和产甲烷菌同样的底物，所以这一过程会使甲烷产量减少。

根据所利用底物的不同，硫酸盐还原菌可被分为 4 类：a. 氧化氢的硫酸盐还原菌（HSRB）；b. 氧化乙酸的硫酸盐还原菌（ASRB）；c. 氧化较高级脂肪酸的硫酸盐还原菌（FASRB）（较高级脂肪酸这里指含三个或三个以上碳原子的脂肪酸）；d. 氧化芳香族化合物的硫酸盐还原菌（PSRB）。

其中 FASRB 可以将高级脂肪酸彻底氧化为二氧化碳和水，并使硫酸盐还原成硫化氢。但是，当硫酸盐本身的量不足时，高级脂肪酸的氧化也可以形成乙酸，致使高级脂肪酸不能被彻底氧化。

根据对碳源的代谢情况的不同，可以将硫酸盐还原菌分为两大类型，即不完全氧化型和完全氧化型。前者能利用乳酸、丙酮酸等有机物作为生长基质，但氧化过程只能进行到形成乙酸就结束了，因此，不完全氧化型硫酸盐还原菌在还原硫酸盐时，其最终产物是以乙酸的形式排出的。而完全氧化型硫酸盐还原菌属专一性的厌氧菌，主要氧化某些脂肪酸，特别是乙酸和乳酸等，最终将其转化成 CO_2 和 H_2O。特别值得说明的是，除有机物外，某些硫酸盐还原菌还能利用氢气来还原硫酸盐。我们都知道，厌氧体系中氢气分压的升高会引起有机酸特别是丙酸的积累。因此，当体系中存在少量嗜氢硫酸盐还原菌时，它对氢的利用与消耗，会有助于保持系统内较低的氢分压，有利于厌氧体系的稳定运行。

在有机物的降解中，少量硫酸盐的存在并不一定是坏事。与甲烷相比，硫化氢的不利之处是它在水里的溶解度较高。因为每克以硫化氢形式存在的硫相当于 2g 微生物化学耗氧量（COD），因此在处理含硫酸盐废水时，尽管有机物的氧化已相当不错，但微生物化学耗氧量的去除率却不一定令人满意。

硫酸盐完全被还原需要有充足的化学耗氧量含量，即化学耗氧量与硫酸盐的质量比应当超过 0.67，如下所示：

$$SO_4^{2-}+COD \longrightarrow H_2S+CO_2 \qquad O_2+COD \longrightarrow CO_2+H_2O$$

$$\downarrow \qquad\qquad\qquad\qquad \downarrow$$

$$S^{6+}+8e \longrightarrow S^{2-} \qquad 2O^0+4e \longrightarrow 2O^{2-}$$

由两式可以看出，1mol SO_4^{2-} 相当于 2mol O_2，即 1g SO_4^{2-} 相当于 0.67g O_2。

3.3 厌氧过程的能量代谢

厌氧过程的能量代谢主要是指厌氧系统中的细胞合成过程。厌氧过程与好氧过程一样，细胞合成不仅与去除的 COD 有直接关系，还与被处理的废水中有机物类型有关。有机物降解过程中，微生物首先将复杂的有机物转化为乙酸盐和氢气，然后被产甲烷菌作用转化为甲烷。碳水化合物类有机物比蛋白质在厌氧转化中为微生物提供的能量更多一些，这一事实反映在碳水化合物为基质时用于细胞合成部分的能量比蛋白质为基质时要多。由于厌氧过程中有两类微生物参加，因此总产率值为两类微生物各自产率值的和。乙酸盐和氢气是甲烷的前体。碳水化合物的产率值减去脂肪酸的产率值即为水解和产乙酸菌的产率值。

3.3.1 动力学原理

微生物降解动力学是指目标化合物的微生物降解速率。通过反应动力学的研究，可以确定并提供各种因素对反应速率影响的最佳值，确定污染物降解速率与污染物浓度、生物量等因素之间的关系；确定微生物生长速率与污染物浓度、生物量之间的关系，以便为某种废水的处理设计提供依据，使处理效果达到最佳。

厌氧消化过程是一个复杂的生物化学和微生物学过程，而厌氧生物处理动力学要讨论的主要问题是如何把这个复杂过程用相对较为简单的数学表达式来描述。所谓厌氧过程动力学就是把厌氧消化过程基质的降解速率和微生物的增长速率用数学模型来表达，也就是用数学工具解决复杂的厌氧消化过程反映速率问题。确定厌氧消化过程动力学的数学模型，对厌氧反应过程规律的研究，对厌氧反应器的设计、运行和控制都能发挥很大的作用。

厌氧消化过程中的动力学主要有两个方面的内容：即厌氧微生物生长动力学和有机物降解动力学。莫诺动力学方程可表示为：

$$dC/dt = k_{max}CX/(K_s+C)$$

式中，dC/dt 为基质利用速率，mg/(L·d)；k_{max} 为最大比基质利用速率，gCOD/(gVSS·d)；C 为生长限制基质浓度（与生物体接触的浓度），mg/L；X 为生物浓度，mg/L；K_s 为半饱和浓度，mg/L。

(1) 厌氧生物转化速率与细胞产率

前面我们提到过，反应物中在没有硫酸盐或硝酸盐存在时，厌氧过程产生的最终产物是甲烷和二氧化碳，而在这一过程中会有多种不同的微生物存在并参与反应，因此我们知道应该明确一点：整个过程反应的快慢其实仅仅是由反应最慢的一步生化过程所控制的。

通常情况下，废水中存在着各种各样的化合物，随着时间的变化，废水本身的组成、浓度和温度都会发生变化。因此在实际情况中不可能用数学表达式对生物转化速率作以精确的表达，即使是对化学组成相对简单的废水，要表达也是非常困难的。也就是说，数学表达式与厌氧工艺的实际情况往往很难吻合，因此，对复杂的数学表达式的推导意义普遍都是学术上的。即便如此，我们也要知道有一点还是很重要的，那就是对各种反应的动力学参数的数量级的可靠了解，并且还要更深入地了解它们对反应过程的影响。为了避免纯粹的经验主义，不可缺少的就是要认识到工艺过程和设计的理论对厌氧工艺的能力与局限。

下面以溶解性的底物为例，简单介绍一下它的转化速率与细胞产率。

溶解性底物的生物转化速率可由莫诺德（Monod）方程表示。假如 P 为比底物利用速率，u 为细胞增长率，r 为细胞产率系数（即在已利用的底物中转化为细胞物质的底物的百分数，在废水处理中 r 也可定义为“g 细胞 COD/去除 gCOD”），则有：

$$u=rP$$

莫诺方程可表示为：$P=K_{\max}\rho/(K_s+\rho)$

因为 $u_{\max}=rK_{\max}$，而 $u=rP$

上式也可写作：$u=u_{\max}\rho/(K_s+\rho)$

式中，$K_{\max}$为最大比底物利用速率；$u_{\max}$为最大的比细胞增长率；K_s为底物亲和力常数或饱和常数，它等于当 $u=(1/2)K_{\max}$时的底物浓度。

在估计细胞物质的净增长率时，更为精确的方式是把细胞的死亡部分包括在内。

在厌氧处理的产甲烷阶段，以挥发性脂肪酸（VFA）形式存在的 COD 被转化为甲烷和细胞物质。假定产生的细胞物质占被转化的 VFA（均以 COD 计）的产率为 r_n（g 细胞 COD/去除 gCOD），则转化为甲烷的 VFA 的产率为 $1-r_n$。

在酸化阶段，底物转化为细胞物质和 VFA，假定细胞产率为 r_m（g 细胞 COD/去除 gCOD），则转化为 VFA 的分值为 $1-r_m$。以上计算中，底物、VFA、细胞等均按 COD 计。

值得注意的是，废水厌氧处理过程中，废水的特征会极大影响到细胞产率，如果悬浮物在污泥床中积累的量很少，污泥产量主要来自废水酸化和甲烷化阶段产生的细胞物质，此时废水是否已酸化以及酸化部分 VFA 的组成等对污泥产量影响很大。一般来讲，酸化阶段污泥的产量远大于产乙酸和产甲烷阶段，因此未酸化废水产生的污泥量会远大于已酸化的废水。所以在厌氧处理的预酸化反应器中会产生相当多的污泥，其产率与酸化程度有关，在起到酸化作用的均衡池或废水贮槽中，也会有相当的污泥产生。表 3-6 列出了酸化菌、产乙酸菌和产甲烷菌的细胞产率、K_s值以及细胞活力与世代时间，作为对照，活性污泥法中的好氧菌的有关数据也列于表中。

表 3-6　厌氧菌和好氧菌在废水生物处理中的动力学参数

细菌类型	细胞产率 /(gVSS/gCOD)	细胞活力 gCOD/(gVSS·d)	K_s /(mol/L)	世代时间 /d
活性污泥法 好氧菌	0.40	57.8	0.25	0.030
厌氧酸化菌	0.14	39.6	未指出	0.125
厌氧产乙酸菌	0.03	6.6	0.40	3.5
产甲烷菌：				
甲烷丝菌	0.02	5.0	0.30	7.0
嗜氢菌	0.07	19.6	0.004	0.5
甲烷叠球菌	0.04	11.6	5.0	1.5

值得指出的是，当废水悬浮物大量截留在反应器内时，污泥产量则会大大增加。

(2) 温度对动力学的影响

动力学参数对生物标准单位活性在不同的温度下具有一定的影响，影响程度见图 3-9。

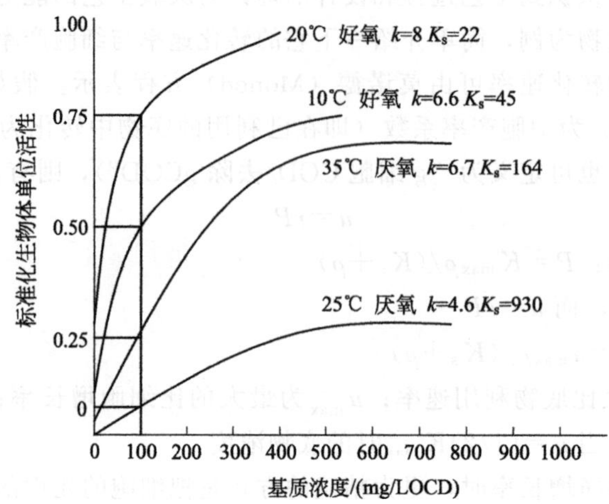

图 3-9 不同温度下好氧与厌氧系统动力学参数比较

其中：k 为比基质利用速率，gCOD/(gVSS・d)；K_s为半饱和浓度，mg/L。

从图 3-9 中不难看出，温度分别为 20℃和 10℃时的好氧系统，及温度分别为 35℃和 25℃时的厌氧系统，当基质浓度为 100mg/L 时，生物体与其接触代谢速率分别是各自最大速率的 80%，60%，30%及 5%。显而易见，但温度降低时，厌氧系统要比好氧系统更为敏感。

厌氧工艺在应用运行时，必须显著减少负荷率。原因可见图 3-10。

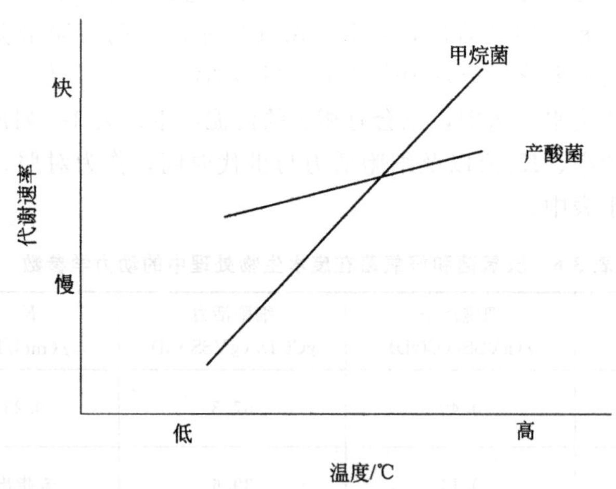

图 3-10 温度变化不同菌种代谢速率的变化曲线

由图 3-10 可见，甲烷菌的代谢速率随温度的变化明显。当与产酸菌共同存在时，甲烷菌对温度变化更为敏感。造成这一现象的主要原因是在低温时，产酸菌所产生挥发酸的速率比甲烷菌产生挥发酸要快，进而，转化为甲烷也非常快，致使代谢失去平衡。

产甲烷过程中的半速度常数 K_s是较主要的对厌氧过程其控制作用的动力学参数，其对温度也是非常敏感的。如表 3-7 所列。

表 3-7 不同温度下的典型动力学常数

温度/℃	复杂废料	
	K/d^{-1}	K_s/(mol/L)
20	3.85	2130
25	4.65	930
35	6.67	164

注：Lawerence 和 McCarty，1969。

从表 3-7 中不难看出，温度由 20℃升至 25℃直到升至 35℃时，K_s值从 2130 降至 164，变化之大是显而易见的，20℃时的 K_s值是 35℃时的 13 倍，说明随着温度的升高，K_s值不断降低，也就是说乙酸盐转化为甲烷的值不断地降低。这样的变化将对生物活性和出水水质造成很大的影响。同时，当温度在 33～37℃、乙酸盐富集培养的条件下时，乙酸盐利用过程中的动力学参数也会有不同程度上的变化。具体变化见表 3-8。

表 3-8 乙酸盐富集培养条件下乙酸盐利用过程的动力学参数

温度 /℃	K_{max} /d^{-1}	B /d^{-1}	Y /(gVSS/g 乙酸盐)	K_s /(mol/L)	负荷率 /[kg/(m³·d)]
33～37	2.1		—	103	
	2.5	—	—	60	1.0
	2.5	0.01	0.05	10	0.25
	3.3	—	—	18.3	0.3～0.8
	7.2	0.032	0.036	3.9	—
	8.0～	0.035	0.04～	160～	—
	8.1	0.015	0.044	154	0.1～1.0
	8.05	0.065	0.055	185	—

(3) Lawerence 和 McCarty 的阿伦尼乌斯温度方程

1969 年，Lawerence 和 McCarty 为描述温度（^0K）和 K_s关系，给出如下方程：

$$\log\frac{(K_s)_2}{(K_s)_1}\longrightarrow 6980\left(\frac{1}{^0K_1}-\frac{1}{^0K_2}\right)$$

这就是著名的阿伦尼乌斯温度方程，我们可以通过一些复杂废料的动力学参数来了解此方程的变化。具体可见表 3-7。

(4) Henze 和 Harremoes 的温度系数

1982 年，Henze 和 Harremoes 公布了当温度系数为 0.1 时，计算 k，即：

$$k_T=k_{35}\exp Q(^0K-35)$$

(5) Pavlostathis 和 Giraldo-Gomez 关于温度的概要

1996 年，Lier 等利用打碎了的和完整的颗粒污泥进行试验，研究了温度对高温条件下的厌氧转化挥发脂肪酸（VFA）的影响。并且发现乙酸盐的最大转化速率会因为温度的变化而受到影响。温度对其影响的程度可用下面的方程来描述。

$$K_{max}=k_1\exp n_1(^0K-m_t)-k_2\exp n_2(^0K-m_t)$$

式中，k_1为与温度有关的活性常数，gCOD/(gVSS·d)；k_2 为与温度有关的自分解常数，gCOD/(gVSS·d)；n_1为生物合成能量常数；n_2 为降解能量常数；m_t为温度修正因数。此方程的确立是在 Hinshelwood 方程的 Pavlostathis 和 Giraldo-Gomez 方程的基础上来描述的。该方程显示，生物体活性随温度的增加呈指数的增加。当偏离最佳温度后，生物体的活性就会从峰值突然降低。

3.3.2 标准状态与环境条件

先让我们通过一些典型的反应分析一下，然后对标准状态和典型环境条件下自由能的变化作一比较，见表 3-9。

表 3-9 标准状态和典型环境条件下自由能的变化

典型反应	$\Delta G^{\ominus}$（标准状态）	$\Delta G^{\ominus}$（环境状态）/(kg/mol)
H_2 和 CO_2 ⟶ 乙酸盐	−105	−7
H_2 和 CO_2 ⟶ CH_4	−135	−32
葡萄糖 ⟶ 乙酸盐 + H_2	−206	−318
葡萄糖 ⟶ 甲烷	−404	−399
乙酸盐 ⟶ CH_4	−31	−24
丁酸盐 ⟶ 乙酸盐	+48	−17
丙酸盐 ⟶ 乙酸盐 + H_2	+76	−5
三氯甲烷 ⟶ 甲烷	−163	−121
苯甲酸盐 ⟶ 乙酸盐	+90	−16

从表 3-9 中可以看出，当反应器中是以乙醇、丙酸盐和丁酸盐为主的基质时，在这样的环境下，其释放的自由能会相对较低。也就是说，从热力学的角度来看，要想反应能够得以顺利进行，必须保持氢分压不得高于 10^{-4}atm，10^{-3}atm 和 10^{-1}atm（1atm=101325Pa，下同）。

3.3.3 氢分压对转化自由能的影响

上面我们说过，氢分压倘若不能满足一定的条件就会影响厌氧反应，使之无法正常运行。若要提高氢的代谢速度可通过提高氢的浓度来实现。若想从热力学的角度来实现氢气转化为甲烷的这一过程，氢气的浓度一定要大于 10^{-6}。因为能将氢气转化为甲烷的微生物只有在氢气的浓度在 10^{-6}～10^{-4}之间时才有代谢作用，而且也只有在低于它们的最大潜在能力下，这些微生物才能进行代谢。Harremoes 估计，这些微生物通常仅发挥了它们最大代谢能力的 1%。更令人们出乎意料的是氢气利用微生物可以有效地将本身去除，使氢气自身浓度降低，直到足以实现使丙酸盐得以转化。

3.3.4 氧化还原电位

体系中氧化剂和还原剂的相对强度称之为氧化还原电位，通常用 E_h 表示，以伏特或毫伏来计量。根据 Nernst 方程式，溶液体系中的氧化还原电位（E_h）可以表示为：

$$E_h = E^{\ominus} + \frac{2.3RT}{nf}\lg\frac{[\text{氧化型}]}{[\text{还原型}]}$$

式中，R 为气体常数；T 为绝对温度（273+t℃）；n 为离子价；f 为电化学当量；$E^{\ominus}$ 为标准电极电位；E_h 为待测氧化还原电位；[氧化型] 为氧化态离子浓度；[还原型] 为还原态离子浓度。

研究表明，产酸发酵细菌氧化还原电位可以为 −400～100mV，培养产甲烷细菌的初期，氧化还原电位不能高于 −320mV。而严格的厌氧环境是产甲烷菌进行正常活动的基本条件，可以用氧化还原电位表示厌氧反应器中含氧浓度。

好氧微生物、兼性微生物和厌氧微生物都呈现出一种趋势，那就是在其生长过程中会降低环境的氧化还原电位。产生这种现象的主要原因在于好氧微生物和兼性微生物在其生命代谢中以氧为最终电子受体，使环境中的氧被消耗致使环境的氧化还原电位降低。而厌氧微生物和在氧耗尽后的兼性微生物尽管在其生命活动中不利用氧，但是代谢产生的种种还原性产物也会使环境中的氧化还原电位降低。

然而不同类型的微生物对环境中的氧化还原电位降低的速度和程度是非常不一样的。好氧微生物从生长开始到一个小时后才开始对环境中的氧化还原电位值有影响，并使其值降低。这是由于环境基质中的氧的缓冲效应造成的。当好氧微生物继续生长时，氧化还原电位会出现一个小的低落，而后就保持在某一水平上不变了。兼性微生物在开始生长的头几个小时内，对环境的氧化还原电位值也不产生影响，不降低氧化还原电位值，当电位达到一个稳定值时，这个电位值持续稳定的时间要比好氧微生物呈现的长，这可能是由于兼性微生物耗氧的速度要比好氧微生物慢的缘故。当兼性微生物耗尽了环境中的氧，使环境由好氧性转为厌氧性时环境中的氧化还原电位便出现明显的下降，兼性微生物的代谢方式也由好氧性转为厌氧性。厌氧微生物的生长对于环境的氧化还原电位的影响方式与好氧性微生物和兼性微生物很不相同，它一直要等到环境中的氧化还原电位被接种物中产生的还原性物质降低到适宜值时才会开始生长。如果环境中的氧还原电位已经达到或低于接种微生物的生长还原电位的要求，则接种物进入培养基后立即生长。在生长过程中由于不断形成还原性终产物而使环境氧化还原电位迅速降低。因为某一种微生物在特定的基质中所产生的还原性最终产物种类是特定的，这些还原性终产物的氧化还原电位又有其特定的范围，因而对于环境氧化还原电位的影响又会限定于某一范围之内。

厌氧消化过程是多种生理类群微生物的联合作用，曾经被研究过的微生物种类就有几百种，这里有适宜各种氧化还原电位条件下生存的微生物。然而，由于厌氧消化食物链的最后一组成员——产甲烷菌都是严格厌氧微生物，所以必须在极低的氧化还原电位条件下厌氧消化才能顺利进行。

尽管厌氧消化器为了收集沼气和保持厌氧条件，要求较为密闭的条件，但进水口、出水口和 UASB 的沉淀槽等部位都很难避免有溶解氧进入，然而在运行正常的消化器里始终保持着极低的氧化还原电位，这种低氧化还原电位的造成，即是靠各类群微生物生长对环境氧化还原电位影响的结果。好氧性微生物、兼性厌氧微生物、严格厌氧微生物的依次活动，使带有大量溶解氧的进水，其氧化还原电位会很快降低到适宜产甲烷菌生长的范围－330mV 以下。这种微生态环境中低氧化还原电位的造成，不仅存在于消化器里，同时也存在于厌氧颗粒污泥、厌氧滤器的附着生物膜，甚至存在好氧曝气池的絮状污泥中，因此有人用好氧活性污泥作为接种物来启动厌氧消化器也获得了成功。

第4章 影响厌氧生物处理的环境因素

废水的厌氧处理受到许多因素影响，把这些因素分为设计因素与环境因素两大类。环境因素侧重以微生物学角度对厌氧过程加以考虑，它从本质上讲是根本的因素，是决定设计与操作因素的依据。因此要更好地了解和应用厌氧工艺，必须深入了解影响它的环境因素。

4.1 厌氧生物处理的酸碱平衡及pH值控制

pH值是影响厌氧消化微生物生命活动过程的最重要因素之一，有关这方面的研究工作局限于寻找微生物适应的pH值范围。当然，pH值对厌氧反应或者厌氧处理工艺的影响也是很重要的。厌氧处理的这个pH值范围是指反应器内反应区的pH值，而不是进液的pH值，因为废水进入反应器内，生物化学过程和稀释作用可以迅速改变进液的pH值。许多研究结果表明，厌氧消化需要一个相对稳定的pH值，一般来说，对于以产甲烷为主要目的的厌氧过程需要pH值在6.5～7.5范围内。如果生长环境的pH值过高（＞8.0）或过低（＜6.0），甲烷菌的生长和繁殖就会受到抑制，进而对整个厌氧消化过程产生严重的不利影响。产酸菌自身对环境pH值的变化也有一定的影响，而产酸菌对环境pH值的适应范围相对较宽，一些产酸菌可以在pH＝5.0～8.5范围内生长良好，有时甚至可以在pH＝5.0以下的环境中生长，这样，可以减轻产酸作用对自身生长的抑制程度。

对pH值改变最大的影响因素是酸的形成，特别是乙酸的形成。因此含有大量溶解性碳水化合物（例如糖、淀粉）的废水进入反应器后pH值将迅速降低，而已经酸化的废水进入反应器后pH值将上升。对于含大量蛋白质或氨基酸的废水，由于氨的形成，pH值会略有上升。因此对于不同特性的废水，可选择不同的进液pH值，这一进液pH值可能高于或低于反应器内所要求的pH值。

为了维持比较适宜的pH值，在利用厌氧消化工艺处理某些有机废水时，必要时就需要投加酸或碱来调节和控制反应器内的pH值。厌氧消化体系中的pH值是CO_2、H_2S在体系中气液两相间的溶解平衡、液相内的酸碱平衡及固液相间离子溶解平衡等综合作用的结果，而这些又与反应器内发生的生化反应直接相关。因此，研究厌氧生物处理过程中酸碱平衡和控制pH值技术，对于废水生物处理工艺的选择和设计，并且高效运行厌氧消化装置等都有重要的实践意义。

4.1.1 厌氧微生物适应的pH值

厌氧微生物对pH值有一个适应区域，超过适宜生长的区域，大多数微生物都不能生长。厌氧微生物对pH值的波动都十分敏感，即使在其适宜生长的pH值区域内，pH值的迅速改变也会对细菌的生长产生重要的影响，使其代谢活动明显下降。一般而言，微生物对

pH 值变化的适应要比其对温度变化的适应慢得多。超过 pH 值适应范围将引起严重的问题，超过适应范围一定时间会引起细胞活力丧失，或者死亡。低于 pH 值下限并持续过久时，会导致甲烷菌活力丧失殆尽而产乙酸菌大量繁殖，引起反应器系统的“酸化”。严重酸化发生后，反应器系统难以恢复至原有状态。

参与厌氧消化的不同微生物类群所适应的 pH 值范围实际上是各不相同的。一般来说，产酸细菌所能适应的 pH 值范围较宽，最适宜的 pH 值范围是在 6.5～7.0 之间，此时，其生化反应能力最强。但是，pH 值略高于 7.5 或略低于 6.5 时其仍有较强的生化反应能力。

一般认为甲烷细菌所能适应的 pH 值范围较窄，当 pH 值在 6.5～7.5 之间，产甲烷菌均有较强的活性。但实践表明，各种产甲烷细菌在不同环境中所需最适 pH 值各不相同。例如：厌氧消化反应器中几种常见中温甲烷菌的最适 pH 值分别是：甲酸甲烷杆菌为 6.7～7.2，布氏甲烷杆菌为 6.9～7.2，巴氏甲烷八叠球菌为 7.0 左右。因此，可以认为中温甲烷菌的最适 pH 值为 6.8～7.2。但是有许多甲烷菌是生长在偏酸或偏碱的极端环境中的，如从泥炭沼泽中分离的一株氢营养型产甲烷菌，能在 pH=5.0 的条件下生长，甚至可以在 pH 值下降到 3.0 时，还能产生甲烷气体；嗜碱产甲烷杆菌（Methanbacterium alcaliphilum），其最适 pH 值为 8.1～9.1，嗜盐产甲烷菌（Methanohalophilus zhilinae）的最适 pH 值则高达 9.2。也有资料表明，细菌对 pH 值的适应能力随温度的升高而提高，例如嗜热自养甲烷杆菌、热嗜碱甲烷杆菌和热甲酸甲烷杆菌它们的适应范围逐渐扩大。

大量试验及实践经验表明，中温厌氧生物处理系统应维持的 pH 值比中温细菌要求的最适合值略高，即 pH=7.0～7.6，以 7.2～7.3 为最佳。有些人认为这样结果与系统中各种细菌的代谢平衡有关。据报道，厌氧消化液的 pH 值若介于 6.8～7.0 之间，就很难维持稳定的 pH 值。若控制 pH 值在 7.2～7.3 之间时，产酸细菌较弱的代谢能力和甲烷细菌较强的代谢能力之间易形成代谢平衡，从而促使厌氧消化过程稳定地进行下去。

高温厌氧消化所要求的 pH 值基本上与高温产甲烷细菌需求的相同。因为在 50～55℃的高温范围内，产酸细菌较弱的代谢能力与产甲烷细菌较强的代谢能力正好相匹配，没有形成有机酸的积累，从而形成稳定的 pH 值环境。

4.1.2　厌氧生物处理的缓冲体系

由于在厌氧生物处理过程中像碳水化合物这样的未经酸化的污染物可以转化为 VFA，因此废水中需要具有一定的 pH 值缓冲能力。厌氧体系 pH 值的稳定性实际上取决于反应器内的缓冲能力。

厌氧消化过程中的混合液含有多种成分的物质，特别是一些弱酸弱碱盐类的物质，进而使反应器成为一个酸碱缓冲器。例如厌氧消化过程中的产酸产甲烷形成的 CO_2 或者 HCO_3^-，能够中和废水中突然出现的强碱物质，使混合液的 pH 值不会出现急剧增加的现象，减少了 pH 值不稳定而带来的风险。厌氧消化过程中产酸是主要的反应，因此，对 pH 值的稳定性应该受到重视。

一般情况下，pH 值的下降应加以警惕。消化液中产生的酸性物质主要为挥发性脂肪酸和溶解的碳酸。挥发性脂肪酸的绝大多数为乙酸、丙酸和丁酸。它们的电离常数比较接近，产生的 pH 效应相差不大。所有挥发性脂肪酸的 pH 值大约为 4.8，虽然他们也是弱酸，但他们不能为产甲烷菌提供合适的缓冲范围。厌氧处理过程需要更弱的酸。当以强碱中和时，碳酸产生系统所需要的碳酸氢盐缓冲液。碳酸氢盐既可以存在于原来的废水中也可以通过蛋白质或氨基酸降解形成 NH_4^+ 而产生。如果由原废水和原废水的降解中不能形成碳酸氢盐缓冲液，那么就应当向厌氧系统添加。此外，消化液中存在的 H_2S 和 H_3PO_4 等酸性物质因浓度不大，又是弱酸，对 pH 值的贡献很小。消化液中形成的碱性物质主要是氨氮。它是蛋白质、氨基酸等含氮物质在发酵细菌脱氨基作用下而形成的。它在酸性条件下多以 NH_4^+ 形式存在，而碱性条件下多以 NH_3 的形式存在。反应器中的溶液的总氨浓度以 50～200mg/L 为宜，一般不宜超过 1000mg/L。

厌氧生物处理所产生的酸碱物质具有如下的电离平衡：

$$CH_3COOH \rightleftharpoons CH_3COO^- + H^+$$

$$CH_3CH_2COOH \rightleftharpoons CH_3CH_2COO^- + H^+$$

$$CH_3CH_2CH_2COOH \rightleftharpoons CH_3CH_2CH_2CO^- + H^+$$

$$CO_2 + H_2O \longrightarrow H_2CO_3 \rightleftharpoons HCO_3^- + H^+$$

$$NH_3 + H_2O \rightleftharpoons NH_4^+ + OH^-$$

当产酸过程比产甲烷占有较大优势时，如果废水没有足够的缓冲能力就会产生严重的问题。所有过剩的 VFA 应当被中和，同时，为防止反应器内局部酸的大量积累，良好的混合也是需要的。实际上，pH 值突然变化的概率非常小，因为废水厌氧处理一般能产生足够的 CO_2，这些二氧化碳可以中和强碱离子。仅在某些特别情况下，pH 值才会升高到危险程度。例如 pH 值中性的甲酸盐废水或中性的甲酸、乙酸混合废水进行处理时，pH 值可能会上升过高。比较常见的是 pH 缓冲溶液，一个 pH 值被缓冲在某一特定值的溶液，它既含有能与加到溶液中的碱相作用的酸，又含有能与加到溶液中的酸相作用的碱。

弱酸可以提供甲烷菌所需要的足够的缓冲能力。弱酸在高的 pH 值下能表现出缓冲性能。也就是弱酸（HA）在水溶液中依下式离解：

$$H_2O + HA \rightleftharpoons H_3O^+ + A^- \qquad K_1 = [H_3O^+][A^-]/[HA]$$

式中，K_1 为离解常数。

对上式取对数可得到：

$$pH = pK_1 + \lg[A^-]/[HA]$$

最大的缓冲能力是当 $[A^-] = [HA]$ 时，这时加入一定量的强酸或强碱时，pH 值的变化最小。显而易见，缓冲物量的多少决定缓冲能力。

4.1.3 厌氧生物处理系统中的酸碱平衡

经过对厌氧生物处理溶液中的组分进行分析，我们可以知道，与酸碱平衡有关的主要物质有氨氮、脂肪酸、H_2S、CO_2 等，它们对消化体系的 pH 值起到控制的作用，因此非常有必要对酸碱平衡反应进行介绍。

(1) 氨氮的电离平衡

在厌氧生物处理过程中氨的来源主要有：甲胺的甲烷化；氨基酸和蛋白质的发酵；其他含有机物的降解等。氨氮的电离平衡可以进行如下表示：

$$NH_4^+ \rightleftharpoons NH_3 + H^+$$

$$K_N = [NH_3][H^+]/[NH_4^+]$$

式中，K_N 为氨离子的电离常数。

(2) 脂肪酸的电离平衡

将所有脂肪酸统一用等物质的量的乙酸电离平衡来表示：

$$HAc \rightleftharpoons Ac^- + H^+$$

$$K_A=[Ac^-][H^+]/[HAc]$$

式中，K_A为乙酸的电离常数。

当反应器受到不良条件和超负荷运行的冲击后，脂肪酸作为产酸细菌的产物，会对厌氧缓冲系统产生很大的影响。因为酸化阶段 VFA 可能会积累，当充足的碳酸氢盐碱度存在时，将会有以下反应发生（以乙酸代表 VFA）：

$$CH_3COOH+Na^++HCO_3^- \rightleftharpoons CH_3COO^-+Na^++CO_2+H_2O$$

因此当所有碳酸氢盐碱度被 VFA 中和后，pH 值才会剧烈降低。

(3) H_2S 的电离平衡

H_2S 在气、液两相间的平衡关系可表示为：

$$H_2S_{(气)} \rightleftharpoons H_2S_{(液)}$$

在液相中存在着如下平衡：

$$H_2S \rightleftharpoons H^++HS^-$$

$$K_{s1}=[H^+][HS^-]/[H_2S]$$

式中，K_{s1}为 H_2S 的一级电离常数。

$$HS^- \rightleftharpoons H^++S^{2-}$$

$$K_{s2}=[H^+][S^{2-}]/[HS^-]$$

式中，K_{s2}为 H_2S 的二级电离常数。

H_2S 缓冲物一般浓度较低，因此它在保持 pH 值的稳定上作用不是主要的。

(4) CO_2 的电离平衡

在缓冲体系中，CO_2 的电离平衡在保持 pH 值的稳定上起主要作用。它与 H_2S 一样存在着气、液两相间的平衡关系：

$$CO_{2(气)} \rightleftharpoons CO_{2(液)}$$

CO_2 在水中发生水合反应，平衡式为：

$$CO_{2(液)}+H_2O \rightleftharpoons H_2CO_3$$

式中，K_{CO_2}为 CO_2 的水合反应平衡常数。

H_2CO_3 发生电离平衡反应为：

$$H_2CO_3 \rightleftharpoons H^++HCO_3^-$$

$$K_{H_2CO_3}=[H^+][HCO_3^-]/[H_2CO_3]$$

式中，$K_{H_2CO_3}$为碳酸的一级电离平衡常数。

$$HCO_3^- \rightleftharpoons H^++CO_3^{2-}$$

$$K_{HCO_3^-}=[H^+]\cdot[CO_3^{2-}]/[HCO_3^-]$$

式中，$K_{HCO_3^-}$为碳酸的二级电离平衡常数。

当含碳有机化合物完全转化为 CH_4 和 CO_2 时，不会产生和消耗碱度，但反应过程中产生的 CO_2 溶解后会对厌氧缓冲体系产生一定的影响。在反应器中溶解性 CO_2 的浓度主要取决于的分压，依有机污染物组成和系统中强碱的量不同，CO_2 分压占气相总压力的 0～50%。还有研究者发现，出水中的 CO_2 是主要的酸性物质，把出水中的 CO_2 经吹脱去除后再回流，是一种更好地调控厌氧反应器内 pH 值的方法。

4.1.4 厌氧生物处理系统中的碱度

酸中和能力（[ANC]）可被定位为能被强酸滴定到等当点的所有碱的当量的总和。在水溶液酸碱系统中［ANC］可定义作：

$$[ANC]=[A^-]+[OH^-]-[H^-]$$

厌氧消化体系中主要的共轭酸碱有：H_2CO_3/HCO_3、HCO_3^-/CO_3^{2-}、H_2S/HS^-、HS^-/S^{2-}、HAc/H^+、NH_4^+/NH_3 等。随着消化体系的 pH 值不同，此共轭酸碱的形态分布也会发生变化。

在厌氧体系中，所采用的滴定终点一般是 pH=3.8，但因为一般厌氧体系的 pH 值范围在 5.0～8.5 之间，所以在测定体系的总碱度时，碱性物质中的 OH^-、S^{2-} 的浓度会很小，可以忽略不计。

从前面可以看出，既然碳酸氢盐是厌氧消化系统中比较关键的缓冲物，因此可以选用碳酸氢钠增大系统缓冲能力。因为它可以在不干扰微生物敏感的理化平衡的情况下平稳将 pH 值调整到理想状态。

4.2 温度对厌氧生物处理的影响

温度是影响厌氧微生物生命活动过程的重要因素。像所有的化学反应和生物化学反应一样，厌氧生物降解过程也受到温度和温度波动的影响。温度主要是通过对厌氧微生物体内某些酶活性的影响而影响微生物的生长速率和微生物对基质的代谢速率，因而会影响到废水厌氧生物处理工艺中污泥的产生量和有机物的去除速率；温度还影响有机物在生化反应中的流向和某些中间产物的形成，因而与沼气的产量和成分等有关；此外温度还可能影响污泥的成分与性状；在废水厌氧生物处理设备运行中，要维持一定的反应温度又与能耗和处理成本有关。在本节中我们着重介绍温度与生化速率的关系。

关于温度与微生物的关系，早在 19 世纪就开始了研究工作。但针对厌氧微生物活性影响的研究工作却要迟得多，在 20 世纪 20 年代末始有报道。到目前为止，许多研究者对温度对于厌氧处理过程的影响进行了研究，研究的方向集中于 3 个方面：a. 温度对厌氧微生物的影响；b. 温度对厌氧消化的动力学参数的影响；c. 温度突变对厌氧消化的影响等。

4.2.1 温度对厌氧微生物的影响

基础性的研究工作主要在 1930～1960 年之间进行的，从事研究的主要学者有 Heukeleian、Fair、Moore 及 Buswell 等。一般认为，厌氧消化可以在很宽的温度范围（5～83℃）内进行，而据报道产甲烷作用可以在 4～100℃的温度范围内发生。但是，在如此宽的温度范围内，最适宜的温度是何值？在不同温度下的生化速率的变化规律是怎样的？等等，这些问题是在许多研究者通过多次试验研究而逐步得到解决的。

许多科学家得出的研究结果都表明：好氧生物过程只有一个最适温度区，而厌氧消化过程则存在两个最适温度区。图 4-1 所示是间歇发酵试验结果。从图中可以看出，在 5～35℃的范围内，好氧生化过程的产气量（主要是 CO_2）随温度的上升而直线上升。有些科学家根据大量实验资料得出结论，在此温度范围内，温度每升高 10～15℃，生化速率约增快 1～2 倍。在此温度范围内，厌氧生化反应也具有类似的规律，即温度每升高 10～15℃，生化速率约增快 1～2 倍。但是从图中还可看出，温度高于 35～40℃之后，两者的情况就截然不同了。随着温度的升高，好氧生化速率将迅速下降，并在接近 45℃时基本上停止反应。而厌氧生化速率在 35℃附近达到一个极大值后，于 45℃左右出现一个低值，继而在 53～63℃之间又出现一个极大值，也就是说出现两个最适温度范围，并明显地出现一个产气量随温度而

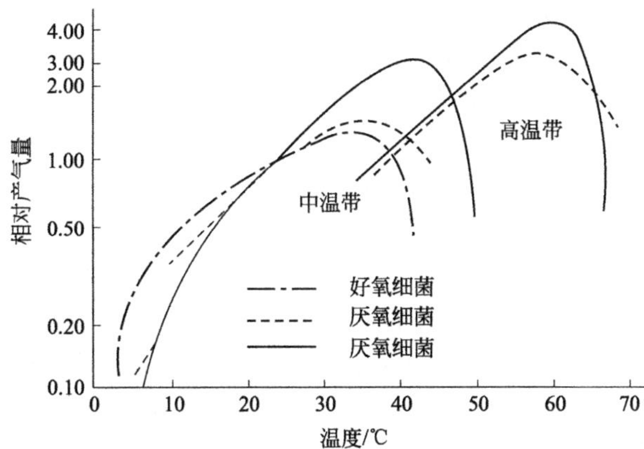

图 4-1　温度与生物反应活性之间的关系

注：图中的纵坐标为相对产气速率，以 25℃时的产气量为基准

变的双峰曲线，且后一峰高于前一峰。

图 4-2 所示为连续运行的厌氧发酵处理有机物的典型曲线。从图中可以看出，中温发酵其反应温度大致在 20～48℃之间进行，其有机物处理量在 30℃之前随着温度的升高而缓慢提高；30℃之后则迅速增加，约在 38～40℃时达到最高值；而当温度超过 39℃后，如果温度进一步升高，其有机物处理量就会迅猛下降。中温污泥的气体产量的变化曲线与有机物处理量的变化曲线形状类似，但不完全同步。对于高温发酵试验大致在 38～60℃之间进行，其有机物处理量达到最高值时的温度约在 50～53℃之间，当温度在 40～50℃之间逐渐升高的过程中，有机物处理量也逐渐增大，而当温度超过 53℃以后，其有机物处理量则迅速下降；高温污泥的产气量曲线的变化趋势也与此类似，而且也基本同步。从图 4-2 中的曲线可以看出，两组试验曲线的交汇处出现一个有机物处理量和产气量的低谷，即低速率厌氧发酵区（图 4-2 中位于 43～45℃之间），在其两侧即为中温高效区和高温高效区。

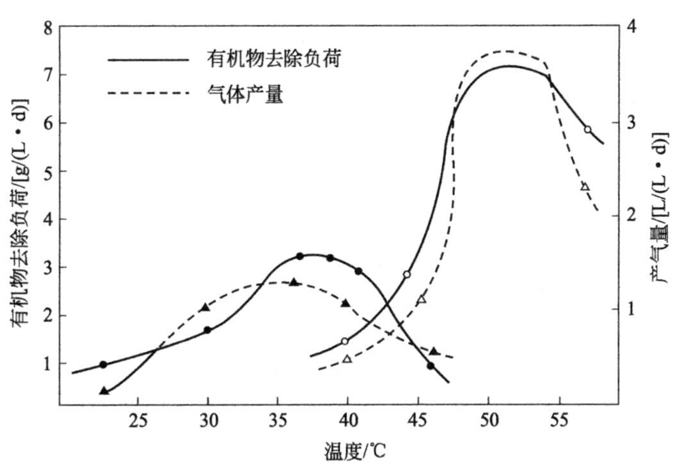

图 4-2　温度与厌氧处理工艺的有机物去除负荷和产气量之间的关系

从上述温度对厌氧消化的影响，可以看出 45℃左右的温度对于厌氧消化工艺来说是一个很理想的反应温度，因为它处在中温范围和高温范围这两者之间，厌氧微生物如果处在这个温度范围，其活性往往会很低。因此，常有报道说在 45℃运行是有问题的，因此厌氧处理适宜在中温（35℃）或高温（55℃）下运行。然而也有报道称生产装置在 45℃下成功运

行数年的例子。但也有人认为可以是其他温度，例如：VenLier 等（1996）发现颗粒污泥高温消化乙酸盐的最佳温度为 65℃。对厌氧反应器中温度的变化速率应给予特别的重视。

所谓最适温度，就是指在此温度附近参与厌氧消化的微生物有最高的产气速率或者是最佳的有机物消耗速率。这是由于厌氧微生物的产气速率与生化速率大致成正相关性，因而也可以说最适温度就是生化速率最高时的温度。对厌氧微生物的进一步研究表明：厌氧生物的温度适应范围仍然是较窄的。厌氧微生物可分为嗜冷微生物、嗜温微生物和嗜热微生物，分别对应的生长适宜温度范围为 5～20℃、20～42℃、42～75℃。在厌氧生物处理中，将反应温度控制在相对于前一产气高峰时进行的发酵，称为中温厌氧消化（Mesophilic Anaerobic Digestion）；如果将厌氧反应的温度控制在相对于后一产气高峰时进行的发酵，称为高温厌氧消化（Thermophilic Anaerobic Digestion）。如果不严格控制温度，让其自由波动于 15～35℃之间时，则称为常温厌氧消化（Ambient Anaerobic Digestion）。

在厌氧生物反应过程中，之所以会出现两个最适温度区，最重要的原因是其中作为限速步骤的甲烷发酵阶段，其参与者（即各种甲烷细菌）具有不同的最适温度。例如，布氏甲烷杆菌的最适温度范围是 37～39℃，范氏甲烷球菌是 36～40℃，巴氏甲烷八叠球菌是 35～40℃，而嗜热自养甲烷杆菌却是 65～70℃。如果发酵温度控制在 32～40℃的范围内，由于上述中温菌的大量存在，会出现一个产气量的高峰区。同样道理，如温度控制在 65～70℃之间，由于上述高温菌的存在，会出现另一个产气量的高峰区。

迄今大多数厌氧废水处理系统在中温范围运行，人们发现在此范围温度每升高 10℃，厌氧反应速率约增加 1 倍。但是，在实际中利用混合细菌进行的发酵试验中，出现的最适温度区与相应的产甲烷细菌要求的最适温度区也不尽相同。一般是前者均比后者稍低一些。例如，一般认为最适中温范围为 30～40℃（常用 32～35℃，也有用 37℃），最适高温值为 50～55℃。初步认为，由于厌氧消化实际上是一个多菌种多层次的混合发酵过程，总的生化速率既取决于产甲烷细菌，又取决于其他细菌（产酸细菌等）。只有这些厌氧微生物都处在较良好的环境条件下，才能创造出协调的最佳生活条件。特别是对高温消化来说，尽管一些高温甲烷细菌如嗜热自养甲烷杆菌的最适温度为 60～70℃，甚至一小部分高温甲烷细菌的最适温度为 80℃，但一般产酸细菌却比较难在如此高温下正常生长。因此，如果按照高温甲烷细菌要求的温度范围将系统的温度控制在 60～70℃，甚至是 80℃，就较难保证厌氧系统内形成共同的最佳生化环境。但如果将控制温度下移到 50～55℃之间，有可能形成甲烷细菌和产酸细菌等其他厌氧微生物均较适应（尽管均非两者的最适温度）的协同生存的环境。

最适温度之所以呈现一个大的范围，除与接种的细菌有关外，还与进行发酵所采用原料的成分和配比有关。例如，中温厌氧消化下水污泥时，最适温度基本上在 30～35℃之间，以 33℃为最佳。据报道，中温厌氧消化畜粪时，最适温度要稍高一些（为 35～39℃），具体数值随畜粪种类略有不同。中温厌氧消化垃圾处理及其他有机固体废弃物时，则以 40～42℃为最佳。高温消化的最适温度区域有 50～55℃、50～65℃和 55～65℃等多种说法，其原因也是与发酵原料有关。

厌氧生物反应的控制温度主要影响生化速率、处理程度、沼气产量、沼气成分、出水水质。高温厌氧消化所产生的沼气甲烷含量要比中温厌氧消化时的要低。一些学者对这一现象基本都从微生物的生化机制方面寻求解释，但忽略了物理因素。一般认为，气体的溶解度与压力成正比，与 K_H（亨利系数）成反比，而亨利系数值又与温度有关。30℃和 50℃时，CH_4 的亨利系数分别为 44.9×10^{-3}atm 和 57.7×10^{-3}atm，也就是高温时的溶解度为中温时的 77.8%；而 CO_2 的亨利系数分别为 1.86×10^{-3}atm 和 2.83×10^{-3}atm，也就是高温时的溶解度为中温时的 65.7%。可以看出，高温时有更多的 CO_2 排出，而使沼气中的 CH_4 含量相对减少。

4.2.2 温度对厌氧反应过程中动力学参数的影响

从反应动力学的角度来看，温度主要会影响厌氧消化过程的两个参数，即最大比基质去除速率 k 和半饱和常数 K_s。如果由于温度的不同导致最大比基质去除速率 k 的变化，会影响整个厌氧反应系统对进水中有机物的处理速率。同样，由于半饱和常数的倒数 $1/K_s$，所表示的是微生物对基质的亲和力，该值越大或者说是半饱和常数越小，就说明这种基质对于这种微生物来说越容易降解；反之，则表示这种基质较难降解，因此，如果温度的变化对 K_s 值产生影响，就必然会影响厌氧微生物对相应基质的降解。

研究表明，测定在不同温度下好氧生物反应和厌氧生物反应的动力学参数 K 和 K_s，并研究了好氧和厌氧生物活性受温度的影响。当温度分别为 20℃和 10℃的好氧反应，当温度分别为 15℃和 25℃的厌氧反应，如果基质浓度为 100mg/L，则好氧和厌氧生物代谢的速率分别是最大代谢速率的 80%、60%和 30%、5%。这些都说明温度对于好氧和厌氧生物反应具有十分显著的影响，但与好氧生物反应相比，温度的变化对厌氧消化更为强烈。特别值得指出的是已发现将乙酸转化为甲烷的甲烷菌比产乙酸菌对温度更敏感。因此，在厌氧消化的运行过程中，进行温度稳定控制就显得更为重要，因为低温时挥发酸浓度增加是因为产酸菌的代谢速率受温度影响比产甲烷菌要小。低温时 VFA 浓度增加可能会使 VFA 超过了系统的缓冲能力，导致 pH 值灾难性地降低，反过来又会进一步影响甲烷细菌，从而严重地影响工艺运行和最大处理能力。

对厌氧过程起控制作用的动力学参数，特别是产甲烷过程的半速度常数 K_s 对温度是很敏感的。表 4-1 所给出的是 Lawerence 和 McCarty 在 1969 年报道的几种不同温度下利用厌氧消化处理复杂有机废弃物时反应动力学参数的变化，可以看出，当温度从 35℃降至 25℃时，反应的 K_s 值会从 164mg/L 增加到 930mg/L；而当温度进一步下降到 20℃时，反应的 K_s 值会进一步升高到 2130mg/L。K_s 值变化如此之大，将会对出水水质和生物活性产生很大的影响。

表 4-1　不同温度下厌氧生物处理复杂有机废弃物时的动力学常数

温度/℃	k/d^{-1}	K_s/(mg/L)	温度/℃	k/d^{-1}	K_s/(mg/L)
35	6.67	164	20	3.85	2130
25	4.65	930			

4.2.3 温度突变对厌氧消化的影响

上面主要讲述了将培养厌氧微生物的反应温度改变为其他温度时，对有机物的降解速率或者是产气速率的变化情况，下面将介绍温度突变对厌氧消化过程的影响。

厌氧微生物在每一个温度区间，随温度上升，生长速率逐渐上升并达到最大值，相应的温度为细菌的最适生长温度，过此温度后细菌生长速率迅速下降。在每个区间的上限，细菌的死亡速率已开始超过细菌的增殖速率。温度高出细菌的生长温度的上限，将导致细菌死亡，如果温度过高或持续时间足够长，当温度恢复后，细胞（或污泥）的活性也不能恢复。而当温度下降并低于温度范围的下限，从整体上讲，细菌不会死亡，而只是逐渐停止或减弱其代谢活动，菌种处于休眠状态，其生命力可维持相当长的时间。当温度上升至其原来生长温度时，细胞（或污泥）活性能很快恢复。因此温度超过上限会引起严重问题。但温度下降则一般引起细胞活力下降，如果相应降低反应器负荷或停止进液，则不会发生严重问题，一旦温度恢复正常，反应器运行可很快恢复正常。

厌氧微生物对反应器温度的突变十分敏感，图 4-3 中的实验曲线提供了这方面的情况。图 4-3(a) 所示为将温度从 35℃突然降至 15℃，并持续 15min 后再升温至 35℃。结果发现，温度突降时，反应器的产气量会立即下降；当温度恢复到 35℃后，产气量也迅速得到恢复，但略低于降温前。可见生物活性的恢复需要一个过程，产气量的恢复滞后于温度的恢复。图 4-3(b) 所示为温度从 35℃突然降至 20℃，持续 2h 后再回升到 35℃。与图 4-3(a) 的情况相比，降温幅度略小，但低温持续时间较长。另外，最初产气量也随着温度的下降而迅速下降为 0，但维持低温约 30min 后，产气量略有恢复，形成一个不高的平台，但在随后的近 2h，产气量仅维持在很低的水平；随着温度的回升至 35℃，产气量迅速恢复，且最高峰甚至超过了降温之前的正常值。图 4-3(c) 所示为温度从 35℃突然降 10℃，持续 2h 后再回升到 35℃。可以看出，产气量的变化趋势与图 4-3(b) 所示相似，但是由于温度降幅更大，导致停止产气的时间更长，适应期产气量更少，升温后的产气量回升得更慢。图 4-3(d) 所示为温度从 50℃突降 10℃，持续 2h 后回升到 50℃。由于降温幅度太大，致使 2h 的低温时间里产气量一直几乎为 0，升温后，产气量迅速上升并超过降温前的值，但随后逐渐减少，再经 2h 后产气量降至仅为降温前的 50%左右。

综上情况可以看出，对于厌氧微生物来说，降温幅度愈大低温持续时间愈长，产气量的下降就更严重，升温后产气量的恢复比较困难，也就是恢复生物活性越困难。一般认为，高温消化比中温消化对温度的波动更为敏感，因此，厌氧消化系统每天的温度波动以不大于 2～3℃为好。

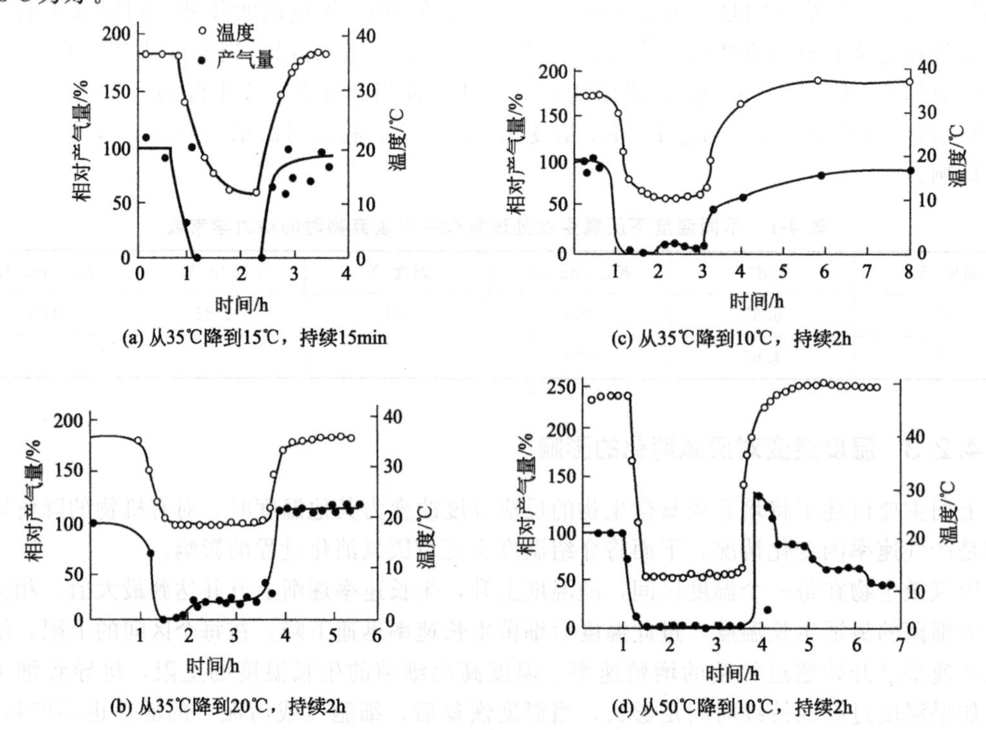

图 4-3 温度突降对厌氧消化的影响

还有研究表明，厌氧消化对温度的敏感程度随负荷的增加而增加，温度影响基质去除率这一点对应用厌氧工艺是很重要的。因此当反应器在较高负荷下运行时，应特别注意控制温度。而在较低负荷下运行时，温度对运行效果的影响有时并不是十分严重。其他一些常数，如比增长速率（k）、自分解速率、产率系数和饱和常数（K_s）等也与温度有关。丙酸盐的降解也被证明对温度相当敏感（vanLier，1996）。Kelly 和 Switzenbaum 在 1984 年研究中温膨胀床反应器处理乳清废水，当水力停留时间维持不变，有机负荷为 10kg/(m^3·d) 时，温度的变化对 COD 的处理影响不大。这因为在较高的温度下附着生长的生物体浓度的增加补偿了温度变化的影响。研究发现活化能为 8.4～12.6kJ/mol。Q_{10}值（温度每增加 10℃生物活性速率比）为 1.2。Van den Berg 在 1976 年的研究中曾经发现温度明显影响乙酸盐转化速率。利用乙酸盐的产甲烷作用的最佳温度为 40～45℃。尽管温度降低到 10℃仍可以测出有甲烷生成，但 1～2d 后则观察不到乙酸盐的转化。Dold 等在 1987 年报道用苹果汁做试验时温度降低 5℃，生物活性降低 34%，这相当于 Henze-Harremoes 系数为 0.1。温度降低对有机负荷率也有同样程度的降低。在 Dold 等的研究中温度为 25℃和 30℃时的最大负荷率分别为 29kg/(m^3·d) 和 44kg/(m^3·d)。Pavlostathis 和 Giraldo-Gomez（1991）指出所观察到的基质利用速率依赖于温度是与催化反应中传质限制有关。一个基本的观念是与生物反应相比，溶质扩散和对流迁移受温度的影响要轻微。

4.2.4 厌氧消化反应温度的选择与控制

从上面的研究结果可以看出，温度对于厌氧消化工艺的运行是十分重要的因素。在设计和运行厌氧生物反应器时，温度的选择对反应器就显得十分关键。选择厌氧反应温度主要考虑两方面的因素，包括处理效果和能源的消耗。

高温消化所能达到的处理负荷高，自身产能也高，处理效果好，但为维持较高的反应器温度所需要消耗的能量也相对较高，因此，只有在废水温度较高（如 48～70℃之间）或者是有大量废热可以利用的条件下才宜选用。高温厌氧消化对于废水中致病菌的杀灭效果更好，所以对于某些小水量但必须进行严格消毒后才允许排放的废水或污泥，为了实行高温消毒，也可采用高温消化工艺处理。一般情况下，正在运行的厌氧消化工艺都是在中温条件运行，这样既可以获得较稳定、高效的处理效果和节能的两重好处，而且在多数情况下，如果废水的有机物浓度足够高时，还可以获得多余的沼气，变亏为盈。

对于较高浓度的废水来说，无论温度高或低都可以采用厌氧生物处理工艺。因为厌氧消化工艺在处理废水中有机物的同时会产生甲烷，而甲烷燃烧后产生的热量可以用于加热废水，经计算表明每 1000mg COD/L 产生的甲烷燃烧后产生的热量大约可使进水的温度升高 3℃。因此，在利用厌氧消化工艺处理高浓度有机废水时，对进水加热是经济可行的；但对较低浓度的废水进行加热则可能是不经济的。一般来说，如果采用厌氧消化工艺处理低浓度有机废水通常是在常温下进行，这样可能会使厌氧反应的速率降低，在这种情况下，可将处理设备负荷设计在较低的水平，这样可以节省运行时的能耗，进而降低运行成本。

4.3 厌氧消化过程中的营养物质

厌氧废水处理过程是由细菌完成的，因此细菌必须维持在良好的生长状态，否则细菌最终会从反应器中流出。为此废水中必须含有足够的细菌用以合成自身细胞物质的化合物。

4.3.1 概述

厌氧和好氧微生物系统除了对 N 和 P 两种元素的需要外，一些硫化物的前体（通常为硫酸盐形式）也必须加以补充。尽管甲烷菌对硫化物和磷有专性需要，在反应器中这两种离子维持非常低的浓度就可以满足其需要。但是，反应器中氮的浓度必须在40～70mg/L范围才能防止缺氮。与好氧过程相比，由于厌氧过程大大减少了生物体的合成量，所以除氮以外对其他常量营养的需要都成比例地减少。

微营养物质的确定，主要是依据组成细胞的化学成分。分析细菌细胞的化学组成是了解其营养需求的基础。一般认为，生物体的化学组成可用$C_5H_7O_2N$表示，产甲烷细菌也不例外，这说明产甲烷细菌对生物细胞中基本元素C、H、O、N的需求，与普通细菌细胞没有什么差别。根据STR的不同净细胞合成量为2.5%～5%，则每去除1000kg COD对氮的需要量为3～6kg，或者说，每产生60m^3甲烷需氮0.5～1kg，对磷的需要量一般为氮需要量的1/7。但除C、H、O、N以外，产甲烷细菌的化学组成却具有其自身的特殊性，如表4-2所示。从表4-2中可以看出，产甲烷菌的主要营养物质有氮、磷、钾和硫，生长所必需的少量元素有钙、镁、铁，微量金属元素有镍、钴、钼、锌、锰、铜等。

表4-2 产甲烷细菌的化学组成 单位：g/kg干细胞

元素	含量	元素	含量	元素	含量
氮	65	镁	3	锌	0.060
磷	15	铁	1.8	锰	0.020
钾	10	镍	0.10	铜	0.010
硫	10	钴	0.075		
钙	4	钼	0.060		

我们现在主要讨论的是产甲烷细菌的营养组成情况，但是厌氧污泥中除了产甲烷菌以外，还有许多种非产甲烷细菌，包括水解菌、产酸菌、产氢产乙酸菌等。但是，在厌氧消化运行过程中，产甲烷菌是其中最关键的一种细菌，因为产甲烷细菌本身的世代周期很长，对于环境条件的微小变化很敏感，而且在整个厌氧系统中，产甲烷细菌处在整个食物链的最后，如果产甲烷细菌生长不好，其活性不能得到充分发挥，就会引起整个厌氧消化过程无法进行。

在利用厌氧生物处理工艺处理废水时，所需要的营养物的浓度可以根据废水的可生物降解的COD（COD_{BD}）浓度和它的酸化程度来估算。估算厌氧过程所需最小营养物浓度的公式如下：

$$\rho=1.14COD_{BD}Y\rho_{cell}$$

式中，ρ为所需最低的营养元素的浓度，mg/L；COD_{BD}为进水中可生物降解的COD浓度，g/L；Y为污泥产率，gVSS/gCOD_{BD}；ρ_{cell}为该元素在细胞中的含量，mg/g干细胞。

这里的污泥产率系数Y，取决于废水是否已经酸化，对于未酸化的废水，Y值可取0.15；对于已经完全酸化的废水，则可取0.03。计算结果在实际应用时还应扩大至2倍，保证在厌氧系统中有足够的营养物质。一般来说，对于基本上未酸化的废水，即当$Y\approx0.15$时，COD_{BD}∶N∶P可取大约350∶5∶1或C∶N∶P=130∶5∶1。对基本上完全酸化的废水，即当$Y\leqslant0.05$时，COD_{BD}∶N∶P=1000∶5∶1或C∶N∶P=330∶5∶1。对于部分酸化废水，可依此法进行推算。

4.3.2 厌氧微生物对碳、氮、磷、硫的需求

在厌氧生物处理系统中，最关键的微生物是产甲烷细菌，因此我们主要讨论适合于厌氧微生物中产甲烷细菌的碳源和能源物质。产甲烷菌生长所需要的碳源是非常有限的，常见的

基质包括 H_2/CO_2、甲酸、乙酸、甲醇、甲基胺类物质等。另外，也有报道称有的产甲烷菌能利用异丙醇/CO_2、甲硫醇或二甲基硫化物等。大多数产甲烷细菌能利用 H_2 作为能源，但也有少数产甲烷细菌不能利用 H_2，主要包括嗜乙酸型产甲烷细菌和专性甲基营养型产甲烷细菌两类。

尽管少数产甲烷细菌不需要有机碳源，如高温无机营养甲烷球菌、嗜热自养甲烷杆菌等，但乙酸、氨基酸和维生素等均能促进大部分产甲烷细菌的生长。但是，厌氧消化它所能降解、转化的有机物质则几乎包括自然界中所有的有机物，例如纤维素、脂肪酸、果胶、半纤维素、各种芳香族化合物、蛋白质、氨基酸、几丁质、嘌呤、嘧啶等，甚至许多在好氧条件下不能和不易降解的复杂有机物，在厌氧条件下经过足够的驯化后，也能得到有效地降解和部分降解。

所有产甲烷菌均能利用 NH_4^+ 作氮源，它们利用有机氮源的能力相对较弱。因此，即使在环境中有氨基酸或肽等有机氮源存在时，也必须通过氨化细菌将这些有机氮经氨化反应转化为氨氮后，才能保障产甲烷菌正常生长所需氮源的供应。

对于完全不含氮的废水（如乙醇或脂肪酸废水），假定氮的价格为＄0.4/kg，产生的甲烷价值为＄4.00/10^6kJ，则补充氮所需费用约为产生甲烷价值的 2.5%。对于含碳水化合物的废水，由于发酵菌的合成量的增加，对氮的需要也会增加 5 倍之多，这对一些缺氮的废水影响是很大的。对高负荷系统，CDD：N：P 的最高理论值为 350：7：1；当负荷较低时，由于较长的泥龄减少了生物体的净合成量使 CDD：N：P 仅为 1000：7：1（Henze 和 Harremoes，1982）。

UASB 中对氮的需求与 CSTR 分散生长系统不同。这是因为在 UASB 中形成多肽所致。UASB 处理葡萄糖时氮的合成量约为 0.02kgN/kgCOD，而对 STR>30d 的 CSTR 系统氮的合成量仅为 UASB 的 50%。

但有研究者指出，应该加以注意的是反应器中 NH_4—N 浓度必须大于 40～70mg/L，否则会减少生物体的活性。当反应器内的 NH_4—N 浓度为 12mg/L，乙酸利用速率只有其最大值的 54%。这说明，氨氮对促进厌氧污泥的活性具有重要作用。

磷也是厌氧微生物所必需的常量元素之一。近年来有研究表明，在磷非常缺乏时，虽然细胞增长减少，但产甲烷过程仍进行得非常好。这一发现对于以磷控制剩余污泥的量是非常有吸引力的。对于其他元素的此类观察尚未见报道。

一般认为，厌氧微生物对磷的需要量是其对氮的需要量的 1/7～1/5。设计厌氧消化反应器的运行过程中，在反应器的启动时，可以采用相对较高浓度的氮和磷以刺激细菌的增殖，加速获得足够的活性厌氧污泥；而在正常的运行过程中，则将进水中磷的浓度控制在较低的水平，以减少细菌细胞的合成，降低剩余污泥的产量。

厌氧系统微生物细胞中硫的含量明显高于好氧微生物细胞中硫的含量。如果将磷和硫也考虑进去，厌氧微生物细胞的经验分子式为：$C_5H_7O_2NP_{0.06}S_{0.1}$。

厌氧微生物对硫的需要是独有的，但似乎溶液中只要有几毫克每升的硫化物即可很容易满足厌氧微生物对硫化物的需求。Zehnder 等（1980）评价了各种硫化物浓度对甲烷菌的生长和甲烷比产率的影响。他们发现甲烷菌最佳生长和最佳甲烷比产率所需要的硫（以 S 计）为 0.001～1.0mg/L。目前认为产甲烷细菌不能利用硫酸盐作为硫源，但是低浓度（0.2～0.4mmol/L）的硫酸盐能刺激某些产甲烷细菌的生长。

厌氧系统中的各种硫化物的去向包括：a. 产气中的 H_2S；b. 出水中的硫化物；c. 微生物合成的硫化物（是磷合成量的 1.5 倍）；d. 被重金属沉淀的硫化物。

假如 $pH=pK_{H_2S}$（35℃时 $pK_{H_2S}=6.9$），则产气中 H_2S 为 1%时相当于液相中 H_2S 浓度为 26mg/L，液相中硫化物总浓度为 52mg/L。

4.4 微量元素对厌氧生物处理的影响

4.4.1 微量金属元素

假如能够正确认识微量金属在产甲烷过程中的关键作用的话，厌氧工艺可以在化工、食品加工、纸浆、造纸，甚至蒸发冷凝等多种类型的工业废水的处理中得到应用。尽管在工业废水中实际存在着所需要的微量金属，但工业废水中也并非必然存在着微量金属的生物有效度——可以被微生物（包括产甲烷细菌）有效利用的微量金属元素的浓度，这样一个生物有效的浓度才是真正起作用的浓度。这是理解厌氧工艺的首要问题。虽然到目前为止，还不能给出一个十分明确地衡量某种元素的生物有效性的方法，但微量金属元素在厌氧生物反应器中的生物有效性对反应器运行的重要性已经得到了很普遍的认识。

产甲烷菌所需要的微量金属元素的量非常少，但微量金属元素的缺乏却能够导致生物活力下降，进而影响整个厌氧反应器的运行效果和稳定性，因此，在厌氧反应器中维持足够的微量金属元素的浓度是十分重要的。

（1）微量金属对甲烷菌的激活作用

产甲烷细菌对铁、镍和钴等元素的需求相对较高。而在某些工业废水中，含有这几种元素的浓度可能过低，例如玉米、土豆加工、造纸废水等，如果采用厌氧消化工艺来处理这些废水，就应向废水中添加这几种元素，这样才能保证厌氧反应器中的产甲烷菌的正常生长，进而获得满意的处理效果。

所有产甲烷细菌的生长均需要 Ni、Co、Fe 等微量金属元素。但是，厌氧生物处理中微量金属的生物有效度却能带来明显的运行问题。甲烷是由不同种类的甲烷菌产生的，而每一种甲烷菌都有自己独特的对环境和微量金属的需要，因此对出现的每一种运行问题都应该进行个别的检定。Ni 是产甲烷细菌中辅酶 F_{430} 和氢化酶的重要成分，培养基中 1～5μmol/L 的 Ni 就可以满足其生长；在咕啉的生物合成过程中需要大量的 Co；产甲烷细菌对 Fe 的需要量较大，吸收率约为 1～3mg/g 细胞干重，因此一般要求培养基中全铁的浓度要维持在 0.3～0.8mmol/L。有些产甲烷细菌还需要其他金属元素，如 Mo 能刺激嗜热自养甲烷杆菌和巴氏甲烷八叠球菌的生长；池沼甲烷球菌和嗜甲基甲烷拟球菌的生长则需要较高浓度的 Mg。

通常认为，除上述的 Fe、Co、Ni、Mo、Mg 以外，对产甲烷细菌具有激活作用的微量金属还有 Zn、Cu、Mn、Se、W、B 等。因此，可知影响产甲烷速率的微量金属元素是多种多样的，限制或缺少其中一种都会使产甲烷过程受到严重的抑制。

在某些情况下，废水中可能已经存在着足够浓度的微量金属元素，但即使这样，有时还是不能保证它们的生物有效性，而且提高微量金属元素的生物有效性并不等于不断地向处理系统中投加和补充微量金属，因为有时这些微量金属可能被强烈地螯合了，而螯合形式的微量金属的生物有效度是不确定的。螯合作用虽然可以使金属保持为溶解状态，但当螯合作用太强时就会限制被螯合金属的生物有效性。

有资料表明，微量金属即使以配合物或隐含的形式存在对保证最佳产甲烷也有重要的作用。影响生物活性的因素很多，但就微量金属而言，缺少其中一种就会严重影响整个生物处理过程。微量金属不能解决厌氧处理运行中的所有问题。但微量金属的存在和微量金属的生物有效度会解决大部分运行问题。因此，对于各种类型的厌氧处理系统来说，对缺乏微量金属的情况进行快速、经济的测定是非常重要的，以便及时补充必要的微量元素。许多现场研究证明，补充微量金属是工程所需要的，并不违背科学常规。

在厌氧系统中存在着硫化物、碳酸盐和磷酸盐这些阴离子严重影响微量金属的生物有效度，这主要是因为微量金属和这些阴离子特别是硫化物生成的沉淀物溶解度很低。例如，当 H_2S 浓度小到 0.0003mg/L 时，Fe^{2+}、Co^{2+}、Ni^{2+} 理论溶解性度分别是 0.0000016mg/L、0.000000006mg/L、0.000000004mg/L（Callendar 和 Barford，1983）。

Callendar 和 Barford 报道说可溶性金属配合物能在存在硫化物时使溶解金属离子浓度增加 10^4 倍。Hoban 和 van den Berg（1979）发现溶液中溶解性铁的浓度比按碳酸盐和硫化物溶解度所预计的浓度大 100 倍。

Kida 等（1991）研究了啤酒废水的厌氧处理。报道说停止补充 Ni 和 Co 后，VFA 浓度在 2d 之内从 3500mg/L 增加到 6000mg/L。而停止补充 Fe 并无不良影响。

Wilbaine 等（1986）报道说实验室中研究处理家禽废物时补充 Ni 会增加气体产量。

Hawkes 等（1992）用 3 个 UASB 反应器进行了处理冰淇淋废水对比试验。其中一个反应器不补充微量金属，另外两个反应器补充微量金属。施加冲击负荷之后，未补充微量金属的反应器中丙酸盐浓度明显增加，同时未补充微量金属的反应器对进水 CDD 的变化也更敏感。这就意味着加入微量金属的反应器耐冲击负荷。

Oleszkiewicz（1988）运行了 3 个 UASB 反应器：第 1 个为对照反应器，第 2 个反应器补充了 Ca 和 P；第 3 个反应器补充 Fe、Co 和 Ni。3 个反应器的进水为富含蛋白质的豌豆加工废水和冷冻炸薯条废水。

试验研究发现，加入 Ca 和 P 不利于颗粒污泥的形成，而加入微量金属能促进颗粒污泥的形成。前 2 个反应器中 VSS 从 70～100kg/m^3 下降到 1.5～3kg/m^3。尽管对颗粒污泥的冲洗严重，但反应器在负荷为 10kg/(m^3・d) 时还能维持稳定的 90%的 CDD 去除率。第 3 个反应器负荷也是 10kg/(m^3・d)，但 VSS 一直保持在 100kg/m^3 以上，COD 去除率超过 95%。第三个反应器运行稳定，耐冲击负荷。

Florencio 等（1994 年）发现用颗粒污泥厌氧处理甲醇废水时钴对产甲烷有很大的激活作用。投加钴只能激活甲基营养甲烷菌和产乙酸菌。而对其他利用氢和乙酸中间产物的菌群影响甚小。他们还发现钴的最佳投量为 0.05mg/L。

据发现甲烷菌组成元素中变化最大的是钠和钾，钠和钾似乎都有重要的生理作用。尽管锌和铜是否是甲烷菌的必要的微量元素尚无定论，但是所有被研究过的甲烷菌种中都含有相当多的锌，而铜似乎只在某些菌种中存在。被测试的所有甲烷菌中锌的含量都很高，锌的含量等于或者高于镍和钴的含量。但只有 Hsu（1989 年）和 Scherer 等（1983 年）报道过微生物生长试验中锌所起的积极作用。甲烷菌细胞中主要的微量金属中锰的含量最低，这也许表明在产甲烷过程中锰不再重要。

Hsu（1989 年）检验了 Fe、Co 和 Ni 的各种阴离子沉淀物的相对生物有效度，其结果表明：磷酸盐沉淀物的激活作用最大，而与硫化物沉淀物相比较磷酸铁也可以使反应器快速启动。Ni 的沉淀物情况也是这样。

（2）缺乏微量金属元素的补救措施

当厌氧反应器出水时挥发酸浓度长时间居高不下时可能因为营养不足。这种情况下首先直接向反应器中投加下面组成的微量金属以检验微量金属的需要量：1mg $FeCl_2$/L（反应器容积)；0.1mg $CoCl_2$/L（反应器容积)；0.1mg $NiCl_2$/L（反应器容积)。

如果挥发酸浓度在补充上述微量金属以后仍然没有下降，再按反应器容积计以0.1mg/L的增量补充微量金属进行检验。如果有了足够的微量金属的生物有效度，那么就可能存在有毒物质。

微量金属不能解决厌氧处理运行中全部的难题，但是提高微量金属的生物有效度可以解决大部分运行中的问题。可以迅速、简单、经济地检验是否缺乏微量金属。

4.4.2 维生素

维生素对众多产甲烷菌而言是必需的或具有促进作用的，在一般情况下，含有常见的几种水溶性维生素的水溶液就能满足其生长的需要，但也有例外，如活动甲烷微球菌的生长需要维生素 B_1、维生素 B_2 和 ρ-氨基苯甲酸；泛酸盐能促进沃氏甲烷球菌的生长，瘤胃短杆菌M-1菌株生长时就需要辅酶M。

4.5 厌氧消化过程中的抑制物质

废水中常含有毒抑制性物质，且种类繁多，可分为无机毒性物质、有机毒性物质。后者又可分为天然有机毒性物质和人工合成有机毒性物质两类。

4.5.1 无机抑制性物质

(1) 氨的抑制性

氨氮存在于蛋白质和氨基酸的废水中，氨氮是以离子形式存在的铵和非离子形式存在的游离氨的总和。氨氮的毒性由游离氨引起。因此氨氮在废水中存在的方式对其毒性大小有很大影响。pH值对氨氮中游离氨所占的比例有很大影响，当pH=7时，游离氨仅占总氨氮的1%，而pH值上升到8时，游离氨的比例上升了10倍，而当pH值接近10时，游离氨的比例可达90%以上。

(2) 硫化物的抑制性

废水中常含有无机形态存在的硫，如 SO_4^{2-} 和 SO_3^{2-}。非离子形态的硫常有毒性，即游离硫化氢（H_2S)。吸入的 H_2S 会转入血液中，使细胞色素氧化酶钝化而发生中毒。pH值对游离 H_2S 在总硫化物（HS^- + H_2S）中的比例有很大影响。当pH值在7以下时，游离 H_2S 浓度较大，在pH值为7～8范围内随pH值升高，游离 H_2S 迅速下降。

(3) 重金属的抑制性

水体污染方面所说的重金属，一般是指汞、镉、铅、铬以及砷等生物毒性显著的金属，也指具有一定毒性的一般重金属，如锌、铜、钴、镍、锡等金属。但最引起人们注意的是汞、镉、铬等。重金属随废水排出时，即使浓度很小，也可能造成危害。工业废水常含有多种重金属，如铅、镉、汞、铜、砷等可通过食物链富集，并在环境中迁移转化，参与并干扰各种环境化学过程和物质循环过程，它对蛋白质的巯基有强的亲和力，易于积累在生物体内造成危害。重金属中有些元素及其化合物有致癌作用。重金属的污染与危害取决于它在环境和生物体中存在的浓度、化学形态等。元素的形态不同，其毒性也不一样，如六价铬毒性大于三价铬，三价锑大于五价锑，三价砷大于五价砷，高价钒毒性大于低于钒等。

重金属废水污染具有如下特点。

① 天然水体中的重金属虽只有微量浓度，但其毒性具有长期持续性。水体中某些重金

属可在微生物作用下，转化为毒性更强的有机化合物。例如，无机汞在天然水体中可被微生物转化为毒性更强的甲基汞。

② 生物可大量富集，构成食物链，危害人类。生物从环境中摄取重金属，并经体内或某些器官中高度富集，其富集倍数可达成千上万倍，水生动植物、陆生农作物都有这种现象。然后通过食物进入人体，在人体的某些器官中积蓄起来构成慢性中毒，严重危害人体健康。

③ 重金属无论采用何种处理方法或微生物都不能降解，只不过改变其化合价和化合物种类。天然水体中有机酸、氨基酸、腐殖酸等，都可以同重金属生成各种配合物或螯合物，使重金属在水中的浓度增大，也可以使沉入水底中的重金属又释放出来。

4.5.2 有机抑制性物质

有机毒性物质可分为天然有机毒性物质和人工合成的有机毒性物质，后者又称为生物异型化合物，是指人工制造的，在自然环境中难以发现的有机化合物。

(1) 天然有机抑制性物质

由生物体的代谢活动及其他生物化学过程产生的天然有机污染物为：黄曲霉素、氨基甲酸乙酯、麦角、黄樟素、细辛脑、草蒿脑、萜烯类等。

某些工业废水中，例如淀粉工业废水中常含有有毒的芳香族氨基酸。铬氨酸即是芳香族氨基酸，它本身无毒，但在淀粉工业废水中铬氨酸被氧化为多巴。多巴对甲烷菌是有毒的。如果废液中有挥发性脂肪酸，可抑制多巴的分解，从而其毒性更大。

某些工业生产中，因在较高温度进行，此时水中的糖类与氨基酸受热会变为棕褐色，这个转变即焦糖化。其糠醛类化合物是有毒的。

单宁是树皮中含有较高的聚合酚类化合物。单宁如与细菌的酶形成很强的氢键，就会使酶受毒害。天然的单宁聚合物毒性非常高。它是木材和造纸工业剥皮废水中主要的毒性物质。

此外酚类化合物、长链脂肪酸和挥发性脂肪酸等在废水中均具有一定毒性，游离的（即非离子化的）挥发性脂肪酸具有毒性，而长链脂肪酸比挥发性脂肪酸的毒性更为严重。

(2) 人工合成有机抑制性物质

前面已经提到目前已知的人工合成有机化合物种类约为700多万种，并仍以每年数以千计的速度在增加。已经发现的就有数十万种人工合成有机物，正在通过各种途径进入环境，对人类生活与环境造成各种影响。美国出于保护环境不受化学品危害的目的，于1977年颁布的《清洁水法》修正案中明确规定了65类129种优先控制的污染物，其中114种为人工合成有机物，且多为对生物体具有毒性，而不易生物降解的（见表4-3）。

表4-3　部分工厂废水排放有毒有害污染物情况

工厂类型	主要有毒有害物质
焦化厂	酚类、苯类、氰化物、硫化物、砷、焦油、吡啶、氨、萘
化肥厂	氨、氟化物、氰化物、酚类、苯类、铜、汞、砷
电镀厂	氰化物、铜、铬、锌、镉、镍
化工厂	汞、铝、氰化物、砷、萘、苯、硫化物、酸、碱等
石油化工厂	油、氰化物、砷、吡啶、芳烃、酮类
合成橡胶厂	氯丁二烯、二氯丁烯、丁间二烯、苯、二甲苯、乙醛
树脂厂	甲酚、甲醛、汞、苯乙烯、氯乙烯、苯、脂类
化纤厂	二硫化碳、胺类、酮类、丙烯腈、乙二醇

续表

工厂类型	主要有毒有害物质
皮革厂	硫化物、铬、甲酸、醛、洗涤剂
造纸厂	硫化物、氰化物、汞、酚、砷、碱、木质素
油漆厂	酚、苯、甲醛、铅、锰、铬、钴
农药厂	各种农药、苯、氯醛、氯仿、氯苯、磷、砷、铅、氟
制药厂	汞、铅、砷、苯、硝基物
煤气厂	硫化物、酚类、苯类、氨
染料厂	酚类、醛类、胺类、硫化物、硝基化合物
颜料厂	铅、镉、铬

4.6 不产甲烷菌与产甲烷菌微生物之间的关系

厌氧生物处理是一种多种群多层次的混合发酵过程。在厌氧条件下，由于缺乏外源电子受体，各种微生物只能以内源电子受体进行有机物的降解。因此，如果一种微生物的发酵产物或脱下的氢，不能被另一种微生物所利用，则其代谢作用无法持续进行。生活在这个复杂的生态系统中的微生物之间，不可避免地存在着互相依存和制约的关系。

在厌氧降解有机物的纵向链条上生活着3大类群的细菌，即发酵细菌群、产氢产乙酸细菌群和甲烷细菌群。此外，还存在着一类能将甲烷细菌的一种基质（H_2/CO_2）横向转化为另一基质（CH_3COOH）的同型产乙酸细菌群。由于给甲烷细菌提供基质的3大类群细菌都产生有机酸，故又将其统称为产酸细菌。它们所进行的发酵作用统称为产酸阶段。无论是在自然界还是在反应器内，产甲烷菌是有机物厌氧降解食物链中的最后一组成员。这样，把厌氧消化系统中各大类群细菌之间存在的相互依存和相互制约的关系，反映为产酸细菌和甲烷细菌之间的关系。根据产酸菌与产甲烷菌生理代谢和生活条件的各自特点，Chosh等发明了两相厌氧消化，将产酸阶段和产甲烷阶段加以隔离，以达到更高的厌氧消化效率。但将二者分离未必是有利的。不产甲烷菌和产甲烷菌相互依存又相互制约，它们之间的相互关系主要表现在以下几方面。

4.6.1 不产甲烷菌为产甲烷菌提供生长和产甲烷所需要的基质

不产甲烷菌把各种复杂有机物如碳水化合物、脂肪、蛋白质进行厌氧降解，生成游离氢、二氧化碳、氨、乙酸、甲酸、丙酸、丁酸、甲醇、乙醇等产物。其中丙酸、丁酸、乙醇等又可被产氢产乙酸菌转化为氢、二氧化碳和乙酸等。这样，不产甲烷菌通过其生命活动为产甲烷菌提供了合成细胞物质和产甲烷所需的碳前体和电子供体、氢供体和氮源。不产甲烷菌则为甲烷菌提供的食物。

4.6.2 不产甲烷菌为产甲烷菌创造适宜的氧化还原环境

产甲烷菌为严格厌氧微生物，只能生活在氧气不能到达的地方。在厌氧生物处理初期，由于进料而使空气进入发酵池，原料、水本身也携带有空气，这显然对于产甲烷细菌是有害的。它的去除需要依赖不产甲烷菌类群中那些需氧和兼性厌氧微生物的活动。一些厌氧微生物并不是被气态的氧所杀死，而是不能解除某些氧代谢产物而死亡。在氧还原成水的过程中，可形成某些有毒的中间产物，例如，过氧化氢（H_2O_2）和羟自由基（·OH）等。好氧微生物具有降解这些产物的酶，如过氧化氢酶、超氧化物歧化酶等，而严格厌氧微生物则缺乏这些酶。

MeCard 等在 1971 年测定了多种微生物的超氧化物歧化酶（SOD）和过氧化氢酶活性。结果表明：专性好氧微生物都含有超氧化物歧化酶和过氧化氢酶，过氧化氢酶是一种含铁卟啉蛋白的酶，它可以催化过氧化氢分解成氧和水；某些兼性好氧微生物和耐氧厌氧微生物只含有超氧化物歧化酶，但缺乏过氧化氢酶；大多数专性厌氧微生物同时缺乏这两种酶，甲烷细菌更是如此。

各种厌氧性微生物适宜生长的氧化还原电位（E_h）不同，通过厌氧微生物有顺序地交替生长和代谢活动，使发酵液氧化还原电位不断下降，逐步为产甲烷菌生长和产甲烷创造适宜的氧化还原条件。一般只能在 100mV 以下甚至 E_h 值为负值时才能生长。产甲烷菌生长适宜的 E_h 在－300mV 以下。而一般好氧微生物生长的 E_h 值为 300～400mV，E_h 值在 100mV 以上即可生长。厌氧微生物需要如此低的氧化还原电位主要因为它们的细胞中无高电位的细胞色素和细胞色素氧化酶，并且它们生长所必需的一个或多个酶的—SH，只有在完全还原以后这些酶才能活化或活跃地起酶学功能。例如在淹水土壤，作为电子受体物质的氧、铁、硝酸盐和硫酸盐被有顺序地利用和代谢，使土壤的氧化还原电位降低到－200mV 以下，最后才开始有甲烷形成，这时产甲烷细菌才旺盛活动。

在实验室里进行人工培养甲烷菌实验对无氧的要求十分严格。在通气良好的曝气池中或自然界的水域中氧化还原电位也并非均匀。例如细菌聚集成团其内部可产生局部厌氧环境，因而好氧活性污泥也可以测得产甲烷菌活性的存在，并且有人用好氧活性污泥来启动厌氧消化器也得到成功。这些都是由于不产甲烷菌的活动在充满氧气的自然界里为严格厌氧微生物产甲烷菌创造了适宜的厌氧条件。

4.6.3 不产甲烷菌为产甲烷菌清除有毒物质

在处理工业废水时，其中可能含有酚类、苯甲酸、长链脂肪酸、氰化物、重金属等对于产甲烷菌有害的物质。不产甲烷菌中有许多种类能裂解苯环从中获得能量和碳源，有些能以氰化物作为碳源，有些则能够降解长链脂肪酸。这些作用不仅解除了对产甲烷菌的毒害，而且给产甲烷菌提供了养分。此外不产甲烷菌代谢产物硫化氢，可与重金属离子作用生成不溶性的金属硫化物沉淀，从而解除一些重金属的毒害作用。如

$$H_2S + Cu^{2+} \rightleftharpoons CuS \downarrow + 2H^+$$

$$H_2S + Pb^{2+} \rightleftharpoons PbS \downarrow + 2H^+$$

4.6.4 产甲烷菌为不产甲烷菌的生化反应解除反馈抑制

在厌氧条件下，不产甲烷菌的发酵产物可以抑制其本身的不断形成。由于外源电子受体的缺乏，不产甲烷菌只能将各种有机物发酵生成 H_2、CO_2 及有机酸、醇等各种代谢产物，氢的积累可以抑制产氢细菌的继续产氢，酸的积累可以抑制产酸细菌的继续产酸，总之，这些代谢产物的积累会对不产甲烷菌的代谢产生抑制作用。而作为厌氧生物处理反应食物链末端的产甲烷菌，则像清洁工一样将不产甲烷菌的代谢产物加以清除。它们专门以形成甲烷的代谢方式生活于厌氧环境里，靠不产甲烷菌的代谢终产物而生存。有资料表明，在厌氧消化系统中，乙酸浓度的最大限值为 3000×10^{-6}，如果超过这个浓度，则会产生“酸化”，使厌氧消化不能很好地进行下去；如果维持良好的厌氧消化，乙酸浓度应在 300×10^{-6} 左右较好。废水中的有机物种类除几种简单的有机酸、醇外，对产甲烷菌的直接影响不大，只是在经不产甲烷菌分解发酵后才被产甲烷菌所利用，这就使厌氧消化对各种有机物有广泛的适

用性。

布赖恩特等在研究分离两个种共生联合的奥氏甲烷杆菌时，发现其中的“S”有机体在以 CO_2 为气相时能够氧化乙醇为乙酸并伴随产氢，氢气被另一种产甲烷菌利用作为产甲烷菌的基质和电子供体；但当以氢和二氧化碳（1∶1）混合气体代替二氧化碳时，“S”有机体既不能很好生长又不能氧化乙醇和产氢。

4.6.5 不产甲烷菌和产甲烷菌在厌氧消化过程中共同维持适宜的环境

在厌氧消化的初期，不产甲烷菌首先降解原料中的碳水化合物、淀粉等物质，产生大量的有机酸和二氧化碳，使发酵液 pH 值明显下降。此时，不产甲烷菌类群中的氨化细菌迅速进行氨化作用，产生的氨中和部分酸。另外，产甲烷菌利用乙酸、甲酸、氢和二氧化碳形成甲烷，消耗酸和二氧化碳。两个类群共同作用使 pH 值稳定在一个比较适宜的环境中。

产甲烷菌在解除反馈抑制的同时，对厌氧生境中有机物降解过程的稳定性和活性起着重要的调节作用（见表 4-4），它呈现出质子调节、电子调节和营养调节三种生物调节功能。产甲烷菌乙酸代谢的质子调节作用可去除有毒的质子和确保厌氧消化环境不致酸化，使厌氧消化食物链中的各种微生物包括产甲烷菌在内都生活于适宜的 pH 范围，因为高质子浓度也抑制产甲烷菌和产乙酸菌的氢代谢，因此这是产甲烷菌最主要的生态学功能。产甲烷菌的氢代谢电子调节作用，从热力学角度为产氢产乙酸菌代谢多碳化合物（如脂肪酸、芳香化合物）创造最适宜的条件，并提高水解菌对其基质利用的效率。某些产甲烷菌合成和分泌一些生长因子，它对于厌氧消化过程中四种营养类型的代表种的生长都是必需的，具有营养调节作用。

表 4-4 在厌氧消化过程中产甲烷菌的调节作用

调节功能	代谢反应	调节意义
质子调节	$CH_3COO \longrightarrow CH_4 + CO_2$	(1)去除有毒代谢产物； (2)维持 pH 值
电子调节	$4H_2 + CO_2 \longrightarrow CH_4 + 2H_2O$	(1)为某些代谢物的代谢创造条件； (2)防止某些有毒代谢物的积累； (3)增加代谢速度
营养调节	分泌生长因子	刺激异养型细菌的生长

第5章 厌氧生物处理的废水特性

治理目标确定之后，便是建造相应的处理设施。为了使所建的废水处理设施在规模和所选择的处理方法和工艺上能符合服务区域的实际情况，我们应对废水的性质有所了解；应对服务区域作详细的调查，摸清废水的水质和水量及其变化规律，以便据此来选择适当的处理方法，同时为设计提供足够的参数。

废水特性是厌氧处理中必须着重考虑的重要因素，也是相当复杂的因素，特别是对于那些容易引起污泥的上浮、形成浮沫或浮渣层、含有大量悬浮物或引起沉淀的化合物以及含有毒物质的废水。这类废水的特性，其所含化合物的种类影响到厌氧处理系统的设计以及运行。除了前已述及的温度、pH 值和营养等影响厌氧处理的环境因素之外，本章讨论一些重要的废水性质并引出一些有关的概念。

5.1 废水的碳和氮参数

5.1.1 碳参数

TOC 系指废水中所有有机物的含碳量，称总有机碳。为了快速测定废水浓度，产生了测定水样 TOC 值的方法。总有机碳（TOC）的测定方法类似于 TOD，当样品在 950℃中燃烧时，以铂为催化剂，高温燃烧水样，测定排出气体中的 CO_2 含量，以此确定废水水样中碳元素的重量，并从中扣除碳酸盐等无机碳元素的含量（通过低温 150℃燃烧测得），即为总有机碳。目前已有红外线分析仪测定 CO_2 气体含量。因为 TOC 数据可靠性强，国内外已广泛使用 TOC 作为废水的有机污染指标。

总碳与总无机碳之差即为 TOC：

$$TOC=TC-TIC$$

废水中有机碳（TOC）被氧化时产生如下反应：

$$\underset{12}{C}+O_2 \longrightarrow \underset{32}{CO_2^-}$$

1g 有机碳被氧化时须耗用 32/12g，即 2.67g 氧。

我们已经知道，COD 值近似地代表水样中全部有机物被氧化时耗去的氧量，故 COD 值换算成 TOC 值的系数为 2.67。

在实际测定时，不同的水样，COD/TOC 之比值是有高低的：比值小于 2.67 时，说明样品中有部分有机物不能被 $K_2Cr_7O_7$ 氧化；比值大于 2.67 时，表明废水中含较多的无机还原性物质。

在生活污水中，TOC 和 BOD、COD 之间的关系是：

$$BOD_5/TOC=1.38$$

$$COD_{Cr}/TOC=3.13\sim3.45$$

各项有机污染物指标之间的关系为 $TOD>COD_{Cr}>BOD_5$

5.1.2 氮参数

许多农产品加工和食品工业废水含有较丰富的氮。废水中氮的几种存在形式：有机氮（$N_{有机}$），如蛋白质、氨基酸、尿素、尿酸、偶氮染料等物质中所含的氮；氨氮（NH_3—N 及 NH_4^+—N）；亚硝酸氮（NO_2^-—N）；硝酸氮（NO_3^-—N）；硝态氮（NO_X^-—N）。

硝态氮（NO_X^-—N）系指废水中亚硝酸氮和硝酸氮的总和，故：

$$NO_X^-—N=\!=\!=NO_2^-—N+NO_3^-—N$$

在化学分析中－3 价的氮定义为总凯氏氮 TKN（Total Kjeldahl Nitrigen），

$TKN=N_{有机}+NH_3—N$

$TN=N_{有机}+NH_3—N+NO_2^-—N+NO_3^-—N=TKN+NO_X^-—N$

生活污水中，有机氮可占总氮量的 60%，其余 40% 为氨态氮。硝酸氮可以存在于新鲜废水中，但含量极低，处理后浓度可提高。亚硝酸氮不稳定，它可还原成 NH_3 或氧化成 NO_3^-—N。美国城市生活污水中氮含量见表 5-1。

表 5-1 美国城市生活污水中氮含量 单位：mg/L

氮形态	浓	中等	淡
有机氮	50	25	12
氨氮	35	15	8
总氮	85	40	20

据上海城市河流废水调查资料指出，新鲜的、水温较低的废水中有机氮较高、氨态氮较低；陈旧的、水温较高的废水有机氮较低、氨态氮较高。

有机氮在厌氧过程中被降解而释放出以氨的形式存在的氮，即氨氮。这一转化称为有机氮的无机化。通过测试进液和出液的总氮（TKN）和氨氮的含量可以确定无机化的程度。无机化的百分率可计算如下：

$$有机氮的无机化(\%)=\frac{氨氮}{总氮}\times100\%$$

在废水中的有机氮通过厌氧过程主要转化为氨氮，其余少量转化为细胞。

检测进水和出水中氮的浓度是因为：a. 氨氮是细菌生长的重要营养物；b. 氨氮能对甲烷菌产生毒性；c. 氨氮能中和 VFA。

以上影响厌氧过程的氨氮浓度并非进液中的氨氮浓度，因为有机氮的分解会迅速改变这一浓度。因此明确厌氧过程中有机氮的无机化程度是重要的。

假定有机氮主要是蛋白质和氨基酸，则“粗蛋白”含量可用以下公式估计。

蛋白质含量（g/L）＝有机氮（g/L）× 6.25

蛋白质含量（gCOD/L）＝有机氮（g/L）× 7.81

氮在废水处理中的意义在于以下几方面。

① 氮是废水污染程度的重要指标之一。有机氮和还原态的氨氮在废水中很不稳定，有机氮可通过氨化作用转化成氨态氮，氨态氮在氧存在的条件下进一步氧化成硝酸氮，同时须消耗氮重量 4.57 倍的氧，因此水中氨氮浓度是水体黑臭最重要的指标之一。水中氮含量过高可引起水体富营养化。氨氮等类氮化合物对生物有毒害作用。

② 氮是微生物的营养物质，废水中氮的含量可影响废水生化处理的效果。

③ 氮是污水净化度的重要指标之一。

废水的净化主要是通过氧化达到无机化、稳定化，所以总氮含量中有机氮和氨氮量的减少，硝态氮所占比例的增加，以及总氮的去除率是重要的净化度指标。

5.2 废水的厌氧生物可降解性

目前有机物废水的处理大多采用生物处理的方法，因此，围绕着这一环境问题进行的各种研究工作中，有机物生物降解性能的研究是解决污染问题的一个重要方面。这不仅可为预测该类物质在生物处理中的行为提供依据，并且可以在此基础上开发更有效的生物控制技术，将这类化合物在环境中的滞留量减至最小。

5.2.1 生物降解性能含义

生物降解性能是指通过微生物的活动使某一物质改变其原来的化学和物理性质，在结构上引起变化所能达到的程度。在理论上，几乎所有的有机污染物都能被微生物降解，但是实际上情况很复杂，尤其在实际废水处理过程中又有时间等条件的限制。

已提出的有关生物降解的说法如下所述。

① 初级生物降解　母体化合物结构一部分发生变化，改变了分子的完整性。

② 环境可接受的生物降解　母体化合物失去了对环境有害的特性。

③ 完全生物降解　母体化合物完全无机化，即在好氧环境中有机物在微生物作用下通过中间代谢产物变为二氧化碳和水（可能还有氨、硫酸盐、磷酸盐等）；在厌氧条件下得到最终产物甲烷、二氧化碳等气体和水。

初级生物降解只是有机物分子结构发生了某些变化，有机物在环境中并未去除，其对环境的危害一般仍然存在，但对初级生物降解的研究具有重要意义，因为许多生物降解性能与降解的起始步骤密切相关，有机物的生物降解速率及其他化学性质通常受初级生物降解的制约。从环境污染治理的角度来看，有机物的完全降解是最为彻底和有效的。

根据有机物生物降解的难易程度，一般可分为以下 3 类：a. 易于被微生物利用，可立即作为能量营养物来源的物质，称为易生物降解物质；b. 逐步被微生物利用的物质称为可生物降解物质；c. 降解很慢或根本不降解的物质，称为难生物降解物质。

实际上，同一化合物在不同种属微生物作用下其降解情况会有所不同。

第一类化合物包括一些简单的糖、氨基酸、脂肪酸以及涉及典型代谢途经的化合物。

第二类化合物降解需要一段驯化时间，在此期间很少或根本不发生降解作用。滞后期通常由下列过程引起：a. 在滞后期间，混合菌体中能够以化合物为基质的微生物菌种逐渐增长并富集，滞后期的长短取决于上述菌种的生长率数；b. 诱导降解该化合物的酶，形成完整健全的降解酶体系。一旦驯化完成，生物降解反应立即开始。

第三类化合物包括一部分天然物质（如腐殖酸、木质素等）以及合成物质，这些物质很难或根本不降解，其原因除了化学结构因素外，还有物理因素及环境因素等。

5.2.2 影响有机物生物降解性能的因素

直接或间接影响有机化合物生物降解性能的因素可以归纳为与基质、生物体和环境相关的几方面。

（1）与基质相关的因素

① 基质的化学组成和结构　基质的化学组成和结构决定其溶解性、分子的排列、分子的空间结构及分子间的吸引、排斥等，进而影响其生物降解性能。国内外许多专家学者研究了有机物化学结构与其生物降解性能的关系。

② 基质的各种理化性质　有关基质的各种理化性质与生物降解性能的相关性已有很多报道。Alexander 认为有机物的溶解度是影响其生物降解性能的一个较重要的因素，他对这种关系进行了研究。研究结果表明难溶于水的化合物要比易溶于水的化合物降解性能差，其原因在于：a. 难溶于水的化合物在水中扩散程度较差，且很容易被吸附或诱捕到惰性物质上，使其很难到达微生物细胞的反应位置，从而妨碍酶发挥作用；b. 当生物降解速度被溶解度控制时，反应速率则下降；Thomas 等研究了一些微溶的有机物质的溶解速率与生物降解性的关系；Aichinger 等用呼吸法测定了苯二酸酯及几种多环芳烃等微溶性有机物的生物降解特性，认为溶解速率在确定很多微溶的化合物的生物降解速率时起着重要作用；Lyman 报道了酯类物质的二级碱性水解速率常数与生物降解速率常数之间的相关性。另外，有机物的憎水性（或亲水性）、吸附性等对其生物降解性能都有影响。

③ 基质浓度　生物降解反应必须具有合适的基质浓度。基质浓度过低，生物降解过程可能受到限制，而高浓度则会对微生物的生理活动产生抑制作用。合适的基质浓度由基质的种类及菌种类型所决定。在基质降解期间，降解反应动力学级数及速度随着其浓度的变化而有所改变。

（2）与生物体相关的因素

① 微生物种类　一种化合物欲被降解，必须存在可利用它的微生物种属。一些简单的物质，如葡萄糖，立即可被许多微生物所降解。而对于复杂的有机物，只有少数微生物种属对其产生降解作用，代谢途径复杂，而且有时需要多种微生物的多步联合代谢。

② 微生物数量　化合物的降解除了需要有可利用它的微生物存在外，这些微生物还必须累积至一定数量，才能有效地对化合物进行分解。

③ 微生物种属间的相互作用　在废水处理及水体非土壤自净过程中，降解有机物的微生物都是以混合菌种的形式存在，这些不同种属的微生物相互影响、相互作用、协同代谢，共同完成对有机物的分解作用。

（3）与环境相关的因素

环境的变化可影响微生物代谢的活性。

① 温度　据报道，微生物生长的环境温度范围为－12～100℃，但大多数细菌的适宜生长温度在 20～40℃范围内。生物降解速率在其所容忍的温度范围内随着温度的升高而增加，其关系一般可用 Arrhenius 方程式来描述。废水好氧生物处理约在 20～30℃时效果最好。

② pH 值　不同微生物存在不同的最适 pH 值范围，微生物的氧化作用一般在 pH＝6～8 之间最快。

③ DO　不同种类微生物对溶解氧有不同的要求。在好氧环境中，氧气作为许多降解反应的最终电子受体，此时如溶解氧浓度不足，则会抑制降解速率。

④ 有毒物质　周围环境有有毒物质存在时，会抑制微生物的活性，妨碍微生物对其他化合物的代谢。

⑤ 营养　营养元素或某些微量元素的缺乏会减慢或限制微生物的代谢作用，此时需补充营养诱发降解。

综上所述，影响有机物生物降解性能的因素有内因、外因两方面，内因为化合物本身的化学组成和结构，外因是指各种环境因素，包括物理条件（如温度、化合物的可接近性等）、化学条件（如 pH 值非氧化还原电位、化合物浓度、其他化合物分子的协同或拮抗作用等）、生物条件（微生物种类、数量以及种属间的相互作用等）。

那么，形成有机物难以生物降解的原因也有上述内因和外因两方面。有机物本身的化学组成和结构是使其具有抗生物降解性的内因。但是从环境因素（外因）来看，难降解性并不是化合物不可改变的固有特性，各种环境状态的改变，可使本来难以降解的化合物可能变得易降解。因此，围绕难降解有机物生物降解性能的研究主要集中在以下两方面：一方面是对各类难降解有机物的生物降解性能进行评价和分类，研究有机物本身的化学结构及其他各种特性与生物降解性能的关系，揭示有机物生物降解过程的内在规律及机理，另一方面是开发能够改善有机物生物降解性能的生物技术，如选择适合的生物降解环境（厌氧酸化预处理技术等），选择和驯化特异性菌种和适宜的生物酶。

5.2.3　难降解有机污染物的分类及来源

所谓难生物降解，是相对于易生物降解而言的，“难”、“易”是针对所在的体系而确定的。对于自然生态环境系统，如果一种化合物滞留可达几个月或几年之久，被认为是难以生物降解的，对于人工处理系统，例如在活性污泥法中，如果一种化合物通过一定的处理，还未能分解或去除，则同样认为它是难以生物降解的。

难降解有机污染物主要来自各种各样工业生产过程，按其化学组成可分为以下几类。

(1) 多环芳烃类（PAH）化合物

多环芳烃是指两个以上的苯环连在一起的化合物，两个以上苯环连在一起可以有两种方式：一种是非稠环型，如联苯等；另一种是稠环型，如萘、蒽。多环芳烃是数量多、分布广、与人们关系最密切、对人的健康威胁最大的环境致癌物。

天然环境中的火山活动喷发的一些矿物成分构成了多环芳烃的天然本底。但是，近代社会人类大规模的工业生产活动则造成了当今全球范围内的多环芳烃的严重污染。多环芳烃人为污染主要来源于以下 3 个方面。

① 焦化及石油化工等工业生产企业的炼焦、石油裂解、非煤焦油提炼等工艺过程中产生大量的多环芳烃，因而其废水中含有这类的物质。

② 现代交通工具——汽车、飞机等各种机动车辆及内燃机排出的废气含有相当量的多环芳烃，因此，在现代化的大都市中，多环芳烃对大气的污染也颇为严重。

③ 工业锅炉、家庭及生活炉灶等产生的烟尘中含有大量的多环芳烃。此外，人类在日常生活中吸烟，食物煎、烘、熏以及居民室内燃煤和木柴烤火等也有大量的多环芳烃产生。

由各种来源排放到环境中的多环芳烃，从全球范围来估计，单就苯并芘［a］每年就高达 5000 余吨，如此之大的多环芳烃排放量，终于造成了今天这样严重的污染。

多环芳烃是最早被发现的环境致癌物。在目前已经发现的环境致癌物中，多环芳烃占了约 1/3 以上。研究表明，环境中致癌的多环芳烃有 200 多种，其中致癌性最强的有苯并芘、7,12-二甲基苯蒽、二苯并［a，h］蒽及 3-甲基胆蒽。

由于多环芳烃类物质在环境中性质稳定，致癌性强，因此受到人们特别的重视，并对其致癌机理进行了广泛的研究，许多学者先后采用 K 区理论、弯区理论、双区理论分析和解释了多环芳烃结构与致癌性的关系，这对致癌机制的阐述、致癌物的预测以及指导药物合成具有重要意义。

(2) 杂环类化合物

杂环化合物是一类其环上由两种或更多种原子所构成的有机环状化合物。环上除碳原子外，其他杂原子通常为氧、硫、氮原子，环数由一元环、二元环至多元杂环，而且环上还可以附有各类取代基，这样就构成了杂环化合物庞大的家族体系。杂环化合物的数目在全部有机化合物中占 1/3 以上，是一类重要的有机化合物。

含有杂环化合物的工业废水主要有：a. 焦化及石油化工企业的工业废水，这种废水都含有一定量的杂环化合物，如在焦化废水中含有喹啉、吡啶、咪唑等杂环化合物；b. 染料废水，如现在广泛应用的染料靛蓝、阳丹士林等都是杂环化合物；c. 橡胶工业废水，橡胶工业常利用杂环化合物（如哌啶及其衍生物）作抗氧剂及硫化促进剂；d. 农药废水，含有吡啶衍生物、苯并咪唑衍生物、嘧啶衍生物、哒嗪衍生物等；e. 制药废水，许多合成药都是各类杂环的衍生物。

(3) 有机氰化物

最常见的有机氰化物有丙烯腈、乳腈等，主要存在于石油化工及人造纤维等工业废水中，另外在焦化工业煤气洗涤废水中也含有一定量的有机氰化物。煤气发生炉废水含氰 100～500mg/L（以焦化或无烟煤为原料），高炉煤气洗涤废水含氰几十毫克每升。有机玻璃单体合成废水则含氰达数百至数千毫克每升。有机腈化物在水中能降解为氰离子和氢氰酸，因此毒性与无机氰同样强烈。

(4) 有机合成高分子化合物

随着现代合成化学工业的发展，人工合成有机物的种类日益增多，其中相当一部分高分子的合成有机物具有很稳定的结构，难以被微生物所降解，能在环境中长期存在并积累，形成潜在的威胁，有的更具有“三致”作用或其他毒性。

① 多氯联苯　多氯联苯（PCB）是人工合成的有机氯化物，由氯置换联苯分子中的氢原子而成。多氯联苯耐酸、耐碱、耐腐蚀。由于其具有较好的稳定性、绝缘性、不燃性等特点，广泛用于工业上作为润滑油、绝缘油非热载体、增塑剂、油漆油墨等的添加剂。通常以废油、渣浆、涂料剥皮工业液体的渗漏和废弃等形式进入环境，污染生态系统，并通过食物链的传递和富集进入人体。其急性中毒症状为腹泻、脱水、中枢神经系统抑制，直至死亡。关于多氯联苯的致癌作用也在深入研究。

② 合成洗涤剂　合成洗涤剂的基本成分是表面活性剂。早期应用的表面活性剂，多为长链型即硬型烷基苯磺酸钠，简称 ABS。因其烷基上带有许多链及具有一个 4 级碳原子，难以被微生物分解。之后，人们改变了合成洗涤剂的结构，制成软型洗涤剂，其代表为直链烷基苯磺酸盐（LAS），生物降解性能有所提高。

在废水处理厂，由于合成洗涤剂大量发泡，会妨碍生物处理的净化放果。合成洗涤剂不仅应用于日常家庭生活中，也广泛用于纺织纤维工业、造纸工业、皮革厂、金属洗涤厂、食品制造等。因此有许多工业废水含有合成洗涤剂成分。

③ 增塑剂　主要为肽酸酯类化合物，是合成塑料的主要成分，属于难以生物降解的化合物，也是有毒污染物。工业废水将肽酸酯类增塑剂带入自然环境，它们通过食物链进入人体后，能引起中毒性肾炎，对中枢神经系统也有抑制和麻醉作用。

④ 合成农药　目前，世界上生产、使用的合成农药已达 1000 多种，全世界化学农药的产量（以有效成分计）约 2.0×10^6t，主要是有机氯、有机磷和氨基甲酸酯等，其中除草剂 8.0×10^5t（占 40%），杀虫剂 7.0×10^5t（占 35%），杀菌剂 4.0×10^5t（占 20%），其他约 1.0×10^5t。大量合成农药进入环境，将引起生态环境的破坏，给人类带来有害的影响。农药对人体健康可产生急性、亚急性和慢性中毒，因农药的毒性而异。急性中毒可能导致死亡。

现将几种主要农药的危害性分述如下。

1）有机氯农药是具有毒性的很难降解的有机物，包括应用最早、最广的杀虫剂 DDT 和六六六，以及林丹、甲氧滴滴涕、氯丹、七氯、艾氏剂、狄氏剂等。这类农药排放进入环境后为土壤颗粒所吸附，半衰期可长达数年。而且环境中水生生物对有机氯农药具有很强的富集能力，有机氯农药通过食物链进入人体后，能在肝、肾、心脏等组织中蓄积。由于其脂溶性大，所以它在脂肪中蓄积最多，达一定浓度后即会显示出毒性，还会影响下一代健康。

由于有机氯农药的脂溶性、毒性强、难以降解等原因，在许多国家已经禁止或限制生产和使用。但由于生态系统的物质循环，早已造成了全球性的环境污染，它对环境影响可能还将持续很长一段时间。

2）有机磷农药是为取代有机氯农药而发展起来的农药。有机磷农药比有机氯农药容易降解，但是毒性较高的物质，其毒性机理是对生物体的胆碱酯酶有抑制作用，导致神经功能紊乱，出现呼吸困难、瞳孔缩小、肌肉痉挛、神志不清等一系列症状，研究表明有机磷农药具有致癌及致畸作用。

3）由于各国对有机氯农药实行禁止、限用，有机磷农药又出现昆虫抗药性等问题，因而有机合成的氨基甲酸酯类农药得以大规模推广使用。目前一般认为氨基甲酸酯类农药与前两者相比是一种高效、低毒、低残留的农药，但有些产品残留仍较持久，而且亦有毒性及致癌作用。

⑤ 合成染料　目前世界各国所用的染料主要是合成染料，年产量估计为 8.0×10^5t，而且染料的品种和数量还在不断增长，染料工业是重要的精细化工企业，有许多行业都要使用各种不同的染料，如纺织、印染、造纸、非食品工业等，从而向环境排放了大量含各种合成染料的废水。

合成染料不仅色度高，而且有相当部分染料是难以生物降解的，有些已被证明对人体有毒性。英、美等国已禁止生产有致癌性的联苯胺、甲苯胺、乙苯胺等。浓度高时，所有染料对微生物都有抑制作用，而阳离子染料在低浓度时也有抑制作用。

5.2.4　废水中常见的有机物生物降解性

（1）多糖的降解

某些废水常含有多糖。其中纤维素和半纤维素大量存在于木材及非木材等造纸原料中，因而在制浆造纸工业废水中也含有相当多的纤维素、半纤维素及其在制浆过程中的降解产物。淀粉作为食品与饲料工业原料因而存在于食品工业废水中。果胶是黏性的多糖，通常在水果罐头加工废水中较多，造纸工业废水中也含有一定量的果胶或其降解物。

多糖中的纤维素、支链淀粉或相对分子质量特别高的直链淀粉以及用 Ca^{2+} 沉淀的果胶不溶解于水。上述其他的多糖能够溶于热水，这说明它们能够以溶解性的 COD 存在于废水中。

纤维素的基本组成单位是脱水纤维二糖（$C_{12}H_{12}O_{10}$）而不是脱水葡萄糖单位（$C_6H_{11}O_5$）。令人有趣的是，脱水纤维二糖为纤维素的基本组成单位，不仅为纤维素研究者所公认，而且也为真菌和细菌的纤维素水解酶所识别。纤维二糖是这些酶系水解纤维素时的主要产物，或是进一步水解成葡萄糖的中间体。

纤维素分子的大小常用多聚化的程度 DP（degree of polymerization）来表示，也即分子中葡萄糖分子的数量。高等植物形成的纤维素分子的 DP 为 14000。不同来源的植物纤维分子的 DP 值似乎相当恒定，表明这种纤维素中葡萄糖分子数量的多少是由植物在合成纤维素时控制的。而由细菌合成的纤维素，其 DP 值较低，如由木醋酸杆菌（Acetobacter xylinum）合成的纤维素 DP 为 34700。

纤维素能够由微生物所分泌的胞外纤维素酶水解为单糖和双糖，即葡萄糖和纤维二糖。类似的，淀粉和果胶也能被淀粉酶和果胶酶水解。纤维素酶仅能由少数微生物产生，而绝大多数微生物能产生淀粉酶和果胶酶。Lamed 等（1983）发现在热纤梭菌的表面存在着分散而不连续的细胞表面细胞器——纤维素体。在这种纤维素体中存在着一种高分子量的、连接纤维素的、含有多个纤维素酶的蛋白质复合物，在水解纤维素前细菌细胞首先通过这种纤维素体去强烈黏附在纤维素上。后来发现这种纤维素体具有纤维素水解活性。其由 14 个多肽亚单位组成，最大亚单位的分子量为 210000，这些各异的纤维素酶相互协同水解纤维素复杂的庇护晶体结构。一般多糖都能被厌氧微生物降解。淀粉与果胶的生物降解非常迅速，甚至接近于单糖的发酵速度。但纤维素生物降解要慢得多。

纤维素的降解速度主要受到两个不利因素的影响：一是纤维素总是被木素所包裹；二是纤维素结晶体是由线形分子平行排列组成，结构紧密。天然纤维素在其形成过程中，总是伴随着木素的形成，因此它总是以“木素-纤维素”形式存在，木素致密而不透水，对纤维素起到保护的作用。在生物降解过程中，纤维素酶难以接触到纤维素，因而降解难以进行。已证明去除木素后的纯纤维素的生物降解要快得多。纤维素的可降解性很大程度上取决于木素除去的程度及其化学性质的改变程度，例如制浆造纸中以碱或酸去除木素。因此纸张及造纸废水中的纤维比木材的生物可降解性要大得多。

（2）脂肪和长链脂肪酸的降解

动物、植物和许多种类的微生物具有不同程度的能力合成不同种类的脂肪酸，脂肪酸可与甘油构成脂肪，与磷酸构成磷脂，与糖构成糖苷脂等。其中许多在这些生物体死亡之后又回归到大自然中，重新被微生物分解为甘油等和脂肪酸。在许多以油脂为原料或辅料或滑润剂以及合成油脂的生产过程中，有相当数量的含脂肪酸废水，成为大自然的污染物之一。

脂肪酸分子由非极性的碳氢链和极性的羧基基团组成，因此一个分子有疏水和亲水两部分，而且长链脂肪酸的碳氢链占有分子体积的极大部分，因而就分子总体来说是疏水而脂溶性的，但分子中存在有极性基团，所以分子仍可为水所浸润。这对于脂肪酸被微生物所氧化降解至关重要，因为任何物质被微生物分解的第一步是被微生物黏附和侵袭的媒介。当脂肪溶解在水中时，它可以迅速被脂肪酶水解。但仅在 pH＝8 以上脂肪才可能溶解，在中性、特别是酸性条件下的脂肪是不溶解的。因此在 pH＝6.0 以下脂肪的水解很慢。

长链脂肪酸本身的厌氧降解是一个厌氧氧化的过程。其末端产物主要为乙酸和氢气，它们分别占整个末端产物 COD 的 67％和 33％。长链脂肪酸的降解会因乙酸和氢气的积累而受到抑制。因此，只有在厌氧系统中存在甲烷菌并能有效利用乙酸和氢气，长链脂肪酸才能被酸化。因此长链脂肪酸被归类为互养型的底物。如果甲烷菌完全受到抑制（例如在酸化反应器中），那么长链脂肪酸将不会降解或只部分降解。高浓度的长链脂肪酸对微生物有抑制作用，在此情况下，其降解有一个较长的停滞期，一旦菌种对此适应，且乙酸和氢浓度保持在低水平，它们仍能被迅速降解。表 5-2 表示出乙酸和氢对长链脂肪酸的抑制作用，试验是在溶液中添加葡萄糖或不加葡萄糖的两种情况下进行的，从中可以看由于易酸化的葡萄糖产生的乙酸和氢的影响和长链脂肪酸浓度的增加，其降解过程中的停滞期增加。

（3）酚类化合物的降解

废水中的酚类化合物通常来自于植物中的木素和单宁。木素是甲氧基取代酚以“C—O—C”键或“C—C”键连接形成的具有空间网状结构的聚合物。木素是非极性化合物，它

表 5-2 间歇反应器中长链脂肪酸迅速酸化前的停滞期

长链脂肪酸浓度/(mgCOD/L)	停滞期/d	
	不加葡萄糖时	添加葡萄糖时①
615	0	10
1230	5	20
2460	9	24
4920	30	35

① 葡萄糖的添加量为2134mg/L。

通常只在碱性条件下溶解，但一些小的相对分子质量的木素降解产物可以溶解于水。单宁有两种类型，其中可水解的单宁是没食子酸以醚链连接而成的小分子聚合物；缩合单宁是黄烷酮类化合物（例如儿茶酚）以“C—C”链连接形成的较小的聚合物。单宁是水溶性的化合物。

酚类化合物可以分为两大类：单体的酚化合物和聚酚化合物。

① 单体的酚化合物 某些单体酚很容易被厌氧菌降解，甚至当使用未驯化厌氧污泥时，降解过程也没有停滞期。它们的降解与甲烷的产生无关，在没有甲烷菌存在的情况下，这些单体的酚类化合物也能迅速酸化。这些化合物通常每个苯环上有三个羟基或甲氧基。具有三个羟基的酚的降解叫作“间苯三酚途径”。

仅有1～2个羟基或甲氧基的其他酚类化合物不能迅速降解，在厌氧降解开始前它们需要一段停滞期。它们的降解由酸化产物例如乙酸和氢气所抑制。与长链脂肪酸一样，这些酚类化合物被认为是互养型的底物。产甲烷过程除去了酸化的末端产物而使这类酚化合物的降解得以继续进行。这类酚的降解被称为“酚途径”。

尽管“间苯三酚”类型的酚化合物明显比“酚型”的酚类化合物降解更快，但只要驯化得当，所有这些酚类化合物都能厌氧降解。在“酚型”酚化合物的厌氧降解中，各种来自于木素和单宁降解过程的酚化合物可能会在废水中积累，如果VFA未能被甲烷菌利用，积累的程度会更高。表5-3表示出VFA对这种中间产物之一的对甲酚降解过程的抑制作用。

表 5-3 间歇厌氧消化中甲酚的降解

厌氧消化时间/d	对甲酚浓度/(mg/L)	
	不含VFA时	含425mgCOD/L的VFA时
0	250	250
4	160	250
7	70	250
9	20	210
12	0	180

② 焦糖 焦糖是糖和氨基酸在高温下焦化后的产物。它是杂环和芳香族聚合物的复杂混合物。表5-4在200℃加热干燥的蔗糖对其厌氧生物可降解性的影响。

深色的蔗糖化合物的降解性能明显的小于糖。Stucky和McCarty也已发现氨基酸在200℃加热1h后厌氧生物可降解性下降。

糖加热过程中首先形成糠醛，糠醛可以被驯化过的厌氧污泥降解。因此糖在进一步加热后降解性能的下降是由于大分子焦糖化合物的形成。

表 5-4 加热干燥对蔗糖的紫外光吸光度（UV_{215}）、可见光吸光度（VIS_{440}）和可酸化性能的影响

处理温度/℃	处理时间	UV_{215}	VIS_{440}	酸化率/%
未处理	—	0.2	0.01	95.7
200	1min	17.9	2.19	37.0
200	16h	45.5	10.58	20.5

注：紫外光与可见光分别采用215nm和440nm波长，1cm×1cm比色皿，溶液浓度为16 gCOD/L；酸化试验采用间歇厌氧装置，浓度为5gCOD/L。

5.3 废水中常见的毒性物质

厌氧生物处理法能处理多种工业废水。工业废水一般含有毒性物质。厌氧消化过程中的甲烷菌像其他微生物一样，会被工业废水中的毒性物质所抑制，但工业废水中的毒性物质一般只能对甲烷菌产生可逆性抑制，即只能产生抑菌作用，而不会产生杀菌作用。

驯化能够减轻或消除毒性物质对甲烷菌的抑制作用，厌氧工艺在适当条件下能有效地去除工业废水中的多种毒性物质。因此，在采用厌氧工艺处理某种工业废水之前，需要考察其对厌氧微生物的抑制性问题，采取适当的预防措施，以保证其对废水中有机污染物的降解活性。

5.3.1 概述

在厌氧消化处理过程中，环境工程技术人员追求的主要处理目标是尽量降低发酵液的COD值，或者说尽量提高其气化程度，产生更多的生物气。这一切取决于两大类群厌氧微生物的综合生物活性。只有两大类群细菌活性都好，而且代谢协同性也好时，才称得上综合生物活性好。

影响厌氧生物处理微生物综合生物活性的因素有许多，归纳起来有环境条件类因素、工艺参数类因素和化学物质类因素三类。本节将重点讨论化学物质对综合生物活性的影响。

产甲烷抑制性（也称为产甲烷毒性）是指某种化学物质在一定浓度下使产甲烷细菌的产甲烷活性下降的程度，在测定过程中需要以不含有这种物质的培养液作为空白对照。这种测试可以在一定程度上反映出这种化学物质对厌氧污泥产甲烷过程的抑制作用。

化学物质对厌氧微生物活性的抑制作用受多种因素的影响，如化学物质的种类与浓度、受试污泥的种类与浓度、受试污泥是否经过驯化、测试条件（温度、pH值、接触时间等）、几种物质之间的拮抗与否等。因此，虽然已经有众多的研究者对厌氧消化过程的抑制物质进行了大量的研究，但大家得出的结论也不尽相同。有研究者认为：大多数化学物质在浓度很低时对微生物活性有一定的促进作用；当浓度较高时开始产生抑制；浓度越高，抑制作用越强烈。在从刺激作用向抑制作用的过渡中，必然存在一个既无刺激作用又无抑制作用的浓度区间，称为临界浓度区间。如果该浓度区间很小，表现为某一单值时，则此单值称临界浓度。虽然说一些化学物质对微生物活性有一定的刺激作用，但多数化学物质的刺激作用表现得并不明显，或者临界浓度值很小，难于实际观察。

化学物质对微生物活性的抑制作用按程度不同大体上分为基本无抑制、轻度抑制、重度抑制和完全抑制等。轻度和重度抑制的划分并无严格的界限。完全抑制就是指厌氧微生物完全失去产生甲烷能力的抑制。为了能对抑制程度进行客观的考察和比较，必须有一个能为多

数人认可的研究装置——标准厌氧消化系统。该系统的环境条件及工艺参数必须符合常规要求。

厌氧生物处理系统的综合生物活性可以从不同的方面进行判定。最简单最直观的莫过于比较其产气量了。一般而言，产气量越高，表明综合生物活性也越高。在实际工作中，利用厌氧污泥产甲烷活性下降 50%时的抑制物的浓度这一指标，记作 IC_{50}，来描述抑制程度。某种物质的 IC_{50} 值越小，就说明该物质对产甲烷过程的抑制或毒性越大。

根据活性恢复试验中污泥的残余活性，可以确定该物质在一定浓度下是代谢毒素(metabolic toxin)、生理毒素（physiological toxin）或是杀菌性毒素（bacterial toxin)。表 5-5 也表示了这三类毒性物质对细菌细胞活性的影响程度。

表 5-5　不同类型的毒性物质对细菌细胞活性的影响程度

毒性物质	细菌活性			对细胞的损坏
	接触初期	短期接触后	长期接触后	
无毒物质	高	高	高	无
代谢毒性物质	低	高	高	无
生理毒性物质	低	低	高	细胞成分的局部损坏
杀菌性毒性物质	低	低	低	杀死细胞

一般而言，当工业废水中存在抑制性化学物质时，抑制程度越轻，表明采用厌氧生物处理方法对该废水进行处理的实用价值也越大。抑制程度虽然较高时，但采用其他方法进行处理难以奏效或经济方面很不合算时，仍可选用厌氧消化进行初级处理。所以在实际应用工作中确定每一化学物质在不同浓度下的抑制程度是非常有必要的。

5.3.2　无机毒性物质

无机毒性物质主要包括氧气、氨氮、硫化物及硫酸盐、无机盐类、重金属等，下面将分别予以叙述。

(1) 重金属离子的毒性

重金属离子对厌氧微生物的抑制作用是非常明显的，可溶性低浓度的铜盐、锌盐和镍盐的毒性相当大，但厌氧微生物对重金属离子有一定的适应性。重金属对厌氧细菌的毒性取决于其离子在废水中的真实浓度。由于在废水的厌氧处理过程中，会产生 S^{2-} 和 CO_3^{2-} 等阴离子，它们会与原废水中的金属离子迅速地发生沉淀反应，因而会使原废水中的金属离子的浓度迅速下降。如果原废水中含有硫酸盐，硫酸盐还原所生成的硫化物可以有效地降低重金属离子的毒性。

日本的松田和野池采用间歇及半连续方式，就 Cu^{2+}、Ni^{2+}、Cd^{2+}、Zn^{2+}、Cr^{6+} 对城市污泥厌氧消化的影响进行了试验研究，结果表明：在间歇投料试验中，由于微生物初次接触这些毒物，即使是很低的浓度也有危害性；在连续投料试验中，由于驯化作用，微生物对这些毒物的忍耐力提高，即使在较高的浓度下也影响不大。这几种金属离子毒性大小顺序为：$Cr^{6+}>Cd^{2+}>Cu^{2+}>Zn^{2+}>Ni^{2+}$。

中科院生态环境研究中心在半连续投料及完全混合方式运行的酒精废水厌氧消化装置中进行了重金属抑制作用的试验研究。研究结果表明：Cu^{2+}、Zn^{2+}、Ni^{2+}、Cd^{2+} 共同存在时比一种离子单独存在时的毒性大。也就是说，污泥对混合离子总量的承受能力要比任一单个离子的承受能力都低。

傅大放、赵联芳通过对取自 ASBR 中的厌氧污泥 Cr^{6+} 中毒的产甲烷活性恢复试验，研究了不同 Cr^{6+} 质量浓度对产甲烷微生物的抑制程度及抑制作用的分子机理，得出结论：当 Cr^{6+} 质量浓度小于 30mg/L 时，是生理毒素；当 Cr^{6+} 质量浓度大于 110mg/L 时，是杀菌性毒素以及当 Cr^{6+} 质量浓度小于 10mg/L 时，其抑制作用发生在反应后期；当 Cr^{6+} 质量浓度大于 30mg/L 时，其抑制作用发生在反应初期。通过对不同 Cr^{6+} 质量浓度下的厌氧微生物群落及产甲烷菌形态的照片分析，发现 Cr^{6+} 对厌氧微生物群落的组成和厌氧微生物的形态没有影响，但是高质量浓度 Cr^{6+} 强烈抑制了产甲烷菌的活性。

(2) 无机盐类物质的毒性

一般来说，无机盐类的抑制性只在浓度非常高时才会显现。在处理某些含有高浓度无机盐的工业废液时，应对此引起的抑制作用加以考虑。

关于无机盐类的毒性，对 Na^+ 的毒性的研究较多。食品腌制、化学药品生产、食用油精炼、奶酪加工行业等工业废水中，含有高浓度的 Na^+，对未经驯化的厌氧菌有抑制作用，但厌氧菌经过一定时间的驯化，也能适应高浓度 Na^+ 的环境。传统的厌氧生物处理已经证明，当 Na^+ 浓度高于约 5000mg/L 时，即具有明显的阳离子毒性。但经过驯化后，当废水中 Na^+ 浓度高达 15000mg/L 时，厌氧反应器去除污染物的速率仍可相当于低钠对照系统的 50%。

Li 和 Speece 以乙酸盐为基质研究了厌氧菌对 Na^+（质量浓度为 0～20000mg/L）的驯化，第一次试验，试液的 Na^+ 质量浓度为 15000mg/L，需 50 多天后甲烷菌的产气量才开始回升，90d 后产气量基本恢复；第二次试验，试液的 Na^+ 浓度与第一次试验相同，甲烷菌的受抑制期缩短，产气量回升很快。这说明经过驯化的甲烷菌能降低、消除高浓度 Na^+ 的抑制作用。

高浓度 Na^+ 的主要影响是降低生物量和提高比生物死亡率，从而延长驯化期。一些微量元素的加入能减轻高浓度 Na^+ 对未驯化甲烷菌的抑制作用。Li 和 Speece 报道，Fe、Co、Ni 的加入能够减弱高浓度 Na^+ 对甲烷菌的抑制作用。

Shin 等报道，试液中 Na^+ 质量浓度为 2g/L 以下时，对甲烷细菌没有影响，增加到 10g/L 后逐步对甲烷细菌产生影响。

Shipin 等人报道，高浓度 Na^+ 对甲烷细菌产生抑制作用，但产气量的很快恢复说明厌氧菌不是死亡而是代谢受到影响。

Mendez 等报道，厌氧生物膜反应器中高浓度 Na^+ 会使厌氧菌失去形成胞外多聚物的能力，从而导致反应器中大量分散细菌存在，不能形成或很少形成颗粒污泥。

K^+ 是存在于咖啡废水中的一种抑制物质，K^+ 的主要影响是降低最大比基质利用速率。Daoming 和 Forster 报道，Ca^{2+} 能成功地抑制 K^+ 的毒性。加入一定量 Ca^{2+} 能够使 COD 很快达到较高的去除率。

(3) NH_3 的毒性

NH_4^+ 及蛋白质含量高的工业废水中存在着 NH_4^+ 的毒性问题，但在厌氧消化处理的过程中，会被转化为氨氮。NH_3 与 NH_4^+ 之间存在以下关系式：

$$NH_4^+ \longrightarrow NH_3 + H^+$$

$$pK=9.3,\ T=35℃$$

NH_3 比 NH_4^+ 毒性大得多。NH_3 的离子化与系统的 pH 值及温度有关。Angelidaki 和 Ahring 报道，当系统中 NH_4^+-N 浓度较高时，降低系统温度到 55℃以下，气体产率上升，出水 VFA（挥发性脂肪酸）浓度降低，系统稳定。降低温度，会改变 NH_4^+ 的电离平衡，降低 NH_3的浓度，从而降低出水的 VFA 浓度。Angelidaki 和 Ahringh 又报道，当系统温度由 55℃降到 40℃时，乙酸盐的质量浓度由 2400mg/L 降到 900mg/L，丙酸盐质量浓度先由 1800mg/L 提高到 3700mg/L，最后降到 790mg/L。系统温度由 55℃上升到 60℃，气体产率降低。

Speece 和 Parkin 报道，当系统中 NH_4^+-N 的质量浓度为 10000mg/L 时，甲烷产气率迅速降为 0，看起来好像细菌已死亡，但经历 10 天几乎不产气后，从第 11 天开始恢复产气，产气 5d 之后气体产率迅速恢复到原来的 70%。这表明 NH_3不是杀菌的，而是抑菌的。

Wiegant 和 Zeeman 发现，NH_3对利用 H_2的甲烷菌的毒性较强，对利用乙酸的甲烷菌的毒性较弱。

Soubes 等报道，在中性 pH 下，NH_4^+-N 的 LC_{50}（半致死质量浓度）为 4000mg/L，系统中 NH_4^+-N 的质量浓度为 8000mg/L 时，7 天内甲烷八叠球菌的活性不受影响，甲烷丝菌的活性却降为 1%。笔者在试验中发现，NH_4^+-N 的毒性随着浓度的提高而加强，系统中加入 Fe、Co、Ni 后，能减轻其毒性，并缩短抑制期。

(4) 硫化物的毒性

许多工业废水中含有无机形式存在的硫，一般有硫酸盐、亚硫酸盐和其他硫化物。在厌氧处理过程中，这些含硫化合物会被微生物还原为硫化氢。Khan 发现几种含硫化合物对产甲烷细菌的毒性是按如下的顺序递减：

硫化物＞亚硫酸盐＞硫代硫酸盐＞硫酸盐

硫酸盐还原产物主要为 H_2S，它是一种对细菌生长有抑制作用的物质，其毒性是由其非离子形式即游离 H_2S 引起的，它可使溶液中非碱性金属沉淀，影响微生物对该金属的可利用性，从而影响微生物的生长。Lawrence 与 McCarty 报道，在 pH＝6.9～7.3 时，可溶性硫化物逐渐增加到 200mg/L 的阈值时，厌氧处理的产气量逐渐下降，直到停止。Karhadkar 等认为，进水中 SO_4^{2-} 浓度的最高极限可达 5000mg/L。可见，SO_4^{2-} 浓度的增高必然会引起厌氧处理的负荷与效率的降低，破坏厌氧处理的稳定运行过程。

硫酸盐还原产生的 H_2S 与产甲烷菌的代谢产物 CH_4相比，除了具有毒性外，每克以 H_2S形式存在的硫相当于 2gCOD，从而导致厌氧处理中 COD 去除率的下降。由此可见，SO_4^{2-} 完全被还原需要有足够的 COD 含量，一般认为 COD 与 SO_4^{2-} 的质量比要超过 0.67。另外，废水中的一部分有机物由于消耗于 SO_4^{2-} 的还原过程，因而不能用于甲烷的产生，从而使甲烷的产率下降；SO_4^{2-} 还原产生的硫化物还易引起设备的腐蚀及散发臭味，使投资和处理成本加大。

对于无硫酸盐预先培养过的分散生物体游离 H_2S 的抑制作用与 pH 值无关，硫化物的毒性影响仅由 H_2S 的浓度决定。这可能是由于颗粒污泥与分散生物体上生长着不同菌群的甲烷菌，或者是由于颗粒污泥内存在着硫化物浓度和 pH 值梯度（Visser 等，1993 年）。

在 1980 年 Parkin 与助手们发现 H_2S 抑制作用的恢复是可逆的。这一结论与以前的理论相矛盾。以前的研究却一直认为 H_2S 会使细胞内蛋白质变性，或者在多肽链之间形成硫化物或二硫化物的交联。

硫化物毒性的控制策略有：提高 pH 值；洗涤尾气中的 H_2S 并循环尾气；用铁盐沉淀硫化物；用钼酸盐选择抑制 SRB；用 $Mg(OH)_2$碱度沉淀硫化物；采用两相运行；采用高温厌氧工艺。

(5) 氧的毒制

通常认为，在利用厌氧消化处理低浓度污水时，通常会遇到溶解氧的影响的问题。由于产甲烷细菌通常被认为是严格厌氧菌，因此进水中溶解氧的存在会抑制产甲烷菌的活性。

往 125mL 的血清瓶中加入 50mL 质量浓度为 700～800mg/L 的活性污泥，再加入 5～50mL 纯氧。每天加入冰醋酸，保持乙酸质量浓度为 1000mg/L，产气抑制与加入的氧量有关，大约 10～13d 能完全恢复产气。反复加入 25mL 氧，发现既没有累积性不利影响，也没有对氧的适应性。

5.3.3 有机毒性物质

有机化合物中也有很多物质对厌氧污泥的产甲烷活性具有很强的抑制作用，因此研究这些物质对厌氧污泥的抑制性是十分重要的。

(1) 硝化物的毒性

在厌氧条件下往系统中加入乙醇，能将 2,4-二硝基甲苯转化为 2,4-氨基甲苯，但不能进一步降解。如继续进行好氧处理，则能将 2,4-二氨基甲苯完全无机化。

Tseng 和 Yang 报道，3 种硝基物中硝基酚对甲烷菌的毒性最强，间硝基酚次之，邻硝基酚最弱。硝基酚的厌氧降解，首先是通过水解还原转化为间硝基酚，再通过脱氨基后转化为苯酚。

Yu 观察分析了多种硝化物对利用乙酸的甲烷菌的毒性，发现：a. 硝酸盐、亚硝酸盐、间硝基苯甲醛、间硝基苯甲酸、2-硝基酚、2-硝基甲苯对利用乙酸的甲烷菌的毒性最弱，加入质量浓度为 500mg/L 的上述物质，甲烷菌 15d 内恢复活性，开始产气；b. 硝基苯、间硝基苯胺、2,4-二硝基酚、2-硝基萘、4-硝基甲苯、4-硝基酚对利用乙酸的甲烷菌的毒性中等，加入质量浓度为 250mg/L 的上述物质，甲烷菌 15d 内恢复活性，开始产气；c. 2,4-二硝基甲苯、2,6-二硝基甲苯、硝基甲烷对利用乙酸的甲烷菌的毒性最强，加入质量浓度为 125mg/L 的上述物质，甲烷菌 15d 内恢复活性开始产气。

Yu 还报道，硝化物的毒性是可逆的。这可能是由于硝化物中的硝基还原为无毒性的氨基的缘故。

(2) 抗生素的毒性

很多酿造厂都会使用抗菌素对原料进行灭菌，因此其废水中就可能会含有抗菌素。通常情况下抗菌素对已经驯化了的污泥毒性并非很严重，但某些抗菌素对未经驯化的厌氧污泥的毒性可能非常大。

Camprubi 等报道，四环素、红霉素质量浓度分别为 225mg/L、50mg/L 时，不会对甲烷菌产生抑制；痢特灵质量浓度为 150mg/L 时，在间歇或半连续反应器中运行时，对甲烷菌活性的最大抑制程度（考察系统生物活性与对照系统生物活性之差/时照系统生物活性）为 10%。氯霉素对甲烷菌会产生强烈抑制，经过很长时间驯化后，甲烷产量也只能达到原来的 5%。这表明甲烷菌是不能对氯霉素产生驯化的。

Speece 报道，青霉素质量浓度低于 10mg/L 时，不会对利用乙酸的甲烷菌产生抑制。

1994 年，Thaveesri 等向 UASB 反应器中添加 0.1mg/L 的莫能霉素的反应，研究结果表明：对于莫能毒素的投加，反应器需要一个驯化阶段，持续时间比对照反应器长 1 倍，剩余 VFA 也比对照反应器的高 1 倍，沼气转化率比对照反应器要低约 20%，但在细胞产率和蛋白水解能力方面没有明显差别。可以认为，即使在如此低的浓度下，莫能霉素对 UASB 反应器也有明显的负面影响。

杨军等也研究了林可霉素对厌氧污泥产甲烷活性的抑制性情况，结果发现：林可霉素对厌氧污泥无明显抑制作用。对以葡萄糖为基质的厌氧污泥的 IC_{50} 值为 7500mg/L，对以乙醇为基质的产氢产乙酸反应的 IC_{10} 值也为 7500mg/L，对以乙酸为基质的产甲烷反应基本无抑制，且在接触初期还有一定程度的促进作用。但是，当利用 UASB 反应器处理林可霉素生产废水（其中林可霉素浓度低于 100mg/L）时，却不能获得很好的处理效果，其对 COD 的去除率仅达到 50%～60%左右。

（3）氰化物和氯仿的毒性

某些氯代的碳氢化合物，如氯仿和五氯酚（Pentachlorophenol，PCP）等能够在仅仅几个毫克每升的浓度时就会引起细菌死亡，但这类化合物可以被经过驯化的厌氧细菌降解生成甲烷和没有毒性的氯离子，因此经过驯化后其毒性可减轻。Yang 研究了氰化物和氯仿对利用乙酸的甲烷菌的毒性，试验结果表明，氰化物和氯仿的浓度不同抑制期也不同，浓度越高抑制期越长，而且氯仿的抑制期比氰化物长。产气率的很快恢复表明，在长时间的抑制期中甲烷菌没有死亡，而是代谢受到抑制。因细菌生长需要 100 多天，但试验中发现，开始产气后产气率恢复仅需 10d 左右。

甲烷菌能适应氯仿和氰化物。试验中发现，初次接触某一浓度的氯仿或氰化物时，产气量迅速下降，反应器中连续几天不加入氯仿或氰化物，然后再加入与上述同样浓度的氯仿或氰化物，产气量基本没变化。

共基质的加入能够使产气率恢复得更快。加入质量浓度为 5mg/L 的氰化物，17d 基本不产气，再加入质量浓度为 180mg/L 的硫代硫酸盐，4d 后开始产气。

吴唯民等（1995 年）利用能进行还原脱氯的微生物富集物接种，在小型试验装置内成功地培养出了具有还原脱氯功能的颗粒污泥，PCP 能被这种颗粒污泥完全脱氯并进一步分解为甲烷和二氧化碳，四氯乙烯和其他氯代乙烯能被还原脱氯为乙烯，他们还利用这种颗粒污泥来处理含有 PCP 和氯代乙烯的废水和地下水，均取得了满意的效果。

（4）芳香族化合物的毒性

Golden 等人分析了芳香族化合物对甲烷菌的影响，发现利用乙酸的甲烷菌比利用 H_2/CO_2 的甲烷细菌更易受芳香族化合物的抑制，并且芳香族化合物中的取代基不同对甲烷菌的毒性也不同，它们的毒性顺序为：$NO_2 > Cl > F$。

（5）挥发性脂肪酸（VFA）的毒性

VFA 的毒性取决于 pH 值，因为只有游离的 VFA 是有毒性的。据报道，游离的乙酸和丙酸的 IC_{50} 值分别为 16mgCOD/L 和 6mgCOD/L。如果厌氧反应器的 pH 值较低，则游离的 VFA 所占比例会比较高，导致产甲烷菌不能生长；相反，在 pH 值为 7.0 或略高于 pH=7.0 时，VFA 是相对无毒的，因为此时它们主要以离子形式存在。对于驯化了的颗粒污泥，当 pH 值为 7.4 时，即使 VFA 浓度高达 15000mg/L 时通常也不显示出毒性。

VFA 在较低的 pH 值情况下，对产甲烷菌的毒性是可逆的。当 pH 值为 5.0 左右时，产甲烷菌在含 VFA 的废水中存活可长达 2 个月。但是，一般来说其产甲烷活性要在 pH 值恢复正常后几天到几个星期才能够恢复。如果低 pH 值条件仅维持 12h 以下，产甲烷活性可在 pH 值调节之后立即恢复。

（6）长链脂肪酸（LCFA）的毒性

脂类及长链脂肪酸（Long-chainfatty，LCFA）在肉类和食用油加工工业以及洗羊毛废水中含量很高，如果不经处理，这些废水将对环境造成严重污染。至今，应用现代高效厌氧反应器处理油脂废水的报道很少。主要原因是 LCFA 对产甲烷菌的抑制，破坏了厌氧代谢过程的平衡，挥发性脂肪酸等中间产物得以积累，反应器中 pH 值严重下降，导致厌氧消化过程失败。

在反应器中能否形成和维持高产甲烷活性和良好沉降性能的颗粒污泥是现代厌氧反应器高效运行的关键。LCFA 对厌氧颗粒污泥的产甲烷活性有严重抑制，其中毒性较大的有庚酸、癸酸和油酸。EGSB 反应器厌氧颗粒污泥对 LCFA 的抑制表现出比 UASB 反应器厌氧颗粒污泥更大的耐受能力。同时，LCFA 也主要通过在颗粒污泥厌氧微生物的吸附而破坏菌体细胞膜的结构，直接杀死厌氧微生物。因此，受 LCFA 抑制厌氧颗粒污泥生物活性短期内不能恢复，更不会产生对 LCFA 的适应性。

厌氧颗粒污泥中，各厌氧微生物菌群都受到 LCFA 不同程度的抑制。利用乙酸的甲烷菌和产氢产乙酸菌受到 LCFA 的抑制较严重，利用甲酸和利用氢气的甲烷菌受到的抑制程度较小。有研究发现，颗粒污泥由于比表面积比悬浮和絮状污泥小，因而受 LCFA 的抑制相对较轻。

周洪波等在间歇培养中研究了不同长链脂肪酸（LCFA）对 UASB 和 EGSB 两种反应器厌氧颗粒污泥的产甲烷毒性。结果表明，庚酸、癸酸和油酸对厌氧颗粒污泥产甲烷活性有较强的抑制，EGSB 反应器厌氧颗粒污泥对 LCFA 的抑制表现出比 UASB 反应器厌氧颗粒污泥更大的耐受能力。LCFA 主要通过在颗粒污泥厌氧微生物的吸附而破坏菌体细胞膜的结构，直接杀死厌氧微生物。厌氧颗粒污泥中，利用乙酸的甲烷菌和产氢产乙酸菌受到 LCFA 的抑制较严重，利用甲酸和利用氢气的甲烷菌受到的抑制程度较小。

5.3.4 厌氧微生物对毒性物质的适应与驯化

在某些情况下厌氧微生物接触到毒性物质一段时间后其产甲烷活性是可以逐渐恢复的，在这种情况下，一般认为这些微生物类群对于抑制性物质是可以驯化的。当生物体遇到的基质需要有另外的酶或代谢途径来代谢或者遇到过去细菌增殖时未曾有过的环境条件时都需要进行驯化。为使生物体适应新的基质有时需要数小时，数日，甚至数月的时间。有机化合物被微生物降解所需要的时间取决于基质的结构、接种物的来源和环境条件。例如，厌氧消化系统以前未处理过酪蛋白，当厌氧消化系统处理酪蛋白时需要几天的时间生物体才能达到最大降解速率（Parle 等，1995 年）。在驯化处理氰化物时，需要几个月才能完成驯化过程（Fallon 等，1991 年）。厌氧系统生物降解四氯乙烯也需要几个月的驯化时间（Huang 等，1992 年）。

这里所谓的微生物驯化就是指在正式处理高浓度有机废水之前，预先让微生物与较低浓度的这种有机废水接触，此时必须确保反应器中生物可降解的有毒物质的浓度远低于废水中的浓度。即驯化只能在相对较低的、非致死的浓度下进行。通过驯化，厌氧微生物可以对许多有毒物质产生适应性和耐受力。驯化可以分为三类：代谢驯化（metabolic adaption）、生理驯化（physiological adaption）和种群驯化（population adaption）。

有机化合物的毒性特点对未驯化培养物和驯化的培养物间没有相关关系。一般认为，驯化了的培养物可以降解原本损害代谢的毒性强的化合物。醛对未驯化的乙酸盐富集甲烷生成培养物有很强的毒性抑制作用，酮的毒性则很小。经过驯化醛反而比酮更容易被降解。

酚是可以用来说明驯化原理的一个例子。1960 年以前酚被认为厌氧不能对其进行处理，但现在人们知道，经过 5～30d 的驯化酚可以很容易被厌氧降解。实际上酚对厌氧微生物的毒性小于对好氧微生物的毒性。

一般认为，与好氧生物过程相比，厌氧生物过程可以适应工业废水中多种形式的毒性物质，甚至通过驯化以后，还可以生物降解某些有毒物质，如四氯化碳、四氯乙烯等。这一特性，使选择厌氧工业部门的数量和类型日益超过好氧的主要原因之一，明显的例证就是纸浆造纸废水。实际上，许多工业废水是适合于利用厌氧工艺进行处理的，但大部分工业废水都可能含有某些对厌氧微生物有毒的成分，因而影响了厌氧生物处理工艺的应用。如果对厌氧微生物采取适当的预防措施，废水中的多种有机有毒物是有可能被厌氧微生物降解的。

第6章 厌氧生物处理反应工艺

20 世纪 60～70 年代以后，随着社会经济和城市的发展，环境污染和能源紧张的问题变得越来越严重，厌氧消化技术作为一种低能耗的有机废水生物处理方法，受到了人们高度的重视。随着对厌氧消化理论不断深入地研究，人们相继开发了多种高效厌氧生物反应器，如厌氧滤池（AF）、升流式厌氧污泥床（UASB）、厌氧流化床（AFB）等，它们被广泛应用于城市废水和各种有机工业废水的处理，均取得了良好的效果，本章将详细介绍这些高效厌氧生物反应器工艺。

6.1 厌氧接触工艺（anaerobic contagion）

厌氧接触工艺是现代高速厌氧反应器中应用较早的反应器，它在处理中等浓度的废水，例如屠宰加工废水、啤酒废水、制糖废水等均取得了令人满意的效果。瑞典糖业公司为瑞典和其他国家建造了 20 多座大型废水处理厂均采用此工艺。

6.1.1 厌氧接触工艺的原理

厌氧接触工艺是在传统的完全混合反应器的基础上发展而来的，其工艺流程如图 6-1 所示。传统的完全混合反应器体积大，负荷低，其根本原因是它的污泥停留时间等于水力停留时间，即 SRT＝HRT。由于 SRT 很低，它不能在反应器中积累起足够浓度的污泥。因此传统上仅用于城市污水污泥、好氧处理剩余污泥以及粪肥的厌氧消化。而厌氧接触工艺在厌氧完全混合反应器基础上增加了污泥分离和回流装置，从而使 SRT 大于 HRT，有效地增加了反应器中的污泥浓度。其消化池是一个完全混合厌氧活性污泥反应器或带有搅拌的槽罐。废水进入完全混合厌氧活性污泥反应器，在搅拌作用下与厌氧污泥充分混合并进行消化反应，处理后的水与厌氧污泥的混合液从上部流出。

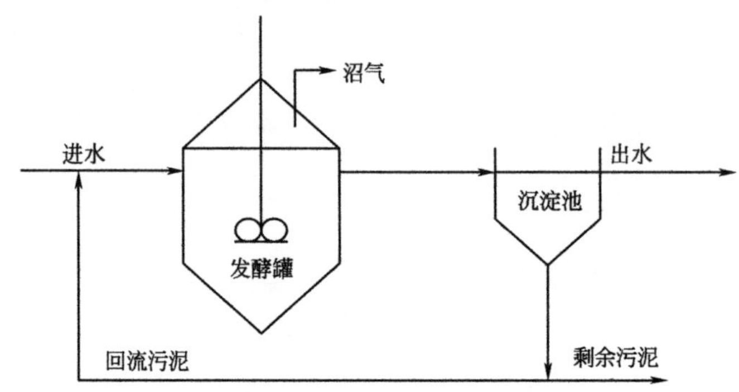

图 6-1 厌氧接触工艺流程

厌氧接触工艺反应器内的污泥浓度通过沉淀器中污泥的回流来保证，一般可达到5～10gVSS/L左右。例如在处理造纸废水的厌氧接触工艺中，Schlnutzler和Walters报道的反应器污泥浓度分别为3～5gVSS/L和10gVSS/L，相应的反应器负荷为1～2kgBOD/(m³·d)，BOD去除率大于90%，反应器运行温度为30～40℃。反应器内污泥和废水的混合多数通过连续的或间歇的机械搅拌来实现。搅拌器的功率根据经验约为0.005kW/m³反应器容积。混合也可以采用一些其他的方式，例如在反应器内装射流泵，其原理类似于文丘里管，进液在高压下通过射流泵，在泵的收缩部分由于流速的急剧增加将反应器内的液体与污泥吸入并与进液混合。也有的工艺采用低压泵从反应器内抽出液体进行循环或通过所产沼气的回流达到搅拌的目的。

与其他的高速厌氧反应器相比较，厌氧接触工艺负荷率较低，其负荷率仅相当于UASB反应器的1/3～1/5。厌氧接触工艺的负荷率受其中污泥浓度的制约。在高的污泥负荷下，厌氧接触工艺也会产生污泥膨胀问题。一般认为反应器中污泥的体积指数（SVI）应在70～150mL/g。当反应器的污泥负荷（SLR）超过0.25kgCOD/(kgVSS·d)时，污泥的沉淀即可发生恶化。反应器内厌氧污泥的浓度也是有限度的，当反应器内污泥浓度超过18 gVSS/L时污泥的固液分离会更加困难。这是厌氧接触工艺负荷率不能提高的重要原因之一。在一般情况下，完全混合厌氧反应器的污泥活性要低于厌氧升流反应器的厌氧颗粒污泥活性，这也是厌氧接触工艺负荷率不高的原因。

在厌氧接触工艺中不能形成颗粒污泥，只能形成絮状厌氧污泥，反应器中的正压使悬浮液体中的溶解气体过于饱和，当废水进入沉淀池中，这些气体将释放出并被絮状污泥吸附，同时絮状污泥在反应器中吸附的残余有机物在沉淀池中仍继续转化为少量气体，这些气体也会吸附于污泥上，从而使原本难于沉降的絮状污泥，沉降更加困难。若不控制污泥的流失，污泥本身会给出水带来一定的BOD和COD值。另外，系统的SRT会降低，相对会提高消化池的F/M值，有可能进一步降低污泥的沉降性能。目前除了采用有效的沉淀装置外，对固液分离问题尚没有满意的解决方法，一般在沉淀前采用真空脱气处理或使出水温度急剧冷却从而使产气过程停止。

从研究和生产实践表明，厌氧接触工艺适宜处理含有悬浮固体在10000～20000mg/L，COD在2000～10000mg/L的废水。Benefield等认为由于高浓度的悬浮颗粒有利于微生物的絮集和附着，所以在二次沉淀池内易于固液分离和污泥回流到消化池中。但大量的悬浮固体积累会影响污泥的分离，同时会引起污泥中细胞物质比例的下降，从而会降低反应器的负荷率或降低处理效率，所以对含悬浮固体浓度较高的废水，在厌氧接触工艺之前采用固液分离预处理是必须的，使进入反应器的悬浮固体浓度在10000～20000mg/L之间，确保反应器的处理效果和运行效率。

6.1.2 厌氧接触工艺的特点

与厌氧消化法相比，厌氧接触法具有以下特点：a. 消化池污泥浓度高，其挥发性悬浮物的浓度一般为5～10g/L，耐冲击负荷能力强；b. COD容积负荷一般为1～5kg/(m³·d)，COD去除率为70%～80%；BOD_5容积负荷为0.5～2.5kg/(m³·d)，BOD_5去除率为80%～90%；c. 适合处理悬浮物和COD浓度高的废水，生物量（SS）可达到50g/L；d. 增设沉淀池、污泥回流系统和真空脱气设备，流程较复杂。

6.1.3 厌氧接触工艺的应用

由于厌氧接触工艺的HRT较长，所以一般宜于处理高浓度的废水。对各种废水处理的负荷与效果不尽相同，其水力停留时间也不尽相同。一些研究者认为当水力停留时间在0.5～5d之间时常用的BOD负荷为0.44～2.5kg/(m^3·d)，并可除去70%～80%的BOD，但处理城市生活污水时HRT较长，运行效果较差。目前厌氧接触工艺广泛应用于酒精糟液、肉联厂、乳品加工、甜菜制糖、柑橘加工、淀粉加工、啤酒废水等的处理中。表6-1是厌氧接触工艺的一些使用范例。

表6-1 中温条件下厌氧接触工艺中试与生产性试验结果

废水来源	进水量/(mg/L)		有机容积负荷率/[kgCOD/(m^3·d)]	HRT/d	去除率/%	
	COD	BOD			COD	BOD
牛奶场	3000	1400	2.0	1.5	67	80
乳品加工	4900	2950	2.52	1.9	83	93
肉罐头	—	2000	1.76	1.3	—	87
甜菜制糖	8000	3800	3.0	2.7	53	42
糖果生产	10130	7000	2.2	4.6	95	92
果胶果汁生产	1060	750	1.13	0.94	85	90
柑橘加工	—	4600	3.42	1.3	—	87
蔬菜罐头	3600	1400	1.0	3.6	80	92
小麦淀粉	9000	4200	2.5	3.6	82	95
玉米淀粉	—	6300	1.76	3.3	—	88
淀粉加工	10000	—	2.4	4.2	97	—
柠檬酸	47000	17000	2.5	1.9	79	93
酒精糟液	50000	—	1.7	29.4	84	—
威士忌糟液	47520	27200	1.76	27.0	87	92
威士忌废水	33630	18830	1.03	32.7	84	—
朗姆酒蒸馏液	89000	26000	4.5	19.8	69	89
啤酒废水	—	3900	2.03	2.3	—	96
屠宰废水	—	1381	1.6～3.2	—	—	91
磨木浆	4800	2500	2.7	1.8	77	96
CTMP制浆	7900	3700	6.0	1.3	40	50
TMP制浆	3500	1300	2.5	1.4	67	71
棉布漂炼	—	1600	1.18	1.3	—	67

注：引自胡纪萃．废水厌氧生物处理理论与技术，2003.

6.2 厌氧滤池工艺(AF)

厌氧滤池（AF）是1969年Young和McCarty开发研究的，它的出现开创了常温下对中等浓度有机废水的厌氧处理。AF采用生物固定化技术延长SRT，把SRT和HRT分别对待的思想是厌氧反应器发展史上的一个里程碑。

6.2.1 AF的原理与特点

厌氧滤池是采用填充材料作为微生物载体的一种高速厌氧反应器，厌氧菌在填充材料上附着生长，形成生物膜。生物膜与填充材料一起形成固定的滤床，因此其结构与原理类似于好氧生物滤床。按水流的方向厌氧生物滤池可分为两种主要的形式：上流式厌氧滤池和下流式厌氧滤池，如图6-2所示。不管是什么形式，系统中的填料都是固定的，废水进入反应器内，逐渐被细菌水解酸化，转化为乙酸，最终被产甲烷菌矿化为甲烷，废水组成随反应器不同高度而变化。因此微生物种群分布也相应地发生规律性变化。在废水入口处，产酸菌和发

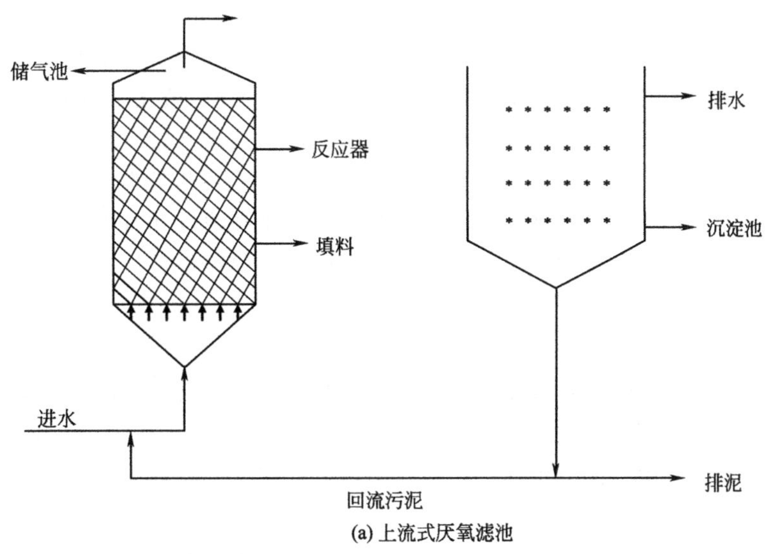

(a) 上流式厌氧滤池

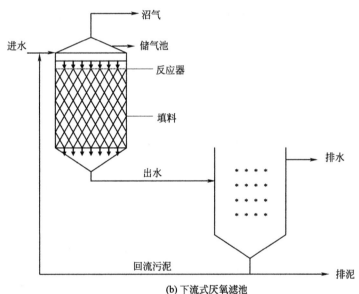

(b) 下流式厌氧滤池

图 6-2 厌氧滤池流程

酵性细菌占较大比例；随着水流方向，产乙酸菌和产甲烷菌逐渐增多并占据主导地位。

厌氧滤池的优点如下：a. 生物固体浓度高，因此可以获得较高的有机负荷；b. 微生物固体停留时间长，因此可以缩短水力停留时间，耐冲击负荷能力强；c. 启动时间短，停止运行后再启动比较容易；d. 不需污泥回流，运行管理方便。

厌氧滤池的缺点是载体相当昂贵，据估计载体的价格与构筑物建筑价格相当。另一个缺点是如采用的填料不当，在污水的悬浮物较多的情况下容易发生短路和堵塞，这是厌氧滤池工艺不能迅速推广的主要原因。

6.2.2 AF 的运行与影响因素

(1) AF 的启动

AF 的启动是通过反应器内污泥在填料上成功挂膜，同时通过驯化并达到预定的污泥浓度和活性，从而使反应器在设计负荷下正常运行的过程。AF 的启动可以采用投加接种污泥（接种现有污水处理厂消化污泥）。在投加前可以与一定量待处理的污水混合，加入反应器中停留 3～5d，然后开始连续进水。启动初期，反应器的容积负荷一般在 1.0kgCOD/(m^3 · d)。可以通过先少量进水，延长污水在反应器中的停留时间来达到该有机容积负荷率。随着厌氧微生物对处理污水的适应，逐步提高负荷。一般认为当污水中可生物降解的 COD 去除率达到 80%，即可适当增加负荷，直到达到设计负荷为止。对于高浓度和有毒有害污水的处理，在启动时要进行适当稀释，当厌氧微生物适应后应逐渐减少稀释倍数，增加进水浓度，最终达到设计能力。

（2）填料

填料的选择对 AF 的运行有重要的影响，具体的影响因素包括填料的材质、粒度、表面状况、比表面积和孔隙率等。填料种类很多，例如卵石、碎石、砖块、陶瓷、塑料、玻璃、炉渣、贝壳、珊瑚、海绵、网状泡沫塑料等，填料必须抗微生物腐蚀，并且对微生物没有毒性作用，使微生物可以在各类填料上生长。

对于块状的填料，选择适当的填料粒径是非常重要的，据报道填料粒径由 0.2mm～6.0cm 不等。但粒径较小的填料易于堵塞，特别是对于浓度较大的废水。因此实践中多选用粒径 2cm 以上的填料。

填料的比表面积对 AF 的行为并无太大的影响。Van den Berg 等研究了多种填料，结果表明 AF 的效果与填料的比表面积没有太大的联系。虽然不少人认为应当选用比表面积相对大的填料，但 Young 和 Dahab 采用比表面积分别为 98m^2/m^3和 138m^2/m^3的标准塑料填料，结果前者获得更好的 COD 去除率。在另一采用塑料、烘制黏土、珊瑚和贝壳作为填料的试验中，发现珊瑚虽然有最大的比表面积（4900m^2/m^3），但与比表面积最小的烘制黏土（119m^2/m^3）相比，性能还是略差一些。

填料表面的粗糙度和表面孔隙率会影响细菌增殖的速率。粗糙多孔的表面有助于生物膜的形成。Van den Berg 等用多种材料作为填料，发现排水瓦管黏土作为填料时反应器启动最快，运行也更稳定。

填料的形状与孔隙大小也是非常重要的因素。为此已有多种空心柱状、环状的填料问世。各填料部件之间的布水圈使沿柱壁的短路减少到最低限度。采用空隙率较大的空心填料可能是有益的，因为在 AF 中厌氧菌大部分生长在填料之间的空隙中，据认为，在填料表面生长的膜仅 1/4～1/2。因此，大孔隙率有助于保留更多的污泥，同时有利于防止堵塞。

（3）反应器堵塞问题

在厌氧滤池进水一端，由于废水浓度大，微生物增殖较快，因此污泥浓度较大。尤其是上流式厌氧滤池，在其底部最容易形成堵塞，有时截流的气泡也会造成堵塞。当废水浓度较高时，或填料黏度较小时均易形成堵塞。堵塞问题是影响厌氧滤池应用的最主要问题之一。据报道，上流式 AF 底部污泥浓度可高达 60g/L，由于堵塞问题难以解决，所以 AF 以处理可溶性的有机废水占主导地位。悬浮物的存在易于引起堵塞，一般进水悬浮物应控制在大约 200mg/L 以下。但是如果悬浮物可以降解并均匀分散在废水中，则悬浮物对 AF 几乎不产生影响。填料的正确选择对含悬浮物的废水处理也是重要的，对含悬浮物的废水应选择粒径较大或孔隙度大的填料。

采用下流式的厌氧滤池有助于克服堵塞，因此在含悬浮物较多和高浓度废水的处理中使用。在上流式厌氧滤池中，微生物以填料间的絮聚形式为主要存在方式，而在下流式中微生物则几乎全部附着在填料和反应器壁面以生物膜的形式存在，这是下流式AF不易堵塞的原因。但也是这个原因，下流式厌氧滤池不易保存高浓度的污泥，细菌的增殖较缓慢。下流式的另一个优点是在处理含硫废水时，由于所产毒性的 H_2S 大部分从上层向上逸出，因此在整个反应器内，H_2S 的浓度很小，有利于克服其毒性的影响。

(4) 温度与pH值的影响

大多数AF在中温范围内运行，即温度为25～40℃，Genung等研究低温处理低浓度废水中试厌氧滤池系统，发现在10～25℃下仍能有效处理低浓度废水。他同时发现当温度在10～25℃范围变化时，BOD的去除率并未受到影响，长期运行后厌氧滤池也未堵塞，但是低温运行时反应器负荷较低。在负荷较低的情况下，不同温度范围的废水处理在产气与COD去除上表现不出明显区别，但在负荷增高后，情况出现了不同之处。Basu和Lecterc认为在负荷高于0.2kgCOD/(m^3·d)时，高温处理比中温处理更有效。高的温度应当有较高的负荷潜力，但Duff和Kennedy在使用高温下流式AF时发现在30～40kgCOD/(m^3·d)时反应器不稳定。Messing认为高温(55℃)与中温(35℃)相比并没有什么优点。值得特别指出的是，不管采用哪种温度范围的厌氧滤池工艺，反应器的温度一经确定之后即不能直接改变为另一种温度范围，因为各温度范围生长的微生物种群是完全不同的。同时，任何温度的波动对工艺的稳定运行也是不利的。

厌氧微生物对pH值最为敏感，一般来说，反应器内pH值应保持在6.5～7.8范围，且应尽量减少波动。稳定运行的厌氧滤池已经证明对pH值的变化有一定的承受能力。据报道，AF系统pH值低至5.4并维持12h后仍能很快恢复。Genung等的中试表明，在处理酸性废水时，当进水pH值低至3并持续8h，对出水的pH值并没有影响。

(5) 反应器填料高度的影响

填料在反应器0.3m高度时废水中的绝大多数有机物已经去除，填料高度1m以上COD的去除率几乎不再增加。因此过多增加填料高度只是增大了反应器体积，在一定的进液流量和浓度下，反应器的容积增加了，但COD去除率没有明显变化。但是反应器填料高度小于2m时，污泥有被冲出反应器的危险而不能保持高的效率，同时由于出水悬浮物的增多使出水水质下降。采用完全混合式的AF工艺有助于填料整个高度的均匀，因而能够增加AF的容积负荷。

6.2.3 AF的应用

有关AF应用的一些数据见于表6-2。

除表6-2中所列废水种类外，报道过的AF系统还处理过生活污水、制药、蔬菜加工及溶剂生产的废水。以下流式AF处理高蛋白含量的鱼类加工废水，COD去除率可达90%，负荷最高可达10kgCOD/(m^3·d)。在对下流式反应器中温下处理豆类加工、化工废水及经高温处理的污泥液体时的超负荷研究中，发现连续24h的94kgCOD/(m^3·d)的超负荷运行后，系统在24～48h后可恢复正常运行。系统的负荷单位容积产气率取决于温度和废水成分，产气率本身也取决于负荷大小，但COD去除率在允许的负荷范围不受温度影响而取决于废水成分。在35℃水力停留时间可少于1d，在10℃时可少于3d。

表 6-2 中试和生产规模的 AF 反应器运行情况

废水类型	废水浓度/(gCOD/L)	VLR/[kgCOD/(m³·d)]	HRT/d	温度/℃	COD 去除率/%	反应器体积/m³
化工废水	16.0	16.0	1.0	35	65	1300
化工废水	9.14	7.52	1.2	37	60.3	1300
小麦淀粉	5.9～13.1	3.8	0.9	中温	65	380
淀粉加工	16.0～20.0	6～10	—	36	80	1000
土豆加工	7.6	11.6	0.68	36	60	205
土豆烫漂废水	2.0～10.0	7.7	0.7	>30	80	1700
酒糟废水	42.0～47.0	5.4	8.0	55	70～80	150 和 185
酒糟废水	16.5	6.1	13.0	40	60	27.0
豆制品废水	24.0	3.3	7.3	中温	72	1.0
豆制品废水	22.0	9.0	2.4	中温	68	1.0
豆制品废水	20.3	11.1	1.8	30～32	78.4	2.5
制糖废水	20.0	5.0～17.0	0.5～1.5	35	55	1500×2
甜菜制糖	9.0～40.0	—	<1.0	35	70	50 和 100
糖果厂废水	14.8	—	—	中温	97	6.0
食品加工	2.6	6.0	1.3	中温	81	6.0
牛奶厂废水	2.5	4.9	0.5	28	82	9.0
牛奶厂废水	4.0	5.8～11.6	1～2.2	30	73～93	500
屠宰废水	16.5	6.1	13.0	40	60	27.0
猪场废水	24.4	12.4	2.0	33～37	68	22.0
黑液碱回收污冷凝水	7.0～8.0	7.0～10.0	1.0	中温	65～80	5.0

注：引自贺延龄．废水的厌氧生物处理，1998.

6.3 厌氧生物流化床工艺（AFB）

厌氧生物流化床的研究是由美国的 Jeris 率先在水污染控制协会上提出的，试验结果表明在 16min 停留时间内，BOD 去除率达 93%。加拿大、英国、日本和澳大利亚等国也积极开展研究，厌氧生物流化床法处理废水的研究迅速发展起来。

用厌氧法处理高浓度有机废水是近年来研究运用较多并行之有效的工艺。厌氧生物流化床与好氧生物流化床相比，不仅在降解高浓度有机物方面显示出独特的优点，而且具有良好的脱氮效果。

厌氧生物流化床的特点可归纳如下：a. 流化态能最大限度地使厌氧污泥与被处理的废水接触；b. 由于颗粒与流体相对运动速度高，液膜扩散阻力较小，且由于形成的生物膜较薄，传质作用强，因此生物化学过程进行较快，允许废水在反应器内有较短的水力停留时间；c. 克服了厌氧滤器的堵塞和沟流；d. 高的反应器容积负荷可减少反应器体积，同时由于其高度与其直径的比例大于其他厌氧反应器，所以可以减少占地面积。

6.3.1 厌氧生物流化床的工艺特点

厌氧生物流化床可视为特殊的气体进口速度为零的三相流化床。这是因为厌氧反应过程分为水解酸化、产酸和产甲烷三个阶段，床内虽无需通氧或空气，但产甲烷菌产生的气体与床内液、固两相混合即成三相流化状态。厌氧生物流化床工艺如图 6-3 所示。

厌氧生物流化床使用与好氧流化床同样的比表面积的惰性载体，在厌氧条件下对接种活

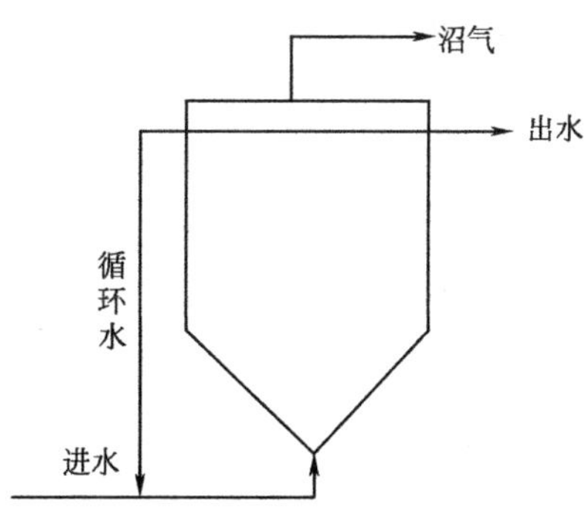

图 6-3　厌氧生物流化床工艺

性污泥进行培养驯化，使厌氧微生物在载体表面上顺利成长。挂膜的载体在流化状态下，对废水中的基质进行吸附和厌氧发酵，从而达到去除有机物的目的。另外，为维持较高的上流速度，流化床反应器高度与直径的比例大，与好氧流化床相比，需采用较大的回流比。厌氧生物流化床反应器内的微粒在一定液速的作用下形成流态化，使微生物种群的分布趋于均一化，这与其他厌氧滤器厌氧生物多在底部有很大不同，在厌氧流化床中央区域生物膜的产酸活性和产甲烷活性都很高，从而使厌氧流化床的有效负荷大大提高。

6.3.2　厌氧生物流化床载体颗粒的特性与作用

厌氧流化床所用的载体物质很多，有砂、煤、网状聚丙烯泡沫、多孔玻璃、陶粒和离子交换树脂等。一般载体颗粒为球形或半球形，因为该形状易于形成流态化。

厌氧流化床载体通常需要满足以下的要求：a. 可以承受物理摩擦；b. 可提供较大的微孔表面积，以利于细菌群体附着与生长；c. 需要最小的流化速度；d. 增加扩散与物质转移；e. 有不规则的表面积，载体粒径多在 0.2～0.7mm。采用颗粒活性炭（GAC）作为载体时，GAC 本身也能吸附有机物，吸附可在膜形成前或膜老化剥落时进行。生物膜可以从液体中和膜内部同时得到营养。活性炭的吸附特性增加了溶解性有机物在载体中的浓度，因此加速了微生物的生长与合成。

固体颗粒的物理性质对厌氧生物流化床的运行性能有很大的影响，具体影响见表 6-3。

表 6-3　固体颗粒物理性质对运行的影响

物理性质	对运行性能的影响
粒径	过大：需要较大的水流速度以维持足够的床层膨胀率，表面积小，为保证必要的接触，需加大反应器容积；容积负荷率低，水流剪切力大，生物膜易脱落
	过小：操作困难，在颗粒周围绕流的雷诺数小于 1 的情况下液膜传质阻力大，相互摩擦激烈，使生物膜易脱落
密度	过大：需较高水流线速度以维持必须的膨胀率；水流剪切力大，生物膜易脱落，使附着生物膜较厚的粒子位于上部
	过小：加剧了粒子的混合效应，在介质床层内易形成厚度相近的生物膜
粒径分布	过大：上部的空隙率较大，且在介质床层内易发生断流
	过小：加剧了粒子的混合效应，在介质床层内易形成厚度相近的生物膜

注：引自任南琪，王爱杰．厌氧生物技术原理与应用，2004.

6.3.3　厌氧生物流化床在废水处理中的应用

厌氧生物流化床处理废水的研究与应用实例比较广泛，处理的工业废水包括含酚废水、α-萘磺酸废水、鱼类加工废水、炼油污水、乳糖废水、屠宰场废水、煤气化废水等，处理的城市污水包括家庭废水、粪便废水、市政污水、厨房废水等，而且已发挥了显著优势。表6-4中列举了一些研究及应用结果。

表 6-4 厌氧生物流化床试验及应用结果举例

项目 / 废水类别	进液浓度/(g/L)		HRT/h	VLR/[kgCOD/(m^3·d)]	温度/℃	去除率/%	
	COD	BOD				COD	BOD
大豆蛋白生产	3.7～4.7	2.3～2.5	10～12	7.6～11.0	30～35	91	96
有机酸生产	8.8	7.0	5	42	30	99	99
含酚废水	2.8～3.7	2.1～3.0	15	4.5～5.9	30	99	99
软饮料生产(1)	0.98	0.83	—	—	30	90	—
软饮料生产(2)	6.0	3.9	—	8～14	35	>80	—
化工废水(含乙醇)	12.0	—	—	8～20	35	>80	—
食品加工	7.0～10.0	—	—	8～24	35	>80	—
污泥热处理分离液	10～30	5.0～15	—	8～20	35	>80	—
啤酒酵母加工废水	5.6	5.17	9	9.8	30～35	93.5	98.5
造纸黑液	5.5	—	10.19	12.9	—	75	—
干酪生产废水	—	—	34	13.4～37.6	35	93～97	—
城市废水	0.18	0.08	2.4	7.7	15	75	82
制药废水	9.4～12.5	—	9.6	32.06	40	80	—
硫酸盐草浆废水	2～5	5～6.5	3～9	43.2	28～32	50～70	—
印染废水(含活性艳红,弱酸性深蓝)	0.8～0.9	—	2.5～3	—	25～40	44～49	—
人工合成废水(含乙酸丙酸,铬酸)	1.0	—	6～12	4.0	35	96	—

注：引自李春华，张洪林．生物流化床法处理废水的研究与应用进展．环境技术，2002，4：27-31.

6.4 厌氧折流板反应器（ABR）

厌氧折流板反应器（Anaerobic Baffled Reactor，ABR），是美国 McCarty 和 Bachmann 等于1982年在总结了各种第二代厌氧反应器处理工艺性能的基础上，开发和研制的一种新型高效厌氧污水生物处理技术。ABR法集上流式厌氧污泥床（UASB）和分阶段多相厌氧反应器（SMPA）技术于一体，不但大大提高了厌氧反应器的负荷和处理效率，而且使其稳定性和对不良因素（如有毒物质）的适应性大为增强，是水污染防治领域一项有效的新技术。ABR工艺的一个突出特点是设置了上下折流板，而在水流方向形成依次串联的隔室，从而使其中的微生物种群沿水流方向的不同隔室，实现产酸和产甲烷相的分离，在单个反应器中达到两相或多相运行。研究表明，两相工艺中产酸菌和产甲烷菌的活性要比单相运行时高出4倍，并可使不同的微生物种群在各自适宜的条件下生存，从而便于有效管理，提高处理效果，利于能源的利用。

6.4.1 ABR的工作原理

ABR的构造与处理流程如图6-4所示。从构造上看，ABR是通过内置的竖向导流板，将反应器分隔成串联的几个反应室，每个反应室都是一个相对独立的UASB系统。运行时，污水在折流板作用下逐个通过反应室内的污泥床层，并通过水流和产气的搅拌作用，使得进水中的底物与微生物充分接触而得以降解去除。从工艺上看，ABR与单个UASB有显著不同。首先，UASB可近似看作是一种完全混合式反应器，而ABR是一种复杂混合型水力流态，且更接近于推流式反应器；其次，UASB中酸化和产甲烷两类不同的微生物相交织在一起，不能很好适应相应的底物组分及环境因子（pH值、H_2分压值等），而在ABR中各个反应室中的微生物相是随流程逐级递变的，递变的规律与底物降解过程协调一致，从而确保相应的微生物相拥有最佳的工作活性。

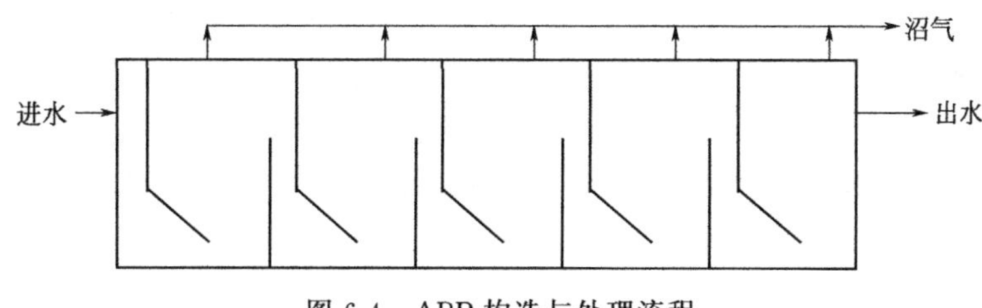

图6-4 ABR构造与处理流程

6.4.2 ABR的特点

ABR具有以下7个显著的特点。

① 运行稳定，操作灵活 由于ABR反应器特有的挡板构造，大大减小了堵塞和污泥床膨胀等现象发生的可能性，可长时间稳定运行。并且ABR法可根据水质、水量的不同，通过改变挡板间距，调节HRT，甚至还可以进行间歇操作，来满足出水水质的要求。ABR法还可在适当的隔室进行好氧操作，以达到在同一反应器内除氮的目的。

② 工艺简单，投资少，运行费用较低 ABR法设计简单，没有活动部件，同传统的厌氧消化池相比，无需机械搅拌装置，也不需额外的澄清沉淀池。同UASB和AF相比，ABR法不需要昂贵的进水系统，也不需要设计复杂的三相分离器。

③ 固液分离效果好，出水水质好 厌氧生物团絮凝同好氧活性污泥法的模式类似，是由细菌对基质的有限浓度引起，F/M值对其有重要影响。低F/M值有利于生物絮凝，沉降加快，出水悬浮固体浓度低。ABR的分格构造和水流的推流状态，使得F/M随水流逐渐降低，在最后一隔室内F/M最低，且产气量最小，最有利于固液分离，所以能够保证有良好的出水水质。

④ 对有毒物质适应性强 由于隔板将反应器各格分隔开，所以有毒物质对反应器的影响主要集中在ABR反应器前部，对后部的危害较小。

⑤ 耐冲击负荷，适应性强 由于折流板良好的滞留微生物的能力和污泥良好的沉降性能，再有ABR中的微生物环境具有良好的生物级配，ABR对冲击负荷的适应性很强。因此ABR法对于处理流量和浓度变化较大的工业废水有很好的应用前景。

⑥ 良好的生物分布 挡板构造在反应器内形成几个独立的隔室，所以能在每个隔室内驯化培养与该隔室环境条件相适应的微生物群落，形成良好的种群配合和良好的沿程分布，避免了不同种群间生态幅的过多重复，从而确保相应的微生物相拥有最佳的工作活性，必要时还可以通过合理设置各隔室的废水水质，来稳定运行工况，提高处理效果，实现在一个反应器内完成一体化的两相或多相处理。

⑦ 良好的生物固体截留能力 由于折流板的阻挡作用及通过对折流板间距的合理设置（水流在上向流室上升流速相对较小）为污泥的沉降和截留创造了一个良好的条件，因而ABR反应器内能截留大量的微生物，其微生物质量浓度可达到72.08g/L。

6.4.3 ABR的主要工艺性能

（1）良好的水力条件

反应器的水力条件是影响处理效果的重要因素。ABR 中的死区容积分数要比其他类型的厌氧反应器低得多，亦即 ABR 的容积利用率是很高的。D. C. Stuckey 等的研究表明，ABR 的 V_d/V（V：反应器的容积，V_d：死区容积）值仅为 7%～20%，平均值 9.8%，厌氧滤池和传统消化池的 V_d/V 值分别为 50%～93%和 82%，均远高于 ABR 的 V_d/V 值。究其原因在于 ABR 相当于把一个反应器内的污泥分配到了多个隔室的反应小区内，假若反应器的分隔数为 n，则每个隔室内的污泥量为反应器内污泥总量的 $1/n$，因此，强化了污泥与被处理污水的接触和混合程度，从而提高了反应器的容积利用率。

此外，随 ABR 中进水量的增加，即水力停留时间的缩短，各隔室内的返混程度将提高（D/uL 值增高），而 V_d/V 值的变化幅度却并不大。从整个 ABR 来看，反应器内的折流板阻挡了各隔室间的返混作用，强化了各隔室的混合作用，因而，ABR 内的水力流态是局部为 CSTR 流态、整体为 PF 流态的一种复杂水力流态型反应器。随着反应器内分隔数的增加，整个反应器的流态则趋于推流式。从反应动力学的角度，这种完全混合与推流相结合的复合型流态十分利于保证反应器的容积利用率，能提高处理效果及促进运行的稳定性，是一种极佳的流态形式。

（2）稳定的生物固体截留能力

ABR 能在高负荷条件下有效地截留活性微生物固体，这主要表现在它对进水中高浓度的悬浮固体（SS）具有很强的适应性和处理效能。反应器内折流板的阻挡作用及折流板间距的合理设置，有利于活性污泥与被处理废水间的良好混合接触，也为污泥的截留和沉降创造了一个良好的条件。郭静等对人工合成葡萄糖废水的处理研究结果表明，由于反应器内折流板良好的阻滞作用，污泥浓度可达 79g/L 以上。

（3）易于形成颗粒污泥

颗粒污泥的形成与废水水质、运行条件及 ABR 的构造等因素有关。Boopathy 的研究发现，在初始负荷为 0.97kg/(kg·d)，上升流速小于 0.46m/h 的条件下启动 ABR，1 个月后，每一反应室都出现了粒径为 0.5mm 的颗粒污泥，3 个月后颗粒污泥长大至 3.5mm 左右。ABR 处理豆制品废水试验，采用低负荷高去除率启动方式，驯化和培养颗粒化活性污泥，COD 负荷范围在 0.72～1.97g/(L·d)。经过 50 多天，反应器内形成大量密实、亮黑色的颗粒污泥，COD 去除率和废水产气率都很高。

（4）微生物种群的分布

在位于反应器前端的隔室中，主要以水解和产酸菌为主，而在较后的隔室中则以甲烷菌为主。随隔室的推移，由甲烷八叠球菌为优势种群逐渐向甲烷丝状菌属、异养甲烷菌和脱硫弧菌属等转变。有关研究表明，底物浓度较高时，甲烷八叠球菌的生长速度比甲烷丝状菌属快 1 倍；而在低底物浓度时，情形则相反。而且从颗粒污泥的切片电镜照片可以判断，在以葡萄糖为基质时，发酵产酸菌多在颗粒污泥表层，产甲烷菌则在内部，形成良好的有机质分解链，这种结构与基质降解途径的要求是一致的。这种微生物种群的逐室递变，使优势种群得以良好地生长，这与有机底物在各司其职的微生物种群作用下的逐步降解和转化过程相一致，表明基质的浓度和种类是反应器中微生物组成与分布的重要影响因素。

6.4.4 ABR 反应器在几种废水条件下的运行性能

（1）有机废水

① 对低浓度有机废水的处理能力　废水浓度低时具有以下特点：a. 基质和生物之间的传质推动力较小；b. 由于负荷低产气量较低，使废水与生物之间的接触减弱，污泥不易颗

粒化。低浓度废水的这些特点使其在上流式厌氧污泥床（UASB）和厌氧颗粒污泥膨胀床（EGSB）的运行造成困难，但如果用ABR反应器进行处理，采用较短的水力停留时间，就能达到处理目的。表6-5为ABR处理低浓度有机废水的资料，从表6-5中可以看出当HRT＝2.5～11h，COD去除率在79%～93%范围内。

表6-5 低浓度废水运行资料

废水类型	HRT/h	COD/(mg/L)		COD去除率/%	负荷/[kg/(m·d)]	产气率/[$m^3/(m^3 \cdot d)$]
		进水	出水			
蔗糖废水	6.8	473	74	80	1.67	0.49
蔗糖废水	11	441	33	93	0.96	0.31
屠宰废水	7.2	550	110	80	1.82	0.33
屠宰废水	2.5	510	130	79	4.73	0.43

注：蔗糖废水的运行温度是16℃，屠宰废水的运行温度是35℃。

② 对低温度水的处理能力　在处理低温废水时，分阶段式反应器比完全混合反应器有更多的优点。一般情况下温度每增加10℃，按Van't Hoff定律生物化学反应的速度会增加1倍。对于普通的厌氧反应器，温度降低，最明显的特征是反应器的pH值立即降低，出水中的VFA浓度升高，停止产气，出水中悬浮固体也会增高，COD去除率明显下降。Nachaiyasit研究EIII却表明，ABR反应器在系统达到稳定后两个月，温度从35℃降到25℃时，ABR反应器的COD去除率降低5%左右，进一步将温度降到15℃时，COD的去除率降低20%，长期在低温下运行（12周）会增加中间产物的浓度，使溶解性微生物产物（SMP）增多。主要原因是：温度降低，使前面隔室的生物降解速率降低，使产酸推移到后面隔室中，提高了后面隔室的效率，但总的去除率却没有很大改变；低温条件下微生物产生的胞外多聚物会增加，使出水中的SMP增多。

③ 对高浓度高悬浮物的废水的处理能力　Chynoweth等用厌氧折流板反应器处理海藻浆废水产生甲烷的研究表明，第一隔室积累了大量的固体，处理高的悬浮固体浓度废水时，处理效果较好，不需要固液分离设施。Boopathy和Sicvers用ABR反应器处理猪粪废水，此废水含有51.7g/L总固体，试验采用停留时间15d，负荷为4kgCOD/(m^3·d)，COD总去除率达到70%，总固体去除率达到60%，研究发现反应器对颗粒的截留能力很强，SRT长达42d，使废水中的固体小颗粒有足够长的SRT，将这些小颗粒转化为甲烷。相比之下，UASB若进水中悬浮固体较高时反应器会因堵塞严重而运行失败。

④ 对难降解有机废水的处理能力　由于折流板的阻挡作用，阻止了各隔室的混合，因而就整个反应器而言，具有水平推流（PF）的流态，且分隔数越多，PF越明显；另外，ABR反应器对颗粒的截留能力很强，污泥龄较长，根据Boopathy和Sievers对高浓度的有机悬浮固体废水研究污泥龄长达42d，污泥龄长有利于世代期较长的细菌繁殖生长，促使系统形成复杂的生物菌群。ABR的这种特性使其对难降解、有毒废水的处理具有潜在的优势，关于这方面的实验室研究刚刚起步。贾洪斌等采用ABR处理印染废水，用ABR水解酸化来改善废水的可生化性，研究表明可生化性提高了两倍，对后续的生化处理极为有利。沈耀良等用ABR处理垃圾渗滤液，将ABR控制在水解酸化阶段，废水可生化性从0.2～0.665提高到0.37～0.68，进水的可生化性越低，其提高幅度越大。戴友芝用ABR处理五氯酚钠有毒废水，研究表明ABR对毒物冲击有很强的适应能力。

(2) 其他废水

Fox观察ABR反应器处理含硫制药废水时硫的减少过程，COD的去除率为50%，硫的去除率达到95%，在第一隔室中硫酸盐转化为硫化物，沿反应器长度方向硫化物浓度逐渐增高，说明了硫酸盐被硫酸盐还原菌（简称SBR）作为电子受体加以利用，使硫酸盐还原为硫化氢，发生了反硫化过程。研究表明：a. 当COD：SO_4＝150：1变到COD：SO_4＝24：1时，硫酸盐的去除率从95%降到50%，可见COD：SO_4的值对处理效果的影响很大；b. 有硫酸盐存在时，COD的去除率较低，出水中的VFA主要是乙酸，主要因为硫化物对利用乙酸的甲烷菌有毒害作用，使利用乙酸的甲烷菌的活性受到抑制。

6.4.5 ABR的工艺研究及应用现状

目前，有关ABR工艺的研究正在不断深入之中，主要方向为ABR工艺的优化及其在有机（尤其是高浓度）废水处理中的效果。此外，ABR对低浓度有机废水处理的效果已逐渐引起重视。

ABR作为高效的厌氧生物处理技术，与好氧生物处理技术相结合的A/O工艺，可以取得更好的废水处理效果。胡小兵进行厌氧折流反应器＋好氧处理豆腐生产废水的试验研究结果表明，厌氧条件为35℃时，COD和TKN总去除率分别达到了97.9%和97.4%，出水可达一级排放标准。在处理电泳涂膜废水的研究中，鞠宇平等采用ABR-SBR工艺也取得了良好的处理效果。

ABR工艺在实际废水处理工程中的应用尚不多见，但已有处理工业废水和小规模城市污水的实例。

较高浓度的毛毯废水因含染料量较多，生化性能较差，处理难度较大，许玉东等采用混凝沉淀—厌氧折流板反应池—两极好氧生化工艺进行处理，ABR池主要进行水解酸化作用，毛毯废水中的阳离子染料在微生物脱氢酶和水解酶等酶系统的作用下，侧链、发色基团断裂，芳基环开裂，形成脂肪酸和其他代谢产物后可被微生物进一步降解。毛毯废水中还含有一定浓度的表面活性剂，可先被高浓度的生物污泥吸附截留，再在混合菌群作用下降解。废水经ABR池水解酸化后，BOD_5/COD_{Cr}的比值由0.28～0.33提高至0.40～0.42，生化性能有所改善，色度去除率达60%～70%。

程凯英等应用ABR-SBR组合工艺处理食品调味料废水，稳定运行一个多月以来，出水各项指标均达到《污水综合排放标准》(GB 8978—1996）中的一级标准，见表6-6。

表6-6 废水处理运行效果

项目	pH值	ρ(SS)/(mg/L)	$\rho(BOD_5)$/(mg/L)	$\rho(COD_{Cr})$/(mg/L)
原水	6～9	480	612	2815
ABR出水	7	50	480	1022
SBR出水	7	25	18	85
一级标准	6～9	70	30	100

6.5 升流式厌氧污泥床反应器（UASB）

UASB是升流式厌氧污泥床的简称。与接触消化、厌氧生物滤池、折流板反应器、管道消化器等相比，UASB具有运行费用低、投资省、效果好、耐冲击负荷、适应pH值和温度变化、结构简单及便于操作等优点，应用日益广泛。UASB于1977年实现工业化应用。由于能维持很高的生物量和很长的污泥龄，所以容积负荷高、处理效果好。在国外，UASB反应器主要应用于食品加工废水和城市生活污水处理。国内20世纪80年代开始引进该技术，主要应用于啤酒、酒精、制药、屠宰和柠檬酸生产废水处理。如今，处理胰岛素废水和豆奶粉废水的大型 UASB 装置也已建成。

6.5.1 升流式厌氧污泥床反应器（UASB）的结构

（1）UASB 的总体结构

UASB 反应器为下进水上出水的柱形结构，分方柱形和圆柱形两种。如图 6-5 所示，外壁设保温层，内部从下至上为反应区和三相分离区，附配水封。

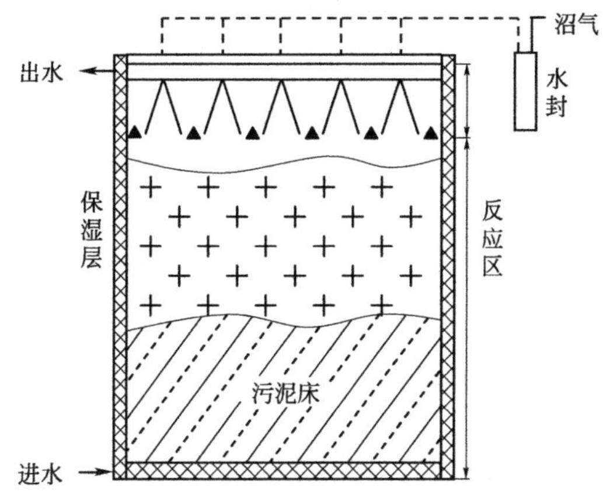

图 6-5　UASB 反应器总体结构示意

污水中的有机物在反应区消解为 CH_4、CO_2 和 H_2O 等，使水质净化。反应区不设搅拌，借布水器的均匀布水、布水器出水口高速水流的冲击和上升气泡的扰动使污水与污泥混合，所以 UASB 不消耗动力。因为反应区污泥床的污泥浓度很高，所以 UASB 净化效果好。三相分离区使水、气、泥发生分离。沼气进入气室再经水封排出，污泥在沉淀室沉淀后回流入反应区以保持反应区高的生物量，净化水从集水槽排出。

（2）UASB 的三相分离区结构

三相分离区是 UASB 的核心，三种基本结构形式都包含气封、气室、污泥回流缝和沉淀室。结构示意见图 6-6。

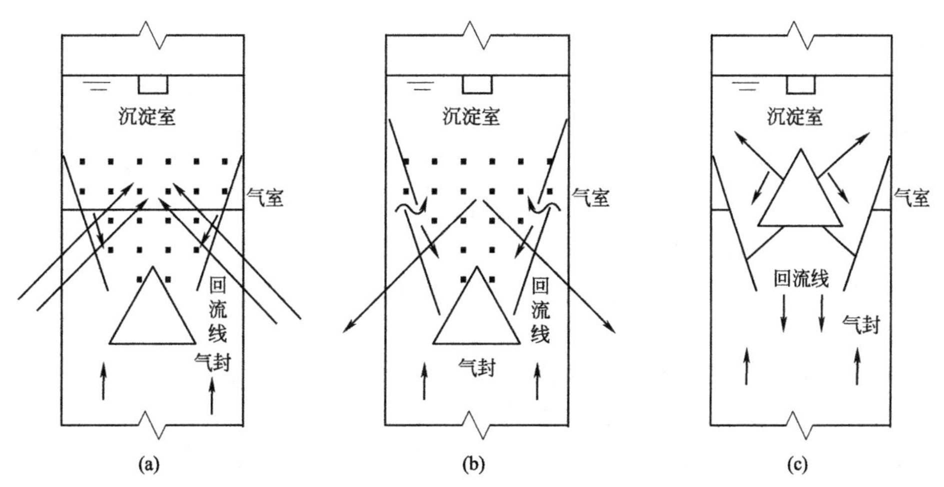

图 6-6　三相分离器结构示意

(3) UASB的布水方式

布水器是UASB的重要组成部分，它使污水沿底面均布，在底部与污泥充分混合。如图6-7所示，布水器的布水方式主要有等阻力布水、大阻力布水、逐点脉冲式布水和堰式布水4种。

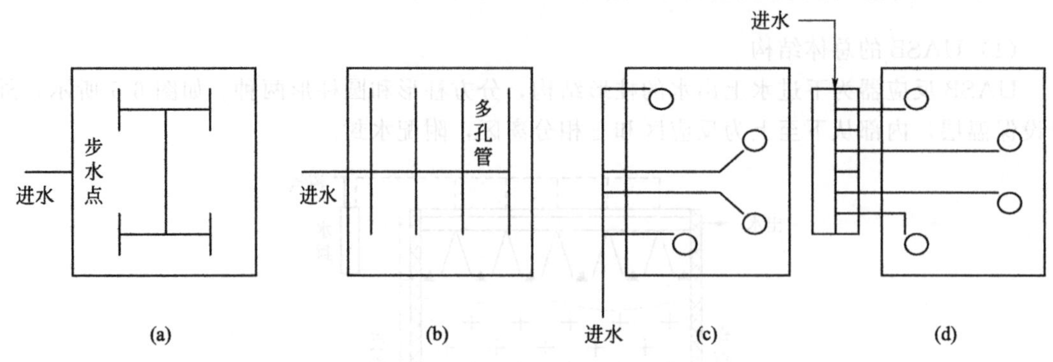

图6-7 UASB的4种布水方式

上流式厌氧污泥床反应器流程是：废水由反应器底部进入，靠水力推动，污泥在反应器内呈膨胀状态，反应器下部是浓度较高的污泥床，上部是浓度较低的悬浮污泥床。有机物在污泥床中转化为甲烷和二氧化碳等。反应器的上方设置一个专门的气、液、固三相分离器，所产生的甲烷从上部进入集气系统，污泥则靠重力返回到下面的反应区，循环使用，上清液从上部排出，气体则在三相分离器下面进入气室而排出。

在反应器外增设沉淀池，能使污泥回流，也可增加反应器内生物量，去除悬浮物，改善出水水质，缩短投产期。如果发生污泥大量上浮，也可通过回收污泥以稳定工艺。污水经厌氧处理后，直接外排，设置外沉淀池更为必要。但如污水经厌氧处理后，还需进行好氧补充处理，可不设置外沉淀池。这样简化了流程，也方便运行。

升流式厌氧污泥床反应器易发生短流现象，且设备缓冲能力小，对水质和负荷较敏感，因此要求进水和负荷相对稳定，管理操作要规范。它与普通消化池相比进水中允许的悬浮物浓度要低得多，特别是难消化的有机污染物固体。

UASB反应器主要由以下几部分构成。

① 进水配水系统　进水配水系统主要是将废水尽可能均匀地分配到整个反应器，具有一定的水力搅拌功能。它是反应器高效运行的关键之一。

② 反应区　其中包括污泥床区和污泥悬浮层区，有机物主要在这里被厌氧菌所分解，是反应器的主要部位。

③ 三相分离器　由沉淀区、回流缝和气封组成，其功能是把沼气、污泥和液体分开。污泥经沉淀区沉淀后由回流缝回流到反应区，沼气分离后进入气室。三相分离器的分离效果将直接影响反应器的处理效果。

④ 出水系统　其作用是把沉淀区表层处理过的水均匀地加以收集，排出反应器。

⑤ 气室　也称集气罩，其作用是收集沼气。

⑥ 浮渣清除系统　其功能是清除沉淀区液面和气室表面的浮渣。如浮渣不多可省略。

⑦ 排泥系统　其功能是均匀地排除反应区的剩余污泥。

UASB反应器的断面形状一般为圆形或矩形。反应器常为钢结构或钢筋混凝土结构。当采用钢结构时，常采用圆形断面；当采用钢筋混凝土结构时，则常用矩形断面。由于三相分离器的构造要求，采用矩形断面便于设计和施工。

6.5.2 升流式厌氧污泥床反应器（UASB）的原理

图 6-5 为 UASB 反应器工作原理示意。污水从反应器的底部向上通过包含颗粒污泥或絮状污泥的污泥床。厌氧反应发生在废水与污泥颗粒的接触过程。在厌氧状态下产生的沼气（主要是甲烷和二氧化碳）引起内部的循环，这对于颗粒污泥的形成和维持有利。在污泥层形成的一些气体附着在污泥颗粒上，附着和没有附着的气体向反应器顶部上升，上升到表面的污泥碰击三相分离器，引起附着气泡的污泥絮体脱气，气泡释放后污泥颗粒将沉淀到污泥床的表面，附着和没有附着的气体被收集到反应器顶部的三相分离器的集气室。包含一些剩余固体和污泥颗粒的液体经过分离器缝隙进入沉淀区。由于分离器的斜壁沉淀区的过流面积在接近水面时增加，因此上升流速在接近排放点时降低。由于流速降低污泥絮体在沉淀区可以絮凝和沉淀，累积在相分离器上的污泥絮体在一定程度将超过其保持在斜壁上的摩擦力，其将滑回到反应区，这部分污泥又可与进水有机物发生反应。

UASB 反应器由反应区和沉降区（分离区）两部分组成。反应区又可根据污泥的情况分为污泥悬浮层区和污泥床区。污泥床主要由沉降性能良好的厌氧污泥组成，SS 浓度可达 50～100g/L 或更高。污泥悬浮层主要靠反应过程中产生的气体的上升搅拌作用形成，污泥浓度较低，SS 一般在 5～40g/L 范围内。在反应器上部设有气（沼气）、固（污泥）、液（废水）三相分离器，分离器首先使生成的沼气气泡上升过程受偏折，然后沼气穿过水层进入气室，由导管排出反应器。脱气后的混合液在沉降区进一步进行固、液分离，沉降下的污泥返回反应区，使反应区内积累大量的微生物。待处理的废水由底部布水系统进入，厌氧反应发生在废水与污泥颗粒的接触过程中，澄清后的处理水从沉淀区溢流排出。在 UASB 反应器中能够培养得到一种具有良好沉降性能和高比产甲烷活性的颗粒厌氧污泥，因而相对于其他同类装置，颗粒污泥 UASB 反应器具有一定的优势。

6.5.3 升流式厌氧污泥床反应器（UASB）的工艺特点

荷兰大学的 Lettinga 等在 1974～1988 年开发研制的升流式厌氧污泥床反应器（upflow anaerobil shudge blanket reactor，UASB）是把厌氧活性污泥法中的反应槽和沉淀槽合二为一，简化处理装置的一种方法，系统中不含惰性介质，在反应器的底部是浓度很高的具有良好沉淀和凝聚性能的污泥形成的污泥床，污水从反应器下部进入污泥床，并与污泥床内的污泥混合，污泥中的微生物分解了污水中的有机物，将其转化为沼气，在反应器本身产生的沼气搅动下，反应器上部的污泥处于悬浮状态，在反应器上部设有固、气、液三相分离器。固、液混合液进入沉淀区后，污水中的污泥发生絮凝，颗粒逐渐增大，并在重力作用下下沉返回到厌氧反应区，使厌氧反应区积累起大量的污泥，处理后的水及生成的沼气从反应器上部放出。UASB 的基本特征是不用吸附载体，就能形成沉降性能良好的粒状污泥，保持反应器内高浓度的微生物，因而可以承受较高的 COD 负荷，其负荷可高达 30～50kgCOD/(m^3·d) 以上，COD 去除率可达 90%以上。而好氧生物处理中，效果最好的好氧纯生物流化床、深井曝气等工艺 COD 负荷也只有 10kgCOD/(m^3·d) 左右，COD 去除率为 70%～80%。与其他厌氧生物反应器相比，UASB 的特点如下所述。

（1）构造简单巧妙

从图 6-5 可以看出沉淀区设在反应器的顶部，废水由反应器底部进入，向上流过污泥床区与大量的厌氧细菌接触，废水中的有机物被厌氧菌分解成沼气（主要成分为 CH_4 和 CO_2），废水在升流的过程中夹带着沼气和厌氧菌固体物。沼气在气室被分离去掉，并通过导管不断排出，可作为生物能收集利用。废水和厌氧菌固体物在沉淀区进行固液分离，处理过的净化水由反应器顶部排走，废水完成了处理的全过程。沉淀区的大部分污泥可返回污泥床区，使反应器内可保持足够的生物量。由此可知，整个设备是集生物反应与沉淀于一体，反应器内不设机械搅拌，不装填料，构造较为简单，运行管理方便。

(2) 反应器内可培养出厌氧颗粒污泥

UASB反应器在处理大多数有机废水时，只要操作方法正确，一般均可在反应器内培养出厌氧颗粒污泥，厌氧颗粒污泥的特性是有很高的去除有机物活性，相对密度比絮体污泥大，具有良好的沉淀性能，使反应器内可维持很高的生物量。

(3) 实现了污泥泥龄与水力停留时间的分离

由于在反应器内能维持很高的生物量，污泥泥龄（SRT）很长，废水在反应器内的水力停留时间（HRT）较短，使SRT大于HRT，因而反应器具有很高的容积负荷率和很好的运行稳定性，这是现代（第二代）厌氧反应器优于传统（第一代）厌氧反应器的最大区别。

(4) UASB反应器对各类废水有很大的适应性

UASB反应器不仅可以处理高浓度有机废水，如酒精、糖蜜、柠檬酸等生产废水，也可处理中等浓度的有机废水，如啤酒、屠宰、软饮料等生产废水，并且可处理低浓度有机废水，如生活污水、城市污水等。UASB反应器可在高温（55℃左右）和中温（35℃左右）下运行，并可在低温（20℃左右）下稳定运行。除了含有有害有毒物质的有机废水外，UASB反应器几乎可适应不同行业排出的各类有机废水。

(5) 能耗低、产泥量少

由于UASB反应器不需要供氧，不需要搅拌，不需要加温，在实现高效能的同时，达到了低能耗，并可提供大量的生物能沼气，因此，UASB反应器是一种产能型的废水处理设备。由于SRT很长，不仅产生的污泥是稳定的，而且产泥量很少，从而降低了污泥处理费用。

(6) 不能去除废水中的氮和磷

UASB反应器与其他厌氧处理设备一样，其不足之处是不能去除废水中的氮和磷。这是因厌氧生化反应的本质决定的。在处理高、中等浓度废水时，采用厌氧-好氧串联工艺，即用UASB反应器去除废水中大部分含碳有机物作为预处理，而用好氧处理设备去除残余的含碳有机物和氮磷等物质，这是最佳的废水处理工艺选择，具有很大的节能意义，并可大大节省基建投资，降低运行成本。因而，有着很好的经济效益和环境效益。

6.5.4 升流式厌氧污泥床反应器（UASB）的启动

废水厌氧生物处理反应器成功启动的标志，是在反应器中短期内培养出活性高、沉降性能优良并适于待处理废水水质的厌氧污泥。由于厌氧微生物，特别是产甲烷菌增殖很慢，厌氧反应器的启动需要一个较长的时间，这被认为是厌氧反应器的一个不足之处。在实际工程中，生产性厌氧反应器建造完成后，快速顺利地启动反应器成为整个废水处理工程中的关键性因素。

UASB反应器的启动可分为两个阶段，第一阶段是接种污泥在适宜的驯化过程中获得一个合理分布的微生物群体，第二个阶段是这种合理分布群体的大量生长、繁殖（详见第8章）。

6.5.5 升流式厌氧污泥床反应器（UASB）处理废水的应用

(1) 高浓度污水处理

UASB反应器能够处理很多种类的废水。由于颗粒污泥的形成和存在而使UASB内部保持较高的生物浓度，因此对高浓度有机废水（如食品工业废水）可以进行有效的处理。Lettinga等曾将UASB反应器用于脱脂牛奶废水的处理，当温度为30℃，COD值为1500mg/L，负荷达7.0kg/(m^3·d)时，COD的去除率可达90%。用UASB反应器处理COD为5000～9004mg/L的甜菜制糖废水，当COD负荷为4～14kg/(m^3·d)时，COD去除率为65%～95%。北京啤酒厂用总有效容积为2000m^3的UASB反应器（分8个）在常温下处理啤酒工业废水，当进水COD平均为2300mg/L，容积负荷为7.0～12.0kgCOD/(m^3·d)，水力停留时间为5～6h时，COD去除率高于75%。另外，对城市污水污泥及造纸黑液经酸析后的沉渣厌氧处理均有显著效果。

(2) 低浓度有机废水处理

UASB工艺在高浓度有机废水处理中已不乏成功应用的实例，但对于COD＜1000mg/L的低浓度有机废水的处理性能，目前仍处于进一步试验研究阶段，虽然其可行性已在各种试验中得以验证，但真正用于实际工程的报道还很少。一些效果良好的生产性试验值得重视和进一步深化。Lettinga等在成功地应用UASB反应器处理高浓度有机废水的基础上，又进行了大量的处理生活污水的小试、中试，然后进行了生产性试验，试验结果显示，在常温下，水力停留时间为8～12h时，COD去除率为60%～80 %。同济大学周琪等采用UASB-接触好氧工艺研制的一体化净化器，在常温下处理生活污水，当HRT＞6.2h时，COD去除率大于85.2%，出水达到排放标准。北京环保研究所根据城市污水的特点，开发的水解(酸化)-好氧生物处理工艺，将UASB反应器改进为水解池（去掉其上部的三相分离器）以代替传统二级处理工艺的初沉池，将其中的厌氧处理控制在水解（酸化）阶段，而非产甲烷阶段。水解池的作用为预处理，其处理效果大大高于传统的初沉池，其对COD的去除率为43.5%，而传统初沉池对COD的去除率只有28.9%，更重要的是水解池可将不溶性大分子物质分解为可溶性的小分子物质，大大改善了后续好氧处理的条件，提高了整个系统的处理效率，保证出水达标排放COD＜100mg/L。

6.5.6 升流式厌氧污泥床反应器（UASB）在污水处理中的应用前景

上流式厌氧污泥床（UASB）反应器是现代高效厌氧反应器中应用最广泛的反应器之一，此反应器最大的特点是节省能耗，节约原料，降低反应器的造价。因而是值得推广应用的一种新型生化厌氧处理反应器。其技术推广应用的关键是优化反应器的设计。随着对厌氧生物处理技术的不断认识和深入研究，人们对UASB工艺也在进行不断的改进和完善，尤其是对其中复杂的三相分离器的优化设计，颗粒污泥的形成机理及形成条件的研究，以及启动和运行过程中各种条件的控制等多方面的探索。使UASB反应器在污水处理中具有更广阔的应用前景。特别是将其与好氧工艺联合应用于高、低浓度有机废水的处理，可兼两种工艺的优点，而避免两种工艺的缺点，即不但可在厌氧段回收能量而且可在好氧段减少电耗，将从根本上改善传统方法中的以高能耗换取合格的处理水质的现状，这种新的处理方法将使污水处理成为一种自然资源再生和利用的新型工业。

6.6 膨胀颗粒污泥床反应器（EGSB）

6.6.1 EGSB的产生背景及其特征

1976年荷兰Wageningen农业大学由Lettinga教授领导的研究小组开始研究采用UASB

反应器来厌氧处理生活污水。1981年Lettinga等研究在常温下（荷兰，夏季15～20℃，冬季6～9℃）UASB反应器处理生活污水的情况，反应器的容积为120L，在温度为12～18℃，HRT为4～8h情况下，COD总去除率为45%～75%。随后，他们按比例扩大设计了$6m^3$和$20m^3$的反应器，并且用颗粒污泥接种，研究结果表明，其处理效率比上述的45%～75%更低。经过分析他们认为，由于污水与污泥未得到足够的混合，相互间不能充分接触，因而影响了反应速率，最终导致反应器的处理效率很低。1986年，deMan等利用示踪剂对此进行了试验，其结果也证实了这一点。

在利用UASB反应器处理生活污水时，为了增加污水与污泥间的接触，更有效地利用反应器的容积，必须对UASB反应器进行改进。Lettinga等认为改进的办法有两种：a. 采用更为有效的布水系统，即可通过增加每平方米的布水点数或采用更先进的布水设施来实现；b. 提高液体的上升流速（V_{up}）。但是当处理低温低浓度的生活污水时，改进布水系统的结果仍不理想，因此Lettinga等基于上述第二种办法，通过设计较大高径比的反应器，同时采用出水循环，来提高反应器内的液体上升流速，使颗粒污泥床层充分膨胀，这样就可以保证污泥与污水充分混合，减少反应器内的死角，同时也可以使颗粒污泥床中的絮状剩余污泥的积累减少，由此便产生了新的高效厌氧反应器——膨胀颗粒污泥床（expanded granular sludge bed，EGSB）反应器。

6.6.2 EGSB的结构特征与工作原理

EGSB反应器是对UASB反应器的改进，与UASB反应器相比，它们最大的区别在于反应器内液体上升流速的不同。在UASB反应器中，水力上升流速V_{up}一般小于1m/h，污泥床更像一个静止床，而EGSB反应器通过采用出水循环，其V_{up}一般可达到5～10m/h，所以整个颗粒污泥床是膨胀的。EGSB反应器这种独有的特征使它可以进一步向着空间化方向发展，反应器的高径比可高达20或更高。因此对于相同容积的反应器而言，EGSB反应器的占地面积大为减少。除反应器主体外，EGSB反应器的主要组成部分有进水分配系统、气-液-固三相分离器以及出水循环部分，其结构如图6-8所示。

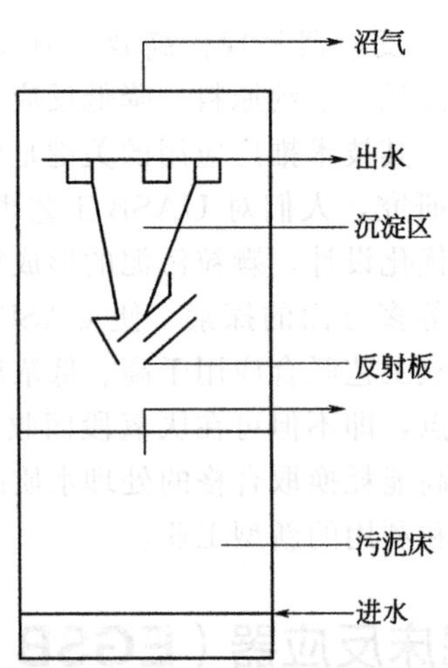

图6-8 EGSB反应器结构示意

进水分配系统的主要作用是将进水均匀地分配到整个反应器的底部，并产生一个均匀的上升流速。与UASB反应器相比，EGSB反应器由于高径比更大，其所需要的配水面积会较小；同时采用了出水循环，其配水孔口的流速会更大，因此系统更容易保证配水均匀。

三相分离器仍然是 EGSB 反应器最关键的构造，其主要作用是将水、气、固三相进行有效分离，使污泥在反应器内有效持留。与 UASB 反应器相比，EGSB 反应器内的液体上升流速要大得多，因此必须对三相分离器进行特殊改进。改进可以有以下几种方法：a. 增加一个可以旋转的叶片，在三相分离器底部产生一股向下水流，有利于污泥的回流；b. 采用筛鼓或细格栅，可以截留细小颗粒污泥；c. 在反应器内设置搅拌器，使气泡与颗粒污泥分离；d. 在出水堰处设置挡板，以截留颗粒污泥。

出水循环部分是 EGSB 反应器不同于 UASB 反应器之处，其主要目的是提高反应器内的液体上升流速，使颗粒污泥床层充分膨胀，污水与微生物之间充分接触，加强传质效果，还可以避免反应器内死角和短流的产生。

6.6.3 EGSB 颗粒污泥的特征

颗粒污泥是 EGSB 反应器获得高效的原因所在。一方面，颗粒污泥具有良好的沉降性能，可以防止污泥随出水流失；另一方面，颗粒污泥可以维持反应器内最大限度地滞留高活性污泥，因此反应器在较高的有机负荷和水力负荷条件下仍能有效地去除废水中的有机物。

Rebac 等的研究表明，当利用 EGSB 反应器处理低温低浓度麦芽污水时，随着反应器的运行，颗粒污泥的粒径发生了一个转型过程。在反应初期，颗粒粒径主要集中在 1.1～2.1mm 范围内；随着反应的进行，颗粒粒径分布范围更宽，大都分布在 0.9～2.7mm 之间，且在此范围内分布较均匀；在反应后期，颗粒粒径明显增加，主要集中在 1.3～2.7mm 范围内。反应器不同高度处的颗粒污泥的粒径也有明显不同，如在反应器运行后期，反应器上部主要为 1.7～1.9mm 的小粒径污泥，而下部则为 2.3～2.9mm 的大粒径污泥。然而，就降解乙酸和 VFA 混合物的情况看，上部颗粒污泥的比基质降解率和比产甲烷活性分别比下部污泥高 11%～40%和 20%～45%。由于压力作用，底部污泥的密度增加，其孔隙度减少，于是基质扩散阻力加大，使得底部污泥活性较低。

低温低浓度情况下，反应器中的产甲烷菌主要是乙酸营养型甲烷毛发菌属（Methanosaeto）和氢营养型甲烷短杆菌属（Methanobrevibactor）的菌种。由于反应器内乙酸浓度很低，因此反应器内的甲烷八叠球菌属的菌种很少，所占比例不到 1%，这与周琪在利用 UASB 反应器处理生活污水过程中所观察到的结果相同。然而在 UASB 反应器中，索氏产甲烷丝菌为优势菌种，在乙酸浓度低时，它们能与其他利用乙酸的产甲烷菌相互竞争。

6.6.4 EGSB 的工艺特点

与 UASB 反应器相比，EGSB 有以下 5 个显著特点。

① EGSB 耐冲击负荷能力强，尤其是在低温条件下，对低浓度有机废水的处理。EGSB 在处理 COD 低于 1000mg/L 的废水时仍能有很高的负荷和去除率。例如处理挥发性有机酸（VFA）废水的试验研究中达到同样的去除率，在 10℃时，UA5B 负荷为 1～2kgCOD/(m^3·d)，EGSB 为 4～8kgCOD/(m^3·d)；15℃下取得高处理效率，尤其是在低温条件下，对低浓度有机废水的处理。EGSB 在处理 COD 低于 1000mg/L 的废水时仍能有很高的负荷和去除率。例如处理挥发性有机酸（VFA）废水的试验研究中达到同样的去除率，在 10℃时，UASB 负荷为 1～2kgCOD/(m^3·d)，EGSB 为 4～8kgCOD/(m^3·d)；15℃，UASB 为 2～4kgCOD/(m^3·d)，EGSB 为 6～10kgCOD/(m^3·d)。处理未酸化的废水时，在 10℃时，UASB 负荷为 0.5～1.5kgCOD/(m^3·d)，EGSB 为 2～5kgCOD/(m^3·d)；15℃时，

UASB负荷为2～4kgCOD/(m^3 · d)，EGSB为6～10kgCOD/(m^3 · d)。

② EGSB反应器内维持很高的水流上升流速。在UASB中液流最大上升速度仅为1m/h，而EGSB其速度可高达3～10m/h，最高可达15m/h。可采用较大的高径比（15～40），细高形的反应器构造，有效地减少占地面积。

③ EGSB的颗粒污泥床呈膨胀状态，颗粒污泥性能良好。在高水力负荷条件下，颗粒污泥的粒径较大（3～4mm），凝聚和沉降性能好（颗粒沉速可达60～80m/h），机械强度也较高（3.2×10^4N/m^2）。

④ EGSB对布水系统要求较为宽松，但对三相分离器要求较为严格。高水力负荷，使得反应器搅拌强度非常大，保证了颗粒污泥与废水的充分接触，强化了传质，有效地解决了UASB常见的短流、死角和堵塞问题。但是高水力负荷和生物气浮力搅拌的共同作用，容易发生污泥流失。因此，三相分离器的设计成为EGSB高效稳定运行的关键。

⑤ EGSB采用处理水回流技术，对于低温和低负荷有机废水，回流可增加反应器的水力负荷，保证了处理效果。对于超高浓度或含有毒物质的有机废水，回流可以稀释进入反应器内的基质浓度和有毒物质浓度，降低其对微生物的抑制和毒害，这是EGSB区别于UASB工艺最为突出的特点之一。

6.6.5 EGSB的应用

20世纪90年代以来，EGSB反应器的应用领域已涉及啤酒、食品、化工等行业。著名的荷兰喜力啤酒公司、丹麦嘉士伯啤酒公司和中国深圳金威啤酒公司等都已是EGSB反应器的用户。实际运行结果表明，EGSB反应器处理能力可以达到UASB反应器的2～5倍。表6-7和表6-8是几个典型的EGSB处理不同类型废水运行情况的例子。

表6-7 EGSB处理不同类型废水的运行情况

序号	反应器容积/m^3	处理对象	温度	COD负荷/[kg(m^3 · d)]	水力负荷/[m^3/(m^2 · h)]	应用国家
1	4×290	制药废水	中温	30	7.5	荷兰
2	2×95	发酵废水	中温	44	10.5	法国
3	95	发酵废水	中温	40	8.0	德国
4	275	化工废水	中温	10.2	6.3	荷兰
5	780	啤酒废水	中温	19.2	5.5	荷兰
6	1750	淀粉废水	中温	15.5	2.8	美国

注：引自任南琪，王爱杰．厌氧生物处理技术原理与应用，2004.

表6-8 EGSB反应器的研究和应用

处理废水	温度/℃	反应器容积/L	进水COD浓度/(mg/L)	水力停留时间/h	容积负荷率/%
长链脂肪酸废水	30±1	3.95	600～2700	2	30
甲醛和甲醇废水	30	27500	40000	1.8	6～12
低浓度酒精废水	30±2	2.5	100～200	0.09～2.1	4.7～39
酒精废水	30	2.18～13.8	500～700	0.5～2.1	6.4～32
啤酒废水	15～20	225.5	666～886	1.6～2.4	9～10
低温麦芽糖废水	13～20	225.5	282～1436	1.5～2.1	4.4～14
蔗糖和VFA废水	8	8.6	550～1100	4	5.1～6

注：引自季民，霍金胜．EGSB的工艺特征与运行性能．工业用水与废水，1999，30（4）：1-4.

6.7 内循环厌氧反应器（IC）

为降低有机废水厌氧处理工程的造价，人们一直在努力开发高有机负荷的厌氧反应器。现今应用较多的是 20 世纪 70 年代由荷兰开发出的 UASB，其有机负荷比常规厌氧反应器高，属第二代厌氧反应器。20 世纪 80 年代中期，荷兰又开发出内循环（IC）厌氧反应器，它的有机负荷比第二代厌氧反应器更高，被认为是第三代厌氧反应器。我国引进这一技术，用于啤酒废水的处理，有机负荷达到 $25kg/(m^3 \cdot d)$。由于 IC 反应器有较高的有机负荷，而且，适合于处理浓度较低和温度较低的有机废水，从而引起了人们极大的关注。

6.7.1 内循环厌氧反应器（IC）构造及工作原理

IC 厌氧反应器的基本构造示意如图 6-9 所示。

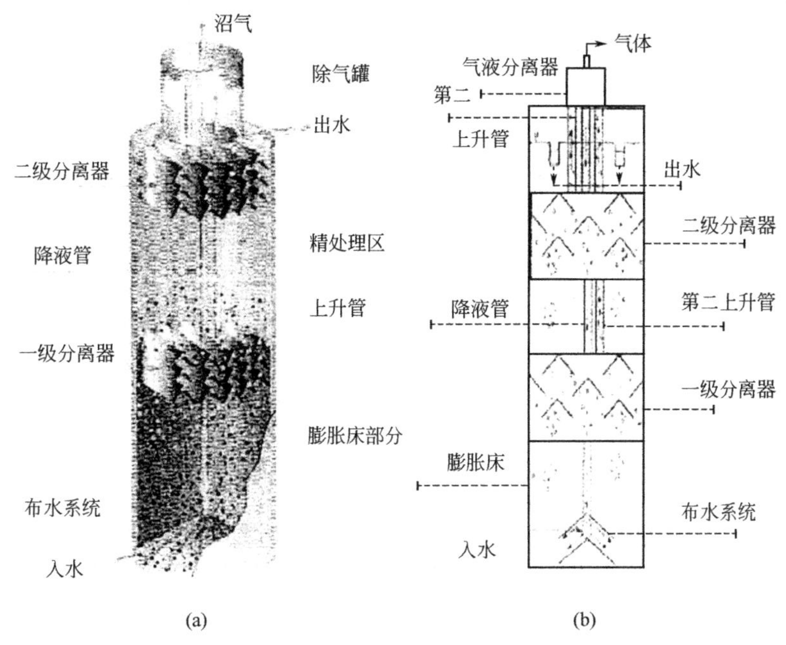

图 6-9 IC 厌氧反应器基本构造示意

IC 厌氧反应器的构造特点是具有很大的高径比，一般可达 4～8m，反应器的高度达 16～25m，从外观上看，IC 反应器像是一个厌氧生化反应塔，塔体一般为圆筒形结构（亦有下部为圆柱体上部为立方体的结构。由图 6-9 可知，IC 反应器由第一厌氧反应室（膨胀部分，前处理区，expanded bed compartment）和第二厌氧反应室（精细处理部分，后处理区，polishing compartment）叠加而成，每个厌氧反应室的顶部各设气-固-液三相分离器，如同两个 UASB 反应器上下叠加串联构成。每一级三相分离器的上部有出气管通入气-液分离器，气-液分离器在塔体的上面。在气-液分离器的上端有沼气出气管，在气-液分离器的下端有回流管（下降管，downcorner）进入塔体的底部，在塔体的底部设有布水系统。

6.7.2 内循环厌氧反应器（IC）的工作原理

由图 6-9（b）可知，进水由布水系统泵入反应器内，布水系统使进液与从 IC 反应器上部返回的循环水、反应器底部的污泥有效地混合，由此产生对进液的稀释和均质作用。为了进水能够均匀地进入 IC 反应器第一厌氧反应室，布水系统采用了特别的结构设计。第一厌氧反应室实际上包括了一个膨胀颗粒污泥床，完全的流化状态使得废水和污泥之间产生强烈而有效地接触，这导致很高的污染物相生物物质（即颗粒污泥）的传质效率，大部分可生物降解的有机物在这里被转化成沼气，所产生的沼气被第一级三相分离器所收集，沼气将沿着上升管上升，由于夹带作用，沼气上升的同时把第一厌氧反应室的部分泥水混合物提升到反应器顶部的气液分离器，被分离出的沼气从气液分离器顶部的导管排走。由于在此大部分沼气脱离混合物外排，混合流体的密度变大，在重力作用下返回到第一厌氧反应室的底部，并与底部的颗粒污泥和进水充分混合，实现了混合液的内部循环，IC 反应器也由此而得名。内循环的结果使第一厌氧反应室不仅有很高的生物量、很长的污泥龄，并具有很大的升流速度，使该室的颗粒污泥完全达到流化状态，有很高的传质速率，使生化反应速率提高，从而大大提高了第一反应室的去除有机物能力。经过一级沉降后，上升水流的主体部分继续向上流入第二厌氧反应室被继续进行处理。废水中剩余的有机物可被第二反应室内的厌氧颗粒污泥进一步降解，使废水得到更好的净化，提高了出水水质，因此这部分等于一个有效的后处理过程，产生的沼气由第二级三相分离器收集，通过集气管进入气液分离器。第二厌氧反应室的泥水在混合液沉淀区进行固液分离，处理过的上清液经溢流堰溢流至出水管排走，沉淀的颗粒污泥可自动返回第二厌氧反应室，这样废水就完成了处理的全过程。

可以看出，IC 反应器把 4 个重要的工艺过程集合在同一个反应器内，这 4 个工艺过程是：a. 进液和混合——布水系统；b. 流化床反应室；c. 内循环系统；d. 深度净化反应室。事实上，IC 反应器也可简单化理解为两个上下组合的 UASB 反应器，一个是下部的高负荷部分，一个是上部的低负荷部分。用下面的第一个 UASB 反应器产生的沼气作为动力，实现了下部混合液的内循环，使废水获得强化的预处理，上面的第二个 UASB 反应器对废水继续进行后处理，使出水可以达到预期的处理效果。

6.7.3 内循环厌氧反应器（IC）的工艺特点

IC 反应器既能滞留污泥，又能强化传质过程，它具有以下特点。

① 实现了“高负荷与污泥流失相分离” IC 反应器由上、下两个反应室所组成。下反应室为“高负荷区”，水力负荷和产气负荷都很大。污泥的膨胀率最大可以达到 100%（上反应室有充足的空向接纳下反应室过分膨胀的污泥、避免了污泥的过量流失）。上反应室为“低负荷区”，水力负荷和产气负荷比下反应室小得多，有利于污泥的滞留，具有 SRT>HRT 的特征。故上反应室的结构与 UASB 类似。IC 反应器通过上、下两个动力学过程不同的反应室的设置，实现了“高负荷与污泥流失相分离”，既保持了污泥的高浓度，又强化了传质过程，故有机负荷很高。

② 具有一个无外加动力的内循环系统 IC 反应器的上、下两个反应室是由中部一集气罩分隔而成。集气罩顶部设有沼气提升管（上行循环管），它直通 IC 反应器顶部的气液分离器。气液分离器底部设有一个回流管（下行循环管），直通下反应室底部。集气罩、气液分离器和上行与下行循环管构成了 IC 反应器的“心脏”与“循环系统”。驱动发酵液循环无须外加动力，而是有赖于反应器本身所产生的沼气。当沼气进入上行循环管后，管内发酵液与管外发酵液会形成密度差，正是这一密度差驱动着发酵液的内循环。有研究表明：发酵液的循环量不仅与沼气的产量有关，而且与循环管的直径和高度有关。

③ 抗水力冲击负荷，强化传质过程 下反应室是消化有机物的主要场所，故产气负荷

较大。所产沼气经集气罩收集后，沿着提升管上升，同时将发酵液提升至气液分离器，分离出沼气后的发酵液借助于高水位的势能，沿着回流管返回到下反应室。这一循环过程可使下反应室的水力负荷比进水时的水力负荷增加0.5～20倍。在较大产气负荷和较大水力负荷的共同作用下，下反应室的污泥达到充分的流化状态，从而有着良好的传质过程，大大提高了厌氧消化速率和有机负荷。

上反应室是消化下反应室未完全消化的少量的有机物，沼气产量不大。同时由于下反应室的沼气是沿着提升管外逸，并未进入上反应室，故上反应室的产气负荷较低。此外，发酵液的循环是发生在下反应室，对上反应室影响甚微，上反应室的水力负荷仅取决于进水时的水力负荷，故上反应室的水力负荷较低。较低的产气负荷和较低的水力负荷有利于污泥的沉降和滞留。

④ 适合处理浓度较低和温度较低的有机废水　常规反应器水力停留时间长，处理有机废水需要较大的容积，处理低浓度有机废水不经济。UASB反应器处理低浓度有机废水虽然优于常规反应器，但在低温条件下，因消化速率下降，产气量少，搅动作用小，传质过程恶化，导致处理效率下降。

IC反应器除具有有机负荷大，水力停留时间短的优点外，还具有反应器底面积小，高程大的特点。在反应器容积相同的情况下，水力负荷与反应器的面积成反比，产气负荷与反应器的高度成正比。IC反应器的高度一般是UASB的2～5倍。所以，在同样的条件下，IC反应器的水力负荷和产气负荷也是UASB的2～5倍，传质过程无疑比UASB好得多。因此只有IC反应器更适合于处理COD浓度较低和温度较低的有机废水。

⑤ 抗冲击负荷能力强，运行稳定性好　内循环的形成使得IC反应器第一反应区的实际水量远大于进口水量，例如在处理与啤酒废水浓度相当的废水时循环流量可达进水流量的2～3倍；处理土豆加工废水时，循环流量可达10～20倍。循环水稀释了进水，提高了反应器的抗冲击能力和酸碱调节能力。甚至于即使入水中含有一定浓度的有毒物质或阻抑性物质，由于内循环水的稀释作用，其对反应器内的生化反应所构成的威胁也将大大减弱。由于内循环水对进水所起到的pH值调节的能力，从而大大节约了反应器运行过程中中和剂酸碱的用量。加之有第二反应区继续处理，通常运行相当稳定。

⑥ 基建投资省，占地面积小　在处理相同的废水时，IC厌氧反应器的容积负荷是普通UASB的4倍左右，故其所需的反应体积仅为UASB的1/4～1/3，节省了基建投资，加上IC厌氧反应器不仅体积小而且有很大的高径比，所以占地面积特别省，非常适用于占地面积紧张的企业。

6.7.4 内循环厌氧反应器（IC）的应用

IC厌氧反应器最先用于土豆加工废水的处理。荷兰PAQUES公司在1985年初建造的第一个IC中试反应器就是用来处理高浓度的土豆加工废水，1998年建造了第一个生产性规模的100m^3的IC反应器处理该废水，反应器容积负荷高达35～50kgCOD/(m^3·d)，停留时间4～6h，而处理同类废水的UASB反应器容积负荷仅为10～15kgCOD/(m^3·d)，停留时间长达十几到几十个小时。全球已建的IC厌氧反应器大部分用于处理啤酒废水。目前，中国已有三家啤酒厂引进了此工艺，国外啤酒厂也广泛采用。除上述几种废水外，IC反应器还用于柠檬酸、造纸废水等领域。

IC工艺在国外的应用以欧洲较为普遍，运行经验也较国内成熟许多，不但已在啤酒生产、造纸、土豆加工等生产领域的废水上有成功应用，而且正在扩展其应用范围，规模也日益加大。1985 年，荷兰 PAQUES 公司建立了第一个 IC 中试反应器；1989 年，第一座处理啤酒废水的生产性规模的 IC 厌氧工艺投入运行，其反应器高 22m，容积 970m^3，进水容积负荷达到 20.4kg/(m^3·d)。荷兰 SENSUS 公司也建造了 1100m^3的 IC 厌氧工艺处理菊粉生产废水，而据估算，若采用 UASB 处理同样废水，反应器容积将达 2200m^3，投资及占地将大大增加。

国内沈阳、上海率先采用了 IC 厌氧工艺处理啤酒废水，近期哈尔滨啤酒厂也引进了 IC 厌氧工艺处理生产废水。以沈阳华润雪花啤酒有限公司采用的 IC 厌氧工艺为例，反应器高 16m，有效容积 70m^3，每天处理 COD 平均浓度 4300mg/L 的废水 400m^3，在 COD 去除率稳定在 80%以上时，容积负荷高达 25～30kg/(m^3·d)，公司在解决处理生产废水问题的同时，经济上也获得了较大的收益：每年节省排污费 75 万元，沼气回收利用价值 45 万元，相比之下，IC 厌氧工艺每年的运行费用仅为 62 万元，可见，IC 工艺达到了技术经济的优化，具有很大的推广应用价值。

综上所述，由于 IC 厌氧工艺在处理效率上的高效性和大的高径比，可大大节省占地面积和节省投资，特别适用于地皮面积不足的工矿企业采用。可以预见，IC 厌氧工艺有着很大的推广应用价值和潜力。

6.7.5 内循环厌氧反应器（IC）与升流式厌氧污泥床反应器（UASB）的参数比较

为了说明 UASB 和 IC 反应器处理能力的差异，以下对两者在污泥保留和反应器的混合特征进行比较，比较是基于 125m^3/h 的废水流量和 5000mg/LCOD 浓度(80%可生化降解)，并已经算出两种反应器中的液体上流速度和气体上流速度。为了比较 IC 反应器两个反应区的条件，还分别算出了其第一反应区和第二反应区的上流速度。作为反应区大小设计的依据，UASB 的负荷率选为 12kgCOD/(m^3·d)，这样即可得到其水力停留时间为 10h。所用 IC 反应器的负荷要比 UASB 高 2.5 倍。认为 UASB 的再循环量为 1∶1，而 IC 反应器的循环量为产气量的 2.5 倍（表 6-9 中所算出的数值仅作为相对比较，仅供参考）。

所用的公式：

$$V=pQ/R_v \qquad \mathrm{HRT}=V/Q=p/R_v \qquad H=\mathrm{HRT}\times u$$

式中，V 为反应器容积，m^3；Q 为进液流量，m^3/h；R_v为容积负荷，kgCOD/(m^3·d)；p 为进液浓度，kgCOD/m^3；u 为液体上流速度，m/h；H 为反应器高度，m。

表 6-9 IC 与 UASB 反应器参数比较

流量:125m^3/h COD:5000mg/L	单位	IC	UASB
反应器体积	m^3	500	1250
反应器高度	m	20	5
容积负荷率	kgCOD/(m^3·d)	30	12
水力停留时间	h	4	10
循环率		4.5	1
下部液体上流速度	m/h	27.5	1
下部气体上流速度	m/h	7.2	0.9
上部液体上流速度	m/h	5.0	1.0
上部气体上流速度	m/h	1.8	0.9

从以上 IC 和 UASB 反应器的水力数据的比较可以看出，给定条件下，IC 反应器污泥床中的液体速度比 UASB 反应器大 28 倍，其气体速度要比 UASB 大 8 倍。而对污泥保留是其

关键的因素——顶部三相分离器处的气速，IC 反应器又比 UASB 高不了多少。这也就使得 IC 反应器能够应用更高的负荷率。

6.8 升流式厌氧污泥床-滤层反应器（UBF）

升流式厌氧污泥床-滤层反应器（Upflow Anaerobic Bed—Filter，简称 UBF 反应器）是由加拿大学者 S. R. Guiot 于 1984 年研究开发的。UBF 反应器综合了 UASB 反应器和 AF 的优点，使该种新型的厌氧反应器具有很高的处理效能，引起了国内外学者的很大兴趣，开展了大量的研究和应用。

6.8.1 升流式厌氧污泥床-滤层反应器（UBF）的工作原理

Guiot 等开发的 UBF 反应器的构造原理如图 6-10 所示。其主要构造特点是：下部为厌氧污泥床，与 UASB 反应器下部的污泥床相同，有很高的生物量浓度，床内的污泥可形成厌氧颗粒污泥，污泥具有很高的产甲烷活性和良好的沉降性能；上部为厌氧滤池相似的填料过滤层，填料表面可附着大量厌氧微生物，在反应器启动初期具有较大的截留厌氧污泥的能力，减少污泥的流失可缩短启动期。由于反应器的上下两部均保持很高的生物量浓度，所以提高了整个反应器的总的生物量。从而提高了反应器的处理能力和抗冲击负荷的能力。

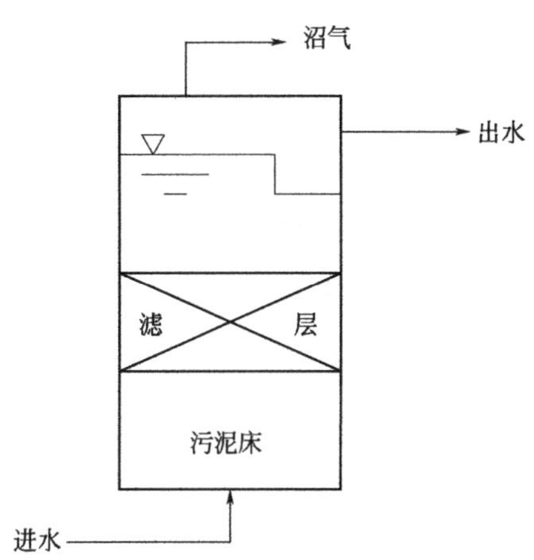

图 6-10 UBF 反应器的构造原理

Guiot 开发的 UBF 反应器试图以上部的填料滤层替代 UASB 上部的三相分离器，这样使整个反应器的构造更为简单。过滤层所采用的材质与厌氧滤池填料的种类基本相同，可采用塑料、纺织用纤维或陶粒等。要求比表面大，空隙率大，机械强度高和表面粗糙易于挂膜，但应避免发生堵塞。UBF 反应器适于处理含溶解性有机物的废水，不适于处理含 SS 较多的有机废水，否则填料层易于堵塞。

在反应器运行初期填料层具有很大的截留泥的能力，但填料层的生物膜达到足够多（或饱和）时，填料层中空隙的空间被微生物膜所填满，刚性随机堆放的填料堵塞的可能性是存在的，更易发生局部堵塞，这一点与厌氧滤池相似。如采用软性纤维填料虽不易堵塞但易于结球，从而大大降低填料的比表面积。处理能力就会下降。另外，由于填料空隙的减小，过水断面即减小，阻力就会增加。缝隙间水流上升流速的增大，可把生物膜从填料表面冲刷下来，随水流进入滤层以上区域，不可能返回污泥床区，而积累在滤层以上区域。由于取消了

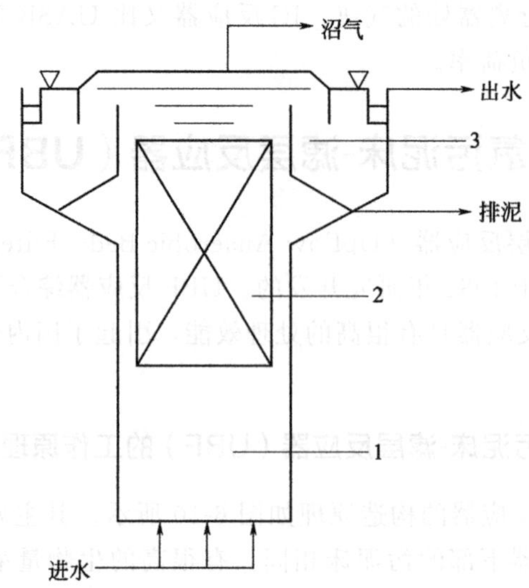

图 6-11 河北轻化工学院开发的纤维 UBF 厌氧反应器示意

1—污泥床；2—填料层；3—三相分离器

三相分离器，则出水中的 SS 浓度增加，影响出水水质。为了解决这个问题，河北轻化工学院和原哈尔滨建筑工程学院等开发了一种带三相分离器的 UBF 反应器。也有人称这种反应器为复合厌氧反应器。其结构如图 6-11 所示。河北轻化工学院开发的纤维填料上流式厌氧污泥床-过滤层反应器，由于在反应器上部设置了三相分离器，且构造合理，气固液三相分离效果良好，减少了出水 SS，提高了出水水质。而且反应器顶部集气罩是活动的，可以任意打开拆卸出，便于检修和更换填料。反应器总高约 5m，填料层高约 1.5m。

6.8.2 升流式厌氧污泥床-滤层反应器（UBF）的工艺特点

试验所设计的 UBF 反应器是由上流式厌氧污泥床反应器（UASB）和上流式厌氧滤器（AF）构成的复合式反应器，反应器上部省去三相分离器直接装填弹性立体填料。废水经布水器均匀地分布在高效处理段横断面上，高效处理段包括污泥床和悬浮污泥层。污泥床段位于反应器的最底部，其悬浮物质浓度高达每升数十克，具有良好的沉降和凝聚性能，废水进入反应器先与该部分污泥混合，废水中的有机物被污泥中的微生物分解为无机物并产生气体。由于有些气体不溶于水，形成微小气泡不断上升，在上升过程中互相碰撞结合形成较大的气泡，在这些气泡的碰撞、结合、上升的搅拌作用下，使得污泥床以上的污泥呈松散悬浮状态，并与废水充分接触，废水中的大部分有机物在这里被去除。

通过高效处理段的废水接着进入生物滤床反应段，该段采用填充填料作为微生物的载体，厌氧菌在填料上附着生长，形成生物膜，生物膜与填料一起形成固定的滤床（层）。废水通过滤床，在向上流动的过程中，废水中的有机物被生物膜吸附并分解，进一步降低了废水中有机物浓度。

一般认为 UBF 可发挥 AF 和 UASB 反应器的优点，改善运行效果。UBF 系统的突出优点是反应器内水流方向与产气上升方向一致，一方面减少了堵塞的机会，另一方面加强了对污泥层的搅拌作用，有利于微生物同进水基质的充分接触，也有助于形成颗粒污泥。反应器上部空间不设三相分离器，而是架设填料，这与带三相分离器的 UBF 反应器相比具有同等的作用。填料表面生长着微生物膜，在其空隙截留悬浮微生物，既利用原有的无效容积增加了生物总量，防止了生物量的突然洗出而且对 COD 还有一定的去除效果。更重要的是由于填料的存在，夹带污泥的气泡在上升的过程中与之发生碰撞，加速了污泥与气泡的分离，从而降低了污泥的流失。

6.8.3 升流式厌氧污泥床-滤层反应器（UBF）的启动过程

UBF 反应器的启动过程与一般厌氧反应器的启动过程相同。可分为启动初期，低负荷运行期和高负荷运行期 3 个阶段。

在启动初期，一般进水容积负荷率控制在 1～2kgCOD/(m^3 • d)。该期为污泥培养驯化阶段，污泥活性低，去除有机物的能力差。随着运行时间的延长，污泥逐渐积累，在填料层上逐渐生长，污泥的活性也慢慢提高，COD 去除率逐步达到 70%～80%。

在低负荷运行期，进水容积负荷率提高至 4～5kgCOD/(m^3 • d)，提高初期虽然 COD 去除率有所下降，但去除率逐渐提高并趋于稳定，产气量相应增加，反应器内的污泥浓度和活性比启动初期有较大提高。由于填料层的存在，虽然反应器负荷提高，但絮体污泥没有大量流失。

在高负荷运行期，随着反应器污泥量的增加，可进一步提高负荷，在 COD 去除率保持 80%以上的条件下，处理维生素 C 废水的中试研究，进水容积负荷可达 10kgCOD/(m^3 • d) 以上。处理乳制品废水的中试研究容积负荷大于 13kgCOD/(m^3 • d)。处理啤酒废水小试容积负荷达 10～15kgCOD/(m^3 • d)。

6.8.4 升流式厌氧污泥床-滤层反应器（UBF）的应用

我国关于 UBF 反应器的研究始于 20 世纪 80 年代初，与国外差距不大。1982 年广州能源研究所开始采用 UBF 反应器处理糖蜜酒精废水和味精废水的研究。但初期，填料层的厚度较薄，作用不太明显。“七五”期间 UBF 反应器的研究被列入了国家攻关项目，UBF 反应器的研究与应用有了较大的发展。如河北轻化工学院成功把 UBF 反应器应用于处理维生素 C 废水和甲醇废水，日处理 COD 浓度为 10000mg/L 左右维生素 C 废水 200m^3。建成了两座有效容积为 150m^3 带三相分离器的 UBF 反应器，反应器的进水容积负荷达到了 10kgCOD/(m^3 • d)，COD 去除率大于 80%。

Huub 等对用聚氨醋为填料的 UBF 与 UASB 反应器进行了对比研究，发现 UBF 较 UASB 启动快，可能是由于在前者中产甲烷菌群快速固定的缘故。

Kalyozhnj 等在用 1.8L UASB 和 3L 以聚氨醋为填料的 UBF 反应器，在 35℃处理饮料废水时发现，二者的处理效率都在 80%以上。同时，对 UBF 反应器，其（有机负荷）OLR 高于 10kgCOD/(m^3 • d)，HRT 小于一天是比较可靠的；当负荷上升到 10～12kgCOD/(m^3 • d) 时，UBF 反应器仍能继续保持其 80%以上的处理效率。

Rafael 等用聚氨醋泡沫作填料的 UBF 1/3 反应器在 35℃下处理屠宰废水研究中发现，在 COD 浓度从 3740mg/L 上升到 10410mg/L，HRT 恒定在 1.5d 和 COD 浓度维持在 10.41g/L，HRT 从 1.35d 降到 0.5d 的条件下，其 COD 去除率均能达到 90.2%～93.4%，表明该反应器能够处理高浓度有机废水。

Chung 等采用塑料介质作填料的两种 UBF 类型（UBF 1/2 和 UBF1/7）与 AF 进行处理酿酒废水对比研究发现，当负荷在 1～3kgCOD/(m^3 • d) 时，UBF 中微生物活性等于甚至高于 AF，而处理效率相当。UBF 上边的填料层和下面的污泥床对截留生物量和减少所需的填料都是很有效的。实验结果表明，在不同负荷下，COD 去除率会随负荷率增加而逐渐下降，从COD的去除率（AF为93%～95%，UBF1/2为91%～94%，UBF1/7为89%～94%）来看，三者无大的差别。由此可见，在没有削减UBF操作性能的条件下，UBF具有避免堵塞和沟流，而且能节省昂贵填料的优点。

随着我国经济建设的发展，高浓度有机废水如酿造废水、造纸废水、医药废水、制革废水、印染废水等的排放量逐年增加，使水体环境受到了严重污染。目前，我国正在大力发展装置化环保设备，以微生物固定化和污泥颗粒化为基础所开发出的UBF反应，是高效厌氧装置的后起之秀，该装置的突出特点是污泥停留时间（SRT）极大延长。SRT延长的实质是维持了反应器内污泥的高浓度，增强了对不良因素的适应能力，使之能够高效、稳定地处理高浓度难降解有机废水。

6.9 厌氧生物转盘

厌氧生物转盘由于具有生物量大、高效、能耗少和不易堵塞、运行稳定可靠等待点，应用于有机废水发酵处理，正日益受到人们的关注。美国学者泰特和弗里曼于1980年首先进行了厌氧生物转盘用于有机废水发酵处理的试验研究，研究结果表明了它的优越性，具有进一步深入研究和开发应用的广阔前景。当前在我国，对厌氧生物转盘的开发应用亦开始重视。

6.9.1 厌氧生物转盘的构造和工作原理

厌氧生物转盘在构造上类似于好氧生物转盘，即主要由盘片、传动轴与驱动装置、反应槽等部分组成，如图6-12所示。在结构上它利用一根水平轴装上一系列圆盘，若干圆盘为一组，称为一级。厌氧微生物附着在转盘表面，并在其上生长。附着在盘板表面的厌氧生物膜，代谢污水中的有机物，并保持较长的污泥停留时间。对于好氧生物转盘来说，已经较普遍应用在生活污水、工业污水，例如化纤、石油化工、印染、皮革、煤气站等污水处理，而厌氧生物转盘还大多数处于试验研究方面。

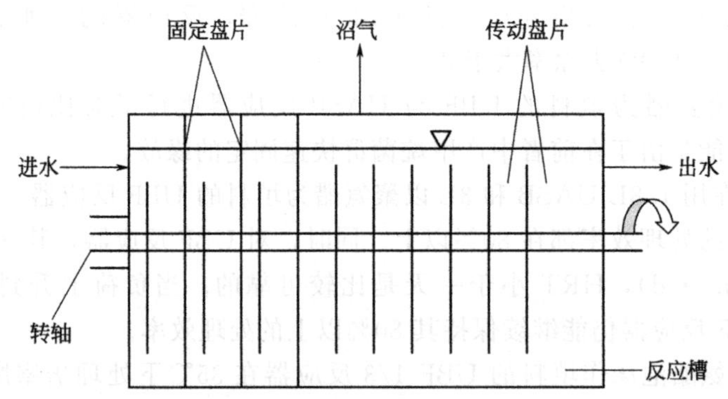

图6-12 厌氧生物转盘的构造

生物转盘中的厌氧微生物主要以生物膜的附着生长方式，适合于繁殖速度很慢的甲烷菌生长。由于厌氧微生物代谢有机物的条件是在无分子氧条件下进行，所以在构造上有如下特点：

① 由于厌氧生物转盘是在无氧条件下代谢有机物质，因此不考虑利用空气中的氧，圆盘在反应槽的废水中浸没深度一般都大于好氧生物转盘，通常采用70%～100%，轴带动圆

盘连续旋转，使各级内达到混合。

② 为了在厌氧条件下工作，同时有助于使所产生的沼气进入集气空间并为了收集沼气盘加盖密封，在转盘上形成气室，以利于沼气收集和输送。

③ 相邻的级用隔板分开，以防止废水短流，并通过板孔使污水从一级流到另一级。

一些研究者认为，应用厌氧生物转盘处理高浓度有机废水是可行的，厌氧微生物能迅速地附着在转盘的表面，并在转盘表面上生长。从本试验结果来看：对于含 TOC、BOD_5 和 COD 浓度分别高达 3050mg/L、5250mg/L 和 8500mg/L 的有机废水，厌氧生物转盘能进行有效处理。

根据厌氧生物转盘工作原理，它属于膜法反应装置。但根据试验观察表明，在厌氧生物转盘反应器中，厌氧生物膜是与厌氧活性污泥共生的。因此，在这类反应器中是厌氧生物膜中的微生物和悬浮生长的厌氧活性污泥共同起作用，但谁为主谁为次尚待研究。

为了防止盘片上的生物膜生长过厚，单独靠水力冲刷剪切难以使生物膜脱落，使得生物膜过度生长，过厚的生物膜会影响基质和产物的传递，限制了微生物的活性发挥，也会造成盘片间被生物膜堵塞，导致废水与生物膜的面积减少，玄以涛等人将转盘分为固定盘片和转动盘片相间布置，两种盘片相对运动，避免了盘片间生物膜黏结和堵塞的情况发生，并取得了很好的运行效果。

6.9.2 厌氧生物转盘的工艺特点

① 厌氧生物转盘是一种高效反应器。转盘各级的 COD 去除率、pH 值、VFA、ALK、产气量、气体组分及微生物等，呈有规律的变化或分部。其中，第一级变化最为显著。

② 第一级转盘内存在着大量的生物膜和悬浮微生物，对 COD 具有显著的快速去除作用。可以看作是一种快速高效的酸化反应器。

③ 第一级转盘呈明显的酸性发酵特征，第二级呈甲烷化或过渡阶段特征，第三、四级为甲院发酵阶段。厌氧生物转盘设计经济高效而可行的级数为 2～3 级。

④ 氢气和二氧化碳等气体可在每级转盘内独立退出；是厌氧生物转盘具有高效和稳定性的重要原因之一。

6.9.3 厌氧生物转盘的应用

厌氧生物转盘不仅用于处理生活污水、城市废水和医院污水，而且用于处理许多工业废水，如食品加工、纺织印染、石油化工、纸浆造纸等废水。通常用它处理较低浓度的有机废水。当处理高浓度有机废水时，常常将厌氧生物转盘两级串联，或与其他生物方法串连使用。厌氧生物转盘常作为污水次级生化处理的构筑物，然而，随着技术的进步和发展，用它作为三级处理设备的趋势正在上升。

生物转盘在污水处理应用中有如下几个特点。

① 厌氧生物转盘主要用于小型污水厂，然而近些年来也建造了一些大型厌氧生物转盘处理厂。例如，在日本 1000 个厌氧生物转盘处理厂中，处理水量小于 $1000m^3/d$ 的污水厂占 96.6%，大于 $10000m^3/d$ 的约占 0.5%。美国的情况也是如此，不过近年来建造了一些大型厌氧生物转盘污水处理厂，其平均污水处理量远远大于日本。

② 大部分厌氧生物转盘用于生活污水处理，小部分用于工业废水处理。在欧洲，85%的生物转盘污水处理厂处理生活污水，15%的厂处理工业废水。在美国，处理工业废水的生物转盘处理厂占其总数的 20%，而处理的废水量只占生物转盘处理厂处理水量的 5%。在日

本处理工业废水的生物转盘处理厂大约是其总数的 1/3，而处理的废水量占 1/3.5。我国的大多数生物厌氧转盘处理厂却是用于工业废水处理，据资料介绍，在 25 个厌氧生物转盘污水处理厂中，处理工业废水的占 92%。

③ 大部分的厌氧生物转盘用于去除含碳有机物，而用于硝化和脱氮的只占少部分。在美国，处理城市废水的厌氧生物转盘厂中，进行硝化和服氮的工厂不到 1/3。在日本则更少，用于硝化和服氮的厌氧生物转盘处理厂只占总数的 0.2%，在西欧这方面的应用也不多。

6.10 两相厌氧生物处理工艺

有机废水厌氧生物处理是有机物在多种厌氧微生物的作用下转化为甲烷，CO_2 的过程。通过对厌氧消化过程中产酸菌和产甲烷菌的形态特性的研究。人们逐渐发现产酸菌种类多，生长快，对环境条件变化不太敏感。而产甲烷菌则恰好相反，专一性很强，对环境条件要求苛刻，繁殖缓慢。基于此理论依据，美国学者戈什（Ghosh）和波兰特（Pohland）于 20 世纪 70 年代初提出两相厌氧消化系统（Two Phase Anaerobic Digestion，TPAD）。该工艺于 1977 年在比利时首次应用于生产，随后引入我国。两相厌氧生物处理系统把酸化和甲烷化两个阶段分别在两个串联反应器中进行，使产酸菌和产甲烷菌各自在最佳环境条件下生长，研究发现两相系统中产甲烷菌数量比单相系统高 20 倍，产甲烷菌活性比单相系统高3～4 倍，可以说两相厌氧生物处理系统提高了厌氧处理的效率和运行的稳定性。

6.10.1 两相厌氧消化工艺的发展

两相厌氧消化工艺发展到现在大致经历了 3 个阶段。

① 从 20 世纪 70 年代初两相厌氧消化提出到 80 年代中期，研究者主要致力于如何用动力学的方法实现相分离，两相微生物的生理生态特性研究及产酸相和产甲烷相的一些主要参数的确定。

② 20 世纪 80 年代中期以后，研究方向转移到两相工艺用于实际的污水污泥处理工程中，获得了大量的实际运行经验，实际运行中遇到的问题又反过来促进了更深入的研究。

③ 进入 20 世纪 90 年代，随着对两相厌氧消化概念和厌氧降解机理的进一步理解，如何针对不同的水质并结合各种新型高效厌氧反应器的特点进行产酸相和产甲烷的组合才能达到更好的处理效果成为新的研究方向。

6.10.2 两相厌氧消化工艺基本原理

有机废水的厌氧生物处理分为产酸和产甲烷两个阶段。在产酸阶段，主要由产酸细菌将各种复杂的大分子有机物水解、酸化为小分子的脂肪酸、醇、醛、酮、氢等物质；在产甲烷阶段，主要由甲烷细菌将上述水解，酸化产物进一步转化为甲烷和二氧化碳。产酸细菌种类多，繁殖快，代谢能力和对周围环境的适应能力都很强，而产甲烷菌种类少，只能直接利用极少几种基质，且繁殖速度很慢，受温度、pH 值、毒物等环境因素的影响较大。表 6-10 对产酸菌和产甲烷菌的特性进行比较。

传统的单相厌氧生物处理工艺将这两大类在生理、营养需求、生长特性、对环境的适应性等方面迥然不同的细菌群体放在同一个反应器中生长和工作，很显然不能提供它们各自的最佳生长条件和工作条件，因此难以发挥其最佳的效能和作用。戈什等通过对产酸菌和产

表 6-10　产酸菌和产甲烷菌的特性

参数	产酸菌	产甲烷菌
种类	多	相对较少
世代时间	短(0.125d)	长(0.5～7.0d)
细胞活力/gCOD/(gVSS·d)	39.6	5.0～19.6
对 pH 值的敏感性	不太敏感	敏感
最佳 pH 值	5.5～7.0	6.8～7.2
氧化还原电位/mV	<—150～200	<—350(中温)
		<—560(高温)
最佳温度/℃	20～35	30～38,50～55
对毒物的敏感性	一般性敏感	敏感

注：引自李刚，欧阳峰，杨立中，付永胜．两相厌氧消化工艺的研究与进展［J］．中国沼气，2001，19（2）：25-29.

甲烷菌生化特点的分析，首先研究开发了两相厌氧生物处理工艺，即建造两个独立控制的反应器，分别培养产酸菌和产甲烷菌，并提供它们各自最佳的生长条件，以利于发挥它们的活性，提高处理效果，增加运行稳定性。培养产酸菌或者说进行产酸反应的反应器称为产酸反应器或产酸相；培养产甲烷菌或者说进行产甲烷反应的反应器称为产甲烷反应器或产甲烷相。

6.10.3　两相厌氧生物处理的工艺特点

① 两相厌氧生物处理工艺将产酸菌和产甲烷菌分别置于两个反应器内并为它们提供了最佳的生长和代谢条件，使它们能够发挥各自最大的活性，较单相厌氧生物处理工艺的处理能力和效率大大提高。

② 两相分离后，各反应器的分工更明确，产酸反应器对污水进行预处理，不仅为产甲烷反应器提供了更适宜的基质，还能够解除或降低水中的有毒物质，如硫酸根、重金属离子的毒性，改变难降解有机物的结构，减少对产甲烷菌的毒害作用和影响，增强了系统运行的稳定性。

③ 为了抑制产酸相中的产甲烷菌的生长而有意识地提高产酸相的有机负荷率，提高了产酸相的处理能力。产酸菌的缓冲能力较强，因而冲击负荷造成的酸积累不会对产酸相有明显的影响，也不会对后续的产甲烷相造成危害，能够有效地预防在单相厌氧消化工艺中常出现的酸败现象，出现后易于调整与恢复，提高了系统的抗冲击能力。

④ 产酸菌的世代时间远远短于产甲烷菌，产酸菌的产酸速度高于产甲烷菌降解酸的速率，在两相厌氧生物处理工艺中产酸反应器的体积总是小于产甲烷反应器的体积。对于不同水质的污水其体积比有所不同。

⑤ 同单相厌氧生物处理工艺相比，对于高浓度有机污水、悬浮物浓度很高的污水、含有毒物质及难降解物质的工业废水和污泥，两相厌氧消化工艺具有很大的优势，能够得到满意的处理效果。

但是，人们对两相厌氧生物处理工艺的看法也不尽一致，但到目前为止还没有研究报道两相厌氧消化降低了基质的转化效率。目前主要问题在于很难维持真正的相分离。

通过表 6-11 来评价两相厌氧生物处理工艺的优缺点。

表 6-11 厌氧消化两相分离的主要优缺点

优点	缺点
(1)将限速步骤水解(第一相)和甲烷化(第二相)分离并最适化； (2)提高了反应的动力学和稳定性； (3)每相独立 pH 值； (4)反应器对冲击负荷的稳定性提高； (5)可选择生长较快的微生物种群	(1)互养关系打破； (2)基建、工程和运行较困难； (3)缺乏各种废物处理工程运行经验； (4)基质类型和反应器类型之间的不稳定性

注：引自叶芬霞，李颖．有机废物两相厌氧消化的基质特异性及其应用．中国沼气，2002，20 (3)：8-12.

6.10.4 两相厌氧工艺的适用范围

由于两相厌氧工艺具有上述特点，因此它与单相厌氧工艺相比仍然具有较广泛的适用范围。

① 两相工艺适合于处理富含碳水化合物而有机氮含量较低的高浓度废水　如制糖、酿酒、淀粉、柠檬酸等工业废水。在单相厌氧反应器中，产酸菌和产甲烷菌在总体数量方面相当，但两者生长繁殖速度相差较大，通常有机酸的产生速率是甲烷产生速率的14倍。所以，当用单相厌氧工艺处理富含碳水化合物而有机氮含量较低的废水时，一旦负荷率升高，由于碳水化合物转化为有机酸的速率很快，一部分有机酸不能及时被产甲烷菌代谢而出现积累，同时废水由于有机氮含量低而使自身缓冲能力很弱，故消化液的 pH 值下降，对产甲烷菌产生抑制作用，导致产甲烷作用不正常甚至破坏，即所谓酸败现象。此时，由于产酸和产甲烷反应在同一反应器中进行，故酸败往往不易及时发现；其次，一旦反应器发生酸败现象，恢复正常运行需要较长时间。但是，在两相厌氧工艺中，产酸和产甲烷反应分开在两个反应器中进行，一旦负荷率升高，产酸反应器出水的有机酸浓度较高、pH 值低时，就可以在产甲烷反应器外通过加大产甲烷反应器出水回流量甚至短时间内投加碱性药剂来将 pH 值调高，同时稀释酸相出水的有机酸浓度，从而减轻对甲烷菌的抑制，不至于引起产甲烷反应器发生酸败现象。

② 适合处理有毒工业废水　在以工业废水作为处理对象时，废水中可能含有硫酸盐、苯甲酸、氰、酚、重金属、吲哚、萘等对产甲烷菌有毒害作用的物质。这些废水直接进入单相厌氧反应器时，将对产甲烷菌产生毒性，从而抑制产甲烷作用。但在两相厌氧工艺中，废水进入产酸反应器后，很多种类的产酸菌能改变毒物的结构或将其分解，使毒性减弱甚至消失。如产酸反应的产物 H_2S 可以与废水中的重金属离子形成不溶性的金属硫化物沉淀，解除重金属离子对产甲烷菌的毒害作用。经过产酸器预处理的酸化液再进入产甲烷反应器就能进行正常的产甲烷反应。

③ 适合处理高浓度悬浮固体的有机废水　一些工业的有机废水含有较高浓度的固体悬浮物，直接用常规的高效厌氧反应器，如厌氧滤器和上流式厌氧污泥床反应器就难以处理。废水中较多的悬浮物质常引起厌氧滤器的堵塞；UASB 可以允许进水中带有一定量的悬浮物质，但当污泥床中积累起大量的原废水中的悬浮物时，颗粒污泥的凝聚、沉降性能恶化，污泥的产甲烷活性大大降低，消化液 pH 值下降，反应器难以正常运行。但是，这类废水可以用两相厌氧工艺进行处理。废水先进入完全混合式产酸反应器中，在大量产酸菌的水解、酸化作用下，废水中的悬浮固体浓度大大降低，再进入后续的高效厌氧反应器进行产甲烷反应，废水就可以得到快速、高效的处理。

④ 适合处理含难降解物质的有机废水　如造纸、焦化工业废水含有较多的难降解芳香

族物质，在好氧工艺中已取得良好的处理效果；在单相厌氧反应器中易积累，到一定浓度时将对产甲烷菌产生抑制作用。但是，这类废水可以用两相厌氧工艺进行处理。废水进入产酸反应器后，有些产酸菌能裂解这些大分子物质从中获得能源和碳源，或将其水解成容易降解代谢的小分子有机物，为后面的产甲烷反应创造条件。

6.10.5 相分离方法

在两相厌氧消化工艺中，使产酸相和产甲烷相有效分离的途径有以下 3 种。

（1）投加抑制剂法　在产酸相中通过某种条件对产甲烷菌进行选择性抑制。如投加抑制剂、控制微量氧，调节氧化还原电位和 pH 值等。李白昆等采用将产酸相 pH 值控制在 4.0～5.0 的办法实现了两相分离。但该方法对下一阶段的产甲烷菌有抑制作用，不宜采用。

（2）用渗析的方法实现产酸菌和产甲烷菌的分离　管运涛等采用在产酸相和产甲烷相之间加膜分离单元的方法进行相分离，由于膜孔径过大和产酸相 HRT 选择不当，相分离的效果不理想。Dong Hakim 等用直径为 0.2～10μm 的软性微生物过滤膜实现了产酸相和产甲烷相的分离，以淀粉为主要基质的试验研究表明产酸相的效率大大提高。该方法目前还处于研究阶段，因技术条件和经济成本等困难而无法满足实际工程的需要。

（3）动力学控制法　通过动力参数（如有机负荷率、停留时间等）的调控实现产酸菌和产甲烷菌的有效分离。

由于产酸菌和产甲烷菌在生长速率上存在着很大的差异，一般来说，产酸菌的生长速率很快，其世代时间较短；而产甲烷菌的生长很缓慢，其世代时间相当长。因此，将产酸相反应器的水力停留时间控制在一个较短的范围内，可以使世代时间较长的产甲烷菌被“冲出”，从而保证产酸相反应器中选择性地培养出产酸和发酵细菌为主的菌群，而在后续的产甲烷相反应器中则控制相对较长的水力停留时间，使得产甲烷菌在其中也能存留下来，同时由于产甲烷相反应器的进水是来自产酸相反应器的含有很高比例有机酸的废水，这就保证了在产甲烷相反应器中产甲烷菌的生长，最终实现相的分离。

第 1 种方法因对后续反应相有影响而应该慎重使用；第 2 种方法很有发展前景，但现在还不能推广应用于工程中；第 3 种方法易于实现且不会对后续反应过程有不利影响，目前被普遍采用。

尽管在这里我们介绍了几种实现相分离的方法，但是实际上，不管采用哪种方法，都只能在一定程度上实现相的分离，而不可能实现绝对的相分离。

6.10.6 两相厌氧工艺反应器的选择和构造

尽管两相厌氧工艺的单相工艺容积负荷率高而使总容积减小，但毕竟要建造两个容积不等的反应器，这给构筑物的设计和施工带来困难。因此，两相厌氧工艺反应器选择和设计的主要原则是：产酸反应器尽可能构造简单化而降低基建费用；产甲烷反应器则必须选择运行稳定的高效反应器。

（1）产酸反应器

产酸菌繁殖速度快，酸化反应易于进行，对产酸反应器的要求远不如对产甲烷反应器的要求高。从节省投资、施工方便的角度出发，现在国外多选用完全混合式的厌氧接触反应器作为产酸反应器。厌氧接触反应器产酸效果良好，但结构较复杂，基建投资较大。考虑到工业废水处理设施中，通过调节池来改造是可以考虑的，但需要对改建调节池为产酸器容易出现的情况进行探讨研究。

一般单相厌氧反应器要求在35℃或55℃条件下运行，这两个温度分别是产甲烷细菌的最适温度。而产酸菌对温度并无严格要求，且它们对温度的变化有较大的适应性。但温度过低是不利于产酸反应的，而调节池又无加热设施，若改建为产酸器，将有冬天产酸效果下降的可能。但事实上，大多数食品工业废水在排放时温度都很高。如豆制品厂黄泔废水温度为60～70℃，经过管道输送进入调节池后仍有35℃左右；糖蜜酒精废水的温度则更高。所以，即使在冬天，无加热设施的调节池内的水温也不会太低，不至于使产酸效果降低很多。一般调节池水温保持25℃以上即可保证正常的产酸速度。

产酸反应器中需要保持一定的污泥量，以获得比自然酸化快得多的产酸速率。调节池由于自身结构所限而难以截留大量的污泥。但是，在生产实际中，大多数食品工业废水是间歇排放的，这样调节池中可以经常保持1/3～1/2容积的原酸化液和污泥留作酸化菌种使用，就能取得较好的产酸效果。另外，在调节池中悬挂一些纤维软性填料也能增加池中污泥量，提高产酸效果。

调节池一般都是敞口的，改造为产酸反应器必然要使一些沼气不能回收利用。事实上。产酸相的甲烷产率非常低，往往只有产甲烷相的1/30～1/20。所以，不回收利用这部分沼气造成的经济损失是很小的。

综上所述，对于处理易于水解酸化的有机废水的两相厌氧工艺，把调节池改为产酸反应器在技术上可行，在经济上是合理的。但是，对于其他类型的有机废水而言，应采用完全混合式的厌氧接触反应器作为产酸反应器，以保证良好的产酸效果。

（2）产甲烷反应器

产甲烷反应器是两相厌氧工艺系统中去除有机物和产生甲烷的主要场所，应选择处理效率高、运行稳定的反应器。根据这一要求，可作为产甲烷器的构筑物有上流式厌氧滤器（AF)、上流式厌氧污泥床反应器（UASB)、上流式厌氧污泥床滤器（UBF)。

AF和UASB都具有很强的处理效能，且设计和运行日渐成熟，但它们都存在着明显的缺陷。AF易出现堵塞或短流问题，且填料的大量设置增加基建投资；UASB的启动较困难，上部常出现大量浮渣，三相分离器的设计和施工复杂且易出现污泥流失现象。而新近研究开发的UBF则在很大程度上综合了AF和UASB的优点，又克服了两者的一些缺点。UBF是UASB和AF的结合体．即在UASB的上部区域不设置三相分离器而放置填料层。

6.10.7 两相厌氧工艺的流程和参数选择

（1）工艺流程

两相厌氧工艺流程的选择主要取决于被处理有机废水的性质和浓度，主要有如下两个工艺流程。

①工艺流程Ⅰ（见图6-13） 该流程主要用于处理固体悬浮物质含量低且易于酸化的有机废水，如葡萄糖废水、淀粉废水、糖蜜酒精废水、甜菜加工废水、软饮料废水、酵母废水等。产酸反应器可以采用改建的调节池。由于该类废水的产酸相出水pH值往往较低，不宜直接进入产甲烷反应器，需回流一部分碱度和pH值较高的产甲烷反应器出水与之混合后再进入产甲烷反应器，这时就出现图6-13中虚线所示的产甲烷反应器出水回流；另外，产甲烷器进水COD浓度不宜太高，否则也需回流水予以稀释。

②工艺流程Ⅱ（见图6-14） 如果废水中固体悬浮物质或难降解物质的含量较高，这时宜采用工艺流程Ⅱ。该流程的产酸反应器采用厌氧接触反应器，其污泥的回流可使产酸反应器中保持较高浓度的产酸污泥，以加快悬浮物质或难降解物质的水解酸化，为后续的产甲烷

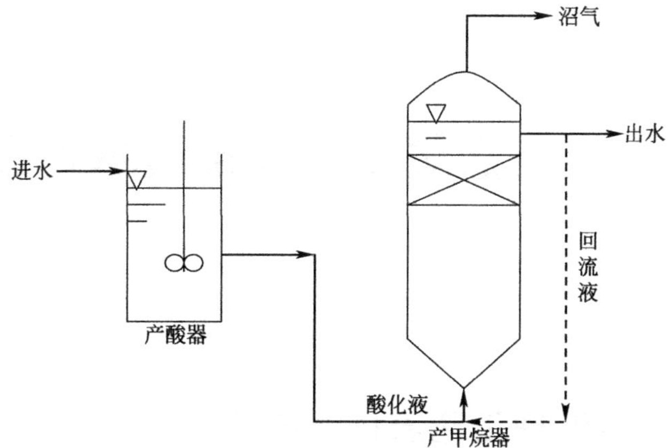

图 6-13　工艺流程Ⅰ

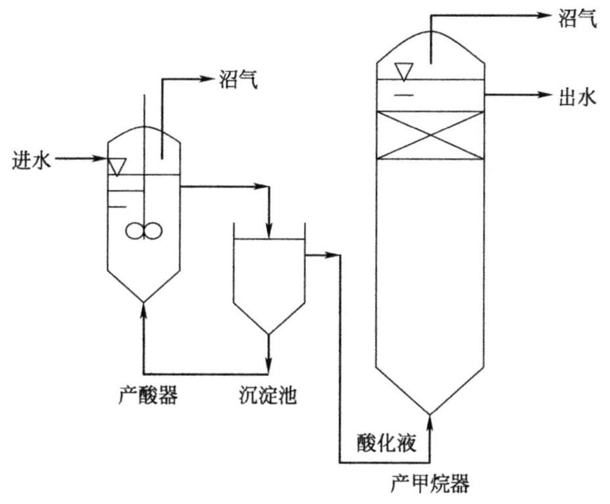

图 6-14　工艺流程Ⅱ

反应创造有利条件。该流程适合于处理造纸废水、化工废水、焦化废水、亚麻废水和制药废水等。

(2) 工艺参数

根据有关研究成果，并结合一些实际运行经验，建议两相厌氧工艺考虑采用下列参数值：a. 产酸反应器与产甲烷反应器容积比为 1∶(3～5)；b. 产酸反应器废水停留时间为 4～16h，或容积负荷为 25～50kgCOD/(m^3·d)；c. 产酸反应器消化液 pH 值维持在 4.0～5.5 范围内，发酵温度为 25～35℃；d. 产甲烷反应器废水停留时间为 12～48h，或容积负荷率为 12～25kgCOD/(m^3·d)；e. 产甲烷反应器进水 pH 值在 5.5～7.0 范围内，发酵温度为 35℃；f. 系统 COD 去除率为 80%～90%，BOD_5去除率大于 90%；g. 系统产气率为0.45～0.55m^3 CH_4/$kgCOD_{去除}$。

第7章 厌氧反应器和废水处理工艺设计

7.1 废水厌氧处理工艺流程的选择

包含厌氧处理单元在内的水处理过程一般都包括预处理、厌氧处理、好氧后处理和污泥处理等部分，可以用图 7-1 来表示。

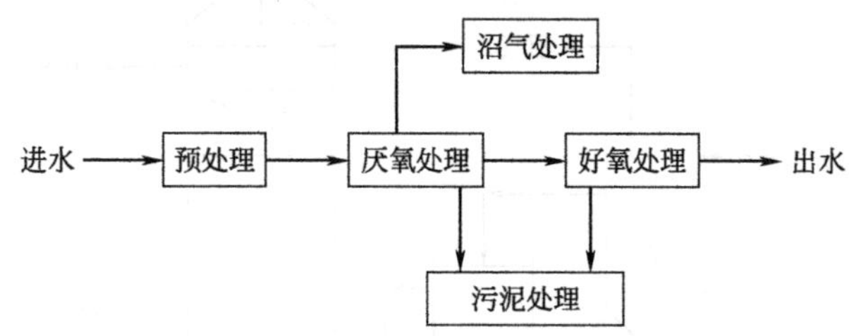

图 7-1　包含厌氧处理单元的废水处理工艺流程

采用厌氧工艺处理废水时，废水性质不同，相应的处理工艺也有较大的区别。

7.1.1　预处理

预处理所采用的方法与废水的特征是密切相关的，也和厌氧工艺对进水水质的要求密切相关。格栅、筛网、沉砂池、沉淀池、酸化池、水力均衡池、中和、气浮、消沫器、营养物添加、脱毒处理等均可作为厌氧处理的预处理单元。不同性质废水的预处理方式是非常灵活的，可以根据废水的性质以及所采用的厌氧工艺对进水水质要求来选择。大多数预处理是常规的单元操作，包括以下的技术环节：格栅、格筛和沉砂池，调节池或中和池，酸化池或两相系统以及 pH 值调节和加药系统。

格栅、筛网和沉砂池的作用是去除粗大的固体颗粒和无机可沉固体，保护易受堵塞的处理构筑物免受堵塞，保证废水处理的顺利进行。并且，生物不能降解的固体如果在厌氧反应器内积累占据大量的池容，将会导致系统失效，而在厌氧反应器之前采用格栅、筛网和沉砂池等预处理单元则可避免这种情况的发生。

厌氧反应对进水的水量、水质以及冲击负荷比较敏感，生活污水的水质较为稳定，但水量在各个季节、一天内的各个时刻都不相同，而工业废水的水量、水质变动都比较大，因此设置适当尺寸的调节池对于保证厌氧反应的正常运行是必要的。

而 pH 值调节系统、水解酸化、中和加药系统是为了去除对厌氧反应有抑制作用的物质，增强厌氧可生化性，改善厌氧处理过程的条件，这对于系统的稳定运行是非常重要的。

(1) 格栅、筛网

格栅和筛网是安装在泵房集水井进水口或主体处理构筑物之前的一组平行金属栅条或金

属筛网，主要作用是拦截漂浮物质和粗大的悬浮物质。

① 格栅　格栅一般由格栅框、格栅条和清渣耙这三部分组成。按照不同的划分方法可将格栅划分成各种不同的类型。如表 7-1 所列。

表 7-1　格栅的分类

格栅分类特征	格栅名称	说明
按格栅间距分	粗格栅	格栅间隙 50～100mm
	中格栅	格栅间隙 10～40mm
	细格栅	格栅间隙 3～10mm
按构造特点分	抓扒式格栅	栅条格栅，垂直或倾斜安装
	弧形格栅	栅条格栅，过水面为曲面
	循环式格栅	栅条格栅，倾斜安装
	转鼓式格栅	"栅条"由几排循环运动的铁齿组成，倾斜安装
	阶梯式格栅	"栅条"由几排格子状的薄金属片组成，倾斜安装
	回转式格栅	"栅条"由几排转动的环片组成
按清渣方式分	人工清渣格栅	由人工手动定期清渣
	机械清渣格栅	由格栅除污机清渣
按耙齿的位置分	前清渣式格栅	顺水流清渣
	后清渣式格栅	逆水流清渣

注：引自张自杰．废水处理理论与设计，2003。

② 筛网　筛网广泛用于工业废水和城市污水处理，由于城市污水中含有越来越多的细长纤维状污染物，工业废水中往往含有细小固体杂质，如：丝毛、碎布、碎屑等，格栅不能很好地去除，但却会堵塞或损坏后续处理构筑物和设备。于是常常采用筛网作为补充处理。采用筛网可以截留纤维状杂质，减少对后续处理构筑物的维护，保证系统的正常运行；还可使污泥更为均质，利于污泥消化。

筛网按网眼尺寸可分为细筛网（≤0.05mm）、中筛网（0.05～1mm）和粗筛网（≥1mm）。在污水处理中，常采用中、粗筛网作为预处理。

筛网过滤装置类型很多，有水力筛网、转鼓式筛网、振动筛网、转盘式筛网和固定筛等。下面主要介绍振动筛网、固定筛和水力筛网。

振动筛网由振动筛和固定筛组成，污水在通过振动筛时，悬浮杂质被截留下来，而水却通过振动筛流到位于振动筛下面的渠道中，振动筛在电动机的驱动下不停地振动，将截留杂质卸到固定筛上，杂质所携带的水分流到固定筛下面的渠道中，杂质被定期清除。

固定筛的上部是进水水箱，废水流入水箱中，由箱顶向外溢流，水流均匀地分布在整个筛面上。水通过筛网的网孔流到筛网后面的集水箱中，由排水管排出。而杂质被截流在筛网上。在自身的重力和水流冲击力的作用下，不断向下推移到积渣槽中，定期被运走。

水力筛网由旋转筛网和固定筛网组成，旋转筛网呈截头圆锥状（中空），废水从筛网的小头端流入旋转筛网中，由网孔流入旋转筛网下面的渠道中，而杂质被拦截在旋转筛网中，旋转筛网的底面是倾斜的，杂质沿着倾斜面卸到固定筛网上，在固定筛上进一步脱水。旋转筛网处于旋转状态，以进水水流的冲击力和圆周力作为动力。

（2）沉砂池

沉砂池的作用是从废水中去除密度较大的无机颗粒，减小后续处理设备的压力，避免厌氧反应器的容积被无机固体所占据，尤其是当废水中含有砂粒等无机颗粒时要特别注意这个问题。

沉砂池按其结构形式可分为平流式沉砂池、竖流式沉砂池、曝气沉砂池、多尔沉砂池和钟式沉砂池。

另外，当废水的SS浓度过高（如SS>20g/L）时，会影响厌氧反应器中污泥的活性，并且会影响出水水质，应该设置初沉池来去除SS。

(3) 调节池

无论是工业废水还是生活污水，废水的水质和水量经常变化。工业废水的水质和水量随着工业生产过程而变化，而生活污水随着人们的生活作息规律变化，在一年内的各季节、一天内的各个时刻水质和水量均不相同。这种变化会使厌氧处理设备不能处于最佳运行状态，甚至会影响处理设备的正常运行，因此，在厌氧反应器之前常需设置调节池，对废水进行水量的调节和水质的均和，防止冲击负荷的发生。对于高浓度的有机废水（COD>10g/L），调节池必须设置沉淀池或是污泥分离设备来保证厌氧反应的正常运行。

调节池按其功能划分，可分为均量池、均化池和均质池。均量池主要起着调节水量的作用，均化池主要起调节水质的作用，而均化池既可以调节水量，又可以调节水质。

(4) 中和处理

在工业生产中，碱性废水和酸性废水的来源非常广泛，如印染厂、炼油厂、造纸厂等排出碱性废水，化工厂、电镀厂、化纤厂、煤加工厂等排除酸性废水。厌氧反应对废水的pH值要求较高，为了避免破坏厌氧生物处理系统的正常运行，在废水流入厌氧反应器之前应该对废水进行中和处理。当废水的碱度不足时，系统应该设置加碱设备。当废水的pH值偏高时，系统应该设置加酸设备。

常用的中和处理装置有中和池、药剂中和处理系统和中和滤池。中和池的作用与水质调节池类似，适用于酸、碱废水相互中和的情况；药剂中和处理系统是靠投加酸性或碱性物质来对废水进行中和处理；中和滤池仅适用于酸性废水的中和处理，酸性废水流过碱性滤床时与碱性滤料起中和反应，中和滤池可分为普通中和滤池、升流式滤池和滚筒中和滤池这三种类型。

(5) 预酸化

对于溶解性废水，一般不需要考虑酸化作用，而对于复杂废水的一定程度上的预酸化对于后续的厌氧生物处理是有益的，但是为了废水的酸化而设置一个单独的酸化反应器，会造成投资和运行成本上升，而废水的完全酸化还会造成污泥的成长减缓，产酸菌污泥不利于厌氧反应器保留产甲烷污泥，此外还会使废水的pH值下降，需用化学药剂调整系统pH值。因此，Lettinga建议在厌氧生物处理中仅使用20%～40%或者更低酸化率的预酸化，这样一个酸化程度一般在供水管道或在调节池中就能达到。通过对调节池的合理设计可以在调节池中取得部分酸化效果，例如：采用从调节池底部进水的方式并在调节池的底部形成约1.0m厚的污泥层。如果废水处理系统负荷较高并且调节池具有预酸化作用，尤其是厌氧处理系统要求上升流速较高应当设置沉淀器或是污泥分离装置。

不过，在以下情况下单独的酸化器是有利的。例如废水中某些对微生物具有毒性或抑制性的化合物可能通过预酸化得以去除或改变有毒或抑制性化合物的结构；废水中Ca^{2+}含量高时，预酸化可避免在厌氧反应器中产生$CaCO_3$结垢。

7.1.2 厌氧处理

非复杂废水可以分为4种类型：a. 含有简单或易酸化化合物并在酸化过程中不增大废

水碱度的有机废水；b. 含溶解性蛋白质和氨基酸的废水，这类化合物易酸化但会引起废水的碱度上升；c. 甲醇废水；d. 只含有挥发性脂肪酸的废水。

对于甲醇废水，只要甲醇不被转化为乙酸，厌氧处理系统中只有产甲烷菌生长，能够形成高质量的污泥；第 4 种废水在厌氧系统中只有产甲烷菌和产乙酸菌生长，它们能够形成平衡的共生体，所以这种废水在厌氧处理中也能够形成具有高产甲烷活性的污泥。对这两种废水的厌氧处理建议如下：a. 采用调节池和中和系统尽可能保持废水的稳定性；b. 在污泥对废水完全适应的条件下进行厌氧反应；c. 为了保持处理过程的稳定性，厌氧反应器的负荷应在最大产甲烷能力之下。

而对第 1 种和第 2 种废水的厌氧处理应除了要保证以上 3 个操作条件外，还应采取轻微的预酸化，可在调节池中进行。

复杂废水因为所含污染物质的不同，在厌氧处理过程中则可能会出现各种不同的问题，因此，为了保证厌氧处理的正常运行，不同的废水对操作方式和工艺条件有不同的要求。

① 对于含有脂肪、蛋白质和类脂这类能引起泡沫或浮渣的物质，厌氧反应器的负荷应该低于根据活性污泥法所计算出的最大负荷量的 1/2，并且废水和污泥应该充分混合。此外，还可在沉淀区出水堰前设置挡板或在沉淀区的液面上设置浮渣撇除设备。

② 废水中含有悬浮物质会对厌氧过程造成不利影响。如果废水的悬浮物浓度超过 15%或难于进行固液分离时，不宜采用高速厌氧反应器，可考虑采用传统厌氧消化或厌氧接触工艺。胶体物质含量不高的废水，在厌氧处理之前可采用混凝沉淀法去除悬浮物质；而当废水中含有大量的胶体物质时，除采用预沉淀外，厌氧反应器还应当采用较低的污泥负荷，避免污泥产甲烷活性下降。为了使厌氧反应器中剩余污泥的生物化学稳定性良好，可以采用以下 3 条措施：a. 反应器采用低负荷，使剩余污泥或悬浮物有足够的停留时间；b. 在反应器之后设置污泥消化器，使污泥在高温的条件下被消化从而具有稳定性，然后再部分回流至厌氧反应器；c. 短期中止进液并提高厌氧反应器温度，这样反应器在较高温度之下高速消化污泥。

③ 废水中 Ca^{2+} 的浓度较高时，会在厌氧处理过程中产生沉淀，干扰处理过程，并对设备造成不良影响。对于这类废水，可在废水进入厌氧反应器之前采用软化的方法降低 Ca^{2+} 的浓度。

④ 当废水中含有对微生物有毒性或抑制性的物质时可以采取以下几种措施：a. 在废水进入厌氧反应器之前将这类物质去除；b. 将原废水稀释到微生物可以接受或适应的水平；c. 将厌氧微生物对这类物质进行驯化。

7.1.3 后处理

厌氧处理的主要作用是去除生物可降解的有机物。虽然厌氧生物处理的有机物去除率高于好氧生物处理，但是厌氧系统的负荷以及进水浓度要远远高于好氧系统，因此厌氧系统的出水中的 COD 浓度较高。并且它只能去除部分病原微生物，对磷酸盐和氨的去除作用也很有限，不能去除硫化物。厌氧系统的出水水质往往不能达到较严格的废水排放标准，所以在厌氧处理之后需要有后处理，后处理的目的是除去残余有机物和悬浮物、病原微生物、氮和磷以及硫酸盐废水中的硫。后处理可以采用多种方法，例如：采用活性污泥法可去除剩余有机物，进行硝化和反硝化作用；采用石灰处理法可去除 BOD 和 TSS，并杀灭病原微生物；采用 Cl_2 或 O_3 进行氧化和消毒。下面针对污染物介绍几种常用的后处理方法。

（1）去除有机物

为了去除残余的有机物以及氧化某些还原性物质，可采用好氧生物处理作为厌氧生物处理的后处理。采用厌氧-好氧处理工艺，优越性非常明显。

厌氧-好氧工艺比单独的厌氧工艺的出水水质好，因为好氧生物处理可以有效去除厌氧系统出水中的营养物质。

厌氧-好氧工艺与单独的好氧工艺相比具有以下几个突出的优点：

① 经过厌氧处理的废水的水质非常稳定，为好氧处理创造了良好的条件。

② 厌氧-好氧工艺中剩余污泥量远少于单独好氧处理中的剩余污泥量。因为厌氧系统中污泥的产率系数比好氧系统小得多。并且经过厌氧处理后，好氧系统中的活性污泥的沉降性能良好。

③ 由于厌氧处理的有机容积负荷远高于好氧处理，并且厌氧处理产生的剩余污泥量少，厌氧-好氧工艺的容积比单独的好氧工艺的容积小得多。

④ 厌氧处理不需要充氧，产生的沼气还可以作为能源，只要当原废水中的BOD_5浓度达到1500mg/L，能量就有剩余。它的动力消耗是活性污泥法的1/10。由于厌氧处理已经去除了部分有机物，所以其后的好氧处理所需的能量大为减小，可以节省能源。

如果厌氧反应器出水中SS的浓度高，应该在厌氧反应器之后设置沉淀池去除SS，以减轻好氧处理的压力。

(2) 脱氮

去除厌氧系统出水中的含氮化合物的方法有多种，物理方法主要氨吹脱、反渗透和电渗析等，化学方法主要有选择性离子法、折点加氯法等，生物方法有土地处理法、硝化-反硝化等。下面介绍几种常用的生物脱氮工艺。

① 活性污泥法脱氮传统工艺　活性污泥法脱氮传统工艺是以氨化、硝化、反硝化三项过程为基础建立的。有机废水先在第1级曝气池中进行好氧分解，使有机氨转化为NH_3、NH_4^+，并去除BOD和COD，经过沉淀后，进入第二级硝化曝气池，使NH_4^+-N转化为NO_3^--N，第二级的硝化过程要消耗碱度，因此要投加碱以防止pH值下降。第三级是反硝化反应器，在此要投加有机物（可投加甲醇）作为碳源。这种系统的优点是氨化、硝化和反硝化这三种反应分别在各自的反应器内进行，不同性质的污泥分别在不同的沉淀池内进行沉淀分离和回流，所以运行管理方便，适应性强。缺点是设备数量多，维护工作量也大。工艺流程如图7-2所示。

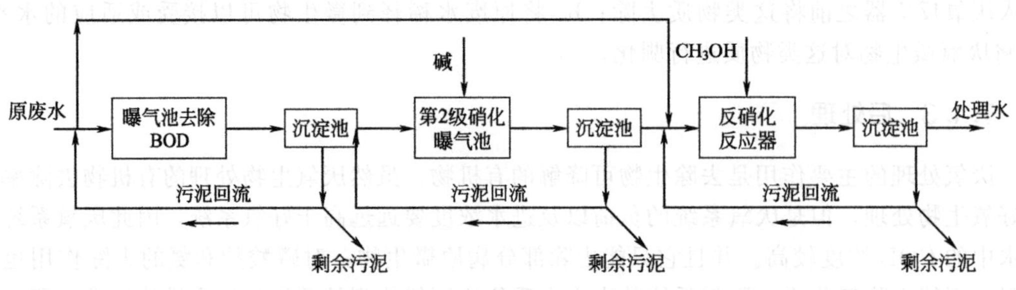

图7-2　活性污泥法脱氮传统工艺流程

② 缺氧-好氧活性污泥法脱氮系统　其主要特点是将反硝化反应器放置在系统之首，而完成BOD去除、硝化两项反应的综合反应器在后，综合反应器内的含有大量硝酸盐的硝化液回流到反硝化反应器内，进行反硝化反应。

缺氧-好氧活性污泥法脱氮系统的优点是反硝化反应以废水中的有机物作为碳源，不需另外再加碳源，在反硝化过程中所产生的碱度可提供给硝化反应，对于含氮浓度不高的废水（例如生活污水）可以不必再投加碱。并且反硝化残留的有机物能够在后续的硝化曝气池中进一步被去除，不需要另建曝气池，因此，该系统流程简单，建设费用和运行费用都较低。

缺点是该系统的脱氮率不高，为 60%～70%，为使硝化液循环，需设硝化液循环系统，使运行管理项目增加。处理水由硝化池直接进入沉淀池，如果沉淀池排泥不畅，在沉淀池内可能会产生反硝化反应，造成污泥上浮，使出水水质恶化。硝化液回流会给反硝化反应器带入溶解氧，使反硝化难以保持理想的厌氧条件，影响反硝化反应。

该系统的工艺流程如图 7-3 所示。

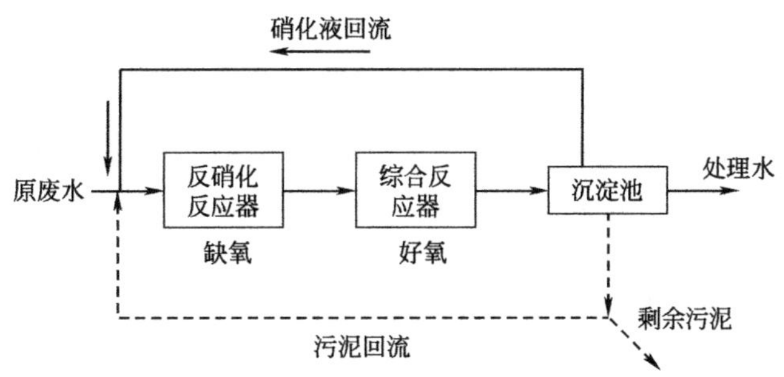

图 7-3　缺氧-好氧活性污泥法脱氮系统流程

③ 生物转盘硝化脱氮工艺　研究表明，生物转盘系统经过增建后具有硝化和脱氮功能。在美国已有 100 多座采用生物转盘来进行硝化脱氮的污水处理厂。

④ 强化硝化活性污泥法　强化硝化活性污泥法能有效地去除有机物，并且具有强化硝化作用的功能。其工艺流程和普通活性污泥法相同，之所以能够强化硝化作用是因为本系统为硝化反应创造了理想的条件：STR 长；曝气时间长；溶解氧充足；碱度充足；水温高；pH 值为 7～8；BOD-SS 负荷低。

（3）除磷

在生物除磷工艺中，经过磷的厌氧释放的活性污泥，在好氧条件下具有很强的吸收磷的能力。因此，采用好氧生物处理作为厌氧处理的后处理具有很好的除磷效果。下面介绍两种常用的生物除磷工艺。

① 厌氧-好氧除磷工艺（A-O 工艺）　其工艺流程如图 7-4 所示。

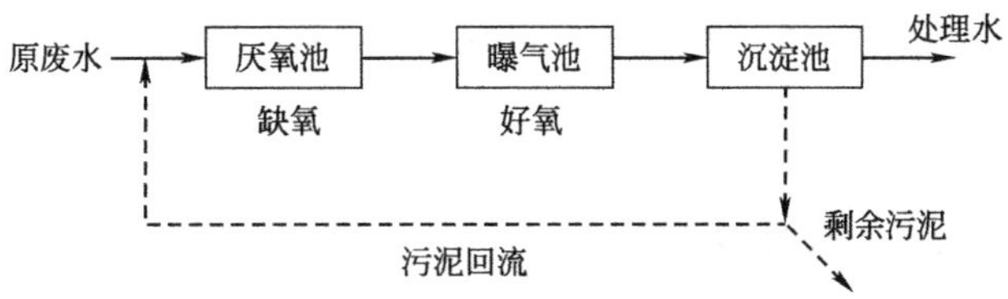

图 7-4　厌氧-好氧除磷工艺流程

废水与回流活性污泥混合进入厌氧反应器。活性污泥在厌氧池中释放磷，废水流入曝气池，活性污泥摄取磷，废水最后在沉淀池中经固液分离后排放，沉淀污泥一部分回流至厌氧池，一部分作为剩余污泥排放。

该系统的优点是工艺简单，设备数量少，不用投加药剂，建设费用和运行费用都较低，并且维护管理方便。去除率可达 80%以上。

但是如果沉淀池中溶解氧不足容易再次产生磷的释放现象。

② 投药活性污泥法（除磷） 本工艺是利用三价金属离子和废水中正磷酸根离子发生化学反应，生成难溶物质从而达到除磷的效果。

工艺流程如图 7-5 所示。

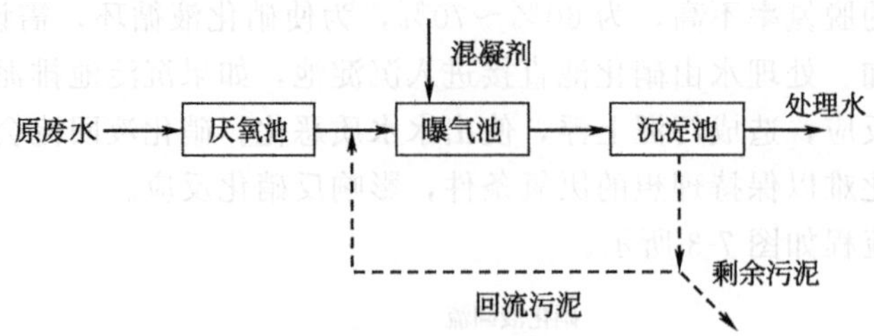

图 7-5 投混凝剂活性污泥法工艺流程

在该系统中，混凝剂在曝气池中投加，靠水流的搅动来完成混合和反应。活性污泥絮体和由混凝剂所产生的絮体形成新絮体，在沉淀池中进行固液分离。

(4) 除硫

废水中的亚硫酸盐和有机硫在厌氧处理过程中会因为硫酸盐的还原作用被转化成硫化物，而硫化物具有毒性、腐蚀性，并散发类似臭鸡蛋的臭味，废水排放标准中对硫化物加以严格限制。

去除硫化物的常用方法是化学沉淀法、气提法和氧化法。常用的氧化剂有氯气、高锰酸钾、臭氧和过氧化氢。

当出水中 H_2S 含量较高时，应使用后处理加以去除，可采用化学或生物化学法将其变为硫酸盐或单质硫，也可以采用化学沉淀法将硫以 FeS 的形式沉淀。

(5) 杀灭病源微生物

厌氧工艺的处理水如果不做特殊的用途，采用普通的氯消毒就可以杀灭出水中的病源微生物。

7.1.4 剩余污泥的处理

厌氧法中产生的剩余污泥远少于好氧法，好氧工艺的污泥产率是 0.4～0.6kg 微生物/kgCOD，而厌氧工艺的污泥产率是 0.02～0.1kg 微生物/kgCOD，厌氧法的剩余污泥量是好氧法的 5%～20%，即便是如此，厌氧处理系统也还需要设置剩余污泥的储存和处理设施。但是厌氧工艺中的剩余污泥在化学和卫生学上都是稳定的，因此，剩余污泥的处理较简单，运行费用低。

7.2 厌氧反应器的设计

7.2.1 反应器容积（包括沉淀区和反应区）的确定

厌氧反应器的容积取决于很多因素，包括：a. 废水性质（如温度、浓度、污染物性质等）；b. 反应器的水力停留时间；c. 反应器的容积负荷；d. 反应器所允许的最大上流速度；e. 厌氧处理所要求的 COD 去除率；f. 污泥所要达到的稳定程度。

其中，水力停留时间和容积负荷是重要的设计参数，厌氧反应器的容积可根据这两个参数来确定。

(1) 根据水力停留时间

根据水力停留时间确定反应器的容积可按式（7-1）计算：

$$V_1 = Qt \tag{7-1}$$

式中，Q 为废水流量，m^3/h；t 为反应器的水力停留时间，h；V_1为由水力停留时间计算得出的反应器容积，m^3。

（2）根据有机容积负荷

根据有机容积负荷确定反应器的容积可按式（7-2）计算：

$$V_2 = QC_0/N_V \tag{7-2}$$

式中，C_0 为原废水有机物浓度，$kgCOD/m^3$；N_V 为采用的设计有机容积负荷，$kgCOD/(m^3 \cdot d)$；V_2为由设计有机容积负荷得出的反应器容积，m^3。

在实际的设计中，所取的设计负荷率要小于由实验得出的最大负荷率，这主要是因为在实验中废水的流量、温度和水质比较稳定，运行条件容易控制，反应区的死角少，所以不能将由实验所得的最大负荷率作为设计负荷率，一般将设计负荷率取作最大负荷率的50％～67％。

悬浮型厌氧反应器的容积可直接由以上两个公式计算，而附着型厌氧反应器的容积还应该考虑填料的容积。

一般来讲，废水浓度较低（＜1000mgCOD/L）时，反应器的容积主要取决于水力停留时间，这是因为废水浓度低，使分配到单位质量的污泥上的有机物量较少，水力停留时间将对有机物的去除率起着更重要的作用。而水力停留时间与反应器内污泥的类型（絮状污泥所需的水力停留时间比颗粒污泥长）和三相分离器的分离效果有关。

如果废水浓度较高，反应器的容积主要取决于其容积负荷的大小。容积负荷值与废水的浓度和性质反应器的温度以及反应器内是否能形成颗粒污泥有关，对于某种类型的废水，厌氧反应器的容积负荷值应该通过实验确定，如果有相同类型的废水处理资料，可以作为参考选用。

7.2.2 反应器的高度

由 $AH=tQ$ 可知：

$$V_r = Q/A = H/t \tag{7-3}$$

式中，H 为反应器的高度，m；t 为水力停留时间，h；V_r 为废水的上流速度，m/h。

反应器的高度由废水的上流速度和水力停留时间决定，废水的上流速度高会增强水流的扰动，促进污泥与污染物的接触，但为了避免反应器内污泥流失，上流速度有其上限值。一般来讲，当处理溶解性废水时，值可以大一些，为了均匀配水反应器高度应增加；当废水中的污染物质以非溶解性有机物为主时，所需水解时间较长，为了保证出水水质，应减小反应器单位体积的进水量，延长水力停留时间，上流速度的取值应小一些，综合起来考虑，反应器的高度可以取值小一些。

经验表明：处理完全溶解废水时，反应器的高度≥10m，这样反应器占地面积小、布水系统简单造价低，并且配水也较为均匀；对于含有不溶解性物质的废水，反应器不能太高，例如对于浓度较低的生活污水，反应器的高度可取为 3～5m；对于高浓度废水（COD＞3000mg/L），反应器的高度可取为 5～7m。

7.2.3 反应器的平面形状

在确定了反应器的容积和高度后，根据“水平面积＝容积/高度”可求出反应器的水平面积，进而可以确定反应器的平面形状。在相同的水平面积下，周长：矩形＞正方形＞圆形。那么容积和高度相同的单个反应器的造价：矩形＞正方形＞圆形。但是，如果建立两个或两个以上的反应器时，矩形和正方形反应器可以采用共用池壁，从而节省造价。而从布水均匀性来说，长宽比较大的矩形反应器要好一些。

7.2.4 反应器的上流速度

反应器的上流速度和高度之间的关系可以用式（7-4）表示：

$$V_r = Q/A = H/HRT \tag{7-4}$$

对于厌氧反应器的流速的推荐值见表 7-2。UASB 反应器中流速关系如图 7-6 所示。

表 7-2 UASB、升流式 AF 和 EGSB 反应器中流速推荐设计值

UASB 反应器	$V_r=1.25\sim3$m/h	反应器内为颗粒污泥
	$V_r=0.75\sim1$m/h	反应器内为絮状污泥
	$V_s\leqslant1.5$m/h	反应器内为颗粒污泥
	$V_s\leqslant8$m/h	反应器内为絮状污泥
	$V_0\leqslant3$m/h	反应器内为颗粒污泥
	$V_0\leqslant12$m/h	反应器内为絮状污泥
	V_g—推荐的最小值为 1m/h	
EGSB 反应器	$V_r\leqslant12$m/h(包括回流)	
升流式 AF 反应器	$V_r=1\sim3$m/h(空床流速)	

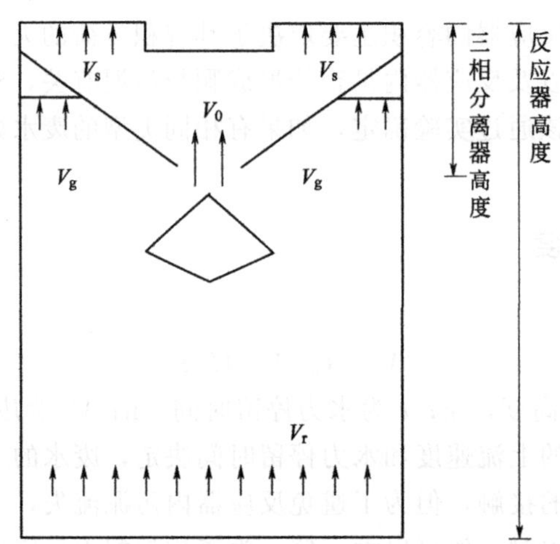

图 7-6 UASB 反应器中流速关系

V_r—反应区内废水的上流速度；V_s—沉淀区内废水的上流速度；V_0—在沉淀区出水液面处的上流速度

表 7-2 中列出的各流速的设计值指的是日平均上流速度，但在 2～6h 内所允许的峰值可以是表中数据的两倍。

7.2.5 单元反应器的最大体积

厌氧反应器的尺寸不应太大，否则容易引起布水不均匀，从经验出发，UASB 反应器的最大体积为 2000m^3，AF 的最大体积为 1000m^3，EGSB 反应器的最大体积为 500m^3。

如果计算得出的反应器的体积过大，应该采用分格的单元系统，这样可以避免产生布水

不均，并且对系统的维护检修有利，当一个反应器出问题时可以将其放空检修，而不会影响整个系统的运行。

7.2.6 配水系统

配水系统是保证厌氧反应器正常运行的关键技术之一，配水系统兼有配水和水力搅拌的功能，配水系统的设计应该本着 3 个原则：a. 废水被均匀地分配到厌氧反应器的底部，保证反应器底部单位面积上的进液量相同，以防止由布水不均引起的短路和沟流现象；b. 应起到反应器内水力搅拌的作用，使废水和污泥混合充分，防止局部酸化和死区的产生；c. 能够容易地观察到进水管的堵塞并容易清除堵塞。厌氧反应器的配水系统有多种形式，很多属于专利产品，具体数据还没有公开。常用的有以下 5 种形式。

① 一管一点式。一根配水管仅与一个配水点相连，只要保证每根配水管的流量相等，那么每个配水点的进水量就相等，就能满足反应器单位底面积上进水量相等的要求。进水方式上可采用将废水依次通过各进水管，对整个反应器来说属于连续进水，而对于每个进水点来说属于间隙进水，各进水点的瞬间流量相等。这种配水系统的布水情况较为理想，但是构造复杂，并且多为专利垄断。

② 穿孔管式。在反应器底部的配水横管上开孔，一根横管上的所有进水孔的进水均由该根配水横管负担。结构如图 7-7 所示。由于水流流经的路程不同，所以沿程水头损失不同，为了尽可能做到布水均匀，要求水流流速较高，使出水孔孔口损失远大于水流沿程损失。所以，这种配水方式又叫作大阻力配水系统。该系统的缺点是配水孔易堵塞，因此，应尽可能避免一根横管上开有过多的配水孔。

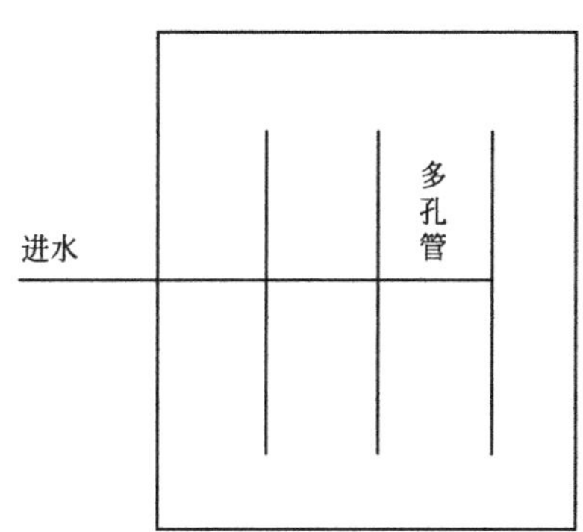

图 7-7 多孔管式配水系统结构示意

③ 等阻力配水式。配水管采用两分岔对称布置，并且两个分岔配水支管的长度和直径相同，各支管配水孔孔口向下并且位于该配水孔服务面积的中心，孔口对准反应器底部所设的反射锥体，使射流向四周均匀散布。结构如图 7-8 所示。这种配水系统只要施工安装正确，就基本能达到配水均匀的要求。

④ 脉冲进水式。脉冲进水方式是通过脉冲发生器将废水在较短时间内均匀分配到反应器的每个配水点，该种配水系统能将进水量瞬间增大数倍，使反应器底部的污泥交替进行收缩和膨胀，有利于废水和污泥的混合。

⑤ 堰式布水式。配水采用明渠，每个配水点设一个堰，并与一根配水管相连，该系统的结构如图 7-9 所示。因为各段堰的长度相等，所以每根配水管的流量相等，堰式布水系统能够达到布水均匀的要求。

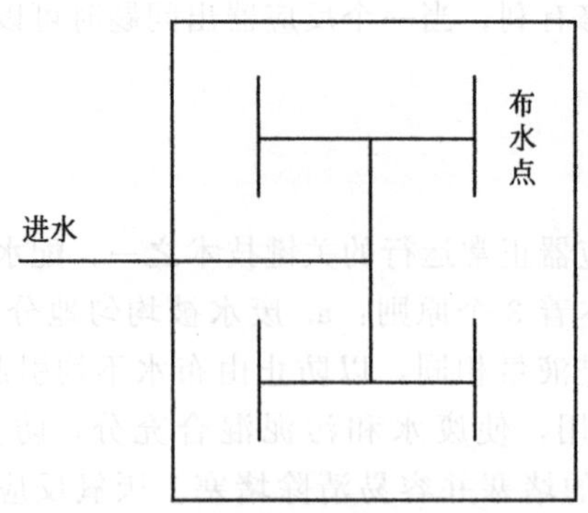

图 7-8 等阻力式配水系统结构示意

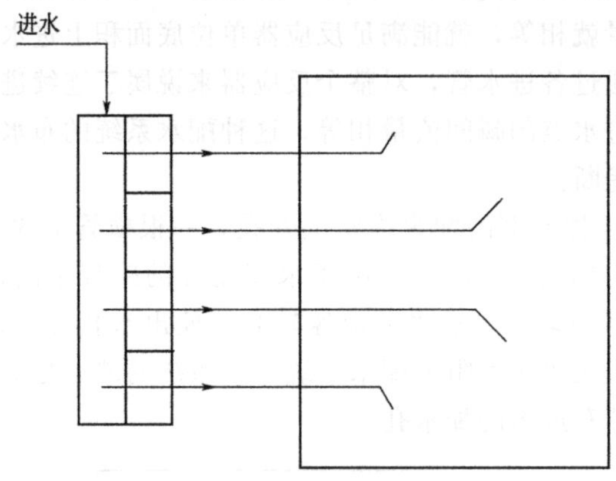

图 7-9 堰式布水系统结构示意

7.2.7 三相分离器

为了保证厌氧反应器内能够保留足量的污泥以及良好的出水水质，上流式厌氧污泥床（UASB）和上流式厌氧滤器（AF）必须在反应器内设置三相分离器，而三相分离器分离效果的好坏直接影响反应器的处理效果，从而影响反应器运行的成败，因此，在厌氧反应器的设计中，三相分离器的设计是一个关键的环节。

（1）三相分离器的功能要求

高效的三相分离器应该满足以下 5 个方面的要求：a. 三相混合液中的气体不能进入沉淀区，即在混合液进入沉淀区之前，气体必须已经被有效地去除；b. 防止污泥从反应器内流失；c. 使沉淀污泥能够迅速地返回到反应区；d. 为了避免在沉淀区产气，污泥在沉淀区的停留时间要短；e. 当污泥床向上膨胀时，防止过量的污泥进入到反应区。

（2）三相分离器的设计要点

下面以图 7-10 所示的为例说明三相分离器的工作原理。

气、固、液三相混合液向上流动碰到反射锥时，气体折流至气室而与固、液分离，固、液混合液通过狭缝进入沉淀区，当混合液在沉淀区向上流动时，过水断面面积逐渐扩大，混合液的上升流速逐渐在变小，在重力作用下，污泥沉降下来，沿着斜壁下滑，通过回流缝回到反应区。澄清后的水通过溢流堰排出沉淀区。

三相分离器的设计要把握以下几个要点：a. 为了保证沉淀下来的污泥能够回到反应区，集气室的倾角应在 45°～60°之间，并且壁面应光滑；b. 反应器最小的过水断面面积（即反

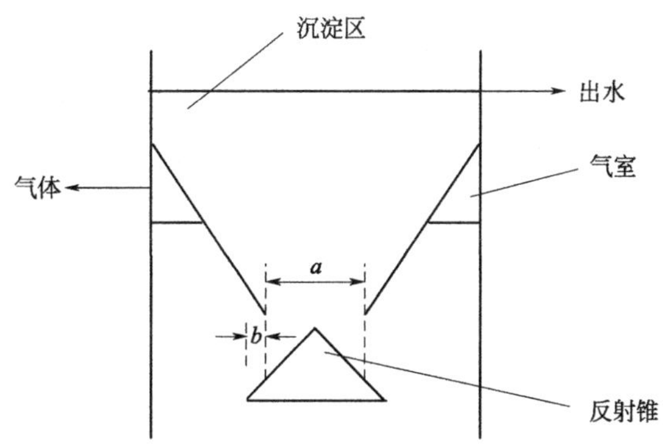

图 7-10　三相分离器示意

射板和集气室挡板之间的 a 部分的截面积）应是沉淀区出水截面面积的 15%～20%；c. 沉淀区的容积应占整个反应器容积的15%～20%；d. 反射锥体与集气室挡板之间重叠部分的宽度应该在 10～20cm 之间，以避免气体进入沉淀区；e. 当反应器的高度为 5～7m 时，集气室的高度应该在 1.5～2m 之间；f. 气室出气管的直径应该足够大，以保证在有浮沫的情况下，气体也能顺利排出；g. 为了保证出水水质和防止污泥流失，在出水堰前设置挡板，并且还应该有浮渣撇除装置；h. 应避免在集气室气液界面处形成浮渣层，以防止气泡从液相逸出时受到阻碍从而干扰固液分离，具体措施可采用在集气室安装浮渣排出设备，或通过搅拌使浮渣层中的固体物质沉降；i. 在一定的反应器容积负荷之下，单位截面积上的产气率与反应器的高度成正比，因此，当反应器的高度较大时会出现浮沫问题，这时可在集气室内安装喷雾喷嘴来消沫。

（3）三相分离器的结构

几种常见三相分离器的结构如图 7-11 所示。

图 7-11(a) 中，气、固、液混合液进入三相分离器后，气体进入集气室，泥和水通过集气罩和挡板间的缝隙进入沉淀区，在向上流动的过程中，过水断面面积逐渐增大，水流流速逐渐降低，污泥沉降下来，顺着挡板滑回反应区，而上清液由出水堰排出反应器。这种三相分离器的优点是结构简单，气室容积大，缺点是泥水混合液进入沉淀区和污泥回流都是在回流缝中进行的，互相有干扰，增加进水的污泥浓度，并影响污泥的正常回流，而且进水区和出水槽都在反应器的外围，容易产生短流现象。因此适用于污泥沉降性能好、水力停留时间长的反应器。

图 7-11(b) 中，气、固、液混合液进入三相分离器后，在反射锥的阻挡作用下，向周边流动，气体进入集气室，泥水混合液由反射锥和挡板间的环形缝隙进入沉淀区，在向上流动的过程中，过水断面面积逐渐增大，水流流速逐渐降低，污泥沉降下来，顺着挡板滑回反应区，而上清液由出水堰排出反应器。这种三相分离器的优点是结构简单，并且进水区位于反应器的中心，而出水槽位于反应器的外围，因此沉淀区内死区少，容积利用率高。缺点和图 7-11(a) 的情况相同，进水水流和污泥回流都在回流缝中进行，相互有干扰。

图 7-11(c) 中，三相分离器中的挡板分为两层，气体进入集气室与泥水分离，泥水混合液通过两层挡板之间的狭窄通道进入沉淀区，在沉淀区进行固液分离，上清液由出水槽排出反应器，而沉淀污泥通过下层挡板和反射锥间的回流缝回到反应区。这种三相分离器的优点是单独设置了污泥回流通道，进水和污泥回流是分开完成的，互不干扰。提高了沉淀效率，并保证了出水水质。缺点是结构复杂，如果设计不合理，会造成进水由回流缝进行，情况和

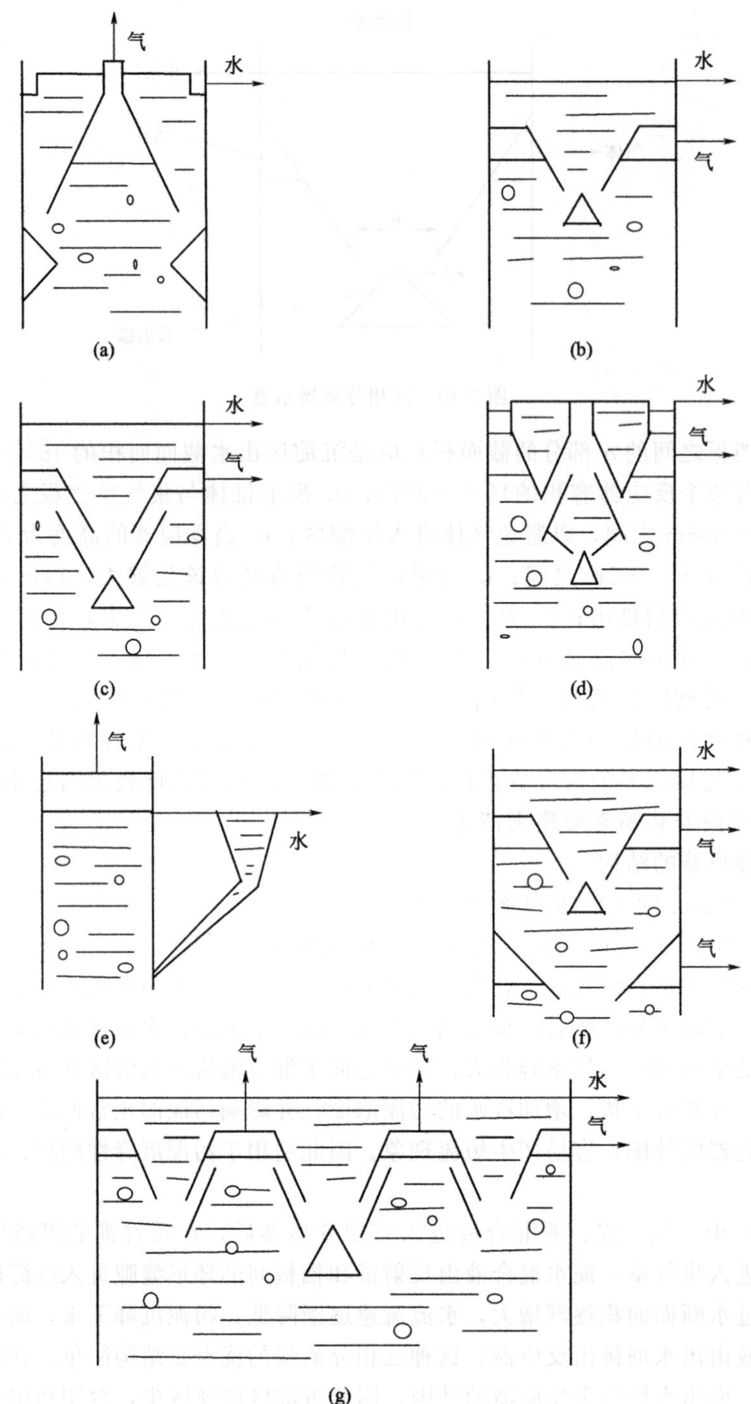

图 7-11　几种常见三相分离器的结构

图 7-11(b) 相同。

图 7-11(d) 中，反应器的容积较小，难以设置分离器，而在反应器的外部增设沉淀室。气体由反应器的顶部排走，泥水混合液进入反应器外部的沉淀室（相当于沉淀池）进行固液分离，上清液由出水堰排出，沉淀污泥沿着倾斜的池壁滑回反应器。

图 7-11(e) 中的分离器是在传统三相分离器的下部又增设了挡板和集气室，这样在混合液进入上部的分离器之前，就已经分离了大部分的气体，避免将大量的污泥带入上部分离器，这种结构的分离器分离效率高，在高负荷的情况下，仍可保证出水水质。

图 7-11(f) 中，气、固、液混合液进入分离器后，气泡在上升的过程中，受到挡板的阻挡作用，折向集气室。泥水混合液通过两层挡板间的通道进入沉淀区（沉淀区分为三个隔室）进行泥水分离，上清液由出水堰排出，而沉淀污泥在沉淀隔室中进行浓缩，然后回流到反应区。这种三相分离器的优点是分离效率高，但是结构复杂，体积庞大，适用于大型反应器。

当反应器的容积较大时，可采用图 7-11(g) 中的三相分离器的结构，即分离器是由多个传统分离器单元组成。图 7-11(f) 中分离器单元采用的是图 7-11(c) 中三相分离器的结构，除此之外，还可以采用图 7-11(a) 和图 7-11(b) 的结构。

(4) 三相分离器的设计计算

三相分离器的设计计算包括三个方面的内容：沉淀区的设计、回流缝的设计和气、液分离设计。下面以图 7-11(b) 的三相分离器为例来说明计算设计计算方法。

① 沉淀区的设计　三相分离器沉淀区的设计方法与普通的沉淀池的设计相似，主要考虑沉淀区的表面积和水深这两项因素。沉淀区的表面积可由废水流量和沉淀区的表面负荷来确定。表面负荷一般等于所要去除的污泥颗粒的重力沉降速度。对于污泥颗粒化的反应器，沉淀区的表面负荷可取 $1\sim2m^3/(m^2\cdot h)$，对于污泥为絮状的反应器，表面负荷可取 $0.4\sim0.8m^3/(m^2\cdot h)$。$h_1$（分离器的液面和反应器顶部之间的距离）应该$>0.2m$，$h_2$（气室顶部和反应器液面之间的距离）应$\geqslant1.0m$ 之间，水流在沉淀区的停留时间应在 $1\sim1.5h$。

但是由于在沉淀区的污泥尚能和废水中的有机物起反应，还能产生少量的沼气，对固液分离有一定的干扰作用。在处理高浓度有机废水时，这种情况更为明显，所以表面负荷值应取得小一些。在处理较低浓度废水时，这种情况可以忽略不计。

② 回流缝的设计　由图 7-12 的三相分离器的结构可知，分离器由位于反应器中部的锥形集气罩和下部的三角形集气罩组成，对于锥形集气罩，存在以下的几何关系：

$$b_1=h_3/\tan\theta \tag{7-5}$$

$$b_2=b-2b_1 \tag{7-6}$$

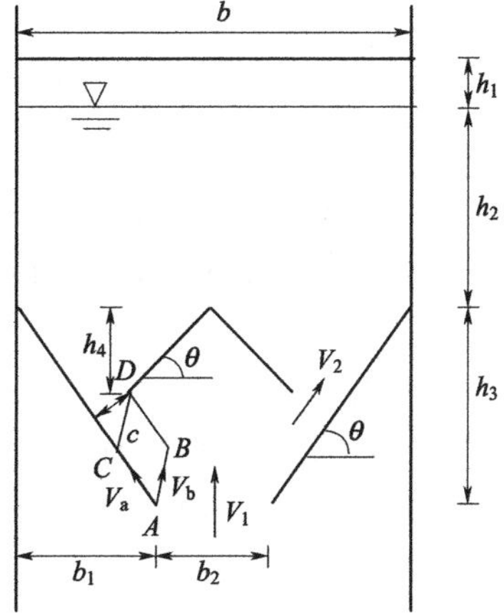

图 7-12　三相分离器结构

式中，b_1为三角形集气罩底部的宽度，m；h_3为三角形集气罩的高度，m，当厌氧反应器的高度为5～7m时，h_3可取为1.0～1.5m；θ为三角形集气罩斜面与水平面的夹角，(°)，一般取为55°～60°；b_2为三角形集气罩之间的回流缝的宽度，m；b为三相分离器的宽度，m。

而泥水混合液在b_2的三角形集气罩之间的回流缝中的上升流速v_1可以用式（7-7）来计算：

$$v_1=Q/A_1 \tag{7-7}$$

式中，Q为废水设计流量，m^3/h；A_1为宽度为b_2的过水断面的面积，m^2。

而

$$A_1=b_2\times a \tag{7-8}$$

式中，a为三相分离器的长度，m。

为了使污泥能够通过宽度为b_2的断面顺利回流，建议$v_1<2.0m/h$。

泥水混合液在锥形集气罩与三角形集气罩之间回流缝中的上升流速v_2可用式（7-9）计算：

$$v_2=Q/A_2 \tag{7-9}$$

式中，A_2为回流缝的过水断面面积，m^2。

而

$$A_2=c\times a \tag{7-10}$$

式中，c为锥形集气罩与三角形集气罩之间回流缝的宽度，m，建议$c>0.2m$。

为了保证回流缝的水流稳定，固液分离效果良好，污泥能够顺利回流，要求满足以下条件。

对于污泥颗粒化的反应器：$v_1<v_2<2.0m/h$

对于污泥为絮状的反应器：$v_1<v_2<1.0m/h$

③ 气液分离设计　要达到良好的固液分离效果，锥形集气罩和三角形集气罩必须有一定程度的重叠，重叠部分的水平投影距离越大，所能去除的气泡的直径越小，对气体的分离效果越好。对沉淀区固液分离的影响越小。因此，重叠量是决定三相分离器分离效果的关键。

气、固、液三相混合液在三相分离器中两条回流缝之间的流动是非常复杂的，假定混合液上升到A点后，将沿着集气罩斜面以速度v_a向B点流动，那么混合液中A点的气泡也具有相同的速度，而同时气泡又具有一个垂直向上的速度v_b，并且假定水流速度v_a和气泡上升速度v_b保持不变，那么根据速度合成的平行四边形法则，有下式成立：

$$v_a/v_b=AB/AC=CD/BD \tag{7-11}$$

如果要使气泡在进入沉淀区之前被分离，必要条件是：

$$v_b/v_a>AB/AC=CD/BD \tag{7-12}$$

气泡垂直上升速度v_b的大小与气泡的直径、气体密度、液体密度、水温以及液体的黏滞系数等因素有关。当雷诺数$R_e<2$时，

$$v_b=(\rho_L-\rho_g)gd^2/18\mu \tag{7-13}$$

式中，ρ_L为液体密度，g/cm^3；ρ_g为气体密度，g/cm^3；d为气泡直径，cm；g为重力加速度，cm/s^2；μ为废水的黏滞系数，g/(cm·s)。

7.2.8 管道设计

① 为避免产生堵塞，进水管道应尽量采用直管，少用弯头，并在进水立管上方设置三

通，以便在进水管堵塞时可以打开三通疏通；

② 当采用堰式布水时，堰内水位应比反应器内的水位高于 30cm，以消除进水管堵塞。上部的管径应大于下部管径，这样，水流在进水管上部的流速低，可使带入的空气释放出去，以免影响反应器的正常运行，并且下部管径小可使进入反应器的水流流速高，从而产生较强的扰动，促进废水和污泥的混合；

③ 进水点应距反应器底部约 100～200cm，以增强废水和污泥的接触。

7.2.9　出水系统

出水系统的作用是均匀地收集澄清后的水，出水是否均匀将会影响沉淀效果和出水水质。为了防止浮渣流出，在出水堰前应设置挡板。沉淀区出水堰的设置对出水水流的均匀分布有重大影响，为了保证出水均匀，应尽量减小单位堰长的过流量，以减小出水水流在向内出口方向流动的行近速度，防止沉淀区的出水产生偏流的现象。出水堰多采用锯齿形三角堰，这种堰易于加工和安装，出水也比平堰均匀。锯齿形三角堰的齿深 50mm，齿距 200mm，齿的夹角是 90°，用螺栓固定，反应器内的水位一般控制在锯齿高度的 1/2 处。如果出水堰采用平堰，要求施工严格，堰壁尽量做成锐缘。

7.2.10　浮渣清除装置

当处理含蛋白质或脂肪较高的废水时，会在沉淀区和集气室的液面上形成浮渣层，这样会影响出水水质，妨碍气体从液面逸出。在沉淀区形成的浮渣，应该用浮渣撇除设备清除或采用人工清渣。对于在气室液面上的浮渣，应采用搅拌的方法使固体物质下沉，或定期用循环水或沼气反冲来减少浮渣的产生。

7.2.11　气体收集装置

气体收集装置的作用是有效地收集沼气，并且保持正常的气液界面。出气管的管径应该足够大，以保证在气体在携带泡沫或固体的情况下，出气管不会堵塞。

在气体收集装置上，是采用水封来控制气室中气液界面稳定的高度的，水封的原理如图 7-13 所示。

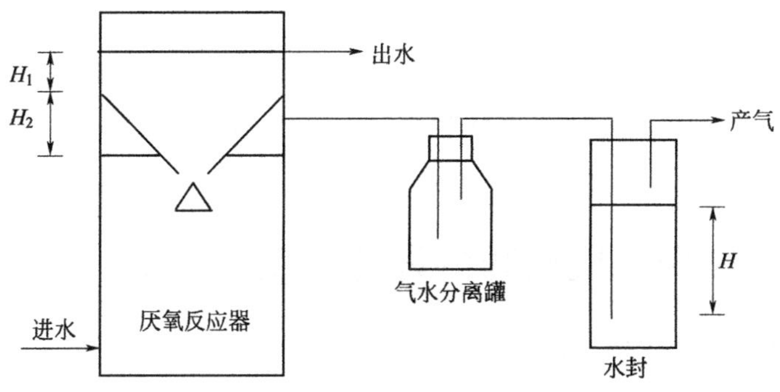

图 7-13　水封高度示意

水封高度按式（7-14）计算：

$$H=H_1+H_2-H_m \tag{7-14}$$

式中，H 为水封高度，m；H_1为气室顶部至沉淀区出水液面的高度，m；H_2为气室气液界面至顶部的高度，m；H_m为气体由气室流至水封过程中所有的压力损失，m。

7.2.12 污泥排放设备

在厌氧处理过程中，由于微生物的不断增殖，以及惰性物质的积累，使反应器内的污泥量越来越多。虽然，反应器内污泥浓度增大，会提高厌氧消化的速率，但当污泥超过一定数量时，会随出水排出反应器，影响出水水质。所以，必须定期排出剩余的污泥。污泥排放设备的作用就是当反应器内的污泥达到预定高度时，将剩余污泥排出反应器。

厌氧反应器的设计应该包括剩余污泥排放口位置的确定。确定排泥高度的原则是排出低活性的污泥而保留高活性的污泥。一般认为，剩余污泥排放口应该设置在反应器高度的1/2处。有的反应器将排泥口设在距离三相分离器下方约0.5m处，这样可以排除污泥床上部的絮状污泥，而不会将颗粒污泥排走。而反应器底部由于积累惰性颗粒使污泥活性降低，所以大部分设计者建议污泥排放设备应安装在反应器的底部。

为了确定是否需要排泥以及排泥的周期（如果需要排泥），可在反应器的池壁上设置若干个（5～6个）取样孔，来掌握反应器内的污泥总量和污泥浓度在高度方向的分布情况。

7.2.13 反应器采用的材料

选择适当的建筑材料对于延长厌氧反应器的使用寿命非常重要。20世纪70年代末80年代初建立的UASB在投入使用5～6年后都出现了严重的腐蚀问题。反应器腐蚀最严重的部位就是气、液交界面。在气、液交界面处，H_2S被空气氧化成硫酸或硫酸盐，产生的酸造成局部pH值下降而对反应器产生化学腐蚀。废水中溶解有CO_2，会使水泥中的CaO溶解。此外，在气、液交界面处还有电化学腐蚀，气、液交界面的氧化-还原电位是100mV，而反应器内部的氧化-还原电位是-300mV，这样就形成了微电池，对气、液交界面产生电化学腐蚀，无论是钢材还是水泥都会被损害。即使采用不锈钢也会受到严重的腐蚀，而采用带有保护涂料的钢材在长期使用后也会受到严重的损害。反应器的材料最好采用带有永久涂料的耐腐材料。例如：以塑料增强的多层胶合板作为出水堰板，采用带有柔性搪瓷永久防腐层混凝土结构作为反应器主体，使用覆盖有塑料外表并经过防腐蚀浸渍的硬木作为沉降区挡板，在气、水交界面上下1m处采用环氧树脂防腐。

7.2.14 辅助设备

厌氧处理系统的正常运行还须有监测和控制系统等辅助设备。这些设备包括：进水流量计、温度测定仪、pH测定仪、污泥浓度测定仪、气体流量计、气体分析仪、碱度投加装置、营养物投加装置。

7.3 UASB厌氧反应器的设计及工程实例

7.3.1 UASB反应器的设计

（1）UASB反应器容积的确定

UASB反应器的设计参数可以是有机负荷或是水力停留时间，那么相应的计算公式有两个：采用有机容积负荷作为设计参数，反应器的容积可以根据式（7-15）计算：

$$V=QC_0/N_V \tag{7-15}$$

式中，V为反应器有效容积（包括沉淀区和反应区），m^3；Q为废水流量，m^3/d；C_0

为进水有机物浓度，mg/L；N_V为容积负荷，kgCOD/(m^3·d)。

在设计中，Q 和 C_0 是已知的，而容积负荷值 N_V 与废水性质、反应温度、布水均匀程度以及颗粒污泥浓度有关。对于某种特定的废水，反应器的容积负荷应通过试验确定。如果有同种类型的废水处理资料，也可作为参考。一般，废水中有机物浓度越高，所采用的容积负荷值越高；水温越高，所采用的容积负荷值越高；对于能够在 UASB 反应器内形成颗粒污泥的废水所采用的容积负荷要高于形成絮状污泥的废水，因为容积负荷高，那么絮状污泥可能会大量流失，所以进水容积负荷一般为 2～3kgCOD/(m^3·d)。

而采用停留时间作为设计参数，可用式（7-16）计算反应器的有效容积：

$$V=Qt \tag{7-16}$$

式中，t 为水力停留时间，d。

① 对于低浓度的废水，在反应器的设计中往往取决于水力负荷。

a. 对于溶解性低浓度废水（COD<1000mg/L），一般以水力停留时间确定反应器的容积。而所采用的水力停留时间又主要取决于废水的温度。不同高度的 UASB 反应器在不同温度下采用的水力停留时间可参考表 7-3。

表 7-3　在不同温度下 4m 和 8m 高的 UASB 反应器处理溶解性低浓度废水

温度/℃	HRT/h			
	高为 8m 的 UASB 反应器		高为 4m 的 UASB 反应器	
	日平均	峰值(2～6h)	日平均	峰值(2～6h)
16～19	4～6	3～4	4～5	2.5～4
22～26	3～4	2～3	2.5～4	1.5～3
>26	2～3	1.5～2	1.5～3	1.25～2

注：引自《三废处理工程技术手册：废水卷》。

b. 对于低浓度复杂废水（COD<1000mg/L），可采用 Lettinga 等的经验公式来推算水力停留时间与 COD 去除率之间的关系。

$$\text{HRT}=[(1-E)/C_1]C_2 \tag{7-17}$$

式中，HRT 为水力停留时间，h；E 为溶解性 COD 去除率，%；C_1，C_2为反应常数。

统计了 UASB 反应器处理低浓度复杂废水的数据，得出如表 7-4 所列的参数值。

表 7-4　在一定参数下 UASB 反应器取得 80%COD 去除率所需的水力停留时间

温度	E(去除率)	C_1	C_2	HRT/h
>20℃	80%	0.68	0.68	5.5

② 对于中高浓度的有机废水，UASB 反应器容积设计的限制因素是有机负荷率。

a. 中高浓度溶解性废水。中高浓度溶解性废水的设计容积负荷主要取决于温度、废水与污泥的接触程度、污染物的性质、污泥浓度等因素。Lettinga 给出了与反应器温度和污染物性质有关的有机容积负荷值，见表 7-5。

b. 中高浓度复杂废水。在处理复杂废水时，由于废水中存在悬浮固体或限制性化合物，反应器采用的有机容积负荷与温度、有机物浓度、不溶性有机物含量和污泥状态有关。表 7-6 总结了对于不同的废水浓度、不同的不溶性有机物含量及不同的污泥状态，UASB 反应器可采用的有机容积负荷。表 7-7 总结了在不同温度下，污泥颗粒化的 UASB 反应器可采用的有机容积负荷值（COD 去除率可达 80%～90%）。

表 7-5 不同温度下 UASB 反应器的有机容积负荷

温度/℃	有机容积负荷/[kgCOD/(m³·d)]	
	VFA 废水	不含 VFA 的溶解性废水
15	2～4	1.5～3
20	4～6	2～4
25	6～12	4～8
30	10～18	8～12
35	15～24	12～18
40	20～32	15～24

注：VFA—挥发性有机酸。

表 7-6 不同浓度、不同不溶性有机物含量、不同污泥状态下 UASB 反应器的容积负荷

废水浓度/(mgCOD/L)	不溶性 COD 百分数	30℃下可采用的有机容积负荷/[kgCOD/(m³·d)]		
		絮状污泥	颗粒状污泥	
			TS 低去除率	TS 高去除率
2000	10～30	2～4	8～12	2～4
	30～60	2～4	8～14	2～4
	60～100	不能采用	不能采用	不能采用
2000～6000	10～30	3～5	12～18	3～5
	30～60	4～6	12～24	2～6
	60～100	4～8	不能采用	2～6
6000～9000	10～30	4～6	15～20	4～6
	30～60	5～7	15～24	3～7
	60～100	6～8	不能采用	3～8
9000～18000	10～30	5～8	15～24	4～6
	30～60	TS>6～8g/Ln 难确定	TS>6～8g/Ln 难确定	3～7
	60～100	不能采用	不能采用	3～7

表 7-7 不同温度下污泥颗粒化的 UASB 反应器的设计容积负荷

温度/℃	容积负荷/[kgCOD/(m³·d)]
15～20	2～5
20～25	5～10
30～35	10～20
50～55	20～30

(2) 反应器的配水孔口负荷

为了能在反应器底部获得均匀的进水，除了要设置良好的布水系统外，对每个布水点的服务面积还应该进行恰当的设计。布水点的服务面积是保证布水均匀的关键，每个布水点服务面积的大小与反应器的容积负荷和污泥形态有关。表 7-8 是 Lettinga 根据 UASB 反应器的大量实践，对于处理城市污水时，不同污泥形态下每个布水点的服务面积。

(3) UASB 反应器其他方面的设计

UASB 反应器配水方式、进水系统、排泥系统、三相分离器、出水系统等方面的设计见本章第二节的内容。

7.3.2 UASB 反应器设计举例

某酒厂日排出酒精废水 2500m³/L，废水的 SS 平均值为 600mg/L，COD 平均值为 2100mg/L，pH 值为 6～7，水温为 20～25℃，拟采用 UASB 工艺加以处理。试设计 UASB

表 7-8　UASB 处理生活污水时每个布水点的服务面积

污泥形态	反应器容积负荷/[kgCOD/(m³·d)]	布水点的个数/(个/m²)
颗粒状污泥	2	0.5～1
	2～4	0.5～2
	>4	>2
中等浓度的絮状污泥(20～40kgTSS/m³)	1～2	1～2
	3	2～5
高浓度絮状污泥(>40kgTSS/m³)	<1	0.5～1
	1～2	1～2
	>2	2～3

反应器。

设计如下：经过对同类工业废水采用 UASB 反应器处理结果的调查，在常温（20～25℃）条件下，UASB 反应器的容积负荷 N_V 可达 5.0～6.0kgCOD/(m³·d)，COD 和 SS 的去除率分别为 85%和 70%，污泥可实现颗粒化。

(1) 出水水质

COD 的预期去除率为 85%，则预期 COD 出水浓度为

$$2100\times(1-0.85)=315(\text{mg/L})$$

SS 的预期去除率为 70%，则预期 SS 出水浓度为

$$600\times(1-0.70)=180(\text{mg/L})$$

以上两项指标均达到排入城市下水道的要求。

(2) UASB 反应器的设计

① 反应器容积　UASB 反应器的容积负荷 N_V 采用 6.0kgCOD/(m³·d)，反应器容积为

$$V=QC/N_V=2500\times2.1/6=875(\text{m}^3)$$

采用 5 座 UASB 反应器，则每个反应器的容积

$$V_1=V/5=875/5=175(\text{m}^3)$$

② 反应区面积　UASB 反应器的有效高度取为 5m，则反应器面积

$$A_1=V_1/\text{H}=175/5=35(\text{m}^2)$$

反应区的平面形状采用矩形，尺寸为 5.92m×5.92m。

③ 反应区反应时间　$t=V_1/Q_1=175/500=0.35d=8.4(\text{h})$

④ 面积水力负荷

$$q=2500/(5\times35\times24)=0.6[\text{m}^3/(\text{m}^2\cdot\text{h})]$$

⑤ 三相分离器　取沉淀区水力负荷为 0.9m³/(m²·h)，则沉淀区面积为：

$$S=2500/(5\times0.9\times24)=23.1(\text{m}^2)$$

沉淀区工艺尺寸见图 7-14。

沉淀区面积为 2.46×5.92×2=29.1m²，扣除构造所占面积系数 0.9，有效沉淀面积为 29.1×0.9=26.2m²>23.1m²，合格。

⑥ 进配水点的设计　参考表 7-8，容积负荷>4kgCOD/(m³·d)，1m² 进水面积上选用 3 个配水点，每个反应器设 105 个配水点。

7.3.3 UASB 反应器在国内外的应用情况

在 20 世纪 70 年代，荷兰进行了半生产性和生产性装置的试验，并取得了良好的处理效

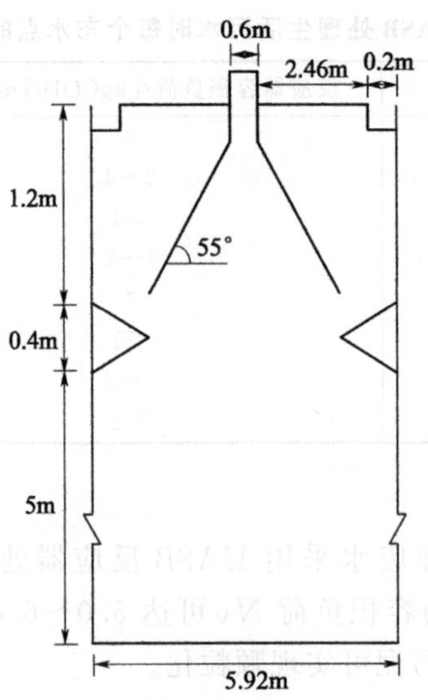

图 7-14 UASB反应器工艺尺寸

果。自20世纪80年代以来，上流式厌氧污泥床（UASB）被迅速推广使用，目前，UASB反应器已成功用于处理土豆淀粉加工废水、罐头加工废水、甲醇废水、酒精废水、屠宰废水、生活污水和垃圾填埋场渗滤液。表7-9列出了国外部分UASB反应器工程实例。

表 7-9 国外部分 UASB 反应器应用情况

废水类型	国别	UASB反应器数目	设计容积负荷/[kgCOD/(m³·d)]	反应器总容积/m²	温度/℃
酵母废水	荷兰	4	9.0	8550	20～35
	美国	1	7.0	2100	30～35
	美国	1	10.3	1800	30～35
	沙特阿拉伯	1	10.5	950	30～35
酒精废水	荷兰	10	15	52000	20～35
	芬兰	1	8	420	30～35
	德国	2	9	2300	30～35
啤酒废水	荷兰	30	16	60600	20～35
	美国	1	14	4600	30～35
生活污水	荷兰	3		3200	20～35
	哥伦比亚	2	16	64300	20～35
	印度	1	2.3	1200	常温
	泰国	1	15	300	常温
酒厂废水	荷兰	8	6～8	24000	24
	荷兰	28	8～10	67197	20
造纸废水	荷兰	1	8～10	1000	24
	荷兰	1	4	740	20
土豆加工废水	荷兰	8	5～11	240～1500	30～35
	荷兰	17	11～15	25610	20～35
	美国	1	6	2200	30～35
	瑞士	1	8.5	600	30～35
屠宰废水	荷兰	3	6～7	950	20～35
	美国	1	5.7	1500	20
化工废水	荷兰	2	7	2600	20～35
牛奶废水	荷兰	1	3～5	600	24
	加拿大	1	8～10	1000	24

续表

废水类型	国别	UASB 反应器数目	设计容积负荷/[kgCOD/(m^3·d)]	反应器总容积/m^2	温度/℃
甜菜制糖废水	荷兰	7	12.5～17	200～1700	30～35
	奥地利	1	8	3040	30～35
	德国	2	9,12	2300,1500	30～35

国内对 UASB 反应器的研究起步较晚，始于 1981 年。许多单位进行了利用 UASB 反应器处理有机废水的研究，并投产运行了一批生产性的 UASB 反应器。表 7-10 列出了国内 UASB 反应器工程实例表。

表 7-10　国内部分 UASB 反应器工程应用资料

废水种类	温度 /℃	进水浓度 /(mgCOD/L)	COD 去除率 /%	反应器容积 /m^3	研究或应用单位
丙丁废醪废水	35		90	200	华北制药厂
茶多酚废水	55		90	75	无锡轻大、太湖水集团
维生素 C 废水	35		90	500	河北科大、石家庄第一制药厂
丙酮丁醇废水	43	6280～15400		1401	北京环保所、华北制药厂
酒精、溶剂混合液	50	19190～25552		71.51	北京环保所、华北制药厂
醋酸废水	51	6644～8531		46.21	北京环保所、华北制药厂
纤维板废水	中温	8044～20998		351	北京环保所、华北制药厂
屠宰废水	中温	1141		20	北京环保所
啤酒废水	23.1	6072		50.21	西南市政设计院
洗毛废水	中温	37880		521	浙江省环保所
淀粉废水	中温	17000		12.51	武汉能源所
涤纶聚酯废水	中温	9460～1165	80～94	240	哈尔滨建筑大学
柠檬酸废水	中温	1000	80	380	连云港红旗化工厂
啤酒废水	常温	2000	78	800	合肥啤酒厂
啤酒废水	常温	2300	78	2000	北京啤酒厂
苯二甲酸废水	35			12000	扬子石化公司
发酵药物混合液	35	23450	91	800	无锡第二制药厂
酿造废水	常温	2000～6000	82.4	64.8	通县酿造厂
精密酒精废水	32	34060	81	130	平沙糖厂

7.3.4　UASB 反应器工程实例

(1) 两段常温 UASB 装置-UBF-SBR 处理五粮液生产废水

五粮液是采用小麦、大米、玉米、高粱和糯米五种粮食为原料，经固态蒸馏方法生产，所排废水由冲滩水和底锅黄水组成，属于典型的高浓度有机废水。pH 值为 3～4，SS 值为 900～1600mg/L，BOD_5 在 8000～16000mg/L，COD_{Cr} 在 15000～20000mg/L 之间。主要污染物包括淀粉、脂类、糖类、醇类、纤维素等，采用两段常温 UASB 装置-USF-SBR 工艺流程处理该生产废水。

① 工艺流程　该处理系统工艺流程见图 7-15。

因废水处理站距离窖房约 0.5～1km，废水的收集和输送采用重力自流和水泵抽送相结合的方式。为降低废水处理成本、减小管理工作量，在窖房的酒锅处设置滤网截留回收糠壳，在各个管网交汇处设置集水井（具有沉淀池的功能），使废水在进入酸化池之前去除大颗粒及悬浮物质，然后废水进入酸化池进行预处理，在生物水解酶的作用下进行水解酸化，把多糖分解为单糖，把复杂有机酸转化为乙酸。酸化池具有调节水质、水量的功能，为

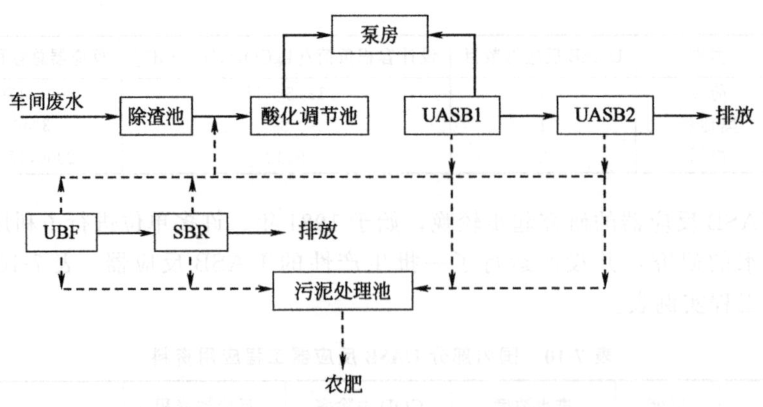

图 7-15 五粮液生产废水处理工艺流程

UASB 装置的正常运行创造了良好的条件。各处理单元的设计去除率为：酸化池为 20%，两段 UASB 反应器为 95%，UBF 反应器为 60%，SBR 反应器为 75%。处理系统的污泥回流采用重力自流的方式，剩余污泥经干化处理后作农肥使用。

② 前段处理单元的设计参数 前段处理单元的设计参数如下。

1）酸化池为平流式沉淀池。构筑物采用钢筋混凝土结构，几何尺寸：24m×56m×25m，设计水力停留时间为 2d，在酸化池的入口处设置混合反应区。COD_{Cr}容积负荷为 3.6kg/(m^3·d)，池底部污泥厌氧消化所产生的气体对酸化池有一定的搅拌混合作用。酸化池的作用是基质发酵转化，减轻后续处理单元的有机负荷。

2）UASB 反应器。UASB1 反应器的几何尺寸为：ϕ6m×7.2m，设计水力停留时间为 1d，COD_{Cr}的容积负荷为 13kg/(m^3·d)；UASB2 反应器的几何尺寸为：ϕ4.4m×6.6m，设计水力停留时间为 0.53d，COD_{Cr}容积负荷为 2kg/(m^3·d)。UASB 反应器的进水采用两台 0.55kW 的污水泵提升。

③ 实际处理效果 工程实践证明，采用两段常温 UASB 装置-USF-SBR 工艺流程处理五粮液生产废水。表 7-11 为列出了五粮液某车间进出水水质及水量情况。

表 7-11 五粮液某车间进出水水质及水量指标

项目	pH 值	SS/(mg/L)	BOD_5/(mg/L)	COD_{Cr}/(mg/L)
进水	3.5	1500	12000	18000
出水	6～9	≤70	≤30	≤100

(2) 厌氧 UASB-新型生物接触氧化工艺处理啤酒废水

啤酒废水属于中浓度有机废水，COD_{Cr}值一般在 1500～3000mg/L，废水主要来自制麦、发酵、酿造及包装等生产过程，主要污染物有糖类、蛋白质、醇类、纤维素等。以好氧生化工艺处理啤酒废水，存在着投资大、运行费用高、占地面积较大等弊端。自 20 世纪 90 年代起，单一的好氧生化处理工艺就很少被采用，厌氧生化处理技术得到了广泛的应用。实践证明：厌氧-好氧组合工艺是比较理想的处理啤酒废水的方法。河南信阳啤酒集团公司废水处理工程中采用了常温厌氧 UASB-新型生物接触氧化这一新工艺。结果表明：该工艺具有投资省、运行费用低、运行稳定等优点，是一种较为理想的处理啤酒废水的新技术。

① 污水水质、水量情况和排放标准 河南信阳啤酒厂目前的生产能力为 1.0×10^5t/a，设计废水量为 4500m^3，主要废水水质指标和设计出水指标见表 7-12。

表 7-12 啤酒废水水质和设计出水水质指标

项目	pH 值	SS/(mg/L)	BOD_5/(mg/L)	COD_{Cr}/(mg/L)
废水	5～11	500～1000	300～1000	1000～1800
出水	6～8.5	≤70	≤30	≤100

② 常温厌氧 UASB-新型生物接触氧化工艺流程如图 7-16 所示。

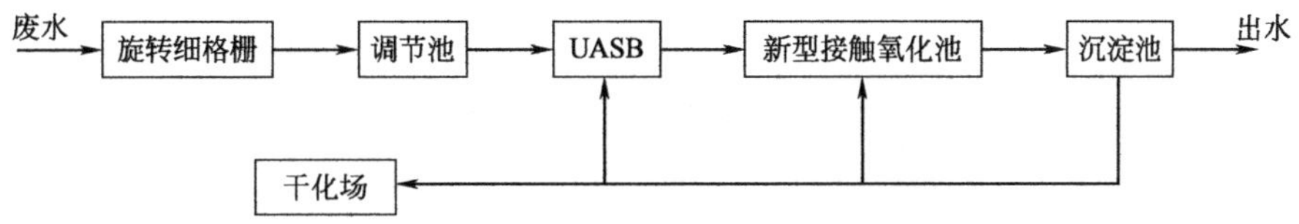

图 7-16 常温厌氧 UASB-新型生物接触氧化工艺流程

③ 工艺流程主要设计参数

1）厌氧 UASB 反应器。常温，有机负荷 8.5kgCOD_{Cr}/(m^3 · d)，水力停留时间取 9h，三相分离器为专利技术设备。

2）新型接触氧化池。采用均负荷推流式，活性污泥生物膜共生系统，进水采用多点配水，反应器为廊道式。水力停留时间采用 10h，回流比为 30%。接触氧化池的中部设有生物填料，填料体积是曝气池有效容积的 22.2%。有机负荷 F/M 为 0.2（生物膜量按经验值估算）。

④ 系统实际处理效果 系统实际的处理效果见表 7-13。从表 7-13 中的数据可以看出，采用常温厌氧 UASB-新型生物接触氧化工艺处理啤酒废水，能达到国家规定的排放标准。

表 7-13 常温厌氧 UASB-新型生物接触氧化工艺处理啤酒废水的处理效果

项目	pH 值	SS/(mg/L)	BOD_5/(mg/L)	COD_{Cr}/(mg/L)
调节池出水	6.23	682	830	1396
UASB 出水	5.84	603	280	466
沉淀池出水	7.36	60	12.59	62.9
去除率		91.2	97.7	95.5
排放标准	6～9	≤70	≤30	≤100

（3）UASB-A/O 膜工艺处理渗滤液工程

某市位处雨量丰沛地区，年降水量 1692mm，结合受纳水体的水质要求和该市的经济发展水平，采用生物化学和物理化学相结合的工艺对垃圾填埋场的渗滤液进行处理。

① 参考国内外自然条件相近的同类垃圾填埋场的监测资料、渗滤液的实验与实测值，并结合该市生活垃圾无机物含量较高的特点，预测出该市城市生活垃圾填埋场渗滤液的水质情况，数据见表 7-14。

表 7-14 某市城市生活垃圾卫生填埋场渗滤液水质情况

项目	pH 值	SS/(mg/L)	BOD_5/(mg/L)	COD_{Cr}/(mg/L)	NH_3-N/(mg/L)
初期	7.5	250	3000	6000	200
5 年后	7.8	200	1200	3000	500

② 工艺流程 该市处理城市生活垃圾填埋场渗滤液的工艺流程见图 7-17。

③ 主要处理单元及设计参数

1）调节池。垃圾渗滤液的量主要由降雨量决定。某地区的年降雨量不定，并且一年内

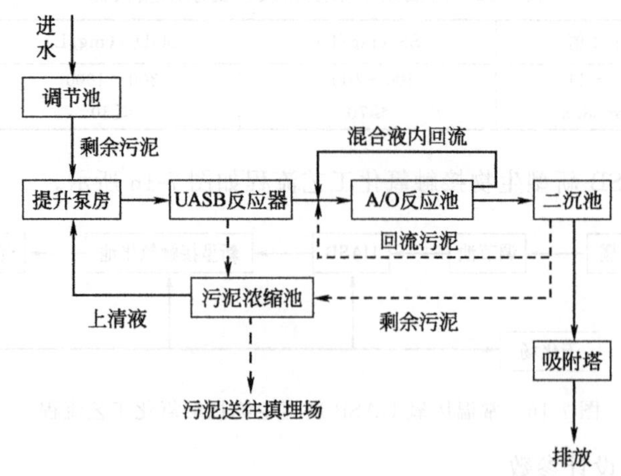

图 7-17 UASB-A/O 膜工艺处理渗滤液工艺流程

的降雨量随季节而变化，而系统的处理量是在一定范围内的，所以必须设置调节池。调节池的作用是对系统的进水进行水质和水量的调节，并且具有预酸化的效果。

调节池位于在垃圾坝的下游，有效容积为 $6400m^3$，地埋式，池形为矩形，尺寸为：40m×30m×6m，池壁超高 1m；池内设置导流墙，进口远离出口；池壁的坡度为 1∶0.4，厚度为 0.4m，采用水泥砂浆块石护砌。

2）UASb 反应器。UASB 厌氧处理系统有反应器池体、配水系统、三相分离器、气室、出水系统和排泥系统组成。反应器池体采用圆形结构，由钢筋混凝土制成，直径为 11.2m，总高度为 8.5m，反应区的有效高度为 5.5m。有机容积负荷采用 $6kgCOD_{Cr}/(m^3 \cdot d)$，水力停留时间为 26h。配水系统采用穿孔管大阻力配水方式。排泥和进水共用一管，这样，在配水的同时能进行排泥管的反冲，既节省了排泥反冲设备，又避免了管道堵塞的问题。

3）A/O 膜氧化池。A/O 膜氧化池的主要作用是去除 NH_3-N。氧化池采用钢筋混凝土结构，两段合建，中间设隔板，表面曝气，每日需氧量为 80kg，气液比为 12∶1，采用纤维填料作为生物挂膜载体；氧化池有效容积为 $330m^3$，有效水深 5.0m，有机容积负荷采用 $0.38kgBOD_5/(kgMISS \cdot d)$，A 段的停留时间为 4.5h，B 段的停留时间为 18.1h；污泥浓度为 4000mg/L，污泥外回流比为 1∶1，混合液内回流比为 4∶1。

4）二次沉淀池。沉淀池为竖流式，池体由钢筋混凝土制成；沉淀池的总高度为 5.2m，超高为 0.3m，中心管径 0.45m；表面负荷为 $1m^3/(m^2 \cdot h)$，水力停留时间为 2h。

5）吸附塔。吸附塔为间歇移动式，4 个单塔并联，吸附剂采用活性炭；塔径为 3.4m，塔内层高为 5m，处理水量为 $350m^3/d$，接触时间为 30min，空塔流速为 10m/h；碳层密度为 $0.43t/m^3$，通水倍数为 $6m^3/kg$。

④ 实际处理效果 处理系统经过两个半月的调试，运行稳定正常，出水水质情况见表 7-15。实践证明：应用 UASB-A/O 膜工艺处理城市生活垃圾渗滤液取得良好的效果，NH_3-N、BOD_5 和 COD_{Cr} 的去除率分别达到 92.8%、98.6% 和 97.3%，出水水质优于国家制定的渗滤液排放水水质指标。

表 7-15 UASB-A/O 膜工艺处理城市生活垃圾渗滤液的出水水质情况

项目	BOD_5/(mg/L)	COD_{Cr}/(mg/L)	NH_3-N/(mg/L)
进水	2350～3100	4400～6500	172～275

续表

项目	BOD_5/(mg/L)	COD_{Cr}/(mg/L)	NH_3-N/(mg/L)
UASB 反应器出水	583～697	1200～1520	155～234
A/O 氧化池出水	84～136	376～445	22～45
活性炭吸附塔出水	31～43	124～167	11～21
渗滤液排放水水质指标	150	300	25

7.4 厌氧接触法工艺设计及工程实例

7.4.1 厌氧接触法的工艺设计

厌氧接触法的工艺设计包括厌氧反应器、脱气设备、沉淀分离设备和回流设备的设计。

(1) 反应器容积的确定

反应器的容积可根据容积负荷、有机负荷或动力学公式来设计计算。其设计容积及反应器内的 MIVSS 可通过实验确定，也可采用已有的经验数据，一般容积负荷采用 2～6kgCOD/(m³·d)，污泥负荷≤0.25kgCOD/(kgVSS·d)，反应器内的为 6～10g/L，F/M 的值应在 0.3～0.5 之间，过低或过高都会使污泥的沉降性下降。

① 按有机容积负荷计算　$1m^3$ 反应器内每天所投入的有机物的量称为反应器的有机容积负荷。那么，根据定义：

$$V=(\text{每日所投入的有机物的量})/(\text{消化池容积负荷})=QS_0/N_V \tag{7-18}$$

式中，V 为反应器容积，m^3；Q 为废水流量，m^3/d；S_0 为进液 BOD 浓度，kgBOD/(m^3·d)；N_V 为反应器容积负荷，kgBOD/(m^3·d)。

反应器的有机容积负荷与温度有关。表 7-16 列出了在不同温度下反应器所采用的有机容积负荷。

表 7-16　厌氧接触工艺中的有机容积负荷

温度/℃	15～25	30～35	50～55
有机容积负荷/[kgCOD/(m³·d)]	0.5～2	2～6	3～9

② 按污泥负荷计算　污泥负荷是指反应器内每天所投入的挥发性固体的质量与反应器内的挥发性固体的质量之比。那么，根据定义：

$$V=V_0/V_S \tag{7-19}$$

式中，V 为反应器容积，m^3；V_0 为反应器每日所处理的废水体积，m^3/d；V_S 为反应器的污泥负荷，kgCOD/(kgVSS·d)。

反应器设计中所采用的污泥负荷见表 7-17。

表 7-17　反应器的污泥负荷（COD 去除率为 80%～90%）

废水性质	反应器的污泥负荷/[kgCOD/(kgVSS·d)]		
	15～25℃	30～35℃	50～60℃
主要含悬浮性有机物		0.1～0.3	0.5～1
主要含溶解性有机物		7～15	3～5
主要含乙酸	3～5	5～10	7～15

③ 按动力学关系式计算　厌氧接触法属于厌氧活性污泥法，由于机械搅拌、水力条件、

沼气气泡在上升过程中对水流的搅动，可将其视为完全混合型。并且，为了使反应器内的污泥不流失，在反应器后设有沉淀池，将沉淀污泥回流至反应器，所以，厌氧接触法应按有回流厌氧活性污泥法动力学分析。而劳伦斯（Lawrence）和麦卡蒂（McCarty）在 1970 年提出的有回流好氧活性污泥法动力学同样也适用于有回流厌氧活性污泥法，所以，厌氧接触法可按以下公式计算消化池容积。

$$u=\frac{1}{\theta_c}=\frac{YkS}{K_s+S}-K_d \tag{7-20}$$

$$S=\frac{K_s(1+kd\theta_c)}{\theta_c(Yk-kd)-1} \tag{7-21}$$

$$X=\frac{\theta_c}{\theta}\times\frac{Y(S_0-S)}{1+kd\theta_c} \tag{7-22}$$

$$\Delta X=\frac{YQS(S_0-S)}{1+kd\theta_c} \tag{7-23}$$

$$\frac{1}{\theta_c}=\frac{Q}{V}\left(1+R-R\frac{X_r}{X}\right) \tag{7-24}$$

式中，θ_c为固体停留时间，d；θ 为水力停留时间，d；Y 为反应器内的微生物产率系数，kg/kg；k 为有机物最大比降解速率常数，d^{-1}；K_d为微生物内源呼吸系数，d^{-1}；K_s为饱和常数，mg/L；S_0为进水中有机物浓度，mg/L；S 为出水中有机物浓度，mg/L；X 为反应器内微生物浓度，mgMLVSS/L；V 为反应器的有效容积，m^3；Q 为废水流量，m^3/d；R 为回流比；X_r为回流污泥中微生物浓度，mg/L。

对于城市污水，饱和常数 K_s和有机物组大比降解速率常数 k 可按 O′Rourke 提出的公式计算：

$$(K_s)_T=2224\times10^{0.046(35-T)} \tag{7-25}$$

$$(k)_T=6.67\times10^{-0.015(35-T)} \tag{7-26}$$

式中，T 为温度，℃。

对于脂肪类物质含量较高的废水，$Y=0.04$mg/mg，$K_d=0.015d^{-1}$；对于脂肪类物质含量较低的废水，$Y=0.0044$mg/mg，$K_d=0.019d^{-1}$。

在厌氧接触法的设计中，θ_c值可采用 McCarty 所推荐的最小固体停留时间与安全系数（取值在 5～6 之间）的乘积，最小固体停留时间与温度的关系见表 7-18。

表 7-18 不同温度条件下 McCarty 所推荐的最小固体停留时间

消化温度/℃	最小固体停留时间/d
40	4
35	4
30	6
24	8
18	11

(2) 沉淀分离设备

沉淀分离设备一般采用沉淀池，沉淀池可以采用平流式、竖流式、辐流式以及斜板沉淀池。厌氧接触工艺中的沉淀池的水力停留时间应该比普通沉淀池长，一般采用 4h。当采用平流式、竖流式、辐流式沉淀池时，水力表面负荷可取为 $0.5\sim1.0m^3/(m^2\cdot h)$；当采用斜板沉淀池，水力表面负荷取为1.0～2.0$m^3/(m^2 \cdot h)$。

(3) 脱气设备

脱气设备可采用真空脱气器、上向流斜板脱气法和搅拌脱气法。

(4) 沉淀污泥的回流

沉淀污泥的回流比可以通过试验来确定，一般取为2～3。

7.4.2 厌氧接触法设计举例

某屠宰废水，废水量Q为750m^3/d，COD为3200mg/L，水温较高，拟采用中温(35℃)厌氧接触法加以处理，要求COD去除率80%以上。

设计如下。

(1) 确定动力学系数

屠宰废水，属于高脂型，微生物内源呼吸系数K_d取0.015d^{-1}，微生物产率系数Y取0.04mg/mg，温度系数采用式(7-25)和式(7-26)计算

$$(K_s)_T = 2224 \times 10^{0.046(35-35)} = 2224(mg/L)$$

$$(k)_T = 6.67 \times 10^{-0.015(35-35)} = 6.67(d^{-1})$$

(2) 确定固体停留时间

消化温度为35℃，McCarty推荐的最小固体停留时间为4d，安全系数取6。

$$\theta_c = 4 \times 6 = 24(d)$$

(3) 确定反应器容积

由式 $X = \dfrac{\theta_c}{\theta} \times \dfrac{Y(S_0 - S)}{1 + kd\theta_c}$

得 $X = \dfrac{\theta_c YQ(S_0 - S)}{V(1 + K_d\theta_c)}$，即 $V = \dfrac{\theta_c YQ(S_0 - S)}{X(1 + K_d\theta_c)}$

X取为3500mg/L，S用式(7-21)计算：

$$S = \frac{K_s(1 + kd\theta_c)}{\theta_c(Yk - kd) - 1}$$

$$S = \frac{2224 \times (1 + 0.015 \times 24)}{24 \times (0.04 \times 6.67 - 0.015) - 1} = 599(mg/L)$$

$E = \dfrac{S_0 - S}{S_0} \times 100\% = 81\% > 80\%$　符合要求。

将已知条件代入得

$$V = \frac{24 \times 0.04 \times 750 \times (3200 - 599)}{3500 \times (1 + 0.015 \times 24)} = 393(m^3)$$

水力停留时间　$Q = V/Q = 393/750 = 0.525(d)$

有机物容积负荷　$N_V = \dfrac{750 \times (3200 - 599)}{1000 \times 393} = 4.96[kg/(m^3 \cdot d)]$

采用一座消化池。

(4) 脱气器

脱气器采用机械搅拌法，搅拌桨板转速用10～12r/min，脱气器容积按5min停留时间计算。

已求出$\theta = 0.525d$，$\theta_c = 24d$，取$R = 1$，代入式(7-24)中，得

$$\frac{1}{24}=\frac{750}{393}(1+1-1\times\frac{X_r}{3500})\text{ 得 }X_r=6923.6(\text{mg/L})$$

取 $R=0.5$，代入式（7-24）中，得

$$\frac{1}{24}=\frac{750}{393}\left(1+0.5-0.5\times\frac{X_r}{3500}\right)\text{ 得 }X_r=10347.2(\text{mg/L})$$

采用 $R=1$，脱气器容积为$\frac{750+750}{24\times60}\times5=5.2(\text{m}^3)$

(5) 沉淀池

采用竖流式沉淀池两座，面积水力负荷采用 $0.5\text{m}^3/(\text{m}^2\cdot\text{h})$，每个沉淀池表面积为：

$$A=\frac{\frac{2\times750}{2\times24}}{0.5}=62.5(\text{m}^2)$$

$$\text{沉淀池直径 }D=\sqrt{\frac{4A}{\pi}}=8.92\text{，取 }D=9.5(\text{m})$$

7.4.3 厌氧接触工艺的应用情况

厌氧接触工艺最初是用于处理肉类加工废水，现在在生产上已经广泛被用于处理高浓度有机废水，目前有不少的生产性装置正在运行中。表 7-19 列出了部分生产性厌氧接触工艺的运行参数。

表 7-19 部分生产性厌氧接触工艺的运行参数

项目	温度/℃	水力停留时间/d	有机容积负荷/[kgCOD/(m³·d)]	COD 去除率/%
小麦淀粉废水	中温	3.6	2.5	81.2
乳品加工混合废水	中温	1.9	2.5	83
果汁、果胶生产废水	中温	0.85	1.13	83
糖果生产废水	中温	4.62	2.2	95
蔬菜罐头废水	中温	3.6	3.0	80.5
柠檬酸废水	中温	18.8	2.5	78.5
乳酪加工废水	中温	1.93	2.52	83
麦芽威士忌酒糟	中温	23.52	1.76	87
麦芽威士忌废水	中温	32.7	1.03	84
制浆、造纸混合废水	中温	3.0	5.0	48.7
甜菜制糖废水	中温	2.7	3.0	52.5

厌氧接触工艺工程实例如下所述。

(1) 厌氧接触法-稳定塘处理屠宰废水

某屠宰场采用厌氧接触法-稳定塘处理屠宰废水。

① 工艺流程 其工艺流程见图 7-18。

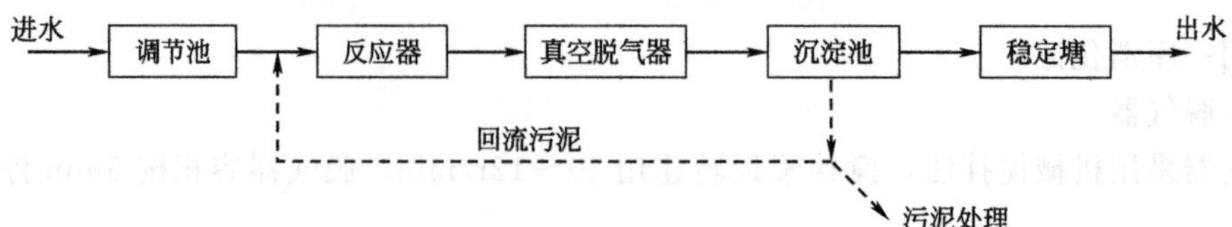

图 7-18 厌氧接触法-稳定塘处理屠宰废水工艺流程

② 各处理单元设计参数　该处理工艺各处理单元的主要设计参数见表 7-20。

表 7-20　厌氧接触法-稳定塘处理屠宰废水工艺各处理单元主要设计参数

项目	主要设计参数
调节池	水力停留时间:24h
厌氧反应器	温度:27～31℃
	水力停留时间:12～13h
	有机容积负荷:2.5kgBOD_5/(m^3·d)
	污泥浓度:7000～12000mg/L
真空脱气器	真空度:66600Pa
沉淀池	水力停留时间:1～2h
	表面负荷:14.7m^3/(m^2·h)
回流设备	回流比:3∶1
稳定塘	水深:0.91～1.22m

③ 实际处理效果　该处理工艺的处理效果见表 7-21。

表 7-21　厌氧接触法-稳定塘处理屠宰废水工艺处理效果

项目	SS/(mg/L)	BOD_5/(mg/L)
进水	688	1381
出水	23	26

(2) 厌氧接触工艺处理造纸废水

日本某造纸厂采用厌氧接触工艺处理造纸废水。反应温度为 52～55℃，消化池的总容积为 4900m^3，沉淀池的容积为 1500m^3，处理效果见表 7-22。

表 7-22　厌氧接触工艺处理造纸废水处理效果

项目	pH 值	COD 浓度/(mg/L)
进水	4.0～4.5	11000～12000
出水	7.0～7.4	2100～2700

7.5 厌氧生物滤池

7.5.1 滤床有效容积的设计

(1) 以容积负荷为设计参数

对于中高浓度的废水，有机容积负荷是确定反应器容积的主要因素。厌氧滤池的容积可由式(7-27) 计算：

$$V=Q(C_0-C_e)/(1000N_V) \tag{7-27}$$

式中，V 为滤床有效容积（即滤料体积），m^3；Q 为废水设计流量，m^3/d；C_0为进水中有机物浓度，mg/L；C_e为出水中有机物浓度，mg/L；N_V为容积负荷，kgBOD/(m^3·d)。

在进行具体的工程设计计算时，Q 和 C_0是已知的，C_e取决于对处理水的水质要求，也可以根据厌氧生物滤池对有机物的去除率来确定，因此，在设计中，最重要的是正确选定容积负荷 N_V，当废水浓度较高时应采用较高的有机负荷值；当滤料的孔隙率较大时可采用较高的有机负荷值；当水温较低时应采用较低的有机负荷值。当废水性质比较特殊，又无可靠的资料借鉴时，最好通过试验来选择所要采用的有机负荷值，试验中，温度、水质、滤料性质及深度等条件应尽可能与实际条件相吻合，并尽量减小试验装置边壁对试验结果的影响。为保证系统的安全运行，在设计中所采用的有机负荷值应略小于通过试验所确定的值。中高浓度溶解性废水的设计容积负荷主要取决于温度、废水与污泥的接触程度、污染物的性质、污泥浓度等因素。Lettinga 给出了与温度和污染物性质有关的不同厌氧反应器的设计有机容积负荷值。厌氧滤池的系统的设计参数见表 7-23。

表 7-23 对于不同温度、不同废水性质厌氧滤池的设计有机容积负荷

温度/℃	有机容积负荷/[kgCOD/(m³·d)]	
	VFA 废水	不含 VFA 的溶解性废水
15	1～2	0.5～1.5
20	2～3	1～2
25	3～6	2～3
30	5～12	3～6
35	8～16	4～8
40	12～20	6～10

(2) 以水力停留时间为设计参数

对于低浓度废水（COD＜1000mg/L），一般以水力停留时间确定反应器的容积。反应器的容积由下式计算：

$$V=QHRT \tag{7-28}$$

式中，Q 为废水流量，m^3/h；V 为反应器容积，m^3；HRT 为水力停留时间，h。而反应器所采用的水力停留时间又主要取决于废水的温度。

(3) 动力学系数法

对厌氧生物滤池的设计，也可根据推流式一级反应动力学来进行计算。

$$t=kL_n(C_0/C_e) \tag{7-29}$$

$$V=Qt \tag{7-30}$$

式中，t 为反应时间，d；k 为反应速率常数，d^1。

反应速率常数 k 可通过动力学试验来确定。试验如下：用已知浓度的废水 C_0，在一定温度下作消化处理，测出不同时间之后的剩余浓度 C，在半对数坐标纸上点绘出各个 t 值及与其相应的 C_0/C 值，所得的关系直线的斜率即为 k 值。

7.5.2 设计实例

酒精废水设计流量 Q 为 450m³/d，总 COD 浓度为 3500mg/L，要求 COD 去除率为 80%，设计厌氧生物滤池。

设计如下。

(1) 采用动力学系数法

采用升流式厌氧生物滤池，中温消化（35℃），试验所得反应速度常数 $k=0.67$d，去除率为 80%，$C_e=3500\times(1-80\%)=700(mg/L)$，代入式(7-29)中，得

反应时间 $t=0.67\ln(3500/700)=1.08(d)$

滤床有效容积 $V=450\times1.08=485(m^3)$

(2) 采用容积负荷法计算

① 填料采用塑料制品，N_V采用 4kgCOD/(m³·d)，则

$$V=Q(C_0-C_e)/(100N_V)$$
$$=450\times(3500-700)/(1000\times4)$$
$$=315(m^3)$$

② 若采用块状填料，N_V采用 3kgCOD/(m³·d)，则

$$V=Q(C_0-C_e)/(100N_V)$$
$$=450\times(3500-700)/(1000\times3)$$
$$=420(m^3)$$

③ 滤池尺寸。为使厌氧生物滤池内布水均匀，平面尺寸不宜过大。现采用塑料填料，有效容积为 315m³，分设成 4 座正方形升流式厌氧生物滤池，每个滤床填料高 4.5m，正方形平面尺寸为 4.2m×4.2m=17.64m²。

7.5.3 应用情况

厌氧生物滤池已成功用于多种有机废水的处理，在美国和加拿大被广泛应用于各种不同类型的废水处理，包括城市生活污水以及有机物浓度在 3000～24000mg/L 之间的工业废水处理，其中，应用最为广泛的是升流式生物滤池。在国内，石家庄第一制药厂成功地应用了升流式厌氧生物滤池处理维生素 C 废水，前哈尔滨建筑大学也将其成功地用于处理乳品废水。表 7-24 列出了厌氧生物滤池用于处理各种废水的情况。

表 7-24 厌氧生物滤池用于处理各种废水的情况

项目	浓度/(gCOD/L)	温度/℃	有机容积负荷/[kgCOD/(m³·d)]	水力停留时间/d	反应器容积/m³	COD 去除率/%	滤池形式
牛奶厂	2.5	28	4.9	0.5	9.0	82	升流式
小麦淀粉	5.9～13.1	中温	3.8	0.9	380	65	有回流
制糖	20.0	35	5.0～17.0	0.5～1.5	3000	55	升流式
化工厂	16.0	35	16.0	1.0	1300	65	有回流
土豆加工	7.6	36	11.6	0.68	205	60	升流式
啤酒厂	6～24	35	1.6	0.45～1		79	升流式
豆制品	24.0	中温	3.3	7.3	1.0	72	升流式
养猪场	24.4	33～37	12.4	2.0	22.0	68	升流式
酒糟	16.5	40	6.1	13.0	27.0	60	升流式
鱼类加工	5	中温	10.0			90	下流式
食品加工	2.6	中温	6.0	1.3	6.0	81	升流式
糖果厂	14.8	中温			6.0	97	升流式
淀粉生产	16.0～20.0	36	6～10		1000	80	升流式
甜菜制糖	14.8	35		<1.0	150	70	升流式

7.5.4 工程实例

染料中间体废水呈碱性，杂环化合物、硫化物的含量较高，其水质情况见表 7-25。

表 7-25 染料中间体废水水质情况

项目	色度	pH 值	SS	COD_{Cr}	BOD_5	挥发酚	苯胺类
平均值	2500	6.5～9.9	630	6300	2200	5	40

采用生化物化法处理染料中间体废水，处理系统包括预处理、物化处理、生化处理和后处理几个步骤。其工艺流程见图 7-19。

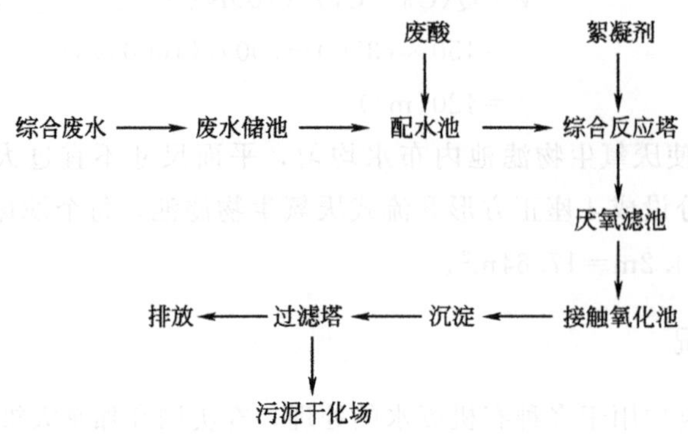

图 7-19 废水处理系统工艺流程

(1) 各处理单元的作用

① 废水储池　接纳各生产过程中排放的废水，和初次沉淀池的作用相同，去除悬浮物质，并且还起到调节水量和水质的作用，用车间反应釜夹套内的冷却水配水，稀释某些车间产生的高浓度有机废水。

② 配水池　加废酸将进水的 pH 值调至 6.5～7.5，为后续处理单元的稳定运行创造良好的条件。

③ 综合反应塔　投加混凝剂硫酸铝、硫酸亚铁、助凝剂聚丙烯酰胺，通过混凝沉淀的作用去除悬浮物质、部分有机物及硫化物。

④ 厌氧滤池　厌氧处理过程中，苯环、萘环的环链被打开，变成直链、支链化合物，并进行发酵。

⑤ 接触氧化池　高浓度的有机废水经过厌氧处理后，仍达不到处理水排放标准，需进一步进行好氧处理。在氧化池中进行充分地曝气，使好氧微生物氧化分解有机物。

⑥ 沉淀池　通过重力作用对生物处理系统的出水进行泥水分离。

⑦ 过滤塔　利用活性炭吸附去除色度和残留的悬浮物和有机物。

(2) 各处理单元的设计尺寸

废水储池：总容积为 $1200m^3$，处理量为 $75m^3/d$，进水 COD_{Cr} 6300mg/L，BOD_5 2200mg/L。

配水池：有效容积为 $150m^3$，进水量为 $75m^3/d$，进水 COD_{Cr} 6300mg/L，BOD_5 2200mg/L，采用鼓风的方式进行混合均质。

综合反应塔：有效容积为 $30m^3$，进水量为 $150m^3/d$，进水 COD_{Cr} 的浓度为 3500～4000mg/L，在综合反应塔内，COD_{Cr} 的去除率为 10%～20%。

厌氧滤池：总容积为 $200m^3$，填料为软性纤维填料，处理水量为 $150m^3/d$，MLVSS 为 0.9～3g/L，水力停留时间为 23～24h；进水水温为 30～35℃，pH 值为 6.5～9，COD_{Cr} 的浓度为 2800～3500mg/L；在厌氧滤池中，COD_{Cr} 的去除率为 70%～80%。

接触氧化池：分为三个廊道，总容积为300m^3，处理水量为150m^3/d，水力停留时间为4～6h，填料为塑料填料，MLVSS为3～4.5g/L；进水水温20～30℃，pH值为6.5～9.0，COD_{Cr}的浓度为700～1200mg/L；在好氧氧化池中，COD_{Cr}的去除率为70%～90%。

二次沉淀池：为斜管沉淀池，有效容积为25m^3，水力停留时间为2h。

过滤塔：有效容积为30m^3，以活性炭和煤渣作为滤料，以鹅卵石作为承托层；处理水量为150m^3/L，进水色度为300，COD_{Cr}的浓度为100～180mg/L；色度去除率为85%～90%，COD_{Cr}的去除率为20%。

(3) 实际处理效果

实践证明：经该系统处理后的排放水达到了国家污水综合排放二级标准（GB8978—1996），其排放水的水质情况见表7-26。

表7-26 该系统的排放水的水质情况

项目	处理水	排放标准	项目	处理水	排放标准
pH值		6～9	硫化物/(mg/L)	0.4	1
SS/(mg/L)	92	200	苯胺类/(mg/L)	0.2	2
COD_{Cr}/(mg/L)	93	150	挥发酚/(mg/L)	0.22	0.5
BOD_5/(mg/L)	25	60	色度/(mg/L)	35	80

7.6 两相厌氧生物处理工艺

7.6.1 两相厌氧反应器容积的确定

(1) 容积比的确定

两相厌氧反应器的容积比为：

$$R=V_1/V_2 \tag{7-31}$$

式中，R为两相厌氧反应器的容积比；V_1为产酸相反应器的体积，m^3；V_2为产甲烷相反应器的体积，m^3。

当采用两相厌氧工艺处理污泥时，因污泥中悬浮有机固体含量较高，所以产酸相反应器的容积较大，两相厌氧反应器的容积比R常取为0.5～2.5；对于所含物质以溶解性有机物为主的高浓度有机废水，R取为1/3～5；对于所含物质以悬浮性有机物为主的高浓度有机废水，R取为0.5～2.5。

(2) 两相反应器容积的确定

两相厌氧反应器的容积可以通过两种方法确定。

① 按有机容积负荷　以有机容积负荷作为参数设计两相反应器各自的容积可以按以下两个公式计算。

$$V1=\frac{RQC_0}{N_V(1+R)} \tag{7-32}$$

$$V_2=V_1/R \tag{7-33}$$

式中，N_V为总有机容积负荷，kgCOD/(m^3·d)；Q为废水流量，m^3/d；C_0为废水浓度，gCOD/L。

② 按水力停留时间　通过试验确定两相反应器的容积比和各自的水力停留时间后，可

以按以下两个公式计算两相反应器各自的容积。

$$V_1 = Qt_1 \tag{7-34}$$

$$V_2 = Qt_2 \tag{7-35}$$

式中，t_1为产酸相反应器的水力停留时间，d；t_2为产甲烷相反应器的水力停留时间，d。

7.6.2 工程实例

7.6.2.1 两相厌氧工艺处理抗生素废水

抗生素废水是一种含生物毒性物质和难降解物质的高浓度有机废水，国内外大多数都采用好氧技术处理抗生素废水，投资和处理成本高，废水的实际处理效果差。因此，开发处理抗生素废水的经济有效的方法具有实际的意义。买文宁、杨明和曾令斌采用两相厌氧工艺处理华中医药集团抗生素废水，在 1995 年 2 月～1996 年 12 月进行试验研究，在 1997 年 1 月～1998 年 7 月进行废水处理工程的设计、建设、调试和试运行，从 1998 年 8 月正式投产使用。工程运行情况表明该处理工程具有投资省、运行费用低的优点，并且出水水质稳定，达到《污水综合排放标准》(GB 8978—96) 生物制药工业二级排放标准。

(1) 废水水质情况

华中医药集团以生物发酵法生产乙酰螺旋霉素为主，是我国最大的乙酰螺旋霉素生产企业。其生产废水主要分为两部分：一部分是主要成分为菌丝体的板框废水（悬浮物较多），一部分是主要成分为脂类、醇类的溶煤废水（含有大量的在发酵过程中的一些代谢产物和抗生素残留物）。这两种废水的水质情况见表 7-27。

表 7-27 板框废水和溶煤废水的水质

项目	温度/℃	pH 值	油	SS/(mg/L)	BOD/(mg/L)	COD/(mg/L)	SO_4^{2-}/(mg/L)
板框废水	25	7.0		908	859	2176	
溶煤废水	28	7.5	302	468	10379	21009	164

(2) 工艺流程

该抗生素废水处理系统由预处理、厌氧生物处理和好氧生物处理组成。其工艺流程图如图 7-20 所示。

① 预处理 采用隔油沉淀池去除抗生素废水中的悬浮物和残留的溶煤；调节池具有均化水量和水质的作用。预处理系统为后续处理单元的稳定运行创造了良好的条件。

② 厌氧生物处理系统 厌氧处理采用两相厌氧工艺。水解酸化工艺采用厌氧折流板反应器，甲烷发酵工艺采用厌氧复合床反应器。在水解酸化反应器内，难降解的大分子有机物被转化为小分子有机物，部分对生化反应有抑制作用的残留抗生素被消除毒性，废水的可生化性被提高。经过酸性发酵的废水再进入产甲烷相进行甲烷发酵。这样，厌氧反应的两个阶段分别在两个独立的反应器中完成，并控制不同的最佳运行参数，提高了厌氧处理系统的处理效率和运行稳定性。

好氧生物处理系统：在厌氧生物处理系统和好氧生物处理系统之间设置有预曝气沉淀池，预曝气沉淀池的作用是沉淀厌氧污泥，吹脱 H_2S 等有害气体，增加废水的溶解氧，改善厌氧生物处理系统的出水水质，为好氧生物处理创造良好的条件。好氧生物处理系统采用循环活性污泥系统。循环活性污泥系统（CASS）是将生物选择器和间歇式活性污泥法结合

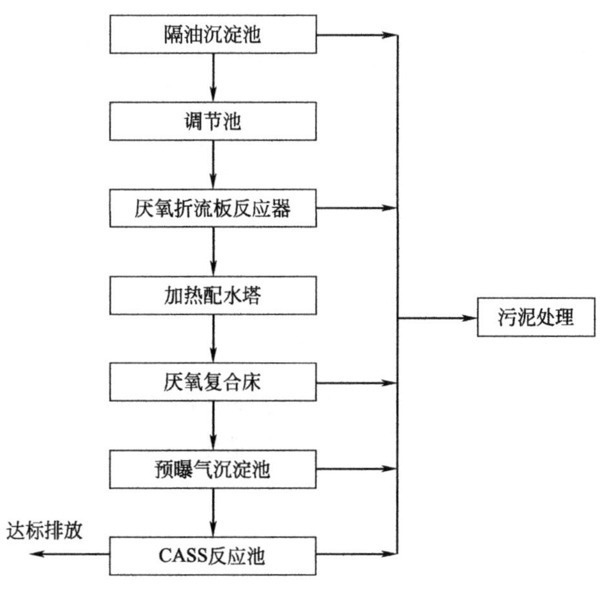

图 7-20　华中医药集团抗生素废水处理工艺流程

的新型高效好氧生物处理技术。具有工艺结构简单、投资费用省、运行费用低、管理维护方便和布置紧凑、占地面积小等优点。

（3）系统各处理单元的设计参数和结构尺寸

该抗生素废水处理工程各单元的设计参数和结构尺寸见表 7-28 和表 7-29。

表 7-28　各处理单元的设计参数

项目	有效容积/m^3	有机容积负荷/[kgCOD/(m^3·d)]	水力停留时间/h
隔油沉淀池	420		6
调节池	1250		12
厌氧折流板反应器	1250		12
厌氧复合床	4200	5	
预曝气沉淀池	625		6
CASS 反应池	2890	0.9	
污泥浓缩池	220		24

表 7-29　各处理构筑物的结构尺寸

项目	尺寸/m	数目/座	备注
隔油沉淀池	15.0×6.0×5.5	1	钢筋混凝土结构
调节池	15.0×15.0×6.0	1	钢筋混凝土结构
厌氧折流板反应器	25.0×12.0×5.5	1	钢筋混凝土结构，分两组，每组分 3 格，每格均设锥形污泥斗，每格的下流室和上流室的体积比为 1∶3，第 3 格在上流室的上部设有弹性立体纤维
厌氧复合床	ϕ8.0×12.0	8	钢结构，采用底部进水，在反应器内 5～7m 处设有弹性立体纤维，在 8～12m 处设置三相分离器的排水系统
预曝气沉淀池	25.0×8.0×5.5	1	钢筋混凝土结构
CASS 反应池	25.0×25.0×5.5	1	内分格组合结构
污泥浓缩池	10.0×5.0×7.0	1	内分格组合结构

(4) 实际处理效果

该抗生素废水处理系统的设计规模为2500m³/d，处理后水质达到《污水综合排放标准》(GB 8978—1996) 生物制药工业二级排放标准。处理系统的出水水质情况见表7-30。

表7-30 华中医药集团抗生素废水处理系统出水水质情况

项目	pH值	SS/(mg/L)	COD/(mg/L)	BOD/(mg/L)
进水	5.80～8.39	376～1148	7470～10500	3350～5160
出水	7.69～7.92	36～116	167～281	7～29
排放标准	6～9	150	300	100

7.6.2.2 二相厌氧-混凝法处理制浆造纸综合废水

湖南某造纸厂采用二相厌氧—混凝法处理制浆造纸综合废水，达到了《造纸工业水污染物排放标准》(GB 354492) 一级标准。

(1) 废水水质情况

该厂主要生产原料是芦苇和烧碱，在生产过程中有多道工序排出废水，主要包括黑液、中段水和白水。黑液中固体物质的含量为7.5%，其主要成分见表7-31。

表7-31 某造纸厂黑液中固体物质成分含量

木素/%	挥发酸/%	其他有机物/%	总碱/%	Na_2SO_4/%	SiO_2/%	其他无机物/%
29.56	8.84	31.32	25.73	1.65	2.67	0.23

(2) 处理系统工艺流程

二相厌氧-混凝法处理制浆造纸综合废水工艺包括预处理、水解酸化、酸析操作、UBF反应器和混凝沉淀几个环节。工艺流程见图7-21。

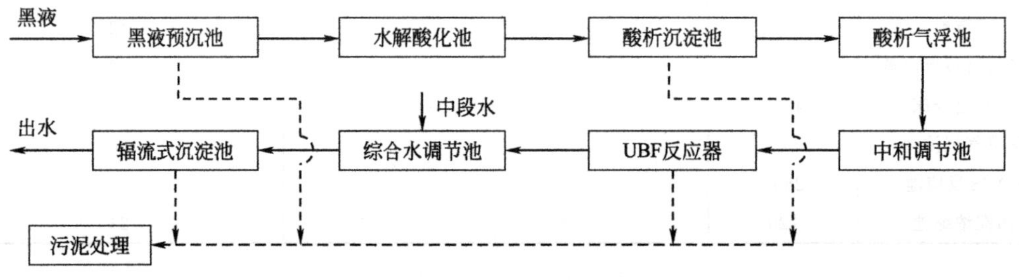

图7-21 二相厌氧-混凝法处理制浆造纸综合废水工艺流程

① 黑液预沉池　黑液和中段水的水质相差悬殊，应该将黑液中的悬浮物和有机物的含量降低后，再和中段水进行混合处理。黑液的特点是固体物质含量高、黏度大，为了防止堵塞酸化池的布水系统，将黑液首先进行纤维回收，然后进行沉淀处理，降低悬浮物浓度。

② 酸化池　主要进行水解酸化反应。酸化后，部分难降解大分子有机物分解为生物易降解的小分子有机物，提高了废水中有机物的可生化性。

③ 酸析沉淀池和酸析气浮池　在酸化池中投入少量硫酸，将黑液的pH值调至3～4，木素从黑液中析出，通过沉淀和气浮将其分离。

④ 中和调节池　在中和调节池中投加石灰水，将pH值调至6.6～7.5，并同时对黑液进行水量和水质的调节，为UBF的稳定运行创造良好的条件。

⑤ 厌氧反应器 厌氧反应器采用UBF，即一种不带三相分离器的上流式污泥床-过滤器复合式反应池。在厌氧反应器中，通过厌氧微生物的作用进一步去除有机物。

⑥ 调节池和沉淀池 黑液经过以上处理后，大部分的有机物被降解，大部分的木素被分离，但黑液中仍残留有木素降解产物和少量的悬浮物质、胶体物质，所以，将经过二相消化的黑液和中段水在综合水调节池中混合均化，然后投加混凝剂，在管道内进行混凝反应。在沉淀池中絮体通过重力作用从混合水中沉淀分离。沉淀污泥通过脱水后制成泥饼外运。

(3) 主要构筑物的设计参数和尺寸

该处理系统的主要构筑物的设计参数和尺寸见表7-32。

表7-32 主要构筑物的设计参数和尺寸

项目	水力停留时间/h	尺寸/(m×m×m)	数目/座
黑液沉淀池	10	32×8×2.5	1
水解酸化池	30	25×25×3.5	1
酸析沉淀池	8	15×8×3.8	1
酸析气浮池	1	ϕ8×1.3	1
中和调节池	5	12×8×3	1
UBF	90	ϕ18×10	2
综合水调节池	4	60×20×2.7	1
辐流式沉淀池	4	ϕ30×4.5	1

(4) 实际处理效果

该废水处理系统各处理单元处理效果见表7-33。

表7-33 各处理单元处理效果

项目	pH值	SS	COD_{Cr}/(mg/L)	BOD_5/(kg/L)
黑液预沉池	11～12	1130	27080	8120
水解酸化池	5～6.5	1130	23015	6500
酸析	3～4	560	10350	3570
UBF	6～7	560	5690	1760
出水		180	320	138

7.7 厌氧生物转盘的设计及试验研究

7.7.1 厌氧生物转盘的设计

(1) 转盘盘片总面积

厌氧生物转盘盘片总面积可由式(7-36)计算：

$$A = QC_0 N_s \tag{7-36}$$

式中，A为盘片总面积，m^2；Q为废水流量，m^3/d；C_0为废水有机物浓度，kgCOD/(m^3·d)；N_s为盘片有机面积负荷，kgCOD/(m^2·d)。

(2) 转盘盘片的个数

厌氧生物转盘盘片的个数可由式(7-37) 计算：

$$N=\frac{2A}{\pi D^2} \tag{7-37}$$

式中，N 为转盘盘片的个数，个；D 为转盘盘片的直径，m。

(3) 转轴长度

厌氧生物转盘的转轴长度可由式(7-38) 计算：

$$L=N(a+b)k \tag{7-38}$$

式中，L 为转轴的长度，mm；a 为盘片之间的平均间距，mm；b 为盘片的厚度，mm；k 为构造系数，通常取为 1.1～1.2。

(4) 反应槽的容积

厌氧生物转盘反应槽的容积取决于转盘盘片的直径、盘片的个数、转轴的长度以及进水槽和出水槽等因素。可根据试验确定。

7.7.2 厌氧生物转盘的试验研究现状

厌氧生物转盘目前在国内外还处于试验研究阶段，国外有人在实验室中采用厌氧生物转盘处理牛奶废水、生活污水、奶牛尿，TOC 去除率为 60%～80%；国内曾对玉米淀粉废水和酵母废水采用厌氧生物转盘处理，COD 去除率为 70%～90%。表 7-34 列出了厌氧生物转盘处理废水的研究成果。

表 7-34 厌氧生物转盘试验研究实例

项目	温度/℃	有机面积负荷 /[gCOD/(m²·d)]	水力停留时间 /h	废水浓度 /(mgCOD/L)	出水浓度 /(mgCOD/L)	COD 去除率 /%
酵母废水	35	63.6～69.3	24	2196～9711	620～3336	31.8～65.6
玉米加工废水	35	31～32	17～28	2860～4400	264～372	87～94
人工合成葡萄糖废水	35	85.6～131.3	24	5225～18912	876～4141	78～83.2

7.8 厌氧膨胀床和厌氧流化床的设计及工程实例

7.8.1 厌氧膨胀床和厌氧流化床的设计

(1) 反应器空床流速的确定

在流化床（或膨胀床）操作中，上升流速即操作速度必须大于临界流化速度。一般将载体膨胀率为 5%时的上升流速称为临界流速。

临界空床流速
$$V_{mf}=\frac{(\psi_s\times d_p)^2(\rho_s-\rho_l)g\varepsilon f^3}{180\mu(1-\varepsilon_f)} \tag{7-39}$$

$$\varepsilon_f=1-\frac{(1-\varepsilon_0)}{1.05} \tag{7-40}$$

使反应器内的载体被水流冲出去的下限称为极限流速。

极限空床流速
$$V_t=\left[\frac{4\ (\rho_s-\rho_l)^2g^2}{225\rho_l\mu}\right]^{\frac{1}{3}}\psi_s d_p \tag{7-41}$$

反应器运行时的空床流速可选用$V_{mf} < V_f \leqslant (0.03 \sim 0.05)V_t$

式中，V_{mf}为临界空床流速（使载体达到 5%膨胀率的上升流速），m/s；ε_0 为载体固定时的孔隙率；ε_f 为载体临界膨胀时的孔隙率；d_p 为填料平均粒径，m；ψ_s 为载体形状修正系数，一般取为 0.75；ρ_l 为废水密度，kg/m^3；ρ_s 为载体密度，kg/m^3；μ 为废水的动力黏滞系数，kg/(m·s)；g 为重力加速度（9.8m/s^2）。

(2) 反应器的有效容积

厌氧膨胀床和厌氧流化床的有效容积可由公式(7-42) 计算：

$$V = \frac{QC_0 + RQC_e}{N_v} \tag{7-42}$$

式中，V 为反应器的有效容积，m^3；Q 为废水设计流量，m^3/d；C_0为原废水浓度，mgCOD/L；C_e为反应器出水浓度，mgCOD/L；N_V为反应器的有机容积负荷，kgCOD/(m^3·d)。

Mogens Henze 给出了在不同温度下厌氧膨胀床和厌氧流化床的有机容积负荷值，见表 7-35。

表 7-35　厌氧膨胀床（流化床）的有机容积负荷值

温度/℃	15～25	30～35	50～60
有机容积负荷/[gCOD/(m^3·d)]	1000～4000	4000～12000	6000～18000

(3) 反应器的截面积

厌氧膨胀床和厌氧流化床的截面积可由公式(7-43) 计算：

$$A = \frac{(1+R)Q}{24V_f} \tag{7-43}$$

式中，A 为反应器的截面积，m^2；V_f为反应器的运行空床流速，m/d。

(4) 反应器的高度

厌氧膨胀床和厌氧流化床的高度可由以下两个公式计算：

$$H = H_1 + H_2 \tag{7-44}$$

$$H_1 = V/A \tag{7-45}$$

式中，H 为反应器的高度，m；H_1为反应器内载体膨胀（或流化）后的高度，m；H_2为反应器的保护高度（使处理水与载体分离的高度），m。

7.8.2　厌氧膨胀床和厌氧流化床的试验研究

(1) 厌氧膨胀床的试验研究

国内外对厌氧膨胀床做了大量的试验研究，表 7-36 列出了试验研究结果。

表 7-36　国内外对厌氧膨胀床的试验研究

项目	温度/℃	废水浓度/(mgCOD/L)	水力停留时间/h	COD 去除率/%
人工合成废水	55	3000	4	88
人工合成废水	55	8800	4.5	73
城市污水	20	307	8	93
有机废水	28	300～9000	2	67～89
有机废水	55	16000	3	43

续表

项目	温度/℃	废水浓度/(mgCOD/L)	水力停留时间/h	COD去除率/%
有机废水	中温	1718	24	98
有机废水	中温	480	0.75	79
有机废水	中温	6750	24	97
有机废水	中温	3469	24	98.7

(2) 厌氧流化床的试验研究

日本学者采用厌氧流化床（$\phi 1\times 6.85m^3$）处理制酸有机废水、含酚废水和大豆蛋白废水，中试效果见表7-37。

表7-37 厌氧流化床处理三种有机废水的中试效果

项目		制酸有机废水	大豆蛋白废水	含酚废水
进水水质	COD/(mg/L)	8800	3720～4690	2800～3700
	BOD/(mg/L)	7000	2270～2530	2100～3000
出水水质	COD/(mg/L)	43	335～346	33
	BOD/(mg/L)	35	86～90	<15
运行条件	温度/℃	30	30～35	30
	污泥浓度/(g/L)	15～20	19.3～32.6	11～13
	容积负荷/[kgCOD/(m³·d)]	42	7.6～11.0	4.5～5.9
	水力停留时间/h	5	10.2～11.8	15

7.8.3 厌氧膨胀床和厌氧流化床的工程实例

(1) 厌氧膨胀床的工程实例

Jewell以厌氧膨胀床作为Ithaca废水处理厂的二级处理，实践结果证明：采用厌氧膨胀床处理城市污水，出水可以达到二级排放标准，产生的剩余污泥量少，并且运行、管理、维护费用低。处理效果见表7-38。

表7-38 采用厌氧膨胀床处理城市污水的效果

项目	SS/(mg/L)	COD/(mg/L)
进水	88	186
出水	10	40～45

(2) 厌氧流化床的工程实例

厌氧流化床已用于多种工业废水的处理，表7-39列出了其中几个典型例子。

表7-39 厌氧流化床处理工业废水的实例

项目	有效容积/m³	水力停留时间/h	COD去除负荷/[kgCOD/(m³·d)]	COD去除率/%
清凉饮料废水	120(流化床容积)	6	9.6	77
酵母发酵废水	225	2.4	22	70
酵母发酵废水	80	3.2	20	75
大豆加工废水	300	16	12	50～60
纸浆漂白废水		3～12		

7.9 EGSB 反应器的设计及工程实例

7.9.1 EGSB 反应器的设计

EGSB 反应器的结构和 UASB 反应器的结构非常类似，关于 EGSB 反应器的设计参见 UASB 反应器的设计。不同之处在于 EGSB 反应器允许的升流速度要远远高于 UASB 反应器，因此 EGSB 反应器的水力停留时间可以很短，但是对三相分离器的分离效果要求很高，EGSB 反应器中的流速的设计值见表 7-2。

7.9.2 EGSB 反应器的应用工程实例

（1）EGSB 工艺处理玉米酒精糟液

天津市挂月集团有限公司以玉米为主要原料来生产酒精。酒精的年产量在 1998 年达到 4 万吨，其厌氧工艺最初采用醛化维尼纶软填料的 AF 工艺，但是填料更换率高，长效性差，投资大；后改为 AC 工艺，但是采用 AC 工艺处理玉米酒精糟液，有机负荷低，随着生产规模的扩大，必须增加反应器的总容积，工程总投资大；在 1998 年，该厂将厌氧处理工艺改为 EGSB 反应器（即膨胀式颗粒污泥床）。

EGSB 反应器为地上式，反应器的直径为 5m，高度为 15m，内设新型三相分离器；连续进排料；有机容积负荷为 12.5kgCOD/(m^3·d)，水力停留时间为 2d。

EGSB 反应器的处理效果见表 7-40。

表 7-40 EGSB 反应器处理效果

项目	SS/(mg/L)	COD/(mg/L)
进水	3200	25000
出水	300	3300

实践结果证明：EGSB 工艺具有布水均匀、三相分离效果好、有机容积负荷高、处理效率高及投资省、处理成本低等优点。

（2）EGSB 反应器处理甲醛废水

荷兰某化工厂采用 EGSB 反应器处理甲醛废水。其工艺流程见图 7-22。

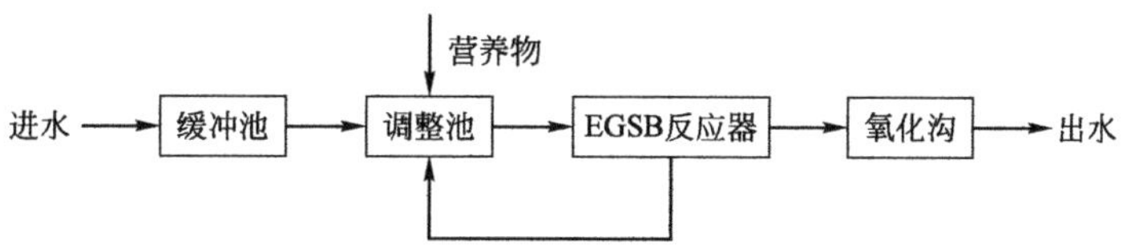

图 7-22 EGSB 反应器处理甲醛废水工艺流程

缓冲池：水力停留时间为 30h，甲醛废水以 120m^3/h 的流速进入缓冲池，然后又以 5m^3/h 的流速流入调整池中。

调整池：在调整池中，往废水中投加 N、P、Fe 等养料，为厌氧反应提供良好的条件，并将废水的 pH 值调整为 7.0。

EGSB反应器：有效容积为$220m^3$，水力停留时间为1.8h，进液量为$150m^3/h$，进液浓度为4000mgCOD/L，反应器的升流速度为9.4m/h。EGSB反应器有$145m^3/h$的出水又回到调整池中稀释原废水，提高了EGSB反应器的运行稳定性。EGSB反应器出水的浓度≤800mgCOD/L，但是达不到当地排放标准（≤200mgCOD/L），厌氧反应器出水排入卡鲁沙氧化沟中进行进一步处理。

第8章 厌氧生物处理工艺运行管理与控制

厌氧生物处理技术经过了一个多世纪的发展，有些工艺已经相当成熟，而有些工艺却仍在发展中。厌氧生物处理工艺包括很多，如厌氧接触法（Anaerobic Contagion，AC）、升流式厌氧污泥床法（Upflow Anaerobic Sludge Bed，UASB）、厌氧流化床法（Anaerobic Fluidized Bed，AFB）、内循环反应器法（Internal Circulation Anaerobic Reactor，ICAR）和膨胀颗粒污泥床法（Expanded Granular Sludge Bed，EGSB）等。但是厌氧微生物生长缓慢，世代周期长，加之很容易受到诸多方面因素的影响，因此反应器的启动以及在启动后的运行管理与控制十分重要。

8.1 厌氧工艺中污泥的培养与驯化

8.1.1 厌氧活性污泥的培养与驯化

长期以来，厌氧生物处理工艺一直以厌氧活性污泥法为主，特别是处理好氧法处理污水产生的剩余活性污泥和含有大量悬浮物的有机污水时，均采用厌氧活性污泥法。厌氧活性污泥法包括普通消化池、厌氧接触消化工艺等。它们的启动基本上是相同的。

对于一个新建设的厌氧活性污泥消化工艺，需要培养驯化消化污泥，培养方法有以下2种。

（1）一次培养法

① 将池塘污泥经2mm×2mm孔网过滤后投入消化工艺，投加量占消化工艺容积的1/10，以后逐日加入新鲜污泥直到设计泥面。

② 然后对其加热，控制升温速度为1℃/h，最后达到所需的消化温度。

③ 调节反应器内的pH值在6.5～7.5范围内，稳定一段时期后污泥成熟，产生沼气，此时可以再向反应器中添加新鲜污泥。

注：如果当地已有消化工艺，则可取消化污泥，这样会更加简便。

（2）逐步培养法

① 将每天排放的初沉池内的污泥和浓缩后的活性污泥投入消化工艺。

② 对其加热，使其每小时温度升高1℃。当温度达到消化温度时，使温度保持不变。

③ 逐日添加新鲜的污泥，直到设计的泥面，停止加泥。同时要保持温度不变，使有机物水解、液化。这样大约需要30～40d，待污泥成熟、产生沼气后，方可投入正常运行。

8.1.2 厌氧生物膜的培养与驯化

厌氧生物膜与厌氧活性污泥不同之处在于厌氧活性污泥中的厌氧微生物在反应器中呈悬浮状态，而厌氧生物膜法中的厌氧微生物在反应器中以膜的形式存在，是固着在填料的表面上生长的。

（1）厌氧滤器的启动

厌氧滤器是20世纪60年代末由美国McCarty等在前人研究的基础上发展并确立的第一个高速厌氧反应器。厌氧滤器在处理溶解性废水时可高达10～15kgCOD/(m^3·d)。

厌氧滤器的启动即培养厌氧生物膜的过程。在厌氧滤器正式运行前，需要使反应器内有足够数量的污泥浓度。启动过程就是对厌氧滤器内生物膜的培养过程，也是增殖与驯化的过程。通过培养形成生物膜和细菌絮凝体，使污泥达到预定的浓度和活性，从而使反应器可以在设计负荷下正常运行。

厌氧滤器的启动可以用现有污水处理厂的消化污泥作为接种污泥，接种量控制在10%左右。如果没有消化污泥也可以用好氧处理污水的剩余的活性污泥作为接种污泥。污泥在投加厌氧滤器之前，可与一定量的待处理的废水混合（按照污泥量与废水量1∶10的比例）加入到反应器中，停留3～5d，然后开始连续进水、出水。

启动初期，进水负荷应低于1.0kgCOD/(m^3·d)，对于高浓度和含有毒物的废水需要进行适当稀释。在培养与驯化厌氧生物膜的过程中，渐渐降低稀释的倍数，即进水负荷逐渐提高，COD容积负荷逐渐增加。培养一定时间后，当废水中的COD去除率达到80%左右时，还可适当提高进水负荷。如此反复地进行，直到达到反应器的设计能力。生物膜达到一定厚度，一般要求2～5mm，这时生物膜培养成功。成功后可以连续进水和连续出水正常运行。生物膜培养成功一般需要60～70d左右。如果在低温（20℃左右）下培养需要的时间会更长，大约90d。

（2）厌氧流化床反应器的生物膜

在厌氧流化床系统中，其也是依靠生长在填料微粒表面上的生物膜来保留厌氧污泥，固体与液体混合以及物质传递也都是依靠使这些带有生物膜的微粒形成流化态来实现的。

厌氧流化床反应器中微生物的培养与驯化与厌氧滤器有相似之处。Stronach等采用同时增大有机负荷和进水流量，在4L的反应器中加入1.96L直径为0.22mm的砂粒，接种30mL的消化污泥，并加入一定量的废水。在没有进水的条件下，用反应器自身的出水连续循环48h。该反应器的启动成功用了50d的时间。在一些报道中介绍，填料床中25%的膨胀率为最佳。

流化床反应器中所形成的生物膜与厌氧滤器的生物膜相比要薄，生物膜的结构是依据填料来定的，填料不同，则有较大的差异。薄的生物膜利用物质的传递，而且能够保持较高的微生物活性。

（3）厌氧填料折流板反应器的挂膜

厌氧折流板反应器（ABR）的特点是反应器被分成不同的隔室（见图8-1），水流局部呈完全混合而整体呈推流流态。这不仅有利于提高反应器的容积利用率，而且在不同的隔室内可相对独立地培养适合于各自环境的微生物群落，利于各类微生物的平稳增长，还可以很好地抗冲击负荷。

折流板反应器由挡板将其分成4个主体隔室（或更多些），内设弹性立体填料。挡板的作用是使水流在每个主体隔室内呈上升流。

采用自然挂膜的方法培养微生物，在一定温度下（如20℃）培养成熟需要较长的时间。何强等人采用好氧预挂膜的方法可以加速厌氧生物膜反应器的启动，采用好氧活性污泥接种培养微生物膜，无需曝气。原水进入反应器后，取城市污水处理厂回流污泥混合液1L，分别由各隔室上部倒入反应器的4个隔室。活性污泥在重力作用下下沉，下沉过程中受立体填

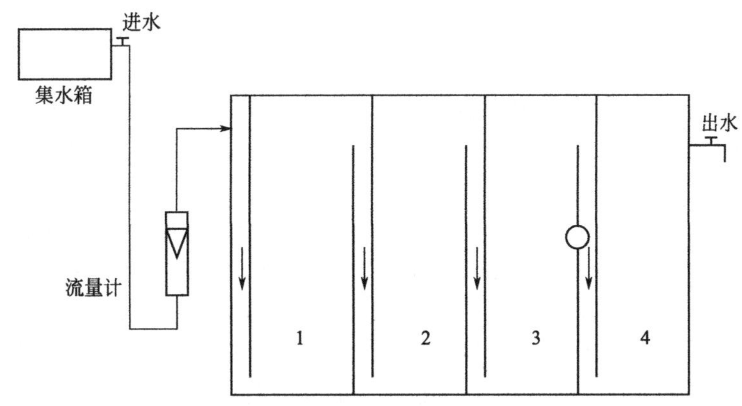

图 8-1　厌氧折流板反应器

注：崔玉波，尹军，曲波，林英姿．厌氧填料折流板反应器的启动试验 [J]. 2002，18 (7)，75-76.

料阻隔，褐色污泥絮体在隔室空间内挂满填料。随后控制进水流量在 1L/h（水力停留时间——HRT 为 6h），3d 后第 1、2 隔室中附着在上部填料上的污泥开始泛白，底部有部分脱落污泥（呈黑色）。此后，由第 1 隔室开始，填料所挂生物絮体由上向下逐渐转化为乳白色微生物，但由第 1 隔室到第 4 隔室的这种趋势明显减弱。7d 后第 1 隔室填料上已布满乳白色微生物，第 4 隔室填料上绝大部分褐色活性污泥絮体已脱落至底部，填料上仅挂有少量乳白色微生物，HRT 缩短为 4h，至第 14 天各室挂膜基本完成，但生物量从第 1 隔室至第 4 隔室递减，而且生物膜生长程度不同，第 3 隔室生物膜基本上包裹填料丝，呈圆形，第 4 隔室生物膜主体呈悬挂式。

启动初期，兼性菌的生长先从隔室的上部开始。在好氧条件下生长的兼性菌进入厌氧环境后需要一个适应过程，而在此过程中即使是微量的氧也能使兼性菌活性增强，故形成了微生物由上向下繁殖的现象。启动后期对反应器上部生物膜的镜检发现有大量原生动物存在，而在下部生物膜却没有，这可能是由于启动初期时带入的大气复氧对生物膜中微生物的生长造成影响。

在折流板反应器的不同隔室中生物量分布明显不同，高 COD 负荷对应着高生物量。而对于有机物浓度低的废水来说，4 个隔室可完全满足需要。采用好氧活性污泥进行预挂膜可以充分发挥兼性菌的生物特性，无需曝气，18℃时在两周内便可启动成功。

(4) 高温厌氧工艺的生物膜

厌氧滤器、流化床反应器、固定膜反应器等都是以生物膜的形成为基础的，然而高温厌氧工艺也可以形成生物膜。

利用高温消化污泥作为 55℃的高温厌氧工艺的种泥很容易启动，也有一些报道说中温的消化污泥也可以作为高温厌氧工艺的种泥。已经作为 55℃高温工艺种泥使用过的中温污泥有：新鲜的或已消化的下水道污泥；新鲜的或已消化的牛粪；瘤胃液；间歇污泥消化器的污泥；氧化塘污泥等。

例如：进水为豆类漂白废水，种泥为高温消化污泥，在使用针孔聚酯和红色陶土作为填料的下流式固定膜反应器中，其形成的生物膜有 2～4mm 厚，污泥量为 32～40gVSS/L。在高温反应器中，生物膜厚度和污泥浓度比类似的中温反应器要高，而且生物膜的分布更加均匀。

8.1.3　厌氧颗粒污泥

厌氧颗粒污泥实际上是厌氧活性污泥中一种比较特殊的厌氧处理工艺，在这里单独提出。

(1) 上流式厌氧污泥床（UASB）反应器的启动

1974 年荷兰 Lettinga 等在研究厌氧滤器的基础上研制出了上流式厌氧污泥床（UASB）反应器。到目前为止，UASB 反应器作为一种高效厌氧生物反应器，在世界范围内被大量应用，并取得了成功。其最大特点是能够形成沉降性能良好，产甲烷活性高的颗粒污泥。

颗粒污泥是在 UASB 反应器的运行过程中形成的，其优良的物理及生化性能大大改善了 UASB 反应器的运行状态，提高了反应器的运行效能。因此，多年来国内外的研究者对颗粒污泥的培养、性能及应用进行了广泛研究。由于厌氧微生物，特别是甲烷菌增殖很慢，厌氧反应器的启动需要很长时间。尤其是对一个新建的 UASB 系统以未驯化的非颗粒污泥（如污水处理厂的消化污泥）进行接种，使反应器达到设计负荷和有机物去除效率。但是，一旦启动成功，在停止运行后再次启动则可迅速完成。若使用现有废水处理系统的厌氧颗粒污泥进行启动，厌氧反应器的启动要快得多。

① 污泥接种 反应器对接种污泥的种类要求并不太严格。大量的研究表明，厌氧消化污泥、河底淤泥、牲畜粪便、化粪池污泥及好氧活性污泥等均可作为反应器的接种污泥而培养出颗粒污泥，但接种污泥的活性对反应器的启动及颗粒化进程影响较大，目前除厌氧消化污泥以外，仍未见有采用其他污泥接种培养出颗粒污泥的报道。有人提出，有条件时接种污泥中可适量投加少量颗粒污泥及其碎片，有利于加速污泥颗粒化的进程。另投加少量载体或混凝剂有利于污泥的凝聚及颗粒形成。

污泥菌种通常以污水处理厂消化污泥为主，并按一定比例投加富含产甲烷菌、富含有机营养和矿质营养元素的天然基质混合物。

接种过程非常简单。虽然在厌氧生物处理工艺中大多数菌种是严格厌氧的，但是启动时不需要特别严格厌氧条件。因为水中的溶解氧会很快被种泥中的兼性厌氧微生物消耗，进而形成严格厌氧条件。接种后，应当避免絮状污泥在反应器里大量生长，必须将絮状污泥和分散的细小污泥从反应器中洗出，这样才不会妨碍颗粒污泥的形成。

在反应器启动的初期，进水负荷较小，且厌氧菌群对废水中污染物也需要一个适应过程。因此，开始启动时，废水中的有机物去除率较低，废水中有机物降解产生的沼气量较少；但接种的厌氧污泥中富含的有机物容易被厌氧微生物降解而产生沼气，使反应器产生的沼气总量增加，污泥床得到了较充分的搅拌，从而增加了废水中污染物与污泥菌种的接触，当接种污泥中大部分有机物降解后，接种污泥中厌氧菌种也基本适应了废水的水质条件。

② 反应器的启动 对于大型厌氧反应器来说，快速成功的启动是实现反应器高效运行及污泥颗粒化的前提，也是人们在工程实施过程中一直探索的技术问题。厌氧反应器的启动方式一般可分为两种：一种是当进水有机物浓度高时，采用间歇进水启动方式，控制适宜的启动负荷；另一种是对于低浓度有机废水，采用连续进水启动方式。前者进水负荷较小，反应器难以在适当时间内达到最佳控制温度而影响启动进程；后者则因为进水负荷较大，导致启动过程中污泥流失严重。

基于以 VFA 混合液，以消化污泥为种泥的试验结果，Lettinga 把 UASB 的启动和颗粒化过程分成以下三个阶段。

第一阶段：正如前面所说的，这一阶段的反应器负荷较低，一般低于 2kgCOD/(m^3 · d)。在此阶段，反应器的负荷由 0.5～1.5kgCOD/(m^3 · d) 或污泥负荷 0.05～0.1kgCOD/(kgVSS · d) 开始，对污泥进行驯化。由于水的上流速度和逐渐产生的少量沼气，洗出的污泥只是种泥中非常细小的分散污泥。

第二阶段：在此阶段反应器负荷上升至 2～5kgCOD/(m^3·d)。在反应器里，对较重的颗粒污泥和分散的、絮状的污泥进行了选择，大多数的絮状污泥被洗出，而留在反应器中的污泥开始形成颗粒状污泥。根据 Lettinga 的报道，从开始启动到 40d 左右，可以观察到明显的颗粒状污泥，其形成是从反应器底部开始。在这一阶段污泥负荷增加较快，这时污泥对废水的驯化过程基本完成。

第三阶段：此阶段反应器负荷超过了 5kgCOD/(m^3·d)，而且反应器中的絮状污泥变得迅速减少，颗粒污泥却加速形成直到反应器内没有絮状污泥。这一阶段反应器负荷可以增加到很高。当反应器大部分被颗粒污泥充满时，其最大负荷可以超过 50kgCOD/(m^3·d)。

③ 反应器的二次启动　目前 UASB 反应器投入生产运行的越来越多，我们可能得到足够的颗粒污泥来启动一个新建的 UASB 系统。使用颗粒污泥作为种泥对 UASB 反应器的启动称为二次启动。直接利用颗粒污泥作为种泥，大大缩短了二次启动的启动时间。即使对于性质不同的废水，颗粒污泥也会很快适应的。

二次启动的初始阶段可以使反应器负荷较高，Lettinga 推荐初始阶段的反应器负荷为 3kgCOD/(m^3·d)。其进水浓度在初期一般与初次启动相当，但可以相对迅速地增大进水浓度。二次启动的负荷和浓度增加的模式和初次启动相似，但是相对要容易一些。

(2) 厌氧内循环反应器 IC

IC 反应器是基于 UASB 反应器颗粒化和三相分离器而改进的新型反应器，实际上相当于由 2 个 UASB 反应器的单元相互重叠而成。

IC 反应器分为两个部分，底部为极端的高负荷，上部为低负荷，在反应器内即可形成混合、膨胀、精处理、回流 4 个功能单元组成的内部循环反应系统。与 UASB 相比它具有很大的高径比，节省投资，占地面积小；由于存在内循环，传质效果好，生物量大，污泥泥龄长，因此容积负荷率高，且抗冲击负荷能力强，出水水质较稳定。

王林山等人对生产性 IC 厌氧工艺的启动和运行进行了研究，启动周期约为 65d。无锡轻工业大学对 IC 厌氧工艺特性进行了较为全面的研究，探索以 UASB 反应器中颗粒污泥作为接种污泥时 IC 厌氧工艺的快速启动方法，而且还考察了启动过程中颗粒污泥性质的变化情况。研究结果发现：反应器初次启动可在 20d 内完成，二次启动需要 15d 即可完成，反应器 COD 负荷可以达到 12～15kg/(m^3·d)，COD 去除率达到 85%以上。在反应器启动后，其颗粒污泥的性质发生了显著变化，平均粒径由 0.88mm 增大到 1.25mm，平均沉降速度由接种污泥的 35.4m/h 增加到了 105.17m/h，最大比产甲烷活性几乎是初期的 4 倍，产甲烷优势菌由产甲烷丝状菌转变为产甲烷球菌和短杆菌。

IC 厌氧工艺中颗粒污泥平均粒径由下往上呈现出下降的趋势，Ⅰ室中平均粒径 1.77～1.79mm，Ⅱ室中的平均粒径分布由下往上分别为 1.67mm、1.61mm、0.58mm。污泥粒径的体积百分比与数量百分比差异较大。颗粒污泥最大沉降速度达到 109.7m/h。Ⅰ室中颗粒污泥的比产甲烷活性明显高于Ⅱ室，最大比产甲烷活性达到 626mL/(g·d)。Ⅰ室中颗粒污泥表面以产甲烷球菌和短杆菌为优势菌的占多数，长的丝状菌较少；Ⅱ室中颗粒污泥表面以长的丝状菌为主。

(3) 膨胀颗粒污泥床（EGSB）反应器的启动

膨胀颗粒污泥床（EGSB）反应器是一种新型的高效厌氧生物反应器，是在 UASB 反应器的基础上发展起来的第三代厌氧生物反应器。EGSB 反应器具有出水再循环部分，反应器内有较高的液体上升流速，使污水和颗粒污泥（微生物）之间的接触加强。正是由于这种独特的技术优势，使得 EGSB 反应器可以用于多种有机污水的处理，并且获得较高的处理效率。

迄今为止，在国外的文献报道中，EGSB反应器的接种污泥大多是采用UASB反应器中培养的颗粒污泥。而且颗粒污泥的培养和驯化方式与UASB反应器的启动方式相似。左剑恶，王妍春等对EGSB反应器的启动运行进行了研究。他们采用两个小试规模的EGSB反应器，分别接种厌氧絮状污泥和颗粒污泥来研究其启动规律。研究结果表明，接种厌氧絮状污泥（取自高碑店污水处理厂厌氧消化池，其VSS/SS为0.51，接种污泥量为20.7gVSS/L）的反应器，由于出水循环的采用导致了严重的污泥流失，加上要先按UASB反应器的运行方式培养出颗粒污泥后，然后才能按EGSB反应器方式运行，这样共需78d才能完成启动；接种厌氧颗粒污泥（取自河南省驻马店华中正大制药厂处理金霉素废水的UASB反应器，其VSS/SS为0.72，接种污泥量约为6.4gVSS/L）的反应器，采用适宜的回流比，这样有利于细菌的生长和反应器运行效果的改善，在经过短暂的无回流驯化后，即可按EGSB运行方式启动运行，仅需32d即完成启动。接种颗粒污泥的EGSB反应器在经过32d的启动运行后，其进水COD容积负荷已经达到了4kgCOD/(m³·d)，COD去除率在

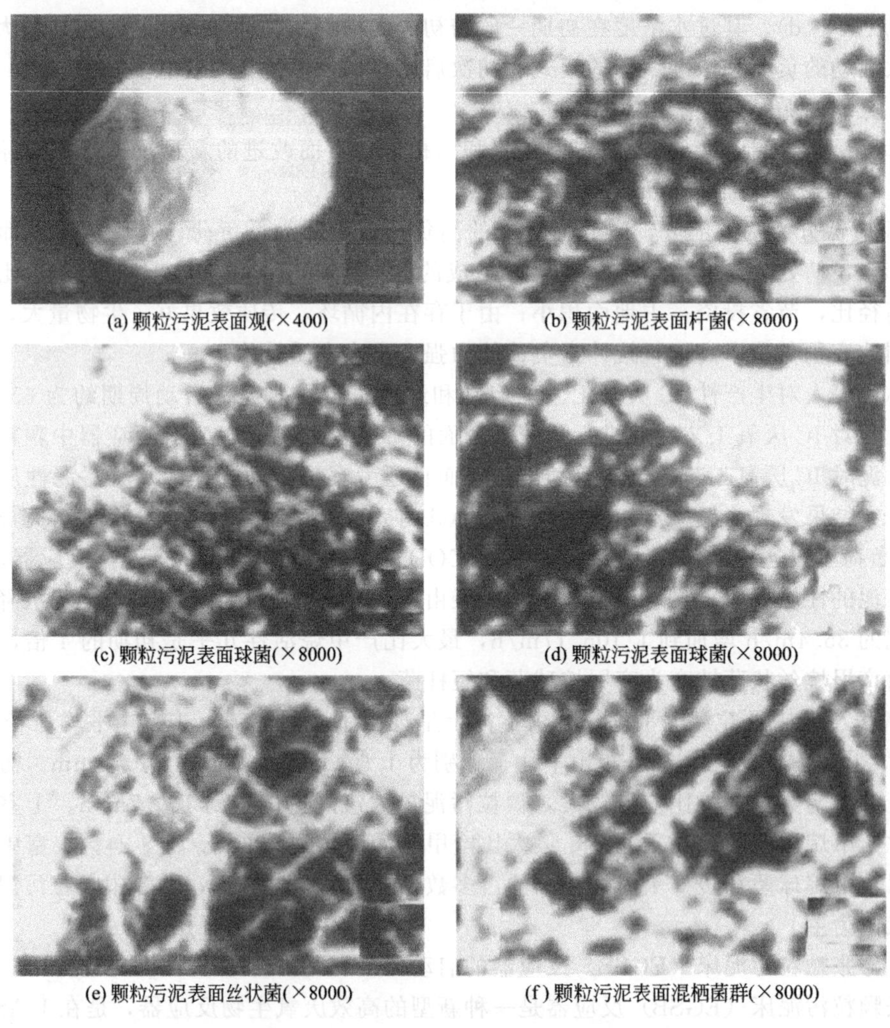

(a) 颗粒污泥表面观(×400)　(b) 颗粒污泥表面杆菌(×8000)

(c) 颗粒污泥表面球菌(×8000)　(d) 颗粒污泥表面球菌(×8000)

(e) 颗粒污泥表面丝状菌(×8000)　(f) 颗粒污泥表面混栖菌群(×8000)

图 8-2　厌氧颗粒污泥的扫描电镜照片

注：李宗义，王海磊，程彦伟，王鸿磊，李培睿．成熟厌氧颗粒污泥的结构及其特征［J］．微生物学通报，2003，30（3）：56-59.

90%以上；而接种絮状污泥的反应器在经过了 78d 的运行后才形成了颗粒污泥，其进水 COD 容积负荷为仅为 43kgCOD/(m^3·d)，COD 去除率在 66%左右。

(4) 颗粒污泥成熟的标志

颗粒污泥大量形成，由下往上充满整个反应器。反应器内呈现两个污泥浓度分布均匀的反应区，即污泥床区和悬浮层区，其间有较明显的界限。

颗粒污泥的沉降性能良好，颗粒污泥有球状、杆状和椭圆状、钉子状或十分规则的黑色颗粒体。其黑色主要是由于沉淀的 FeS 存在的缘故，当加入 HCl 溶液时会立即产生恶臭的硫化氢气体。

一般球状颗粒污泥比较多见，直径为 0.1～3.0mm，个别大的直径约有 6mm，这主要随水质的运行条件的不同而异。

颗粒污泥在光学显微镜下观察，大多数是多孔结构。颗粒污泥内部有相当大的自由空间比例，是为了气体（CH_4、CO_2）和基质交换提供的场所。颗粒污泥表面还有一层透明的胶状物质，主要是多糖类成分。胶状物质表面附有占优势的甲烷八叠球菌，再往里层有甲烷丝状细菌，还有甲烷球菌和甲烷杆菌。比较好的颗粒污泥表面上甲烷细菌占厌氧菌的 40%～50%。

李宗义等在扫描电镜中观察发现，成熟厌氧颗粒污泥［图 8-2 中的（a)］呈相对规则的椭圆形或球形，边界清晰，呈黑灰色，微发棕色，颗粒直径为 15～25mm，颗粒表面有较多孔穴，这些孔穴是底物与营养物质进入颗粒内部的通道，颗粒内部菌体产生的气体也从该通道逸出。各种不同类型的细菌以微小群落的形式随机地分布在颗粒污泥中。颗粒污泥剖面显示靠近表面部分细胞密度较大，球菌［图 8-2 中的（c）和（d)］较多，杆状菌［图 8-2 中的（b)］和丝状菌［图 8-2 中的（e)］较少，有些区域呈混栖菌群［图 8-2 中的（f)］。污泥颗粒内部区域较为松散，以丝状菌为主，丝状菌在颗粒污泥形成过程中起到包埋、缠绕球菌和杆菌的作用。直径较大的颗粒污泥内部往往有空隙，这是因为废水在处理过程中，底物转化

(a) 产甲烷菌在卡那霉素液体培养基上的荧光显微镜照片

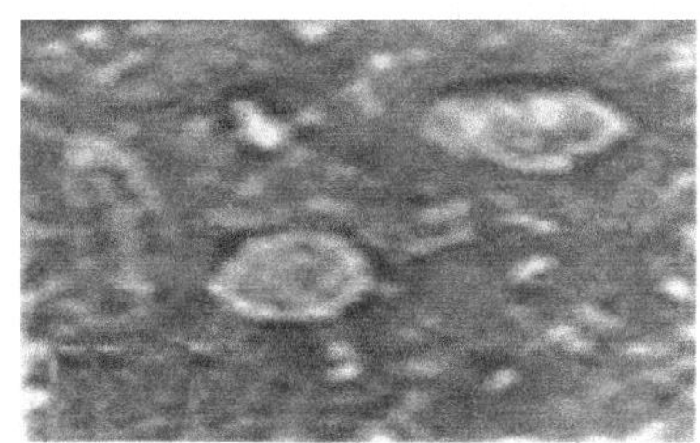

(b) 产甲烷菌在卡那霉素液体培养基上的光学显微镜照片

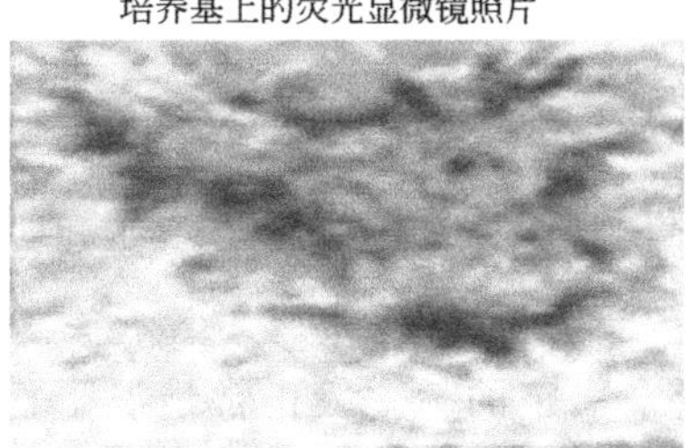

(c) 产甲烷菌在青霉素钠液体培养基上的光学显微镜照片

(d) 产甲烷菌在青霉素钠液体培养基上的荧光显微镜照片

图 8-3　产甲烷菌在荧光显微镜和光学显微镜下的对照照片（×1000）

注：李宗义，王海磊，程彦伟，王鸿磊，李培睿．成熟厌氧颗粒污泥的结构及其特征［J］．微生物学通报，2003，30（3）：56-59.

首先在颗粒污泥较外层进行，向内部扩散有限，颗粒内部底物浓度要低得多，浓度低到一定程度，颗粒内部由于细胞自溶，而导致微生物量减少，形成一个大的空腔，大而空的颗粒污泥易于破裂，其碎片可成为新生颗粒污泥的内核。还有一些大的颗粒由于其内部气体不能释放导致密度减小，浮力增大，常浮在反应器表面。

李宗义将驯化的成熟厌氧颗粒污泥粉碎后分离，然后采用荧光显微镜观察发现：这些微小群落中产甲烷菌占一定的比例。李宗义从厌氧颗粒污泥中分离出 3 株产甲烷菌，其中产甲烷球菌属（Methanococcus）和甲烷八叠球菌属（Methasarsina）较多（见图 8-3），证明了颗粒污泥中确有产甲烷球菌。

8.2 厌氧生物处理运行条件控制

8.2.1 相关名词

为了方便阐述，在此将相关的一些名词做以解释。

（1）水力停留时间

水力停留时间可以简写成 HRT（Hydraulic Retention Time），是指废水进入反应器后在反应器内的平均停留时间。

水力停留时间的计算方法：

$$HRT=\frac{V}{Q}(h)$$

式中，V 为反应器的有效容积，m^3；Q 为反应器的进水流量（包括出水的循环），m^3/h。

（2）污泥量

污泥量的确定包括两个方面：一是排泥水量，用于决定浓缩池的规模；二是干污泥量，用于确定脱水设备的选型。

我们经常用总悬浮物或挥发性悬浮物的平均浓度来表示反应器中的污泥量。单位：gTSS/L 或 gVSS/L（TSS 表示总悬浮物；VSS 为挥发性悬浮物）。总悬浮物和挥发性悬浮物的关系如下：

挥发性悬浮物＋灰分＝总悬浮物

挥发性悬浮物可以用来表示污泥中有机物质的含量。在厌氧处理中，挥发性悬浮物可以反映出污泥中生物物质的量，并且是一项重要的参考指标。

（3）污泥回流比

污泥回流比是指污泥回流量与废水进入量之比。

$$R=\frac{Q_1}{Q_2}(\%)$$

式中，Q_1 为污泥回流量，m^3；Q_2 为废水进入量，m^3。

污泥回流比常常是根据反应器内的污泥量来决定的。一般正常情况下污泥回流比在 20%左右。

（4）泥龄

泥龄，又称为污泥停留时间（Sludge Retention Time，SRT），或者称为固体停留时间。高的污泥停留时间是厌氧反应器高效运行的重要保证。

在连续运行的厌氧反应器中污泥停留时间的计算方法：

$$\text{SRT}=\frac{\text{反应器内污泥总量(kg)}}{\text{污泥排出反应器的量(kg/d)}}(\text{d})$$

反应器内污泥总量＝反应器内污泥平均浓度(kgTSS/m^3或 kgVSS/m^3)×反应器的容积(m^3)

污泥排出反应器的量＝出水中污泥平均浓度(kgTSS/m^3或 kgVSS/m^3)×日处理废水量(m^3/d)

为了更好地控制泥龄，保持较长的污泥停留时间，可采用如下办法：a. UASB 反应器内培养沉降性能好的颗粒污泥；b. 在一些高效反应器内将微生物固定在挂膜介质上；c. 回流污泥，即在厌氧生物接触工艺中，泥水分离后进行污泥回流，然后把污泥回流于反应器。

(5) 污泥体积指数

污泥体积指数（Sludge Volume Index，SVI），通常用来衡量污泥的沉降性，是污泥沉降性能的重要参数。

污泥体积指数的测定方法如下。

在反应器中取悬浮污泥 100mL，并将其装入 100mL 的量筒中，然后静置沉降 30min，记录下泥水分界处的体积数 V(mL)，再测定沉降的悬浮污泥的重量 m(g)。污泥体积指数的计算方法为：

$$\text{SVI}=\frac{V}{m}(\text{mL/g})$$

废水中的营养物质即 C∶N∶P 对污泥体积指数有着直接的影响，而污泥体积指数反映着污泥的疏散程度和凝聚沉降性能。污泥的污泥体积指数高时，表明污泥松散，活性强，但是污泥容易流失，因而反应器中的污泥量减少，影响废水处理效果；污泥的污泥体积指数低时，表明污泥密实，活性差，但污泥不易流失。在用浮选法进行水与活性污泥固液分离时，污泥体积指数也是反映微生物特性和固液分离效果好坏的容易测试的参数。在一些书籍中介绍，上流式厌氧污泥床反应器的污泥体积指数若能保持在 15～20mL/g，这种污泥具有良好的沉降性能。

(6) 有机负荷

反应器的有机负荷（Organic Loading Rate）可以简写成 OLR。有机负荷有两种表示方式：容积负荷和污泥负荷，它们的英文缩写分别是 VLR（Volume Loading Rate）和 SLR（Sludge Loading Rate）。

容积负荷是表示每天单位反应器的容积所接受废水中有机污染物的量，它的单位是 kgCOD/(m^3·d)或者是 kgBOD_5/(m^3·d)。计算方法：

$$\text{VLR}=\frac{QC_w}{V}$$

式中，Q 为进水流量，m^3/d；C_w 为进水浓度，kgCOD/m^3或 kgBOD_5/m^3；V 为反应器的容积，m^3。

污泥负荷的计算方法与上述方法类似：

$$\text{SLR}=\frac{QC_w}{VC_s}$$

式中，SLR 为 kgCOD/kgTSS，kgCOD/kgVSS 或 kgBOD_5/kgTSS，kgBOD_5/kgVSS；Q 为进水流量，m^3/d；C_w 为进水浓度，kgCOD/m^3或 kgBOD_5/m^3；V 为反应器的容积，

m^3；C_s 为污泥浓度，kgTSS/m^3，kgVSS/m^3。

当进水流量 Q 单位是 m^3/h 时，需将其转换为 m^3/d。

通过上述两个公式可以推导出：

$$VLR = SLR \times C_s \quad 或者是\ VLR = C_w/HRT$$

反应器中的有机负荷的高低对反应器中的污泥有着直接影响，如 Ford 和 Eckenleilder 等人的研究结果表明，在高负荷和低负荷下都有可能引起污泥膨胀的发生。

8.2.2 温度

废水的厌氧处理受到诸多因素的影响，厌氧生物处理的运行条件相对比较复杂。在厌氧生物处理运行中，与各种生化反应和化学反应一样受到温度的影响，而且，厌氧过程比好氧过程对温度更为敏感。温度主要通过对酶活性的影响而影响反应器中微生物的生长与代谢，从而关系着有机物的处理效率和污泥的产生量，因此温度影响着微生物的整个生命活动过程。另外，有机物在生化反应中的流向也受到温度的影响，这与沼气的产量和组分有关。同时，温度又影响污泥的成分和性状。因此，在运行过程中温度调节需要受到重视。

(1) 不同温度条件下的微生物

对任何一种微生物（如细菌）都具有一个比较适合的生长温度，并且所有微生物都具有最高生长温度和最低生长温度。所谓最高生长温度就是指高过某个温度时，细菌停止生长，并最终导致细菌死亡；所谓最低生长温度是指低于某个温度时，该细菌的生长就停止了，但是其并没有死亡。我们可以利用这个原理在低温条件下来保存菌种。

根据微生物生长的温度范围，通常把微生物分成嗜冷微生物、嗜温微生物和嗜热微生物三大类。类似的，厌氧废水处理工艺又将这类微生物分为低温厌氧微生物、中温厌氧微生物和高温厌氧微生物，其所适应的温度范围见表 8-1。也就是说在这三大类不同温度区间所运行的厌氧反应器中生长着不同的厌氧微生物，例如，中温厌氧微生物只是适合在中温厌氧反应器内生长、运行。

表 8-1 各类厌氧微生物的温度范围

微生物种类	生长的温度范围/℃	最佳温度范围/℃
低温厌氧微生物	10～30	10～20
中温厌氧微生物	30～40	35～38
高温厌氧微生物	50～60	51～53

在厌氧反应器中，厌氧微生物通过不停地进行着生命代谢活动来维持自身生长所需要的能量，与此同时也产生了能量——甲烷。在一定的温度范围内，微生物随着温度不断提高而生长速率逐渐上升并达到最大值，相对应的温度被称为微生物的最佳生长温度，如果温度继续上升，高于最佳温度时微生物的生长速率则迅速下降，通常微生物的温度-生长速率曲线是不对称的（见图 8-4）。

当温度高于微生物的生长温度的上限时，微生物的死亡速率已经开始超过其增殖速率，将导致微生物的死亡。若此时反应器内的温度特别高，超过极限温度，或者是持续高温时间过长，往往会造成非常严重的后果。即使温度恢复到正常水平，微生物或污泥的活性也是不可能恢复的，从而产生不可逆转的影响。而当反应器中的温度低于生长温度范围的下限时所造成的影响相对要轻得多，因为微生物不会因为低温而造成死亡，只是逐渐停止微生物的代

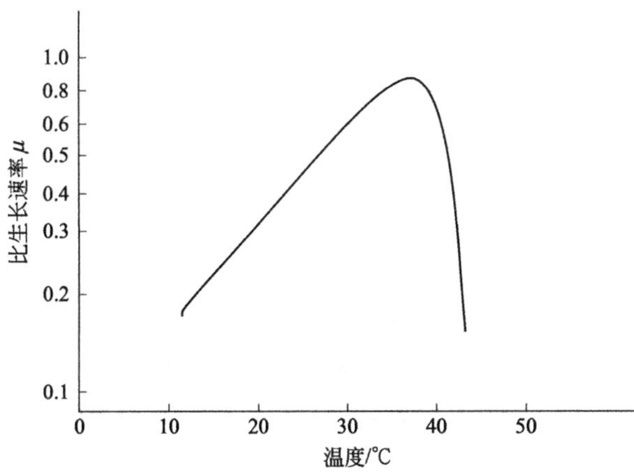

图 8-4　温度-生长速率曲线

谢活动，其处于一种休眠状态，一旦温度上升到原来的生长温度时，污泥活性会迅速恢复正常，厌氧反应器即可恢复正常运行。

(2) 不同温度区间的污泥代谢

在 10～60℃这个范围内，低温、中温和高温这三种情况，污泥不太可能达到同样的代谢速率。一般情况下，较高温度下的厌氧菌代谢过程较快（仅在每一范围上限时有例外），所以高温的厌氧反应器中微生物的代谢速率高于中温厌氧反应器的速率，中温厌氧反应器中微生物的代谢速率高于低温厌氧反应器的速率。在大多数的厌氧反应器中，一般有这样一个规律，即温度每升高 10℃，则厌氧反应速率约增加一倍。

此外，相应的反应器中的污泥活性以及反应器中的有机负荷也要高得多。Wiegant 和 de Man 在 55℃用 UASB 反应器处理乙酸废水，其污泥活性高达 4.6～7.3kgCOD/(kgVSS・d)，反应器负荷达到了 147kgCOD/(m^3・d)。与此相比，Hulshoff Pol 等在 30℃用同样的废水在 UASB 反应器中测得的污泥活性为 2.2～2.4kgCOD/(kgVSS・d)。表 8-2 对 55℃和 30℃下污泥活性进行了比较。

表 8-2　反应器运行中污泥活性分别在 55℃和 30℃的比较

底物	污泥活性 kgCOD/(kgVSS・d)		反应器工艺
	55℃	30℃	
乙酸	4.6～7.3	2.2～2.4	UASB
蔗糖	0.3～1.2	0.2	膨胀床
VFA	3.5	3.0	UASB

注：1. Wiegant，W. W. and W. A. de Man. Biotech. Bioengin. 1986 (27)：718-727.

2. Hulshoff Pol，L. W. et al. Wat. Sci. Technol. 1983 (15)：291-304.

3. Schraa，G. and W. J. Jewell. JWPCE，1984 (56)：226-232.

4. Wiegant，W. M. et al. Wat. Res. 1986 (20)：517-524.

5. Zecum，de W. Acclimatization of Anaerobic Sludge for UASB-reactor Start-up，Ph. D. Thesis. The Netherlands：WAU，1984.

根据温度对厌氧微生物代谢速率的影响，在厌氧生物反应系统中通常使用中温范围，因为中温厌氧微生物种类繁多，而且易于驯化培养，微生物的活性强。高温厌氧种群的数量很少，而且高温厌氧工艺需要维持厌氧反应器内的温度，从而要消耗额外的能量，但高温厌氧消化有利于对纤维素的分解，并对病毒、细菌等的灭活作用，大肠菌指数可达 10～100，对寄生虫卵的消除率达到 99%，满足了卫生要求（大肠菌指数：10～100；寄生虫卵的消除率在 95%以上），有利于处理高温的工业废水。另外，也不宜采用低温厌氧，特别是在处理的废水水温处在中温范围内。但对于一些温度较低的废水，若需要消耗很多能量使水温升高，那么低温厌氧还是可以采用的。因此，我们要根据具体的情况来决定选择何种厌氧处理工艺。

(3) 反应器中的温度变化影响厌氧消化

不论在低温区、中温区，还是高温区，反应器内温度的稳定性对厌氧消化过程是至关重要的。若反应器中的温度发生急剧变化，即使是几摄氏度也会引起对微生物代谢活动有明显影响。若温度下降，则引起污泥活性降低，同时反应器的有机负荷也应该下降，否则会由于超负荷而引起反应器中的酸积累等一些问题。温度一旦发生变化，则需要几天的时间才能得到恢复和复原。

沼气发酵微生物是在一定的温度范围进行代谢活动，可以在 8～65℃产生沼气，温度高低不同产气速度不同。在 8～65℃范围内，温度越高，产气速率越大，但不是线性关系。40～50℃是沼气微生物高温菌和中温菌活动的过渡区间，它们在这个温度范围内都不太适应，因而此时产气速率会下降。当温度增高到 53～55℃时，沼气微生物中的高温菌活跃，产沼气的速率最快。概括地讲，产气的一个高峰在 35℃左右，另一个更高的高峰在 54℃左右。这是因为在这两个最适宜的发酵温度中，由两个不同的微生物群参与作用的结果。前者叫中温发酵，是利用中温甲烷菌进行的厌氧发酵处理系统；后者叫高温发酵，是利用高温甲烷菌进行厌氧发酵处理系统。在中温条件下，有机物负荷为 2.5～3.0kg/(m^3 · d)，产气量约为 1～1.3m^3/(m^3 · d)；而高温条件下，有机物负荷为 6.0～7.0kg/(m^3 · d)，产气量约为3.0～4.0m^3/(m^3 · d)。

沼气发酵温度突然变化，对沼气产量有明显影响，温度突变超过一定范围时，则会停止产气。一般常温发酵温度不会突变；对中温和高温发酵，则要求严格控制料液的温度，它所允许的温度变动范围是±(1.5～2.0℃)。当有±3℃的变化时，就会抑制发酵速度，有±5℃的急剧变化时就会突然停止产气，使有机酸大量的积累，从而破坏了整个的厌氧发酵。

另有一个试验也说明了参与厌氧消化的微生物对温度变化有很高的敏感性，依据图 8-5 有如下分析。图 8-5 的温度由 35℃突然下降到 15℃，并持续了 15min 后又恢复到 35℃。在

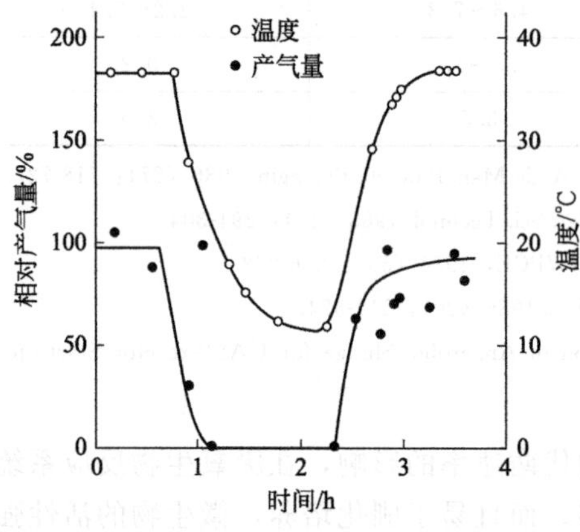

图 8-5 温度突降对厌氧消化的影响（从 35℃降到 15℃，持续 15min）

温度突然变化时，产气量立即减少，其曲线的斜率大于温度曲线的斜率。在15℃时，其产气量为零。在温度迅速回升至35℃时，产气量也随之增加，其曲线的斜率大于温度曲线的斜率，即产气量增加速率大于温度升高的速率。在温度达到35℃后，其产气量的值比原来的值低。由此可以看出微生物活性由于温度条件变化而发生改变，若想恢复是需要一段时间的，产气量的恢复也需要一个过程，往往要比温度恢复得慢。

综上所述，温度是对厌氧消化中促进或抑制比生长率、衰减率、气体产率、基质利用、启动和对进水变化等参数有着重大影响的因素之一。因此，我们在选择厌氧处理温度时，要根据具体情况（包括废水水温、环境中的气温、产甲烷量以及能耗等）来选择最佳的处理温度，从而提高处理效果。

8.2.3　氧化还原电位

（1）氧化还原电位的概念

在厌氧生物处理运行过程中，厌氧环境是其能够正常进行的最为重要的条件之一。在某些高浓度有机废水的厌氧处理中，人们通常认为厌氧环境是将发酵系统与空气中的氧气隔绝，尽量使反应器内没有溶解氧；但对于某些特殊的厌氧处理系统，厌氧环境的主要标志是反应器中具有低的氧化还原电位。一般来说，氧化还原电位的值是负值。

氧化还原电位（Oxidation Reduction Potential，ORP，或Eh）是指一种物质给出电子的趋势，即某一种化学物质由其还原态向其氧化态流动时的电位差。氧化还原电位越高，则给出电子的趋势越小，反之氧化还原电位越低，则越容易给出电子。微生物正是利用其环境中的各类物质给出电子时产生的能量才能生长，因此，微生物所处环境的氧化还原电位值对其生长有显著的影响。

体系中氧化还原电位是由该体系中所有能够形成氧化还原电对的化学物质的存在状态决定。体系中还原态的物质，例如，有机物、氢气等所占的比例越大，那么它的氧化还原电位就越低，体系中所形成的厌氧环境就会越适合厌氧微生物生长；相反，体系中氧化态的物质占的比例越大，其氧化还原电位就会越高，那么所营造的这种环境就越不适合厌氧微生物生存和生长。通常情况下，溶入氧气是造成系统中氧化还原电位上升的主要原因和直接原因。当然，除了氧气之外还有其他一些氧化态物质存在，如废水中含有Fe^{3+}、SO_4^{2-}、$Cr_2O_7^{2-}$等，亦能使体系中的氧化还原电位升高。特别是，这些物质在废水中的浓度达到一定值时，能够给废水厌氧生物处理的进行带来危害。

因此，在系统中，氧化还原电位能比溶解氧更能全面地反映体系中的厌氧状态，可以用氧化还原电位来表示厌氧反应器中的含氧浓度。

（2）厌氧处理系统与氧化还原电位

不同的厌氧处理系统对氧化还原电位的要求不是完全一致的，即使是在同一个系统中，不同的微生物菌群对氧化还原电位的要求也不尽相同。

研究表明，产酸发酵性细菌对氧化还原电位的要求不甚严格，一般可以在－400～100mV的兼性条件下面生长繁殖；然而产甲烷细菌是绝对严格厌氧细菌，所以在生活中要求的氧化还原电位很低，在培养产甲烷细菌初期，环境中的氧化还原电位不能高于－320mV。在培养产甲烷细菌除了要求培养容器里没有空气外，培养基里也不能有溶解氧的存在，所以往往要向培养基里加入还原剂，如Na_2S、半胱氨酸、谷胱甘肽等来消除培养基中的溶解氧；有的将一些动物的死的组织或者活的组织，如牛心、羊脑加入到培养基中，也可适合厌氧菌的生长。Hae Sung Jee等报道甲烷菌最佳比生长速率和比产甲烷速率是在

－370～－500mV 范围内，而在－315～－350mV 的氧化还原电位范围内急剧下降。Fetzerh 和 Conrad 研究发现，有 0.5％的溶解氧（氧化还原电位为＋100mV）即可以抑制甲烷菌 Methanosarcina barkeri 从甲醇产生甲烷。

有些研究资料中介绍，高温厌氧消化系统的氧化还原电位范围在－500～－600mV，在此范围内适合于该系统正常运行；中温厌氧消化系统和浮动温度厌氧消化系统则要求其氧化还原电位低于－300～－380mV。

自然环境中的氧化还原电位与人工环境中的氧化还原电位有些差异。在自然环境中，渍水土壤和淡水沉积物体系的氧化还原电位在＋200mV 时，碳水化合物即可发酵分解；当氧化还原电位在－200mV 时，开始有产甲烷的作用；在－200～－250mV 或更低的氧化还原电位，则甲烷细菌最多。

（3）适宜的氧化还原电位环境的创建

氧化还原电位在厌氧生物处理过程中有着严格的要求，那么厌氧系统中的微生物为什么会对氧化还原电位如此敏感，我们又要怎样来创造一个适宜的氧化还原电位环境呢？

菌体内存在着容易被氧化剂破坏的化学物质，并且菌体内缺乏抗氧化的酶系统。例如，F_{420}因子，是甲烷细菌细胞中的一个重要因子，它对氧非常敏感。在它受到氧化时，就会与酶分离，从而使酶失去了活性。一般来说，严格的厌氧菌，如产甲烷细菌，都不具有过氧化物酶和超氧化物歧化酶，没有办法来保护如 H_2O_2 等各种强氧化态的物质，对菌体有破坏作用。

氧化剂对厌氧微生物的毒害过程大致有抑菌阶段和杀菌阶段两个阶段。抑菌阶段的特点是氧化剂不断消耗微生物体内的还原性物质，如 NADH，使由 NADH 等还原物质所承担的代谢功能暂时受到阻碍，与此同时，ATP 和其他生物活性物质的合成也暂时中断。若氧化剂的量不大，在这段过程中会不断地被消耗，直至消失，厌氧消化过程也会逐渐地恢复正常；若氧化剂的量很大，造成环境的氧化还原电位很高，那么将要进入下一阶段，即从抑菌阶段逐渐过渡到杀菌阶段。在杀菌阶段中，大量的氧化剂涌入微生物体内，进行破坏，导致微生物大批死亡，最终使厌氧消化系统受到破坏而失败。

因此，在厌氧消化系统中创造良好的、适宜的氧化还原电位环境是非常重要的。

在厌氧发酵体系中，不产甲烷细菌能够为产甲烷细菌创造适宜的氧化还原电位条件。在沼气发酵初期，由于加料过程中使空气带入发酵装置，液体原料里也有溶解氧，这显然对甲烷细菌是很有害的。氧的去除需要依赖不产甲烷细菌的氧化能力把氧用掉，从而降低了氧化还原电位。在发酵装置中，各种厌氧性微生物如纤维素分解菌、硫酸盐还原细菌、硝酸盐还原细菌、产氨细菌、产乙酸细菌等，对氧化还原电位的适应性也各不相同，通过这些细菌有顺序地交替生长活动，使发酵液料中氧化还原电位不断下降，逐步为甲烷细菌的生长创造了适宜的氧化还原电位条件。有资料报道，废水进入反应器后，经过剧烈的生化反应，使氧化还原电位降低到－100～－200mV，然后继续下降到－340mV，这样甲烷细菌有适宜的氧化还原电位才能更好地生长。

除了厌氧系统自身生化反应的调节之外，控制氧化还原电位的一个比较重要的措施是严格保持系统的封闭性，严禁空气进入。这一点也确保了能够产生纯净的甲烷，并且可以防止发生爆炸。

（4）计算

根据 Nernst 在 1889 年建立的公式，来计算氧化还原电位：

$$E=E^{\ominus}+\frac{2.3RT}{nF}\lg\frac{[\text{氧化态}]}{[\text{还原态}]}$$

式中，E 为氧化还原电位，V；$E^{\ominus}$ 为标准氧化还原电位，V；R 为气体常数，8.314/(mol·K)；T 为绝对温度，K；n 为氧化还原反应中电子转移数；F 为法拉第常数，96500C/mol；[氧化态] 为氧化态物质的浓度，mol/L；[还原态] 为还原态物质的浓度，mol/L。

标准氧化还原电位根据氧化还原电对来决定的，pH 值的不同时，标准氧化还原电位亦不同。例如水中溶解氧的反应是：

在酸性条件下　$O_2+4H^+ \rightleftharpoons 2H_2O$　　$E^{\ominus}=+1.229V$

在碱性条件下　$O_2+2H_2O+4e \rightleftharpoons 4OH^-$　$E^{\ominus}=+0.40V$

但是，生化反应一般都在中性条件下进行的。在这个条件下，一些常用的、重要的标准氧化还原电位已经得出，见表 8-3。

表 8-3　氧化还原系统中重要的标准氧化还原电位值（$E^{\ominus}$ 值）

代谢的反应对(底物/产物)	$E^{\ominus}$/V	代谢的反应对(底物/产物)	$E^{\ominus}$/V
O_2/H_2O	+0.81	HCO_3^-/CH_4	−0.204
NO_3^-/NO_2^-	+0.42	HCO_3^-/甲酸	−0.416
Fe^{3+}/Fe^{2+}	+0.75	HCO_3^-/乙酸	−0.28
H^+/H_2	−0.42	丙酮酸/乳酸	−0.197
SO_4^{2-}/HS^-	−0.22	丙烯酸/丙酸	−0.03
$NAD^+/NADH$	−0.32	丁烯酸/丁酸	−0.03
$NADP^+/NADPH$	−0.35	草醋酸/苹果酸	−0.173

[例]　在中性条件下，25℃时的电对 $\frac{1}{2}O_2/H_2O$ 的标准氧化还原电位 E 为 +0.81，那么按照上述公式推导此值为：

$$E=E^{\ominus}+\frac{2.3RT}{nF}\lg\frac{[\text{氧化态}]}{[\text{还原态}]}=1.229+\frac{2.3\times8.314\times298}{4\times96500}\lg\frac{[p_0][H^+]^4}{1}$$

$$=1.229+0.015\lg10^{-28}$$

$$=0.81V$$

式中，$[p_0]$ 为氧的分压，atm。

上式中氧的分压是 1atm（1atm=101325Pa，下同）。在与空气平衡时的氧浓度下，中性条件的标准氧化还原电位为 0.81V。若还原产物的水平保持不变，则氧的浓度降低到原来的 1/10，那么氧化还原电位就降低到 0.015V。

在多数的厌氧处理系统中，除了反应器中溶解氧能够决定其氧化还原电位的值外，体系中的 pH 值对氧化还原电位也有显著的影响。正如在上式中，若氧的分压值不变，改变氢离子浓度，即改变 $[H^+]$，比如由 10^{-7} 降低到 10^{-6}，那么因此而引起的电位差是 0.06V。由此得出，pH 值每降低 1 时，E 值则升高 0.06V。由此可见，酸性条件对甲烷细菌的生存是不利的。因此降低氧化还原电位，也可以通过提高系统中的总氮来提高 pH 值。

8.2.4　厌氧消化过程的 pH 值

多年来，厌氧消化的全过程大体可分成水解发酵、产氢产乙酸和产甲烷 3 个阶段，分别由发酵细菌群、产氢产乙酸细菌群和产甲烷细菌群完成的。根据代谢产物又称发酵细菌为产酸菌；产氢产乙酸细菌和产甲烷菌，有时把产酸菌和产氢产乙酸细菌合称为非产甲烷菌，它们是严格的互营共生菌。它们起到一个整体协调的作用，这样才能保证厌氧消化过程的稳定性。但是产甲烷菌是一类非常特殊的生物类群，对生态因子的要求十分苛刻，对环境条件的变化也是十分敏感的。因此，要维持非产甲烷菌和产甲烷菌之间微妙的平衡关系是很困难的。

现有的厌氧发酵理论认为，如果不把 pH 值维持在 7 左右，那么产甲烷菌的活性会受到抑制，厌氧系统的性能将会下降；如果要把该系统从两大菌群代谢不平衡的状态下恢复过来，也必须使 pH 处于中性范围。因此，在厌氧系统的运行中，pH 值通常作为重要的监测指标之一。

厌氧微生物的生命活动、物质代谢与 pH 值有着密切的关系，pH 值的变化直接影响着消化过程和消化产物，不同的微生物要求不同的 pH 值，过高或过低的 pH 值对微生物是不利的，主要表现在：a. 由于 pH 值的变化引起微生物体表面的电荷变化，进而影响微生物对营养物的吸收；b. pH 值除了对微生物细胞有直接影响外，还可以影响培养基中有机化合物的离子化作用，从而对微生物有间接影响，因为多数非离子状态化合物比离子状态化合物更容易渗入细胞；c. 酶只有在最适宜的 pH 值时才能发挥最高的活性，不适宜的 pH 值能使酶的活性降低，进而影响微生物细胞内的生物化学过程；d. 过高或过低的 pH 值都降低微生物对高温的抵抗能力。

8.2.4.1 适宜的 pH 值范围

一般认为，厌氧反应器的 pH 值应当控制在 6.5～7.5 之间。但是在厌氧消化的过程中，非产甲烷菌和产甲烷菌这两大类微生物所适应的 pH 值范围并非一致。非产甲烷菌本身对反应器中的 pH 值有一定的影响，而且其适应的 pH 值范围也较宽，一些非产甲烷菌可以在 pH 值范围是 5.5～8.5 下良好的生长，有时甚至可以在 pH 值是 5.0 以下环境中生长，而非产甲烷菌生化反应能力最强时的 pH 值范围是 6.5～7.0；而产甲烷菌所适应的 pH 值范围较窄，而且各种产甲烷菌要求的最适 pH 值随着产甲烷菌的种类的不同而略有差异，适宜范围是 6.6～7.5。

pH 值的变化会直接影响产甲烷菌的生存和活动，一般来讲，反应器中的 pH 值应该保持在 6.5～7.8 的范围内，最佳的范围在 pH 值为 6.8～7.2。若超出此范围产甲烷菌的活性随之下降；当 pH 值低于 6.2 时，产甲烷菌的生长则被明显抑制，而产酸菌的活性仍很旺盛，这就经常导致 pH 值降至 4.5 或 5.0，这种酸化状态对产甲烷菌是非常有毒害作用的。因此，在运行之前和运行中根据实际情况要适当适量地投加碳酸氢钠、碳酸钠、氢氧化钠或氨等缓冲物质。

8.2.4.2 厌氧消化系统中的酸碱性

(1) 影响厌氧消化体系酸碱性的过程

由于厌氧消化体系内部存在着复杂的微生物过程和化学过程，因此，要了解体系中酸碱性的变化规律，必须首先了解体系内影响酸碱性的因素和过程。

厌氧消化体系是由固相、液相和气相构成的封闭体系。在这 3 相中存在着多种组分和它们之间复杂的生化、化学反应，存在着物质在各相间的转移。因此，厌氧消化过程是一个多相平衡反应过程，消化液的酸碱性受以下过程的影响：

① 非产甲烷菌将废水中的复杂有机物转化成有机酸、二氧化碳等，产甲烷菌则利用这

些基质形成甲烷，因此在体系内，有机酸和二氧化碳不断地生成和被利用，其中有机酸的含量直接影响体系的 pH 值。

② 气相（沼气）中的二氧化碳溶于水，作为二元弱酸电离，在体系的酸碱平衡中起着很重要的作用。

③ 原水有机物中的氮、磷分解生成氨和磷酸，与原水中所含的氨和磷酸一起，除部分作为营养物质被微生物摄取外，其余的在消化液中电离，参与体系的酸碱平衡。

④ 原水中含有的钾、钠、钙、镁、铁、锰等金属离子进入消化液后，参与体系的酸碱平衡，但其作用各不相同。钙、镁、铁、锰等能与碳酸、磷酸的阴离子形成微溶性化合物，从而影响弱酸的电离平衡；其余部分其形态及浓度不发生变化，作为一个整体共同作用。

上述过程在一个封闭的系统内同时发生、相互影响、相互制约，它们的综合作用决定着消化液的酸碱性。因此可以说，体系的 pH 值是气/液相间的 CO_2 平衡、液相内的酸碱平衡以及固液相间的溶解平衡共同作用的结果。

(2) 厌氧消化液的电荷平衡方程

依据溶液电中性理论，溶液中阳离子总量和阴离子总量应满足电荷平衡方程，即每单位容积中阳离子所带正电荷总数必须等于阴离子所带负电荷总数。对于处理不同废水的体系，电荷平衡方程中的各项是有区别的。我们在此以一般体系为例，并且便于方程的建立和运算，做如下必要的简化。

在有机物正常发酵时，体系中乙酸、丙酸、丁酸的数量约占总酸量的 95%，因此只考虑这 3 种酸的电离。由于这 3 种酸的电离常数比较接近，产生的 pH 效应相差不大。

磷作为微生物代谢中不可缺少的营养元素，在厌氧系统内普遍存在，所以在方程中除有机酸外，只考虑碳酸和磷酸两种弱酸的电离。

天然水中镁、铁、锰的含量较少，所以在方程中只考虑钙的微溶性化合物。根据溶度积判断，认为可能形成的沉淀为 $CaCO_3$、$CaHPO_4$ 和 $Ca_3(PO_4)_2$。将其余的进入消化体系后浓度不发生变化的离子用它们的总量表示，写成 I。

通过以上分析后确定，消化液中参与酸碱平衡的物质为有机酸、氨、碳酸、磷酸、钙的微溶性化合物及其他离子；阳离子为 H^+、NH_4^+、Ca^{2+} 和 I，阴离子为 OH^-、Ac^-、HCO_3^-、CO_3^{2-}、$H_2PO_4^-$、HPO_4^{2-} 和 PO_4^{3-}。因此，消化液的电荷平衡方程可以写成如下形式（浓度单位为 mol/L）：

$$[H^+]+[NH_4^+]+2[Ca^{2+}]+I=[OH^-][Ac^-][HCO_3^-]+2[CO_3^{2-}]+[H_2PO_4^-]+2[HPO_4^{2-}]+3[PO_4^{3-}] \quad (1)$$

根据有机酸、碳酸、磷酸、氨的电离平衡反应式、钙的溶解平衡反应式及水的自离解，写出上式中各离子浓度的表达式，见表 8-4。

表 8-4　离子浓度表达式

名称	离子浓度表达式	备注
有机酸	$[Ac^-]=[HAcT]/\{1+10^{(pKA-pH)}\}$　(2)	$[HAcT]=[HAc]+[Ac^-]$ [HAcT]为消化液中总有机酸浓度； K_A为有机酸的电离平衡常数
碳酸	$[HCO_3^-]=K_{C1}K_HP_{CO_2}10^{pH}$　(3) $[CO_3^{2-}]=K_{C1}K_{C2}K_HP_{CO_2}10^{2pH}$　(4)	$[H_2CO_3^*]=CO_{2(aq)}+[H_2CO_3]$ K_H为亨利常数；P_{CO_2}为气相 CO_2分压； K_{C1}、K_{C2}为复合碳酸的一级、二级电离平衡常数

续表

名　称	离子浓度表达式	备注
磷酸	$[H_2PO_4^-]=[H_3PO_4T]\alpha_1$　(5) $[HPO_4^{2-}]=[H_3PO_4T]\alpha_2$　(6) $[PO_4^{3-}]=[H_3PO_4T]\alpha_3$　(7)	$[H_3PO_4T]=[H_3PO_4]+[H_2PO_4^-]+[HPO_4^{2-}]+[PO_4^{3-}]$；$[H_3PO_4T]$为消化液中总磷酸浓度；$\alpha_1$、$\alpha_2$、$\alpha_3$为磷酸的离解分数
氨	$[NH_4^+]=[NH_3T]/\{1+10^{(pH-pKN)}\}$　(8)	$[NH_3T]=[NH_3]+[NH_4^+]$ $[NH_3T]$为消化液中总氨浓度；K_N为NH_4^+的电离平衡常数
钙的微溶性化合物	生成$CaCO_3$沉淀时： $[Ca^{2+}]=K_{S1}/K_{C1}K_{C2}K_HP_{CO_2}10^{2pH}$　(9) 生成$CaHPO_4$沉淀时： $([Ca^{2+}]_0-x)([H_3PO_4T]_0-x)\alpha_2=K_{s2}$ $[Ca^{2+}]=[Ca^{2+}]_0-x$　(10) 生成$Ca_3(PO_4)_2$沉淀时： $([Ca^{2+}]_0-3y)^3\{([H_3PO_4T]_0-2y)\alpha_3\}^2$ $=K_{s3}[Ca^{2+}]=[Ca^{2+}]_0-3y$　(11)	$[H_3PO_4T]=[H_3PO_4T]_0$ $[H_3PO_4T]=[H_3PO_4T]_0-x$ $[Ca^{2+}]_0$为体系中总钙含量 $[H_3PO_4T]_0$为体系中总磷酸含量 $[H_3PO_4T]=[H_3PO_4T]_0-2y$ K_{s1}、K_{s2}、K_{s3}分别为$CaCO_3$、$CaHPO_4$、$Ca_3(PO_4)_2$的溶度积常数 x为生成$CaHPO_4$的量 y为生成$Ca_3(PO_4)_2$的量
水	$[H^+]=10^{-pH}$　(12) $[OH^-]=K_W/[H^+]=10^{(pH-14)}$　(13)	K_W为水的离子积

注：张旭，王宝贞，朱宏．厌氧消化体系的酸碱性及其缓冲能力[J]．中国环境科学，1997，12，17(6)，492-496.

所以，根据表 8-4 消化液的电荷平衡方程为：

$$10^{-pH}+\frac{[NH_3T]}{1+10^{(pH-pK_N)}}+2[Ca^{2+}]+I=10^{(pH-14)}+\frac{[HAcT]}{1+10^{(pK_A-pH)}}+K_{C1}K_HP_{CO_2}10^{pH}+2K_{C1}K_{C2}K_HP_{CO_2}10^{2pH}+[H_3PO_4T](\alpha_1+2\alpha_2+3\alpha_3) \tag{14}$$

式中，$[Ca^{2+}]$ 应根据表 8-4 中式(9)、式(10)、式(11) 计算并取最小值；$[H_3PO_4T]$ 取备注中相应的公式计算；$[HAcT]$、$[NH_3T]$、$[Ca^{2+}]_0$、$[H_3PO_4T]_0$及 P_{CO_2} 可由化学分析法测得；I 可由原水的电荷平衡方程求得。

(3) 厌氧消化液 pH 值与有机酸浓度关系曲线

现有的厌氧发酵理论认为，要使系统运行良好，需维持消化液处于中性。在厌氧反应器运行过程中，有很多因素会引起产甲烷菌和非产甲烷菌两大类微生物菌群的不平衡，导致消化液中有机酸含量增加，从而影响体系的 pH 值。但是，由电荷平衡方程可以知道，pH 值随有机酸浓度的变化还受到消化液中氨、磷酸、钙、其他离子含量及气相 CO_2 分压的制约，因而有机酸对不同体系的 pH 值产生的影响是不同的。为了更清楚地了解 pH 值随有机酸浓度变化的规律，张旭等依据电荷平衡方程绘制出多组 pH 值与有机酸浓度关系曲线，见图 8-6～图 8-10。

从图 8-6～图 8-10 可以看出，pH 值随有机酸浓度变化的规律。

① pH 值随有机酸浓度的增加而减小。在曲线中存在拐点 G，在拐点处有机酸浓度的微小变化将引起 pH 值的大幅度变化。拐点附近及拐点以后的 pH 值已不适合甲烷菌生存，所以应控制体系处于拐点以前。

② 消化液中氨、磷酸、钙、其他离子含量及气相 CO_2 分压影响曲线的形状和位置，即影响任意一点的 pH 值、pH 值的变化趋势及拐点的位置。

③ 氨、钙、其他离子的含量增加使拐点右移，在拐点以前，相同有机酸含量对应的 pH 值增加。磷酸含量增加使拐点左移，在拐点以前，相同有机酸含量对应的 pH 值减小。CO_2

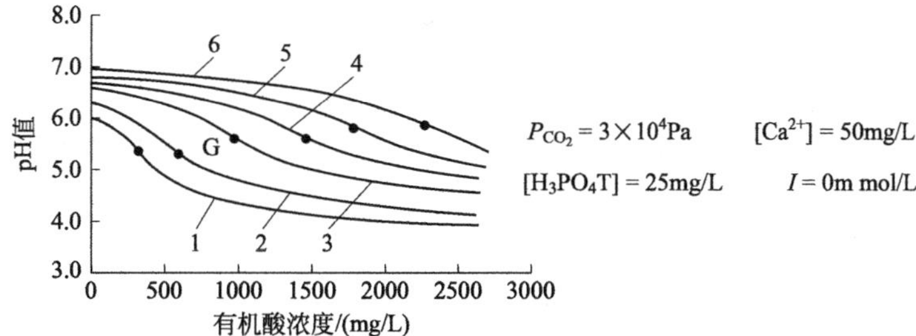

图 8-6　[NH_3T] 对 pH 值与有机酸浓度关系曲线的影响

1—[NH_3T]=50mg/L；2—[NH_3T]=100mg/L；
3—[NH_3T]=200mg/L；4—[NH_3T]=300mg/L；
5—[Ca^{2+}]=250mg/L；6—[Ca^{2+}]=300mg/L

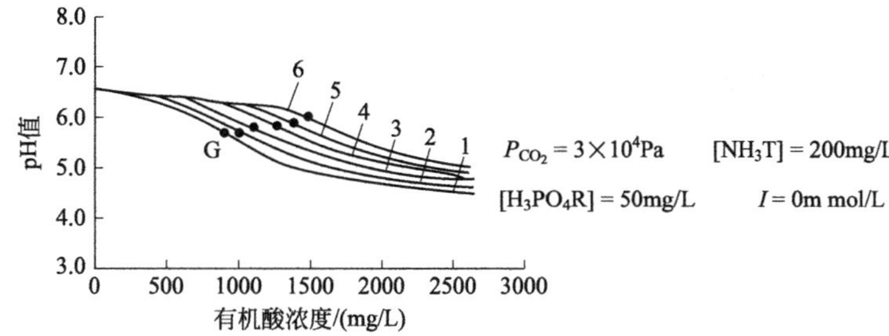

图 8-7　[Ca^{2+}] 对 pH 值与有机酸浓度关系曲线的影响

1—[Ca^{2+}]=50mg/L；2—[Ca^{2+}]=100mg/L；
3—[Ca^{2+}]=150mg/L；4—[Ca^{2+}]=200mg/L；
5—[NH_3T]=400mg/L；6—[NH_3T]=500mg/L

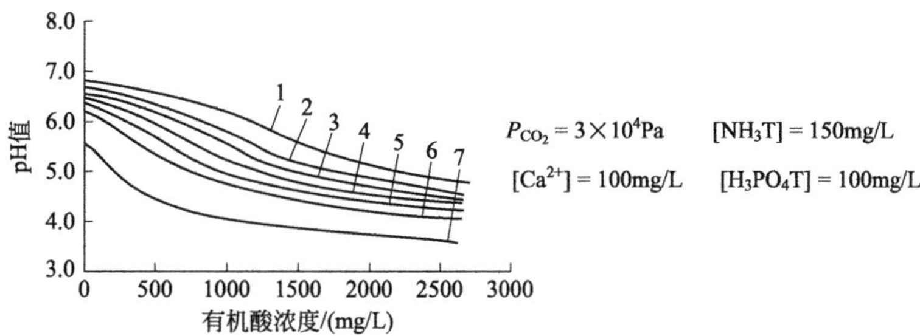

图 8-8　I 对 pH 值与有机酸浓度关系曲线的影响

1—I=10mmol/L；2—I=5mmol/L；3—I=2.5mmol/L；4—I=0mmol/L；
5—I=−2.5mmol/L；6—I=−5mmol/L；7—I=−10mmol/L

分压几乎不影响拐点的位置，但拐点以前的 pH 值随 CO_2分压的增加而减小。

了解了 pH 值的变化规律及其影响因素以后，就可以通过调解这些物质的量对消化液的 pH 值实施控制，使其处于产甲烷菌生长的适宜范围，避免反应器性能恶化。

8.2.4.3　厌氧消化体系的真实 pH 值

朱宏等在实际测定中发现，正常运行的厌氧反应器，其消化液的 pH 值常常大于 7，甚至达到 8，而且在使用酸度计在磁力搅拌下测定时，达到稳定值需要的时间较长。这使我们注意到，厌氧体系是一个对大气封闭的体系，与之相平衡的气相是沼气（生物气）的组分，

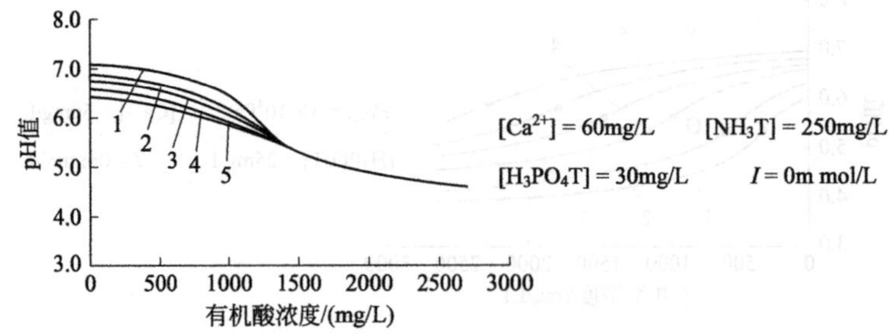

图 8-9 P_{CO_2}对 pH 值与有机酸浓度关系曲线的影响

1—$P_{CO_2}=1\times10^4$Pa；2—$P_{CO_2}=2\times10^4$Pa；3—$P_{CO_2}=3\times10^4$Pa；4—$P_{CO_2}=4\times10^4$Pa；5—$P_{CO_2}=5\times10^4$Pa

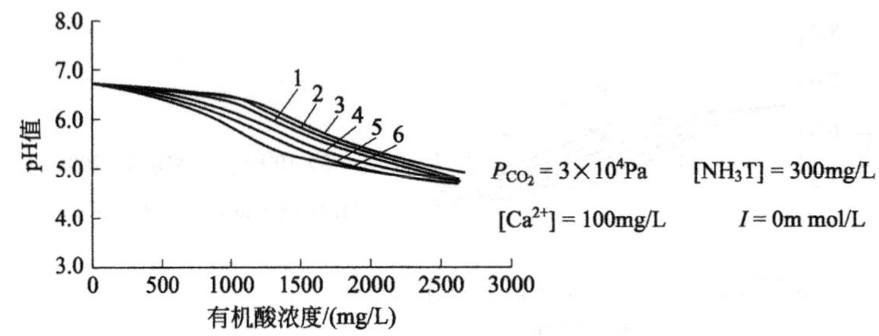

图 8-10 ［H_3PO_4T］对 pH 值与有机酸浓度关系曲线的影响

1—［H_3PO_4T］=0mg/L；2—［H_3PO_4T］=25mg/L；3—［H_3PO_4T］=50mg/L；4—［H_3PO_4T］=100mg/L；5—［H_3PO_4T］=150mg/L；6—［H_3PO_4T］=200mg/L

注：图 8-6～图 8-10 引自张旭，王宝贞，朱宏．厌氧消化体系的酸碱性及其缓冲能力［J］．中国环境科学，1997，12，17（6），492-496.

这和大气的完全不同。而对消化液 pH 值的测定通常是在大气中进行的。由于大气中二氧化碳的分压仅为 33.4Pa，远小于体系气相中的二氧化碳的分压，所以往往使测出的 pH 值产生偏差。因此可以说，在大气中测得的 pH 值并不是消化液的真实 pH 值。

为了掌握消化液的 pH 值在厌氧封闭系统和在大气中的变化，朱宏等制作了一个对大气封闭的取出水样和测定的 pH 值的装置。采用该装置取出厌氧消化液，先在封闭的状态下测定它的 pH 值，然后使水样与大气相通，在不断搅拌的条件下，记录 pH 值随时间的变化情况。图 8-11 是根据测定数据绘制出的厌氧消化液 pH 值测定曲线。

由图 8-11 可以看出，厌氧消化液对大气开放后，测得的 pH 值随测定时间的延长而升高，但是其变化比较平缓，说明水样与大气中二氧化碳的平衡是比较缓慢的。因此，平时测得的 pH 值受取样时的扰动程度、水样存放时间、水样测定持续时间及搅动强度等因素的影响，存在较大的误差。而更重要的是，这个值并不能反映体系的真实状态。当我们根据测定的 pH 值认为消化液呈中性时，它往往偏酸性。

8.2.5 中间产物

8.2.5.1 甲酸

根据一些研究表明，含有一个碳的挥发酸，即甲酸在复杂有机物降解时会在一些情况下

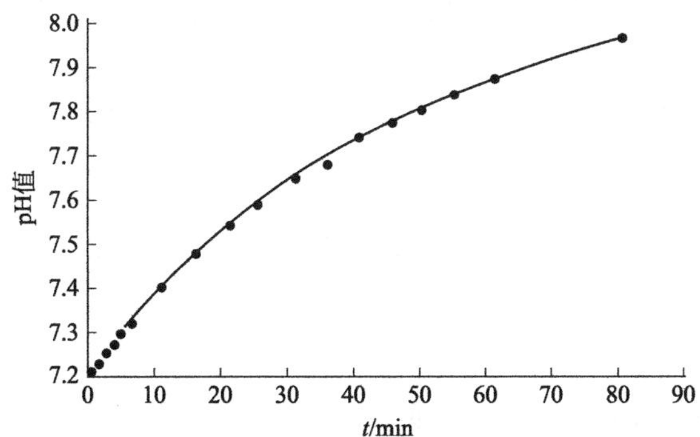

图 8-11　厌氧消化液 pH 值在大气中随时间变化曲线
注：朱宏，管作江，王绍风．厌氧消化体系的真实 pH 值 [J]．齐齐哈尔轻工学院学报，1997，6，13 (2)，65-69，72.

起到某种中间产物的作用。甲烷的产生是由甲酸降解产生，而不是由氢（Boone，1989）。所以对于某些微生物来讲，更适合由甲酸降解而形成甲烷。从动力学角度看，甲酸生成的甲烷要比由乙酸、氢生成甲烷快得多。不但如此，单位重量甲酸的 COD(0.348gCOD/g 甲酸) 比其他的挥发酸（丙酸、丁酸等）都小。

以上这些因素表明，在厌氧生物处理系统中，可能时通过甲酸来降低 COD，而且更适应冲击负荷。

8.2.5.2　乙酸

乙酸是有机物在厌氧发酵过程中的主要中间代谢产物，也是形成甲烷的重要中间产物。美国斯坦福大学沼气发酵专家 Mccarty 的试验证明，有机物质发酵分解，由乙酸形成甲烷占甲烷总生成量的 72%，由其他产物像甲酸、丙酸等形成甲烷占总生成量的 28%。

复杂有机物质厌氧废水处理主要是经过乙酸的途径形成甲烷，由乙酸形成甲烷也很复杂，用^{14}C示踪原子试验结果表明，由乙酸形成甲烷有以下两种途径。

① 乙酸的—CH_3形成甲烷

$$^{14}CH_3COOH \xrightarrow[\text{产甲烷细菌}]{\text{厌氧}} {}^{14}CH_4 + CO_2$$

② 乙酸转化为 CO_2 和 H_2，再由产甲烷细菌作用形成甲烷

$$^{14}CH_3COOH \xrightarrow[\text{伴生菌}]{\text{厌氧}} CO_2 + 4H_2 \xrightarrow[\text{产甲烷细菌}]{\text{厌氧}} {}^{14}CH_4 + 2H_2O$$

因为乙酸是甲烷的主要前体，所以厌氧系统若要功能良好、正常运行，必须有效地产生乙酸和去处乙酸，降低出水中乙酸的浓度。

8.2.5.3　丙酸

(1) 丙酸的产生和积累

在厌氧消化过程中，丙酸是代谢糖、蛋白质、多碳（C>3）挥发酸和复杂有机物的最普通的中间产物，是厌氧发酵第一阶段的产物。丙酸在降解丙酸细菌的作用下产生 H_2 和乙酸（在某些情况下被硫酸盐还原菌氧化为丙醇是例外），供给产甲烷细菌利用形成 CH_4。

国内外研究结果表明，由于丙酸的产氢－产乙酸速率缓慢，大量丙酸的产生往往导致丙酸积累，进而引起厌氧产甲烷相反应器中 pH 值降低，即导致反应器中酸化，并因此而影响产甲烷细菌的活性，对产甲烷有抑制作用。这种抑制作用不仅对产生挥发性脂肪酸的微生物

还是对分解挥发性脂肪酸都是有毒害作用的。因此酸化可导致运行失败。因此，对厌氧生物处理系统中丙酸的产生和积累的研究受到人们的重视。

目前，国内外专家研究结果表明，厌氧生物处理中产酸发酵阶段经常呈现三种发酵类型：丁酸型发酵（butyric-acid type fermentation）、丙酸型发酵（propionic-acid type fermentation）和乙醇型发酵（ethanol type fermentation）。丁酸型发酵的主要末端产物是丁酸、乙酸、H_2、CO_2和少量丙酸；丙酸型发酵的主要末端产物是丙酸、乙酸和少量丁酸，气体产量很少；乙醇型发酵的主要末端产物为乙醇、乙酸，并产生大量的H_2、CO_2。任南琪通过大量的试验已经证明，在众多的生态因子中，如温度、氧化还原电位（ORP）、pH值、有机负荷、水力停留时间（HRT）、底物浓度等，pH值和氧化还原电位对产酸发酵类型改变起很大的影响作用，而其他生态因子一般对细菌生长和代谢速率有影响。

（2）丙酸积累的原因

国内外专家已经提出丙酸产生的一些原因如下。

① 在厌氧反应器启动阶段、有冲击负荷或超负荷运行时，产酸发酵细菌（包括从好氧活性污泥得到的菌种）容易发生丙酸型发酵，产生大量的丙酸，这主要是由于较高的氧化还原电位造成的。

② 有很多报道提出丙酸积累是由于氢分压较高所导致的。但是，最近也有专家认为氢分压几乎不影响丙酸的产生，任南琪等证明，即使氢分压高达50kPa，也未引起丙酸的大量产生。认为丙酸的积累是由生理学的原因和生态学的条件两种机制造成的。生理学的原因是由于细菌为了维持$NADH/NAD^+$比率平衡；而生态学的条件因素是在pH值为5.5左右，$E_h=-300\sim100mV$的条件下，以及pH值5.0左右，E_h高于$-150mV$为产丙酸细菌的最适宜条件。

③ Cohen等曾得出高的氧化还原电位可导致丙酸型发酵的结论。

总之，较高的NADH产量、较高的氧化还原电位和pH值约为5.5的条件是丙酸产生的“原因”。较高的氢分压常是伴随过量的NADH出现的，它只是丙酸积累的现象。对于生理学的原因引起的丙酸产生来说，氢分压较高的现象可作为丙酸积累的指示剂。

（3）丙酸积累的控制对策

为了提高厌氧废水生物处理系统的稳定性和效率，任南琪等提出应采用二相厌氧处理系统作为控制对策之一。首先，在单相厌氧反应器中，尤其是在UASB的底部区域，控制最佳的pH值条件十分困难，因为一旦出现冲击负荷或超负荷，则pH值会循序降至6.0以下（往往pH值达到5.5左右），这必然会导致丙酸的产生和积累。通过相分离，可分别为产酸细菌和产甲烷细菌提供最佳条件，两大种群可各自发挥其代谢功能，并达到独立控制目的；其次，为提供产甲烷相最佳底物和保证其运行稳定性，产酸相反应器的最佳选择为乙醇型发酵。乙醇型发酵具有以下特征：①产氢产乙酸细菌转化乙醇为乙酸的速率比转化丁酸和丙酸快得多；②乙醇型发酵的产物仅含少量的丙酸，因为产乙酸过程与产乙醇相耦联能保证适宜的$NADH/NAD^+$的比例，这使发酵的稳定性更高；③在pH值低于4.5时乙醇型发酵可允许产酸反应器在较高的负荷下运行，这将使处理能力提高。另外，为避免丙酸积累，反应器应很好地密闭以维持较低的氧化还原电位。

8.2.6 营养元素

厌氧废水生物处理过程是由微生物完成的，所以微生物必须维持在良好的状态下生长，否则就会从反应器中洗出。为此废水中必须含有足够的细菌用以合成自身细胞物质的化合物。当某些废水中缺乏细菌所需要的一些元素时，就应当向废水中添加这些元素。与好氧过程相比，由于厌氧过程大大减少了生物体的合成量，因此除氮以外对其他营养的需要都成比例地减少了。虽然细菌需要的微量元素非常少，但是微量元素的缺乏会导致细菌活性降低。细菌所需要的营养物质的确定主要是依据组成细胞的化学成分。产甲烷菌的化学组成列于表 8-5 中。

表 8-5　产甲烷菌的化学组成　　单位：g/kg(干细胞)

元素	含量	元素	含量
氮	65	镊	0.10
磷	15	钴	0.075
钾	10	钼	0.060
硫	10	锌	0.060
钙	4	锰	0.020
镁	3	铜	0.010
铁	1.8		

注：本表引自环境温度下厌氧折流板反应器运行特性的研究，博士论文．

研究表明，就对产甲烷菌的营养激活作用而言，产甲烷菌的营养元素的需求顺序为：

N、S、P、Fe、Co、Ni、Mo、Se、维生素 B_2、维生素 B_{12}

缺乏上述某一种营养元素，产甲烷过程仍然会进行，但是速度会降下来，而且只有当前面一种营养元素足够时，后面一个营养元素才能够对产甲烷菌的生长起到激活作用。

8.2.7 监测与控制

在厌氧生物处理过程中，其处理体系是比较脆弱的，经不起太多、太大的环境条件上的变动，反应器中的微生物各个类群之间的平衡也很容易受到干扰，如果不能对其系统运行进行很好地监测控制，那么体系中的各种平衡可能遭到破坏，而使厌氧生物处理系统恶化，最终就会导致运行失败。因此，合适正确的监测和控制可以避免运行过程中出现的各种问题，防止由不太严重的小问题变成能够威胁到各个微生物类群生命的大问题。

8.2.7.1 厌氧工艺上的监测参数

在厌氧运行过程中，pH 值、有机负荷（包括有机容积负荷和有机污泥负荷）、水力停留时间和产甲烷速率是厌氧工艺中几种主要的监测参数。

(1) pH 值

pH 值是厌氧生物处理过程中的一个重要控制参数，一般认为，厌氧反应器的 pH 值应控制在 6.5～7.5 之间。然而，厌氧消化工艺的不同，pH 值的控制方法是不同的。

对于间歇式厌氧消化工艺，这种消化工艺的 pH 值一般情况下是不需要人工控制的。其 pH 值是随时间变化而不断变化的：pH 值首先迅速下降，短暂的稳定后，pH 值马上缓慢回升。这一过程是由酸性变为中性，最终又变成碱性。经过许多研究表明，反应器中溶液酸化的速率快，时间短；而使酸性溶液恢复到碱性速率却是很慢，时间长。然而，对于连续式厌氧消化工艺来说，只要反应器中的温度不发生变化，原料的组成不变，溶液的 pH 值主要受到有机负荷率影响。如果有机负荷率一定的话，反应器中的 pH 值将会在数天时间内趋向一个固定值。在一般情况下，有机负荷率低，pH 值就高；有机负荷率高，pH 值就低。因此，可以通过适当的增加或减少有机负荷率来调节反应器中的 pH 值。例如 pH 值降到 6.5 以下时，可暂时停止进料，从而减少有机负荷，直到pH值慢慢回升。此外，为了维持这样的pH值，在处理某些工业废水时，需要投加pH调节剂，如碳酸钠、碳酸氢钠、石灰等碱性物质来促进pH值回升，但是往往会因此而增加运行费用。

(2) 有机负荷

前面曾经介绍过有机负荷的概念，它包括有机容积负荷和有机污泥负荷。有机负荷不仅是厌氧反应器的一个非常重要的设计参数，更是一个重要的控制参数。进水的有机负荷能够体现微生物和基质之间的供需关系，有机负荷影响着污泥的活性以及对有机物的降解。在有机负荷中，两种方式进行比较，即有机容积负荷与有机污泥负荷相比，有机污泥负荷更能从本质上反映微生物代谢和有机物质之间的关系。此外，有机负荷的高低对反应器中的pH值也有直接的影响，从而影响反应器的正常运行。

因此，运行过程中控制适当的有机负荷，才能使反应器中生化反应过程正常进行，保持体系中的各种平衡状态，也因此而消除由于突然间的超负荷带来的酸化问题。

在处理一些常规的有机工业废水，厌氧工艺的有机负荷往往比好氧工艺的高（见表8-6），但有时为了减少反应器的容积而尽量地提高有机负荷，在这种情况下，我们必须密切进行监测控制，这是至关重要的。因为在高负荷下，体系中会出现短时间的不平衡。

表8-6 厌氧工艺和好氧工艺有机负荷的比较

工艺	有机容积负荷	有机污泥负荷
厌氧工艺	5～10kgBOD_5/(m^3·d)	0.5～1.0kgBOD_5/(kgMLVSS·d)
好氧工艺	0.5～1.0kgBOD_5/(m^3·d)	0.1～0.5kgBOD_5/(kgMLVSS·d)

(3) 水力停留时间

水力停留时间对于厌氧工艺的影响是通过上流速度来体现的。

较高的上流速度可以污泥与废水中的有机物充分接触，这样有利于提高有机物的去除率。但是，上流速度不宜太高，若流速过高，反应器中的污泥就很有可能被冲出，从而反应器中的污泥减少。这样由于生物量的减少，会影响反应器的运行效果和处理效果。

在处理某些低浓度有机废水时，水力停留时间这一参数往往比有机负荷更为重要，更需要很好地控制。

(4) 产甲烷速率

甲烷的产率代表了整个厌氧工艺的脉搏。为什么这样说呢？在厌氧条件下要去除有机物必须从废水中除去还原的最终产物甲烷，如果没有甲烷的生成，也就没有产甲烷细菌的增殖，也就没有任何有机污染物的减少。

如果发现甲烷气体的产量降低，这就说明系统中关键的微生物——产甲烷细菌的生长受到了抑制，需要立刻找到原因并排除解决问题。

8.2.7.2 有效的早期预警物

为了能够使厌氧系统更好地、更顺利地运行，操作人员除了需要对传统的指示物进行监测外，还需要掌握一些检验生物体运行特性的方法，从而可以迅速获得预警信息，防止在运行过程中发生的问题。

对进水毒性、生物体中微量营养元素以及进水碱度等等的监测是非常有效的，但是到目前为止还不能进行在线测定。尽管如此，能对这些参数进行测定，可以大大增强操作人员对厌氧工艺稳定性的信心。在此介绍一些早期预警物。

① 挥发酸　可以采用气相色谱仪对挥发酸的浓度进行在线测量，从而对厌氧工艺运行做出直接的反馈，防止反应器发生酸化。

② 氢　氢具有一些作为早期预警的特点，同时也存在着局限性。Mosey（1985）得出结论，氢可用作负荷大小的指示物来控制进水量，另外也可以作为毒性的早期预警物。Boone（1989）得出甲酸盐是氢的携带者之一，因此氢的减少可以有效地作为反应器运行状态的监测物。但是，McCarty和Smith（1986）观察到反应器中氢浓度降低，并确定所减少的氢转向被还原的含较多碳原子的挥发性脂肪酸和丙醇等这样的有机物。这一转向又明显限制了氢作为早期预警物的敏感性。

③ 苯乙酸　苯乙酸是降解芳香族氨基酸和木质纤维素的中间产物。Iannotta等在1986年报道，在处理动物废物出水中，与挥发酸相比，苯乙酸含量好像是一种更加敏感的消化反应器运行状态的指示物。

④ 丙酸盐与乙酸盐的浓度比　Marchaim和Krause（1993）对丙酸盐与乙酸盐的浓度比做出了评价，认为丙酸浓度和乙酸浓度之比可以作为反应器因为超负荷而引起运行失灵的敏感可靠的预警物。在其他的运行参数发生变化之前，丙酸浓度和乙酸浓度之比会立刻增加的。除了上述的几种可以指示厌氧生物处理系统运行状态的早期预警物之外，还有如甲硫醇、甲酸盐等早期预警物，在这里就不一一介绍了。

8.3 厌氧生物处理中容易出现的问题及其解决办法

在厌氧生物处理过程中，进入废水的成分通常比较复杂，而且在运行中也经常出现一些干扰因素，如在反应器中有时会出现毒性物质、产生泡沫等问题。这些问题往往会给整个厌氧系统运行造成影响，因此操作人员需要及时发现存在的问题并提早解决，防止问题恶化而使运行失败。

8.3.1 复杂废水中含有不溶解物质

根据在处理废水的难易、工艺条件、工艺流程和处理效率上有较明显的区别，通常把废水分成非复杂废水与复杂废水。一般来说，非复杂废水大部分是溶解性废水，其中可能含有毒物质，但浓度还不能够引起处理系统受到严重抑制；有时虽含有一定量蛋白质，但还不致产生较严重的泡沫，通常非复杂废水中的悬浮物浓度较低。所谓复杂废水是指含有不溶解物或含有引起抑制或中毒、浮沫、浮渣或污泥上浮的污染物的废水。含有不溶解性的物质的废水就是复杂废水类型之一。

废水中所含有的不溶解物质，包括各类悬浮物和在厌氧生物处理过程中形成的沉淀物，对厌氧过程具有不利影响。这些不溶解物质的性质不同，对厌氧过程的影响也就不同。比如：悬浮物的体积和表面积、沉降性能、聚集的可能性以及悬浮物被污泥吸附的可能性；微生物吸附这些不溶解物质的亲和力；在操作条件下，这种物质的生物可降解性与降解速率。

依据以上的因素，不溶解物质（主要是指悬浮物）可能通过下列方式不同程度地影响厌氧过程。

① 污泥会把聚集的悬浮物包裹在其中，从而降低了污泥的产甲烷活性，尤其是在悬浮物难于降解时，常常在污泥床内积累许多这种物质。如果采用颗粒污泥作为厌氧污泥，则可减少悬浮物积累的现象发生，除非悬浮物的沉降性能与颗粒污泥相似或者它们之间的吸附作用非常强。例如在上流式厌氧污泥床反应器（UASB）中，即使悬浮物能够在污泥中积累，

也只是在上流式厌氧污泥床的上方形成絮状积累，这部分絮状物质可以作为剩余污泥从反应器中排出，因此污泥床中颗粒污泥的质量不会因此而受到影响，上流式厌氧污泥床反应器中可以保持单位容积污泥的活性不变。

② 在反应器的上方形成浮渣层，这是由于不溶解的物质与其吸附或包裹在一起的活性污泥引起的，尤其是脂肪、类脂等物质更容易引起絮状污泥或颗粒污泥的上浮。形成的浮渣层很容易导致严重性的污泥流失，当有浮渣层形成时，需要为厌氧反应器配备浮渣分离的装置。

③ 有些悬浮物相对密度比较小，长时间被截留于污泥床中，这样可能会使几乎全部颗粒污泥迅速被冲出反应器，这种状况的直接原因可能是由于进水负荷的突然增大。在实验室和生产性装置中也都曾经发生过这种现象。

④ 当接种泥采用絮状污泥时，新产生的微生物细胞将会附着在这种不溶解物质的表面，得到的结果是降低了污泥颗粒化的速度甚至使污泥颗粒化不能实现。反应器中存在胶体物或不易沉淀的悬浮物，例如纤维物质，则新产生的微生物细胞会与这些不溶解物质一起从反应器中排出。然而，如果使用颗粒污泥进行接种，那么不溶解物质（悬浮物）会降低颗粒污泥的生长速率和颗粒污泥的强度，但是反应器中不溶解物质浓度的最大值仍没有得出。荷兰农业大学环境系曾进行过一些试验，试验表明，进水为生活废水和经稀释的初沉池和二沉池的污泥（其最大悬浮物浓度 6～8gTSS/L）或屠宰废水（其悬浮物浓度 1gTSS/L）时，这类悬浮物并不影响颗粒污泥的强度。但另一方面，以屠宰废水所做的试验也揭示在较高负荷下进水中的胶体物质会严重降低颗粒污泥的活性。

不仅悬浮物的性质对厌氧处理有明显影响，而且悬浮物的浓度对厌氧处理也是非常重要的。目前，有一些证据表明不同种类的悬浮物，当这种悬浮物浓度超过一定数值时，就像 UASB 这样的高速厌氧反应器就不太适用，其他的高速厌氧反应器对含较高浓度的悬浮物的废水也不能适应，但是它们所引起麻烦的机理和所能容忍的悬浮物浓度可能会有所不同。

8.3.2 废水中的某些物质容易导致沉淀

在利用厌氧生物处理废水时，经常发现在反应器内、出水管或者是管道中有沉淀物质的产生，有时这些沉淀物质还沉积在颗粒污泥的表面，给处理废水带来了不便，从而影响了处理效果。这是由于废水中含有某些无机化合物造成的。例如，废水中含有较高浓度的 Ca^{2+} 时，在厌氧反应的过程中就会产生 $CaCO_3$ 沉淀，有时沉淀物中也包括 $CaHPO_4$。

要解决此类问题，需要对废水进行预处理。可以通过传统的软化水质的方法，使含有较高浓度的 Ca^{2+} 废水在进入反应器之前得到降低，例如当废水碳酸氢盐碱度不高时可以向废水中添加纯碱使 Ca^{2+} 以 $CaCO_3$ 形式沉淀。但是这样增加了处理费用，为了减少纯碱用量，我们也可以事先将进水与出水混合（因为出水一般含有较高的碳酸氢盐碱度），同时也要维持反应器中较低的 pH 值，这样可以提高 $Ca(HCO_3)_2$ 的溶解度。

除了 Ca^{2+} 以外，在厌氧处理过程中还有一些较为常见的无机沉淀物。例如说当 Mg^{2+} 和 NH_4^+ 有较高浓度时，就会产生磷酸镁铵沉淀（$MgNH_4PO_4$），有人又叫它鸟粪石，往往因此而能导致管道结垢，是化学沉淀的另一个麻烦问题。

在厌氧过程中产生鸟粪石沉淀主要发生在两个地方，一个是管道弯头和水泵入口处；另一个是 CSTR 反应器后二沉池的出口处。Mamais 等指出补充铁盐可以防止鸟粪石的形成。铁盐和磷酸根形成 $Fe_3(PO_4)_2$，使系统中鸟粪石达不到饱和的程度。

8.3.3 毒性物质

厌氧生物处理工艺能处理多种工业废水，但工业废水通常都含有毒性物质，因此有一些人总是认为厌氧消化过程不适合处理工业废水。然而事实上，工业废水中毒性物质浓度一般只能对厌氧菌产生可逆性抑制，不会产生杀菌的作用。但是，厌氧生物处理中甲烷细菌对毒性物质比产酸细菌要敏感，而且利用乙酸盐的甲烷细菌比利用 H_2/CO_2的甲烷细菌更容易受毒性物质的抑制。毒性物质存在及其浓度是影响厌氧处理的重要因素之一。为了更好地预防和解决这个问题，让我们先掌握一些反应器中有害物质的最大容许浓度。

8.3.3.1 有害物质的最大容许浓度

在厌氧生物处理中，毒性物质主要是重金属和某些阴离子，所以必须要严格控制反应器中重金属离子的含量。表 8-7 列出了对厌氧处理有害的物质最大容许浓度。

表 8-7 厌氧处理中有害物质的最大容许浓度

有害物质名称	最大容许浓度/($mg/L_{污泥}$)	有害物质名称	最大容许浓度/($mg/L_{污泥}$)
硫酸铝	5	Cu^{2+}	25
Ni^{2+}	500	Pb^{2+}	50
Cr^{3+}	25	Cr^{6+}	3
硫化物	150	丙酮	800
苯	200	甲苯	200
戊酸	100	甲醇	5000
三硝基甲苯	60	合成洗涤剂	100～200
NH_4^+-N	1000	SO_4^{2-}	5000

8.3.3.2 厌氧发酵中毒性物质反应

(1) 毒性的分类

毒性按抑制程度不同大体上分为基本无抑制、轻度抑制、重度抑制和完全抑制；按接触时间的长短分为初期抑制（冲击抑制）和长期抑制（驯化抑制）；根据抑制作用是否可逆分为不可逆抑制和可逆抑制，可逆抑制又可根据抑制剂与底物的关系分 3 类：竞争性抑制，非竞争性抑制和反竞争性抑制；根据毒性物质对细菌活性的影响可分为影响代谢的毒性物质，影响细菌生理的毒性物质和杀菌性的毒性物质。

毒性物质对厌氧生物处理中厌氧细菌毒性的大小可以利用“50%抑制浓度”来表示（记作 50%IC)。50%IC 是使厌氧过程污泥产甲烷活性降低 50%的有毒物质的浓度。所以，物质的毒性越大，其 50%IC 的值就越小。

(2) 微生物动力学与毒性

工业废水中一般均含有毒性物质，因此工业废水厌氧处理很难在稳定状态下运行。利用乙酸的甲烷细菌世代时间一般为 2～4. 2d。然而，当毒性物质存在时，乙酸的比利用速率会减小（非竞争性抑制）或饱和常数 K_S会提高（竞争性抑制）。最小生物固体停留时间 t_{cmin}可用下式表示：

$$t_{cmin}=(\gamma_G k-b)^{-1}$$

式中，γ_G为产率因子；k 为基质利用速率，d^{-1}；b 为内源呼吸氧化率，d^{-1}。

毒性物质加入后，t_{cmin}会随着甲烷产率和处理速率的降低而增加。t_{cmin}是随时变化的，而实际运行时，t_c是固定不变的。因此，由于不能保证足够的t_{cmin}，从而使毒性物质不能降解。设计时应考虑一个安全因子t_c/t_{cmin}，Chou等发现用厌氧活性污泥法，25dHRT和SRT不能降解丙烯酸，因甲烷菌还没适应丙烯酸毒性以前已被冲出反应器。然而在厌氧生物膜反应器中丙烯酸却能被生物降解，因SRT超过了100d。由此可见，在厌氧消化过程中保证足够长的SRT是很重要的。

(3) 毒性反应模型

① 不考虑驯化的毒性反应模型

竞争性抑制

$$-\frac{d\rho_s}{dt}=\frac{K_{max}\rho_s\rho_x}{K_s[1+(\rho_I/K_i)]+\rho_s}$$

反竞争性抑制

$$-\frac{d\rho_s}{dt}=\frac{K_{max}\rho_s\rho_x}{K_s+\rho_s[1+(\rho_I/K_i)]}$$

非竞争性抑制

$$-\frac{d\rho_s}{dt}=\frac{K_{max}\rho_s\rho_x}{(K_s+\rho_s)[1+(\rho_I/K_i)]}$$

式中，$d\rho_s/dt$为单位体积基质利用速率；ρ_s为基质质量浓度，mg/L；ρ_x为生物质量浓度，mg/L；K为比基质利用速率，g/(g·d)；K_s为半饱和常数，mg/L；K_i为抑制系数，mg/L；ρ_I为毒性物质质量浓度，mg/L。

Bhattacharya和Parkin报道，当毒性物质质量浓度升高时，竞争性抑制使出水COD浓度升高，反竞争性抑制最初出水COD也随毒性物质浓度升高而升高，但当毒性物质浓度达到某一值时，会导致系统突然失败。甲醛和Na^+产生竞争性抑制；NH_4^+和Ni^{2+}产生反竞争性抑制。

② 考虑驯化的毒性反应模型　Parkin和Speece提出了描述利用乙酸甲烷菌对毒性物质适应的实验模式：

$$G_t=A e_1^{-kt}+B e_2^{kt}$$

式中，G_t为甲烷产率，mL/d；A，B为实验常数（$A+B$=控制系统气体产量）；t为加入毒性物质以后的时间，d；e_1为毒性速率常数，d^{-1}；e_2为适应速率常数，d^{-1}。

这个模型可用来成功地描述甲烷菌对氰化物、氯仿、甲醛和Cu的适应方式；可用来估计毒性物质抑制期以及毒性物质开始产生抑制作用和杀菌作用的浓度。

8.3.3.3　硫酸盐对厌氧消化的毒性作用及控制对策

(1) 硫酸盐对厌氧消化的毒性的影响

硫是厌氧微生物生长所必需的微量元素之一，当废水中没有硫化物的存在时，甲烷细菌的生长受到抑制，甲烷细菌生长最适宜的硫化物浓度为1～25mg/L。另据文献报道，当废水含有50mg/L左右的硫化物时，有利于厌氧消化的进行。另外，废水中一些有毒的重金属离子可以硫化物的形式沉淀，从而使重金属离子对厌氧消化的毒性减轻。所以，厌氧消化中存在适量的硫化物是有利的。

硫酸盐是厌氧消化中生成的硫化物的前体，它可在硫酸盐还原细菌（SRB）的作用下还原为硫化物。所以，适量的硫酸盐存在，对厌氧消化具有与硫化物相似的有利影响。

当硫酸盐浓度为2000～3000mg/L时，对厌氧消化过程产生明显抑制作用；当浓度达到5000mg/L以上时，则产生重度抑制作用。硫酸盐对厌氧消化的抑制作用是间接的，且至少形成两次抑制，即SRB还原SO_4^{2-}形成H_2S的过程中与MPB争夺分子氢使甲烷产量减少，以及产物H_2S对厌氧消化的毒性影响。

硫化物对厌氧消化的毒性作用，被认为主要是消化液中未离解的H_2S的毒性所致。当未离解的硫化物浓度为100～150mg/L时，对甲烷细菌细胞的功能产生直接抑制作用。

(2) 对硫酸盐毒性的控制对策

厌氧消化中，常将对厌氧消化过程产生抑制作用的一些物质称为有毒物质，其对厌氧消化过程的抑制作用常称之为毒性。对于控制厌氧消化中硫酸盐的毒性，可以从下列方面来考虑。

① 稀释进水　据报道，在进水COD低于15g/L时，稀释作用几乎成比例地降低消化液中H_2S浓度。一般采用的方法是利用脱H_2S器去除厌氧消化器出水中溶解的H_2S，使出水再循环，以降低进水中SO_4^{2-}浓度。另外，也可利用其他不含SO_4^{2-}或含SO_4^{2-}浓度较低的废水与进水混合，以降低进水中SO_4^{2-}的浓度。

② 从消化液中吹脱H_2S　通常采用脱除H_2S后的沼气再循环的方式或其他吹脱方式降低厌氧消化液中H_2S的浓度。例如，Sarner利用带有吹脱装置的厌氧消化器处理纸浆废水，当进水COD为4000～6000mg/L、SO_4^{2-}为3000mg/L时，COD去除率达54%，BOD_5去除率达88%，甲烷产率为0.28m^3/kgCOD。

当用厌氧消化产生的沼气气提脱除消化液中的H_2S时，在消化液pH值和进水SO_4^{2-}浓度一定的条件下，处理单位量废水的厌氧消化产气量越高，则从消化液中逸出的H_2S量就越多，残余的H_2S就越少。Lettinga等从厌氧消化进水COD/SO_4^{2-}的比值加以分析，指出：当废水中SO_4^{2-}浓度为2～4g/L时，pH呈中性，COD/SO_4^{2-}大于7.5（g/g）时，几乎在任何情况下都可以得到满意的结果。因为，从理论上讲，要使废水中SO_4^{2-}全部还原，需使COD/SO_4^{2-}＞0.67，而实际上要使进入消化器中的SO_4^{2-}全部还原，需使进水中COD/SO_4^{2-}＞2。但要想在此比值下依靠产生的沼气来气提脱除消化液中的H_2S，使其达到安全浓度之内，一般是不可能的。所以，在厌氧消化中进水COD/SO_4^{2-}比值应更高，如大于7.5，从而可通过沼气的气提作用降低H_2S的量。

(3) 以硫化物沉淀形式去除H_2S

投加无机盐（如硫酸亚铁、三氯化铁）去除或降低H_2S浓度的方法，已在厌氧消化中得到验证。Braun和Huss研究了厌氧生物滤池处理酒厂废水时添加硫酸亚铁的影响。结果表明，当投加2g/L硫酸亚铁时，容积负荷可从原来的30kgVSS/(m^3·d）提高到40kgVSS/(m^3·d)，而挥发性脂肪酸及H_2S浓度均比对照试验组低。说明投加适量的铁盐可以降低消化液中H_2S的含量，促进生化反应。但从其结果看，去除每千克VSS的产气量却是不变的，说明尽管投加硫酸亚铁使消化液中H_2S浓度降低了，却不可避免SRB还原SO_4^{2-}使甲烷产量减少。

(4) 控制适宜的pH值

消化液的pH值影响着H_2S的离解程度。在厌氧消化中起着抑制作用的硫化物主要是未离解的H_2S，当pH值升高时，未离解的H_2S浓度降低，从而使其毒性也相应降低。可见，控制适宜的消化液pH值，在弱碱性的消化环境下，使溶解的H_2S离解成低毒的HS^-及S^{2-}，可降低含硫酸盐有机废水厌氧消化产生的H_2S的毒性影响。一般认为，pH值控制在7.5～8.0的范围较为适宜。

(5) 投加SRB抑制剂

以上几种方法，都是试图从消化液中去除或降低H_2S的浓度以达到控制其毒性的目的，但并未解决 SRB 与 MPB 争夺分子氢使甲烷产量减少的问题。国际生物物质组织研制出一种能够抑制 SRB 生长的无机盐抑制剂，这既解决了 H_2S 的毒性影响，也解决了 SRB 与 MPB 争夺分子氢的问题，使甲烷的产量达到最大限度。这项技术在国外已成功地用于处理糖蜜酒厂废水，在废水 SO_4^{2-} 浓度高达 7.5g/L 时，投加抑制剂后，厌氧消化过程可正常进行。其缺点是抑制剂价格昂贵，为使抑制剂在厌氧消化系统中保持一定含量，需要连续投加，因而处理成本很高。另外，由于 SRB 是厌氧消化中产氢产乙酸菌群中的主要菌属之一，投加 SRB 抑制剂，由于抑制了 SRB 的活性，使得正常参与产氢产乙酸过程的细菌数量减少。而一般来讲，产氢产乙酸阶段是厌氧消化几个阶段中的限速步骤，因而将使整个厌氧消化过程的速率减慢。另外，有的研究结果表明，投加 SRB 抑制剂 Na_2MoO_4后，虽然 H_2S 的生成量得到了控制，但甲烷的产量也相应降低，表明该抑制剂也同时抑制了 MPB 的活性。

(6) 采用两段厌氧消化工艺

采用两段厌氧消化工艺，在第一阶段控制产酸菌（包括 SRB）适宜的环境条件，产物以低级脂肪酸和 H_2S 为主，出水经脱 H_2S 装置脱除 H_2S；在第二阶段进行以甲烷为主要产物的甲烷发酵。

两段厌氧消化工艺已成为含硫酸盐有机废水厌氧处理的发展方向。Reis 等的试验结果表明，采用上流式厌氧滤池作为产酸段反应器，当进水 SO_4^{2-} 浓度在 4500～5100mg/L、控制适宜的 pH 值时，SO_4^{2-} 的去除率可达 60%～100%。清华大学杨景亮等在进水 COD 为 5000mg/L、SO_4^{2-} 为 1000mg/L 的条件下，采用两段厌氧工艺处理含硫酸盐有机废水，试验证明，产酸段反应器对 SO_4^{2-} 的去除率可达 80%。Gao Yan、康风先等不少学者在采用两段厌氧消化工艺处理高浓度硫酸盐有机废水方面也都做了大量试验研究。这些试验结果，为进一步开展两段厌氧消化工艺处理高浓度硫酸盐有机废水的试验研究及工程实践奠定了理论基础。

8.3.3.4 厌氧消化过程中基质和产物毒性

在大部分的普通工业废水中，污染物的浓度远低于能表现出基质毒性的浓度。除了一些特殊情况，如加工制造土豆片、奶制品所产生的高浓度的脂类废水，可能具有明显的基质毒性。

废水中存在高浓度长链脂肪酸或醇类，带有双键或醛基的有机物、有机氯化物（如丙烯酸、丙烯醛、甲醛、三氯甲烷、三氯乙烯等），这些基质的毒性需引起注意，其对甲烷细菌利用乙酸有毒性作用。油酸对产甲烷以及腺苷三磷酸浓度具有抑制效应。Irini 和 Ahring 在他们的研究中已经证明了长链脂肪酸的抑制作用。因此，要使甲烷化继续进行，只有在投加活性炭或膨润土来去除脂肪。

在厌氧处理阶段产生一些产物，对自身系统有毒害作用。据报道，未离解的乙酸和丙酸在高于一定浓度时对丙酸利用、乙酸利用和 H_2利用的细菌时具有毒性。

此外产物毒性的例子还有 NH_3，尤其是在高 pH 值下厌氧降解高浓度蛋白质类物质时会产生 NH_3毒性。但是 NH_3的毒性是可逆的，即当毒性物质去除或稀释到一定倍数后产甲烷活性仍可以恢复。根据 Koster 和 Lettinga 的观察，得到在高浓度的含氨态氮废水被稀释后，细菌的活性立即得到恢复。

综上所述，当废水或反应器中含有对产甲烷菌有毒或具有抑制作用的物质时，需要对废水处理工艺采取相应的措施，从而有效地去除工业废水中多种有毒物质。解决方法大体可分为：a. 利用足够时间驯化污泥对有毒污染物的适应以及降解力；b. 将进水进行稀释，使有毒物达到可以接受的低浓度或使浓度降低到易于降解的水平；c. 采用某种预处理除去有毒物，例如化学的或生物的预处理。如重金属能被螯合或沉淀，从而也可以去除它们的毒性；d. 避免空气中的氧大量进入废水，因为对一些废水（例如土豆淀粉废水、林产工业废水）的氧化作用往往导致对厌氧细菌毒性很强的物质产生。

8.3.4 泡沫问题

厌氧生物处理工艺与好氧生物处理工艺产生的问题有时会是相似的。在好氧工艺中，经常会出现泡沫问题，厌氧工艺运行中也是间发性地出现泡沫问题。

生成泡沫的首要原因是液体表面张力的降低。那么，降低液体表面张力可能是因生物体本身产生一些中间产物，从而降低了液体的表面张力，结果导致泡沫产生。此外，进水中的蛋白质、脂肪和类脂一般会引起泡沫，是一个产生泡沫的阶段。在含有这类物质的废水处理中采用下列措施可防止泡沫的形成：a. 以中等负荷运行，即反应器负荷应低于根据污泥活性计算得出的最大负荷的1/2；b. 废水和污泥应充分混合。

在任何情况下，在三相分离器的集气室安装消沫喷水管都是有益的，同时也可以在沉淀区的液面安装泡沫撇除装置或在出水堰板前设置挡板（例如使液体通过而阻止粗大颗粒通过的不锈钢筛网）。另外，在沉淀区表面装置喷嘴对防止浮渣层的形成也是有利的。

在处理含高浓度脂肪或类脂的废水中，污泥与进液的良好混合是非常重要的。就此而论，膨胀颗粒污泥床反应器（EGSB）更优于UASB反应器，特别是在负荷不十分高的情况下。

形成泡沫的另一个原因是显著的产气。高负荷所带来的突然产生大量气体也可以增加产生泡沫的可能性。

Ross和Ellis在1992年研究中发现，产生泡沫之后产气量减少，总VFA和碱度之比增加，挥发固体减少，而且pH值降低。因此，在厌氧处理工艺的设计、启动、运行等阶段必须要重视泡沫问题。

8.3.5 厌氧反应器中产气的异常现象及解决方案

（1）气泡异常

在厌氧工艺中，沼气的气泡异常有三种表现形式，见表8-8。

表8-8 沼气的气泡异常的三种表现形式

表现形式	原因分析	解决方案
连续喷出像啤酒开盖后出现的气泡	可能是排泥量过大，池内污泥量不足；或有机负荷过高；或搅拌不充分	减少或停止排泥，加强搅拌，减少污泥的投配
产气量正常，但有大量气泡剧烈喷出	由于池内浮渣层过厚，沼气在层下集聚，一旦沼气穿过浮渣层就出现该形式	破碎浮渣层充分搅拌
不起泡	池内污泥量过大；有浮渣或堆积的泥沙	可暂时减少或中止投配污泥；打碎浮渣并清除；排出池中堆积的泥沙

（2）产气量下降

产气量下降主要是由于有机物在厌氧反应器内分解不正常，其具体的原因和解决方案见表8-9。

表 8-9 产气量下降现象的原因分析及解决方案

序号	产气量下降的原因分析	解决方案
1	投加的污泥或废水的浓度过低，使得微生物营养不足，造成产气量下降	设法提高投入污泥或进入反应器内的废水浓度
2	污泥排放量过大，使池内微生物量减少，从而破坏了生物量与营养量的平衡	减少污泥的排放量
3	由于投入污泥或废水量过大或加热设备发生故障，使反应器内温度下降	将反应器内的温度加热到规定值，并减少投泥量和排泥量；或及时调节检修加热设备
4	由于反应器内浮渣积累、泥沙堆积，导致反应器容积变小	需要检查打碎浮渣装置的运行情况及沉砂池的除砂效率，及时排除浮渣和砂粒
5	有机负荷过大或酸性废水和含金属毒物废水排入，导致反应器内 pH 值下降，抑制厌氧微生物产生和生长，从而产气量减少	首先减少或停止投泥和排泥，继续加热，观察反应器内 pH 值变化情况。若未能改善，则应对排放废水厂的含酸性和金属毒物的废水加以控制，需要进行预处理
6	反应器、输气系统的装置和管路出现漏气现象	需及时进行检修

8.3.6 污泥厌氧消化沼气的安全问题

污泥厌氧消化是一种使污泥达到稳定状态的非常有效的处理方法。污泥中的有机物厌氧消化后主要产物是消化气（沼气）。随着污泥中有机物成分以及消化工艺的不同，沼气的化学成分也各异，一般由 60%～70%的甲烷、25%～40%的二氧化碳和少量的氮硫化物和硫化氢组成，燃烧热值约 18800～25000kJ/m^3。大中型污水处理厂对消化产生的沼气进行回收利用，可以达到节约能耗、降低运行成本的目的。同时，空气中沼气含量达到一定浓度会具有毒性；沼气与空气以 1∶(8.6～20.8)（体积比）混合时，如遇明火会引起爆炸。因此，污水处理厂沼气利用系统如果设计操作不当将会有很大的危险。

(1) 沼气净化

污泥消化产生的沼气是处于汽水饱和态的混合气。沼气自消化池进入管道时，温度逐渐降低，管道中会产生大量含杂质的冷凝水，如果不从系统中除去，容易堵塞、破坏管道设备。同时沼气中的 H_2S 气体溶于水形成的氢硫酸会腐蚀管道和毁坏设备。沼气净化主要是脱硫和去除冷凝水及杂质。

沼气自消化池进入管道时，在最靠近消化池的位置，温降值最大，产生的冷凝水量多，在此点必须设置冷凝水去除罐。在沼气管路系统中，在避免沼气流速过大而夹带水汽的前提下，管道坡度应设计为 1%～2%或尽可能更大。在博茨瓦纳污水处理厂运行中发现，个别坡度为 0.005 左右的管道管壁容易积冷凝水。较长的管线应特别考虑设计成有一定的起伏，在所有低点都应该考虑设置冷凝水去除罐。另外，在重要设备如沼气压缩机、沼气锅炉、沼气发电机、废气燃烧器、脱硫塔等设备沼气管线入口处，在干式气柜的进口处和湿式气柜的进出口处都设置冷凝水去除罐。有时在某些设备如有密封水系统的沼气压缩机出口处还需要设置装有高压排水阀的去除罐。正常运行期间，操作人员每天检查时都会发现一些去除器（特别是靠近消化池的）有大量的冷凝水排出。当构筑物和设备检修时，还可以向冷凝水去除器中注水，作为水封罐。

沼气中的杂质一部分随排除冷凝水去除，另一部分被阻留在消焰器填料间缝隙里的杂质也随定期清洗消焰器而被清除，如果沼气利用设备有特殊要求，还应在沼气进入设备前设置气体过滤器。

为防止氢硫酸腐蚀管道和毁坏设备，城市污水厂污泥产生的沼气进入储气柜之前一般应该设置脱硫装置。城市污水处理厂沼气脱硫装置一般采用氧化铁的干法脱硫和 NaOH，Na_2CO_3的湿法脱硫。

(2) 防爆保护和火焰消除

沼气与空气在一定的混合比和遭遇明火情况下会引起沼气爆炸或燃烧。消焰器的设置有效地防止了外部火焰进入沼气系统及火焰在管路中的传播，进而保证了系统的安全运行。在所有沼气系统与外界连通部位（如：与真空压力安全阀、机械排气阀连接安装处），以及气柜、沼气压缩机、沼气锅炉、沼气发电机、废气燃烧器沼气管进口处都设置了消焰器。消焰器内部填充了金属填料，当火焰通过消焰器填料间缝隙时，热量被吸收，温度降低到燃点以下，达到消焰目的。

从消化池流出的沼气中常带有泡沫和浮渣等杂质，容易堵塞填料，阻碍气体通过，增加管路阻力。处理厂操作人员可以测量记录沼气通过不同部位消焰器的压力变化以确定检查清洗填料的周期，实际运行中经常会出现由于消焰器清洗不及时而产生的系统压力波动和运行问题。所以设计时，在消焰器的前后一般设置阀门以便维护。

8.3.7 污泥膨胀

自从 1914 年 Aldern 和 Leekett 首次发明活性污泥法处理污水技术之后，由于其工艺比较经济可靠，因此得到了广泛的应用和发展。除了传统活性污泥处理工艺，还发展了吸附再生、完全混合型、序批式等一系列的变形工艺。一些新的工艺，如粉末炭活性污泥法、AB 工艺和 A/O、A^2/O 等脱氮脱磷工艺也得到了进一步的发展。

但是，不论哪一种改进的活性污泥工艺，污泥膨胀仍然是运转管理中的难题之一。在荷兰有 40%～50%的城市污水处理厂有污泥膨胀问题。1976 年英国对 65 座污水处理厂进行调查的结果表明，年平均污泥容积指数（SVI）值大于 200mL/g 的污水厂占 65%；1984 年南非对 111 座污水处理厂进行调查的结果表明，有 56%的污水厂存在不同程度的污泥膨胀问题。在我国也有相同的问题。可见，活性污泥工艺中的污泥膨胀问题是一个世界范围普遍存在的大问题。各国的研究者对此进行了大量的研究，特别是近十几年来，这一领域的研究取得了实质性的进展。

污泥膨胀有两种类型：一种是由于活性污泥中丝状菌的大量繁殖而引起的丝状菌性污泥膨胀；另一种是由于菌胶团细菌体内大量积累高黏性物质而引起的非丝状菌性膨胀。在实际运行中，以丝状菌性污泥膨胀问题为主，一般占 90%以上，然而非丝状菌性污泥膨胀只占 10%。

8.3.7.1 污泥膨胀的成因

目前，有关污泥膨胀的假说和理论仅能解释少数几种污泥膨胀现象，或仅能解释在特定条件下的污泥膨胀问题。污泥膨胀现象与微生物，特别是丝状菌的生理活动有密切的关系。根据丝状微生物对环境条件和基质种类要求的不同，可将丝状菌污泥膨胀划分为低基质浓度型、低 DO 浓度型、营养缺乏型、高硫化物型和 pH 值平衡型 5 种类型。这 5 种类型的污泥膨胀占目前所存在的污泥膨胀问题的绝大部分。针对这些污泥膨胀问题，较多的研究者提出了一系列的假说。

(1) 表面积/容积（A/V）假说

A/V 假说认为伸展于活性污泥絮体之外的丝状菌的比表面积要大大超过菌胶团微生物的比表面积。当微生物处于基质限制和控制的状态时，比表面积大的丝状菌在取得底物能力方面强于菌胶团微生物，结果在曝气池内丝状菌的生长将占优势，而菌胶团微生物的生长则将受到限制。这一假说解释低基质浓度和N、P元素缺乏型的污泥膨胀是比较有效的，但它仅是定性地进行了解释，缺乏定量数据的支持。

（2）积累/再生（AC/RG）假说

A/C假说无法解释高负荷条件下发生的丝状菌污泥膨胀问题。Chudoba（1985）认为存在另一种影响丝状菌和菌胶团微生物选择性生长的因素，并提出了如图8-12所示的AC/RG假说。图中，SOC为细胞外基质，V_{si}为基质输入细胞速率，V_{se}为基质输出细胞速率，V_{ad}为储存物解聚速率，V_{as}为储存物形成速率，V_{sm}为基质代谢速率，V_{smm}为储存物质代谢速率，MM为代谢产物。

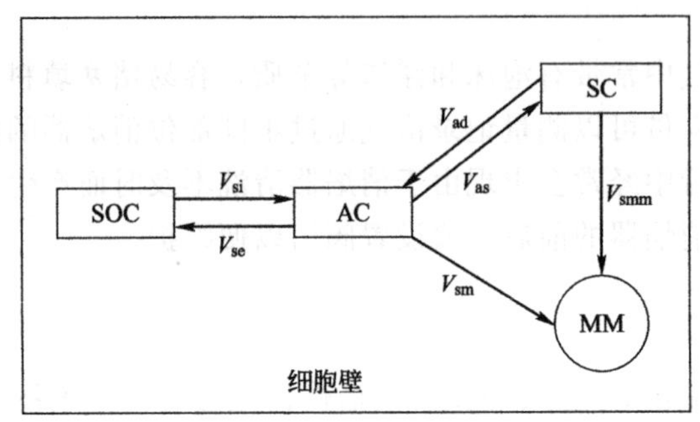

图8-12　污泥膨胀的AC/RG假说

注：陈丽华，王增长，牛志卿．活性污泥膨胀的相关理论及控制方法．2003，13，(2)，123-126.

该假说认为，微生物对基质的利用经历了细胞内积累、储存和生物代谢3个阶段。有机基质通过传输和扩散作用进入微生物细胞体内而成为积累物质。细胞在进行合成生长之前，单位重量所能积累的基质量称为细胞的积累能力（AC）。所积累的有机物质在细胞内进一步转化为储存物质。单位重量的细胞所能储存的基质量称为储存能力（SC）。活性污泥工艺中，当微生物积累的有机基质得到降解后，其积累能力才得到恢复，微生物才能继续进行生长和代谢。由于微生物的种类及其特性的不同，不同微生物的AC是不同的。在不同微生物混合培养的混合液中，生长处于优势的种群是具有较高AC值的微生物。Grau等认为丝状菌的AC值通常要比菌胶团微生物的AC值低，如果微生物所摄取的营养物得不到及时降解或得不到足够的营养物的话，则微生物的实际AC将得不到充分的发挥而使其AC值降低。这便是AC/RG假说对高负荷条件下发生丝状菌污泥膨胀问题的解释。

（3）选择性准则

选择性准则是由Chudoba等于20世纪70年代中期提出的。它基于不同种群的微生物的生长动力学参数的不同而提出。微生物的动力学参数可根据Monod方程来分析确定：

$$\mu=\mu_{max}[S/(K_s+S)]$$

式中，μ、μ_{max}分别为微生物的实际和最大比生长速率，d^{-1}；K_s为半饱和常数，mg/L；S为限制性基质浓度，mg/L。

Chudoba提出的理论，具有低K_s和μ_{max}的丝状微生物，在低基质浓度条件下，将具有较高的生长速率，从而具有竞争优势，而在高浓度有机基质的情况下将具有较低的生长速率（如图8-13所示）。Chudoba等对葡萄糖、半乳糖、乙酸、戊酸、柠檬酸、谷氨酸、丙氨酸、氨酸、甲醇、乙醇和苯酚11种基质进行了实验验证。除半乳糖外，所有的被测物质都符合

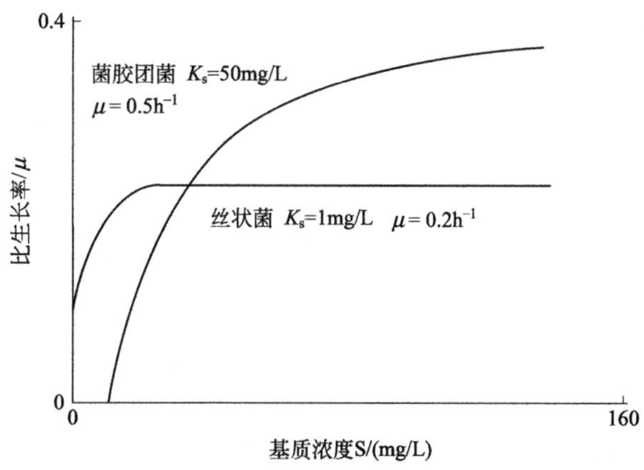

图 8-13　不同微生物的选择性竞争

注：陈丽华，王增长，牛志卿．活性污泥膨胀的相关理论及控制方法．2003，13 (2)，123-126.

选择性理论并能很好地解释完全混合曝气池中发生污泥膨胀的原因，并由此开发了采用选择器控制污泥膨胀的新方法。

(4) 饥饿假说理论

Chiesa 等将不同研究者对动力学研究的结果进行汇总和分析后，指出在活性污泥中存在三种不同的微生物种群（图 8-14）：一是快速生长的菌胶团污泥絮凝微生物；二是对饥饿高度敏感的快速生长的丝状菌；三是具有较高基质亲和力、生长缓慢的耐饥饿丝状微生物。在低基质浓度下，第三类微生物将占生长优势；当有机基质浓度在 S_c 以上时，只要氧的传递不受限制，第一类微生物将具有生长优势；在高基质浓度的情况下，第二类微生物将占优势，从而将影响污泥的沉降性能。Chudoba 所提出的选择性准则适用于低基质浓度的情况。

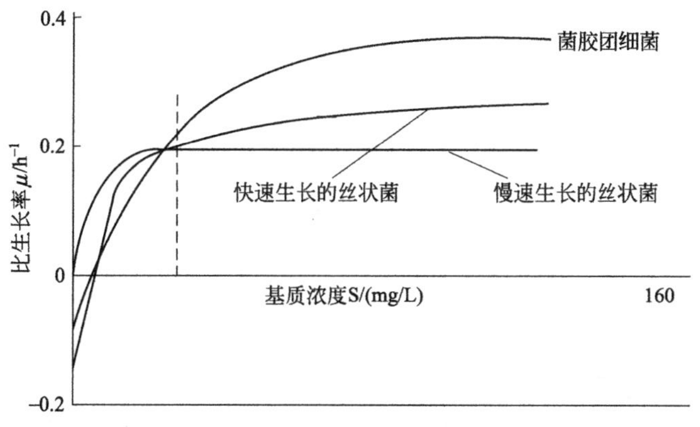

图 8-14　不同微生物的竞争生长

注：陈丽华，王增长，牛志卿．活性污泥膨胀的相关理论及控制方法．2003，13，(2)，123-126.

对于污泥膨胀的研究，除了上述几种有关假说外，有关研究者还提出了“拟人法”假说、“泻肚”假说、生物物理畸变假说、选择毒性假说和原生动物假说等理论，但这些假说都不能全面地解释整个操作条件变化对污泥膨胀的影响，而前面的假说较为常用。

8.3.7.2　统一的污泥丝状菌膨胀理论

事实上，对于混合培养的活性污泥体系而言，微生物的生长受到多种物质的限制，可将微生物的生长用下面的形式来反映：

$$有机物+营养物质\xrightarrow{pHt℃}微生物+CO_2+H_2O+残余有机物$$

由上式可知，有机物、N、P及其他各种有机物都对丝状菌和菌胶团微生物的生长有影响，在一定条件下亦都可能成为它们生长的控制因素。另外，pH值等环境因子也会对丝状菌的生长产生影响。因此，有人认为微生物之间的竞争生长可以用广义的Monod方程加以描述。

$$\mu_i=\mu_{\max}[S_1/(K_{1i}+S_1)\cdot S_2/(K_{2i}+S_2)\cdots\cdots S_n/(K_{ni}+S_n)]$$

式中，$i=1, 2, \cdots, n$ 分别为丝状菌和菌胶团微生物。

8.3.7.3 污泥丝状菌膨胀的控制途径

(1) 污泥膨胀的环境调控和代谢机制控制方法

通过对污泥膨胀机理不断深入的研究和对丝状菌作用的进一步了解，对于污泥膨胀的控制方法也随之由简单的投药等方法发展到应用生态学的原理调节处理工艺运行条件及反应器内环境条件，通过协调菌胶团微生物与丝状菌的协调共生关系，从根本上消除污泥的丝状菌膨胀问题的综合控制方法。

① 调整运行参数的控制方法　控制活性污泥中丝状菌的过量生长和保持沉淀池的正常运行的最好方法是采用适宜的运行工艺。首先，通过显微镜的观察和鉴定，并结合处理厂的运行条件和污水特性，来决定丝状有机体生长的可能原因。如果这些可能的原因可以不改变主要的操作，只通过一些措施就可以解决，那么我们也可以采用这些措施来解决问题。例如，处理腐质废水，可采用预加氯的方法。如果原因是营养缺乏，可通过提高该营养供给系统的输入速率来改善这种状态。为了避免真菌大量生长引起污泥膨胀，每个活性污泥处理厂都会安装pH值调节器。当pH值过高或过低时可向反应器中加酸或碱。

② 生物选择器　生物选择器的设计原理是造成反应器中的生态环境有利于选择性地发展菌胶团细菌，应用生物竞争的机制控制丝状菌的过度增殖，从而控制污泥膨胀。其中缺氧选择器与厌氧选择器的构造完全一样，其功能取决于活性污泥的泥龄。缺氧选择器控制污泥膨胀的主要原理是绝大部分菌胶团能够利用选择器内硝酸盐中的化合态氧作为氧源进行生长繁殖，而丝状菌此功能较弱，因而其在选择器内受到抑制，大大降低了污泥膨胀的可能性。厌氧选择器的作用机理是由于在厌氧条件下丝状菌生长，具有较低的多聚磷酸盐的释放速度受到抑制。J Wanner等在1987年对厌氧选择器作用进行了实验分析，证实了021N型菌和球衣细菌在厌氧条件下，由于较低的多聚磷酸盐的释放速度而被抑制生长，而菌胶团细菌由于放磷反应获取的能量得以在厌氧条件下利用有机物进行增殖和储存，在后续的曝气池中由于基质浓度低丝状菌受到抑制，菌胶团菌利用体内的聚β羟丁酸的分解氧化获得能量而继续繁殖，从而控制了污泥膨胀的发生。

③ 序批式间歇反应器　SBR法在防止污泥膨胀方面的良好效能可从SBR法的反应阶段底物浓度的变化来分析。传统活性污泥法中混合液的流动状态实际上介于完全混合和理想推流式之间，其流态可用“离散度”（即Peclect数）来表示，它在完全混合方式时为零，在理想推流式时为无穷大。而SBR法中反应阶段的底物浓度变化相当于普通反应器的分格数为无穷多，因而SBR工艺本身就是一个能良好地防止污泥膨胀的选择器。此外，SBR法还有如下几个特点：a. 在进水阶段和反应阶段开始时，反应器处于缺氧状态。这种环境利于抑制丝状菌的过量生长；b. 由于SBR法去除底物的速率大，其污泥的泥龄短，这也使得比增长速率较小的丝状菌不能很好地繁殖；c. SBR法可以省去沉淀池，可相对地减少废水中溶解性底物的比例，同时增加了总固体量。

④ 回流污泥再生法 由于在高负荷下，微生物仅仅是储存和吸收有机物为内储物，还来不及降解。这样造成微生物特别是絮状菌胶团细菌生长速率的降低，从而造成丝状菌生长占有优势。Chudoba等根据这一理论提出进行回流污泥，将微生物体内储存物质氧化，从而使菌胶团细菌具有最大吸附和储存能力，恢复其活性，克服丝状菌膨胀。

(2) 投加药剂法控制污泥膨胀

污泥膨胀的早期控制方法主要是靠外加药剂（如消毒剂）直接杀死丝状菌或投加无机或有机混凝剂增加污泥絮体的比重来改善污泥絮体的沉降性能。目前这类方法仍应用于某些处理厂。

① 投加氧化剂控制污泥膨胀 通过向回流污泥投加Cl、H_2O_2和O_3选择性杀死丝状菌来控制污泥膨胀，但是这些氧化剂适用于好氧生物处理。

② 投加凝聚剂改善活性污泥的沉降性能 目前，用于改善活性污泥沉降性能的无机凝聚剂或沉淀剂有石灰、铁或亚铁和铝盐等。将矾投加到活性污泥中，形成的絮凝物与膨胀污泥一起下沉，从而提高污泥的密度，改善污泥的沉降性能。1973年Finger将少量矾投加到the Seattle，washington，Renton活性污泥厂出水中，发现SVI值从130mL/g降到了90mL/g。1982年Matsche报道了在Austria，Neusiedl处理罐头废水的活性污泥厂，向进水中投加硫酸亚铁（10～14mg/L），发现SVI值从450mL/g降到了60～70mL/g，同时还使得引起膨胀的021N型丝状菌消失。

1992年，Bowen和Dempsey在他们近期实验中发现无机凝聚剂的应用，特别是它们的水解产物$Fe(OH)_3$、$Al(OH)_3$和SiO_2的水解产物是一种可行的改善活性污泥性质的方法。目前在城市污水和工业废水处理厂采用合成聚合剂来抑制丝状菌过度生长而引起的架桥作用和絮体结构松散现象。合成聚合剂总是用于改善含有大量持水性多孔物质的活性污泥的沉降性能（黏性或非丝状菌膨胀）。

合成有机聚合剂、石灰和铁或铝盐投加到混合液中，可以改善活性污泥的沉降性能。但是，投加石灰和铁或铝盐会增加固体负荷，而采用合成聚合剂是比较经济的。

第9章 难降解有机化合物的厌氧生物降解

由于20世纪50年代以来，工业生产和科学技术迅猛发展，人类向环境中排放了大量的难以生物降解的污染物。它们在自然界中长期存留和富集，产生一系列环境问题，包括对生物和人造成的生理遗传性的改变，从而对生态环境及人类健康构成严重威胁。所以，目前难降解污染物问题已引起世界各国的广泛关注，并投入大量人力物力开展系统研究。近年来，我国经济建设飞速发展，随之带来的工业污染问题也日益突出。据统计，在我国废水总排放量中，工业废水量所占比例高达80%，工业性污染物所占比重比西方工业发达国家高。难降解有机物污染带来的对生态环境、人体健康及对废水处理系统的损害日渐显露，并有加重的趋势。因此，在我国难降解有机物的污染问题也是一个急待解决的现实问题。

9.1 概述

9.1.1 难降解有机物的定义

随着化学工业的发展，越来越多的有机物被人们创造和认识。早在1880年，人们知道的有机物为1.2万种，1910年为15万种，1940年为40万种，到了1978年有500万种，而目前已知的达700万种，并以每年数千种的速度增加。其中的大部分是自然界原本不存在的，因此被称为无生命有机物，或非生命有机物。它们为人类的进步做出了很大贡献，但是自然界中的微生物却很少或没有降解这些有机物的酶，因此这些物质进入环境后不能被微生物有效降解所以又被称为难降解有机物。难降解有机物是指微生物不能降解，或在任何环境条件下不能以足够快的速度降解以阻止它在环境中积累的有机物。所谓难降解（难生物降解）是相对于易生物降解而言的，“难”、“易”是针对所在的体系而确定的。对于自然生态环境系统，如果一种化合物滞留可达几个月或几年之久，被认为是难于生物降解；对于人工生物处理系统，如果一种化合物经过一定的处理，在几小时或几天之内还未能被分解或消除，则同样被认为是难于生物降解的。生物难降解有机污染物被微生物分解时速度很慢、分解又不彻底，包括某些有机物的代谢产物，这类污染物容易在生物体内富集，也容易成为水体的潜在污染源。

9.1.2 难降解有机物的分类

随着工农业的迅速发展，新技术、新工艺、新材料不断产生，人们合成了越来越多的大分子有机物质，其中难降解有机物质占了很大比例，按照有机物的化学结构和其特性一般分为以下几类：卤代脂肪烃、卤代酯、氯代化合物、单环芳香化合物、酚类和甲酚类、邻苯二甲酚酯、多环芳香烃、有机磷杀虫剂、氨基甲酸酯杀虫剂等。

9.1.3 难降解有机物的来源和循环转化

环境中难降解有机物来源广泛。其人为的主要来源有燃料燃烧、固体废弃物燃烧、化工生产、如染料行业的染料中间体、兵工行业的TNT废水及化工行业的含酚硝基化合物、硫氰化物，有机氯及有机磷废水，还有人为施用化肥等等。难降解有机物进入水体的途径主要有3条：大气中的该类物质通过大气的沉降及降水作用进入水体；随污水排入水体；农田污染物可以通过灌溉用水进入水体。由于该类化合物的溶解度低和辛醇-水体分配系数高，因此易从水中分配到水底沉积物、溶解的有机物及生物体内，结果是即使水中的溶解度很低，各种生物体内该类化合物的富集残留浓度也很高，如生物体内脂肪烃和卤代烃的浓度可以是水体中的1000倍，富集在生物体内的该类物质通过食物链对其他生物和人类造成危害。具有络合、配位集团的大分子难降解有机物还能与矿物界面发生复杂作用，如沉淀与溶解、吸附与解吸、氧化与还原等，这种动力学稳定性使难降解有机物更长时间的停留在水体底泥中，造成更大危害。

由于难降解有机化合物不易被微生物所降解，排放到水体等自然环境中后也不易通过天然的生物自净系统而逐渐减少其含量。因此他们会在水体、土壤等自然介质中不断积累，然后通过食物链进入生物体并逐渐富集，最后进入人体，危害人体健康。

9.1.4 难降解有机物的特点

这些物质的共同特点是分子量大，毒性大，结构成分复杂，化学耗氧量高，一般微生物对其几乎没有降解效果。如果这些物质不经处理地向环境排放，必然严重地污染环境和威胁人类的身体健康，因此难降解有机污染物的治理研究已引起国内外有关专家的重视。难降解性有机物具有4个基本特性，即长期残留性、生物蓄积性、半挥发性和高毒性。

9.1.5 难降解有机物的危害

难降解合成有机物对人体健康的危害有以下不同的类型。常见的难降解有机物及危害见表9-1。

表9-1 常见的难降解有机物及危害

难降解有机物	危害
杂环化合物和多环芳烃类化合物	性质稳定、易于富集、具有“三致”作用
含氯有机化合物	使人急性中毒或蓄积致癌
氰化物	剧毒物质、微量即可导致死亡
合成染料	色度高，有毒且致癌
制浆造纸废水	化学需氧量高，对环境污染严重

(1) 急性中毒

与污染物接触后，很短时间即能产生明显的致毒作用，如合成有机磷农药的毒性即属此类。

(2) 慢性中毒

或称蓄积中毒，即指生物体必须与此类有机物反复接触，使体内此类有机物的浓度蓄积到某一阈值，才能显示出其毒性，如有机磷酯类需在接触一段时间后才显示出迟发性的神经毒性作用。氯仿、四氯化碳、溴苯等进入人体后，会对肝细胞引起化学损伤，从而使肝脏组织出现变性坏死。

(3) 潜在毒性

某些人工合成的有机物可能导致长远的遗传影响，对生物体细胞产生不可逆的改变，诱发致癌、致畸、致突变效应，对人类产生严重的危害。

9.2 废水中难降解物质生物降解的机理

9.2.1 有机物生物难降解的原因

有机物不能降解的原因有多种，形成化合物难于生物降解的原因主要分为三方面：一是由于化合物本身的化学组成和结构，稳定使其具有抗降解性；二是因为有些有机物质对微生物有毒害作用功能；三是其存在的环境因素，包括物理因素（如温度、化合物的可接近性等）、化学因素（如 pH 值、化合物浓度、氧化还原电位、协同或拮抗效应等）、生物因素（如适合微生物生存的条件、足够的适应时间等）阻止其降解。可针对具体物质进行预处理以改变难生物降解有机化合物的结构，消除或减弱它们的毒性，增加其可生化性能；同时按要求处理难生物降解有机化合物，设计生物降解路线并开发出适于能降解而又耐毒的微生物，改进生物处理流程与设备，这是当前生物处理的关键。很多研究表明，生物降解过程中存在着一些具有共同特征的关键步骤，一般是跨越膜的传质过程和围绕关键酶的反应过程，因此生物降解活性可能是其亲脂性与电子效应的加和，以及其他次要因素（如立体效应等）的综合反映。影响有机物生物可降解性的主要因素包括：分子中所含的 C 原子数、环的数目、偶键数目、偶氮基团、单取代基、取代基位置、取代基数目、结构复杂性等。影响生物降解性的分子片包括 $HO—CH_2—$、$—CH=CH—CH=CH—CH_3$、$—OCH_3$、—COOH、$CHO—CH_2—$等，此外氯原子连接双键的结构和连续五个 C 原子连接的结构也明显降低生物可降解性。

生物降解有机物的难易程度首先取决于微生物本身的特性，同时也与有机物的结构有关，有机物化学复杂程度以及基团的性质与位置都可以影响微生物对它的酶解活动，目前研究查明有以下规律。

① 结构简单的先降解，复杂的后降解；分子量小的有机物比分子量大的有机物易降解；聚合物和复合物抵抗生物降解的主要原因是因为微生物的作用酶不能靠近并破坏化合物内部的敏感反应链。

② 脂肪族化合物比芳香族化合物易生物降解，多环芳烃降解得更慢。

③ 链烃比环烃易降解。

④ 直链烃比支链烃易降解。

⑤ 长链烃比短链烃易降解，碳链短于 9 个碳（壬烷 C9）的正烷烃一般情况下难于生物降解。

⑥ 不饱和脂肪族化合物一般可降解，但有的脂肪族化合物（如苯代亚乙基化合物）有相对不溶性，会影影响其降解程度。

⑦ 有机化合物主要分子链上除碳元素外还有其他元素（如醚类饱和对氧氮六环）会增加对生物降解的抵抗力。

⑧ 不同性质的取代基对可生物性有显著的影响：一般情况下，疏电子基团（如—CH_3、—COOH、—OH、—NH_2）的引入可以提高化合物的可生物降解性，亲电子基团

(如—NO_2、—Cl) 的引入则降低化合物的可生物降解性。已知的取代基对生物降解性的影响大体为：

$$—SO_3—NO_2>—Br>—Cl>—H>—NH_2>—OCH_3—CH_3>—COOH>—OH$$

⑨ 在同一碳原子或苯环上取代基数量的增加，一般会增加生物降解难度。对于脂肪烃类化合物而言，支链烃比直链烃难降解的原因是碳原子上的氢被另一个烷基所取代：对苯类化合物而言，含有两个取代基比含有一个取代基难降解，引入第三个取代基后，往往变得很难生物降解。

⑩ 取代基的位置不同，生物降解性不同。烃类碳原子或苯环取代基的位置既影响烃类或苯环电子云密度的分布也影响 C—C 或 C 和其他原子间键的极性改变，在化合物中形成易被酶攻击或形成化合物分子抗拒攻击的特性，因而改变了化合物生物降解的难易程度。

⑪ 取代基团的大小也会影响化合物的生物降解性，大的取代基由于空间位阻作用，阻止酶与化合物的接触，因而生物降解性降低。

以上分析表明，难降解物质之所以在生化过程中分解速率缓慢，是因为某些官能团（如芳香烃、偶氮等）难以被微生物打开，从而成为生化反应的限制步骤。如果能在预处理中破坏这些官能团，打开其化合键，或者在芳香环中引入羟基而改变其结构，就可以打破这些官能团对生物降解的限制作用，极大地提高生化反应的速率。

9.2.2 共基质代谢机理

在自然条件下微生物对污水中有机污染物的降解有两种方式。一种是直接以该有机物作为生长基质，在分解代谢该有机物的过程中获取其生命活动所需的能量及其本身物质更新所需的原料。对这种以获取能量为目的的微生物代谢过程及环境条件对其途径、终产物及速度的影响，目前已经有了比较深入的了解，并已广泛用于有机废水的生物处理中。共基质代谢指微生物在有它可利用的唯一碳源存在时，对它原来不能利用的物质也能分解代谢的现象，是微生物对有机物作用的另一种方式，微生物共代谢最早由 Leadbetter 和 foster 于 1959 年提出，他们在研究中发现，甲烷产生菌 P. methanica 能够将乙烷氧化成乙醇、乙醛而不能利用乙烷作为生长基质的现象，并将这一现象称之为共氧化，其定义为微生物在生长基质的存在下对非生长基质的氧化。甲烷产生菌利用乙烷以外的易于降解的生长基质作为碳源和能量的来源，在生长的过程中产生既能氧化生长基质又能氧化乙烷的非专一性氧化酶，乙烷作为非生长基质在非专一性氧化酶的作用下发生加氧氧化生成乙醇和乙醛。乙烷的共氧化离不开甲烷菌所产生的非专一性的关键酶，但不能为甲烷菌提供其生命活动所需的能量及新陈代谢所需的原料。后来，Jensen 对其内涵进行扩展，提出共代谢的概念，他认为，有生长基质存在时微生物活性增强，微生物对非生长基质的降解无论是氧化作用还是还原作用都是共代谢的作用。在微生物共代谢反应中产生的既能代谢转化生长基质又能代谢转化目标污染物的非专一性的酶，是微生物共代谢反应发生的关键，这种非专一性的酶被称为关键酶。共代谢的作用机理实际上是非专一性关键酶的产生和作用的机理。目前在污水共代谢不仅指生长基质存在时繁殖细胞对非生长基质的作用，而且还包括生长基质被完全消耗时处于内源呼吸状态的微生物对非生长基质的转化。我们把这两种基质分别称为一级基质和二级基质。例如甲烷假单胞菌唯一能利用的碳源是甲烷，但如果有甲烷存在同时加入乙烷、丙烷和丁烷，则该菌也能把这些烃类相应部分氧化为乙酸、丙酸、丁酸。这是一种协同氧化作用，在这个例子里，甲烷作为一级基质，乙烷、丙烷和丁烷作为二级基质。以甲醇为一级基质可以快速生物转化三氯甲烷和三氯乙烯，当 2600mg/L 丙酮酸盐和 1900mg/L 硫酸盐分别作为一级基质时，在37℃下，硫酸盐还原菌能在不到10d内生物转化100mg/L的2，4，6-三硝基甲苯(TNT)。Duran等发现，硝化纤维在厌氧条件下生物降解非常缓慢，但补充纤维素作为一级基质会使降解速率提高。共基质代谢要求一级基质和二级基质有一定比值。对某些氯化脂肪族化合物，一级基质和氯化脂肪族化合物重量比为30～300。对于许多难生物降解物质，一级基质和二级基质的比值比进水中难生物降解物的绝对浓度更重要。因此在处理不同的难降解有机物时，要考虑一级基质和二级基质的比值。

9.2.3 种间协同代谢机理

种间协同代谢是指有些污染物不能作为微生物生长的唯一碳源和能源，其降解并不导致微生物的生长和能量的产生，它们只是在微生物利用生长基质时，被微生物产生的酶降解或转化为不完全的氧化产物，这种不完全氧化产物进而可被另一种微生物利用并彻底降解。

普通的脱硫弧菌属和铜绿假单胞菌属单独培养时均不能利用苯甲酸，当两者在含有苯甲酸和SO_4^{2-}的基质中共同培养时，苯甲酸被彻底生物降解，且SO_4^{2-}还原为H_2S。巴氏互营菌代谢苯甲醇反应的吉布斯自由能为正值，反应不能进行，只有通过与SRB联合代谢才能降解苯甲酸。密集的厌氧生物体之间存在着一种密切的集群协同作用，为厌氧生物体创造出最佳的环境条件。采用生物膜和颗粒污泥的厌氧处理，就是利用了这种生物体间的集群协同作用。在厌氧发酵过程中，产甲烷菌与产酸菌和产氢产乙酸菌种间协同作用对底物代谢有非常重要作用。厌氧反应器具有高生物量和高种群丰度，可充分利用多种微生物各自的优势和种群间的协同作用完成对有机废水的有效降解。

9.2.4 EM(有效微生物菌群)的筛选和驯化

工业废水中含有多种难降解的有毒有害有机物质，其中大多数对微生物具有强烈的毒害作用，普通的活性污泥已经不能满足处理当前废水的需要，应该根据待处理废水中的有毒有害物质的种类，有针对性地筛选出特殊的微生物降解菌对其进行有效的处理，菌种来源一般采自受污染严重的地表水、地下水、土壤、底泥、污水处理厂的活性污泥。

表9-2中列出了近年来国内外学者筛选出能够高效处理难降解物质的微生物。

表9-2 难降解有机物及其对应的降解微生物

污染物	降解菌	污染物	降解菌
五氯酚	Trametcs verscolor	多氯联苯	*Pseudomonas* 属,*Alcaligenes* 属
氯酚	*Rhodotorula glutinis*	蒽醌染料	Bacillus subtilla
硝基苯	*Pseudomonas putida*	*n*-十六烷	*Acinetobacter sp.*
间硝基苯加酸	*Pesudomonas sp*	1,4-二氧环乙烷	*Actinomycete* CB1190
苯酚	*Cadida maltosa*	2,4-二氯苯氧乙酸	Pseudomonas capacia
氯苯	*Pseudomonas sp.*	单甲脒	*Pseudomonas mendocina* DR-8
多环芳烃类	*Mycobacterium sp. Strain* PYR-1		

注：朱怀兰．生物难降解有机污染物微生物处理技术的进展．上海环境科学，1997-3.

在微生物生长的环境受到污染物污染的过程。一些特异的微生物在污染物的诱导下能产生分解污染物的酶系，进而将污染物进行降解。由于在自然条件下，能降解难降解性有机污染物的微生物数量少且活性低，因此在污水处理的实际工艺中，通常是先将这部分细菌筛选出来，通过添加营养、控制条件进行专门的富集和驯化，然后把它们加到难降解性有机物的污水处理系统中以强化处理效果。当生物体遇到的基质需要另外的酶或代谢途径来代谢时需驯化。生物体对某些毒性物质表现出惊人的可驯化能力。同样浓度和剂量有毒有害物质对未经驯化生物体可能是完全抑制的，而对经过适当驯化的生物体却不会引起活性的下降。驯化能够减轻或消除毒性物质对菌群的抑制作用。当甲烷菌初次接触某一浓度氯仿或氰化物时，活性受到严重抑制，产气几乎停止，需约 6d 才能恢复，而经常接触相同剂量的氯仿或氰化物后，产气量基本没有任何变化。毒性物质投加方式对生物体的驯化程度有很大影响。最好以毒物对细菌 IC_{50}（半抑制浓度）的 1/10～1/5 的浓度逐渐加入到未驯化的生物体中，由出水 VFA 浓度反馈来决定浓度增加，直到目标浓度。驯化是稳定和有效处理有毒物质废水的关键。

高效菌剂制取的流程见图 9-1。

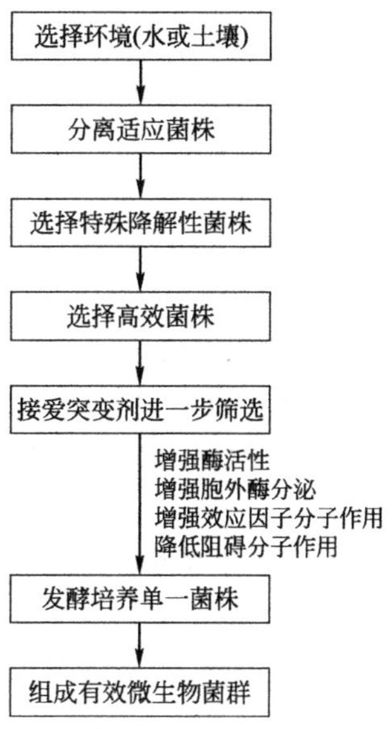

图 9-1 高效菌剂制取的流程

9.2.5 影响废水中难降解物质生物降解的因子

在利用微生物处理难降解物质时，整个体系中的一些环境要素对整个降解过程和处理结果的影响至关重要。

(1) 微量营养元素

一些工业废水常常缺乏甲烷菌必需的 N、P 以外的营养。厌氧消化过程缺乏无机营养所产生的不利影响，比对好氧处理过程所产生的不利影响要大，厌氧发酵的甲烷发酵阶段对无机营养的缺乏更为敏感。在许多废水厌氧生物处理中，均出现了出水 VFA 偏高、气体产率下降的现象，起初人们认为是毒性物质抑制作用或是缺乏 N、P 营养，但后来许多实验证明，极易生物降解的 VFA，在厌氧出水中之所以浓度偏高，不是毒性物质的抑制作用，也不是缺乏 N、P 营养，而是缺乏微量营养元素而导致厌氧处理的有机负荷减小或处理效率降低，使甲烷菌生长的世代时间变长，甚至使甲烷菌生长停止。基质代谢速率也是受营养条件限制的。如果所需营养均充足的话，比基质利用速率可以提高数倍。营养充足与否会减少或加强有毒物质对甲烷菌的影响。在厌氧生物滤池中加入适量的镍和钴，乙酸转化为甲烷的速率提高了。处理食品工业废水，由于补充这些微量金属元素，甲烷产量提高了42%，缩短了HRT。Fe、Co、Ni的补充有助于维持较高的VSS浓度。当只加酵母抽提物时，$C_{(VSS)}$ =1.8g/L；当只补充Fe、Co、Ni时，$C_{(VSS)}$ =3.0g/L；当同时补充Ni和酵母抽提物时，$C_{(VSS)}$ =7.0g/L。一般情况下，厌氧处理过程中所需营养盐的量可以由下面公式计算：

$$P = COD_{BD} \cdot Y \cdot P_{cell} \cdot 1.14$$

式中，P为所需营养盐的最低浓度，mg/L；COD_{BD}为进水中可生物降解的COD浓度，g/L；Y为细胞产率，gVSS/gCOD_{BD}；P_{cell}为该营养盐在微生物细胞内的含量，g/mg；对于尚未酸化的废水Y值可取0.15，对于已酸化的废水Y值可取0.03。

（2）温度

据报道，微生物生长的环境温度范围为－12～100℃，但大多数细菌的适宜生长温度在20～55℃范围内。生物降解速率在其所容忍的温度范围内随着温度的升高而增加，在温度高时，微生物厌氧处里的效率要比低温和中温时高得多，在微生物生长适宜的温度区间内，一般指25～55℃之间，温度每上升10℃，厌氧反应速率提高1倍。而温度小有波动时（1～3℃）对厌氧反应不会有太大影响。

（3）pH值

pH值是影响生物厌氧处理的重要因素，在厌氧处理中，水解细菌和产酸菌对pH值的适应范围较大，可以在5.5～8.5范围内生长，而产甲烷菌对pH值波动较为敏感，一般适宜在pH值6.5～8.0之间生长。这也是通常厌氧处理控制的pH值范围。对pH值影响较大的是发酵过程中的产生的乙酸，乙酸过多可以产生酸化，抑制产甲烷菌的生长，导致厌氧处理终止。我们可以通过控制进水和投加Na_2CO_3来调节pH值。

（4）氧化还原电位（ORP）

氧化还原电位（ORP）是指一个反应体系中氧化剂和还原剂的相对强度；以伏特或毫伏来表示。电位的大小决定氧化型和还原型物质的浓度比。一般来说，好氧微生物生长适应的氧化还原电位为300～400mV，厌氧微生物只能在100mV以下甚至为负值时才能生长。兼性厌氧微生物在100mV以上时进行好氧呼吸，100mV以下时进行厌氧呼吸或发酵作用。

（5）有毒物质

周围环境存在有毒物质时，会抑制微生物的活性，妨碍微生物对其他化合物的代谢。

综上所述，影响有机物生物降解性能的因素有内因、外因两方面，内因为化合物本身的化学组成和结构，外因是指各种环境因素，包括物理条件（如温度、化合物的可接近性等）、化学条件（如pH值、氧化还原电位、化合物浓度、其他化合物分子的协同或拮抗作用等）、生物条件（微生物种类、数量以及种属间的相互作用等）。

那么，形成有机物难以生物降解的原因也有上述内因和外因和两方面。有机物本身的化学组成和结构是使其具有抗生物降解性的内因。但是从环境因素（外因）来看，难降解性并不是化合物不可改变的固有特性，各种环境状态的改变，可使本来难以降解的化合物可能变得易于降解。因此，围绕难降解有机物生物降解的研究主要集中在以下两方面：一方面是对各类难降解有机物的生物降解性能进行评价和分类，研究有机物本身的化学结构及其他各种特性与生物降解性能的关系，揭示有机物生物降解过程的内在规律及机理；另一方面是开发能够改善有机物生物降解性能的各种生物处理技术，如选择适合的生物降解环境（厌氧酸化预处理技术等），选择和驯化特异性菌种和适宜的生物酶。

9.3 鉴定难降解有机物厌氧生物处理的评价方法

9.3.1 应用难降解化合物在厌氧降解时产生气体的量来评价的方法

虽然实践证明了生物厌氧处理可以应用于很多领域，包括处理难降解化合物，但是由于反应条件、微生物的组成和酶系统的不同，降解的方式和过程也有所差异，对于评价生物厌氧处理的可行性在指导实际应用中至关重要。在对难降解化合物的厌氧处理进行评价时需要考虑多方面的因子，在实验室中我们可以采取 COD 转化为甲烷的化学计量来评价，根据难降解化合物在厌氧降解时产生气体的量来评价有以下方法。

（1）利用化合物的厌氧生物可降解性系数来评价的方法

化合物的厌氧生物可降解的性系数指废水 COD 中可以被厌氧微生物降解的部分（即有机物完全分解、酸化和转化为细胞物质，记作 COD_{BD}）所占的百分率，记作 BD。COD_{BD}中被产酸菌转化为挥发酸的 COD 称为“可酸化的 COD”，记作 COD_{acid}；被甲烷菌转化为 CH_4的 COD，记作 COD_{CH_4}；剩余的未转化成甲烷而以挥发酸残存于反应器中的 COD，记作 COD_{VFA}；转化为细胞物质的 COD 记作 COD_{CELLS}（可通过物料平衡或者根据废水性质由发酵和产甲烷过程细胞的转化率估算）。由此可得 $COD_{BD}=COD_{CH_4}+COD_{VFA}+COD_{CELLS}$。$COD_{CH_4}$占起始 COD 的百分率称作甲烷转化率，记作 M。BD 值越高，表明厌氧生物可降解性越好；M 越接近 BD，表明系统产酸菌与产甲烷菌链接关系越好，后者受抑制程度越小。

（2）美国环保局（EPA）标准测试法

将一定量的市政污水处理厂厌氧污泥加到一个有盖的反应器中（容积为 500mL），加入受试有机物和营养盐溶液。受试有机物的初始浓度范围最高可达 200mg/L，相当于采用 DOC（溶解性总有机碳）50mg/L。同时进行不加受试物的对照试验。反应温度为 35～37℃，试验周期为 56d 或直至生物降解完全。计算实际气体产量（扣除对照试验的气体产量）占理论气体产量的百分率，以评价受试物的生物降解性。

（3）ECETOC 测试法

有一个叫 ECETOC 的工作小组提出的测试步骤更为详细。取来污水处理厂厌氧污泥，先洗涤以减少无机碳的含量。将此污泥预消化 2～5d 后可进一步降低背景气体产量。最后将污泥放入有盖的玻璃瓶中（容积 0.1～1.0L），瓶中污泥干固体浓度为 100g/L，受试有机物的初始浓度相当于 20～50mg/L（以有机碳计）。同时做一不加受试物的对照试验。反应温度 35℃。试验周期为数星期。试验结束时，测量气体总产量，并打开瓶盖立即测定溶液中溶解性无机碳的含量。按下式计算生物降解百分率，$D\%$：

$$D\%=[(CT-CC)/C]\times100\%$$

式中，CT 为总矿化碳（容器顶部的 CH_4和 CO_2中的碳，以及溶液中的溶解性无机碳）；CC 为对照试验中的总矿化碳；C 为受试有机物的总有机碳。

（4）美国试验与材料协会（ASTM）测试法

该法建议在每升反应液中加入污水处理厂厌氧污泥的上清液 100mL，受试有机物的初始浓度相当于 50mg/L（以有机碳计）。试验在 125mL 的血清瓶中进行，同时做一不加受试物的对照试验。反应温度 35℃，反应时间为 28d。计算生物降解百分率 $D\%$来评价受试物的生物降解性。

（5）半连续反应测试法

半连续反应测试法也是厌氧生物降解性能常用的测试方法。在反应过程中按一定的停留时间每天排出一定量的反应液，加入新鲜的受试物和营养液。当反应达到稳定状态时，根据气体产量或受试物浓度变化来评价受试物的生物降解性。

9.3.2 综合因素评价

然而在实际应用中，我们还需要对难降解化合物的厌氧处理的可行性因素进行综合考虑。

（1）难降解化合物在实际中厌氧降解的速率

在对难降解化合物进行厌氧降解时我们应该充分考虑其完全降解所需要的时间，这决定了工程设计以及进水负荷、停留时间以及厌氧处理是否可以在该项工程中应用等一系列重要问题。一些结构简单的有机物，如有机酸、乙醇和糖类可以在很短时间内被降解，一般只需要几小时甚至几分钟。而对于难降解化合物，因其分子量大和结构复杂以及各种官能团的不同特性导致降解速率大大下降，因此在工程设计时，需要重点考虑 HRT 和 SRT，这是在应用生物厌氧处理难降解化合物时必须考虑的。

（2）进水原有碱度

在对难降解化合物进行厌氧降解时需要合适的 pH 值，然而如果当废水的固有碱度不高，而在降解过程中也不会产生足够的碱度，而全靠人工投加 Na_2CO_3 等碱性化合物来调节 pH 值时，那么就会提高处理的成本，对厌氧的经济可行性造成负面影响。

（3）出水水质

出水的水质质标决定废水处理的程度，普通传统的厌氧处理出水的水质一般达不到二级要求（SS20mg/L，$BOD_5$20mg/L），只有少数实例可以达到二级出水要求。我们可以采用分级处理或推流式反应器改善出水水质，努力使工艺流程各项参数达到最佳，使出水其达到二级标准。如果厌氧处理是作为好氧工艺的预处理，则相对设计标准可以适度低于二级标准。所以在工程设计时要根据实际需要进行考虑。

（4）废水温度和其他经济因素的考虑

当工业废水中所含有机物只可以慢速降解，BOD 浓度低于 3000mg/L，温度低于 10℃，或者处理过程中几乎不产生碱度的情况下不宜选择厌氧处理。可以想象，当工业废水含有短链易降解有机物，温度为 35℃，BOD 浓度为 200～300mg/L，碱度为 2500mg/L 则可以成功地用厌氧工艺来处理。根据这些水质条件采用附着生长或颗粒污泥反应器用分级或推流式运行方式出水，BOD 可以达到 20mg/L。对于高浓度废水来说，不论温度高低均可以采用厌氧处理。因为厌氧处理中生成的甲烷燃烧产生的热量可用于加热废水，每 1000mg/LCOD 产生的甲烷燃烧可使进水升温 3.3℃。因此，对高浓度废水进行加热是经济可行的，而对低浓度废水进行加热则是不经济的。低浓度废水通常是在环境温度下处理，相应的会使厌氧反应速率降低。

从总体来说，有机化合物厌氧生物降解性的鉴定方法目前研究得还很不够，一些传统的方法并不能有效地反映有机化合物的厌氧生物降解性，一些新的鉴定方法又还不很完善，仍在研究改进之中。因此，寻求一种有效的、准确的、易推广的鉴定有机物厌氧生物降解性能的方法是今后研究工作的重点。

9.4 杂环化合物和多环芳烃的厌氧生物降解

9.4.1 杂环化合物和多环芳烃的定义和分类

杂环化合物是一类其环上有两种或更多种原子所组成的有机环状化合物。环上除碳原子外，其他杂原子通常为氧、硫、氮。环数由一元环、二元环至多元杂环，而且环上还可以附有各类取代基，杂环化合物的数目占化合物总数的 1/3 以上。

多环芳烃化合物（polycyclicaromatichydrocarbons，简称 PAHs）是一类广泛分布于环境中的含有两个苯环以上的有机化学污染物，这类物质由于水溶性差，对微生物生长有抑制作用，再加上其特殊而稳定的环状结构，使其难以生物利用，因而它们在环境中呈不断累积的趋势。两个以上苯环连在一起可以有两种方式：一种是非稠环型，如联苯、三联苯等；另一种是稠环型，如萘、蒽。随着苯环数量增加，其脂溶性越强，水溶性越低，在环境中存在时间越长，遗传毒性越高，其致癌性随着苯环数的增加而增强。多环芳烃是最早被发现的环境致癌物。在目前已经发现的环境致癌物中，多环芳烃占了 1/3 以上。杂环化合物及多环芳烃属于污染面广、毒性较大的一类难降解有机物，它们广泛存在于许多工业废水中（如焦化、石油化工、农药等），并且由于其难以降解及对微生物的抑制作用，不仅其自身难以降解，而且严重抑制微生物对其他易降解有机物的降解，影响常规生物法处理系统的处理效果。美国环保局在 20 世纪 80 年代初把 16 种未带分支的多环芳烃确定为环境中的优先污染物，我国也把多环芳烃列入环境污染的黑名单中。研究表明，环境中致癌的多环芳烃有 200 多种，其中致癌性最强的有苯并芘、7,12-二甲基苯蒽，二苯蒽及 3-甲基胆蒽。由于多环芳烃类物质在环境中性质稳定，致癌性强，因此受到人们特别的重视，并对其致癌机理进行了广泛的研究，许多学者先后采用 K 区理论、弯区理论、双区理论分析和解释了多环芳烃结构与致癌性的关系，这对致癌机制的阐述、致癌物的预测以及指导药物合成具有重要意义。

9.4.2 环境中杂环化合物和多环芳烃污染物的主要来源

(1) 环境中杂环化合物主要来源

含有杂环化合物的工业废水主要有：a. 焦化及石油化工企业的工业废水，这种废水都含有一定量的杂环化合物，如在焦化废水中含有喹啉、吡啶、咔唑等杂环化合物；b. 染料废水，如现在广泛应用的染料靛蓝、阴丹士林等都是杂环化合物；c. 橡胶工业废水，橡胶工业常利用杂环化合物（如哌啶及其衍生物）作抗氧化剂及硫化促进剂；d. 农药废水，含有吡啶衍生物、苯并咪唑衍生物、嘧啶衍生物、哒嗪衍生物等；e. 制药废水，许多合成药都是各类杂环化合物的衍生物，每年有数百万吨石油产品和原油从炼油厂和石化厂的废弃物中排放到世界范围的海洋环境中。

(2) 多环芳烃污染物的主要来源

天然环境中的火山活动喷发的一些矿物成分构成了多环芳烃的天然本底。但是，近代社会人类大规模的工业生产活动则造成了当今全球范围内的多环芳烃的严重污染。多环芳烃人为污染主要来源于以下 3 方面：a. 焦化及石油化工等工业生产企业的炼焦、石油裂解、煤焦油提炼等工艺过程中产生大量的多环芳烃，因而其废水中含有这类的物质；b. 现代交通工具——汽车、飞机等各种机动车辆及内燃机排出的废气含有相当量的多环芳烃，因此，在现代化的大都市中多环芳烃对大气的污染也颇为严重；c. 工业锅炉、家庭及生活炉灶等产生的烟尘中含有大量的多环芳烃，此外，人类在日常生活中吸烟，食物煎、烘、熏以及居民室内燃煤和木柴烤火等也有大量的多环芳烃产生。

由各种来源排放到环境中的多环芳烃，从全球范围来估计，单就苯并［*a*］芘（BaP）每年就高达5000余吨，如此之大的多环芳烃排放量，终于造成了今天这样的严重污染。

9.4.3 杂环化合物和多环芳烃的毒性和危害

多环芳烃是最早被发现的环境致癌物。在目前已经发现的环境致癌物中，多环芳烃占了1/3以上。研究表明，环境中致癌的多环芳烃有200多种，其中致癌性最强的有苯并［*a*］芘、7,12-二甲基苯蒽，二苯［*a*,*h*］蒽及3-甲基胆蒽。随着苯环数量增加，其脂溶性越强，水溶性越低，在环境中存在时间越长，遗传毒性越高，其致癌性随着苯环数的增加而增强。到目前为止，已经发现的致癌性多环芳烃及其衍生物的数目已超出数百种，是分布最广的环境致癌物。研究表明，PAHs本身并无直接毒性，其进入机体后经过代谢活化和呈现致癌作用的。PAHs在体内所发生的一系列代谢改变主要是在位于细胞内质网上的细胞色素P450——混合功能氧化酶的参与下进行的，PAHs在体内首先经其催化，形成多环芳烃环氧化物，然后再经环氧水化酶催化形成多环芳烃二氢二醇衍生物，后者可以形成具有亲电子性的正碳离子，可与生物体内DNA分子鸟嘌呤N-2结合，形成共价键，使DNA的遗传信息发生改变，引起突变，构成癌变的基础。在以上的代谢过程中，还有一部分多环芳烃经生物转化而排出体外。多环芳烃主要可以引起皮肤癌、肺癌和胃癌。由于多环芳烃的潜在毒性、致癌性及致畸诱变作用，对人类健康和生态环境具有很大的潜在危害，已引起各国环境科学家的极大重视。

9.4.4 杂环化合物和多环芳烃的厌氧生物处理机理

杂环化合物和多环芳烃在好氧条件下大多属于难以生物降解或降解性能较差的一类化合物。对杂环化合物及多环芳烃生物降解机理的研究表明，环的开环裂解是它们在生物降解过程中的限速步骤。在好氧条件下，由于好氧微生物开环酶体系的脆弱及不发达，阻止了杂环化合物及多环芳烃的降解。而厌氧微生物对于环的裂解具有不同于好氧菌的代谢过程，其裂解开环可分为还原性裂解（加氢还原使环裂解）和非还原性裂解（通过加水面羟基化，引入羟基打开双键使之裂解），而且厌氧微生物体内具有易于诱导、较为多样化的健全开环酶体系，因此，这就为厌氧生物降解反应的顺利进行提供了基础。微生物降解是沉积环境中多环芳烃去除最主要的途径。多环芳烃的生物降解与其他清洁技术如焚烧、填埋等相比较，具有二次污染少、价格低等优点，已成为去除多环芳烃的重要途径。目前关于杂环化合物的好氧生物降解研究已取得一定进展，但对其在厌氧和缺氧条件下的降解情况研究却很少。在反硝化的条件下，多环芳烃可以发生无氧降解，以硝酸盐作为电子受体。在硫酸盐还原环境，多环芳烃的微生物降解仍然存在，以硫酸盐作为电子受体，可以降解萘、菲、蒽等等。环境中微生物暴露于污染物时间的长短是多环芳烃能否发生无氧降解的关键因素。许多细菌、真菌及藻类都具有降解多环芳烃和杂环化合物的能力。杂环化合物厌氧降解情况见表9-3。

表 9-3　杂环化合物的厌氧降解情况

化合物	降解产物	所涉及的微生物	环境条件
吡啶	CH_4、CO_2、NH_3	污水、污泥中的某些细菌	产甲烷条件吡啶浓度 50～250mg/L 浓度大于 2000mg/L 时产生抑制
3-羧基吡啶	CO_2、乙酸、丙酸、NH_3	巴克氏梭庄苯孢杆菌	含酵母培养基，菌种分离 自河川污泥
	CO_2、NH_3	尼克硫脱球菌	硫酸盐还原条件
吲哚	CH_4、CO_2、NH_3	污水、污泥中某些细菌	产甲烷条件
	CO_2、NH_3	吲哚脱硫杆菌	硫酸盐还原条件，菌种分离 自海洋沉积物
喹啉	CO_2、NH_3	吲哚脱硫杆菌	硫酸盐还原条件
尿嘧啶	CO_2、NH_3、丙氨酸	解尿嘧啶梭状芽孢杆菌	含酵母汁培养基
呋喃	CH_4、CO_2	消化工业污泥中某些细菌	产甲烷条件，在 37℃和 60℃连续培养

注：何苗．杂环化合物和多环芳烃生物降解性能的研究．清华大学博士论文，1995，5.

一般来说，随着多环芳烃苯环数量的增加，其降解速率越来越低。因此，低分子量的多环芳烃在环境中能较快被降解，在环境中存在的时间较短；而高分子量的多环芳烃则难于降解，较长期存在于环境中。研究表明，许多微生物能以低分子量多环芳烃（双环或三环）作为唯一碳源和能源，并将其完全无机化。然而，高分子量的多环芳烃，由于其自身的结构和特性，在环境中较稳定，难于降解。例如在杂环化合物吡啶分子中，N 原子上的未共用电子对没有参与环上 π 电子共轭体系的形成：相反，由于 N 原子很强的电负性，会吸引环上电子，使环上电子云密度下降，妨碍氧从分子中获得电子，使其生物降解性能大大降低。这种结构被称为“缺 π 电子结构”，具有此种结构的物质好氧降解性能很差，但是经过厌氧酸化以后，减小了化合物对微生物的强烈抑制，提高降解性能。

许多杂环或多环高分子量多环芳烃的降解是以共代谢（cometabolism）的方式进行的。研究表明，大多数细菌对杂环或多环芳烃的矿化作用一般以共代谢的方式开始；真菌对三环以上的多环芳烃的代谢也多属共代谢。

影响多环芳烃微生物降解的有生物和非物因素，如温度、盐度、pH 值、营养盐、扩散速率、微生适应性、生物利用率、季节因素、多环芳烃的浓度、多环芳烃微生物的理化特性等。在厌氧状态下多种化合物的降解情况见表 9-4。

表 9-4　在厌氧状态下多种化合物的降解情况

分类	物质名称	初始浓度/(mg/L)	去降率/%						对 24h 厌氧酸化降解性能评价
			6h	平均	12h	平均	24h	平均	
多环芳烃	萘	20 40	70.6 70.2	70.4	83.7 82.7	83.2	91.8 92.4	92.1	易
	联苯	20 40	69.2 67.8	68.5	79.6 81.4	80.5	90.3 93.1	88.7	易
	三联苯	20 40	61.8 63.4	62.6	79.5 82.5	81.0	92.3 88.5	90.4	易

续表

分类		物质名称	初始浓度/(mg/L)	去降率/%						对24h厌氧酸化降解性能评价
				6h	平均	12h	平均	24h	平均	
杂环化合物	单环芳烃	吡啶	40	4932	48.9	59.2	59.7	69.1	68.3	可
			60	48.6		60.2		67.3		
		吡咯	40	15.7	17.8	23.1	21.7	32.0	34.3	差
			60	19.9		20.3		36.6		
		咪唑	40	17.8	16.2	24.1	23.5	38.7	38.6	差
			60	14.6		23.0		38.5		
	与苯环稠合的双环杂环	喹啉	40	62.1	63.7	77.0	76.3	79.3	78.2	易
			60	65.3		75.6		77.1		
		吲哚	30	64.1	65.4	77.9	77.8	81.5	80.2	易
			40	66.7		77.7		78.9		
	与苯环稠合的三环杂环	咔唑	20	68.0	67.2	78.6	78.2	89.4	87.2	易
			40	66.4		77.8		89.0		
		吩噻嗪	20	67.1	66.6	76.0	75.4	87.0	86.2	易
			40	66.1		74.8		85.4		

可见，单环杂环化合物具有抗厌氧降解的倾向，而当杂环与苯环稠合形成双环和三环杂环化合物后，苯环则掩盖了单环杂环的抗厌氧降解性，而且物质随着其苯环在整个分子中所占质量百分比的提高，呈现出厌氧去除率升高的趋势。双环和三环杂环化合物的去除率随变化情况而变化，因此可以认为，苯环的引入可削弱单环杂环化合物对厌氧降解的抗性。

双环和三环杂化化合物厌氧去除率与物质中苯环所占质量百分比关系见表 9-5。

表 9-5 双环和三环杂化化合物厌氧去除率与物质中苯环所占质量百分比关系

物质	结构式	苯环所占质量百分比/%	厌氧去除率/%
喹啉	N	60	78.2
吲哚	4 5 6 7 3 2 N 1 H	67	80.2
咔唑	N	93	87.2
吩噻嗪	NH S	78	86.2

萘经过厌氧酸化处理后，其好氧生物降解性能大大提高，转化为易于好氧降解的物质；吡咯和咪唑由于降解率较低，经厌氧酸化后其好氧生物降解性能提高不大，但仍是可生物降解的物质；喹啉和吲哚经 12h 厌氧酸化后，对好氧微生物的初期抑制作用消失，而且好氧生物降解性能提高显著，转化为易降解物质。联苯、三联苯、吡啶、咔唑、吩噻嗪经 12h 厌氧酸化后对好氧微生物严重的抑制作用完全解除，单基质条件下受试物的厌氧酸化去除率远低于与葡萄糖共基质条件下的去除率，而且污泥活性及性状均较差。共基质易降解物质的存在

对厌氧酸化反应起着很重要的作用。共代谢作用在难降解有机物的厌氧酸化过程中起着重要作用。受试的难降解有机物经过厌氧酸化处理后好氧生物降解性能明显优于原物质。因此，厌氧-好氧工艺可望有效地去除这些物质。

9.5 含氯有机化合物污染物的厌氧生物降解

9.5.1 环境中含氯有机化合物污染物的主要来源

含氯有机化合物作为生产溶剂、润滑剂、导热和绝缘介质以及农药、杀虫剂、除草剂等重要原材料大量应用于农业、工业和洗染业，因此广泛散布于自然环境中。并且多数氯代有机物具有良好的化学稳定性和热稳定性，不易被分解或生物降解，因而会在自然界中长时间滞留。

9.5.2 含氯有机化合物的毒性和危害

多数氯代有机物还具有较高的毒性和较强的“致癌、致畸、致突变”的作用，且容易通过食物链在生物体内富集，严重威胁着自然生态和人类健康。在我国，由于过去长期大量使用含氯的农药、有机溶剂和干洗剂等有毒有害物质，导致了大面积土壤和地下水受到了氯代有机物的严重污染，因此，氯代有机物的控制早已成为人们关注的热点。1977 年美国环保局颁布的“清洁水法”（P. L. 92—500）修正案中明确规定了 65 类 129 种优先控制的污染物，其中约 70 种为氯代有机物。国内外广大的专家学者针对如何有效地降解氯代有机物做了大量的研究。

9.5.3 含氯有机化合物厌氧降解机理

含氯有机化合物生物降解过程中最重要的限速步骤是这些化合物上氯取代基的去除。氯取代基的去除主要有两种途径：一是经还原、水解、氧化去除；二是在非芳香环结构产生的同时，由水解脱除氯取代基或经 p 位脱氯化氢。由于氯取代基阻止了芳香环的断裂和环断裂后的脱氯，许多氯代芳香族有机化合物在好氧环境中几乎是不可降解的，而多氯芳香族化合物在厌氧环境中易于还原脱氯降解，形成氯代程度较低、毒性较小、更易被好氧微生物氧化代谢的部分脱氯产物。增加易被微生物利用的有机物质，可以刺激氯代芳香族化合物的脱氯降解，其还原脱氯速率和范围也随之增加。可以推知：微生物，特别是厌氧微生物具有还原脱氯降解代谢含氯有机化合物的能力。

从结构上分析，氯取代基会影响烃链或苯环上电子云密度的分布以及 C—C 或 C 与其他原子键的极性，同时氯原子的存在还会抑制某些苯环裂解酶的活性，从而导致氯代有机物的可生物降解性较差。因此，首先实现脱氯则可以大大降低其生物毒性，提高其可生化性。厌氧条件下的还原脱氯是其中很重要的一条途径。氯苯、氯苯甲酸、氯酚等典型的氯代有机物从 R—Cl 脱氯反应至 R—H 的 Gibbs 自由能为 −171.4～−131.3kJ/mol，相应电极对 R—XR—H 的还原电位在 266～478mV 之间。这一结果意味着在厌氧环境下微生物能以［H］的形式传递电子至氯代芳香烃从而实现还原脱氯。并且从氧化还原电位的数值可以看出，要实现某些单氯物质［如一氯乙烯（VC）、氯苯等］的还原脱氯相对较难。还原脱氯过程又可分氯原子被氢原子置换以及氯原子以离子形式释放两步。该反应通常是一放热反应，通过纯菌种或纯化酶的脱氯试验，人们还发现微生物可以利用还原脱氯反应放出的热能，通过底物水平磷酸化合成 ATP 储存于体内（见图 9-2）。因此，也有人将这一过程称为“脱氯呼吸”。这使得微生物利用氯代有机物作为唯一的碳源和能源成为可能。

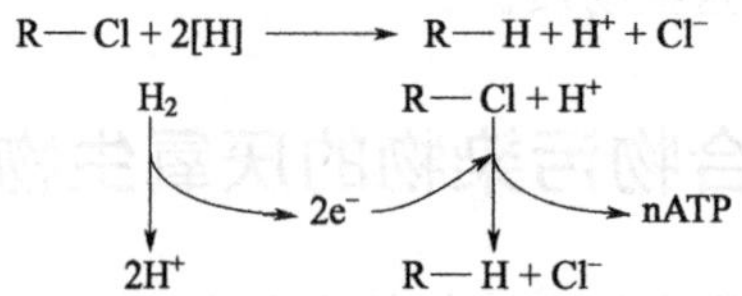

图 9-2 还原脱氯原理示意

还原脱氯在好氧和厌氧条件下均能进行，但是考虑到含氯有机物在自然界中多存在于土壤和底泥中，处于无氧或缺氧的环境，所以寻找在厌氧条件下能降解这些化合物的微生物及研究其代谢途径更有实际意义。

产甲烷条件下的还原脱氯是一种主要的厌氧脱氯方法，产甲烷菌是一种严格厌氧菌，它要求体系中的氧化还原电位处于一个比较低的水平，这比较利于氯代有机物实现脱氯从而变得能够甚至容易降解。大量的研究者也正是在产甲烷的条件下研究氯代难降解有机物的厌氧生物降解的。不论是在实验室还是在被污染的实地，都有人成功地降解了三氯乙烯（TCE）、四氯乙烯（PCE）和五氯酚（PCP）等常见的氯代污染物，并对产甲烷菌在还原脱氯过程中所起的作用进行了初步的推测探讨。

通过试验证明，在产甲烷条件下厌氧微生物可以将 TCE 和 PCE 完全脱氯成乙烯，其降解途径如图 9-3 所示。其中脱氯的限速步骤是最后一步，即从 VC 到乙烯（ETH）的过程。在脱氯过程中应及时补充作为电子供体的有机物，如甲醇和氢气等。他们还通过投加产甲烷菌的抑制剂［0.5mmoL 的乙基溴硫酸盐（BES)］，结果发现脱氯过程停止，因此认为产甲烷菌在上述生物脱氯过程中起着主要的作用。

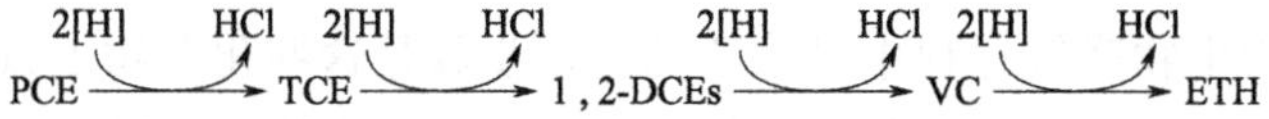

2[H] HCl 2[H] HCl 2[H] HCl 2[H] HCl
PCE → TCE → 1,2-DCEs → VC → ETH

图 9-3 PCE 降解途径

厌氧颗粒污泥对氯代有机物的去除机制主要是生物降解作用，吸附和挥发所起的作用很小。对于不同的氯代有机物而言，产甲烷所起的作用是不同的，如对于氯酚类物质，在产甲烷条件下首先进行还原脱氯，脱氯后的物质再进一步分解，最终被产甲烷菌利用产生 CH_4 和 CO_2，产甲烷菌可以迅速将某些中间产物转化为气态终产物，以保证整个反应过程的顺利进行；而对于 PCE 和 TCE 类物质，由于其脱氯后的终产物为乙烯，无法被产甲烷菌利用，因此产甲烷菌对脱氯的作用不明显。虽然有研究者观察到当投加产甲烷菌的抑制剂时，脱氯过程与产甲烷过程同时被抑制，这可能是由于所选择的抑制剂的专一性不强或浓度过高，导致对产甲烷菌抑制的同时也抑制了厌氧脱氯菌的活性。

加速还原脱氯进程的研究多数国家和地区都存在着大面积的受氯代有机物污泥的地下水和土壤，厌氧还原脱氯无疑是修复这类土壤和地下水的有效方法之一。但是由于缺乏持续的电子供体，自然修复的速度非常缓慢。因此，许多研究者致力于研究和开发能有效加速还原脱氯进程的方法。通过实验室或实地的试验研究发现，多种有机物都可以有效地加速还原脱氯的进程，如植物油、乙酸、乳酸、食用糖、面粉、糖蜜、牛奶、乳清、丙酸酮、甲酸和氢气等。氢气是一种十分有效的电子供体，可以大幅度地促进 3-氯苯甲酸的还原脱氯速率，因此，有人在还原脱氯过程中直接加入 H_2 以加快脱氯过程。但是在土壤、地下水等自然的厌氧环境中，过高的氢分压会刺激嗜氢产甲烷菌的生长，从而争夺脱氯所需的［H］。产甲烷使得脱氯速率下降，但也有研究表明，将地下水层中的氢分压稳定控制在较低的水平就可以避免嗜氢产甲烷菌的生长，因此，有人开发和研制了一类缓释氢物质（HRC），将其投加到受氯代物污染的土壤和地下水中即可以缓慢地释放出 H_2，以保证还原脱氯过程能持续进行。目前常用的 HRC 是一种聚乳酸酯，能在地下水中缓慢分解为乳酸，乳酸进一步分解为乙酸的过程同时产生氢气，形成一个缓慢释放电子的系统，如图 9-4 所示。含水层中的天然微生物就可以利用产生的氢气将氯代有机物还原脱氯。

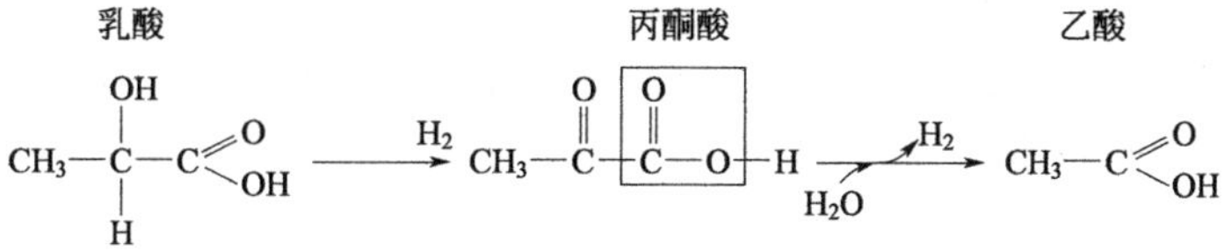

乳酸　　丙酮酸　　乙酸

$$CH_3-CH(OH)-COOH \xrightarrow{H_2} CH_3-CO-[CO-O]-H \xrightarrow[H_2O]{H_2} CH_3-COOH$$

图 9-4　HRC 释放 H_2示意

漂白废水除了 BOD、COD 的问题，还因其含有大量的氯代酚、氯代苯等有机氯化物，很难降解，而且具有致畸、致癌、致突变作用。造纸废水中的有机氯化物采用常规的生物和物理化学方法很难处理。目前主要的处理方法有稳定塘法、活性炭吸附/厌氧处理法、氧化法、超滤、化学沉淀、离子交换、电解和真菌降解方法等。

9.5.4　有机氯化物的生物处理法

无论是采用好氧生物处理、厌氧生物处理或是酶处理，都是利用了微生物能对废水中的有机物有不同程度的降解的原理。对于有机氯化物的生物处理也是基于这个原则。氯代芳香化合物的生物降解性：在微生物的作用下，许多氯代芳香化合物都能产生不同程度的降解，但由于氯代程度及氯代位置的不同，其生物降解性也存在明显的差异。例如 3-氯苯甲酸、3-氯邻二酚、4-氯邻二酚、3,5-二氯邻二酚等都能够作为纯培养时微生物生长的碳源和能源，被彻底降解为氯化碳和水，释放出无机的氯离子。另一些化合物如 4-氯联苯等，在它们的分子结构中，未被取代的苯环被开环裂解，产生乙醛和丙酮酸，可用于微生物的生长。而被氯取代的苯环则生成末端产物 4-氯苯甲酸，所以这类化合物在纯培养中虽可作为生长基质，如一些多氯联苯，但它们在共基质混合培养条件下，主要借其他生长基质的诱导，产生使它们结构改变的酶系统，以及利用其他共存微生物的协同作用，产生降解。含氯漂白废水中的有机氯化物，主要是氯代芳香化合物，它从结构上说是指芳香烃及其衍生物中一个或几个氯原子被氢原子取代后的产物，正因为氢原子的引入引起芳烃结构改变，造成氯代芳香化合物的生物降解性比芳烃类化合物要低许多。而降解的关键在于脱氯，据脱氯过程中的电子得失，可分为氧化脱氯和还原脱氯。除了脱氯机制外，氯代芳香化合物的降解还存在共代谢机制，该机制能改变化合物的分子结构，使其在混合培养中更易于其他微生物的降解。还原脱氯是大量氯代化合物的生物降解的重要途径，对于某些污染物，如多氯联苯（PCBS）、六氯苯（HCB）、四氯乙烷（PCE）和五氯酚（PCP）等，还原脱氯是其唯一的生物降解机制。还原脱氯是从分子上驱除氯取代基的同时分子也得到电子的过程。主要存在两种形式：第一是氢解，即分子上的一个氯被一个氢原子代替；第二是邻位还原，即从相邻两个碳原子上去除两个卤素取代基（去除两个卤原子），并在两碳原子间形成一附键。氢键能够转化烷基和芳基卤代物，而邻位还原只能转化烷基卤代物。这两个过程都需要电子供体（还原剂）。在生物还原脱卤过程中卤素原子均以卤素阴离子形式释放。还原脱氯发生在厌氧或缺氧的条件下，其中取代氯原子的氢来源于水。据近10年来对氯代芳香化合物脱氯机制的研究，有如下的结论：厌氧还原是一种重要的脱氯途径。氯原子强烈的吸电子性使芳环上电子云密度降低，在好氧条件下氧化酶很难从苯环上获取电子，当氯原子的取代个数越多时，苯环上的电子云密度就越低，相反，在厌氧或缺氧条件下，环境的氧化还原电位较低，电子云密度较低的苯环在酶作用下易受到还原剂的亲核攻击，氯原子就易被亲核取代，显示出较好的厌氧生物降解性，许多好氧条件下难降解的化合物在厌氧条件下变得容易降解。

当国外对受氯代物污染的土壤和地下水进行大规模综合治理时，我国却由于经济、技术和意识等多方面的原因仍未足够重视这一问题，对于氯代有机物的污染机理及其修复技术的研究尚处于起步阶段。随着公众环境意识以及对环境治理要求的不断提高，受氯代物污染的土壤和地下水的修复或废水中特种氯代有机物的处理，一定会受到极大的社会关注。

9.6 氰化物的厌氧生物降解

9.6.1 氰化物的定义和分类

氰化物是指化合物分子中含有氰基（CN）的物质。根据与氰基连接的元素或基团是有机物还是无机物把氰化物分成两大类：有机氰化物和无机氰化物。无机氰化物的应用与来源广泛品种较多，按其性质与组成又把它分成两种：简单氰化物和配合氰化物。水化学研究表明，在含氰污水中含有游离氰化物（CN，HCN），简单配化物如 NaCN、$Fe(CN)_2$、$Cu(CN)_2$ 等，氰配合物如 $ZN(CN)_4^{2-}$、$Cu(CN)_4^{2-}$、$Fe(CN)_6^{4-}$ 等，以及硫氰酸盐。

9.6.2 含氰废水的来源

含氰废水除了来源于氰化物自身生产过程以外，一方面是来自氰化物的应用，如氰化提金、电镀、金属加工等；另一方面是来自生产其他产品的过程中，如化肥厂、煤气制造厂、焦化厂、钢铁厂、农药厂、化纤厂等化学工业。由于工业性质的不同，排出的含氰废水的性质、成分也不相同。即使同种工业产生的废水，可能含氰化物也相差很大。例如，氰化法是世界上提金最成熟的工艺之一，当今世界上有85%以上的黄金产量与氰化法有关。此方法产生的废水看它是以原矿还是以精矿为原料提取黄金，产生的废水含氰化物浓度相差很大。

9.6.3 氰化物的毒性和危害

一般未说，某种物质的毒性大小常常用温血动物的半致死剂量来表示和划分。即能使试验的动物达到50%数量死亡时动物每千克体重所承受的最低药剂量，其符号为 LD_{50}，单位为 mg/kg(体重)。划分见表9-6。

表9-6 急性毒性分级

毒性	剧毒	高毒	中毒	低毒	微毒
大鼠的经口注入 LD_{50}/[mg/kg(体重)]	<1	1～50	50～500	500～5000	5000～15000
对人可能致死估计量	0.1	3	30	250	>1000

众所周知，大多数无机氰化物属剧毒、高毒物质，极少量的氰化物就会使人、畜在很短的时间内中毒死亡，还会造成农作物减产。氰化物对温血动物和人的危害较大，特点是毒性大、作用快。CN^- 进入人体后便生成氰化氢，它的作用极为迅速，在含有很低浓度

(0.005mg/L) 氰化氢空气中很短时间内就会引起人头痛、不适、心悸等症状；在高浓度(>0.1mg/L) 氰化氢的空气中能使人在很短的时间内死亡；在中等浓度时2～3min内就会出现初期症状，大多数情况下在1h内死亡。氰化物刺激皮肤并能通过皮肤吸收，亦有生命危险。在高温下，特别是和刺激性气体混合而使皮肤血管扩张时，容易吸收HCN，所以更危险。氰化物对人的致死量从中毒病人的临床资料看，氰化钠的平均致死量为150mg、氰化钾200mg、氰化氢100mg左右；人一次服氢氰酸和氰化物的平均致死量为50～60mg或0.7～3.5mg/kg体重。总之，少量的氰化物就会置人于死地。氰化物毒性的主要机理是CN^-进入人体后便生成氰化氢，氰化氢能迅速地被血浆吸收和输送，它能与铁、铜、硫以及某些化合物中（在生存过程起重要作用）的关键成分相结合，抑制细胞色素氧化酶，使之不能吸收血液中的溶液氧，当这些酶不起作用时，就会导致细胞窒息和死亡。由于高级动物的中枢神经系统需氧量最大，因而它受到的影响也最大，当供氧受到阻碍时就会引起身体各主要器官活动停止和机体的死亡。

对地表水、地下水的污染是相当严重的。污水中各种氰化物对人的危害相当大，HCN人的口服致死平均量为50mg，NaCN约为120mg。氰化物对鱼类和其他水生物的危害较大。水中氰化物含量折合成氰离子（CN^-）浓度0.04～0.1mg/L时，能使鱼类致死。对浮游生物和甲壳类生物的CN^-最大容许浓度为0.01mg/L。氰化物污染水质引起鱼类、家畜乃至人急性中毒的事例，国内外都有报道。这些事件的原因在于短期的大量氰化物进入水体所致。因为氰化物的剧毒性，现将国家有关控制标准列出（表9-7和表9-8）。

表9-7 地表水中氰化物允许最高含量 单位：mg/L

分类	Ⅰ类	Ⅱ类	Ⅲ类	Ⅳ类	Ⅴ类
总氰化物浓度	0.005	0.05	0.2	0.2	0.2

表9-8 氰化物最高允许排放浓度 单位：mg/L

标准分级	一级标准	二级标准	三级标准
易释放氰化物浓度	0.5	0.5	1.0

我们把氰化物定为二类污染物排放标准。工业废水中氰化物最高容许排放浓度和在不同水质标准见表9-9。

表9-9 国家颁布各种水质的标准 单位：mg/L

标准	饮用水质	渔业水质	农业灌溉	地面水质	工业废水
氰化物	0.05	0.02	0.5	0.05	0.5

9.6.4 氰化物传统处理方法

(1) 漂白粉氧化法

主要反应机理如下：

$$ClO^- + H_2O + CN^- \longrightarrow CNCl + 2OH^-$$

$$CNCl + 2ClO^- \longrightarrow CNO^- + Cl^- + 2H_2O$$

$$2ClO^- + 3ClO^- \longrightarrow CO_2 + N_2 + 3Cl^- + CO_3^{2-}$$

(2) 液态氯氧化法

液氯法处理氰化物的机理与漂白粉氧化法相近，氯化法处理含氰污水的典型工艺流程如下。

液态氯→流量计→加氯机↓
含氰废水→调节池→反应池→出水
↑pH值调节剂　↓沉渣

(3) 次氯酸钠氧化法

通过次氯酸钠发生器，以食盐和软水为原料，通过电化学法产生次氯酸钠，再用发生的次氯酸钠处理废水中的氰化物。

处理工艺流程为：

废水→次氯酸钠发生器→管状混合器→出水
↑食盐水槽

(4) 电化学氧化法

电化学法处理含氰废水是通过电能的作用，使氰化物直接氧化及间接氧化，反应机理如下。

直接氧化反应

$$CN^- \longrightarrow CN + e$$

$$CN + CN \longrightarrow C_2N_2$$

随之 C_2N_2 进行水解反应最终转化为 $HCOONH_4$、$CO(NH_2)_2$、$(NH_4)_2N_2O_4$

(5) 臭氧氧化法

臭氧氧化氰化物的反应机理为：

$$CN^- + O_3 + 2H_2O \longrightarrow CNO^- + 4OH^-$$

$$CNO^- + 2H_2O \longrightarrow CO_2 + NH_3 + OH^-$$

(6) 离子交换法

离子交换法是依靠离子交换剂的吸附交换能力，吸附交换废水中的氰化物，从而使废水得到净化，目前工业上广泛使用的是AB-17型阴离子交换树脂。

(7) 二氧化硫空气氧化法

该法是利用铜离子催化作用，使氰化物得以 SO_2—空气氧化。反应方程式为：

$$CN^- + SO_2 + O_2 + H_2O \longrightarrow CNO^- + H_2SO_4$$

大部分 CN^- 被氧化成 CNO^- 而被去毒，生成的 CNO^- 可进一步水解

$$CNO^- + 2H_2O \longrightarrow CO_2 + NH_3 + OH^-$$

(8) 酸化回收处理法

此法的目的在于回收含氰废水中的氰化物。通过向废水中加酸，或通入二氧化硫等酸性气体，使废水中的简单氰化物及部分金属配合氰化物转化为氰化氢（在pH值为2～3条件下进行）。之后再通过鼓风曝气作用，使氰化氢随气流带出。用碱溶液吸收气流中的氰化氢，使之得以回收。整个过程是在一个系统塔中进行的，所发生的反应为酸化过程。

9.6.5 微生物厌氧处理氰化物的机理

氰化物是剧毒的，但因其分子构成是微生物代谢生长过程中所需要的两种主要营养成分而使含氰废水具有可生化性。微生物法原理是利用能破坏氰化物的一种或几种微生物以氰化物和硫氰化物为碳源和氮源，将氰化物和硫氰化物转化为甲烷、氨和硫酸盐，或将氰化物水解成甲酰胺。固氮菌产生固氮酶，并在还原性培养基使氰酸盐转化为氨和甲烷。氰化物在厌

氧条件下经微生物降解的主要反应如下：

$$HCN+H_2O \longrightarrow HCOO^- + NH_4 \longrightarrow NH_3 + CO_2$$

$$CN^- + H_2 \longrightarrow CH_4 + NH_3$$

$$SCN^- + H_2O \longrightarrow H_2S + CO_2 + NH_3$$

目前，将含氰废水通过厌氧法预处理以提高其生化性、降低处理成本，是一条新途径。

影响处里效果的因素很多，大致有废水本身的性质、环境条件和微生物本身的降解能力三个方面。成分复杂浊度高且氰浓度极高的废水，在进行厌氧处理前应该先进行适当预处理，以免对微生物产生毒害。废水的温度较高，pH 值适合则有利于 HCN 的形成和聚集，也有利于细菌的生长繁殖，而且有利于 CH_4、H_2S 等气体的挥发。氰的形态十分重要，如能以稳定性小的配合物和硫氰酸盐存在，则有利于降解。微生物本身的耐受能力强，而且降解效率高，则处理效果好。

9.6.6 微生物处理含氰废水

实践表明这些物理化学方法能够脱除氰化物，但也存在着对金属氰配合物、硫氰酸盐、铁氰酸盐脱除不彻底、费用高等问题。近年来，微生物脱除氰化物方法获得很大进展。研究表明，在自然界中存在着能够降解氰化物的微生物，并能够消除化学处理过程所伴随的二次污染问题。一些发达国家相继开展了利用微生物来处理含氰污水的研究工作，选择和分离了高效菌株用于含氰污水的处理，并取得了显著效果。参与净化过程的大部分微生物都是兼性的或需氧性的，它们在经过适应性培养之后，能够耐受较高浓度的氰化物。这个过程中，从含氰污水中获取细菌和调整细菌在较高浓度氰化物中适应生长是比较重要的，既关系到细菌的有效性，又涉及其最适宜生长条件在工艺上实现的可能性与操作的可控性。因而，所选定的微生物大多具有利用氰化物作为碳、氮源的特性，用特定微生物来处理有一些优点。①在处理过程中，污水中的主要需脱除物质是微生物所需的养分而使降解更为有效；②由于能设定这种微生物最适宜的生活条件，在运转中易于管理；③可选出适合处理高浓度废水的微生物种类和对特定基质分解活性高的微生物种类。当然，用特定微生物处理含氰污水的不利之处是需防止其他微生物污染。目前，致力于微生物复合体处理含氰污水的研究也取得进展；这方面研究的目的是把生长条件相似的不同种属细菌置于一个系统中来处理含氰污水。在污水加入适当葡萄糖有助于含氰污水的净化速度。重要微生物有假单胞菌、无色杆菌、诺卡氏茵镰刀菌、木霉。生物化学研究表明，微生物对氰化物降解的生物化学过程是比较复杂的，主要有以下 4 种方式。

① 同基质的化学反应。当水中有氰化钠或氰化钾，按 $HCN=H^+ + CN^-$ 分解时，氰酸才从水中溶解。当 CN^- 与葡萄糖发生反应形成葡萄糖酸，使氰化物大大降低，采用细菌进行的试验表明，CN^- 与葡萄糖的反应产物可以用生物学方法实现。

② 在某一生物絮凝物上的吸附作用。微生物机体细胞外成分在吸附中起一定作用，但在去除氰化物全过程中吸附所占比重不到 15%。

③ 生物代谢途径。细菌生长代谢过程将 CN^- 或 HCN 分解产生 CO_2、NH_3 以及硝酸盐在水溶液中有氰化物存在时，细菌的生物化学反应：

$$HCN+2H_2O \longrightarrow NH_4COOH$$

$$2NH_4COOH+O_2 \longrightarrow 2NH_3+2CO_2+2H_2O$$

对于硫代氰酸盐，细菌的生物化学反应：

$$HCNS+2H_2O \longrightarrow CO_2+H_2S+NH_3$$

对于氰根离子有以下反应：

$$2CN^- + O_2 \longrightarrow 2OCN^-$$

$$HCNO + H_2O \longrightarrow CO_2 + NH_3$$

④ 降解氰化物的另一途径是气提。通过微生物作用可将 CN^- 分解为无害气体（CO_2 或 NO_2）逸出，这种机理在曝气型生物处理过程中起着重要作用。在这四种途径中，代谢和气提作用是主要的。

9.7 有机染料的厌氧生物降解

9.7.1 有机染料废水的来源和特点

有机染料废水主要来自于染料工业及纺织工业排放的废水，合成染料的生产以苯、甲苯、萘、蒽、咔唑等芳香族化合物为原料，使用各种无机酸和碱等，还有一些有机化合物如醇类、有机酸类等，整个生产过程涉及很多化学反应，生产和使用工艺流程长，废水中含有各种有机物，COD 值高，色泽深，酸碱性强，含盐量高，废水组成随生产条件的频繁改变千差万别。

染料加工过程中所消耗的绝大部分浆料、助剂、油料进入废水，还有大量的酸、碱和无机盐，染色加工过程中约有 10%～20%的染料进入废水。染料结构中硝基和氢基化合物及铜、铬、锌、砷等重金属元素具有较大的生物毒性。常用染料的组成如下所述：

酸性类——含磺基化合物（偶氮、蒽醌、三芳基甲烷）；

直接类——具有磺酸基的偶氮染料；

纳夫妥类——重氮化的芳香胺类和联剂；

士林类——具有靛青和蒽醌结构的有机物；

硫化类——有机物与硫的化合物。

根据合成染料废水的特点，一般认为主要的污染物指标是 SS、pH 值、COD、BOD、COL 和重金属。

9.7.2 有机染料废水传统处理方法

物化处理法，包括混凝沉淀法、吸附法、萃取法、超滤微滤反渗透等膜技术。

化学法，包括光催化氧化、臭氧氧化法、湿式氧化法等。这些方法往往需要使用大量的化学药品，而且大部分需要耗费大量能量，由于耗资大，运行费用高及适用条件的限制。

9.7.3 有机染料废水厌解菌及厌氧降解机理

从 20 世纪 30 年代开始发现乳酸杆菌能脱去着色的乳制品颜色开始，关于细菌脱色作用的研究开始进行。脱色菌群中以芽孢菌（bacillus）和不动细菌（acinetobacter）占绝对优势，并具有脱色能力，同时兼性厌氧微生物类群又占整个脱色菌群 50%以上。

偶氮染料降解的第一步反应是偶氮双键的还原裂解，催化该反应的酶是偶氮还原酶；对该酶进行研究表明，绝大多数偶氮还原酶，粗酶液或经纯化的酶在有氧条件下丧失活性，而除氧后活性即可恢复

$$R{-}N{=}N{-}R' \xrightarrow[\text{NADPH}_2\text{或NADH}_2 \;\to\; \text{NADP}^+\text{或NAD}^+]{\text{偶氮还原酶(厌氧)}} RNH_2 + R'NH_2$$

在缺氧条件下，通过兼性细菌和专性厌氧菌进行厌氧代谢，使偶氯分子中—N ═N—断裂，形成芳胺类化合物。一般厌氧过程的最终产物是 CO_2、H_2O、NH_3、H_2、CH_4 等小分子，其过程如下。

① 酸性发酵　酸化期为1～2d，使溶解性的偶氯染料在产酸菌作用下分解为乙酸、丙酸、丁酸等有机物。由于产酸菌的繁殖速度较快，世代时间短，因此在消化过程中不起控制作用。

② 甲烷发酵　滞留期为2～7d，甲烷菌将长链酸转化为甲烷、CO_2 及短碳链的酸，酸分子重复地以同样方式分解。甲烷菌由甲烷杆菌、甲烷弧菌等绝对厌氧细菌组成。由于甲烷菌繁殖速度慢，世代时间长，所以这一步控制了整个厌氧过程。

9.7.4 有机染料废水生物处理方法

生化法运行成本低，研究应用十分广泛。20世纪70年代以来，环境生物学家致力于分离选育自然界或通过基因工程培育的对染料有高降解活性的菌株，已得到可对多种偶氮、三苯甲烷及蒽醌类等结构染料进行降解的菌种。

目前国内外仍以生物处理为主，尤以好氧生物处理占绝大多数，并且以接触氧化和表面加速曝气法占绝大多数。使用好氧生物处理传统印染工艺废水，BOD去除效果明显，一般可达80%左右，但COD和色度去除率不高。再加上近年来由于化纤织物的发展和印染后整理技术的提高，使浆料、新型助剂等降解物大量进入印染废水；不但使印染废水COD达到2000～3000mg/L，而且BOD/COD由原来的0.4～0.5下降到0.2以下，这给处理更增加难度。原有生物处理系统COD去除率由70%降至30%左右甚至更低。单纯好氧的普通生物处理难度越来越大，出水难以达标。此外高运行费用及剩余污泥处理又是一个大难题。厌氧生物处理有机染料废水技术由于其低耗、高负荷、运行费用低、产生污泥少等优点而开始受人们重视。最近利用厌氧反应器直接处理高浓度印染废水和染料废水已引起重视。对有机物含量高及含难降解物质的废水，厌氧生物处理有着独特的优越性。新型厌氧反应器的开发，厌氧处理装置效能有了很大提高，进水COD浓度的要求大大降低，而且使COD在2900mg/L的废水通过厌氧消化一级生物处理，也可达标排放。所有这些理论和实践为利用厌氧反应器处理高浓度印染和染料废水研究进展提供了保证。浙江农业大学环保系用管道厌氧处理和UASB串联处理丝绸印染废水，HRT＝24h COD去除90%，脱色率80%以上。

一是通过设计相控制适合的生化反应器，培养可驯化的活性污泥和自然发生的微生物群体。二是向传统工艺中投加具有活性的高效微生物，以改善工艺的生物降解性能。目前，这两条途径已成为印染废水处理工艺改进的主要方向。

许多研究者为了充分发挥升流式厌氧污泥床与厌氧滤池的优点，采用了将两种工艺相结合的反应器结构，被称为复合床反应器（UASB＋AF），也称为厌氧复合生物反应器。复合床反应器一般是将厌氧滤池置于污泥床反应器的上部。一般认为这种结构可发挥AF和UASB反应器的优点，改善运行效果。厌氧复合床反应器（复合厌氧生物反应器）是在AF和UASB的基础上将两种工艺进行有效组合的反应器。该反应器可充分发挥上流式厌氧污泥床与厌氧滤器的优点，是水污染防治领域中一项极具开发应用前景的生物处理技术。

厌氧复合生物反应器主要由上部填料及其附着的生物膜组成的滤料层和下部高浓度颗粒污泥组成的污泥床两部分构成。厌氧复合生物反应器的突出优点是反应器内水流方向与产气方向相一致，一方面减少了堵塞的机会，另一方面加强了对污泥床层的搅动作用，有利于微生物与进水基质的充分接触，也有助于形成颗粒污泥。反应器上部空间所架设的填料，不但在其表面生长微生物膜，在其空隙截留悬浮微生物，即利用原有的无效容积增加了生物总量，防止了生物量的突然洗出。更重要的是由于填料的存在，夹带污泥的气泡在上升过程中与之发生碰撞，加速了污泥与气泡的分离，从而降低了污泥的流失。由于二者的联合作用，使得复合厌氧生物反应器的体积可以最大限度地利用，反应器积累微生物的能力大为增加，反应器的有机负荷（organic loading rate，OLR）更高。因而厌氧复合生物反应器相对于UASB等污泥床反应器具有启动速度快、处理效率高、运行稳定等显著特点。

开发结构简单而运行稳定的高效厌氧反应器成为解决这一问题的关键，而厌氧复合生物反应器正是克服了UASB和AF的缺陷，同时又将两者的优点相结合。厌氧复合生物反应器既吸收了AF反应器对微生物具有较高截留能力的优点，又保留了UASB反应器污泥床对高浓度有机废水的高效处理能力；同时避免了UASB反应器复杂的三相分离器的设计，使得复合厌氧生物反应器集高效处理能力和简单结构的优点于一体。

厌氧复合反应器集厌氧过滤床（AF）与上流式厌氧污泥床（UASB）的优点，上流式污泥床与过滤床的有效结合，使其拥有很大的生物量。尽管文献对厌氧复合生物反应器在印染废水处理中的应用报道很少，但是根据有机合成染料废水的特点及厌氧复合生物反应器的特征，厌氧复合生物反应器在处理合成染料废水，特别是作为好氧处理的前处理具有明显的优势，主要体现在：a. 印染废水的有机物浓度高，但B/C比值低，可生化性差，特别是印染生产过程中流失的大分子难降解的染料、浆料多；b. 厌氧复合反应器集厌氧过滤床（AF）与上流式厌氧污泥床（UASB）的优点，污泥床与过滤床的有效结合，使其拥有很大的生物量。

9.8 制浆造纸废水的厌氧生物降解

造纸工业是国民经济的基础产业之一，与社会经济发展和人民生活息息相关，是国际公认的“永不衰竭”的工业。造纸工业是与国民经济许多部门配套的重要原材料工业，我国造纸工业产品总量中，80%以上是印刷工业重要的基础物资，又是主要的各类包装材料，以及建材、化工、电子、能源、交通等工业部门和国防军工技术配套用的重要产品。有关方面预测，我国纸和纸板社会消费量2005年达到5.0×10^7t，2015年高达8.0×10^7t，数据表明今后我国造纸工业发展空间极为广阔，潜力巨大。因此，中国造纸工业将是21世纪的“朝阳工业”。造纸工业废水是迄今为止较难处理的污水，也是一种严重的工业污染源，全世界范围内，各个国家均将此视为公害重点防范和监管（例如日本、美国分别将造纸废水列为六大公害和五大公害之一）。据统计，我国有7000多家中小型造纸厂，每年排放废水约$(2.1\sim2.4)\times10^9$t，污染物总量为$(1.19\sim1.36)\times10^6$t。对环境的污染仅次于化工和冶金行业，位居第三。

造纸的原料主要是植物纤维，如木材、稻草、麦草、玉米秆、甘蔗渣、芦苇、麻、竹等。纸的生产大体上可分为两个过程，即制浆和造纸。制浆：在原料中加入一些化学药品（如石灰或烧碱等）进行蒸煮；或者将原料直接用机械打碎、研磨；然后洗涤，去除不必要成分，保留纤维，制成浆料。需要漂白的，再加入药剂进行漂白。造纸：把浆料用网格或捞起，脱水压榨干燥，最后整理成纸。

9.8.1 制浆造纸废水的定义、来源和分类

制浆造纸废液是指化学法制浆产生的废液（又称黑液、红液）。制浆造纸工业废水主要

包括蒸煮废液、制浆中段废水和抄纸废水三大类。三种废水由于产生的工序不同，其理化性有显著的差异。

(1) 蒸煮废液

蒸煮废液是制浆蒸煮过程中产生的超高浓度废液，包括碱法制浆的黑液和酸法制浆的红液。我国目前大部分造纸厂采用碱法制浆，所排放的黑液是制浆过程中污染物浓度最高、色度最深的废水，呈棕黑色。它几乎集中了制浆造纸过程 90%的污染物，其中含有大量木质素和半纤维素等降解产物、色素、戊糖类、残碱及其他溶出物。每生产 1t 纸浆约排黑液 10t，其特征是 pH 值为 11～13，BOD 为 34500～42500mg/L，COD 为 106000～157000mg/L，SS 为 23500～27800mg/L。亚铵法制浆废液呈褐红色，故又称红液，杂质约占 15%，其中钙、镁盐及残留的亚硫酸盐约占 20%，木素磺酸盐、糖类及其他少量的醇、酮等有机物约占 80%。

(2) 制浆中段废水

制浆中段废水是经黑液提取后的蒸煮浆料在洗涤、筛选、漂白以及打浆中所排出的废水。这部分废水水量较大，每吨浆约产生 50～200t 中段废水。中段废水的污染量约占 8%～9%，每吨浆 COD 负荷 310kg 左右，含有较多的木质素、纤维素等降解产物、有机酸等有机物，以可溶性 COD 为主。一般情况下其水质特征为 pH=7～9，COD1200～3000mg/L，BOD400～1000mg/L，SS500～1500mg/L。

(3) 抄纸废水

抄纸废水又称白水，是在纸的抄造过程中产生，主要含有细小纤维和抄纸时添加的填料、胶料和化学品等，这部分废水的水量较大，每吨纸产生的白水量为 100～150t，其污染物负荷低，以不溶性 COD 为主，易于处理，在回收纤维的同时可以回用处理后的水，一般白水的 COD 仅为 150～500mg/L，SS 为 300～700mg/L，pH 值为 6～8。

9.8.2 废水主要成分

纤维、纤维素分解生成的糖类、醇类、有机酸、木质素及其衍生物，少量的树脂酸、脂肪酸等。

9.8.3 造纸的环境污染与危害

造纸工业是一个产量大、用水多、污染严重的轻工业；制浆造纸工业是中国环境污染的主要行业之一。制浆造纸工业的整个生产过程，包括从备料到成纸，以及黑、红液的回收，纸张的加工等都要以大量的新鲜水为介质，用于输送、洗涤、分散和冷却设备等用途。虽然过程中间进行回收、处理、再用，但仍有很多的废水排入江河湖海等水体中去，造成了水体的污染。1999 年，中国纸和纸板产量为 2.9×10^7t，排名世界第三；就污染现状来看，全国制浆造纸企业水排放量占全国污水排放总量的 10%。造纸工业的废水若未经有效处理而排入江河中，废水中的有机物质发酵、氧化、分解，消耗水中的氧气，使鱼类、贝类等水生生物缺氧致死；一些细小的纤维悬浮在水中，容易堵塞鱼鳃，也造成鱼类死亡；废水中的树皮屑、木屑、草屑、腐草、腐浆等沉入水底，淤塞河床，在缓慢发酵中，不断产生毒臭气；废水中还有一些不容易发酵、分解的物质，悬浮在水中，吸收光线，减少阳光透入河水，妨碍水生植物的光合作用；另外带有一些致癌、致畸、致突变的有毒有害物质。总之，造纸废水使河水浊黑、恶臭，鱼虾灭迹，蚊蝇丛生，严重威胁沿岸居民的身体健康，造成痢疾、肠炎、疥疮等疾病盛行，同时还不利于农田灌溉和人畜饮水。

9.8.4 制浆造纸废水的传统处理方法

制浆造纸综合废水的处理方法有多种多样，按照作用原理可分为：a. 物理法，如过滤、沉淀、气浮、离心分离法等；b. 化学法，如氧化、还原、中和法等；c. 物理化学法，如絮凝沉淀法（混凝法）、活性炭吸附法、离子交换法、电渗析法等；d. 生物法，又分好氧生物处理法（如活性泥法、生物膜法……有生物转盘、生物滤池、生物接触氧化床、生物流化床等形式）、厌氧生物处理法等。

按照处理程度可分为：a. 一级处理，也即初级处理，它以物理方法为主，辅以化学方法，主要除去废水中的轻、重质杂质以及部分悬浮物，同时调节 pH 值；b. 二级处理，通常采用生物化学方法（如活性污泥法），它可以最大限度去除废水中呈胶体状态和溶解状态的有机污染物质，降低废水中的生化耗氧量，它是制浆造纸综合废水处理的主体工艺；c. 三级处理，通常采用物理化学方法，用于二级处理后去除仍然存在的难于降解的微量污染物质，进一步净化出水。

9.8.5 制浆造纸废水的厌氧生物处理机理

厌氧消化技术已成功运用于多种工业废水处理。与其他工业废水处理相比，制浆造纸工业废水处理难度大，制浆造纸工业废水的厌氧处理研究较少。厌氧法是在无氧的条件下，通过厌氧微生物降解代谢来处理废水的方法，厌氧菌通过厌氧呼吸从分子中释放能量。厌氧生物处理是利用兼性厌氧菌和专性厌氧菌在无氧的条件下降解有机污染物的处理技术。在厌氧生物处理过程中，复杂的有机化合物被降解和转化为简单、稳定的化合物，同时释放能量，其中大部分能量以甲烷的形式出现。废水的厌氧生物处理，由于不需另加氧源，运转费用低，产生的污泥量少且性质稳定、易于处理，因而得到了大的发展。现在厌氧生物处理法不仅可以用于高浓和中浓有机废水的处理，而且也适用于低浓度有机废水的处理。目前一大批高效的厌氧生物处理工艺和设备相继出现，包括厌氧生物滤池、上流式厌氧滤池、升流式厌氧污泥床（uASB)、厌氧流化床（AFB)、厌氧附着膜膨胀床（AAFEB）以及厌氧浮动生物膜反应器（AFBBR）和厌氧折流板反应器（ABR）等。随着人们对厌氧消化机理认识的深入，厌氧消化技术也得到很大的进展。在 20 世纪 70 年代末至 80 年代初，国外生产型厌氧处理系统在纸浆造纸工业废水处理中取得了成功。

9.8.6 制浆造纸废水厌氧处理的不利因素及去除方法

造纸废水中所含的无机硫化物（硫酸盐、亚硫酸盐、硫化物等）、氧化剂（如过氧化氢）、含氮化合物、氯化物、挥发性有机酸、重金属和木材抽提物（如树脂酸）等，有机添加物中的 DTPA 等均对厌氧菌的生长有较强的抑制作用。如何解决废水的这个问题一直是专家们所研究的课题。

(1) 无机硫化物的影响和去除

据研究，含硫化物的毒性随下列顺序增加：硫酸盐＜硫代硫酸盐＜亚硫酸盐＜硫化物。硫酸盐达 5g/L 时厌氧菌还能忍受。溶解性的 H_2S 在 50mg/L 就引起抑制。经过一定时间驯化后，可忍受 200mg/L 溶解性硫化物。无机硫化物在制浆造纸过程中普遍存在。在中性 pH 条件下，废水中可降解 COD 和硫的比例小于（10～15）：1 时，可导致 H_2S 毒性。因此必须在废水进入甲烷发酵之前，将硫化物的抑制作用去除。

(2) 氧化剂的抑制和去除

产甲烷菌是严格的厌氧菌，需要一个高度还原环境，其氧化还原电位应小于－500mV，这样，在进水中存在的氧化剂如用于漂白机械浆的 H_2O_2 对厌氧菌是不利的。据研究，专性厌氧菌如产甲烷菌缺乏过氧化氢酶，而兼性的产酸菌却能产生分解 H_2O_2 的酶。因此，采用产酸和产甲烷阶段分开的二相厌氧工艺是去除 H_2O_2 毒性影响的最好方法。厌氧处理后接好氧活性污泥工艺，剩余活性污泥在和富含 H_2O_2 的废水泥混合后也能去除 H_2O_2 的毒性影响。

(3) 其他抑制物的去除

挥发酸如高于 2000mg/L 也会有毒，如果这时废水 pH 值过低的话厌氧过程就会失败。这时可加入中和剂如石灰等保持一定的碱度，但加入太多的中和剂也会发生抑制。

重金属由于抑制酶反应阻碍代谢过程，因而也是有毒的。但对制浆造纸废水来说，废水中的硫化物可沉降重金属。

高浓度的木材抽提物和整合剂如用于漂白机械浆中 H_2O_2 的稳定剂的 DTPA 部对厌氧过程有毒性。树脂酸能在厌氧过程降解到某一程度，而脱氢松香酸会在污泥上积累，这些物质可用铝盐、铁盐和钙盐等沉降将其去除。

第10章 废水厌氧处理应用实例

啤酒工业、味精工业、淀粉工业、制浆造纸工业等是生物化工的主要行业，在我国这些行业分布广、产量大，在生产过程中产生大量的高浓度废水，水体污染严重，受到广泛关注。目前高浓度废水处理经济有效的方法是厌氧生物处理技术。本章根据近年来国内外在这一领域的研究成果和工程实践，全面系统地阐述了工业废水厌氧生物处理技术，重点介绍了这些废水的处理技术和工程实例，同时结合工程实例介绍了工业废水处理工程的可行性研究、初步设计、工程设计计算以及废水生物处理工程的调试运行，旨在为这些工业废水的处理提供实用的工程技术资料，同时对性质相近的其他工业废水的处理也有参考价值。

10.1 啤酒废水的厌氧处理

近年来，随着人民生活水平的不断提高，我国啤酒工业高速发展，1996 年、1998 年、1999 年全国啤酒产量分别达到 1.682×10^7t、1.987×10^7t、2.0×10^7t。现在我国的啤酒产量继美国之后，成为世界第二大啤酒生产国。

啤酒生产行业是耗水量较大的行业，各企业用水量相差较大，每生产 1t 啤酒耗水量从 10t 至 50t 不等。以生产每吨啤酒排放 20m^3 废水计算，我国啤酒工业排放的废水量每年达 $4.0\times10^8 m^3$。每生产 100t 啤酒产生的废水生化需氧量（BOD_5）相当于 1.4 万人生活污水的 BOD_5 值，悬浮物（SS）值相当于 0.8 万人生活污水的 SS 值。对这些废水若不处理而直接排放，易对环境及水源造成污染。我国多数啤酒厂尚未进行综合利用和废水治理，由此可见，啤酒废水的有效处理是一个急待解决的问题。

10.1.1 啤酒废水

(1) 啤酒废水的产生与特点

啤酒生产通常以大麦和大米为原料，辅以啤酒花和鲜酵母，经较长时间的发酵酿造而成。其生产工艺及废水来源如图 10-1 所示。

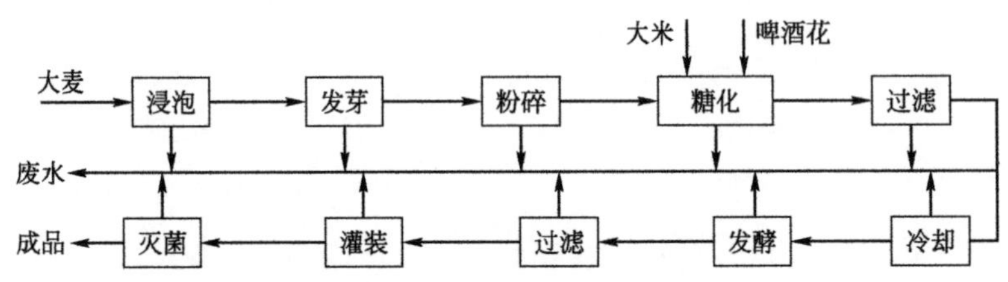

图 10-1 啤酒的生产工艺及废水来源

啤酒废水中主要含有淀粉、糖类、果胶、啤酒花、酵母残渣、蛋白质、纤维素等有机物，其中主要的超标项目是化学耗氧量（COD）、BOD_5 和 SS，啤酒废水的主要成分如表 10-1 所列。啤酒废水的特点是水量大，无毒无害，可生化性较好，属中等浓度有机废水。国内外一般采用以生化处理为主辅以物化处理的工艺技术，出水可达到国家排放标准。

表 10-1 啤酒废水的主要成分

项目	COD /(mg/L)	BOD_5 /(mg/L)	TN /(mg/L)	TP /(mg/L)	pH 值	水温 /℃
数量	1630～2360	1050～1530	27～81	6～14	5.5～6.5	18～22
平均	1950	1290	51	11	6.0	20

（2）啤酒废水的危害

啤酒酿造过程产生的废水具有水量大，悬浮物质、有机物质含量高等特点。啤酒废水本身并无毒性，但其中含有大量可生物降解的有机物质，若直接排入水体，要消耗水中大量的溶解氧，造成水体缺氧，导致生物鱼类死亡，另外废水中的大量 N、P 等无机盐，会导致水体富营养化，恶化水质，污染环境。若直接排入城市污水处理厂，将对处理设施产生严重的冲击。因此，对啤酒废水进行治理是非常重要的。

10.1.2 啤酒废水的厌氧处理技术

啤酒生产过程中各工序通常间歇排水，且 COD 及 pH 值波动大，水量不等，一般不宜分质处理，宜混合后共同处理。针对啤酒废水 BOD_5/COD 值高、可生化性较好、有害无毒的特点，国内外主要采用生化处理法，过去以好氧生物处理工艺为主，如接触氧化法、气动式生物转盘、生物滤池、深井曝气、两级活性污泥法。但近几十年来，厌氧-生物处理工艺以其耗能低、对中高浓度有机废水处理效果好等优点，在啤酒废水处理中的应用日益广泛，特别是啤酒废水的 UASB 处理技术，可以大幅度地降低处理设施的建设费用和运行费用，具有很大的经济性，已经从欧洲荷兰等国向亚洲辐射。同传统活性污泥法相比，厌氧-好氧工艺可以使处理能力增加 1～2 倍；回收的沼气经锅炉燃烧后，所产蒸汽用于维持啤酒发酵温度，可降低能源消耗。

近年来国内有些单位开始研究和使用 SBR 法及 UASB 工艺进行啤酒废水的预处理，再用好氧法进行后续处理。

（1）厌氧法

啤酒废水中有供微生物生长的丰富物质，其中麦糟含有葡萄糖、麦芽糖和低分子糊精等。废酵母含蛋白质、核酸碳水化合物、维生素，还含有细菌生长不可缺少的 P、N、K、Ca、N、Mg、S 等无机元素及 Fe、Cu、Zn、Mn、Mo、Co 等微量元素，丰富的酶系统多达 19 种。这些都是厌氧发酵得以正常进行所不可缺少的物质基础。

厌氧消化工艺的发展非常迅速，1996 年东南亚地区厌氧处理研讨会及 1997 年的第八届厌氧会议，都对厌氧工艺的发展进行了展望。自从 Schroepfer 在 20 世纪 50 年代开发了厌氧工艺（第一代厌氧反应器），厌氧反应器经历了三个发展阶段，第二代厌氧反应器的代表是上流式厌氧污泥床（UASB），第三代的代表是厌氧颗粒污泥膨胀床（EGSB）及厌氧内循环反应器（IC）。这些先进的反应器已经引入啤酒废水处理的研究和工程应用中，取得了良好的效果。参考原轻工总会环保所在 1999 年对国内厌氧工艺的应用情况进行的统计，据不完全统计（统计不包括畜禽粪便和反应器体积在 $100m^3$ 以下的项目），到 1999 年共有 219 项目采用不同类型的厌氧反应器。其中采用 UASB 工艺的有 120 座以上，占全部项目的 58%，而采用UBF反应器的占全部项目的1.4%。

厌氧法具有高效、节能、产泥量少、能有效回收能源等优点，应该是未来啤酒废水处理的主要方法之一。我国啤酒废水厌氧处理装置见表10-2。

表10-2 我国部分啤酒废水厌氧处理装置

企业名称	容积/m^3	工艺	COD容积负荷/[kg/(m^3·d)]	COD去除率/%	BOD_5去除率/%
生力啤酒顺德有限公司	1200	UASB	5	90	90
保定生力啤酒厂	2400	UASB	5	93	90
海南啤酒厂有限公司	670	UASB	5	90	90
南宁万泰啤酒有限公司	2200	UASB	5	90	90
深圳啤酒厂三期工程	1500	UASB	5	90	90
苏州狮王啤酒厂	2200	UASB	5	95	90
武汉百威啤酒公司	1450	UASB	5	95	90
惠州啤酒有限公司	880	UASB	5	90	90
深圳青岛啤酒公司	910	UASB	5	90	90
天津富仕达酿酒公司	2100	UASB	7	90	90
海南太平洋酿酒公司		UASB	5	90	90
杭州中策啤酒厂	990	UASB	5		
沈阳雪花啤酒厂		IC			
上海富仕达啤酒厂		IC			

(2) 厌氧-好氧法

在实际应用中，单独的好氧法或厌氧法都不能满足啤酒废水的处理要求，只有把二者结合起来，组成串联工艺，才能取长补短，使其在水处理中发挥更大的作用。在串联工艺中，厌氧法作啤酒废水的预处理，厌氧反应可在常温下进行（如北京啤酒厂和济南白马山啤酒厂），不需额外加热；好氧法作后处理，便可充分发挥两种处理方法的优点。这种方法技术上可行，经济上合理，不失为一种有效的废水处理方法。

10.1.3 啤酒废水的厌氧处理工艺应用

啤酒废水是较宜于厌氧处理的废水，近年来由于高速厌氧反应器技术的发展，许多啤酒厂采用了厌氧处理工艺。其反应器规模由数百立方米到数千立方米不等。

(1) 实例1

表10-3详细列出了荷兰某啤酒厂使用UASB反应器处理废水的结果。

表10-3 荷兰Bavaria B.V啤酒厂废水厌氧处理结果

废水特征	COD:1.0～1.5kg/m^3 BOD_5:0.7～1.1kg/m^3 总氮含量:0.02～0.03kg/m^3 pH值:6～10 TSS:0.2～0.3kg/m^3 温度:20～24℃ 流量:6000m^3
反应器设计	均衡池容量 UASB反应器容积 反应器高度 设计负荷 设计承担单位

续表

实际运行情况	反应器负荷 COD 去除率 产气率 出水 BOD_5
污泥特征	种泥用其他 UASB 系统的剩余颗粒污泥，运行期间反应器内污泥量没有增加，颗粒污泥性状没有变化
经济性	总投资：80 万美元　每年节省排污费：60 万美元

（2）实例 2

清华大学环境工程系从 20 世纪 80 年代中期开展利用 UASB 反应器处理啤酒废水的研究工作，在北京啤酒厂建成日处理 $4500m^3$ 的 UASB 反应器。废水通过厌氧处理可以达到 85%～90%以上的有机污染物去除率。

该厂废水水质如下：COD 浓度为 2300mg/L；水温为 18～32℃；BOD_5 浓度为 1500mg/L；TN 浓度为 43mg/L；TSS 浓度为 700mg/L；TP 浓度为 10mg/L；碱度浓度为 450mg/L。

由于北京啤酒厂地处市区，并且下游有高碑店城市污水处理厂，因此，啤酒厂仅仅进行一级厌氧处理，处理后的废水需达到排入城市污水管道的水质标准（COD 浓度小于 500mg/L)。工艺流程如图 10-2 所示，其中 UASB 反应器总池容为 $2000m^3$，为了便于运行管理，在设计上将 UASB 分成 8 个单元，每个单元的有效容积为 $250m^3$。啤酒废水处理工艺流程如图10-2 所示。

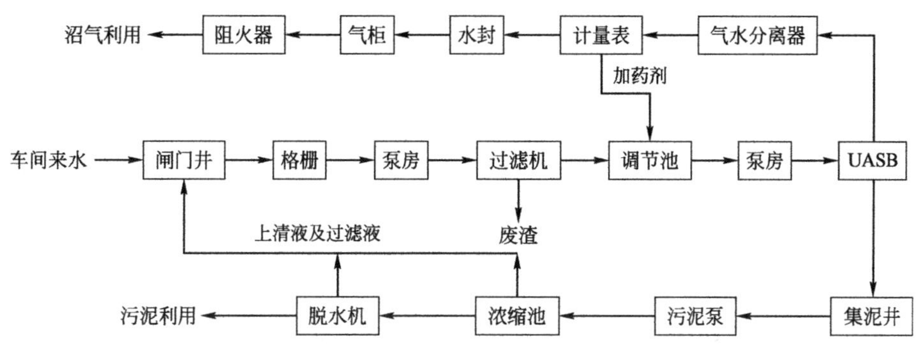

图 10-2　啤酒废水处理工艺流程

（3）实例 3

上海富士达酿酒公司采用 Paques 公司的 IC 反应器与好氧气提反应器（CIRCOX）技术处理啤酒生产废水，处理能力为 $4800m^3/d$，处理流程见图 10-3。IC 反应器应用于高浓度有机废水，CIRCOX 反应器适用于低浓度的废水，两者串联起来是较优化的工艺组合。具有占地面积小、无臭气排放、污泥量少和处理效率高等优点。其中 IC 反应器和 CIRCOX 反应器的关键部件是从荷兰引进的，废水处理站采用全自动控制。

具体的流程是，啤酒生产废水汇集至进水井，由泵提升至旋转滤网。其出水管上设温度和 pH 值在线测定仪，当温度和 pH 值的测定值满足控制要求时，废水就进入缓冲池，否则排至应急池。缓冲池内设有淹没式搅拌机，使废水均质并防止污泥沉淀。废水再由泵提升至预酸化池，在其中使有机物部分降解为挥发性脂肪酸，并可在其中调节营养比例和 pH 值。然后，废水由泵送入 IC 反应器，经过厌氧反应后，流入 CIRCOX 反应器，出水流至斜板沉淀池，加入高分子絮凝剂以提高沉淀效果。污泥用泵送至污泥脱水系统，出水部分回用，其

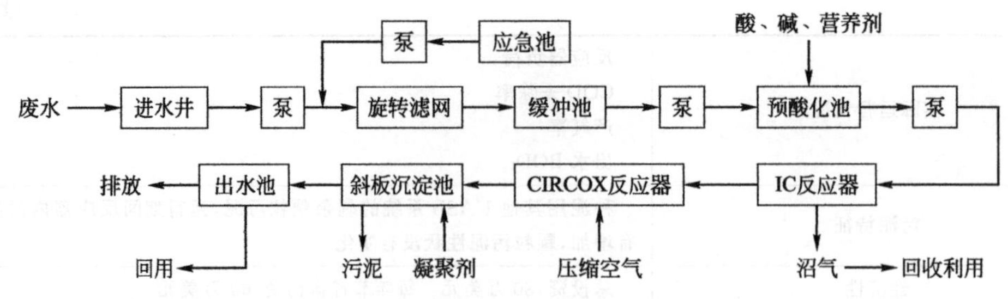

图 10-3　上海富士达酿酒公司啤酒废水处理工艺流程

余排放。各个反应器的废气由离心风机送至涤气塔，用处理后的废水或稀碱液吸收。废水进水、出水数据见表 10-4，从中可见，出水的各项指标均达到排放标准。

表 10-4　上海富士达酿酒公司啤酒废水处理站处理效果

项目	进水水质		出水水质	
	平均	范围	平均	范围
COD/(mg/L)	2000	1000～3000	75	50～100
BOD_5/(mg/L)	1250	600～1875	≤30	
SS/(mg/L)	500	100～600	50	10～100
磷酸盐/(mg/L)	20	10～30		
pH 值	7.5	4～10	7.5	6～9
温度/℃	37	30～50	<40	

主要处理构筑物的设计参数如下所述。

① 预酸化池　直径为 6m，高为 21m，水力停留时间为 3h。

② IC 反应器　直径为 5m，高为 20.5m，水力停留时间为 2h，COD 负荷为 15kg/(m^3 · d)。

③ CIRCOX 反应器　下部直径为 5m，上部直径为 8m，高度为 18.5m，水力停留时间为 1.5h，COD 负荷为 6kg/(m^3 · d)，微生物 VSS 浓度为 15～25g/L。

(4) 实例 4

厌氧滤池-好氧接触氧化法分为厌氧处理段和好氧处理段，实践证明此法有很强的抗冲击负荷能力，特别是厌氧处理段负荷率达到 10～15kgCOD/(m^3 · d)，对 BOD，COD 等的去除率一般均高于 AB 法，且占地少，处理能力大，基于以上几点，结合啤酒废水的特点，运用这一工艺于啤酒废水处理，取得非常理想的效果。

云南思茅南亚啤酒厂年产 1×10^4t 啤酒，废水量 40m^3/d。因啤酒废水含有大量有机物，如不进行治理将严重污染当地环境，故该厂于 2000 年下半年开始筹建啤酒污水处理厂，采用厌氧滤池-好氧接触氧化法工艺，设计处理能力 400m^3/d。2001 年 10 月正式投入运行。

废水处理工艺采用厌氧滤池-生物接触氧化法，所产生的污泥通过机械脱水作肥料或掺入煤中烧锅炉。工艺流程如图 10-4 所示。

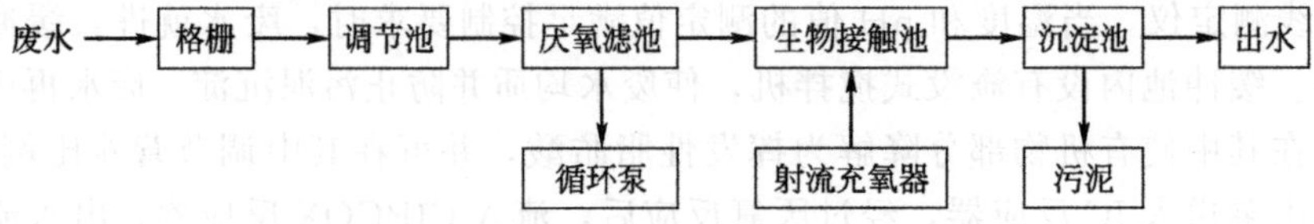

图 10-4　厌氧滤池-好氧接触氧化法工艺流程

运行结果废水处理系统运行结果见表 10-5。

表 10-5　啤酒废水处理效果

项目	COD/(mg/L)	BOD_5/(mg/L)	SS/(mg/L)	pH 值
原水	1250	900	1000	8.15
出水	106.2	92	115	7.26
总去除率	90%	89%	88%	
排放标准	300	150	200	

(5) 工程运行实践

① 菌种培养、驯化　啤酒废水处理系统完工后，厌氧菌种由某污水处理厂的消化污泥引种，而好氧菌种由氧化池污泥引种，污泥经 1 月的驯化后逐渐成熟，正式运行。

② 厌氧段运行及处理效果　厌氧主要构筑物为厌氧滤池，厌氧池是采用填充材料作为微生物载体的一种高速厌氧反应器，厌氧菌在填充材料上附着生长，形成生物膜，生物膜与填料一起形成固定的滤床。废水经过格栅去除其中的瓶盖、玻璃片等杂物后进入调节池，混合均匀后经泵把废水泵入滤池底部并均匀布水，在向上流动的过程中废水中的有机物被生物膜吸附并分解，进而通过微生物代谢作用将有机物转换为甲烷和二氧化碳，沼气和出水由滤池上部分别排出。由于厌氧滤池采用固定化技术使污泥在反应器的停留时间极大地延长，因此厌氧滤池负荷容量可达 10～15kgCOD/(m^3·d)。厌氧处理段运行结果显示 COD 去除率达 80%。

③ 生物接触氧化段运行及处理效果　经厌氧滤池处理后的废水进入生物接触氧化池，池中装有弹性填料，填充率 70%。采用射流充氧器曝气，通过循环水泵将废水反复充氧，从池面上方四周向池底喷射水流，使其循环充氧，填料不停地接受射流充氧器喷射的水流的冲击，使其上生物膜加速脱落和更新，使生物膜一直保持较高的活性，提高了生物降解率，保证 COD、BOD 的去除率在 90%以上。

④ 污泥后处理该工艺　厌氧滤地产生的少量污泥都有废水一起流入生物接触氧化池，因此污泥主要由生物接触氧化池产生，产生的污泥在斜管沉淀池中沉淀，经压滤机脱水，用作肥料或掺入煤中烧锅炉。

⑤ 通过该厂半年的运行，证明厌氧滤池-生物接触氧化法工艺处理啤酒厂废水效果良好，具有以下特点：a. 厌氧处理段装置简单，工艺本身能耗低，运行管理方便；b. 厌氧处理段有很强的有机负荷及酸碱缓冲能力，二次启动时间短；c. 厌氧处理段耐冲击负荷能力高，处理水的稳定性高；d. 厌氧滤池密闭工作，可防止气味和疾病传播；e. 系统运行以来未发生过污泥膨胀现象；f. 采用射流充氧器曝气，提高了氧的利用，并加快了细菌对有机物的分解，减少了鼓风机配置，节能又节省投资。

综上所述，厌氧滤池-生物接触氧化法工艺有运行稳定，节约基建费和节能的优点，针对啤酒废水水质、水量变化大的特点，利用此法处理效果是非常理想的。

10.2 味精废水的厌氧处理技术

味精，学名为 L-谷氨酸单钠一水合物，是广泛应用的食品助鲜调味剂。20 世纪初 (1909 年) 味精作为商品问世，给人们烹调食品带来了鲜美。但在 21 世纪初的今天，人们在享受这份鲜美的同时，也应该深刻地认识到味精生产给环境带来的严重污染。1998 年我国味精产量为 59×10^4t。味精工业废水造成对环境的污染问题日趋突出，在众所周知的淮河流域水污染问题中，它是仅次于造纸废水的第二大污染源，味精生产中废水量大，有机物含量高，pH 值低，故其处理难度较大，一直为人们所关注。太湖、滇池、松花江、珠江等流域，味精废液污染问题也成为公众注目的焦点。因此，搞好味精行业的综合利用与废水治理，保护环境，刻不容缓。

10.2.1 味精废水

(1) 味精废水的产生与特点

味精生产过程大致如下：大米、小麦、玉米等原料经淘洗加水打浆，在淀粉酶的作用下发生糖化作用，淀粉被转化为低分子量的糖作为培养基，加上一定量的氮源（如尿素）和其他谷氨酸菌生长必需的原料，加入谷氨酸菌。在发酵过程中糖、尿素等原料被转化成谷氨酸盐。发酵液进行冷冻降温并加入硫酸（或盐酸）将 pH 值调节到 1.5～3.0 之间，即调定发酵液的 pH 值至谷氨酸的等电点，使谷氨酸晶体析出并被分离提取，在这一环节大部分的谷氨酸被提取。经等电提取后的发酵液，再经离子交换柱回收部分谷氨酸后排出，也就是所称的离子交换废水，或称味精废水母液。谷氨酸再经精制工序即成为味精。上述流程如图10-5所示。

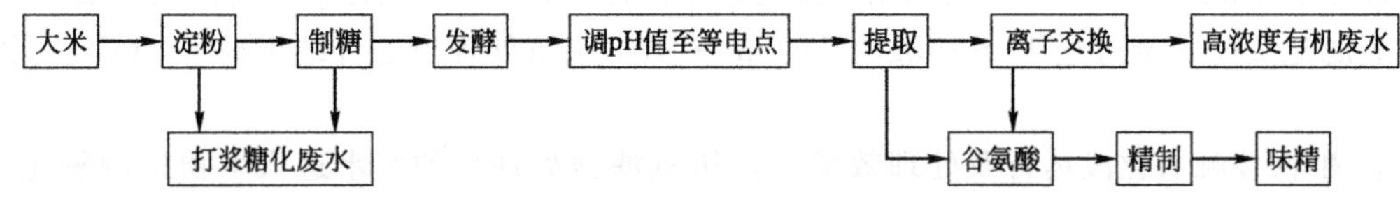

图 10-5 味精生产流程

从图 10-5 可以看出，味精废水可分为发酵之前打浆和糖化工序产生的废水和等电离子交换工序产生的高浓度有机废水。通常所说的高浓度味精废水指的是后者，它具有以下几个特征：a. 酸性强，pH 值在 1.5～3.2 之间；b. 高 COD 和高 BOD，一般 COD 在 6000～80000mg/L 之间，BOD_5 在 3000～40000mg/L 之间；c. 硫酸根离子含量高，一般为 8000～9000mg/L；d. 氨氮浓度高，一般为 6000～10000mg/L。

味精废水的 COD 和 BOD 之所以如此高，是因为其中含有大量残留的还原糖、谷氨酸、谷氨酸菌体和挥发酸等有机物。味精废水酸性强，硫酸盐浓度高。

国内几个大中型味精厂的废水水量和水质情况如表 10-6 所列。

表 10-6 国内几个大中型味精厂的废水水量和水质情况

项目	武汉周东味精厂		青岛味精厂	邹平味精厂		沈阳味精厂	排放标准
	浓	淡	浓	浓	淡	浓淡混合	
水量/(m^3/d)	400	600	750	350	3000	10200	
COD/(mg/L)	20000	1500	60000	50000	1500	2768	≤300
BOD_5/(mg/L)	10000	750	30000	25000	750	800	≤150
SS/(mg/L)	200		10000			5700～6500	≤200
pH 值	1.5～1.6	5～6	3.0～3.2	1.5～1.6	5～6	3.0	6～9
SS/(mg/L)	200	—	10000	8000	—	6000	≤200

(2) 味精废水的危害

味精废水中含有大量的有机物质和含非蛋白氮、硫（或氯）的无机物质，非常适合微生物生长，而有害于除反刍动物及个别动物（如兔）以外的其他生物（包括江河湖泊里鱼虾），同时也直接伤害了饮用该水源的人类本身，通过破坏水中动物的生态平衡，又进一步造成对环境水源水质的严重损害。污染严重的河段，水的颜色发黑，味道发臭（如淮河河南省周口下游段）。

味精废水属于高浓度有机废水，悬浮物多、含高氨氮、高硫酸盐、酸度大，不能灌溉农田。废水中的盐量高，对农作物的危害主要表现在叶片枯萎，水分减少。如浓度过高，可在短时间内全部叶片失水干枯至死亡。稻根在短时间高浓度盐害情况下，由于 Fe 的沉淀，颜色变深，逐渐变成黑色且腐烂。

10.2.2　味精废水的厌氧处理技术

生物处理法是一种治理有机污染较经济、有效的途径和方法。由于高浓度有机废水的 BOD_5/COD 值高，可生化性好，易于生物降解，适合厌氧生物处理，主要方法如下所述。

① 厌氧发酵是高浓度有机废水预处理的常用方法，它具有能耗低，负荷高，可以产沼气回收能源等优点。味精废水厌氧处理中常用反应器有上流式厌氧污泥床（UASB），厌氧复合生物反应器（UBF）和厌氧发酵罐，处理负荷及效果见表 10-7。

表 10-7　味精废水厌氧发酵的处理结果

废水水质 /(gCOD/L)	反应器类型	COD 去除结果	负荷率 /[kgCOD/(m^3·d)]
10～30	UASB	70%～75%	4.2～8.2
1～6	改进 UASB	70%～77%	40
70	UBF	87%～91%	5.46～9.45
5.1～14.3	UBF	83.4%	5.26
41	发酵罐(单项)	74%～85%	2.7～4.2
14～15.4	发酵罐(双项)	72%～76%	4.6～5.6

② 厌氧-光合细菌处理法：光合细菌主要利用光能、低级有机物在厌氧光照或好氧黑暗条件下进行合成与代谢，而对有机废水净化。厌氧出水采用光合细菌处理，生成的菌体对人体无害，且蛋白质含量高，可作饲料滤加剂，又可作菌肥使用，具有一定的经济效益，且不会造成二次污染。

③ 厌氧-好氧法：厌氧-好氧法是目前最广泛采用的方法之一。由于处理高浓度有机废水，仅采用单级厌氧或好氧工艺不能达到排放标准，故一般采用厌氧-好氧两级处理方法。该法简单易行，操作方便，低能耗，高负荷比，同时生产清洁，产生易用燃料沼气。

④ 厌氧-藻类处理法：废水厌氧处理后，可以用藻类继续处理。在细菌作用下，有机物氧化分解成简单的无机物并释放能量，藻类摄取废水中的有机营养物，并利用其进行光合作用，使废水中有机杂质减少，溶解氧增加，水体得到进一步净化。如将超滤技术用于截留处理系统中的藻和菌体，可避免了二次污染。

10.2.3　味精水的厌氧处理工艺应用

(1) 实例 1

苏州市环境科学学会为苏州市味精厂废水厌氧处理研究采用了藻类净化池作为后处理手

段，也取得较好效果。出水水质可达约 300mgCOD/L，可得到藻类动物饲料。其工艺流程如图 10-6 所示。

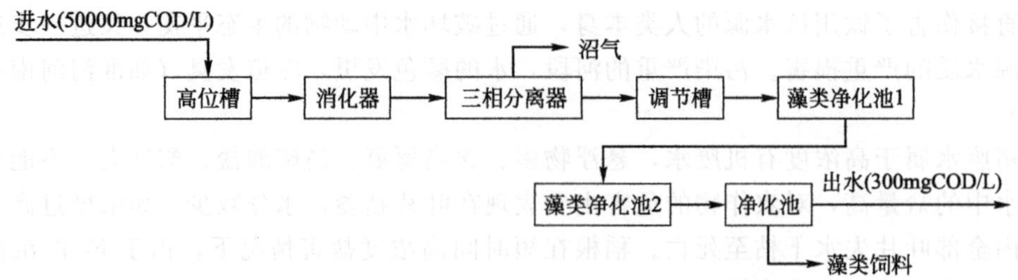

图 10-6 苏州环境科学研究所处理味精废水的工艺流程

（2）实例 2

某味精厂采用垂直折流厌氧污泥床处理工艺处理味精工业废水，如图 10-7 所示。味精废水水质为：COD65000mg/L，TOC19000mg/L，总氮含量 7400mg/L，Cl^- 23000mg/L，pH 3～4、水温－2～1.5℃。由于废水中总氮含量和 Cl^- 特别高，pH 值和水温又较低，处理难度大。为获得较好地处理效果，采用垂直折流厌氧反应器，中试装置容积为 $44m^3$，生产性试验装置容积为 $800m^3$，COD 容积负荷为 $5kg/(m^3 \cdot d)$，产气率为 $2.4m^3/(m^3 \cdot d)$，COD 去除率为 85%。

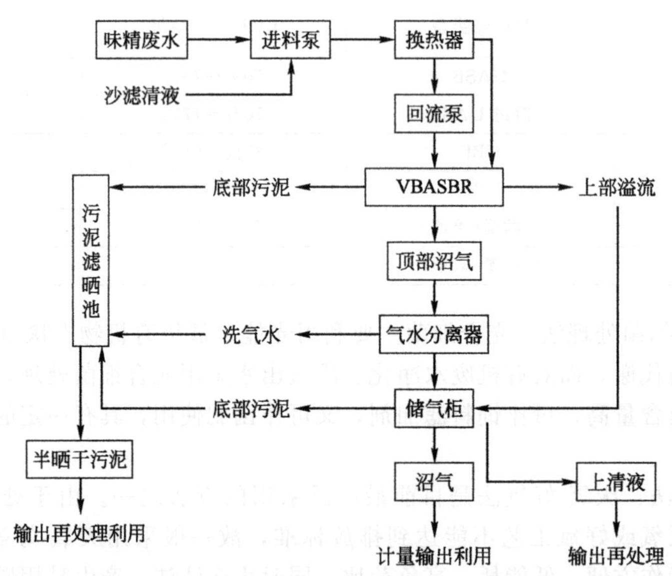

图 10-7 垂直折流厌氧污泥床处理工艺流程

（3）实例 3

桂林味精厂采用了厌氧-好氧法处理味精废水。厌氧部分采用传统的罐式厌氧消化器，容积 $6m^3$，吸附再生法好氧处理装置，并进行好氧吸附再生法与接触氧化法的对比实验。罐式厌氧消化器的工艺参数如表 10-8 所列。

厌氧方法之后的好氧方法中采用了好氧接触氧化法和生物吸附法进行了对比试验，反应装置均为 $5.5m^3$。表 10-9 为好氧部分运行结果。厌氧出水进入好氧系统前进行了稀释。

表 10-8　罐式厌氧消化器的工艺参数

容积负荷/[kgCOD·(m³·d)]	发酵温度/℃	停留时间/d	进水pH值	出水pH值	进水COD/(mg/L)	出水COD/(mg/L)	去除1kg COD产沼气/m³	COD去除率/%
5～7	32～38	4～5	6	7.2	28276	5000～6000	0.466	80左右

表 10-9　桂林味精厂废水好氧后处理运行结果

好氧工艺	容积负荷/[kgCOD·(m³·d)]	进水厌氧水量/(L/h)	稀释水量/(L/h)	COD浓度/(mg/L)		pH值		COD去除率/%
				进水	出水	进水	出水	
接触氧化	2.1	125	500	735.4	363	6.7	6.6	53.8
生物吸附	2.03	125	500	124.2	289	6.9	6.1	76.8

结果表明生物吸附法效果更好些。经生物吸附法处理后的出水 BOD_5 浓度小于 20mg/L。

经此工艺处理，厌氧、好氧工艺各去除 75%以上，如果再经好氧或兼性塘处理，废水可达到各种水域所要求的排放标准。

(4) 实例 4

厌氧-好氧串并联工艺处理味精废水。采用预酸化-厌氧-好氧串并联工艺处理味精废水，流程如图 10-8 所示。味精废水经热絮凝和预酸化处理后，1/5 体积的物料流入厌氧光照系统，在该系统内进行光合细菌的富集培养，出料 pH 值大于 8.5；另外 4/5 体积物料与厌氧系统出料汇合后流入好氧 RBD 反应器。采用离心的方法回收菌泥。上述流程在设定的操作条件下连续运行了 90d。实验结果表明，该系统具有较强的操作稳定性，进料 COD 浓度 10000～15000mg/L，物料停留时间 40～48h，COD 去除率为 92%以上。回收的菌泥中光合细菌占 45%～55%，酸化菌占 20%～25%，这种菌泥可用于水产养殖或用作肥料，此方法为高浓度味精废水的综合处理和利用提供了新的技术路线。

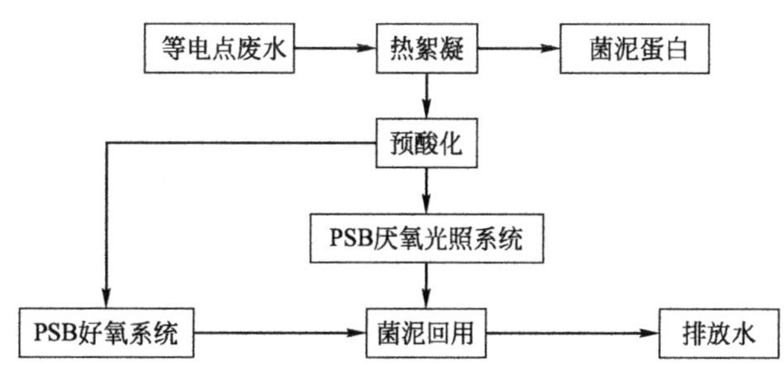

图 10-8　预酸化-厌氧-好氧串并联工艺流程

10.3 淀粉废水的厌氧处理

淀粉是食物的重要成分，是生产食品的主料之一，可用于生产各类食品。在食品与发酵工业有广泛的用途。它没有甜味，却是重要的糖源，淀粉经水解可以制得低聚糖，这是淀粉制糖的基础。由淀粉或其水解产物出发，经发酵可以生产味精、柠檬酸、醇等有机化工产品。木薯淀粉经变性加工后，可获得品种众多、性能优良的变性淀粉产品，它们可广泛应用于印刷、包装、制药等行业，是重要的化工原材料。在印刷行业，可以作为纸张上油墨的附着剂；包装行业用淀粉作纸箱、纸板的黏合剂；化工行业用于生产胶黏剂、可降解塑料等。在制药行业用淀粉作为医药的填料。

10.3.1 淀粉废水

(1) 淀粉废水的产生与特点

淀粉是食品、化工、医药、纺织、造纸等许多工业部门的重要料。土豆、玉米是最常见的淀粉生产原料，小麦、大麦、燕麦以及其他富含淀粉的植物块根等也可以作为生产淀粉的原料。

以土豆淀粉为例，其生产包括以下主要工序：a. 土豆的洗涤和小力输送；b. 将土豆磨成土豆泥；c. 由土豆泥中分离出土豆汁；d. 由已提取土豆汁的剩余固体物质中分离出纤维(可作为牛饲料)；e. 通过洗涤除去残存的土豆汁（即淀粉的精制）；f. 干燥。

由于土豆汁中含有蛋白质，因此可以通过絮凝和超滤的方法回收蛋白质，经回收后的废液COD可降低30%～40%。但是回收成本相对较高，而此种蛋白质一般只作为饲料出售，因而价格不高，回收难以获利。

除土豆汁外，淀粉废水还包括了洗涤水。在国外土豆淀粉厂的洗涤水一般通过水的封闭循环尽量加以回用，通过沉淀即可以分离出洗涤水中的泥沙和碎土豆。除回用水外，每吨土豆再补加1m^3清水。也就是说每处理1t土豆还会产生1m^3的洗涤废水。

土豆淀粉生产的废水包括高浓废水（土豆汁）和低浓废水两部分，其特征列于表10-10和表10-11。

表10-10 土豆淀粉生产中高浓度废水的组成

干物质/%	4.5～5.3	BOD_5/COD	0.63
蛋白质+氨基酸含量/%	2.2～3.0	总磷含量/%	0.55
可凝性蛋白含量/%	1.1～1.5	磷酸盐含量/%	0.15
COD/(g/L)	54	总氮含量/(g/L)	3.6
BOD_5/(g/L)	34	总硫含量/(g/L)	0.125

表10-11 土豆淀粉生产中低浓度废水的组成

温度/℃	COD/(g/L)	BOD_5/(g/L)	BOD_5/COD	总氮含量/(g/L)	pH值	TSS/(g/L)
10～14	1.8	0.55	0.31	0.086	5.7	0.4

从废水处理的角度讲，以玉米或其他淀粉原料生产淀粉的废水特征是相当类似的。它们共同的特征是：a. 很高的有机物浓度，COD浓度一般在10000mg/L以上；b. 较高的BOD_5与COD比值，表明该废水较宜于生物处理；c. pH呈酸性；d. 含有丰富的碳水化合物及氮、磷营养物；e. 往往含有较高的硫酸盐或亚硫酸盐浓度，但一般情况下与COD的浓度比值较小，不形成对厌氧菌的严重抑制。

(2) 淀粉废水的危害

由于淀粉废水中含有大量的有机物，这些物质易被微生物降解，进入水体后会迅速消耗水中的溶解氧，造成水体缺氧，严重影响鱼类和其他水生动物的生存，同时水中的厌氧微生物会在厌氧条件下分解其中的有机物，造成水质恶化，颜色发黑，水面散发臭味，丧失利用价值。淀粉废水如果不经过处理而直接排放，对水体会造成严重的污染和破坏，恶化水源，污染环境。这不仅是对人类生存环境的危害，同时也造成水资源的极大浪费。淀粉废水治理一直是我国重点治理的工业污水之一。

10.3.2　淀粉废水的厌氧处理技术

目前，厌氧生物法处理淀粉废水向处理效率更高的升流式厌氧污泥床（UASB），厌氧流化床（AFB），厌氧接触法（ACP），两相厌氧消化法（TPAD）几个方面发展。天津某淀粉厂采用厌氧生物法处理淀粉废水，容积负荷为 10kgCOD/(m^3 · d)，COD 的去除率为 90%。

国内有人采用厌氧接触消化法，分别在中温（32℃）和自然温度条件下处理淀粉高浓度废水进行了试验研究。结果表明，采用中温厌氧消化 COD 去除率达到 85.8%。

厌氧-好氧生物处理工艺中，国内对 UASB 反应器-曝气氧化塘组合工艺的实验研究表明，UASB 反应器按 8kgCOD/（m^3 · d）的容积负荷运行，COD 去除率达 91%以上，反应器再次启动时，3d 即可正常运行，经过 142d 的运行，反应器内生成了污泥指数（SVI）为 15～17mL/g 的颗粒污泥；厌氧出水再经曝气氧化塘处理后 COD 小于 100mg/L。

厌氧法处理淀粉废水比好氧法更经济，不仅可在低能耗下除去 90%以上的 BOD，产生的沼气也可作为能源。此法产生的污泥量少，可间歇性运转。现在国内外研究较多的是厌氧-好氧的组合工艺，以及与其他方法相结合的综合处理工艺。皇甫浩等采用 UASB 反应器-曝气氧化塘组成的系统对淀粉废水进行处理，使出水 COD 小于 100mg/L。关云涛等采用传统的两相厌氧工艺与膜分离技术相结合的两相厌氧膜系统（MBS）处理淀粉废水，COD 去除率达到 97.2%。国内采用较多的有：厌氧-接触氧化-气浮工艺和光合细菌（PSB）氧化-生物接触氧化处理工艺。

10.3.3　淀粉废水的厌氧处理工艺应用

（1）实例 1

山东某淀粉厂以玉米为原料生产淀粉，排放废水约 600m^3/d，对当地水环境造成了较大污染。根据该厂的实际情况，采用厌氧-好氧-气浮工艺处理废水取得了良好的效果。

① 废水来源　生产废水主要来源于浸泡、胚芽分离、纤维洗涤和脱水等工序，其主要成分为淀粉、糖类、蛋白质、纤维素等有机物质和氮、磷等无机物，各种废水水质、水量见表 10-12。

表 10-12　混合废水水质、水量

项目	水量/(m^3/d)	COD/(mg/L)	BOD_5/(mg/L)	SS/(mg/L)
混合废水	600	5000～8500	3000～5000	2500～4500

混合废水的 BOD_5/COD 一般为 0.6～0.625，其可生化性较好，总水量为 500～600m^3/d，故处理站设计水量取 600m^3/d。根据该厂地理位置及环保要求，废水经处理后应达到《污水综合排放标准》（GB 8978—1996）中的二级标准要求，即 COD≤150mg/L，BOD_5≤60mg/L，SS≤200mg/L，pH＝6～9。

② 处理工艺　根据该厂的实际情况，采用了分开处理的方法，即黄浆废水、菲汀水先经厌氧生化处理后再与板框水、冲洗水混合进行好氧生化和气浮处理，工艺流程见图 10-9。

黄浆水先进入竖流式斜管沉淀池进行沉淀，而后其沉渣被运回至蛋白粉生产车间以回收蛋白粉（79.2t/a），其上清液与菲汀水混合后（COD 为 16750mg/L）进入升流式厌氧污泥床（UASB），在运行中控制 UASB 出水 COD＜3400mg/L，浓废水单独进行厌氧处理不仅

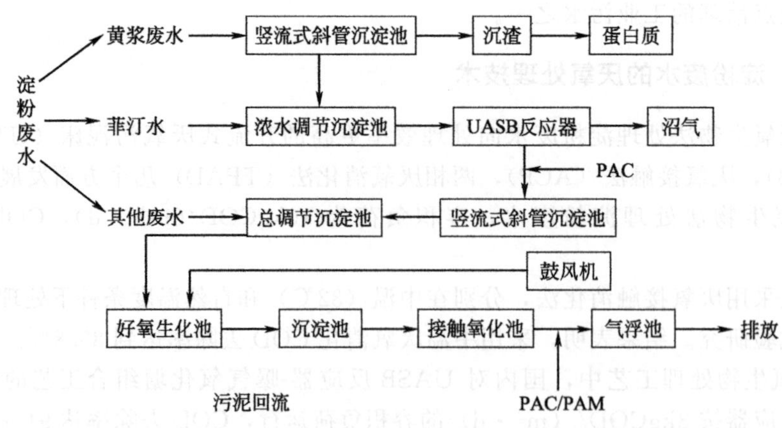

图 10-9 淀粉废水处理工艺流程

降低了工程造价，而且提高了 UASB 的单位容积去除效率。UASB 出水经絮凝沉淀（进一步去除固体有机物以降低后续生物处理负荷）并和其他生产废水混合后（COD 为 3350mg/L），依次进入好氧生化池和接触氧化池，其出水再经混凝气浮处理后达标排放，混凝气浮可去除生物接触氧化池中脱落的生物膜，同时还可对废水中部分难以生化降解的有机物进行物化处理以稳定出水水质。主要设备及构筑物主要设备及构筑物的设计参数见表 10-13。

表 10-13 主要设备及构筑物的设计参数

主要设备及构筑物	规格型号	数量	HRT
竖流式斜管沉淀池	3.6m×6.4m	2 座	2.5h
UASB 反应器	8.0m×6.0m	2 座	2.1d
好氧池	10m×9m×6.0m	1 座	15h
接触氧化池	10m×6m×6.0m	1 座	10h
气浮池	RF-30	1 台	0.45h
鼓风机	SSR150-18.03-30	3 台	

③ 运行结果 废水处理站于 1998 年 6 月建成并投入运行，经 2 个多月的调试进入稳定运行状态，于 1998 年 9 月底通过山东省环境监测中心站的监测验收，监测运行结果见表 10-14。

表 10-14 系统处理效果

项目	UASB			好氧生化			气浮(总排放口)	
	进水 /(mg/L)	出水 /(mg/L)	去除率 /%	进水 /(mg/L)	出水 /(mg/L)	去除率 /%	出水 /(mg/L)	去除率 /%
COD	26800	3740	86.05	3965	153	96.14	121	20.9
SS	4200	710	83.09	213	56	73.7	32	42.4
pH 值	6.5	7.85		6.60	8.50		7.8	

④ 主要经济技术指标 工程总投资为 127.8 万元，占地面积为 $600m^2$，运行成本为 2.31 元/m^3（包括人工费和折旧费）。可回收蛋白粉 240kg/d，按 2300 元/t 计则收入 552 元/d（0.92 元/m^3）。产沼气 $2000m^3/d$，主要作为辅助燃料供本厂使用，按 0.6 元/m^3 计则收入

1200 元/d（2.00 元/m^3）。

采用厌氧-好氧-气浮工艺处理玉米淀粉废水，对 COD 的去除率可达 99%以上，处理出水优于国家二级排放标准。同时可回收蛋白，沼气可利用，获得了显著的经济效益、环境效益和社会效益。该工艺处理效果好、技术成熟可靠、运行稳定。

（2）实例 2

近年来，许多学者都在积极开发研究膜生物系统，这种系统组合了废水处理工艺和膜分离技术。两相厌氧膜生物系统（Two-phase Anaerobic Membrance Biosystem）试验工艺流程如图 10-10 所示。此工艺处理淀粉配制废水，COD 去除率平均为 97.2%左右，并且运行稳定。由于膜的截留和吸附以及部分排泥的作用，该系统对氮也有一定的去除效率。

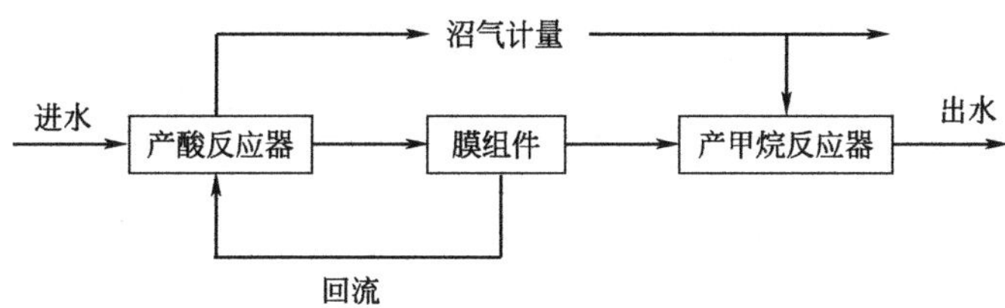

图 10-10 两相厌氧膜生物系统试验工艺流程

（3）实例 3

表 10-15 为荷兰 ZBB-Koog 淀粉厂 800m^3 UASB 反应器处理玉米淀粉废水的废水特征、工艺参数、运行效果。

表 10-15 荷兰 ZBB-Koog 淀粉厂 800m^3 UASB 反应器处理玉米淀粉废水的有关数据

废水特征	pH 值:4.5 温度:40℃ COD:10000mg/L 流量:1050m^3/d Ca^{2+}含量:700～800mg/L
反应器设计	UASB 反应器:800m^3 反应器高度:6m 设计负荷:10～11kgCOD/(m^3·d) 承建者:荷兰 Heidemij BV 公司
实际运行情况	平均负荷:15kgCOD/(m^3·d) 高峰负荷:25kgCOD/(m^3·d) COD 去除率:90%～95% 产沼气量:150～200m^3/h
污泥特征	形成比较特别的针形颗粒污泥;颗粒较小 其中 $CaCO_3$占干重的 60%～65%
经济性	总投资:120 万美元 年节省:124 万美元
所需人力	2～2.5h/d

（4）实例 4

纵向折流套筒式厌氧污泥床反应器简称 VBASB，是一种复合型厌氧反应器，它是以 UASB 反应器为主体，综合了厌氧接触法（ACP）、UASB 和 AF 三种工艺的特点，根据贺晓红等的研究 VBASB 对高悬浮物高浓度的淀粉废水比 AF 和 UASB 有更好的适应性。

厌氧处理试验装置如图 10-11 所示，VBASB 反应器高 10m，有效容积为 40L。

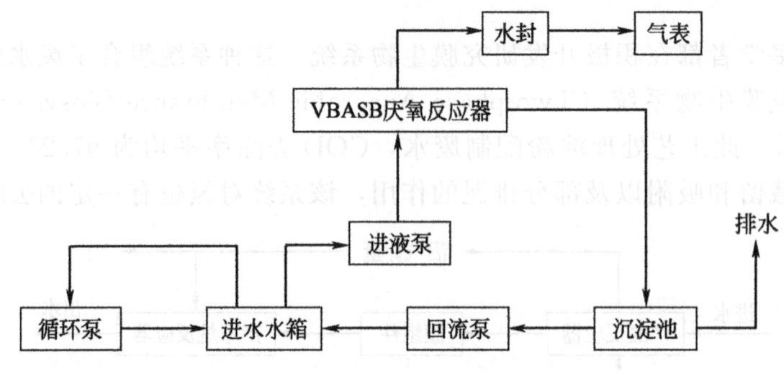

图 10-11　VBASB 厌氧反应器试验装置

在试验中，采用淀粉等配水作为原水。为满足微生物的营养需要，在配水中按比例适当投加氮、磷等营养物质。由于淀粉易于沉降，在水箱中同时采取搅拌、循环的措施使水中的淀粉颗粒尽可能保持悬浮状态。

厌氧处理试验分三个阶段进行，即反应器的启动阶段；厌氧污泥驯化阶段；特性研究阶段。

在启动和驯化阶段，进水由淀粉和葡萄糖混合配制，其用量比例为 1∶3，在运行过程中，通过有计划地增加进水中淀粉的投加比例，逐步培养适合于降解淀粉的优势厌氧菌群，直到进水完全由淀粉配制，在反应器中初步建立微生物与基质之间稳定的平衡体系。与此同时，适当调整 VBASB 反应器的水力停留时间，以稳定整个试验系统的处理效果。

特性研究阶段又可以进一步划分为提高负荷阶段和稳定运行阶段。提高负荷阶段的运行目标是通过有计划地缩短反应器的水力停留时间，使 VBASB 的平均 COD 容积负荷逐步提高，然后稳定在 60kg/(m^3·d) 以上。在不同水力停留时间下，考察各种因素对反应器处理效率的影响，同时，对 VBASB 反应器的运行特点、污泥特性和处理机理作深入的分析研究。在特性研究阶段反应器的运行过程如表 10-16 所列。

表 10-16　VBASB 稳定运行过程

阶段	时期	停留时间/h	持久日期/d
提高	(一)	31	15
负荷	(二)	24	20
阶段	(三)	18	25
稳定运行	(四)	12	120

试验证明，在常温条件下，采用 VBASB 反应器处理淀粉废水是一种经济有效的途径。当 HRT＝12h 时，反应器的平均进水浓度 4511.8mg/L，平均 COD 容积负荷 9.03kg/(m^3·d)，出水 COD 值平均 778.1mg/L，平均处理效率达到 81.47%，1gCOD 的沼气平均产率为 0.30L，同时，在反应器内部形成了大量活性良好的颗粒污泥。在处理过程中，主要控制因素为 VFA、碱度和 pH 值。保持反应器中 VFA 在 500mg/L 以下，碱度在 1000mg/L 左右，pH 值在 6.3～7.6 之间是适宜的。处理后的排出水水质可以进一步好氧生物处理，

使之最终达到排放标准。

(5) 实例 5

日本足立乔、东野宏昭采用的 ABC 工艺（Anaerobic Biocontact System），其反应器内填充塑料填料，实质上相当于上流式厌氧滤器。反应器容积 $1000m^3$。工艺流程如图 10-12 所示。

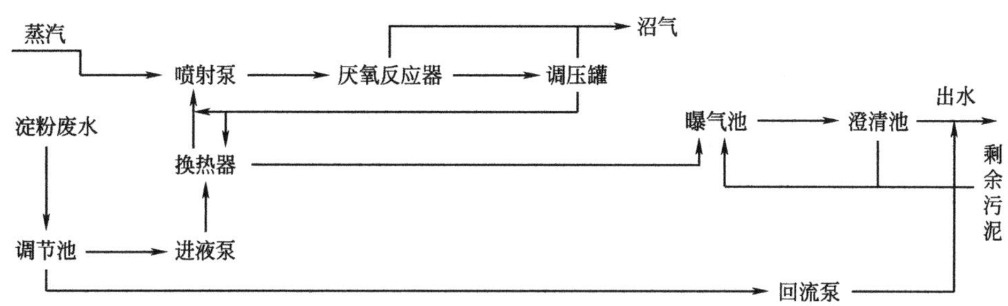

图 10-12　日本某淀粉厂废水厌氧好氧处理工艺

由图 10-12 可看到，该工艺在厌氧工艺之后又有好氧活性污泥作为后处理手段。该工艺处理小麦淀粉废水，COD 浓度在 15000～20000mg/L 之间，每日处理水量为 400～$600m^3$。厌氧部分设计参数为：水温 36℃；反应器负荷 $10kgCOD/(m^3 \cdot d)$；平均 HRT 为 48h；COD 去除率 80%；沼气产量 $3200m^3/d$（0℃和 1.013×10^5Pa）。

该工艺以好氧部分出水稀释原废水，同时起到提高原废水 pH 值作用，进入厌氧反应器前添加必要的中和剂进一步调节 pH 值。原废水温度 10～20℃，原则上需使用蒸汽加热，以保证工艺要求的 36℃的温度，由于采用了厌氧出水加热进水，节约了蒸汽用量，夏季则可以不用蒸汽。

所产沼气含甲烷 70%，经脱硫后送入蒸汽锅炉及用于干燥淀粉。每日产生 $3200m^3$ 沼气，价值 12 万～13 万日元，而运行中的电力、药品、蒸汽费用为 4.5 万日元。经厌氧处理 BOD 去除率为 80%。此种工艺已用于多家食品工业废水处理。

10.4 制浆造纸废水的厌氧处理

造纸工业废水排放量大，废水中含大量纤维素、木质素以及化学药品等，耗氧严重，是世人注目的污染源，它能引起整个水体污染和生态环境的严重破坏。

10.4.1 制浆造纸废水

(1) 制浆造纸废水的产生与特点

笼统来说，造纸工业产生的废水主要是蒸煮废液、中段废水和造纸白水三部分。蒸煮废液的污染负荷约占全部制浆造纸废水的 80%，是最主要的污染源，目前最有效的方法还是碱回收。其次是中段废水，中段废水污染成分与黑液相似，含有大量木质素、半纤维素、糖类和其他溶出物（残碱、无机盐、挥发酸、氨氮等），只是浓度较低，BOD_5/COD 在0.25～0.35 左右。由于我国很少采用无元素氯（ECF）和全无氯（TCF）漂白工艺，所以中段废水中的二噁英污染问题难以得到有效解决。造纸白水一般 COD 为 1000～2000mg/L，主要由 SS 形成，所以是最容易处理的部分。

造纸废水的产生与生产过程的各个工序有关，总的来说可以分为黑液、中段废水与白水三类。蒸煮黑液是指以碱法制浆或硫酸盐法制浆过程中，将木材等原料粉碎后加入碱或硫酸盐蒸煮后的黑色液体，杂质含量达10%～20%。在这些杂质中，35%左右为无机物，65%为有机物，废水中含大量氢氧化钠。每生产1t纸浆约排放10t黑液。中段废水与黑液性质相仿，仅浓度较低；废水量大，SS和BOD_5较高。白水即抄纸废水，含有纤维、填料、胶料等，BOD_5较低，其水质特征分别列于表10-17。

表10-17 制浆造纸废水的特点

制浆造纸废水特征及污染指标	工序废水		
	黑液	中段废水	白水
吨纸产生量/t	8～12	50～200	100～150
pH值	10～14	7～9	6～8
COD/(mg/L)	60000～90000	1200～1300	150～500
BOD_5/(mg/L)	18000～30000	400～1000	50～150
SS/(mg/L)	>5000	500～1500	300～700
主要成分	木质素、半纤维素色素、戊糖类、酚残碱(2%～3%)	木质素、半纤维素色素、戊糖类、酚、氯化物	细纤维、草纸添加剂
环境危害性	污染特别严重、耗氧、耗酸、有毒性	污染严重、耗氧有致癌可能性	污染较小、毒性低

(2) 制浆造纸废水的危害

造纸综合废水中常常含有大量不利于生物处理的物质，如树脂酸、长链脂肪酸、单宁类化合物、有机硫化物等。以含硫化合物为主的无机物质，如硫酸盐、亚硫酸盐、连二硫酸盐、连二亚硫酸盐、硫化物等，含量过高对生物处理也十分不利。同时，无机的酸碱物质常使废水具有极端的pH值。

造纸废水的回用会引起多种有机、无机物质富积，导致管路设备腐蚀，纸机困难等多种危害。因此，造纸废水在回用之前必须经过有效处理。在国外，各种高速厌氧反应器经常成为造纸废水处理系统的中心环节，它承担着去除有机质、降低硫酸盐浓度、软化水质等多重任务。为了得到质量更好的回用水，进一步降低单位产品的耗水量，国外一些大型造纸厂还使用微滤、纳滤、超滤等膜工艺对生化处理后的废水进行深处理。

10.4.2 制浆造纸废水的厌氧处理技术

(1) 厌氧发酵法

制浆造纸废水中有机物含量较高时，往往不宜直接采用好氧生物处理法，而应优先考虑厌氧处理，即在无氧条件下，由兼性菌和厌氧菌降解废水中的有机物，同时产生以甲烷为主的污泥气。

(2) 厌氧塘法

厌氧发酵技术用于处理造纸的半化学浆和化学机械浆的制浆污水，且经常将制浆废液与其他废水混合处理。如用厌氧塘进行一级或预处理。该法是将废水排放到一个大池塘内，停留一段时间，使其中的污染负荷大大降低，在消除了各种污染物的基础上，再采用土地处理系统对污染物进一步去除、净化。经验证明，COD，BOD_5，SS以及色度的去除率都在90%以上，处理效果十分明显。

厌氧塘法的特点是：操作方便、运行稳定、投资少、效益高。但存在占地面积大，处理周期长，不能利用所产生的沼气，污染大气等缺点。

(3) 厌氧发酵反应器法

为了克服上述厌氧塘法的不足之处，近几年，国内外不少研究机构和大专院校的环境学家，正在探索采用厌氧反应器处理造纸废水的方法，并取得了一些进展。由于环保和产能双重任务的要求，厌氧工艺在制浆废水处理方面的发展十分迅速。目前国内外已有五种厌氧反应器以及它们的组合形式，在中间性试验中获得成功。它们包括以下内容。

① 厌氧池法　厌氧池与上述所讲的厌氧塘类似，只是它小型化和商品化了，形成一定的装置形式。并在食品工业废水的处理中得到应用。其特点是它适于各种制浆废水，由于采用厌氧消化，所以产生的污泥少。小型化后，对水质波动调节能力强，操作方便，运行费用较低。其缺点同厌氧塘法，体积仍较大，负荷较低。

② 厌氧接触反应器　该反应器是由厌氧池发展演变而来的。它的主要特点是：有效混合与污泥回流结合为一体，处理效率高。污泥采用传统的重力分离或斜板分离。适于处理悬浮物高的废水。工艺在 35℃±5℃时，有机负荷在 1～2gBOD_5/m^3的情况下，BOD_5去除率大于 90%。

③ UASB 反应系统　UASB 反应系统属于高效厌氧处理技术，反应器由一个污泥床、污泥层和沉淀区组合而成。它可以处理 SS 浓度 40～60g/L，其中 VSS 60%～90%，颗粒直径 0.5～4mm 的高负荷造纸废水。与上述两种厌氧处理系统相比，UASB 具有以下优点：如果用颗粒污泥接种，启动速度快，处理时间短；由于颗粒污泥的高沉淀性，UASB 系统的污泥流失少，所以可处理低负荷废水（BOD_5可低于 400mg/L），UASB 反应系统目前已广泛应用于处理包括制浆黑液在内的许多高负荷废水。仅造纸制浆工业，目前至少有近 20 套装置在运行，又有近 10 套装置正在建设之中，不久即将运行。

④ AF 系统　AF 系统分为上流式和下流式两种。目前下流式已取代了上流式，因为下流式避免了悬浮物的堵塞和短路问题，特别适于处理高硫化物含量和低 BOD_5/硫比值［≤(10～15)∶1］的造纸废水。同时下部产生的沼气把 H_2S 带走，保护了对毒性敏感的甲烷细菌。

⑤ AFB 系统　AFB 系统是尚在试验中的处理系统，它的工艺装置和流程的特点是：可以处理更高负荷的制浆废水。但投资大、能耗高、技术复杂、人员素质要求高。

⑥ 组合型与二相厌氧工艺　这是由 UASB 系统与 AF 系统组成的复合系统，所以集中了两种系统的优点，如启动比单一的 UASB 系统快，生物膜与颗粒污泥同时存在，所以有更强的抗毒性。总之，上述 6 种类型的厌氧反应器已成功地应用于制浆造纸废水的处理。其中用得最多的是 UASB 反应系统。

10.4.3　制浆造纸废水的厌氧处理工艺应用

(1) 实例 1

① 工程概况　某年产 12000t 纸浆的制浆造纸厂，以木材为原料，采用亚硫酸钙法制浆，制浆废液蒸发浓缩后，用燃烧法回收化学药品及热能。

蒸发过程中产生的污冷凝水与来自本厂核酸生产装置的酵母核酸抽提废液混合，好氧生物处理设备中的剩余活性污泥也加入到混合液中。其中污冷凝水占混合液的 80%以上，它的主要污染物乙酸（800～1200mg/L）、甲醇（500～600mg/L）、糠醛（250～1300mg/L）等，温度为 59.4℃，抽提废液中含有蛋白质及氨基酸等。混合废水水量为 2394m^3/d，COD 浓度为 11470mg/L，BOD_5浓度为 7200mg/L，pH 值为 1.9，温度为 43.4℃。表 10-18 给出了污冷凝水与抽提废液的污染指标。

表 10-18 废水的污染物指标

污染物指标	污冷凝水	抽提废液
COD/(mg/L)	8000～12000	14000～16000
BOD_5/(mg/L)	5500～6000	6000～7000
pH 值	2.2～2.5	1.9～2.2
总硫/(mg/L)	300～400	250～300
TKN/(mg/L)	未检出	600～750
TP/(mg/L)	未检出	180～250

② 处理工艺 废水中有机物浓度高，水温也较高，好氧生物处理不可能满足处理要求，故选用了高温厌氧处理法，其工艺流程如图 10-13 所示。

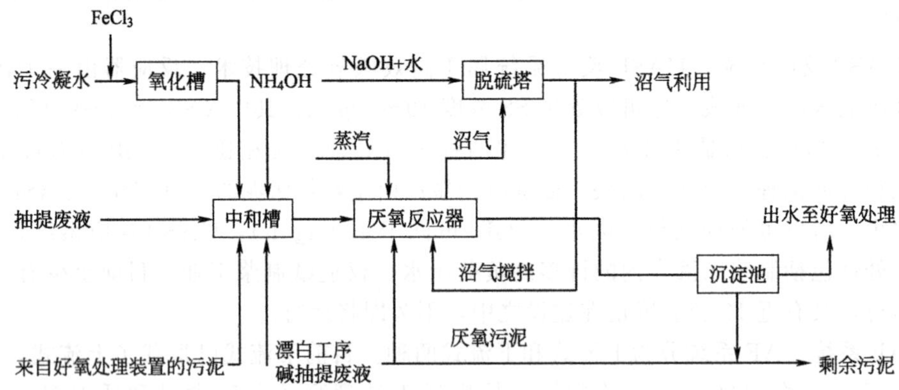

图 10-13 高温厌氧处理工艺流程

向氧化槽内通入空气，其中的 O_2 在 $FeCl_3$ 催化作用下将 SO_3^{2-} 氧化生成 SO_4^{2-}，从而实现了污冷凝水在氧化槽中脱除 SO_3^{2-}。在中和槽内，将污冷凝水、核酸抽提废液与来自好氧生物处理的剩余污泥混合，加入 NH_4OH 来维持 COD∶N∶P＝100∶5∶1 的营养物比例(正常生产中不需加磷)，加入漂白工序碱抽提的废液以调节混合液的 pH 值为 4.2。

混合液进入厌氧反应器，用水蒸气调节反应温度。正常生产时，混合液进入厌氧反应器前温度较高，蒸汽用量很少，甚至可以不用。高温厌氧处理负荷为中温厌氧处理的 2.5 倍，故反应器内温度一般控制在 51～54℃，温度下降，则沼气产量急速下降，但温度上限为 56℃。反应器内要保证污泥均匀悬浮在水中，为此设有 4 台消化液循环泵搅拌反应物料（流程中未予表示)，还有脱除 H_2S 后的沼气经循环压缩机返回到反应器内，也起到辅助搅拌作用。混合废水在反应器内的停留时间为 2.5d。正常情况下，本装置的厌氧反应器内污泥 30min 的沉降比为 30%～40%，MISS 为 15000mg/L 左右。

厌氧反应器出水溢流入沉淀池，在进入沉淀池前加入纸厂带纤维的废水，一方面可使反应器出水降温，终止厌氧反应产气，以保证沉降效果；另一方面细纤维也有絮凝作用，有利于污泥沉降。由于厌氧微生物增殖很慢，沉降污泥要全部返回到厌氧反应器内，故一般没有剩余污泥排出。而氧化槽内加入的 $FeCl_3$，在厌氧反应器内与产生的 H_2S 反应生成 FeS，会悬浮在水中并从沉淀池流出，几乎不在污泥中积累。本系统对 COD 的去除率为 80%，对 BOD_5 的去除率为 90%，出水中的 SS 约为 100mg/L。

虽然 COD 及 BOD_5 去除率已达到较高的水平，但出水的 COD 与 BOD_5 仍然高，所以出水又进入好氧生物处理系统进一步处理。

③ 主要构筑物和设备

a. 厌氧反应器。厌氧反应器为混凝土制，2 台，反应器上下端为锥形，上部有水封槽，起安全阀作用，器内中部设有不锈钢循环筒，供液体循环搅拌用，反应器内壁涂有树脂防腐层。

b. 沉淀池。沉淀池为混凝土制，圆形，设有刮泥机。

c. 脱硫塔。脱硫塔体由普通钢板制，内有塑料填料，内壁也有防腐涂层。

④ 运行管理 运行管理指标包括 pH 值、温度、H_2S 浓度、挥发酸浓度、污泥浓度及沼气组成，其中，pH 值尤为重要，一般控制在 7.0～7.7 范围内，最低为 6.8。厌氧反应器内的 pH 值下降现象时有发生，有时是因中和槽操作控制不当引起的；有时是因氧化槽中 SO_3^{2-} 的去除效果不佳所致。甲烷菌对毒物敏感性高于产酸菌，所以毒物进入反应器后，产甲烷菌活性下降，产生了“酸积累”，表现为 pH 值下降；有时是因为反应器负荷过高，产酸与产甲烷两个过程不平衡，前者快于后者，也会出现“酸积累”。出现 pH 值下降的情况时，除了适当调整相关的操作环节外，还可以适量加入碱性物质调节反应器的 pH 值。

此外，H_2S 对产甲烷菌的抑制作用应给予充分注意。该装置的运行经验是，正常厌氧消化时，反应器内料液的还原电位为－400mV。H_2S 浓度在 50mg/L 以上时，对厌氧消化就会出现不利影响。H_2S 浓度升高可能与进入反应器的 SO_3^{2-} 浓度过高有关，可以投入一定量的 Fe^{2+} 去除 H_2S。

该装置每去除 1kgBOD_5 要消耗电能 0.28kW·h，去除 1kgCOD 产生 0.6m^3 沼气。沼气组成（体积分数）：CO_2 为 35%～45%、H_2S 为 0.5%～1.5%、CH_4 为 50%～60%，此外，还有少量水蒸气。用厌氧与好氧活性污泥法比单一的活性污泥法处理费用要减少 69%。

（2）实例 2

河南省新乡华东造纸厂采用了水解酸化-厌氧-好氧-混凝工艺处理制浆造纸废水。

① 废水水质水量 该造纸厂目前生产能力为 10000t，设计日排放废水量为 2400m^3，主要废水指标见表 10-19。

表 10-19 河南省新乡华东造纸废水出厂水质

COD/(mg/L)	BOD_5/(mg/L)	SS/(mg/L)	pH 值
2500～3000	800～1000	1500～2000	7～8

② 废水处理工艺设计 水解-厌氧-生物接触氧化-混凝法工艺流程如图 10-14 所示。

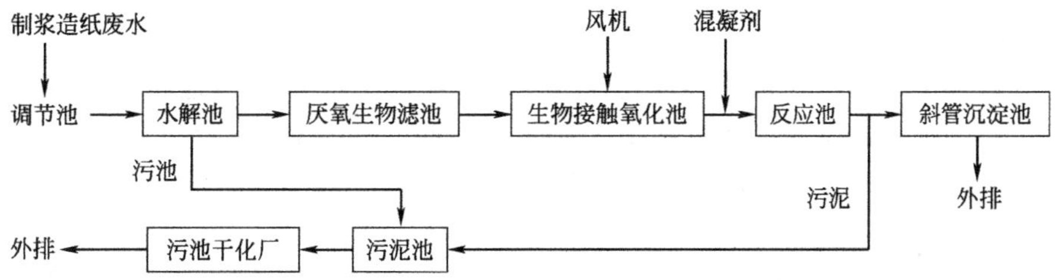

图 10-14 水解-厌氧-生物接触氧化-混凝法工艺流程

原水如果直接投加混凝剂，加药量大，费用很高。根据造纸废水特点，确定该厂采取生化加物化的工艺进行处理。废水首先进入调节池，调节池具有调节水量和集水作用。然后由提升泵打入水解酸化池。水解酸化工艺是近年来新兴的一种污水厌氧处理工艺，不但其水力停留时间短，而且能有效去除废水中的悬浮物SS，使废水的可生化性有明显提高和改善，可提高后续好氧生化处理效果。另外由于其容积负荷高，能适应进水COD负荷变化，具有很大的耐冲击负荷能力。水解菌是一种兼性菌种，在自然界中存在的量较多，且容易培菌，适应性强，因此，水解工艺运行稳定，受外界气温变化影响小，处理效率高。之后流入厌氧生物滤池，通过滤料中的厌氧菌将污水中的有机物去除。接触氧化池中通过风机强制供风使废水与填料接触，加速了生物膜的脱落，使其经常保持较高的活性，有利于废水中有机物的氧化分解，出水投加混凝剂通过絮凝反应进入沉淀池，从而实现泥水分离，出水达标排放。

③ 主要构筑物及设备

a. 调节池。由于造纸厂所排废水水质、水量不稳定，波动大，故设调节池1座兼作提升泵集水井，外形尺寸为$B\times L\times H=15m\times 6.8m\times 5m$，停留时间4h。内设80WG污水泵2台，功率7.5kW（1用1备）。

b. 水解酸化池。水解酸化池一座$B\times L\times H=19.2m\times 13.2m\times 5.6m$，容积负荷为$3kgCOD/(m^3\cdot d)$，停留时间7.5h，污泥层3.5m。通过污泥层与污水接触，水解菌将污水中的大分子有机物分解为小分子有机物。

c. 厌氧生物滤池。厌氧生物滤池一座$B\times L\times H=19.2m\times 13.2m\times 6.5m$，填料层高度4m，承托层高度0.6m。选用炉渣作为填料，粒径为3～4cm，停留时间9h。

d. 生物接触氧化池。生物接触氧化池一座$B\times L\times H=26m\times 13.2m\times 5.2m$，采用鼓风机供气，曝气装置为KBB-215可变孔式曝气器，内设BRT半软性生物填料，填料容积负荷为$2kgCOD/(m^3\cdot d)$，停留时间9h。

e. 反应池。反应池一座，采用涡流式反应池，$\phi 6m$，$H=3.0m$，反应时间20min。

f. 斜管沉淀池。$B\times L\times H=7.5m\times 6m\times 4.5m$，内设斜管填料，停留时间1.5h，表面水力负荷为$1.8m^3/(m^2\cdot h)$。

g. 机房。机房设D22×21-20/5000型罗茨鼓风机2台（1用1备）。$H=49kPa$；$Q=24.5m^3/min$；$N=30kW$。

④ 工程调试运行和处理效果　本工程于1996年3月开始设计，1996年10月施工完毕。调试时采用某污水处理厂的污泥接种直接驯化。首先在水解酸化池、厌氧池、氧化池中注入1/4池清水，投入接种污泥后补充清水至预定水位。其中氧化池利用风机鼓风曝气72h后停止曝气，排放部分上层清液，投入相同量的造纸废水，进入下一周期的试运行。经6个月的培菌驯化后于1997年8月13～14日由环保监测部门连续两天采样监测，每天采样3次，经测定，进水COD平均2790mg/L左右，BOD_5 1010mg/L，SS1441mg/L，pH=7.30的情况下，出水COD260mg/L，BOD_5 79.1mg/L，SS108mg/L，pH=7.41，各项指标均达到了国家二级排放标准。

⑤ 技术经济效益分析　该厂污水处理站设计水量$2400m^3/d$，占地面积$1500m^2$，工程总造价145.2×10^4元。设备总装机功率85kW，常开功率455kW，劳动定员8人（站长1人，化验员1人），3班运转，运行费用0.66元/m^3。

(3) 实例3

比利时VPK Oudegem造纸厂原有生产能力1000t/d瓦楞纸，已有的厌氧-好氧处理系统，设计处理废水能力为$150m^3/h$。由于处理能力不足，运行中有严重的钙积累和工艺循环水浓度高引起的各种问题。该厂在准备扩大产量到 1500t/d 时，决定投资 300 万美元扩大其循环水处理系统，其目标是把循环水 COD 浓度从 10000mg/L 降低到 5000mg/L。经过沉淀澄清以后，绝大部分直接回用于生产。全厂进入生化处理系统的循环水为 $500m^3/h$，其中 $350m^3/h$ 循环水不经过冷却直接进入 IC 反应器和曝气池处理，处理后全部回用于浆料的稀释及低压喷淋，如图 10-15 所示。另一部分（$150m^3/h$）进入原有的厌氧（采用 UASB 反应器）-好氧系统（活性污泥法），出水可以经过过滤，成为质量更高的回用水，主要用于真空泵的水封或者洗毛毯及铜网。经过一段时间处理后，生产系统排往水处理系统的循环水 COD 浓度由 10000mg/L 减少到 5000mg/L，完全满足纸板厂工艺的要求。这个工厂在 1999 年开始生产，工艺流程如图 10-15 所示。

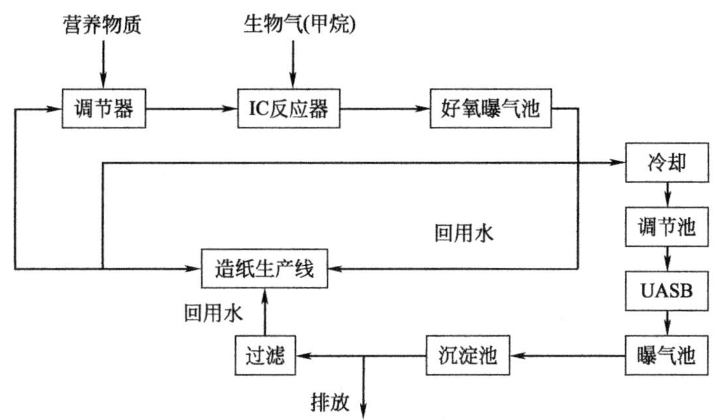

图 10-15　比利时 VPK Oudegem 造纸厂废水处理及回用流程

10.5 含硫酸盐废水的厌氧处理

随着工业的发展，化工、制药、制革、造纸、发酵、食品加工和采矿等领域在生产过程中排放出大量高浓度硫酸盐工业废水。硫酸盐本身虽然无害，但是它遇到厌氧环境会在硫酸盐还原菌（sulfate-reducing bacteria，SRB）作用下产生 H_2S，H_2S 能严重腐蚀处理设施和排水管道，且气味恶臭，严重污染大气。硫酸盐废水排入水体会使受纳水体酸化，pH 值降低，危害水生生物；排入农田会破坏土壤结构、使土壤板结，减少农作物产量及降低农产品品质。目前，我国很多城市的地下水已经受到不同程度的硫酸盐污染，寻求行之有效的生物脱硫工艺早已成为环境工程界普遍关注的问题。

10.5.1 含硫酸盐废水

（1）含硫酸盐废水的产生与特点

富含硫酸盐废水以排放源划分，可归为两类：一类是含硫酸盐的矿山废水；另一类是一些轻工、制药等行业排放的废水。

我国矿产资源中绝大多数是煤矿、硫铁矿和多金属硫化矿，矿山废水中硫酸盐的来源是在开采煤矿过程中，矿石中的一定数量的硫及硫化物氧化形成。在我国有些矿山，对此类废水多未经处理或处理程度很低而就地排放，造成的环境污染危害极为严重，也给各生产企业带来巨大的经济损失。

含硫酸盐矿山废水的排放，对环境的危害主要表现如下。a. 污染地表水系，引起河水的酸化和有毒有害的重金属污染，使水中鱼虾等水生动物无法生存，水草枯死。并随河水的流动，水体中的可溶性污染物随之迁移，进一步污染水系。b. 污染土壤与耕地，造成土壤理化性质的破坏。c. 污染地下水，使地下含水层形成了酸性及饱含重金属的环境，危及水资源。d. 污染农作物，使种植的农作物了出现污染，并进一步造成食物链的污染，直接影响到人们的身体健康。

矿山废水含 SO_4^{2-} 浓度一般大于 1000mg/L，但由于其有机质含量低，如以生物方法除去这些硫酸盐，则需要向废水中添加有机物或其他电子受体。

另一类富含硫酸盐的废水是一些轻工、制药等行业排放的，如味精厂、制药厂、印染厂、糖蜜酒精厂等。其硫酸盐的来源是因生产工艺的需要而加入的硫酸、亚硫酸及其盐类的辅助原料。此类废水除含有高的硫酸盐，一般还有高浓度的有机质。

(2) 含硫酸盐废水的危害

富含硫酸盐有机废水的危害除了有一般有机废水的污染地表水、地下水、污染土壤、耕地等危害外，更严重的是，由于硫酸盐的存在，会干扰正常的污水处理过程，使废水难于得到净化处理，从而加重污染。硫酸盐废水中的 COD 在消化过程中由于受到 SO_4^{2-} 还原的影响，使得一般厌氧法处理技术不能顺利进行，主要影响因素有：由于硫酸盐还原菌 (SRB) 的作用，对常规厌氧处理不利。当废水中含有少量的硫酸盐时，硫酸盐还原菌降解有机物，还可帮助反应器维持产甲烷菌所需的氧化还原电位，对常规厌氧过程是有利的。但当废水中含有大量硫酸盐时，由于硫酸盐还原菌和产甲烷菌都可利用乙酸和氢气，产生基质竞争；硫酸盐还原产生的硫化物对甲烷菌的生长具有强烈的抑制作用，导致产甲烷菌活性降低甚至死亡。具体地说，硫酸盐还原和硫化物的产生会引起以下问题：a. 由于出水中存在硫化物，而硫化物能表现为 COD，所以厌氧处理的 COD 去除率降低；b. 部分硫化物以硫化氢形式存在于沼气中，沼气在被利用前需要除去硫化氢；c. 废水中的有机物的一部分消耗于硫酸盐还原，因而不能转化为甲烷，因此甲烷转化率下降；d. 废水和沼气中的硫化物引起腐蚀和臭味，为此投资或维修费用会增加；e. 硫化物对包括产甲烷菌、产酸菌与硫酸盐还原菌在内的厌氧菌有毒。如果硫化物浓度较高，厌氧处理的负荷与效率必然降低，某些情况下必须采取其他措施以保证厌氧处理的稳定运行。

10.5.2 含硫酸盐废水的厌氧处理技术及应用

目前的研究表明，对于高硫酸盐有机废水厌氧处理过程中所遇到的困难，主要是通过增加污泥停留时间、减少反应器中 H_2S 的含量、驯化 MPB、改善工艺条件、建立良好的厌氧消化系统等途径，提高这类废水的甲烷化处理效果。

(1) 高效单相厌氧反应器

当今已发展了多种高效的厌氧处理系统，其中已有一些成功地用于硫酸盐有机废水的厌氧处理。Isa 在研究高负荷连续运行的厌氧滤池处理含硫酸盐废水的试验发现，SO_4^{2-}，S 浓度达到 5000mg/L 时，对产甲烷菌没有抑制作用。Herbert 利用 UASB 处理硫酸盐有机废水，进水 COD 为 5000mg/L，SO_4^{2-} 为 6000mg/L，COD 去除率在 98%以上；当进水 COD 不变、SO_4^{2-} 升至 7500mg/L 时，COD 去除率降为 32%。E. Coneran 采用复合型厌氧反应器（1/4 填料+3/4 空床）处理含高浓度硫酸盐的柠檬酸工业生产废水，其生产性运行结果：HRT 为 14d，COD/SO_4^{2-} = 3.16，进水 COD 为 3.43g/L，COD 负荷率为 8.84kgCOD (m^3 · d)，COD 去除率为 52%，BOD_5 去除率为 80%，沼气中 CH_4 含量为 65.5%。国内的惠平采用厌氧生物膜反应器处理硫酸法废水也取得了较好的试验结果。上述研究表明，采用高效厌氧反应器处理高硫酸盐有机废水，虽然反应器运行较为稳定，但有机负荷不高，并未发挥厌氧处理技术的优势。有人采用内部吹脱或外部吹脱方法减少了硫化物对 MPB 的毒害，但这一方法没有彻底地克服硫酸盐还原作用对 MPB 的抑制作用，而且，维持吹脱装置正常有效地工作也具有一定难度。

（2）两相厌氧消化法

两相厌氧消化法是根据参与酸性发酵和甲烷发酵的微生物不同，分别在两个反应器内完成这两个过程的方法。Reis 等通过实验证明了在酸性条件下，产酸作用和硫酸盐还原作用可以同时进行，这就促使人们企图利用产酸相将硫酸盐还原，然后去除硫酸盐还原产物硫化物，从而减轻或避免硫酸盐还原作用对产甲烷过程的影响。将硫酸盐还原作用控制在产酸相中完成具有以下优点：a. 硫酸盐还原菌可利用的基质范围较广，在一定程度上促进了有机物的产酸分解过程；b. 由于产酸相处于弱酸状态，此时硫酸盐还原产物大部分以 H_2S 形态存在，这更便于吹脱；c. 由于硫酸盐还原作用是在产酸阶段进行的，经过吹脱和其他处理，出水再进入产甲烷相，对产甲烷菌的抑制作用减小，有利于 COD 的去除率和甲烷产量的提高以及沼气的回收利用。

Sarner 采用二相厌氧消化工艺处理纸浆废液，产酸相采用厌氧滤池，产甲烷相采用 UASB，其后有好氧活性污泥系统。当进水 COD 为 19300mg/L，BOD_5 为 5930mg/L，SO_4^{2-} 为 5225mg/L，产酸相中 pH 值为 6～6.3 时，SO_4^{2-} 还原率为 63%，最终 COD 去除率为 56%，BOD_5 去除率为 90% 以上。国内的康风先等采用软性纤维填料反应器和 UASB 反应器研究了硫酸盐还原作用与甲烷发酵相结合的两阶段厌氧消化工艺处理高硫酸盐有机废水的可行性。该工艺具有运行更稳定，处理效率高等优点，但该工艺所产生的 H_2S 很多，所需的脱硫成本也就更高。

（3）组合工艺

某厂利用两相厌氧反应器和微电解组合工艺处理含硫酸盐废水，利用硫酸盐还原菌（SRB）将硫酸盐还原成硫化物，再经过微电解反应池使之与 Fe^{2+} 结合生成 FeS 沉淀去除大部分硫酸盐，致使后一厌氧反应器产甲烷过程不受抑制，同时增加回流设施，提高硫酸盐的转化率。此工艺的流程如图 10-16 所示。

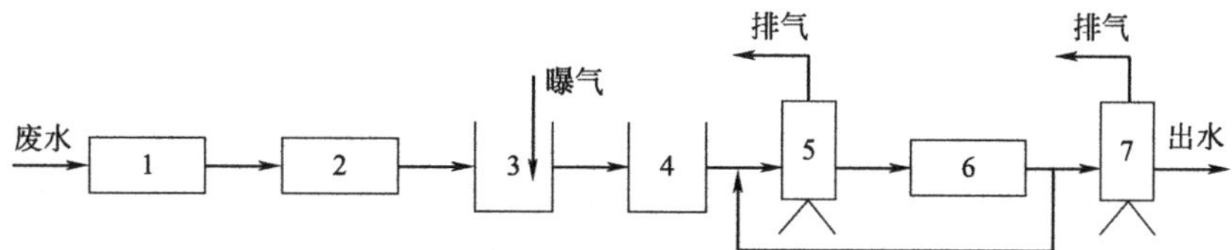

图 10-16　两相厌氧反应器和微电解组合工艺流程

1—粗细格栅；2—混凝沉淀池；3—第一微电解反应池；4—沉淀池；
5—第一厌氧反应器；6—第二微电解反应池；7—第二厌氧反应器

整个工艺的目的是将厌氧反应分两个阶段进行，从而有效地去除硫酸盐，提高可生化性，降低 COD 与 BOD_5。第一厌氧反应器使硫酸盐转变成硫化物，然后，硫化物在第二微电解池中被去除。出水硫化物的去除消除了对 MPB 的次级抑制，为有机物在第二厌氧反应器中的厌氧消化创造了一个适宜的条件。此外，工艺中增加了回流设施，主要是考虑当进水中含有较高的硫酸盐时，回流可使硫酸盐浓度降低，同时提高了硫酸盐的还原率。

运用此工艺处理含硫酸盐废水的效果如表 10-20 所列。

表 10-20 两相厌氧反应器和微电解组合工艺处理含硫酸盐废水的效果

项目	原水	沉淀池	第一厌氧池出水	第二微电解池出水	第二厌氧池出水	总去除率/%
COD/(mg/L)	1860	1302.8	1004.6	883.13	204.7	88.99
BOD_5/(mg/L)	672	706.5	642.4	667.1	114	82.95
SO_4^{2-}/(mg/L)	275	1264.4	521.7	17.1	16.2	98.73
SS/(mg/L)	984	470.35	361.6	143.2	95.5	90.29
色度/倍	1360	575.28	464.5	182.5	88.7	93.48

(4) 厌氧固定床反应器工艺

日本清水公司采用厌氧固定床反应器工艺（见图 10-17）处理含硫酸盐废水。该工艺处理硫酸盐法制浆黑液蒸发工段的冷凝水，这种废水含有很高的硫化合物含量，硫化合物的种类多为挥发性物质（H_2S、甲硫醇、二甲硫醚等）。该工艺采用了多种手段去除硫化合物，其中最主要的手段是在油水分离器中以厌氧反应器产生的沼气气提，废水在这里调节至酸性，1m^3废水以 20m^3沼气气提，经气提后 H_2S 的去除率接近 100%，其余硫化合物的去除率也在 80%～90%。该工艺也同时采用了出水循环的方法。

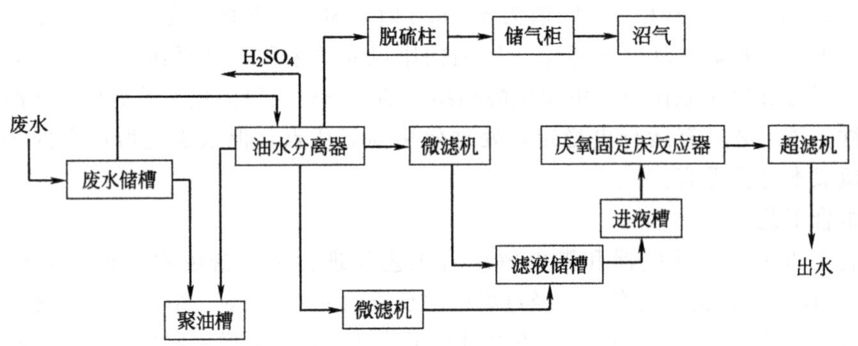

图 10-17 厌氧固定床反应器工艺流程

(5) 生物脱硫工艺

两相厌氧反应器中硫酸盐还原相的出水中含有高浓度的硫化物，其进入产甲烷相之前势必要进行处理。处理方法有吹脱法和生物脱硫法，在此着重介绍生物脱硫法。根据终点产物不同，生物脱硫工艺可分为两类：一类是将硫化物最终氧化为硫酸盐；另一类仅将硫化物氧化成单质硫。由于后者可将废水中硫化物以单质硫形式回收利用，不仅消除了污染，还可以回收资源，因此得到了广泛的重视。Gommers 等利用脱氮硫杆菌进行脱硫除氮实验。结果表明，该细菌能以废水中 NO_3^- 为电子受体，将硫化物氧化成单质硫，NO_3^- 则被还原为氮气。Robertson 等也进行了类似研究，他们将脱硫脱氮系统设置在厌氧产甲烷反应器之后，对其出水进行后处理取得了成功。目前，荷兰的 Gistbrocadcs 公司已将该脱硫脱氮系统申请了专利，推广应用于厌氧出水的后处理。生物脱硫具有以下优点：a. 只需要空气，不需要催化剂和氧化剂；b. 不产生化学污泥且硫黄可以回收；c. 低能量消耗；d. 整个过程反应快，有很高的去除效率。

国内涉及生物脱硫方面的研究，也有不少先例，但多数研究的是气体中的硫化物的生物脱硫。对于水中的硫化物的生物脱硫，清华大学的杨景亮等采用硫酸盐还原-生物脱除硫化物-甲烷化的工艺处理含硫酸盐有机废水取得了较好的处理效果。

（6）添加 SRB 抑制剂工艺

由于硫酸盐对厌氧消化的影响主要是由于 SRB 引起的，因此，人们试图寻找一种物质抑制 SRB 的生长和代谢，使硫酸盐不被还原为硫化物，以减轻对 MPB 的抑制作用，而且此种物质还必须对 MPB 的生长和代谢没有影响。目前，研究的抑制剂已逾百种。研究最多的是钼酸钠（MoO_4^{2-}），但对它的抑制机理尚在争议中，基本解释是 MoO_4^{2-} 与 SO_4^{2-} 的化学结构类似，它通过竞争作用而被 SRB 吸收，从而抑制焦磷酸化酶的产生，而这种酶是硫酸盐还原过程中所必需的，没有这种酶，硫酸盐还原作用就不会发生。国外的试验研究表明，SRB 对 MoO_4^{2-} 的抑制非常敏感，当反应器中维持一个适合的抑制浓度（0.6～1.0mmol/L Na_2MoO_4）能够有效地控制 SRB，同时能促进 MPB 的活性。但也有人发现，在厌氧反应器中投加 20mmol/L 或 10mmol/L 的 Na_2MoO_4 时，不仅 SRB 的生长和代谢受到抑制，MPB 的活性也同时受到抑制，其活性大约下降 50%。利用此法处理含硫酸盐废水，废水中的硫酸盐没有得到去除，排入水体后还会引起污染，而且钼酸盐的连续投加费用昂贵，在生产中不宜推广。

10.6 含油脂类废水的厌氧处理

10.6.1 含油脂类废水产生与特点

工业和食品制造业的飞速发展产生了大量的含油脂类废水。这类废水不经过处理任意排放，给环境造成了严重的污染。含油脂类废水的 COD/BOD_5 较高，易于厌氧生物处理。

以含动植物油脂为原料的工业废水含有的脂肪类物质主要有长链脂肪酸（LCFA）和直链的多元醇的酯（甘油三酸酯、磷脂等）和它们的降解产物。这些脂类物质是可以生物降解的，但它们的存在会使好氧生物处理产生许多问题。除污泥上浮流失和毒性外，反应器的负荷也受到限制。纺织工业废水（以棉花为原料）则含有蜡以及环状醇与带有分枝的链状脂肪酸所成的酯，因此比较难以生物降解。表 10-21 给出了部分含脂肪类物质的工业废水种类和它们的 COD 与脂肪物质的浓度。

表 10-21　含油脂类废水及其组成成分

废水种类	COD/(mg/L)	脂类含量/(mg/L)
屠宰废水	2000～3000	350～520
乳业工业废水	100～950	20～130
超级脱胶大豆油	2200	550
水化脱胶大豆油	430～680	1000
混合鱼油	800～8900	40～1000
食用油精炼废水	900～8300	200～3800
人造黄油废水	2400～4000	600～2000
脂肪提炼加工废水	2700～7400	100～540
羊毛洗涤废水	9000～85000	2000～15000

油脂洗涤废水是在植物油精炼过程中产生的。毛油过滤除杂，加酸脱胶，然后皂化脱酸，用离心机分离出皂角，用水洗脱酸后的油，再经离心机分离出洗涤水。洗涤水中成分复

杂，主要含量有皂脚、磷脂、蛋白质、油、色素等物质，油含量高，COD高，直接排放造成严重的污染。湖南某油脂公司原投资300多万元，采用隔油-浮选-生化工艺处理洗涤废水，由于洗涤废水的COD往往高达10000mg/L以上，含油量在1000～20000mg/L之间，且具有非常稳定的乳化液成分，所以用加混凝剂气浮来处理，往往难以达到彻底破乳，COD也就难以达到生化反应的要求，这样造成生化处理负荷过大，操作费用增高，而且难以达到排放标准。

工业废水中的部分脂类物质可以比较容易地以物理方法除去，例如重力分离或上浮、过滤等。这些相对花费少的方法应当尽可能用于生物处理的预处理。因为这些能由上述简单方法除去的脂类一般在厌氧处理中降解很慢，因此需要相对长的保留时间，但它们在厌氧反应器（或其他生物处理系统）中很难停留很长时间，因为它们易于上浮。上浮问题成为它们破坏厌氧或好氧处理的严重问题。

然而，物理方法不能除去废水中乳化了的脂类物质，因此在应用物理方法之后，仍会有大量脂类存在于废水中。

20世纪50年代已证明可以皂化的脂类能完全转化为CH_4和CO_2，脂类在厌氧处理过程中可分为3阶段：a. 脂的分解，即长链脂肪酸和醇之间的酯键断裂，从而将脂类分解为长链脂肪酸（LCFA）和多元醇；b. LCFA和醇的降解，其结果产生CH_3COOH、CO_2和H_2；c. 将CH_3COOH、CO_2和H_2转化为甲烷的甲烷化。

10.6.2 含油脂类废水的厌氧处理技术

厌氧生物处理工艺按厌氧微生物的培养形式可分为悬浮生长系统和附着生长系统。根据国内外的实际应用情况来看，前者包括厌氧接触工艺、UASB和水力循环厌氧接触池，后者包括厌氧滤池和厌氧流化床等。厌氧工艺一般作为好氧工艺处理的前处理，或是作为排放到城市下水道之前的预处理使用，很少有单独使用的。

（1）厌氧接触工艺

厌氧接触工艺又称厌氧活性污泥法，是对传统消化池的一种改进。在传统消化池中，水力停留时间等于固体停留时间，而在厌氧接触工艺中，通过将由出水带出的污泥进行沉淀与回流，延长了生物固体停留时间。由于固体停留时间在生物处理工艺中的重要意义，这一改进大大提高了厌氧消化池的负荷能力和处理效率。由于从消化池中流出的混合液中不可避免地会带有一些未分离干净的气体，这些气体进入沉淀池必然会干扰沉淀池的固液分离，因此，一般在消化池和沉淀池之间要增设脱臭装置，以去除混合液中未分离干净的气体。国外研究采用的脱气技术有真空脱气和曝气脱气，真空脱气的真空度一般为508mm水柱，曝气脱气的曝气装置的停留时间为7～10min，曝气量为2.9m^3(空气)/m^3(水)。

根据国外的有关运行数据，在温度为7～18℃、HRT为1.5～4.7d、容积负荷为0.18～1.11kgBOD_5/(m^3·d)的条件下，BOD_5去除率为92.3%～97.2%；在温度为32～35℃、HRT为0.6d、容积负荷为2.50kgBOD_5/(m^3·d)的条件下，BOD_5的去除率为90.8%。

（2）升流式厌氧污泥床（UASB）

升流式厌氧污泥床（UASB）是一种新型厌氧消化反应器，具有结构紧凑、简单、无需搅拌装置、负荷能力高、处理效果好和操作管理简便等优点。其技术关键在于布水系统、气-固-液三相分离器和集水系统的设计。一个设计良好的UASB装置，布水系统应能够均匀地将进水分配在整个反应器的底部，以保证废水和厌氧污泥的良好接触，有利于消化过程的进行。气-固-液三相分离系统应保证分离过程的顺利进行，防止污泥流失，维持反应器中足够的污泥浓度，这点对 UASB 的良好运行是至关重要的。集水系统应能够将沉淀区的出水均匀地收集、排出，以充分发挥沉淀作用。与其他废水处理装置一样，目前 UASB 的设计基本上采用的也是依赖于一些经验数据的经验方法。根据国内的一些半生产性试验，在温度为 20～25℃的情况下，采用 UASB 处理含油脂类废水，在水力停留时间为 8～10h、容积负荷为 4kgCOD/(m^3・d)、污泥负荷为 0.15kg/(kgLVSS・d) 的情况下，COD 和 BOD_5的去除率不小于 76%，大肠菌去除率大于 99.9%。根据国外采用的 UASB 处理含油脂类废水的实验结果，在温度为 20t、HRT 为 6～8h 和容积负荷为 6kgCOD/(m^3・d) 时，对 COD 的去除率为 87%。

采用 UASB 处理含油脂类废水并取得成功的关键在于使反应器中维持高浓度的厌氧污泥。由于含油脂类废水浓度不高，水力负荷相对较高，若气-固-液三相分离进行的不好，污泥流失会大于污泥的生成量，使得反应器中污泥量不断减少，造成处理效率大幅度下降。要使气-固-液三相分离得好，除了分离器的设计要合理外，操作运行条件也很重要，操作运行不当，形成的污泥多为絮状或绒毛状，这种形态的污泥容易挟带厌氧消化过程中产生的微气泡，沉降性能差，气-固-液三相分离很难进行。因此，在操作中一定要避免这种情况的出现。在一些情况下，可往水中适量加一些消石灰，以改善污泥的沉降性能。

(3) 水力循环厌氧接触池

水力循环厌氧接触池靠进水经喷嘴在喉管部分射流所产生的抽吸作用，促使反应器沉淀区中的厌氧污泥循环回流，经喉管在混合室与进水混合，完成废水与厌氧污泥的接触。废水中的有机物而后在接触室为污泥所分解。由接触室进入沉淀区的混合液中的污泥，由于重力的作用产生沉降，靠进水射流造成的负压循环回流。分离后的废水则由上部排出。

水力循环厌氧接触池没有设置气体分离装置，进入沉淀区的混合液中含有厌氧消化所产生的气泡，这些气泡的存在影响固液分离的进行。因此，水力循环厌氧接触池出水 SS 含量高，池中难以维持高浓度的厌氧污泥，即使往池中投加厌氧污泥，由于污泥在池子底部会进行厌氧发酵产生大量气体，也会严重干扰沉淀区的固液分离，厌氧污泥仍会流失，出水 SS 浓度增高。而要降低出水 SS 浓度，只有降低池中污泥量。因此，水力循环厌氧接触池的去除率一般不高。根据国内有关单位的半生产性试验结果，在温度为 25℃、HRT 为 6.7h、容积负荷为 2.55kgBOD_5/(m^3・d) 的条件下，BOD_5的去除率为 45.5%。根据国内有关厂家的生产运行数据，在 HRT 为 13.8h、容积负荷为 0.88kgBOD_5/(m^3・d) 时，对 BOD_5的去除率为 39%。由此可见，水力循环厌氧接触池是一种效率不高的厌氧消化装置。

(4) 厌氧滤池

厌氧滤池实际上是通过在厌氧反应器中设置可供微生物附着的介质的途径来增加反应器中厌氧微生物的数量，以达到提高装置负荷能力和处理效果的目的。厌氧滤池也可称为厌氧接触池。20 世纪 60 年代，McCarty 等进一步加以发展，从理论和实践上系统地研究了这种用于处理溶解性有机污水的固定膜厌氧生物反应器。

厌氧滤池由于在滤料上附着了大量的厌氧微生物，因而负荷能力较强，处理效果也较好。同时，由于厌氧滤池中微生物系附着生长，负荷突然增大不会导致厌氧微生物大量流失，因而有较高的耐冲击负荷的能力。此外，厌氧滤池装置结构较简单、运行操作方便。但厌氧滤池中由于使用了填料，易发生堵塞，这是厌氧滤池运行中的一个最大问题。再者，使用填料也增加了工程的造价。

10.6.3 含油脂类废水的厌氧处理工艺应用

(1) 实例 1

大连某油脂化学厂一期工程主要包括一个 3×10^4t/a 的肥皂项目和香皂、餐具洗涤剂等几个小型日化产品项目。该厂排放废水所含有机物浓度较高，可生化性一般，而且由于各车间废水间歇排放，水质、水量波动较大，因此采用厌氧-间歇式活性污泥法工艺。该污水站于 2000 年 3～6 月调试运行后一直保持较理想的处理效果。

① 废水来源及水质、水量　污水站实际平均进水量约为 $400m^3/d$，COD 为 2700mg/L，SS 为 582mg/L，油为 220mg/L，pH 值为 9～13.5，另外还有不定期排放的含阴离子洗涤剂的废水。处理后出水水质执行污水综合排放标准（GB 8978—1996）中的一级标准，即 COD<100mg/L，BOD_5<30mg/L，pH 值为 6～9，SS<70mg/L，NH_3-N<15mg/L，动植物油<3mg/L。

② 处理工艺

a. 工艺流程　废水处理工艺流程见图 10-18。

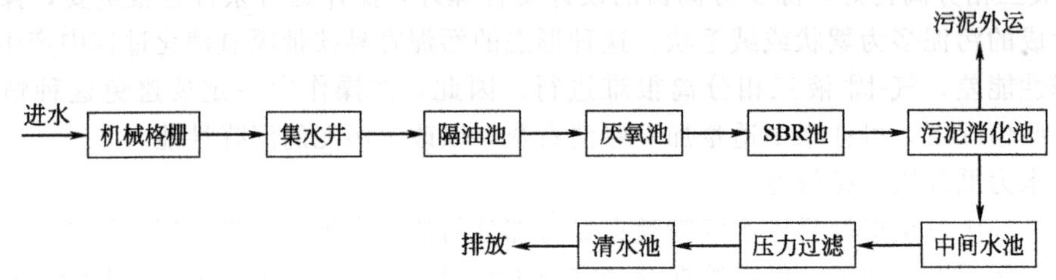

图 10-18　厌氧-间歇式活性污泥法工艺流程

该污水站除集水井为地下式外，其余土建部分均为地上室内。主要构筑物的参数见表 10-22。

表 10-22　主要构筑物参数

构筑物名称	参数	设计(水力)停留时间/h
集水井	$200m^3$	12
隔油池	$50m^3$	3
厌氧池	$580m^3$	36
中间水池	$400m^3$	24
SBR 反应池	$8m\times8m\times6.5m(L\times B\times H)$ $400m^3$(有效容积)×4 座	24
污泥消化池	$500m^3$	
储油池	$5m^3$	
清水池	$250m^3$	15

b. 主要构筑物　汇至集水井的废水因呈碱性，故需投加硫酸将 pH 值调节到 10 以下。集水井兼有水质、水量调节的作用，井内设 3 台潜污泵（可根据井内水位的高低自动设定启闭台数），其作用是将废水提升到平流式隔油池。在废水与可浮油分离后，后者经集油槽流入储油池回收利用；前者流至厌氧池，并在池内停留 1～2d。厌氧池末端设两台潜污泵，可根据需要将废水分配到各个 SBR 池内。经 SBR 池处理后的出水流入中间水池后通过短流管排出。压力过滤作为备用，在 SBR 池出水不达标的特殊情况下使用，也可用于深度处理以进一步提高出水水质，实现污水回用。SBR 池和厌氧池排出的剩余污泥自流至污泥消化池进行消化分解，上层污水返回厌氧池重新处理，下层沉渣定期清理。

③ 运行效果　运行期间根据流量情况 SBR 池每个反应周期包括进水、曝气、沉淀、排水和闲置 5 个阶段，各阶段运行时间分别为 1h、18h、1h、1.5h、2.5h。废水刚进入 SBR 池时 DO 虽很低，但其利用率很高，故曝气方式采用非限制性曝气。反应过程中通过溶氧仪自动调节曝气机的开关来控制 DO 的大小。排泥定在沉淀阶段的初期，每次排泥量约为 $13m^3$，通过液位计控制排泥过程，污泥龄约为 30d。每周期排水量和下一周期进水量约为 SBR 池有效容积的 1/2（即 $200m^3$），运行结果见表 10-23。

表 10-23　厌氧-间歇式活性污泥法工艺处理效果

项目	处理前	处理后	去除率/%
COD/(mg/L)	650～4365	63～97	90.4～98.8
BOD_5/(mg/L)	335～2285	12～28	98.8～96.4
SS/(mg/L)	182～2255	25～35	98.5～86.3
NH_3-N/(mg/L)	12.5～38.5	3.2～7.8	74.4～80.8
TN/(mg/L)	23.0～55.0	5.0～9.5	78.3～82.7
TP/(mg/L)	0.6～5.5	0.2～2.3	58.2～66.7
阴离子表面活性剂/(mg/L)	1.5～25.5	0.7～1.6	54.5～93.8
动植物油/(mg/L)	23～185	1.1～3.0	95.2～98.4

在运行过程中 SRB 池表面曾出现大量泡沫，经分析泡沫主要是由老化的菌胶团和多糖类物质构成（其中不含油分）。水力消泡效果不理想，但投加少量异戊醇可取得较好的消泡效果。大量泡沫的产生是由于未能将老化的污泥及时排出所致，通过调整排泥量和排泥频率解决了该问题。

厌氧池投入正式运行后，由于隔油池隔油效果不理想，表面生成了一层油膜并逐渐加厚，油膜表面较致密，一个月后油膜厚度达到 0.5～0.7m，此后由于油膜底层与厌氧池水相接触，厌氧微生物可以将其部分降解，油膜厚度不再增加。油膜的生成能起到保温、隔绝氧气、抑制臭气散发的作用。

④ 经济技术分析

a. 占地面积废水站总占地 $600m^2$（包括道路和绿化地），构筑物实际占地面积约 $500m^2$，折合占地指标为 $1.25m^2/(m^3 \cdot d)$。

b. 工程投资废水站总投资为 304 万元，按 20a 使用寿命计算的工程投资折合投资指标为 7600 元/$(m^3 \cdot d)$，折旧费为 1.04 元/m^3。

c. 运行成本该废水站装机容量 150kW，运行容量约为 75kW，耗电约为 300kW·h/d，折合吨水耗电费约为 0.38 元/m^3；人工费为 0.15 元/m^3；废水处理直接运行费用约为 0.53 元/m^3。因此废水处理运行总成本约为 1.57 元/m^3，处理总费用约为 628 元/d。

（2）实例 2

福州市油脂化工厂废水中试规模的厌氧-好氧处理流程如图 10-19 所示。

该流程采用拦油沉淀池从上部分离出油脂，较重的杂质如白土等在池内沉淀除去，含有皂化的油脂、磷脂的废水经热交换池进入 UASB 反应器。热交换池除提高水温作用外，也起到酸化作用使 pH 值降低。UASB 反应器出水再经氧化塘处理后排出。

该 UASB 反应器 $2m^3$，反应温度 30～35℃，负荷 8～10kgCOD/（$m^3 \cdot d$），COD 去除率达 85%以上至 95%。

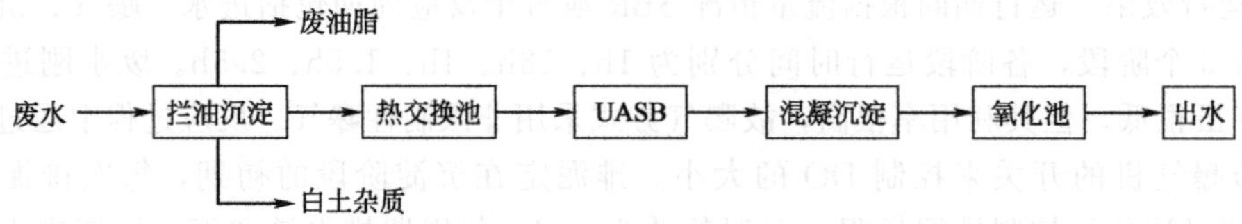

图 10-19 福州市油脂化工厂废水中试规模的厌氧-好氧处理流程

(3) 实例 3

① 工艺概况 采用厌氧塘-好氧塘串联系统处理暂存饲料、屠宰和加工猪、牛、羊等排出的油脂类废水。废水中 BOD_5 浓度为 461mg/L，COD 浓度为 634mg/L，设计处理能力为 $300m^3/d$。废水首先进入两个并联运行的厌氧塘，在其中厌氧菌的作用下，大部分有机物得到降解。两个厌氧塘的出水流入一个兼性塘，在其中兼性菌和好氧菌的作用下，剩余有机物得到进一步降解。处理工艺流程见图 10-20。

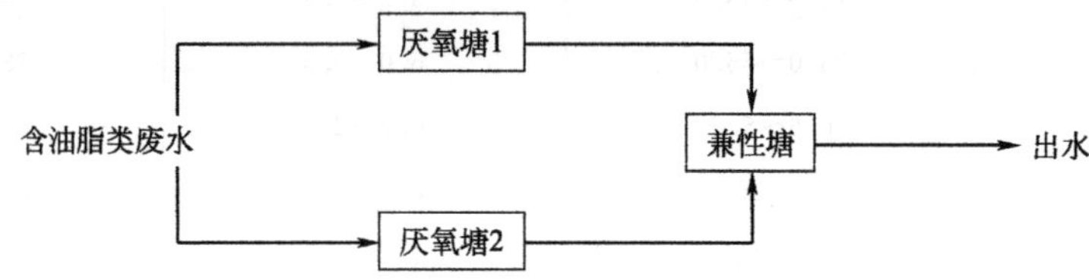

图 10-20 厌氧塘-好氧塘串联工艺处理流程

② 主要处理构筑物及其工艺参数

a. 厌氧塘，2 座，每座长宽高为 50m×25m×3m，有效水深为 2.5m，停留时间 21d。采用浆砌块石水泥砂浆勾缝，底部敷砾石垫层 100mm，其上为浆砌块石，壁厚为 300mm。每座塘在其纵向中心线上设进、出口各一个。

b. 好氧塘，1 座，长宽高为 480m×50m×3m，有效水深为 1.5～2.0m，停留时间为 20～27d。采用土地，四周土坝边坡为 1∶1，填土部分经夯实覆以混凝土方形盖板，水泥砂浆勾缝胶接，末端中部设一出口。厌氧塘与好氧塘以两条暗沟相连，两条连接沟上各有一个调节阀门用以调节厌氧塘的水位和废水在其中的停留时间，以及调节进入兼性塘的流量。

③ 处理效果及评价 运行条件及处理效果见表 10-24。

表 10-24 屠宰与肉类加工含油脂类废水经串联塘系统处理后的效果

指标	原水	好氧塘出水	总去除率/%
水温/℃	12～18	9.5～21	
pH 值	7.0～7.55	7.35～8.45	
DO/(mg/L)	0	5.36～6.81	
SS/(mg/L)	310～1036	17～47	85～98
COD/(mg/L)	246～1023	5～89	89～98
BOD_5/(mg/L)	180～655	2～29	96～99
TN/(mg/L)	29.1～44.1	1.56～11.5	71～95
TP/(mg/L)	2.22～3.66	0.2～1.78	24～91

由表 10-24 可知，厌氧塘-好氧塘串联系统能够有效地处理肉类联合加工厂屠宰废水，其中厌氧塘去除绝大部分的有机物负荷，其后的好氧塘通过藻菌共生系统或生态食物链（菌

藻-浮游动物)，能够很有效地进一步去除有机物。厌氧塘通过厌氧菌的代谢活动，能有效地去除氮、磷，将有机氮降解转化为氨氮，有机磷转化为磷酸盐。在兼性塘中，氨氮和磷酸盐被作为藻类和菌类的营养物质而被摄取合成细胞原生质，从而达到较高的氮、磷去除率。厌氧塘还通过反硝化去除硝酸盐而脱氮。厌氧塘-好氧塘串联系统还能有效地去除溶解性固体，对出水用于灌溉时防止土壤盐渍化大有好处。值得指出的是，厌氧塘在中心线上单口进水和出水，好氧塘两口进水、单口出水，造成塘中水流分布不均匀，形成较大面积死水区，容积有效利用系数低。厌氧塘的深度也显不足。如在塘中加设均匀布水装置，将厌氧塘深度增加1～2m，并加设软性纤维填料形成附着生长废水稳定塘，在好氧塘放养适量滤食性鱼类，净化效果必将进一步提高。

10.7 城市污水的厌氧处理

目前，在水工业体系中，城市污水处理业的发展相当迅速，处理技术与工艺在国内已具有较高水平，由于我国经济水平的原因，国内 90%的城市污水厂建设资金来源于各种渠道的国外贷款，用于引进技术与设备，增加国际交流，推动了国内城市污水处理技术的发展。

10.7.1 城市污水概况

随着我国经济发展和城镇建设步伐的加快，城市人口迅速增长，生产、生活用水量急剧增加。根据预测，到 2050 年，我国城市需水量将达到 $2.07\times10^{11}\mathrm{m}^3$，同时城市将增加 $8.5\times10^{10}\mathrm{m}^3$的污水排放量，污水排放量将高达 $1.2\times10^{11}\mathrm{m}^3$。城市污水排放量的大幅度增加势必将对水体环境质量造成严重的威胁。因此，我国目前迫切需要一种简单有效、投资省、运行费用低的污水处理技术来解决水体环境质量的日益恶化问题。

城市污水包括生活污水和工业废水。生活污水是居民日常生活中的污水，包括厨房洗涤、厕所等排出的污水，一般不含毒物，水质状况以及浓度比较一致。工业废水是工业生产过程中所排放的废水。工业废水按照污染源程度不同分为净废水和浊废水（生产污水）两类。净废水来自间接冷却用水，污染程度轻微，可直接排入水体或经简单处理后循环使用。浊废水主要是在生产过程中与物料直接接触而排出的废水，污染程度较重，必须经过处理后方可排出。

生活污水是浑浊、深色、具有恶臭的液体，微呈碱性，一般不含毒物，所含固体物质约占总重量的 0.1%～0.2%。生活污水所含有机杂质大致在 600%，而在其全部悬浮物中有机成分几乎占总量的 3/4 以上。这些有机杂质主要包括纤维素、油脂、肥皂和蛋白质及其分解产物。生活污水中的有机杂质以泥沙、矿屑及溶解盐类居多。生活污水极适合于各种微生物的繁殖，因此含有大量细菌（包括病原菌)。生活污水中也含有大量寄生虫卵。生活污水肥效较高。按北京市分析，在 $1000\mathrm{m}^3$的污水中含有氮肥 75kg、磷肥 7kg、钾肥 18kg。

工业废水种类繁多，成分复杂，且各类工厂的水质、水量相差悬殊。例如棉纺厂废水含悬浮物仅 200～300mg/L，而羊毛厂的废水含悬浮物可达 20000mg/L。制碱厂的废水的 BOD_5有时仅 30～100mg/L，而合成橡胶厂废水可达 20000～30000mg/L。许多工业废水中含有有毒或有害物质，例如酚、氰、汞、铬等，可对水生物以及人体健康造成直接的危害，污染物浓度往往比较高。

城市污水水质，COD 一般在 300～500mg/L，BOD_5一般在 200～300mg/L，SS 一般在 300mg/L 左右，NH_3-N 一般在 30～40mg/L。

10.7.2 城市污水的厌氧处理技术

使用UASB反应器处理城市污水的研究最早是由Lettinga等在1979年开始进行的，实验反应器的容积120L，在水温8～20℃、HRT12h的条件下运行，COD去除率达到75%～85%。UASB反应器已被证明能够有效去除生活污水中的有机物，但其去除氮、磷等营养物的效果相对较差，只能除去部分病源微生物，而且出水常有气味。其出水水质还达不到传统二级处理工艺的出水水质，所以UASB反应器的出水一般还需进行后续处理才能达标排放。以下是一些关于UASB反应器出水后续处理的研究与实际应用中的工艺流程。

用UASB+SBR工艺处理人工合成的模拟生活污水，进水经过UASB反应器后大部分有机污染物得以去除，SBR反应器对剩余有机物以及营养物（氮、磷）进行处理，出水的BOD_5和VSS都低于10mg/L。

采用厌氧滤池（AF）作为UASB反应器的后续处理单元进行生活污水处理，UASB反应器容积为416L，厌氧滤池的总容积为102L（填料体积为32L）。COD和BOD_5的平均去除率为85%～95%，出水COD为60～90mg/L，BOD_5低于40mg/L，SS的质量浓度低于25mg/L。

选择浸没曝气式生物滤池（submerged aerated biofilter，简称SAB）作为UASB反应器处理生活污水的后续处理单元。SS、BOD_5和COD的平均去除率分别为94%、96%和91%，最终的出水SS的质量浓度为10mg/L，BOD_5的质量浓度为9mg/L，COD的质量浓度为38mg/L。

以UASB反应器结合溶气气浮（dissolved air flotation，简称DAF）处理生活污水，气浮段采用$FeCl_3$作为混凝剂。整个系统的处理效果如下：COD去除率约为98%，TP去除率约为98%，TSS去除率约98.4%，TU去除率约为99.3%，AC去除率约为98%。

采用综合塘系统（integrated pond system，IPS）作为UASB反应器处理城市生活污水的后续处理单元。UASB反应器的出水通过稳定塘（stabilization pond）和浮萍塘（duckweed pond）组成的综合塘系统进一步去除水中的病源微生物、溶解性有机物和悬浮物，改善了出水水质。世界上第一个大规模处理城市污水的UASB系统是20世纪90年代初在哥伦比亚Bucaramanga建立的厌氧污水处理厂。该UASB系统每日处理生活污水$31000m^3$，UASB反应器共有2座，总容积为$6700m^3$，后续处理单元采用兼性塘，兼性塘也是2座，每座占地$2.7hm^2$。经过长期运行，处理后的出水COD的质量浓度维持在90～110mg/L之间，BOD_5一直保持在30mg/L以下，这说明该系统在处理城市污水方面是比较成功的。

折流式厌氧反应器（ABR）是Bachman和McCarty等于1982年前后提出的一种新型厌氧反应器。反应器内垂直于水流方向设置导流板，将反应器分隔为串联的几个反应室，每个反应室都是一个相对独立的上流式污泥床系统，其中的污泥以颗粒化形式或絮状形式存在。水流由导流板引导上下折流前进，逐个通过反应室内的污泥床层，进水中的有机污染物与厌氧微生物充分接触而得以降解去除。与UASB反应器相比，折流式厌氧反应器具有以下优点：耐冲击负荷（水力负荷与有机负荷）；反应器内微生物停留时间更长；剩余污泥产生量更少；适应环境条件（pH值、温度等）变化的能力更强。有关文献对采用ABR与稳定塘相结合的工艺处理城市污水进行了探讨，证明这是一项有吸引力的城市污水处理技术。

采用臭氧氧化和溶气气浮法对经ABR处理的城市生活污水进行后续处理，整个工艺取得了较好的效果。

内循环厌氧反应器是荷兰 PAQUES 公司在 1985 年初建造了世界上第一个 IC 中试反应器。该反应器由 2 个厌氧反应区叠加而成，每个厌氧反应区的顶部都安装了气、液、固三相分离器，在结构上如同 2 个 UASB 反应器的上下重叠串联。底部的厌氧区为高负荷区，废水通过配水系统进入这一区后与颗粒污泥充分混合，大部分的有机物经微生物作用转化为沼气，产生的沼气在集气室被收集后通过提升管上升，混合液在气提作用下同时上升。在反应器顶部，沼气被排出，混合液顺回流管返回底部厌氧区，实现了出水的内循环。反应器上部的厌氧区为低负荷区，废水在这里得到进一步的处理。IC 反应器相当于两级 UASB 工艺的串联运行，出水水质较为稳定，处理效果也较好。IC 反应器具有较大的高径比，通过内循环，反应器能在高的水流上升速度下运行（底部厌氧区为 10～20m/h，上部厌氧区为 2～10m/h），因此，可以在较短的水力停留时间下处理低浓度废水。由于开发者对该项技术的保密，有关 IC 反应器的研究报道相对较少，但可以预见，作为新型高速厌氧反应器，其在城市污水处理领域同样会有很大的发展。

厌氧颗粒污泥膨胀床（EGSB）反应器是 Wageningen 农业大学在 20 世纪 80 年代后期开始研究的新型厌氧反应器。该反应器与 UASB 反应器结构相似，但具有较大的高径比，并采用较高的处理水回流率，使反应器内保持较高的水流上升速度（3～10m/h），颗粒污泥在反应器内处于悬浮状态，避免了在低温和低基质浓度的情况下由于产气相对较少造成的局部短流和酸化现象。污泥与进水之间的接触更为充分，从而可以获得较高的处理效率。EGSB 反应器可以广泛用于处理各种不同浓度和成分的污水，尤其适合于处理低温（10℃）低质量浓度（远小于 1000mg/L）的污水。采用 EGSB 反应器处理低浓度酿造废水，反应器容积为 225.5L，废水 COD 的质量浓度为 630～715mg/L，水温为 20℃，COD 去除率超过 80%，有机负荷率 OLR 达 12.6gCOD/(L·d)，HRT 和 V_{up}（上升流速）分别为 1.2～2.1m/h 和 4.4～7.2m/h。有关文献在 10～12℃的温度条件下采用 EGSB 反应器处理 COD 为 500～800mg/L 的低质量浓度废水，HRT 为 1.6h，有机负荷率 OLR 为 12gCOD/(L·d)，COD 去除率超过 90%。

用水解和 EGSB 反应器串联的工艺处理城市生活污水，EGSB 反应器的停留时间为 2h，在 $T>15$℃的条件下，该工艺总 COD 和 SS 的去除率可达到 70%和 85%；在 $T=12$℃的条件下，总 COD 和 SS 的去除率可达到 60%和 77%。折流式厌氧反应器、内循环厌氧反应器、EGSB 反应器等高速厌氧反应器虽然是 20 世纪 80 年代以来才开发的新工艺，但它们占据市场的速度非常快，在新建的厌氧装置中占有很大的比例。它们的出现使厌氧处理技术在城市污水处理方面发展应用的前景更为广阔。

10.7.3 城市污水的厌氧处理工艺应用

(1) 实例 1

采用厌氧酸化（水解）-好氧处理技术处理城市污水。厌氧水解酸化可以将不溶性有机物水解为溶解性有机物，并有可能将难降解的物质改变化学结构，从而有利于后续的好氧处理。该技术还是以好氧处理为主，厌氧水解作为预处理是为了提高好氧段的处理效果。该系统的工艺流程如图 10-21 所示。

该系统不设初沉池，剩余污泥与酸化池中沉淀污泥一起经一定程度的消化后进入浓缩池。目前该系统已被应用于北京密云区、大兴区等处理城市污水。当污水总停留时间为 85h（水解 25h、好氧 4h、沉淀 2h）时，在常温下处理出水的 COD 低于 100mg/L，BOD_5 和 SS

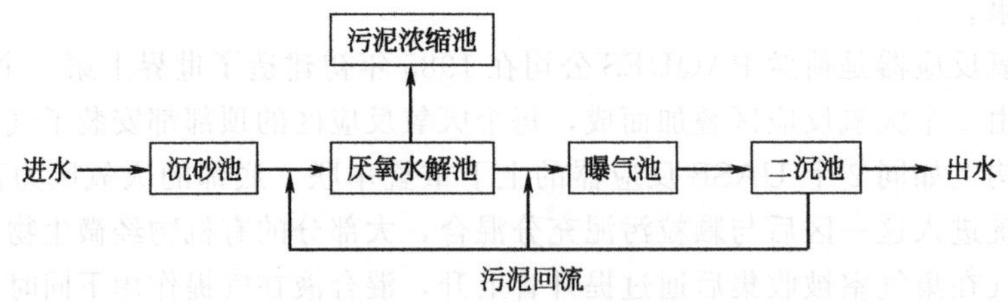

图 10-21 厌氧酸化（水解）-好氧处理工艺流程

均低于 20mg/L。

(2) 实例 2

利用厌氧技术为主的工艺，如印度国家环境工程研究所曾进行用厌氧滤池处理化粪池出水和经初沉池的生活污水的小型试验，结果表明，当温度为 23～32.5℃时，BOD_5 和 SS 的去除率分别为 70%～80%和 70%，用厌氧滤池进行生活污水生产性试验，当进水 COD 为 88～306mg/L，温度为 20℃，HRT>0.5h 时，出水 COD 一般低于 40mg/L。荷兰 Lettinga 等早在 20 世纪 70 年代即开始了用 UASB 反应器处理生活污水的研究。目前 UASB 在城市污水中的应用最广泛、最成功。巴西 FanPanlo 设计了 $14500m^3/d$ 的城市污水示范处理厂。哥伦比亚于 1990 年在 Bmcaramanga 建立了 $6600m^3$ 的 UASB 处理生活污水。印度建立了 $1200m^3$ 的 UASB 系统，日处理量 $5000m^3$，在进水温度 20～30℃，水力停留时间 6h 时，COD 去除率达 68%～74%，BOD_5 去除率达 69%～75%，SS 去除率达 68%～75%。

(3) 实例 3

武汉科技大学利用厌氧水解-生物接触氧化工艺处理，对低浓度城市污水进行了模拟试验研究。试验所用污水水样为武汉科技大学城市建设学院家属区生活污水，主要水质指标为 COD 90～230mg/L，BOD_5 50～120mg/L，SS 36170mg/L，NH_3-N 7～45mg/L，TN12～48mg/L，pH 值为 6.7～7.2。

试验流程如图 10-22 所示。厌氧水解柱与接触氧化柱均采用内径 220mm，高 1400mm 的有机玻璃圆柱，总容积 53.2L，其中厌氧水解柱有效容积 20.8L，接触氧化柱有效容积 45.3L，两柱内均装有 YCDT 弹性立体填料，反应器外侧沿不同高度设有取样口。

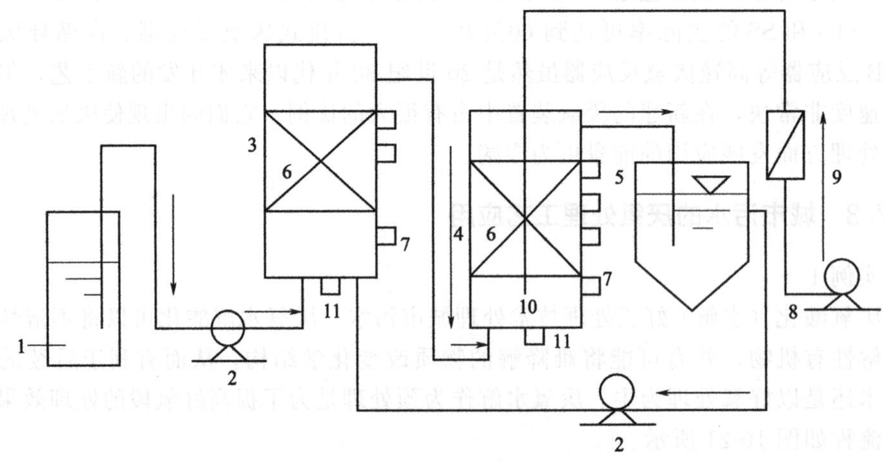

图 10-22 厌氧水解-生物接触氧化工艺流程

1—进水水箱；2—蠕动泵；3—厌氧水解池；4—生物接触氧化池；5—二沉池；6—填料；7—取样口；8—空压机；9—气体流量计；10—曝气头；11—排泥口

试验所用生物填料为江苏宜兴恒龙塑料制品公司生产的 YCDT 型立体弹性填料。该填料是一种将耐腐蚀、耐温、耐老化的拉毛丝条穿插固着在耐腐蚀、高强度的中心绳上，使丝条呈立体辐射状态均匀排列的悬挂式立体弹性填料，比表面积大，挂膜迅速，材质寿命长，造价低廉。填料单元直径为 180mm，丝条直径为 0.35mm，比表面积为 50～100m^2/m^3，孔隙率大于 99%。

厌氧水解池中的菌种主要以兼性的水解菌和产酸菌为主，接种污泥取自武汉市木材防腐厂生活污水处理站消化污泥。先将生物填料与消化污泥充分混合，然后将污泥与污水充分混合，加入反应器中。为防止污泥流失，静置 24h 后开始进水。驯化初期采用间歇进水，在分批进水间歇运行时，逐步缩短反应时间，直至反应器完全适应污水水质后开始连续运行。生物接触氧化池内的接种污泥采用武汉市某污水处理厂曝气池内的活性污泥，稀释后加入曝气池中，维持曝气池内的 DO 大于 2mg/L，闷曝 2d 后开始小流量进水，运行几天后在填料上可见浅褐色的生物膜。

厌氧水解池和接触氧化池的生物膜培养驯化基本成熟后，各单体构筑物连通运行，根据各反应器的要求，控制反应器中的溶解氧，厌氧水解池中 DO<0.5mg/L，接触氧化池中 DO 在 2～4mg/L。每天人为调节工况，采取开始阶段小流量进水，逐步增加进水负荷的方法。由于试验中反应器的形状和容积一定，因此本试验通过增大进水流量来提高进水负荷。为了使反应器尽快适应低浓度生活污水的水质，未对进水浓度进行调整。随着时间的延长，生物膜逐渐增厚，开始新陈代谢，老膜开始脱落，出水中出现悬浮物，表明驯化阶段已经成功，系统可以正常运行。

试验结果表明，水解池对 COD 和 BOD_5 有一定的去除，去除率分别平均为 32.6% 和 21.1%，处理率不是很高。水解池对于 SS 去除率较高，最高可达 72.3%，大部分的 SS 在水解池中可被除去，使得厌氧水解池出水悬浮固体含量达到国家一级排放标准（SS20mg/L），分析原因，认为在水解反应中，大量微生物把进水中的颗粒物质和胶体物质迅速截留和吸附，这是一个快速反应的物理过程，一般只要几秒钟到几十秒钟即可完成，截留下来的物质吸附在水解污泥的表面，慢慢被分解。一般初沉池 BOD_5 去除率在 20%～30%，SS 去除率在 40%～50%，所以在经费短缺无力修建二级处理时，厌氧水解可代替初沉池对污水进行一级处理。最终的 COD 平均去除率为 85%，BOD_5 平均去除率为 87%，SS 平均去除率为 95%。

（4）实例 4

哥伦比亚 Bucaramanga 的污水厌氧处理系统。在哥伦比亚 Cali 进行的 64m^3 UASB 反应器处理城镇污水的中试试验，是世界上第一个以 UASB 处理城镇污水的中试系统。而 Bucaramanga 的厌氧污水处理厂是 20 世纪 90 年代初出现的世界上第一个大规模处理城镇污水的 UASB 系统。

Bucaramanga 是哥伦比亚北部城市，根据该地区的“环境和居住计划”，他们原已计划采用厌氧塘和兼性塘来处理城镇生活废水，而且已在进行此类工艺的中试研究。但是当 Cali 的 UASB 反应器运行成功后，他们决定采用 UASB 反应器系统处理该地区生活废水。该系统由 DHV 公司设计建造。

该 UASB 系统的处理能力为相当于 15 万人口的城镇污水，每日 BOD_5 与 COD 处理能力分别为 4590kg 和 13400kg，每日处理生活污水 31000m^3，在雨季可接纳 540L/s 的雨水。该系统处理的污水特征如表 10-25 所列。工艺流程如图 10-23 所示。

表 10-25 Bucaramanga 城镇污水处理系统的进液特征

项目	平均值	最低值	最高值
温度/℃	24	23	25
BOD_5/(mg/L)	160	105	180
COD/(mg/L)	380	330	450
TSS/(mg/L)	240	210	330
VSS/(mg/L)	190	160	240
凯氏氮含量/(mg/L)	29	24	35

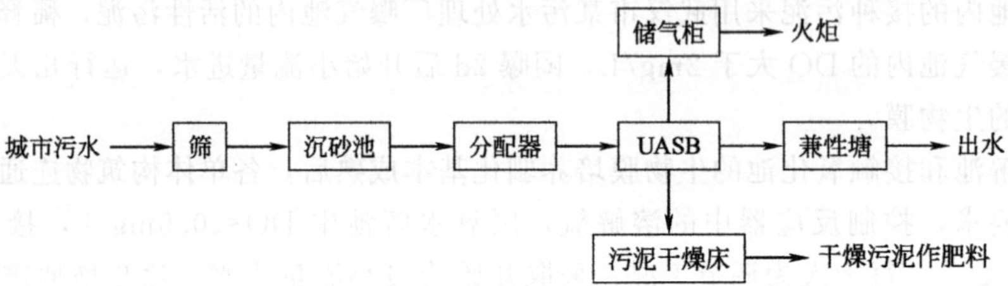

图 10-23 Bucaramanga 城镇污水处理系统工艺流程

这个工艺系统包括以下操作单元：a. 流量测量与控制；b. 粗筛和细筛；c. 粗砂沉淀；d. UASB 反应器；e. 兼性塘。

第11章 废水厌氧生物处理的研究和分析方法

11.1 化学需氧量（COD）的测定

化学需氧量（chemical oxygen demand）是指一升水中还原性物质在一定条件下，被氧化时所消耗的氧的毫克数。化学需氧量反映了水中受还原性物质污染的程度，是评价水体污染的重要指标之一，是水质监测分析中最常测定的项目。目前 COD 值的测定方法较多，但大都采用重铬酸钾法和高锰酸钾法。重铬酸钾法具有测定结果准确、重现性好等优点，但是这种方法消耗大量的浓硫酸和价格昂贵的硫酸银，为了消除氯离子的干扰，还需要加入毒性很大的硫酸汞加以掩蔽，而且分析时间很长；而高锰酸钾法操作简单，测定速度快，但氧化不完全，不太适用于工业废水的测定。因此，在测定含有复杂的有机物的工业废水时常常采用重铬酸钾法。同时，广大的分析工作者、环保工作者提出了一系列新方法，如比色法、电化学方法、光度法、流动注射法及自动化在线监测等，便于快速检测和监测。

各种 COD 测定方法的比较见表 11-1。

表 11-1 几种 COD 测定方法的比较

方法	来源	消解时间	消解容器	优缺点
重铬酸钾法	GB 11914—89	2h	250mL 烧瓶	氧化完全，测定准确，重现性好。测定时间长，试剂用量大。汞盐会造成二次污染
比色法	美国 Smart、哈奇公司仪器	2h	10mL 加热管	方法简便，仪器便于携带。需先估量水样 COD 值。其余同下面的催化快速法
库仑法	《水和废水监测分析方法（第 3 版）》中试行方法	15min	150mL 烧瓶	方法较简便快速，试剂用量较少。汞盐会造成二次污染
催化快速法	《水和废水监测分析方法（第 3 版）》补充篇	10min	10mL 加热管	优点同库仑法。汞盐会造成二次污染。比色后含六价铬废液需集中处理
密封催化消解法	《水和废水监测分析方法（第 3 版）》补充篇	15min	50mL 加热管	用硫酸铝钾和钼酸铵代替硫酸银，使费用降低。缺点同催化快速法
节能加热法	《水和废水监测分析方法（第 3 版）》补充篇	2h	250mL 加热管	用空气代替水冷凝，适用于缺水地区。操作烦琐。其余同重铬酸钾法

注：袁力. 几种 COD 测定方法的比较. 环境监测管理与技术，2001，4（13），2，37.

下面详细介绍一下重铬酸钾法和比色法。

11.1.1 重铬酸钾法

（1）原理

在酸性条件下，重铬酸钾这种强氧化剂当加热煮沸时能较完全地氧化废水中的有机物及其他还原物质。过量重铬酸钾以试亚铁灵作指示剂。用硫酸亚铁铵回滴，由消耗的重铬酸钾的量即可计算出水样中有机物质被氧化时，所消耗的氧的量。

本法可将大部分有机物质氧化，但直链脂肪族、芳香族化合物仍不能被氧化；若以硫酸银作催化剂时，直链化合物可被氧化，但对芳香烃类仍无效。

水样中氯化物高于 30mg/L 时，对测定有影响，可加入硫酸汞消除干扰。

(2) 试剂和仪器

① 0.25mol/L 重铬酸钾标准溶液　称取 12.2579g 分析纯重铬酸钾（先在 105℃烘箱中烘 2h），溶解于蒸馏水中，并定容至 1L。

② 试亚铁灵指示剂　称取 1.4850g 化学纯 1,10-邻菲罗啉和 0.6950g 化学纯硫酸亚铁溶于蒸馏水中，稀释至 100mL。

③ 0.25mol/L 硫酸亚铁铵标准溶液　称取 98g 分析纯硫酸亚铁铵溶于蒸馏水中，加入 20mL 浓硫酸，冷却后定容至 1L。使用时用重铬酸钾标定。

标定：吸取 25mL 重铬酸钾标准溶液，加到 500mL 的三角瓶中，加蒸馏水稀释至 250mL，加 20mL 浓硫酸，冷却后加 2～3 滴试亚铁灵指示剂，用硫酸亚铁铵溶液滴定至溶液呈红蓝色为止。

硫酸亚铁铵溶液的浓度＝0.25×25/滴定时所消耗的硫酸亚铁铵溶液的毫升数

④ 相对密度为 1.84 的浓硫酸。

⑤ 硫酸银（化学纯）。

⑥ 硫酸汞（化学纯）。

⑦ 容量瓶。

⑧ 三角瓶。

⑨ 移液管和大肚移液管。

⑩ 磨口烧瓶及回流冷凝装置。

(3) 操作步骤

① 吸取 50mL 水样（或适当水样稀释至 50mL）于 250mL 磨口三角瓶中，加入 25mL 重铬酸钾标准溶液，再徐徐加入 75mL 浓硫酸使混合液中硫酸浓度约为 50%，边加边摇动，使其充分混合，再加 1g 硫酸银，再放入几粒玻璃珠，加热回流 2h，若水样较清洁，回流时间可缩短一些。

② 冷却后先用约为 25mL 的蒸馏水沿着冷凝管壁冲洗，随后取下烧瓶将溶液移入 500mL 三角瓶中，冲洗烧瓶 4～5 次，再用蒸馏水稀释至溶液约为 350mL，溶液体积不得少于 350mL，因为酸度太大终点不明显。

③ 冷却后加入 2～3 滴试亚铁灵指示剂，用硫酸亚铁铵标准溶液滴定至溶液由黄色到绿蓝色变为红蓝色。记录所消耗的硫酸亚铁铵标准溶液的毫升数（V_1）。

④ 同时要做空白试验，即取 50mL 蒸馏水，测定步骤和水样完全相同，记录所消耗的硫酸亚铁铵标准溶液毫升数（V_0）。

(4) 计算方法

$$\text{水样的 COD 值}=\frac{(V_0-V_1)\times C\times 8\times 1000}{V}$$

式中，V_0为空白试验中所消耗的硫酸亚铁铵标准溶液的毫升数，mL；V_1为滴定水样所消耗的硫酸亚铁铵标准溶液的毫升数，mL；C 为硫酸亚铁铵标准溶液的浓度，mol/L；V 为水样体积，mL。

11.1.2 比色法

在欧洲等地，有许多实验室采用比色法分析测定 COD 浓度，这种方法既省时又省力，特别适用于经常性的或大量样品的测定，而且此法具有较好的重复性。其测定原理仍是以重铬酸钾在酸性环境中氧化有机物质，并用分光光度计测定所生成的 Cr^{3+} 的吸光度。水样的 COD 值与最终测定的吸光度大小成直线关系。

(1) 试剂和仪器

主要包括：a. 0.25mol/L 的重铬酸钾标准溶液（配制方法同上）；b. 18mol/L 的含饱和硫酸银的硫酸溶液；c. 有耐酸密闭盖的厚壁硬质玻璃试管；d. 有微量进样器的分光光度计；e. 移液管；f. 烘箱。

(2) 操作步骤

① 水样的预处理：水样浓度不能超过 1000mgCOD/L，若超过需要对其稀释。Cl^- 浓度在 500mg/L 以下。

② 取上述水样 5mL，加入到厚壁硬质玻璃试管中，同时取同样体积的蒸馏水作为空白试验。向以上的试管中加 3mL 重铬酸钾标准溶液、7mL18mol/LH_2SO_4溶液，然后立即盖上盖子密封并充分混合。

③ 将其放在 150℃烘箱中，持续 2h。冷却后，在 600nm 波长下测定水样和空白试验的吸光度。

④ 标准曲线：在上述分析进行之前，应事先以不同浓度的已知标准溶液经上述方法测定其吸光度-COD 值曲线，并求 COD 值与吸光度换算系数 f。每配制新的重铬酸钾溶液后均需要重新确定 f 值。

(3) 计算方法

$$水样的\ COD\ 值=(E_s-E_b)\times f$$

式中，E_s为水样的吸光度；E_b为空白试验的吸光度；f 为由已知 COD 值的标准溶液确定的 COD 值与吸光度的换算系数。

11.2 废水厌氧生物处理监测中的 ORP 测定

在第 8 章中曾提到的氧化还原电位值，即 ORP 值的大小对废水厌氧生物处理系统的正常运行有着重大影响。因此，对反应器中废水的 OPR 值的测量便显得十分重要。

废水的 ORP 都是采用现场测定。其方法是用铂电极作测量电极、饱和甘汞电极作参比电极。与水样组成原电池，用电子毫伏计或 pH 计测定铂电极相对于甘汞电极的氧化还原电位；一般情况都是采用 ORP 测量与 pH 计共用，调换不同电极分别进行 pH 值或 ORP 测定，所以这种分析仪被称为 pH 值/ORP 计。

11.2.1 ORP 测定的基本原理

从 pH 值测量原理可知，溶液的 pH 值即为测量氢离子的活度，由此可以推论，ORP 是由溶液中的电子活度所决定。该定义虽然本质上是正确的，但其表示方法十分抽象，因为自由电子并不会在溶液中存在，实际上 ORP 可看作是某种物质对电子结合或失去难易程度的度量。如以氧化物为 O_x，还原物为 Red，电子为 e，电子数为 η 时，氧化还原反应为：

$$Red \rightleftharpoons O_x+\eta e \tag{11-1}$$

氧化还原电位由能斯特方程式表示：

$$E_n = E^{\ominus} + \frac{2.3RT}{nF}\ln\frac{[O_x]}{[Red]} \tag{11-2}$$

式中，$E^{\ominus}$为标准氧化还原电位（即 $[O_x]=[Red]$ 时的E）；R 为气体常数，8.314/(mol·K)；T 为绝对温度，单位 K；n 为氧化还原反应中电子转移数；F 为法拉第常数，96500C/mol。

在式(11-2) 活度比项中，分子是参加反应的氧化物活度 $[O_x]$，分母是反应生成还原物的活度 $[Red]$。2.3RT/F 项作为能斯特电位，E_n已知（0℃时，E_n=54.2mV；25℃时 E_n=59.2mV；50℃时，E_n=64.1mV）。

11.2.2 ORP 的测定

从理论上讲，ORP 的测定是电位势能的测量，在电位测量过程中，实际并没有电流通过水溶液。因电解作用引起的化学成分变化是可以忽略的，在氧化还原电极的表面也不存在极化现象的发生。在 ORP 形成过程中，电子可从电极流向氧化还原体系，或反向流动。在金属表面电荷的析出导致电位的形成，此电位又抵抗电子进一步迁移。当达到平衡状态时，电化学力（电位）和化学力（氧化力或还原力）相互平衡，这样溶液的 ORP 将随其氧化能力的大小而呈比例增减，所测出的 ORP 值呈典型的线性关系。

在实际操作中，ORP 测定按电极的使用说明书操作即可。但应当说明的是，ORP 测定前必须对电极进行检测，看其是否可用。一般使用厂家提供的具有标准电极电位的溶液，如仪器显示值在给定的标准值范围内，表明电极是好的，可以使用。如偏离较大，则可能电极有玷污，需清洗。

ORP 的测量需要参比电极，实际是测量氧化还原测量电极与参比电极之间的电位差。为正确测量任何一个反应的电对，需要一种可为所有测量作参比的标准参比电极，这种通用的参比反应即为氢的氧化反应：

$$H_2 \longrightarrow 2H^+ + 2e^-$$

$$E_n = E^{\ominus} + \frac{2.3RT}{2F}\ln\frac{[H^+]^2}{H_2}$$

实际测量中很少采用氢电极，这是因为其他参比电极都完全可以掌握，因此，与此参比电极有关的数据常被引用，这样换成的标准氢电极为参比电极的公式为：

$$E_h = E + E_{ref}$$

式中，E_h为对应于标准氢电极的氧化还原电位；E 为对应于参比电极的氧化还原电位；E_{ref}为参比电极的标准电位。

表 11-2 列出了常用几种参比电极的标准电位。

表 11-2 常用几种参比电极的标准电位 单位：mV

温度/℃	汞/甘汞饱和 KCl	银/氯化银	
		KCl/(1mol/L)	KCl/(3mol/L)
55	223.6	217.4	184.4
50	227.2	220.8	188.4
45	230.8	224.1	192.3
40	234.3	227.3	196.1

续表

温度/℃	汞/甘汞饱和 KCl	银/氯化银	
		KCl/(1mol/L)	KCl/(3mol/L)
35	237.7	230.4	199.8
30	241.1	233.4	203.4
25	244.4	236.3	207.0
20	247.7	239.1	210.5
15	250.9	241.8	214.0
10	254.1	244.4	217.4
5	257.2	246.9	220.9
0	260.2	249.3	224.2

注：引自贡献，贡畅．污水处理监测中 ORP 测量及其应用．世界仪表与自动化［J］．2003，7（9）.

11.3 生物化学甲烷势（BMP）的测定

11.3.1 说明

生物化学甲烷势（biochemical methane potential，BMP）是表明在厌氧过程中有多少有机污染物可以被降解，它类似于 BOD_5（表明好氧过程中有多少有机物可以被降解）。McCarty研究小组在斯坦福大学研发出了生物化学甲烷势的测定方法。

生物化学甲烷势的测定的优点：a. BMP 实际测定了废水的厌氧生物可降解性，可以用来确定好氧不可生物降解而厌氧却可以降解的组分；b. BMP 实际测定了可以进一步被厌氧处理的残存有机污染物的量并给出了比 BOD_5 测定更可靠的厌氧工艺所能达到的最大效率；c. BMP 测定省时省力。

生物化学甲烷势的测定具有很大的意义：a. 测定废水中有机污染物可以厌氧转化成 CH_4 的浓度；b. BMP 的测定可以评价厌氧工艺可能达到的处理效果；c. 测定可以被进一步厌氧处理的残存有机污染物的量；d. 测定处理之后残存的不可生物降解的有机污染物的量。

因此，通常把 BMP 测定作为厌氧处理出水所做的常规测定。

11.3.2 生物化学甲烷势的测定方法

（1）测定 BMP 的程序

① 吸取出水水样 50mL，然后放在容积为 125mL 有厌氧接种物的血清瓶中（在很多情况下，反应器出水中已经有足够的接种物；在另一些情况下需要从厌氧反应器中直接取得已经驯化过的接种物）。

② 用 N_2 或者是 CH_4 与含 30%～50% CO_2 的混合气体吹扫血清瓶里的空气来控制 pH 值。

③ 将血清瓶置于 35℃进行培养，在预先规定的天数内记录 CH_4 产气量（通常为 5d）。

④ 用注射器针头插入血清瓶的瓶盖，针头的另一端与标定的液体相连，用排开液体的

体积测定 CH_4 产气量。有报道证明，35℃温度下每产生 395mLCH_4 气体，相当于减少了 1gCOD。用化学计量学关系总是可以计量液相中 COD 的减少量。

(2) 注意事项

① 不应该把产生的 CO_2 气体计算在内，因为 CO_2 气体并不能代表厌氧条件下 COD 的减少量。例如，出水中剩余的可以生物降解的有机污染物用 COD 表示为 2000mg/L，则 BMP 测定时 50mL 的出水水样经过一段时间后 CH_4 的净产量为 39.5mL。

② 需要用只有厌氧接种物的测定作对照。

③ 保证有足够的时间驯化微生物来代谢污染物。

11.4 沼气的测定

11.4.1 两种液体置换系统

测定实验室研究中的甲烷气体的体积，通常使用液体置换系统。较常使用的方法是用 Marlotte 瓶装置（见图 11-1）。如果试验的规模再小一些，则可以采用血清瓶液体置换系统（见图 11-2）。

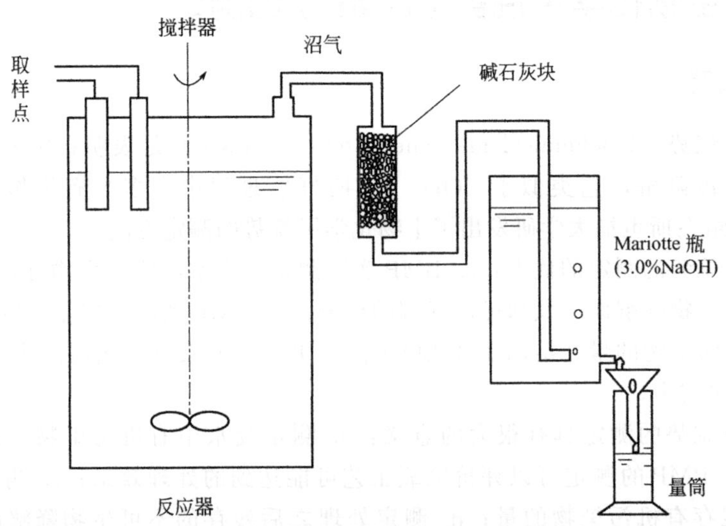

图 11-1 用于测量甲烷产气量、废水厌氧可降解性和污泥比产甲烷活性的液体置换系统（一）

用于置换气体的液体是 NaOH 或 KOH 溶液，其浓度范围是 15～50g/L。当沼气通过强碱溶液时，其中的 CO_2 转化成碳酸盐被溶液吸收，只有甲烷气体可以通过溶液，同时等体积的碱液从 Mariotte 瓶或血清瓶进入量筒。进入量筒的碱液也可以用称重法来求得其体积，在此情况下，要测量溶液的密度。碱液应当含有过量的碱，这样可以确保 CO_2 能被充分吸收。一般碱量至少 2 倍于所吸收 CO_2 的量，即每升沼气至少在置换瓶中加 2g NaOH。因此，碱液的浓度和体积应按下面等式来配制：

$$\frac{V_{min} \times \rho_{NaOH}}{2.0} \times 0.7 \geqslant V_{CH_4}$$

式中，V_{min} 为在 Mariotte 瓶或血清瓶中碱液的最小体积，L；ρ_{NaOH} 为碱液的 NaOH 浓度，g/L；V_{CH_4} 为被测量的甲烷体积，L。

当测量系统的碱液量和浓度不符合上式时，则需要添加或更换碱液。还有一种方法就是

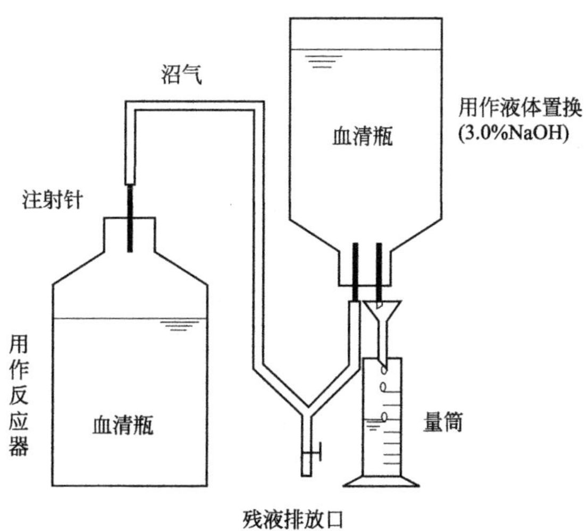

图 11-2 用于测量甲烷产气量、废水厌氧可降解性和污泥比产甲烷活性的液体置换系统（二）

保持碱液 pH 值始终高于 12，否则更换碱液。

Mariotte 瓶或者是血清瓶应当保证没有泄漏，这是非常重要的一点。而且液位应当保持在瓶中央以上的位置，引导气体的管路要牢固。整个系统需要在测试温度下平衡温度 1d 的时间。

11.4.2 测定沼气的组成

(1) 测定沼气组成的意义

在工业废水经过厌氧生物处理后，COD 被去除的部分除了少量转化为细胞物质外，其余转化成沼气。沼气的主要成分是甲烷和 CO_2。在高效厌氧反应器中，沼气中甲烷含量约为 66.7%，CO_2占 33.3%，这只是粗略计算的。根据文献中报道，沼气中甲烷含量可在 50%～80%之间。沼气中还含有微量的氢气、硫化氢、氮气、空气等。

沼气的成分在很大程度上取决于废水的组成，但与反应器运行情况也有关系。如果一个厌氧反应器运行良好，则沼气中甲烷的含量较高。所以，测定沼气的组成和甲烷产量可以判断出反应器运行状况，对厌氧反应器来说起着及时调控的作用。此外，通过气体成分的测定可以给出有用的参数，例如 COD 转化为甲烷的转化因子（即 mL/gCOD)、污泥的比产甲烷活性、单位反应器容积每日甲烷的产量等等。通过沼气成分的测定还可以对废水厌氧生物处理中有机物的转换进行物料平衡计算，从而可以掌握厌氧工艺过程中许多细节。例如，通过这种物料平衡计算可以估算出某种特定废水在厌氧过程中的污泥产率（kgVSS/kgCOD）等。

(2) 测定沼气组成的方法

气体成分最常见的测定方法是气相色谱法。在很多情况下，也可以采用上面提到的液体置换系统对沼气中甲烷和二氧化碳进行测定。采用液体置换系统这种方法简便易行，对于没有气相色谱仪器的场合提供了很好的替代方法。

① 气相色谱法　像 SP2305、103，SC-3、SC-4 等国产气相色谱仪完全可以满足沼气组成测定的要求。但是，不同的研究人员曾使用不同的测定条件，或采用不同的担体、不同材料和规格的柱子。下面介绍两种测定条件。

1）采用热导池检测器，Porapak·N 为担体（60～80 目），其他的条件如下。

柱长：1m×d=6mm	柱温：35～40℃
载气：氢气	载气流率：60mL/min
桥电流：160～180mA	进样量：50～100μL

2）热导池检测器，国产 TDX-01 为担体（60～80 目），其他的条件如下。

柱长：2m×d=3mm	柱温：35～40℃
热导池温度：70℃	气化室温度：70℃
载气：氮气	载气流率：90mL/min
进样量：50～100μL	

在进行沼气组成分析时，通常采用外标法，即预先配制与试样组分相同、含量大体接近的标准气体作为外标物注入色谱柱，得到标准色谱图；然后在相同的条件下，对待测样品测定，得到待测样品的色谱图。同一种气体在色谱图中显示同样的保留时间，其含量以其标准气色谱图比较可用计算来得出。算法如下：

$$\eta_x = \frac{\eta_s}{H_s} \times H_x$$

式中，η_x为待测样品中气体组分 x 的含量；η_s为标准气中 x 的含量；H_s为待测样品中 x 的峰高；H_x为标准气中 x 的峰高。

带有自动积分仪的气相色谱仪可以根据输入的标准气的组成，直接给出待测样品各个组分的含量。

注意：使用气相色谱法测定气体成分时，标准气进样量与其他操作条件应当与待测样品的测试条件相一致。

② 利用液体置换系统测定沼气组成　利用液体置换系统来测定沼气组成也很方便，在这种情况下，图 11-2 中左面用作反应器的血清瓶以一支大号注射器来代替，右面含有 NaOH 溶液的血清瓶容积为 0.5L。

测定方法是：以大号注射器取出 100mL 沼气待测样品，缓慢注入含 1.5%～5.0% NaOH 溶液的血清瓶，这时的血清瓶已经在测试温度下倒置 24h，注入时间控制在 10min 以上，由血清瓶流入量筒的 NaOH 溶液的体积就是沼气中甲烷的体积。

在用于废水处理的高效厌氧反应器中，产生的氢气几乎被全部转化为甲烷，沼气中的其余成分主要是二氧化碳，在某些情况下还含有微量的硫化氢气体。二氧化碳和微量的硫化氢气体被碱液吸收，由此可得到甲烷的含量。由于硫化氢气体含量在多数情况下较少，所以可以近似得出二氧化碳的含量，即：

$$二氧化碳(mL) \approx 100(mL) - CH_4(mL)$$

优缺点：利用液体置换系统来测定沼气组成这种方法的优点是显而易见的，它可以在不使用贵重仪器的情况下，方便地进行测定，也可以在生产现场进行测定。但是，它的缺点是对甲烷以外的其他微量成分不能测定。

但是，无论是在实验室还是在生产现场，甲烷的测试经常是最主要的气体测定指标，此法可以为设计或生产运行提供足够准确的参数。

11.4.3 甲烷的 COD 换算

在科研和生产过程中，经常需要了解 COD 转换为甲烷的百分率或者是每去除单位量的 COD 可以产生多少甲烷。在物料平衡计算中也需要了解所产生的甲烷占去除的 COD

的比例，由于直接测定污泥的产量往往误差较大，而且研究中总是用物料平衡的方法间接计算反应器中剩余污泥的产率。由于被去除的 COD 转化为甲烷和微生物菌体（污泥），因此通过将产生的甲烷和细胞（污泥）以 COD 表示，可以求出污泥的得率。计算方法如下：

$$COD_{cells}(\%)=\frac{COD_{filt}去除率-COD_{CH_4}(\%)}{COD_{filt}去除率+COD_{VFA}(\%)}\times 100\%$$

式中，COD_{cells}为转化为细胞（污泥）的 COD；COD_{filt}去除率为依据经过滤纸过滤或离心的出水 COD 计算的 COD 去除率；COD_{CH_4}为转化为甲烷的 COD；COD_{VFA}为出水中以 COD 表示的 VFA。

甲烷气换算为 COD 的方法可以依据表 11-3 中列出的数据进行，同时每克 COD 在标准状况下（0℃，1.013×10^5Pa）等于 350mL 干燥的纯甲烷。

表 11-3　相当于 1gCOD 的甲烷气的体积毫升数（1.013×10^5Pa）

温度/℃	干燥甲烷	含饱和水蒸气的甲烷	温度/℃	干燥甲烷	含饱和水蒸气的甲烷
10	363	367	35	395	418
15	369	376	40	401	433
20	376	385	45	408	450
25	382	394	50	414	471
30	388	405			

甲烷气换算为 COD 的方法可以根据公式进行：

1.013×10^5Pa 压力下，1gCOD 相当于的甲烷体积（V）为：

$$V=\frac{350\times(273+t)}{273}(\mathrm{mL})$$

式中，t 为甲烷气的实际温度，℃。

由于反应器中产生的沼气含有饱和的水蒸气，所以在计算一定体积的甲烷气所相对的 COD 量时应当转换为干燥的甲烷气的体积。

11.5 厌氧污泥产甲烷活性的测定

11.5.1 厌氧污泥产甲烷活性测定的目的

厌氧污泥产甲烷活性测定的目的是为了了解厌氧污泥的比产甲烷活性，即单位重量的以 VSS 计的污泥在单位时间所能产生的甲烷量。由于废水中被去除的 COD 主要转化为甲烷，因此污泥产甲烷活性可以反映出污泥所能具有的去除 COD 以及生成甲烷的潜力，是反映污泥品质的一项重要参数。

11.5.2 产甲烷细菌的氢化酶活性分析法

11.5.2.1 氢化酶活性测定的原理

通过研究表明，在所有的产甲烷细菌菌体内含有氢化酶，这种酶不但能够活化分子氢还原 CO_2生成 CH_4，而且氢化酶还参与了产甲烷细菌的 ATP 形成。Kell 提出了产甲烷细菌的 ATP 形成质子驱动型，Jean Legall（1982 年）提出了作用模式。综合这两方面，说明了氢化酶直接参与产甲烷细菌的能量代谢和物质代谢，直接关系着产甲烷过程。因此，监测产甲烷细菌的氢化酶活性具有很大的意义。

示踪同位素技术和电化学反应研究表明，含有氢化酶的微生物对下面的反应具有直接催化的作用：

$$H_2 \xlongequal{H_{2ase}} 2H^+ + 2e$$

人工电子载体甲基紫精可以作为上面反应的电子传递体，甲基紫精在 30℃时，它的标准电势为－446mV；在中性条件下，甲基紫精的电势比氢电极电势更低。所以，在某种条件下，反应可以生成分子态的 H_2，释放 H_2 的量与酶浓度成正比。

此过程的反应方程式如下：

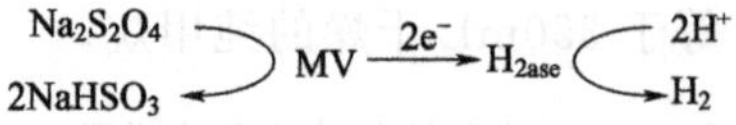

$$Na_2S_2O_4 \rightarrow 2NaHSO_3 \quad \text{MV} \xrightarrow{2e^-} H_{2ase} \quad 2H^+ \rightarrow H_2$$

式中，还原态的甲基紫精是以强还原剂（$Na_2S_2O_4$）在严格厌氧条件下、碱性环境中，与甲基紫精作用生成的，反应中甲基紫精发生了如下变化：

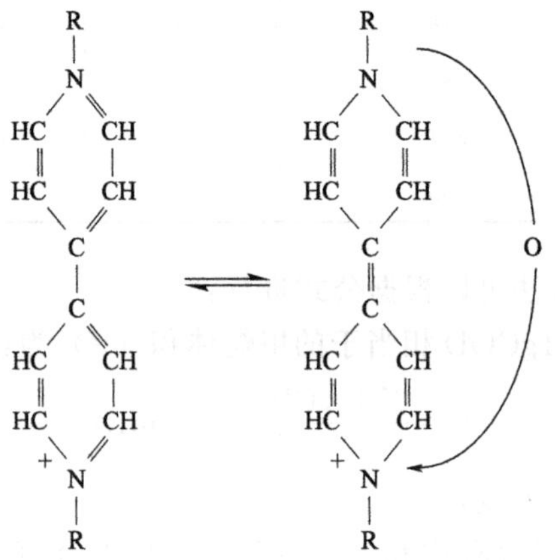

11.5.2.2　药品与仪器

（1）药品

① 甲基紫精（methylviologen）　称取 1g 甲基紫精，全部转移到 50mL 容量瓶中，用蒸馏水定容。其浓度为 80μmol/mL。

② 连二亚硫酸钠（$Na_2S_2O_4$）　在容积为 10mL 的小血清瓶中，加入 4mL 0.125mol/L 的 NaOH 溶液和 6mL 蒸馏水，加入 410mg $Na_2S_2O_4$，盖紧橡皮塞，振荡使其充分溶解。注意要当日使用当日配制。

③ 磷酸盐缓冲液　浓度为 0.2mol/L，pH 值为 7.3。

④ 高纯氮　纯度为 99.999%。

⑤ 高纯氢　纯度为 99.999%。

（2）仪器

主要包括：a. 恒温振荡水浴，温度保持在（40±2）℃；b. 气相色谱仪；c. 旋片式真空泵，30L；d. 马弗炉，温度为（550±20）℃；e. 精密分析天平；f. 恒温培养箱。

11.5.2.3　产甲烷细菌 MV 活性的测定过程

（1）样品的预处理

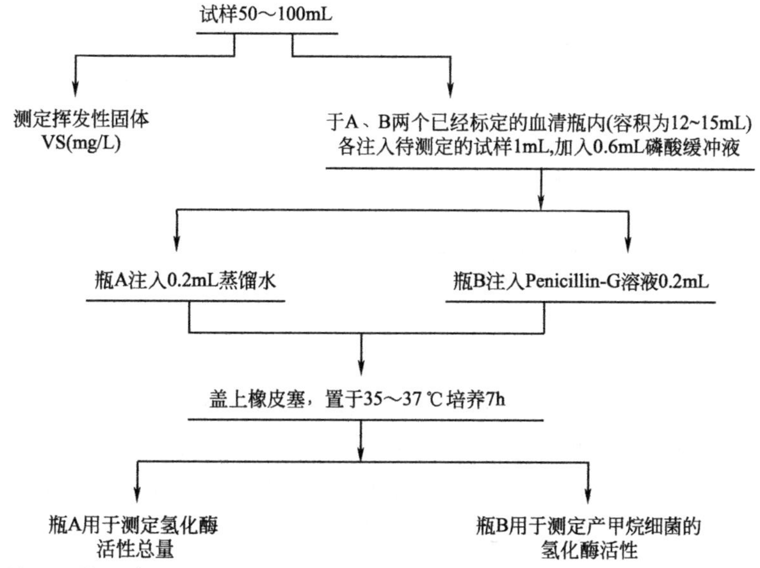

(2) 酶促放 H_2的反应

① 取上述试样 A、B（经过预处理），分别加入 0.2mL 甲基紫精试剂，塞紧橡皮塞，然后抽空，再充入氮气。

② 将反应瓶放在恒温振荡水浴中，温度保持在（40±2)℃，进行预热处理 15min。

③ 用注射器迅速注入 0.2mL $Na_2S_2O_4$溶液，同时要立即记录时间。这时正在进行酶促放 H_2的反应，通常为 10min，然后注入 0.2mL10%三氯醋酸溶液终止反应。

④ 采气样进行 GC 分析。

(3) 气相色谱法分析放 H_2量

① 测定条件 a. 热导检测器；b. 柱填料为 GDX-105；c. 柱温为 40℃；d. 柱长为 1m；e. 载气为高纯氮气；f. 流速是 40mL/min；g. 柱前压为 98.07kPa；h. 桥电流是 80mA。

② 制作氢标准曲线 取已经标定容积的小血清瓶，对其抽真空，并充氮气。然后按照一定的浓度梯度注入不同量的高纯氢，充分和氮气混合，分别做色谱检测，从而得到各个样品的 H_2峰高（mm）与对应的已知 H_2含量（μL/L）作图，得到 H_2校正曲线。

(4) 计算

放 H_2活力是用额定时间内每毫克样品的挥发性固体或者是每毫升样品的酶促放 H_2量（μmol）来表示的，即是：

$$\mu\text{mol } H_2/(\text{mgVS} \cdot \text{min})$$

计算方法如下：

$$\text{酶促放 } H_2\text{活力} = \frac{V_1}{aV_0} \times \frac{V_2 - V_b}{V_a} \times \frac{H_s - H_0}{Wt} \times 10^{-3} [\mu\text{mol } H_2/(\text{mgVS} \cdot \text{min})]$$

式中，a 为氢含量校正曲线的斜率，mm·L/μL；V_0为标准状态时，每克分子气体所占的体积，22.4×10^3mL；V_1为制作 H_2含量校正曲线时的进样体积，mL；V_2为反应瓶总的容积，mL；V_a 为测试样品时的进样体积，mL；V_b为反应瓶的液体总体积，mL；H_s为被测试样测得的色谱 H_2峰高，mm；H_0为空白样品测得的色谱 H_2峰高，mm；W 为样品的挥发性固体含量，mg/mL；t 为酶反应时间，min。

在一定条件下，a、V_0、V_1、V_a、V_b均为常数，则令：

$$A = \frac{V_1}{aV_0} \times \frac{1}{V_a}$$

则上式可以简化成

$$酶促放H_2活力=\frac{A(V_2-V_b)(H_s-H_0)}{Wt}\times10^{-3}[\mu mol\ H_2/(mgVS\cdot min)]$$

非产甲烷细菌的酶促放 H_2 量＝瓶 A 测定值－瓶 B 测定值

瓶 B 测定值＝产甲烷细菌的酶促放 H_2 量

11.6 最大比产甲烷速率的测定

11.6.1 意义

产甲烷细菌的一个重要生理活性指标是最大比产甲烷活性（specifie methanogenic activity）。测定最大比产甲烷活性的方法最早是由荷兰 Zeeum 等提出的。最大比产甲烷活性是指单位种泥在单位时间里对可溶性基质转化形成的最大甲烷产率，常以符号 $V_{max}-CH_4$ 表示。

这一指标广泛地应用在厌氧消化的种泥质量评价、不同基质的厌氧微生物可降解性测定、厌氧消化状态跟踪、极限负荷预测以及批量动力学参数评价等。

11.6.2 测定方法

（1）测定步骤

① 准备配有 Bittner16 号丁基胶塞的血清瓶（体积为 160mL），然后向瓶中加入无机盐营养液和反应底物，温度保持在 35℃。

② 加入待测试的种泥。

③ 进行厌氧处理，向瓶中通入氮气，从而可以排走氧气。然后盖紧胶塞和铝封，在 35℃下进行培养。

④ 进行间断性气相取样，做 GC 分析（间隔时间为 1～2h）。

⑤ 数据处理与计算。

（2）污泥浓度与基质浓度

血清瓶法测定 $V_{max}-CH_4$ 是在封闭的系统内进行的。产出的气体主要集中在瓶子的顶部。试验跟踪测定顶部的各种气体的组分比，从而换算出实际产出的甲烷气体体积。有试验证明，在两相共存的环境内，二氧化碳和甲烷在液相中的溶解性以及污泥对二氧化碳及甲烷的吸引力均与所承受的气体分压密切相关。血清瓶厌氧发酵试验证明，当顶部气体的相对压力等于 1atm（1atm＝101325Pa）时，甲烷和二氧化碳气体被强烈地吸附和溶解，使得测定结果突降。所以，试验拟定发酵气体产量与预留顶部体积之比必须控制在严格的范围之内，即是产气体积/顶部体积＜1。如果血清瓶的总体积是 160mL，那么瓶内两相的体积分配可以是：培养液和污泥的体积为 40mL，顶部体积为 120mL。由此可见，其允许最大产气量为 120mL。因此允许产气量必须要小于 120mL。这样表明试验中底物的添加量应小于 0.16gCOD/L，即所配制的营养液中反应底物浓度小于 4gCOD/L。

为了兼顾各个不同营养类型以及各个不同种群的微生物对不同底物的选择性利用，底物的成分与浓度应当为：乙酸浓度为 1200mg/L、丙酸浓度为 600mg/L、丁酸浓度为 600mg/L。这种配方的底物浓度相当于 2.08g/L（以乙酸计），按照每瓶加入液体总量 40mL 计，其中底物绝对量是 83mg/瓶（以乙酸计）。

上述的底物浓度设计对大部分厌氧消化污泥是合适的。污泥浓度的适宜范围在 $V_{max}-$

CH_4测定中较窄。当污泥浓度偏大时，若没有搅拌处理，污泥出现沉积现象，污泥和底物的接触情况差，使得测定的结果偏低。污泥的浓度只有在 2～4mgVSS/mL 时，测定的准确性才可以得到保证。

对于一个待测定的污泥，在进行测定之前，首先要对样品的挥发性悬浮固体分析（VSS），根据所得结果计算试验的种泥加量。为了减少试验误差，通常是将一定量的种泥以配制好的基础营养液（见表 11-4）稀释，使其种泥在培养液中的浓度达到规定的范围。

表 11-4　基础营养液的组成

成分	浓度/(mg/L)	成分	浓度/(mg/L)
KH_2PO_4	1.0	$NaHCO_3$	4.0
K_2HPO_4	1.5	$Na_2S \cdot 7H_2O$	0.2
NH_4Cl	0.5	酵母浸膏	0.2
$MgCl_2$	0.1		

在一般情况下，厌氧消化污泥的原始浓度大于 2～4mg/mL 的污泥浓度。相反，若要遇到污泥浓度小于 2mg/mL 时，在实际测定时可以考虑加倍使用污泥量，来补足供试种泥的绝对量，以免因为污泥量太少，产出气量过低，测定出现的误差由此而增大。

（3）基础营养液的浓度选择

污泥活性分析的基础营养液组分列于表 11-4 中，溶液的最终 pH 值为 7.1±0.1。

维生素和微量元素在通常情况下是可以不添加的，因为厌氧污泥的产甲烷比活性是在短期试验中确定的。在此期间内产甲烷细菌不会有显著的增长，维生素和微量元素可以不用加入。基础营养液的营养组分是较充足的。在使用时，可以按照待测样品所需的稀释倍数调节用量。基础营养液的用量通常是在 30mL 左右，最终将待测污泥在反应瓶内的 VSS 浓度控制在 2～4mg/mL 之内，而且瓶内最终的混合液总体积为 40mL。

（4）气体检测

采用血清瓶培养法做污泥的 $V_{max}-CH_4$ 测定时，需要用压力栓注射器取气，测气的间隔时间约为 1～2h。气体注入气相色谱仪做气体组分分析。气相色谱仪操作条件如下。

a. 柱填料：Poropok-Q，80～100 目；b. 柱长 2m；c. 柱温 50℃；d. 热导检测器；e. 载气为 H_2；f. 流速 40mL/min；g. 柱前压 196.133kPa；h. 桥电流 180mA；i. 进样量 200μL。

各个组分的产气量（mL）由气体的色谱峰高直接换算得出。

（5）数据处理与计算

污泥产甲烷活性以其最大比活性 $V_{max \cdot CH_4}$ 表示，单位是：

$$L_{CH_4}/(gVSS \cdot d) \text{或} \mu mol\ CH_4/(gVSS \cdot h)$$

公式为：

$$V_{max \cdot CH_4}=(K/VX)(T_0/T_1)$$

式中，K 为血清瓶产甲烷累积量线性增长期产气速率，L_{CH_4}/h；V 为供试验污泥的体积，L；X 为供试验污泥的挥发性固体浓度，gVSS/L；T_0 为标准状况的绝对温标，273K；T_1 为培养温度绝对温标，K。

K 值计算方法：以各时点测得的累计甲烷产量（mL）对时间作图，得到甲烷产生的过程曲线，从中选择斜率最大的一段进行线性回归，该直线斜率即位 K 值。

11.6.3 产甲烷速率公式

产甲烷速率计算公式为：

$$\frac{dV_{CH_4}}{dt}=\mu_{max \cdot CH_4} X_v V$$

式中，$\mu_{max \cdot CH_4}$为厌氧污泥的比活性，$L_{CH_4}/(gVSS \cdot d)$；X_v为发酵瓶中微生物的浓度，gVSS/L；V为发酵瓶有效体积，L；$\frac{dV_{CH_4}}{dt}$为产甲烷速率，L_{CH_4}/d。

由于厌氧反应中污泥的合成量少，所以在整个测定过程中发酵瓶内的污泥浓度X_v可以认为是不变的。而厌氧污泥的最大比产甲烷速率（比活性）在厌氧污泥和反应条件一定时应为一个“定值”。可见产甲烷速率也是一个常数，即呈零级反应。

也就是说，在求$\mu_{max \cdot CH_4}$时，需要获取逐时累计产甲烷曲线的初期直线段的斜率，若逐时累计产甲烷曲线的初期段无明显的直线段时，这就说明该厌氧反应不是零级反应，此时应该调整反应瓶中的污泥浓度，增大污泥浓度或减少待测厌氧污泥量，使得逐时产甲烷曲线的初期段出现明显的直线段为止，这样可得：

$$\mu_{max \cdot CH_4}=\frac{1}{X_v V}\times\frac{dV_{CH_4}}{dt} \quad 若设定 \quad \frac{dV_{CH_4}}{dt}=K 时$$

同时考虑发酵温度对甲烷气体体积的影响，公式可以变为：

$$\mu_{max \cdot CH_4}=\frac{24K}{X_v V}\times\frac{273}{273+t^0}$$

式中，K为逐时累计产甲烷曲线上初期直线段斜率，L_{CH_4}/h；t^0为发酵温度，℃。

11.7 厌氧生物可降解性的测定

11.7.1 目的和原理

所谓废水的厌氧生物可降解性是指废水COD中可以被厌氧微生物降解的部分（即可降解COD，通常记作COD_{BD}）所占的百分比。COD_{BD}的意义与BOD_5相似，但是COD_{BD}的数值通常高于BOD_5，因为BOD_5的测定一般是在很低的浓度下进行，接种量较少，同时温度较低。此外，COD_{BD}的测定是在厌氧条件下操作的。在测定COD_{BD}的整个过程中，通过测定甲烷产量和挥发性脂肪酸（VFA）的量（全部换算称COD，并分别记作COD_{CH_4}和COD_{VFA}），可以计算出可以转化的COD的量，即COD_{acid}，$COD_{acid}=COD_{CH_4}+COD_{VFA}$。转化为细胞物质的COD的量，即$COD_{cells}$可通过物料平衡计算或者根据废水性质由发酵和产甲烷过程细胞的转化率估算。因此可得：

$$COD_{BD}=COD_{CH_4}+COD_{VFA}+COD_{cells}$$

11.7.2 条件

(1) 测定的时间条件

测定COD_{BD}是通过对水样的接种发酵过程进行，因此发酵时间的长短会影响发酵的结果，在测定结果中应当注上发酵的时间。在运行良好的厌氧反应器中，比如说UASB反应器，能够产生对复杂有机物降解的细菌。为了反映出某些复杂有机物的降解，测试的时间应当适当延长或者对同一接种用污泥进行驯化（推荐测定时间为1个月）。

（2）接种量

采用的接种量应当使菌种的量足够多，从而使有机物充分降解，但同时又不能产生太多的 COD_{cells} 干扰测定。一般推荐采用 5gVSS/L 的接种量。当采用的污泥活性较高时，即大于 0.2g COD_{CH_4}/(gVSS・d)，可以采用较少的接种量，但不应该小于 1.5gVSS/L。若采用 UASB 反应器中的颗粒污泥进行接种，接种量可以是 1.5～2.0gVSS/L。

（3）废水水样的 COD 值

废水水样的 COD 值应当足够大，从而可以准确测定出产生的甲烷和挥发性脂肪酸（COD 值不能高到引起抑制的程度），通常其值为 5gCOD/L。若废水水样中含有有毒物质，可以采用 2gCOD/L 的值，并且要使用较大的反应器，一般大于 2L。

（4）缓冲液

在水样降解的过程中，挥发性脂肪酸的产生通常会引起酸的积累。为了防止 pH 值下降，应当加入 $NaHCO_3$ 到水样中，以使水样有足够的缓冲能力。$NaHCO_3$ 的加入量一般为 1g/$gCOD_{BD}$。

（5）空白试验

废水的厌氧生物可降解性的测定应当排除接种用污泥本身生物降解所引起的干扰。废水中的 COD_{acid} 应等于试验水样中的 COD_{acid} 减去空白试验中由污泥本身消化产生的 COD_{acid}。污泥本身产生的 COD_{acid} 应当足够小。也就是说，试验中使用的厌氧接种泥应当是稳定化的污泥。若是污泥本身产生的 COD_{acid} 与试样的 COD_{acid} 相比超过了 20%，那么测定的结果会有较大的偏差。

11.7.3 测定装置

厌氧生物可降解性的测定装置可采用容积为 2～10L 的带搅拌器的反应槽及与其相连的 Mariotte 瓶。带有底物的消化液和污泥置于反应器中，所产甲烷通过置换 Mariotte 瓶中的碱液加以测定（图 11-1）。搅拌器每隔 3～15min 搅拌 6s。也可以使用较小的不带搅拌的血清瓶作为反应器（图 11-2）。

11.7.4 测定步骤

将接种的污泥按照一定量加入到反应器中，然后加入废水水样，使其在稀释后达到预定的 COD 值，再按污泥活性测定的方法补充营养母液、微量元素和酵母抽出物到水样当中，加入废水 pH 值缓冲所需的 $NaHCO_3$，然后加水至有效体积。

对于空白试验，向另一反应器中加入同样量的污泥，加入约 80% 的蒸馏水，再加入与被测水样相同量的营养母液、微量元素、酵母抽出物和 $NaHCO_3$，补加水到同样的体积。

向上述放有水样的反应器和空白试验中通入氮气 3min。安装好测定装置，使之置于一定温度的环境中（恒温箱或培养箱），其温度与废水处理的温度相同。

一般在试验的最后一天对水样和空白试验的 COD 和挥发性脂肪酸。如果原水样以溶解性物质为主，发酵终点应当测定水样经过过滤后的 COD，即 COD_{filt}。测定甲烷产量应当逐日进行，以保证液体置换系统始终维持足够的碱液。在测试中间也可以测定 COD 和挥发性脂肪酸，以便了解不同消化时间里的生物可降解性。甲烷、挥发性脂肪酸和 COD 的测定应当在同一时间同步进行。

11.7.5 计算

① 首先将累计的甲烷产量体积数换算成 mgCOD_{CH_4}/L，即：

$$甲烷产率=\frac{CH_4\times1000}{CF\times V}(mgCOD_{CH_4}/L)$$

式中，CH_4为在测定终点得到的累积的甲烷产量，mL；CF 为甲烷毫升数变为 gCOD 计时的换算系数，mg/mL；V 为在反应器中液体的有效体积，L。

② 测试终点的发酵液中挥发性脂肪酸的浓度应换算为 $mgCOD_{CH_4}/L$，用符号 COD_{VFA} 来表示。

③ 依据试样和空白试验的结果对测试数据加以修正，即：

修正后的结果=试样结果−空白试样结果

④ 修正后的结果可以进一步计算出以下的废水特性参数：

$$甲烷转化率(M\%)=\frac{COD_{CH_4}}{COD_0}\times100\%$$

$$酸化率(A\%)=\frac{COD_{acid}}{COD_0}\times100\%$$

$$残余溶解性\ COD\ 百分率(COD\%)=\frac{COD_{filt}}{COD_0}\times100\%$$

$$残余\ VFA\ 百分率(VFA\%)=\frac{COD_{VFA}}{COD_0}\times100\%$$

$$相应的\ COD\ 去除率(E\%)=100\%-COD_{filt}\%$$

废水的厌氧生物可降解性（记作 $COD_{BD}\%$或 BD%）和废水 COD 中转化为细胞的转化率（记作 $COD_{cells}\%$或 Cells%）可计算如下：

$$BD\%=E\%+VFA\%$$

$$Cells\%=BD\%-A\%或\ Cells\%=E\%-M\%$$

已经降解的 COD，即 COD_{BD}中转化为细胞的百分率称为比细胞产率（可记作 Y_{cells}，单位是 $gCOD_{cells}/gCOD_{BD}$），可计算如下：

$$Y_{cells}=\frac{Cells\%}{BD\%}$$

式中，COD_{CH_4} 为以 COD 量计算的累计甲烷产量；COD_0 为试样在时间 $t=0$ 时的 COD 量；COD_{acid}为已经被酸化的 COD 量，$COD_{acid}=COD_{CH_4}+COD_{VFA}$；$COD_{filt}$为最终发酵液中经过滤后，测得的溶解性 COD 的量；COD_{VFA}为最终发酵液中的 VFA 量（以 COD 计）。

以上数据全部是经过空白试验校正后的结果。

11.8 厌氧消化污泥性质的研究

11.8.1 污泥的分类

根据污泥的成分与来源可以有不同的分类。

(1) 按照污泥的成分分类

按照污泥成分：
- 污泥：主要成分为有机物。容易腐化发臭，颗粒较细，相对密度较小，含水率高且不易脱水，呈胶状结构的亲水性物质（初沉池和二沉池的沉淀物均为污泥）
- 沉渣：主要成分为无机物。颗粒较粗，相对密度较大，含水率较低且易于脱水，流动性差（沉砂池和某些工业废水处理沉淀池的沉淀物属于沉渣）

(2) 按照污泥的来源分类

按照污泥来源：
- 初沉池污泥：来自初沉池的污泥（生污泥）
- 剩余活性污泥：来自活性污泥法后的二沉池的污泥（生污泥）
- 腐殖污泥：来自生物膜法后的二沉池的污泥（生污泥）
- 熟污泥（消化污泥）：生污泥经过消化池消化后为熟污泥
- 化学污泥：用化学沉淀法产生的污泥，如混凝沉淀法去除污水的磷，投加硫化物去除污水中的重金属离子，酸碱中和等产生的污泥

11.8.2 污泥的性质指标

(1) 含水率

污泥的含水率就是指污泥中所含水分的重量与污泥总重量之比的百分数。在一般情况下，污泥的含水率较高，接近于100%。污泥的重量、体积和所含固体物质浓度之间的关系如下：

$$\frac{W_1}{W_2}=\frac{V_1}{V_2}=\frac{C_1}{C_2}=\frac{100-x_1}{100-x_2}$$

式中，W_1、V_1、C_1分别为污泥含水率为x_1时的污泥重量、体积和固体物质浓度；W_2、V_2、C_2分别为污泥含水率为x_2时的污泥重量、体积和固体物质浓度。

(2) 总固体、挥发性固体和灰分

总固体（TS）是指试样在一定温度下蒸发至恒重所余下固体物的总量，它包括样品中悬浮物、胶体物和溶解性物质，其中既有有机物也有无机物。

挥发性固体（VS）表示样品中悬浮物、胶体和溶解性物质中有机物的量。

灰分是经过灼烧后残渣的量，又称灼烧残渣，它表示试样中盐或矿物质以及不可灼烧的其他物质（如Si的）的含量。

(3) 湿污泥相对密度和干污泥相对密度

① 湿污泥　湿污泥的质量等于污泥所含水分质量与干固体质量之和。湿污泥相对密度等于湿污泥质量与同体积的水的质量之比。因为水的相对密度为1，故湿污泥相对密度γ为：

$$\gamma=\frac{x+(100-x)}{x+(100-x)/\gamma_s}=\frac{100\gamma_s}{x\gamma_s+(100-x)}$$

式中，γ为湿污泥相对密度；x为湿污泥含水率，%；γ_s为污泥中干固体的平均相对密度。

② 干污泥　在干固体中，当有机物相对密度为1，无机物相对密度约为2.5时，干污泥的平均相对密度γ_s可以用下式计算：

$$\gamma_s=\frac{250}{100+1.5x_v}$$

式中，x_v为挥发性固体（有机物）所占的百分比，%。

11.9 反应器内污泥的测定

11.9.1 测定目的和原理

(1) 目的

我们可以通过污泥的垂直分布来测定反应器内的污泥量。污泥的垂直分布就是指反应器

内不同高度的污泥浓度。当污泥的产甲烷活性已知后，便知道了反应器内污泥的量，从而可预测反应器的最大负荷。同时，污泥浓度的垂直分布直接反映出反应器内污泥床的膨胀程度。在反应器运行的过程中，污泥量和污泥活性一样，都会受到许多因素的影响。当反应器运行达到稳定的状态时，污泥的活性就会保持恒定，然而反应器内的污泥量则会稳定的增长。

(2) 原理

反应器内的污泥量的测定包括总固体 (TS)、挥发性固体 (VS) 和灰分的测定。所谓总固体是指试样在一定温度下蒸发至恒重所残余固体物的总量，它包括样品中的悬浮物、胶体以及溶解性物质，其中既有有机物又有无机物。所谓挥发性固体则是指样品中悬浮物、胶体以及溶解性物质中有机物的量。总固体的灰分是经过灼烧的其他物质 (如 Si) 的含量。三者之间的关系是：

总固体＝挥发性固体＋灰分(即：TS＝VS＋灰分)

注：以此法测定的 TS 和 VS 不包含在蒸发温度下易于挥发的物质的量。

11.9.2 仪器和设备

测定反应器内的污泥浓度要求反应器在不同高度上有采样口。

主要仪器和设备包括：a. 恒温干燥箱；b. 马弗炉；c. 瓷坩埚；d. 干燥器；e. 分析天平。

11.9.3 总固体、挥发性固体和灰分的测定

(1) 仪器和设备同 11.9.2 部分。

(2) 操作步骤

① 将瓷坩埚洗涤后在 600℃马弗炉灼烧 1h，等到炉温降至 100℃后，取出瓷坩埚并在干燥器中冷却、称重。重复以上操作直到恒重为止，记作 ag。

② 取 VmL 样品，大约 25mL 或 1～2g 污泥，放在坩埚内，若样品是污泥可将其与坩埚一起称重记作 bg。然后将含有样品的坩埚放入干燥箱，在 105℃下干燥至恒重，质量记作 cg。

③ 把含有干燥后样品的坩埚在通风橱内燃烧至不再冒烟，然后放入马弗炉，在 600℃下灼烧 2h，待炉温降至 100℃时，取出坩埚并在干燥器内冷却后称重，质量记作 dg。

(3) 计算方法

$$\mathrm{TS}=\frac{c-a}{V}\times 1000 \qquad (\mathrm{g/L})$$

$$\mathrm{VS}=\mathrm{TS}-\text{灰分} \qquad (\mathrm{g/L})$$

$$\text{灰分}=\frac{d-a}{V}\times 1000 \qquad (\mathrm{g/L})$$

污泥中的 TS 和 VS 通常用百分率来表示，可计算如下：

$$\mathrm{TS}=\frac{c-a}{b-a}\times 100\%$$

$$\text{灰分}=\frac{d-a}{b-a}\times 100\%$$

$$\mathrm{VS}=\mathrm{TS}-\text{灰分}$$

11.9.4　污泥量测定中的采样

采样时污泥量测定中最关键的地方。当打开采样阀门采样时，必须先使采样管内的液体和污泥流出，然后再取出真正由反应器内流出的液体和污泥混合物。所取当样品需要即时称量（假定密度是 1g/mL）。

11.9.5　污泥量测定的步骤

① 记录下每个所取样品的质量以及相应采样口的高度。

② 在 5000r/min 下离心 10min，除去上清液后，在 105℃下干燥污泥直至恒重为止。

③ 把干燥后的污泥连同瓷坩埚一起在通风橱内燃烧至不再冒烟，然后放入马弗炉内在 600℃下灼烧 2h，等到炉温下降到 100℃后，将坩埚取出，并在干燥器内冷却，然后称重，坩埚内残渣的重量就是灰分。

以上的测定过程即是测定样品中的 VSS 量。

11.9.6　计算

（1）样品 VSS 计算

$$样品\ VSS\ 浓度=\frac{污泥干重-灰分重}{样品总重}(g/L)$$

这就是反应器内某一高度的污泥浓度。

（2）反应器内污泥量计算

根据不同高度上所测定的污泥浓度，绘制出污泥浓度-反应器高度的曲线（图 11-3）。采样点的高度可以转换为该高度以下反应器的容积，曲线的下方阴影部分的面积即是代表了反应器内污泥量，通常用 gVSS 来计。

$$反应器内污泥的平均浓度=\frac{反应器内污泥量}{反应器的总容积}(gVSS/L)$$

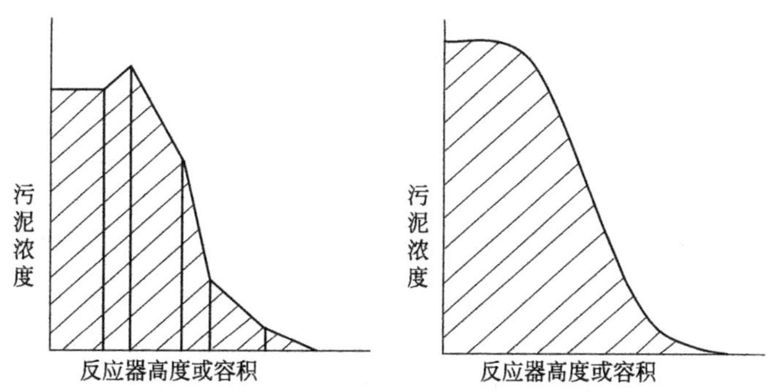

图 11-3　反应器内污泥浓度-高度曲线的实例

（当反应器高度以反应器容积代替，曲线的阴影部分面积即等于反应器内污泥量）

11.10 产甲烷毒性的测定

11.10.1　说明

产甲烷毒性的测定就是要确定毒性物质或有毒废水在一定浓度下使甲烷菌的产甲烷活性

下降的程度。测定要以不含有毒性物质的挥发性脂肪酸培养液，作为空白对照。产甲烷毒性的测定可为含有毒性物质废水的厌氧可处理性以及厌氧处理工艺条件提供重要的依据。同时，产甲烷毒性的测定也在某种程度上反映出毒性物质对环境生物的毒害作用。

当厌氧反应器中的污泥与有毒物质接触一段时间后，除去含有毒物质的发酵液，向污泥投加与空白对照相同的且不含毒性物质的挥发性脂肪酸培养液。依据污泥产甲烷活性恢复的程度，来确定有毒物质产生抑制作用的机理，即确定该物质是代谢毒素（Metabolic Toxin）、生理毒素（Physiological Toxin）或者是杀菌性毒素（Bactericidal Toxin）等。

连续向污泥投加含有毒物的培养液，观察污泥产甲烷活力的变化，从此可以判断出污泥对这种有毒物质或含有毒物的废水是否能产生驯化，并且也可以判断出这种驯化是属于代谢驯化（Metabolic Adaption），生理驯化（Physiological Adaption），还是种群驯化（Population Adaption）。

11.10.2 测定装置

用的是与产甲烷活性测定完全相同的反应器和液体置换系统。

11.10.3 情况分析

按照毒性物质或有毒废水的性质可以将毒性测定分成以下 3 种情况。

① 毒性物质不能作为底物被污泥（微生物）所利用。在这种情况下，测定方法大体上与产甲烷活性的测定方法相同，空白试验和试样溶液中挥发性脂肪酸浓度、营养物、微量元素、接种量以及其他测定条件完全相同。只是被测试样应该有多个，其中分别含有不同浓度的被测有毒物质，而空白试验中不含此毒物。上述的挥发性脂肪酸浓度、营养物等测试条件与产甲烷活性的测试条件相同。测试前空白与被测试样需要调节 pH 值至 7。

② 毒性物质本身或被测的有毒废水可以被污泥（微生物）作为底物所利用，但是在被测定的这种有毒物质或有毒废水的浓度范围之内，它们所提供的可酸化 COD 不大于空白试验中挥发性脂肪酸的 50%（可以用 COD_{acid}来表示）。这时的毒性测定与产甲烷活性的测定相似，即在被测试样与空白试验中均加入等量的挥发性脂肪酸、营养物等。同时，在被测试样中加入不等量的有毒物质或有毒废水。这种情况与第一种情况不同的是按有毒物质或有毒废水中含有的 COD_{BD}浓度，向各个被测试样补加 $NaHCO_3$，补加量是每 1g 的 COD_{BD}需加入 1g $NaHCO_3$。

③ 有毒物质和有毒废水提供的底物 COD_{acid}高于空白试验中挥发性脂肪酸的 50%，这时应修正测定方法。被测试样只加入有毒物质或有毒废水，而不加挥发性脂肪酸。因为它们已经可以提供足够的底物，N、P 等营养元素与微量元素则根据水质分析结果补加，同时按照每 1g 的 COD_{BD}需加入 1g $NaHCO_3$的原则加入 $NaHCO_3$。空白试验的挥发性脂肪酸、营养元素、微量元素等比例与前两种情况相同，但每一浓度的被测试样都有一个与之对应的空白试验，其挥发性脂肪酸（按 COD 计）与对应试样的 COD_{acid}浓度相等。同时，空白试验也不添加 $NaHCO_3$。空白试验中的挥发性脂肪酸的组成应该与被测试样酸化后产生的挥发性脂肪酸组成相当。如果后者的挥发性脂肪酸组成难以确定，建议在空白试验中采用如下的挥发性脂肪酸组成，即：

乙酸：丙酸：丁酸＝73：23：4。

所有的空白试验与被测试样都要将 pH 值调至 7.0。

11.10.4　产甲烷毒性测定

按照以上的三种情况，在被测试样中加入了不同浓度的有毒物质或有毒废水，其中含有与空白对照相同量的挥发性脂肪酸或者不含有挥发性脂肪酸。空白试验不含有毒性物质。测定试样与空白试验中污泥的产甲烷活性，其方法与污泥产甲烷活性的测定相同。但需要注意在带有毒性物质或有毒废水的试样中，污泥的活性通常有一个停滞期，所以其最大活性有可能要滞后于空白试验。

11.10.5　毒性的表示方法和计算方法

我们通常把毒性用某种浓度下使污泥产甲烷活性下降的百分率，即 INHIB%来表示，或者更确切地讲，以使污泥产甲烷活性下降 50%时的有毒物（或有毒废水）的浓度表示，后者即称为 50%抑制浓度（50%IC）。

首先要求出试样和空白试验的产甲烷活性，然后根据此值求出各有毒物质浓度下污泥产甲烷活性和空白试验中污泥活性的比值。

$$\mathrm{ACT}(\%)=\frac{\mathrm{ACT_T}}{\mathrm{ACT_C}}\times 100\%$$

式中，ACT（%）为试样中污泥产甲烷活性占空白试验中污泥产甲烷活性的百分数；ACT_T为试样中污泥的产甲烷活性；ACT_C为空白试验中污泥的产甲烷活性。

由此可得，某浓度下毒性物质使污泥产甲烷活性下降的百分率为：

$$\mathrm{INHIB}(\%)=100\%-\mathrm{ACT}(\%)$$

11.11 厌氧毒性测定（ATA）方法

11.11.1　说明

McCarty 研究小组在斯坦福大学开发了一种简单而且非常实用的评价废水水样对厌氧污泥（微生物）潜在毒性的测定方法，即厌氧毒性测定，简称 ATA（Anaerobic Toxicity Assay）。

11.11.2　方法

① 将厌氧污泥（微生物）置于血清瓶中，用含有 50%CO_2和 50%CH_4的混合气体吹，扫除去血清瓶中的空气，再用盖子封住瓶口。

② 将水样注入各个血清瓶，并依次增加各个瓶中的水样体积，这样的做法可使废水对开始接种的厌氧污泥（微生物）有不同的稀释程度。除了水样外一开始还要在血清瓶中加入过量的基质，以防止基质对微生物生长的限制。如果水样中具有毒性，将会从初始气体产率的减少与水样体积成正比上反映出来。

11.11.3　对毒物的敏感性

一般情况下，降解乙酸的产甲烷菌在厌氧微生物共生体中对毒性最敏感。这个性质可以通过在血清瓶中加入过量的乙酸盐来试验（建议用乙酸钙，投加量为 10g/L）。也可以在血清瓶中过量加入更为复杂的基质，例如葡萄糖、乙醇、丙酸盐或者其他一些复杂的基质来检测对厌氧微生物共生体中除甲烷菌以外其他细菌的毒性。

11.11.4 实例

工业废水 ATA 的测定

废水 ATA 测定结果见表 11-5。

表 11-5 废水 ATA 测定结果

水样体积/mL	产气速率/(mL/d)	CH_4含量/%
0(对照测定)	85	80
25	80	80
50	65	80
100	30	80

结论：乙酸盐基质的起始浓度不是限制浓度，所以与对照测定相比较产气速率的减少表明水样中有毒性存在。如上所述，加入的水样体积越大，产气速率减少也就越多，因此证实了水样中有毒性物质的存在。

11.12 厌氧微生物的分离与鉴定

11.12.1 产酸细菌

11.12.1.1 产酸细菌的分离与鉴定

(1) 改进的 Hungate 厌氧法

传统厌氧培养方法采用添加化学除氧剂或者是抽真空的办法，这样难以满足专性厌氧微生物的生长要求，而且操作繁琐。在 1950 年，Hungate 提出了严格厌氧操作技术，经过 30 多年的不断改进，已经比较完善，而且成为研究专性厌氧微生物较为理想的操作方式。

Hungate 严格厌氧操作技术的主要原则是在制备、保存等操作环节中必须防止与氧接触，采用物理、化学方法相结合，来达到除氧的目的。可归纳为下列 3 个技术要点：a. 以无氧的氮气或氢气（氦气、二氧化碳也可以）来去除气相中的空气；b. 煮沸培养基液体，去除液体中的溶解氧；c. 向培养基中加入还原性物质（如 Na_2S、0.3%半胱氨酸），利用其还原作用来去除氧。

采用纯氮气通入培养基烧瓶或试管，去除空气而获得厌氧环境。装入培养基后，再加入还原剂，由刃天青（resazurin）作为氧化还原电位指示剂。有氧存在时，根据培养基的 pH 值不同，刃天青会呈现紫色或粉红色；无氧时，则呈现培养基的原色。由此可以获得产酸细菌分离以及培养的厌氧条件。

将分装厌氧培养基的螺旋管高压灭菌后，用注射器向螺旋管内注入刚从反应器中取出的新鲜污泥，滚管后置入恒温培养箱，在 35℃下培养 1～2 周，然后取出长满菌落的培养管，分离菌落。其分纯步骤如下：在氮气封闭的条件下，用毛细管挑出生长状况良好的单个菌落，接入无氧灭菌水中制成菌悬液，再用无菌针管接入灭菌后的厌氧培养解螺旋管中，滚管后置入恒温培养箱，1～2 周后对其观察是否为纯菌。如果不纯，则需要继续分纯，直到螺旋管内菌落形态一致为止。这样才可以接入液体和固体培养基中，分别测定其液相末端产物及进行菌种鉴定。

（2）产酸细菌的葡萄糖氧化发酵测定

① 培养基　培养基的配方：蛋白胨 5g，NaCl 2.5g，葡萄糖 5g，蒸馏水 500mL，pH＝7.4。

配制时，首先将蛋白胨加热溶解，调节好 pH 值后再加入溴甲酚紫溶液（1.6%水溶液），待呈现紫色，再加入乳糖，使之溶解，用 Hungate 法分装试管。最后倒入杜氏小管。在 55.158kPa（8bf/in^2）下灭菌 20min。

② 接种　挑取螺旋管内培养基上生长的菌落，用玻璃弯针接入无氧的无菌水中，制成菌悬液，用无菌针管取出适量的菌悬液接入葡萄糖发酵管（此接种法以下试验均相同）。在 35℃下培养 1～2 周后观察结果。

③ 结果检查　试管内培养液的颜色变为黄色，说明此菌发酵产酸；颜色不变仍为紫色，说明此菌不发酵葡萄糖。观察杜氏小管内有气泡的证明此菌发酵产气。

（3）产酸细菌的甲基红试验（M. R. 试验）

① 培养基　培养基的配方：蛋白胨 5g，K_2HPO_4（NaCl）5g，葡萄糖 5g，蒸馏水 1000mL，pH 值调节为 7.0～7.2。

用 Hungate 法分装试管，每管 4～5mL，58.84kPa（0.6kgf/cm^2）灭菌 30min。

② 试剂　甲基红 0.1g，乙醇（95%）300mL，蒸馏水 200mL。

③ 接种　同葡萄糖氧化发酵试验的接种方法一样，接种试验菌于培养液中，每次均有平行样，置于适宜的温度进行培养 2d、4d、6d（如为阴性可以适当延长培养时间）。

④ 结果检查　在培养液中加入 1 滴甲基红试剂，红色为甲基红试验阳性反应，黄色为阴性反应。注：甲基红变色范围 4.0（红）～6.0（黄）。

（4）产酸细菌的乙酰甲基甲醇试验（V. P 试验）

① 培养基　培养基的配方：蛋白胨 5g，K_2HPO_4（NaCl）5g，葡萄糖 5g，蒸馏水 1000mL，pH 值调节为 7.0～7.2。

用 Hungate 法分装试管，每管 4～5mL，58.84kPa（0.6kgf/cm^2）灭菌 30min。

② 试剂　0.3%（或不配溶液直接用），NaOH 40%。

③ 接种培养　同产酸细菌的甲基红试验。

④ 操作和结果检查　取培养液和 40%NaOH 等量混合，加入少量的肌酸（约 0.5～1.0mg），加入后用力振荡，2～10min 内若培养液出现红色，即为 V. P 试验阳性反应，有时需要放置更长的时间才能出现红色反应。

（5）产酸细菌的硝酸盐还原试验

① 培养基

a. 肉汁胨培养基 1000mL，KNO_3 1.0g，pH 值调节为 7.0～7.6。

b. 琥珀酸钠 10.0g，$NaNO_3$ 1.0g，K_2HPO_4 1.0g，$MgSO_4$ 0.5g，KCl 0.2g，蒸馏水 1000mL，调节 pH 值到 7.0～7.2。

用 Hungate 法分装试管，每管 4～5mL，98.0665kPa（1.0kgf/cm^2）灭菌 15～20min。

② 试剂　格里斯（Griess）试剂。

甲液：对氨基苯磺酸 0.5g，稀乙酸 10%。

乙液：α-苯胺 0.1g，稀醋酸（10%）150mL，蒸馏水 20mL。

二苯胺试剂：称取二苯胺 1g 溶于 20mL 蒸馏水中，然后徐徐加入 100mL 浓硫酸，保存在棕色瓶中。

③ 培养接种　将测定菌种接种于硝酸盐液体培养基中，在适宜温度培养 1d、3d、5d。

每株菌做两个重复，另外留 2 管不接种作为对照。

④ 操作和结果检查　2 支干净的空试管或白色瓷板小窝中倒入少许 1 滴、3 滴、5 滴的培养液，再滴入甲液及乙液，在对照管中同样加入甲液、乙液各 1 滴。当培养液中滴入甲液、乙液后，溶液如果变为粉红色、玫瑰红色、橙色、棕色等表示有亚硝酸盐存在，为硝酸盐还原阳性。如果无红色出现，则可加入 1 滴或 2 滴二苯胺试剂，此时如果呈现蓝色反应，则表示培养液中仍有硝酸盐，又无亚硝酸盐反应，表示无硝酸盐还原作用；不呈现蓝色反应则表明硝酸盐和新形成的亚硝酸盐都已经还原成其他的物质，仍应按照硝酸盐还原阳性来处理。

(6) 产酸细菌的产吲哚试验

① 培养基　1%胰胨水溶液调节 pH 值为 7.2～7.6。

用 Hungate 法分装 1/3～1/4 试管，在 58.84kPa (0.6kgf/cm^2) 下灭菌 30min。

② 试剂　对二甲基氨基苯甲酸 8.0g，乙醇 (95%) 760mL，浓 HCl 160mL。

③ 接种培养　将新鲜菌液接种于培养基中，在一定温度下培养。

④ 操作和结果检查　培养 1d、2d、4d、7d 的培养液，沿着管壁缓缓加入 3～5mm 高的试剂于培养液表面，在液层界面发生红色，即为阳性反应。若颜色不明显，可加入 4～5 滴乙醚到培养液中，振荡，使乙醚分散在液体中，将培养液静置片刻，待乙醚浮到液面后再加入吲哚试剂。如果培养中有吲哚可被提取在乙醚层中。浓缩的吲哚和试剂反应，则颜色明显。

(7) 产酸细菌的硫化氢的产生试验

① 培养基　牛肉膏 7.5g，蛋白胨 25g，NaCl 5g，明胶 100～120g，10%$FeCl_2$ (培养基灭菌后无菌加入) 5mL，蒸馏水 1000mL，将 pH 值调至 7.0。

112℃ (8bf；1bf=4.44822N) 灭菌 20min，在明胶培养基尚未凝固时，加入新制备的过滤灭菌的 10%$FeCl_2$，用 Hungate 法分装无菌试管，立即置于冷水中冷却凝固。

② 接种、培养和结果检查　用穿刺法接种，在 20℃下培养。1 周后观察结果，变黑的为阳性，不变的为阴性。

(8) 产酸细菌的明胶水解试验

① 培养基　明胶 100～150g，蒸馏水 1000mL，调节 pH 值到 7.2～7.4。

用 Hungate 法分装无菌试管，培养基高度 4～5cm，间歇灭菌或在 71.59kPa (0.73kgf/cm^2) 下灭菌 20min。

② 接种　取 18～24h 的斜面培养物做穿刺接种，并有 2 支未接种的空白对照。

③ 结果检查　在 20℃下恒温培养 2d、7d、10d、14d 和 30d，在 20℃以下的室温观察菌的生长情况和明胶是否变化。如果菌已经生长，明胶表面没有凹陷而且为稳定的凝块，则为明胶水解阳性。如果明胶凝块部分或全部在 20℃以下变为可流动的液体，则为明胶水解阴性。如果菌已经生长，明胶没有液化，但是明胶表面菌苔下方出现凹陷小窝 (需与未接种的对照比较，因为培养过久的明胶会因水分散失而凹陷) 也是轻度水解，按阳性记录。如果菌未生长，则或是不在明胶培养基上生长，有可能是因为基础培养基不适宜。

(9) 产酸细菌的柠檬酸盐生长试验

① 培养基　柠檬酸盐培养基 (Simmons)：NaCl 5g，$MgSO_4 \cdot 7H_2O$ 0.2g，$NH_4H_2PO_4$ 1.0g，$K_2HPO_4 \cdot 3H_2O$ 1g，柠檬酸钠 2g，1%溴百里酚蓝水溶液 10mL，水洗洋菜 20g，蒸馏水 990mL。

将以上成分除指示剂外要加热溶解，调节 pH 值为 7.0 并加入指示剂。用 Hungate 法分装无菌试管，培养基量以试管容积的 1/3～1/4 为宜。98.0665kPa（1.0kgf/cm^2）蒸汽灭菌 15min，并摆成斜面。

② 接种、培养和结果检查 在斜面上划线接种，在一定温度下培养 3～7d。培养基为碱性（指示剂蓝色）的为阳性，否则为阴性。

11.12.1.2 产酸细菌计数

（1）产酸细菌计数培养基

葡萄糖 10g，蛋白胨 5g，牛肉膏 3g，NaCl 3g，半胱氨酸 0.5g，刃天青 0.002g，蒸馏水 1000mL，pH 值调节为 7.2～7.4。

（2）产气产乙酸细菌培养基

CH_3CH_2COONa 30mmol，$CH_3CH_2CH_2COONa$ 30mmol，$CH_3CHOHCOONa$ 30mmol，酵母膏 2g，$MgCl_2$ 0.1g，NH_4Cl 1.0g，K_2HPO_4 0.4g，刃天青 0.002g，半胱氨酸 0.5g，蒸馏水 1000mL，调节 pH 值在 7.0～7.3。

（3）操作方法

细菌计数采用三管最大可能数法，即是 MPN 法（most probable number）。取反应器各阶段稳定期的活性污泥进行预处理，然后用无菌针管接 0.5mL 于 4.5mL 液体培养基中，充分混匀，在 35℃下恒温培养 3～4d，待培养液浑浊，证明细菌已经生长。

移接上述液体培养物（浓度 10^{-1}），再按 10 倍稀释法配成 10^{-2}、10^{-3}、10^{-4}～10^{-18} 的菌悬液，取稀释度为 10^{-10}～10^{-18}的菌悬液，分别接种 3 个作为平行样，并作空白未接种的对照培养管。

在 35℃下恒温培养，观察试管内是否浑浊，按确定数量指标，计算样品中的细菌数的最大可能值。

11.12.2 产甲烷细菌

自 1901～1903 年巴斯德研究所的马载（Maze）第一次观察到一种产甲烷的微球菌［马氏甲烷球菌（Methanococcus mazei)］以来，迄今共发现了五十多种的甲烷细菌。1979 年由贝尔奇（Balch，W. E）等根据菌株间 16S rRNA 降解后各寡核苷酸中碱基排列顺序间相似性的大小，提出了一个新的系统分类方法，共分为 3 个目，4 个科、7 个属、13 个种。

产甲烷细菌是一种极端严格厌氧、化能自养或化能异养的微生物，它的代谢产物主要是甲烷。H_2＋CO_2、甲酸盐、乙酸盐、甲基化合物（甲醇、甲基胺、甲基硫化物和甲基硒化物)、甲醇＋H_2或醇＋CO_2是它们的碳源和能源。产甲烷细菌的细胞结构与一般细菌细胞的结构有着显著的差别，特别是细胞壁的结构，后者都有肽聚糖，而前者却没有或缺少肽聚糖。从生物学发展谱系角度，产甲烷细菌属于与真核生物和普通单细胞生物无关的第三谱系，称之为原始细菌（acrchebacteria）谱系。

11.12.2.1 产甲烷菌的分离培养和保藏方法

产甲烷菌是严格的厌氧菌，目前所分离得到的是以牛瘤胃、污泥、淤泥中分离到的，从粪便中尚未分离到。甲烷菌对氧非常敏感，在氧化还原电位高于－0.33V 时便不能生长。在 pH 值为 7.0，氧的浓度与一个大气压的氧平衡时，$O_2 \longrightarrow O^{2-}$反应的电位是 0.81V，或在空气的浓度下为 0.80V，因此，在－0.33V 时，O_2的浓度是大气压中氧浓度的 10^{-75}。所以说，要保证厌氧菌的低电位是很困难的，这需要除氧来达到，由于 Hungate 技术的建立和改进，才成功地使甲烷菌的分离和培养及保存可以在一般实验条件下就可以进行。

产甲烷菌的分离一般分两步。第一步是富集培养。通常采用的方法是将接种物置于含有所需培养的 200mL 的培养瓶中，培养瓶在旋转摇床上振动时通入 H_2 ∶ CO_2（80∶20）混合气体振动培养一定时间后，可直接划线培养，或者经稀释后在琼脂滚管（agar roll tube）内划线，或倒平板。第二步是采用 Hungate 技术进行纯培养的分离。本法从开始使用至今已有很多改进，但基本部分没有改变，即在几乎完全无氧的条件下，制备培养基并灭菌（图 11-4）。

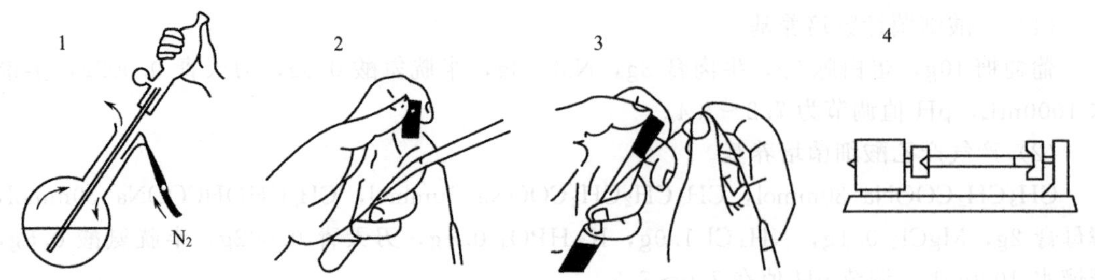

图 11-4 培养严格厌氧细菌的 Hungate 技术图解

1—当培养基从瓶中取出时，要用 N_2 在培养基瓶内充气；2—将试管首先用 N_2 充气，赶走所有管内空气，然后把培养基加入管内，立即塞上瓶塞；3—待瓶塞塞进管内，及时拔去充气针头；4—已加有琼脂培养基的试管，立即上架滚动，使琼脂在管子旋转中固化

Hungate 技术是 Hungate 等在 1950 年首先应用于研究牛、羊瘤胃细菌的一种严格厌氧微生物技术。该技术为研究严格厌氧微生物开创了前所未有的技术条件，实现了在相当短的时期内，能够使新种的分离纯化、分类、生理学、生物化学等方面取得很大的成果。几十年来，众多的研究者对这一技术不断改进，如凯思纳（Kistner，1960）为了进行对瘤胃细菌的定量研究做出了杰出而精确的改良，史密斯（1966）、彼得纳（Paytner）和享盖特（Hungate，1968）对严格厌氧微生物的分离和特征鉴定作了详细改进，贝尔奇等的 H_2/CO_2 加压培养等，使 Hungate 技术日臻完善，形成了研究严格厌氧微生物的一套完整技术。其中常用物理和化学两种方法相结合来去除 O_2 的影响：一是以无氧纯氮（或 He、H_2、CO_2 等）来除去气相中的空气；二是煮沸基质液体去除溶解氧（DO）；三是在培养基中加入 Na_2S、半胱氨酸（Cysteine）等还原剂与基质中的 DO 起作用来除去。O_2、Na_2S 和半胱氨酸不仅作为有效的还原剂，还可作为硫源，而半胱氨酸还可为某些产甲烷细菌提供氮源。另外，在产甲烷菌的培养基中，一般加入刃天青（即树脂天青 Resaxurin）作氧化还原电位指示剂，刃天青的氧化还原电位指示敏感范围为－42mV。当有 O_2 存在时，刃天青呈现紫色或粉红色（随培养液的 pH 值而定），无氧时则呈无色（培养基呈原来的颜色），颜色变化明显，易于判定。这是一种较为理想的氧化还原电位指示剂。因产甲烷菌要求的氧化还原电位为－330mV，由刃天青所指示的培养基氧化还原电位还没有达到产甲烷菌生长所要求的氧化还原电位，所以培养基在接种之前还必须加入一定数量的 Na_2S 和半胱氨酸，使培养基进一步还原，并降低其氧化还原电位，以期达到产甲烷菌的生长要求。

下面介绍一种常用的改良 Hungate 方法。

(1) 培养基的配制过程

在一个圆底烧瓶内装有 200mL 水，加入培养基的各种成分。用一个 5mL 注射器和 18 号针头制成一打气探针，针头弯曲，针尖锉平，取下活塞，针筒内用棉花填充。安装后全部进行灭菌。灭菌后与一橡皮管连接，输入混合气体，气体要先通过一灼热铜柱（350℃左右），以除去气体中的微量氧气。这样处理过的气体通入烧瓶，排出空气。当气体通过煮沸的培养基表面时，培养基轻轻沸腾。当培养基完全还原（培养基中加入的刃天青可指示），即可移入试管内。移入的方法可用嘴与橡皮吸管相连或用吸耳球均可。不论采用什么方法，吸管必须先用培养基上面的气体冲洗、填充，然后插入培养基的下层。这样，当培养基移入试管时，就处于无氧气体层的下面。另一打气针头置于空试管内，将吸入培养基的吸管迅速移于此管中，同时在不断进气的情况下放出培养基。硬质黑橡皮塞置于试管口部时仍留有打气探针，塞紧橡皮塞，这是 Hungate 技术最关键的地方。此项操作必须熟练利索才不致残留空气。在用蒸汽灭菌时，橡皮塞必须夹住，单支试管可用衣架铁丝制成。经灭菌后的试管冷却至 50℃，取下夹具，在室温下可保存数月，参见图 11-4 及图 11-5 所示。

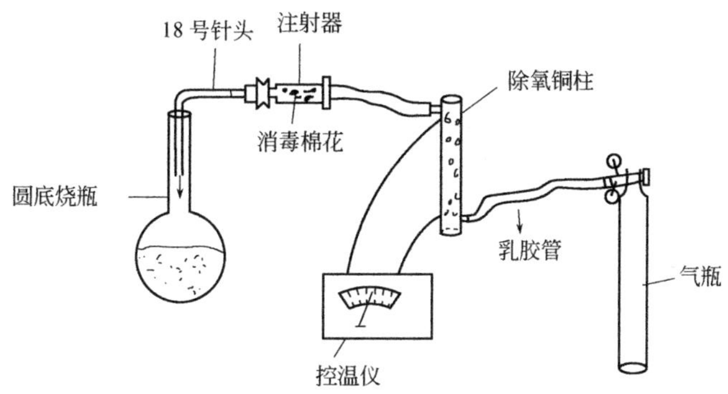

图 11-5 培养基制备流程

（2）滚管技术（即分离过程）

琼脂培养的滚管技术是将试管在水龙头下的冷水中不断转动而制成固体培养基，或将琼脂管置旋转器上使其凝固的技术。当琼脂围绕管壁完全凝固后，琼脂滚管即可放置储存，并可使少量水分集中在底部。灭菌滚管接种时，橡皮塞在火焰上灼烧片刻，稍冷后，用手指头捏住塞子的末端，松动瓶口。在取下瓶塞之前，针筒打气探针对着喷灯火焰。当喷出的气流对准火焰时，气流调节到正好能稳定地改变火焰形状，于是探针的针头迅速通过火焰灭菌。这一操作时间要配合好，当橡皮塞一取下，灭菌的打气探针迅速插入管内。近年来，采取了一种同步电动机带动试管划线器（每分钟 60 转），如图 11-6 所示。

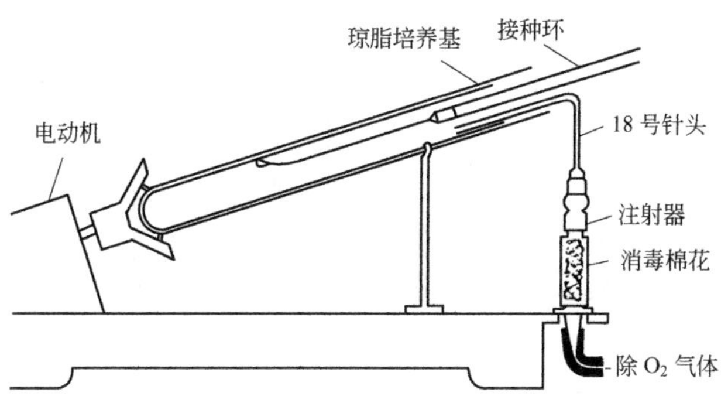

图 11-6 Hungate 分离技术的滚管划线装置

当试管在同步电动机上旋转时，接种环上的接种物越过打气针伸至管底，接种环轻轻靠近琼脂表面，慢慢向管口方向划动，此操作完成后，捏住，置于无尘环境下。橡皮塞的一端在火焰上灼烧一下，挨着打气针塞住管口，在针头快速取下前，通气 15～20s，管口一端在火焰上烧片刻。旋紧管塞。划线后的卷管直立保温，使用 100％CO_2 或 CO_2：H_2＝90：10，

因为 CO_2 比空气重，启开管塞不致有空气载留。CO_2 ∶ H_2 为 50∶50 的混合气体在技术上困难较小，有的使用 80∶20 的混合气体获得成功。对于不需要 H_2 的细菌，He 是一种通常使用的气体。划线后的滚管，置 34～37℃下培养，便可长出菌落，如图 11-7 所示。

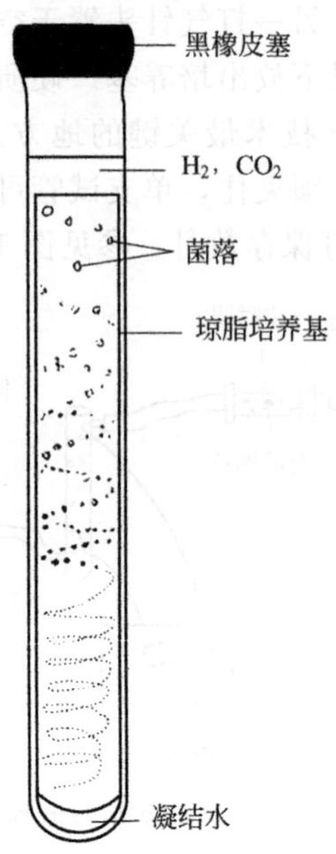

图 11-7　划线接种培养后，在管壁培养基上菌落的生长情况

（3）产甲烷菌的保存技术

产甲烷菌的储备培养可用 Hungate 技术，琼脂深层培养或斜面培养，可用穿刺接种后置－70℃以下储藏。另外，关于产甲烷菌的储藏有了很大的改进，如图 11-8 所示。

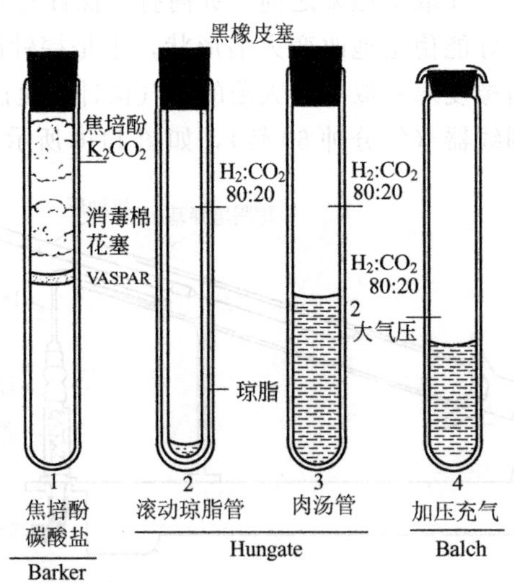

图 11-8　甲烷形成细菌培养管保存技术的发展

由于废水厌氧生物处理技术的发展，这一在处理污水的同时得到能源的技术，越来越受到人们的重视。要想从机理上阐明这一处理过程及提高处理效率，就需要掌握厌氧菌的分离技术，这样才能使研究更深入一步。

产甲烷菌分离纯化的一般步骤，如图 11-9 所示。另外，关于专性厌氧菌的计数，可按 Hungate 技术采用 MPN 方法计数。

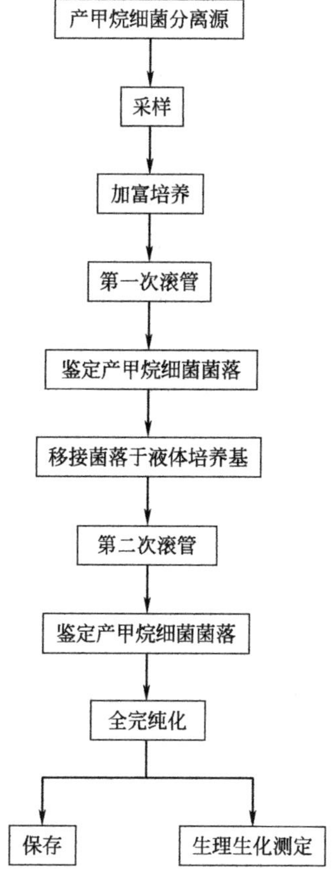

图 11-9 产甲烷菌分离纯化的一般步骤

11.12.2.2 产甲烷细菌培养基

培养基配方：NH_4Cl 1g，$MgCl_2$ 0.1g，K_2HPO_4 0.4g，KH_2PO_4 0.2g，酵母膏 2g，胰酶解酪蛋白 2g，半胱氨酸 0.5g，牛瘤胃液 300mL，甲酸钠 5g，乙酸钠 5g，甲醇 3.5mL，pH 值为 7.0，蒸馏水 1000mL，1%的树脂刃天青 1mL，121℃灭菌 30min。

11.12.2.3 产甲烷细菌计数

按照 Hungate 厌氧操作步骤配制培养基，每支试管分装 4.5mL，按照 10 倍比稀释将样品稀释成 10^{-1}～10^{-8}系列稀释液。每支试管接种 0.5mL 稀释液，同时，各个试管中加入 0.1mL1%Na_2S 和 $NaHCO_3$混合液及 0.1mL 3000U/mL 的青霉素液。在接种时向试管中充入 H_2+CO_2气体（70∶30），在 35℃下恒温培养约 3 周，采用气相色谱仪分析各个试管中 CH_4的量，用 MPN 法计产甲烷细菌的数量。

11.12.2.4 产甲烷细菌的鉴定方法

(1) 产甲烷细菌的形态特征

虽然产甲烷细菌的种类较少，但是它们在形态上仍然有明显的差异，一般可以分为杆状、球状、螺旋状和八叠球状四类。产甲烷细菌都不形成芽孢，革兰氏染色不定，有的具有鞭毛。球形菌呈正圆形或椭圆形，直径一般为 0.3～5μm，有的成对或成链状排列。杆菌有的是短杆状，两端钝圆。八叠球菌革兰氏染色呈阳性，这种细菌在沼气池中大量存在。

(2) 产甲烷细菌的营养特征

不同的产甲烷细菌的生长过程中所需碳源是不同的。Smith 指出，在纯培养条件下，几乎所有的产甲烷细菌都能利用氢气和二氧化碳而生成甲烷。在厌氧生物处理中，绝大多数产甲烷细菌都能利用甲醇、甲胺、乙酸，产甲烷细菌不能直接利用除了乙酸外的含两个碳以上的有机物质。

在厌氧反应器中，氧化氢产甲烷细菌（HOM）、氧化氢利用乙酸产甲烷细菌（HOAM）和非氧化氢利用乙酸产甲烷细菌（NHOAM）这三个种群能分别出现在不同的生境中，构成优势种，对实际工程的运行具有重要意义。所有的产甲烷细菌都能利用 NH_4^+，有的产甲烷细菌需酪蛋白的胰消化物（trypticdigests），它可以刺激产甲烷细菌的生长。因此，在分离产甲烷细菌时，在培养基中要加入胰酶解酪蛋白（tryptilase）。产甲烷细菌的生长需要某些维生素，特别是 B 族维生素。酵母汁含有 B 族维生素，也能刺激产甲烷细菌生长。另外，瘤胃液也能够刺激产甲烷细菌的生长，瘤胃液可以提供给辅酶 M（SH-CoM）等多种生长因子。另外，在生活中产甲烷细菌还需要某些微量元素，如镍、钴、钼等，所需量一般为小于 0.1μmol。

11.12.2.5 产甲烷菌的生态分布试验

产甲烷菌生态分布的试验，主要是调查探讨在不同的自然生境或厌氧消化系统中，所生存的产甲烷菌数量、种类（尤其是优势菌群）、分布的方式和演替、环境因子对其影响，以及与其他微生物类群的相互关系等。

(1) 采样方法

① 如果从阴沟、下水道、厌氧反应器、池塘、河水等处采集污泥沉积物，应在采样时除去表面的泥，把底层呈现乌黑色的沉积物放入带塞的无菌广口瓶中。若采集废水处理流出样，应待流出液处于稳定状态时采样。采样后立即封闭瓶口，迅速带回实验室接种。整个过程中，应尽量减少样品与空气的接触。

② 在研究某一区域内的生态分布时，应选取具有代表性的位点随机取样，每一位点的取样深度应尽量一致，减少因取样不一致造成的差异。

③ 在研究某一位点的产甲烷菌垂直分布时，应在同一位点采取不同深度的样品。

④ 在研究某一位点不同时期的产甲烷菌生态分布时，可以以年变化周期、季节变化周期、月变化周期甚至日变化周期来采样，但每次采样时间应保持一致，同时记录各种条件。

⑤ 在研究厌氧反应器的产甲烷菌的生态分布时，由于关心的是产气量，确切地说是 CH_4 量，应注意采集气样、水样、泥样等等。将产甲烷菌的自身变化与反应条件结合在一起。

(2) 分析测定

① 运用 MPN 法测定各类菌的数量。

② 用滚管法计数菌落，并根据菌落形态对产甲烷菌进行大致分类，确定所存在的产甲烷菌的种类及其优势种。

③ 测定单位重量样品在单位时间内甲烷形成的数量与速率，作相应比较。

④ 关于产甲烷菌生长条件的测定（pH 值、Eh 值、温度等），以及碳源和生长物质的要求等，参考有关文献或者做一定的实验，在此不加以叙述。

11.12.3 硫酸盐还原细菌

根据所利用底物的不同，将硫酸盐还原细菌（SRB）分为 4 类：a. 氧化氢的硫酸盐还原细菌（HSRB）；b. 氧化乙酸的硫酸盐还原细菌（ASRB）；c. 氧化较高级脂肪酸的硫酸盐还原细菌（FSRB），较高级脂肪酸这里是指含 3 个或 3 个以上碳原子的脂肪酸；d. 氧化芳香族化合物的硫酸盐还原细菌（PSRB）。

11.12.3.1 硫酸盐还原细菌计数

（1）培养基

K_2HPO_4 0.5g，NH_4Cl 1g，Na_2SO_4 0.5g，$CaCl_2 \cdot 2H_2O$ 0.1g，$MgSO_4 \cdot 7H_2O$ 2g，酵母膏 1g，70%的乳酸钠溶液 4mL，蒸馏水 1000mL。

溶解后，用 10%NaOH 溶液调节 pH 值为 7.4～7.6。然后倒入三角瓶，塞上棉塞，报纸包好，121℃下蒸汽灭菌 20min。

（2）操作方法

硫酸盐还原细菌的计数采用“中国石油天然气行业标准——SY/T 0532—93，油田注入水细菌分析方法——绝迹稀释法”（部颁标准）。在无氧操作条件下，用酒精棉擦洗厌氧管的胶塞后放入瓷盘中，在紫外灯下灭菌 30min；称取硫酸亚铁铵粉末 1.2g，在离紫外灯 30cm 处灭菌 30min，然后加到已经灭菌的硫酸盐还原细菌的培养基中，振荡摇匀；将灭菌的试管放在试管架上，分别接种，稀释度为 10^{-8}～10^{-17} 的污泥水样 1mL。迅速将已经加入硫酸亚铁铵的硫酸盐还原细菌培养基注满每个试管，随即塞上胶塞，其中几个试管不接入污泥水样作为空白样；接种后，放在 30～37℃的恒温培养箱中培养 14～21d，凡是生成黑色沉淀并伴有硫化氢气味的试管，即表明有硫酸盐还原细菌生长。如果空白样有菌生长，则应当放弃这批水样重新做。

11.12.3.2 硫酸盐还原细菌的分离

硫酸盐还原细菌一般在氧化还原电位（ORP）低于－100mV 的厌氧环境中生存，有氧存在直接危害硫酸盐还原细菌的存活和生长。

（1）培养基

① 培养基 a——Starkey 培养基（用于分离脱硫弧菌属）。

K_2HPO_4 0.5g，NH_4Cl 1g，Na_2SO_4 1g，$CaCl_2 \cdot H_2O$ 0.1g，$MgSO_4 \cdot 7H_2O$ 2g，70%的乳酸钠溶液 5mL，蒸馏水 1000mL。

调节 pH 值到 7.0～7.5，121℃蒸汽灭菌 20min。如果培养基有少许沉淀，可以在灭菌后过滤溶液再灭菌。另外配制 1%的硫酸亚铁铵溶液，临用前每 100mL 培养基内加入 5mL。

② 培养基 b——Postgate 培养基的改进配制。

K_2HPO_4 0.5g，NH_4Cl 1g，酵母膏 1g，Na_2SO_4 1g，$CaCl_2 \cdot 6H_2O$ 0.1g，$MgSO_4 \cdot 7H_2O$ 2g，$FeSO_4 \cdot 7H_2O$ 0.002g，70%的乳酸钠溶液 5mL，蒸馏水 1000mL，pH 值为 7.5。

③ 培养基 c——PY 培养基。

蛋白胨 0.5g，胰酶蛋白 0.5g，酵母膏 1g，刃天青 0.002，盐溶液 4.0g，半胱氨酸 0.05，蒸馏水 1000mL，pH＝7.5。

其中盐溶液配比如下：K_2HPO_4 1g，NaCl 2g，$NaHCO_3$ 2g，无水 $MgSO_4$ 0.2g，KH_2PO_4 1g，蒸馏水 1000mL，无水 $CaCl_2$ 0.2g。

(2) 分离培养

① 采用三种培养基的其中一种，加入 2%琼脂，过滤、灭菌，加入硫酸亚铁铵无菌分装，每个试管 9mL，保持在 50℃的水浴中。

② 每管内的培养基加入无菌的 30%Na_2SO_4溶液 1mL 和已经灭菌的 NaOH0.2mL。

③ 在无氧条件下，将动态试验各个阶段稳定期的新鲜活性污泥按照 10 倍稀释法稀释几个梯度，吸取较高稀释度的菌液 1mL 滴入上述培养基试管，混匀后静置。

④ 将接种后的试管培养到较高稀释度的管内出现充分分离开的黑色菌落为止。

(3) 硫酸盐还原细菌的纯化培养

① Postgate 培养基过滤除去沉淀，进行无氧分装，在 121℃蒸汽下灭菌 20min。

② 另用蒸馏水配制 0.6%盐酸半胱氨酸溶液，pH 值为 1.8，121℃蒸汽下灭菌 20min，临用前按 10%比例加入培养基中，半胱氨酸最高浓度为 5μg/mL。

③ 挑出镜检形态正常的黑色菌落放于液体培养基中培养。

11.13 PCR 技术在废水厌氧生物处理中的应用

聚合聚酶链式反应（polymerase chain reaction，PCR）是 20 世纪 80 年代中期发展起来的体外核酸扩增技术。它具有特异、敏感、产率高、快速、简便、重复性好、易自动化等突出优点；能在一个试管内将所要研究的目的基因或某一 DNA 片段于数小时内扩增至十万乃至百万倍，使肉眼能直接观察和判断；可从一根毛发、一滴血甚至一个细胞中扩增出足量的 DNA 供分析研究和检测鉴定。过去几天几星期才能做到的事情，用 PCR 几小时便可完成。PCR 技术是生物、医学、环境等领域中的一项革命性创举和里程碑。

11.13.1 PCR 的原理及其试验方法

PCR 是体外酶促合成特异 DNA 片段的新方法，主要由高温变性、低温退火和适温延伸三个步骤反复的热循环构成：即在高温（95℃）下，待扩增的靶 DNA 双链受热变性成为两条单链 DNA 模板；而后在低温（37～55℃）情况下，两条人工合成的寡核苷酸引物与互补的单链 DNA 模板结合，形成部分双链；在 Taq 酶的最适温度（72℃）下，以引物 3′端为合成的起点，以单核苷酸为原料，沿模板以 5′→3′方向延伸，合成 DNA 新链。这样，每一双链的 DNA 模板，经过一次解链、退火、延伸三个步骤的热循环后就成了两条双链 DNA 分子。如此反复进行，每一次循环所产生的 DNA 均能成为下一次循环的模板，每一次循环都使两条人工合成的引物间的 DNA 特异区拷贝数扩增一倍，PCR 产物得以 2^n 的批数形式迅速扩增，经过 25～30 个循环后，理论上可使基因扩增 10^9 倍以上，实际上一般可达 10^6～10^7 倍。

假设扩增效率为“X”，循环数为“n”，则二者与扩增倍数“y”的关系式可表示为：$y=(1+X)^n$。扩增 30 个循环即 $n=30$ 时，若 $X=100\%$，则 $y=2^{30}=1073741824$（$>10^9$）；而若 $X=80\%$时，则 $y=1.8^{30}=45517159.6$（$>10^7$）。由此可见，其扩增的倍数是巨大的，将扩增产物进行电泳，经溴化乙啶染色，在紫外灯照射下（254nm）一般都可见到 DNA 的特异扩增区带（图 11-10）。

11.13.2 提高 PCR 检测的准确率的方法

(1) 操作技术和责任心

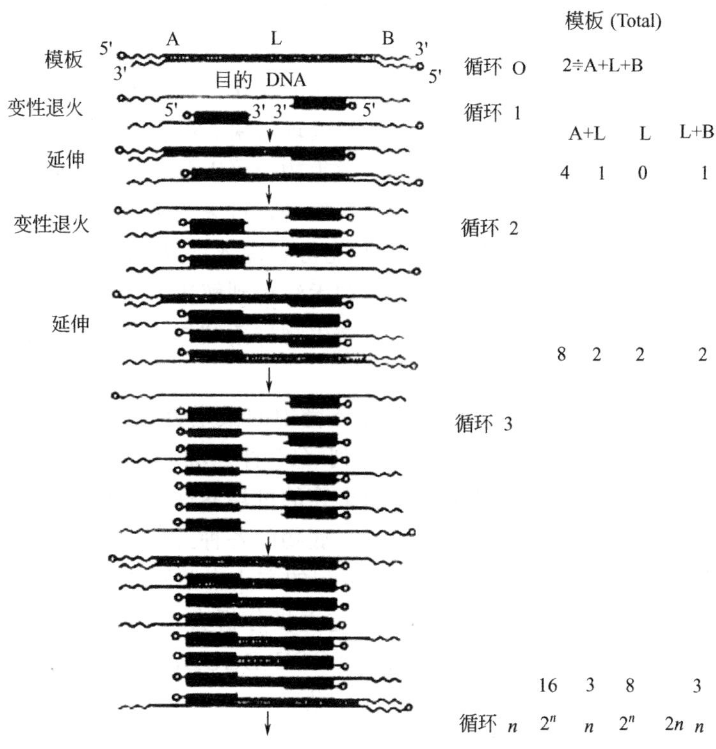

图 11-10 PCR 基本原理示意

熟练的操作技术和高度的责任心是提高 PCR 检测准确率的前提条件。PCR 检测是一项专业性较强、技术要求严格的工作。要求工作人员必须要有高度的责任心和熟练的操作技能。任何一点小小的疏漏，都会导致实验的失败。因此，我们平常除了认真学习各种有关知识外，还要对操作规程进行细致的分析、研究。使专业技术不断走向新的水平。减少因操作不当所造成的结果偏差。

(2) 防止污染是 PCR 检测准确率的关键因素

PCR 的前处理及后处理要在不同的隔离工作台上或房间进行，也就是说，整个 PCR 操作一定要在不同的隔离区进行。这对防止相互交叉感染有很大的作用。

加样移液器是最容易受产物 DNA 或标本气溶胶的污染，所以要使用可替换的加样器。

每天要在进行实验前 30min 对工作环境进行消毒。可用 300～500mg/L，有效氯对操作台、环境表面进行擦拭，抹布专用。紫外线消毒波长一般选择 254/300nm 照射，时间不低于 30min。

(3) 反应体系的配制是 PCR 检测准确率的保证

配置反应体系时，由于 Tag 酶的密度较大，因此加入 Tag 酶后必须吹打多次，使其均匀分布。配置反应体系应连续，较快速进行，中途不要暂停。另外，在配制琼脂糖凝胶时每次要少配勤配，待琼脂冷却至 50～60℃时再加溴化乙啶不要在琼脂温度过高时加入。因为溴化乙啶遇光分解退热挥发，因此，必须在避光阴凉处保存。反复溶解能使溴化乙啶挥发，影响特异条带的观察。

11.13.3 厌氧废水处理系统中微生物群落结构变化的 PCR 技术监测手段

污水生物处理技术是环境保护中最重要的技术方法之一，其原理主要是通过微生物对各种有机污染物的降解作用。无论是活性污泥或生物膜装置，其反应的主体都是由各种细菌、真菌、藻类和原生动物等构成的一个复杂的微生物生态系统。装置的运行是以其中的微生物种群为基础的，种群结构的变化决定了其处理功能的变化。通过研究微生物群落结构动力学变化与降解功能的关系，就有可能在提高装置的处理效果、降低运行成本、扩大处理能力等方面取得显著效果。因此，污水处理装置中的微生物相可以起到指标生物的作用，由此来检查、判断处理装置的运转情况和污水处理效果。但是，过去受传统分离培养方法的限制，人们对环境中的复杂微生物群落的组成及功能没能得到深入的认识。以污水厌氧生物处理为例，由于技术的局限，毫无疑问使一些关键问题无法得到解决，如活性污泥的膨胀；主要优势功能菌的鉴定及其生长速率的测定等等。对微生物群落结构变化规律的认识不足，直接影响了生产实际中污水处理的效果。

近年来，人们开始发展一些新方法来研究环境中的微生物群落，其中 BIOLOG 鉴别系统是重要的方法之一，它是通过微生物对一系列（95 种）唯一碳源利用能力上的差异来加以鉴别。这种方法的局限性是仍然必须基于微生物的可培养性。完整细胞的方法也一直用于对微生物群落的鉴别上，它是基于在添加了不同底物的各种土壤中对微生物细胞呼吸作用的测定。此外，White 等也曾描述了用脂质生物标记的方法来鉴别微生物群落。而作为分子生物学方法引入生态学研究的结果，人们可以通过直接分析自然环境中微生物的 DNA/RNA 来分析和鉴别微生物，这些方法包括 RFLP，TGGE/DGGE，以及 ERIC-PCR 指纹图的方法等。下面将详细介绍 ERIC-PCR 结合分子杂交法。

（1）关于 ERIC-PCR 结合分子杂交法

ERIC 序列（enterobacterial repetitive intergenic consensus sequence）是首先在肠道细菌基因组中发现的长为 126bp 的非编码保守重复序列，随后相继又在其他许多肠道的、非肠道的细菌中发现了 ERIC 序列。ERIC 序列在不同细菌中的拷贝数和定位都不同。利用 ERIC 保守序列设计的引物对细菌 DNA 进行 PCR 扩增，可以得到反映细菌基因组结构特征的谱带，因此可广泛用于细菌鉴定、分类等研究。在后来 Gillings 等的工作中发现 ERIC 引物在扩增过程中并不一定匹配 ERIC 序列，而实际上是随机结合的，ERIC-PCR 实际上是随机的扩增技术。人们曾以肠道微生物区系和活性污泥微生物区系为研究对象，探讨了 ERIC-PCR 在分析和检测细菌种群结构动态变化中的作用。研究表明，用 ERIC-PCR 分析所得到的指纹图谱，在比较不同群落结构特征的差异以及同一群落在一段时间内微生物种群的变化过程是有效的。

ERIC-PCR 是以分布在细菌基因组中的重复共有序列为基础的 DNA 指纹分析技术。从环境样品中提取的总 DNA 为模板进行 ERIC-PCR 扩增，PCR 产物经琼脂糖凝胶电泳分离形成每一微生物群落所特有的条带图谱。条带的数量、确切的位置和亮度，反映了微生物群落结构的特征。这样，对环境微生物群落结构的分析已转化为对其 DNA 指纹图的分析。就一些图谱会比较复杂的微生物系统而言，可通过建立数量测定的方法对图谱进行客观的分析，如用 Cs 系数比较图谱间的相似性；用 Shannon 指数来计算群落多样性的变化。图谱中每一条带来自源于不同的细菌，同一条带 DNA 片段大小相同而序列可能不同，为此通过分子杂交技术进一步分析更深层次的序列信息。

（2）ERIC-PCR 结合分子杂交法的试验操作过程

① 污泥样品的采集　废水厌氧生物处理系统中（厌氧反应器）设置若干采集点，每个点采集悬浮污泥水样约 2000mL。每间隔 1 周采样 1 次，一般需要连续进行 4 周。

② 样品的处理　污水样品，10000×g 5min，收集沉淀。加 5 倍体积的 TENP buffer 加

玻璃珠充分旋涡，10000×g 5min，收集沉淀（重复 2 次）。加 5 倍体积的 PBS buffer，旋涡，收集沉淀（重复 2 次）。加 PBS 悬浮，分装试管（10ml 离心管，每管加 4ml 悬浮液和 1ml 甘油），旋涡均匀，−70℃保藏。

③ 总 DNA 提取及纯化　样品 0.3～0.5g（10ml 离心管），加 2mL extraction buffer 悬浮，加 2 粒玻璃珠漩涡 5min。加入 2mL 2% SDS buffer，上下颠倒 10min（放置冰上）。13000×g 10min，收集上清。加入 4mL 酚轻轻混匀。13000×g 15min，取上清。加入 2mL 酚和 2mL 氯仿，颠倒几下混匀，13000×g 15min，取上清。加入 4mL 氯仿，颠倒几下混匀。13000×g 15min，取上清。加入 0.6 倍体积异丙醇，混匀。−20℃ 1h 或过夜。14000×g 20min，弃上清。沉淀用 70% 乙醇洗 1 次，冷冻干燥。100μL TE 或超纯水悬浮，加入 1.5μL RNase A（20mg/ml）37℃消化 20min。−20℃保藏。必要时，DNA 样品用“MO-BIO” DNA purification Kit 过柱纯化。

④ 采用的 ERIC-PCR 引物序列　ERIC1R：5′-CACTTAGGGGTCCTCGAATGTA-3′；ERIC2：5′-AAGTAAGTGACTGGGGTGAGCG-3′。

⑤ 探针标记与 DNA 分子杂交　选 ERIC-PCR 图谱中条带数最多的污泥 DNA 样品，PCR 扩增后产物过柱纯化，地高辛标记做成微生物群落结构探针（DIG DNA Labeling and Detection Kit）。

⑥ 图谱的相似性分析　利用 Sorenson 配对比较相似性系数（pairwise similarity coefficient，Cs）来比较 ERIC-PCR 指纹图谱的相似性。

11.14 微生物传感器在厌氧工艺测定中的应用

生物传感器通常是指由一种生物敏感部件和转化器紧密结合，对特定种类化学物质或生物活性物质具有选择性和可逆响应的分析装置。它是发展生物技术必不可少的一种先进的检测与监控方法，也是对物质在分子水平上进行快速和微量分析的方法。

各种生物传感器中，微生物传感器最适合厌氧工艺的测定。因为厌氧发酵过程中常存在对酶的干扰物质，并且发酵液往往不是清澈透明的，不适用于光谱等方法测定。而应用微生物传感器则极有可能消除干扰，并且不受发酵液混浊程度的限制。同时，由于发酵工业是大规模的生产，微生物传感器其成本低设备简单的特点使其具有极大的优势。

11.14.1 构成和原理

微生物传感器（microbial biosensor）是利用微生物作为敏感材料的生物传感器，是一种能选择地、连续地和可逆地感受某一化学量或生物量的装置。一般由感受器（receptor）、换能器（transducer）和检测器（detector）三部分组成，其可以用图 11-11 来表示。

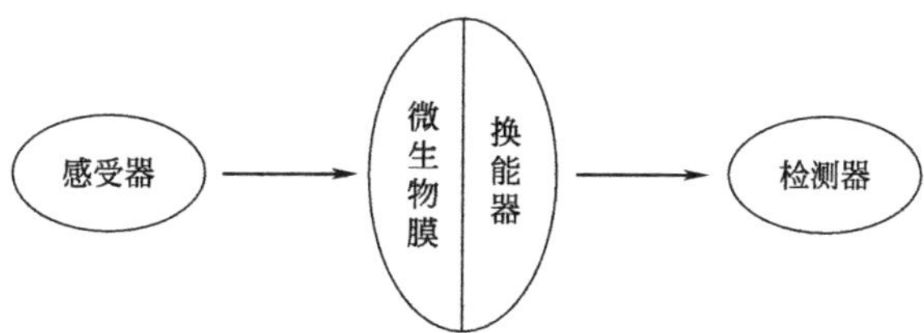

图 11-11　微生物传感器组成

感受器是由分子识别能力的生物功能物质（如酶、动植物组织切片、微生物、抗原、抗体和核酸等）构成。换能器主要是电化学或光学检测元件（如：电流、电位测量电极、热敏电阻、场效应晶体管、压电晶体及光纤等）。当待测物与感受器特异性地结合后，产生的复合物（或光、热等）通过换能器转变为可以输出的电信号、光信号等，由检测器经过电子技术处理，在仪器上显示或记录下来，从而达到分析检测目的。

11.14.2 应用

在厌氧工艺中，进入废水的成分通常较为复杂，而且反应器内进行着各种反应，产生的某些中间代谢产物对微生物具有毒害作用。因此，可以利用微生物传感器对反应器进行监控，以便能够在第一时间了解反应器内的水质变化和微生物的生长状况。

（1）原材料及代谢产物的测定

微生物传感器可用于原材料如乙酸等的测定，代谢产物如甲酸、甲烷、醇类、乳酸等的测定。测量的原理基本上都是用适合的微生物电极与氧电极组成，利用微生物的同化作用，通过测量氧电极电流的变化量来测量氧气的减少量，从而达到测量底物浓度的目的。

在各种原材料中葡萄糖的测定对过程控制尤其重要，用荧光假单胞菌代谢消耗葡萄糖的作用，通过氧电极进行检测，可以估计葡萄糖的浓度。这种微生物电极和葡萄糖酶电极型相比，测定结果是类似的，而微生物电极灵敏度高，重复实用性好，而且不必使用昂贵的葡萄糖酶。

当乙酸用作碳源进行微生物培养时，乙酸含量高于某一浓度会抑制微生物的生长，因此需要在线测定。用固定化酵母，透气膜和氧电极组成的微生物传感器可以测定乙酸的浓度。

（2）微生物细胞总数的测定

在厌氧发酵控制方面，需要直接测定细胞数目的简单而连续的方法。科研人员发现在阳极表面，细菌可以直接被氧化并产生电流。这种生物传感器系统已应用于细胞数目的测定，其结果与传统的菌斑计数法测细胞数是相同的。

（3）代谢试验的鉴定

传统的微生物代谢类型的鉴定都是根据微生物在某种培养基上的生长情况进行的。这些试验方法需要较长的培养时间和专门的技术。微生物对底物的同化作用可以通过其呼吸活性进行测定。用氧电极可以直接测量微生物的呼吸活性。因此，可以用微生物传感器来测定微生物的代谢特征。这个系统已用于微生物的简单鉴定、微生物培养基的选择、微生物酶活性的测定、废水中可被生物降解的物质估计、用于废水处理的微生物选择、活性污泥的同化作用试验、生物降解物的确定、微生物的保存方法选择等。

参 考 文 献

[1] 王凯军. 厌氧生物技术. 化学工业出版社，2015.

[2] 常佳，费学宁，等. 污水厌氧生物处理监控技术研究进展. 化工进展，2013，32（7）：1673-1690.

[3] 李煜珊，李耀明，欧阳志云. 产甲烷微生物研究概况. 环境科学，2014，35（5）：2025-2030.

[4] 徐富，缪恒锋，等. 低浓度废水厌氧处理中不同动力学模型对比研究. 中国环境科学，2013，33（12）：2184-2190.

[5] 徐晓秋. 高浓度有机废水厌氧处理技术的研究进展与应用现状. 应用能源技术，2010，（12）：6-9.

[6] 林永秀，牟大的. 废水的厌氧生物处理技术浅谈. 农业与技术，2013，33（9）：20-21.

[7] 张博，郭新超，等. 厌氧生物水处理技术的研究进展. 西部皮革，2013，35（8）：22-25.

[8] 徐恒，汪翠萍，等. 废水厌氧处理反应器功能拓展研究进展. 农业工程学报，2014，30（18）：238-248.

[9] WilliamPB，StuckeyDC. Nitrogen removal in a modified anaerobic baffled reactor（ABR）：1，denitrification. Water Res.，2000，34（9）：2413-2422.

[10] WilliamPB，StuckeyDC. Nitrogen removal in a modified anaerobic baffled reactor（ABR）：2，Nitrification. Water Res.，2000，34（9）：2423-2432.

[11] AkunnaJC，ClarkM. Performance of a granular bed anaerobic baffled reactor（GRABBR）treating whiskey distillery waste water. Bioresource Technology，2000，74：257-261.

[12] 强琳，袁林江，丁擎. 微生物燃料电池处理生活污水产电特性研究. 水资源与水工程学报，2010，21（4）：51-54.

[13] 穆剑，匡丽，等. 采油废水厌氧处理系统的微生物群落特征. 环境工程学报，2014，8（3）：807-814.

[14] YEO H，LEE H S. The effect of solids retention time on dissolved methane concentration in anaerobic membrane bioreactors. Environ. Technol.，2013，34（13/14）：2105-2112.

[15] HUANG Z，ONG S L，NG H Y. Performance of submerged anaerobic membrane bioreactor at different SRTs fr domestic wastewater treatment. J. Biotechnol.，2013，164（1）：82-90.

[16] 赵洪颜，于海茹，等. 有机负荷冲击对固定窗厌氧反应器启动及古菌群落动态影响. 环境工程学报，2015，9（10）：4655-4663.

[17] 李春华，张洪林. 生物流化床法处理废水的研究与应用进展. 环境技术，2002，4：27-31.

[18] 陈坚，卫功元. 新型高效废水厌氧生物处理反应器研究进展. 无锡轻工大学学报，2001，20（3）：323-329.

[19] Youngho Ahn，Bruce E. Logan. Effectiveness of domestic wastewater treatment using microbial fuel cells at ambient and mesophilic temperatures. Bioresource Technology，2010，101（2）：469-475.

[20] De Vrieze J.，Hennebel T. B.，Boon N.，et al. Methanosar-cina：The rediscovered methanogen for heavy duty biometha-nation. Bioresource Technology，2012，112：1-9.

[21] Zhang Dongdong，Zhu Wanbin，Tang Can，et al. Bioreactor performance and methanogenic population dynamics in a low-temperarure（5～18℃）aerobic fixed-bed reactor. Bioresource Technology，2012，104：136-143.

[22] Matheus Carnevali P B，Rohrssen M，Dodsworth J A，et al. Archaea in arctic thermokarst lake sediments. In：Proceedings of The AGU Fall Meeting Abstracts. USA：The AGU Fall Meeting Abstracts，2011.

[23] 王聪，王淑莹. 厌氧/缺氧/好氧生物接触氧化处理低碳氮比污水的物料平衡. 农业工程学报，2014，30（19）：273-281.

[24] 李巡案，贺延龄，张翠萍，等. 厌氧-好氧工艺处理造纸废水工程实例及清洁生产. 环境工程学报，2012，6（8）：2595-2599.

[25] 2-丁烯醛生产废水对厌氧生物处理的毒性. 中国环境科学，2015，35（7）：2021-2026.

[26] 吴建春. 浅谈厌氧生物处理工艺在污水处理工程实践中的应用. 环境科学与管理，2013，38（4）：103-105.

[27] Ghimire A，Frunzo L，Pirozzi F，et al. A Review on Dark Fermentative Biohydrogen Production from Organic Biomass：Process Parameters and Use of Byproducts . Applied Energy，2015，144：73-95.

[28] Ghose M K，etal. Organicwaste treatment via anaerobic bio-hydrogenation. 沈阳化工大学学报，2015，29，（3）：282-288.

[29] 黄会斐. 厌氧/好氧/人工湿地处理农村分散污水. 水利科技与经济，2015，21（9）：4-6.

[30] 陈珺，王洪臣等. 城市污水处理工艺迈向主流厌氧氨氧化的挑战与展望. 给水排水，2015，41（10）：29-34.

[31] Ren N Q，Guo W Q，Liu B F，et al. Biological Hydrogen Prospects Towards Scaled-up Production. Current Opinion in Biotechnology，2011，22（3）：365-370.

[32] Gerssen-Gondelach S J, Saygin D, Wicke B, et al. Competing Uses of Biomass: Assessment and Comparison of the Performance of Bio-base Heat, Power, Fuela and Materials . Renewable and sustain-able Energy Reviews, 2014, 40: 964-998.

[33] 董殿波. 农药废水处理研究进展. 污染防治技术, 2015, 28 (4): 6-10.

[34] 施昌平, 陈媛媛, 肖磊, 等. 厌氧预处理＋潜流式人工湿地处理农村生活污水. 环境工程, 2011, 29 (3): 27-29.

[35] 张振贤. 厌氧硝化＋接触氧化在养猪场废水治理中的应用. 工业节能技术, 2015, (9): 39-46 .

[36] kabes S, Characklis WG. Effects of temperature and pHospHorus concen－trations on microbiol sulfate reduction by Desulfuricars desulforibrio, Biotechnol, Bioengr. 1992, 39: 1031-1042.

[37] Lewin A, Wentzel A, Valla S. Metagenomics of microbial life in extreme temperature environments. Current Opinion in Biotechnology, 2013, 24 (3): 516-525.

[38] chmidt J E, Ahring B R. Granular sludge Formation in upflow anaerobic sludge blanket (UASB) reactors. Biotechnology and Bio-engineering, 1996, 49: 229.

[39] Kothari R, Singh D P, Tyagi V V, et al. Fermentative Hydrogen Production—An Alternative Clean Energy Source. Renewable and Sustainable Energy Reviews, 2012, 16 (4): 2337-2346.

[40] Hedderich R, Whitman W B. Physiology and Biochemistry of the Methane-Producing Archaea, The Prokaryotes. New York: Springer-Verlag, 2013, 635-662.

[41] 夏北成. 环境污染物生物降解. 化学工业出版社, 2002.

[42] Dauda S A, LÜ X Y, Wang L, et al. Treatment of organic Waste-water via BFC. Journal of Shenyang University of Chemical Technogy, 2014, 28 (4): 377-384.

[43] Gao W, Sivakumar K M. Bio-hydrogenation from Agricultural Waste. Journal of Shenyang University of Chemical Technology, 2013, 27 (2): 187-191.

[44] Saengkerdsub S, Ricke S C. Ecology and characteristics of methanogenic archaea in animals and humans. Critical Reviews in Microbiology, 2014, 40 (2) : 97-116.

[45] Pichon, M. et al . Paperi ja Puu-Paper och Tra, 1987 (8): 652-658.

[46] [美] R. E. 斯皮思著, 利亚新译. 工业废水的厌氧生物技术. 北京: 中国建筑工业出版社, 2001, 4.

[47] 石春芳, 冷小云等. 利用生物絮凝剂处理沼液的研究. 畜牧科技, 2015, (9): 74-75.

[48] Lee C G, Watanabe T, Murase J, et al. Growth of methanogens in an oxic soil microcosm: Elucidation by a DNA-SIP experiment using 13C-labeled dried rice callus . Applied Soil Ecology, 2012, 58: 37-44.

[49] 谢益民, 瞿方, 王磊, 等. 制浆造纸废水深度处理新技术与应用进展. 中国造纸学报, 2012, 27 (3): 56-61.

[50] Sakai S, Conrad R, Liesack W, et al. Methanocella arvoryzae sp. nov., a hydrogenotrophic methanogen isolated from rice field soil. International Journal of Systematic and Evolutionary Microbiology, 2010, 60 (12): 2918-2923 .

[51] Angel R, Claus P, Conrad R. Methanogenic archaea are globally ubiquitous in aerated soils and become active under wet anoxic conditions. The ISME Journal, 2012, 6 (4): 847-862 .

[52] 赵志阳, 王劼. 大型污水处理工程的启动与工艺调试. 山西建筑, 2015 (30), 180-181 .

[53] Strous M, Fuerst J A, Kramer E H. et al. Missing lithotroph iden: ified as new planclomycele. nature. 1999, 400 (6743): 446-449.

[54] Jetten M S M, Strous M. The anaerobic oxidation of ainmonium. FEMS mierobiology reviews. 1999, 22 (5): 421-437.

[55] Thorgersen M P, Stirrett K, Scott R A, et al. Mechanism of oxygen detoxification by the surprisingly oxygen-tolerant hyperthermophilic archaeon, Pyrococcus furiosus. Proceedings of the National Academy of Sciences of the United States of America, 2012, 109 (45) : 18547-18552.

[56] Letting, G. L. W. Hulshoff Pol. Fundamentals of nanerobic digestion kinetises. in: 1st Int. Course on Anaerobic and Low Cost Treatment of Wastes and Wastewaters. The Neeherlands: IAC and WAU, 1994.

[57] WAU. Int. Course on Anaerobic Wastewater Treatment. The Netherlands. 1990.

[58] Horne A J, Lessner D J. Assessment of the oxidant tolerance of Methanosarcina acetivorans. FEMS Microbiology Letters, 2013, 343 (1) : 13-19.

[59] 陈涛, 陈薇薇等. 硫酸盐还原菌 (SRB) 厌氧生物技术处理脱硫废水的可行性探讨. 中国农村水利水电, 2014,

(2)：18-22.

[60] Yang G，Anderson G K. Effects of wastewater composition on stability of UASB. Journal of Environmental Engineering，1993，119 (5)：958-977.

[61] Ching-shyung Hwu，et al. Biosorption of Long-chain Fatty Acids in UASB Treatment Process. Water Res，1998，32 (3)：1571-1579 .

[62] 赵一章等. 产甲烷细菌及其研究方法. 成都：成都科技大学出版社，1997.

[63] 朱文秀，黄振兴等. IC反应器处理啤酒废水的效能及其微生物群落动态分析. 环境科学，2012，33 (8)：2715-2722.

[64] Zeng，A.，et al. Biotechnol. Bioeng.，Vol . 44，No. 8，902-910，1994.

[65] Wiegant，W. W. and W. A. de Man. Biotech. Bioengin. 1986 (27)：718-727.

[66] Hulshoff Pol，L. W. et al. Wat. Sci. Technol. 1983 (15)：291-304.

[67] Wiegant，W. M. et al. Wat. Res. 1986 (20)：517-524.

[68] 段增强，段婧婧，等. 原理滴慢速渗滤系统处理农村散式生活污水. 农业工程学报，2013，28 (23)：192-199.

[69] 张建，王万超，等. 工业废水中氰化物的生物去除技术研究进展. 安徽农业科学，2015，43 (17)：275-278.

[70] 龚灵潇，彭永臻，杨庆等. 不同载体填充率下一体化A/O生物膜反应器的启动特性. 中南大学学报：自然科学版，2013，44 (3)：1275-1282.

[71] 买文宁. 生物化工废水处理技术及工程实例. 北京：化学工业出版社，2002.

[72] 任南琪，王爱杰等. 厌氧生物技术原理与应用. 北京：化学工业出版社，2004.

[73] 吴鹏，徐乐中，等. 厌氧生物膜反应器处理生活污水的研究进展. 环境污染与防治，2015，37 (8)：80-84.

[74] [美] R. E. 斯皮思著. 工业废水的厌氧生物技术. 北京：中国建筑工业出版社，2001.

[75] Laboratory work manual. In：1st Int. Course on Anaerobic and Low Cost Treatment of Wastes and Wastewaters. The Netherlands：IAC and WAU，1994.

[76] WEI C H，HARB M，AMY G，et al. Sustainable organic loading rate and energy recovery potential of mesophilic anaerobic membrane bioreactor for municipal wastewater treatment. Bioresour. Technol.，2014，166 (4)：326-334.

[77] Visscher F，van der Schaaf J，de Croon M H J M，et al. Liquid-liquid mass transfer in a rotor-stator spinning disc reactor. Chemical Engineering Journal，2012，185-186：267-273.

[78] 张鹏娟，买文宁，等. 三维电极法深度处理维生素生产废水. 环境工程学报，2013，7 (3)：897-902.

[79] SHIN C，MCCARTY P L，KIM J，et al. Pilot-scale temperateclimate treatment of domestic wastewater with a stagged nanerobic fluidized membrene bioreactor (SAF-MBR). Bioresour. Technol.，2014，159 (7)：95-103.

[80] DAGNEW M，PARKER W，SETO P，et al. Pilot testing of an AnMBR f-or municipal wasterwater treatment [EB/OL]. [2014-08-29]. http://cpfd. cnki. com. cn/Article/CPFDTOTAL-ZNXX201012012115. htm.

[81] Botheju D，Lie B，Bakke R. Oxygen Effects in Anaerobic Digestion II. Modeling，Identication and Control，2010，31 (2)：55-65.

[82] Wu F，Xu L，Sun Y，et al. Exploring the relationship between polycyclic aromatic hydrocarbons and sedimentary organic carbon in three Chinese lakes. Journal of Soils and Sediments，2012，12 (5)：774-783.

[83] VereUken，T. and P. I. J. Speert. Anaerobic industrial wastewater treatment. Presented in Seminar BiotechnolOgy WastewaterTreatment. The Netherlands. 1992，Apil.

[84] Van Lier，J. B. et al. Personal Correspondence. 1994.

[85] Wiegant，W. M. AnaerobiC treatment of wastewater，princlples and perspectives. Presented in Biotechnological Waste，water Trearment Seminar，Wageningen，The Netherlands. 1993.

[86] 隋力新，胡奇，高大文. 常温厌氧MBR中微生物群落结构与膜污染研究. 中国环境科学，2015，35 (1)：110-115.

[87] SMITH A L，SKERLOS S J，RASKIN L. Psychrophilic anaerobic membrane bioreactor treatment of domestic wastewater. Water Res.，2013，47 (4) .

[88] Bosma，K. et al. Anaerobic/aerobic Treatment of Whey Effiuent：a Practical Experience Technical Report. The Netherlands：Borculo Whey Products and Paques BV，1994.

[89] Yin N，Zhong ZX，Xing WH. Ceramic membrane fouling and cleaning in ultrafiltration of desulfurization wasterwater. Desalination，2013，319：92-98.

[90] Zhou Q，Chen YZ，Yang M，et al. Enhanced bioremediation of heavy metal from effluent by sulfate-reducing bacteria with copper iron bimetallic particles support. Bioresource Technology，2013，136：413-417.

[91] 刘芳，梁金松，孙英，等. 高分子量多环芳烃降解菌 LD29 的筛选及降解特性研究. 环境科学，2011（06）：179-180.

[92] 刘俊文，解启来，王琰，等. 扎龙湿地表层沉积物多环芳烃的污染特征研究. 环境科学，2011，32（8）：2450-2454.

[93] 王婧，孟庆函，曹兵. 三维电极电催化氧化处理邻氯苯胺废水的研究. 环境科学与技术，2012，35（7）：86-89.

[94] 李刚，杨立中，欧阳峰. 厌氧消化过程控制因素及 pH 和 Eh 的影响分析. 西南交通大学学报. 2001，36（5）：518-521.

[95] 王凯军. 厌氧工艺的发展和新型厌氧反应器. 环境科学，1998，19（1）：94-96.

[96] 胡家骏，周群英. 环境工程微生物学. 北京：高等教育出版社，1988.

[97] 左剑恶，胡纪萃，陆正禹，顾夏声. 厌氧消化过程中的酸碱平衡及 pH 控制的研究. 中国沼气. 1998，16（1）：3-7.

[98] 郑元景，等. 污水厌氧生物处理. 北京：中国建筑工业出版社，1988.

[99] 王润得，李叶然，等. 改进型化学沉淀法处理荆门热电厂脱硫废水. 污染防治技术，2012，25（1）：13-15.

[100] 潘嘉川，曹宏斌，邵宗泽，等. 海洋硫酸盐还原菌群处理烟气脱硫废水. 环境科学，2009，30（2）：504-509.

[101] 丛者禹. 厌氧微生物的营养元素. 环境科学动态. 2000（2）：31.

[102] Coulter，J. B et al. Sewage Ind. Wastes，1957（29）：468.

[103] 徐建刚. 石灰石-石膏湿法烟气脱硫废水处理. 电力科技与环保，2010，2（4）：33-34.

[104] 吴志勇. 废水蒸发浓缩工艺在脱硫废水处理中的应用. 华电技术，2012，34（11）：63-66.

[105] 尹连庆，张山山，康鹏. 燃煤电厂脱硫废水的生物处理实验研究［C］//Proceedings of Conference on Environmental Pollution and Public Health（CEPPH 2012），2012：459-462.

[106] Hua M，Zhang S，Pan B，et al. Heavy metal removal from water/wastewater by nanosized metal oxides：A review. Journal of Hazardous Materials，2012，211-212，317-331.

[107] Kennedy，K. J. and L. van den Berg . Biotechnol. Lett.，1982（4）：171-176.

[108] Wiegant，W. M. and W. A. de Man. Biotech. Bioengin.，1986（28）：718-727.

[109] Wiegant，W. M. and G. Lettinga. Biotech. Bioengin.，1985（27）：1603-1607.

[110] Varel，V. H. et al. Appl. Environ. Microbiol.，1977（33）：298-304.

[111] Hasson，G. Biotech. Lett.，1982（4）：789-794.

[112] Cail，R. and J. P. Barford. Agric. Wastes，1985（13）：295-304.

[113] Young，J. and P. McCarty. JWPCF，1969（41）：R160-R173.

[114] American Public Health Association. Standard Methods for the Examination of Water and Wastewater. 18th ed. Washington DC：APHA，1992.

[115] Wang J，Liang B，Parnas R. Manganese-based regenerable sorbents for high temperature H_2S removal. Fuel，2013，107：539-546.

[116] Cohen A，Van A J G. Van D A. Influence of phase separation on the anaerobic digesition of glucose；maximum COD turnover rate during continuous operation. Wat Res，1980，14：1439-1448 .

[117] Cohen A，van Gemert J M，Zoetemeyer R J，et al. Main charac teristics and stoichiometric spects of acidogenesis of soluble carbohydrate containing wastewater. Proc Biochem，1984，19：228-237.

[118] Denac M，Miguel A，Dunn I J. Modeling dynamic experiments on the anaerobic degradation of molasses wastewater. Biotechnol & Bioeng，1988，31：1-7.

[119] Dinopoulou G，Rudd T，Lesler J N. Anaerobic acidogensis of a complex wastewater：I. The influence of operational parameters on reactor performance. Biotechnol & Bioeng，1988，31：958-964.

[120] Austermann HaunU，et al.，Full scale experiences with anaerobic treatment plant In the food and beverage industry. Wat. Sci. Tech.，1999，40（1）：305-312.

[121] 张艳君，张志强，戴晓晴，等. 基于剩余污泥的超声法提取微生物絮凝剂. 环境工程学报，2012，6（3）：1030-1034.

[122] 周云，刘英，张志强，等. 微生物絮凝剂制备的研究新进展 . 环境污染与防治，2014，36（4）：80-85，91.

[123] Rebac S，et al. High-rate anaerobic treatment of malting wastewater in a pilot scale EGSB system under psychro-

phil-is conditions. Chem. Tech. Biotechnol，1997，68：135-140.

［124］ Dries J，et al . High rate biological treatment of sulfate-rich wastewater in an acetate-fed EGSB reactor. Biodegradation，1998，9：103-111.

［125］ De Smul，et al. High rates of microbial sulphate reduction in mesophilic ethanol-fed expanded- granular-sludge-blanket reactor. Microbiol Biotechnol.，1997，48：297-303.

［126］ Zoutberg G R，et al. The BiobedOEGSB（Expanded Gran-ular Sludge Bed）system covers shortcomings of the upflow anaerobic sludge blanket reactor in the chemical industry. Wat. Sci. Tech.，1997，35（10）：183-188.

［127］ S. N. Kaul et al.，FluidizedBed Re actor for Wastewater Treatment . CE W ，1990，25（2）：25-42.

［128］ Nachaiyasit S，Stuckey D C. The effect of shock loads on the performance of an anaerobic baffled reactor（ABR）. 2 . Step and transient hydraulic shocks at constant feed strength. Water Res.，1997，31（11）：2747-2754.

［129］ 李向蓉，戴晴，王春晖，等. 采用树脂法从剩余污泥中提取微生物絮凝剂. 中南大学学报：自然科学版，2013，44（1）：411-416.

［130］ Lindeboom R E，Fermoso F G，Weijma J，et al. Autogenerative high pressure digestion：Anaerobic digestion and biogas upgrading in a single step reactor system. Water Science and Technology，2011，64（3）：647-653.

［131］ Lv W，Schanbacher F L，Yu Z. Putting microbes to work in sequence：Recent advances in temperature-phased anaerobic digestion processes. Bioresource Technology，2010，101（24）：9409-9414.

［132］ 安景辉，卜城. 厌氧反应过程中相状态的确定. 中国沼气，2001，19（1）：11-15.

［133］ Starr K，Gabarrell X，Villalba G，et al. Life cycle assessment of biogas upgrading technologies. Waste Management，2012，32（5）：991-999.

［134］ 张志强，李向蓉，张姣，等. 超声法从剩余污泥中提取微生物絮凝剂的研究. 同济大学学报：自然科学版，2013，41（2）：234-239.

［135］ Xiao Y，Roberts D J. A review of anaerobic treatment of saline wastewater. Environmental Technology，2010，31（8/9）：1025-1043.

［136］ 李刚，欧阳峰，杨立中等. 两相厌氧消化工艺的研究与进展. 中国沼气. 2001，19（2）：25-29.

［137］ 叶芬霞，李颖. 有机废物两相厌氧消化的基质特异性及其应用. 中国沼气. 2002，20（3）：8-12.

［138］ Kim J，Kim K，Ye H，et al. Anaerobic fluidized bed membrane bioreactor for wastewater treatment. Environmental Science & Technology，2011，45（2）：576-581.

［139］ 周秀秀，戴晓晴，王春晖，等. 剩余污泥中微生物絮凝剂的提取方法比较. 环境工程学报，2013，7（8）：2808-2812.

［140］ 李白昆等. 厌氧活性污泥与几株产氢细菌的产氢能力及协同作用研究. 环境科学学报 ，1997（10），459-463 .

［141］ 管运涛，等. 两相厌氧膜—生物系统处理造纸废水. 环境科学. 2000，（4）：52-56 .

［142］ Lindeboom R E，Weijma J，Van lier J B. High-calorific biogas production by selective CO_2 retention at autogenerated biogas pressures up to 20 bar. Environment Science & Technology，2012，46（3）：1895-1902.

［143］ 竺建荣. 二相升流式厌氧污泥床工艺微生物学特性的研究. 北京：清华大学，1990.

［144］ 俞汉青，顾国维. 两相厌氧工艺应用的述评. 给水排水. 20-24 .

［145］ 聂永丰. 三废处理工程技术手册. 北京：化学工业出版社，2003.

［146］ 张自杰. 废水处理理论与设计. 北京：中国建筑工业出版社，2003.

［147］ 陈坚. 环境生物技术. 北京：中国轻工业出版社，1999.

［148］ 胡纪萃. 废水的厌氧生物处理理论与技术. 北京：中国建筑工业出版社，2003.

［149］ 唐受印，汪大翚. 废水处理工程. 北京：化学工业出版社，2003.

［150］ 杨岳平，徐新华，刘传富. 废水处理工程及实例分析. 北京：化学工业出版社，2003.

［151］ 王绍文，罗志腾，钱雷. 高浓度有机废水处理技术与工程应用. 北京：冶金工业出版社，2003.

［152］ 王凯军，左剑恶，甘海南等. UASB 工艺的理论与工程实践. 北京：中国环境科学出版社，2003.

［153］ 金兆丰，余志荣，徐竟成等. 污水处理组合工艺及工程实例. 北京：化学工业出版社，2003.

［154］ 谌建宇，刘晓文. 厌氧 UASB-新型生物接触氧化工艺处理啤酒废水. 给水排水，2000，26（4）.

［155］ 谭铁鹏. 有机废水的厌氧处理及其快速技术. 环境技术，1998，（5）.

［156］ 连学林. 常温 UASB 装置设计与运行控制. 重庆环境科学，2001，23（4）.

［157］ 连学林. 常温 UASB 装置处理五粮液酒厂废水. 中国沼气，2001，19（4）.

[158] 王峡，马振忠，齐振久等. 玉米酒精糟液厌氧消化工艺比较. 中国沼气，2000，18（1）.
[159] 买文宁，扬明，曾令斌. 抗生素废水处理工程的设计及运行. 给水排水，2002，28（4）.
[160] 聂艳秋. 二相厌氧-混凝法处理制浆造纸综合废水的工艺设计及调试. 环境污染治理技术与设备，2002，3（6）.
[161] 刘峰，杨平，方治华等. 预酸析-厌氧流化床处理碱法草浆黑液的研究. 环境科学学报，1999，19（2）.
[162] 黄晓东，张存铎. UASB的主要设计问题. 环境工程，1997，15（2）.
[163] 陈广元. 脉冲进液方式在UASB反应器中的应用. 给水排水，2002，28（2）.
[164] 周律，钱易. 厌氧生物反应器的设计、启动和运行控制方法. 污染防止技术，1997，10（1）.
[165] 郝晓刚，余华瑞，石炎福. 废水厌氧生物处理装置中的三相分离器. 化工装备技术，1997，18（2）.
[166] 王凯军. UASB工艺系统设计方法探讨. 中国沼气，2002，20（2）.
[167] 刘念曾. 关于工业废水处理和工艺选择. 石油化工动态，1999，7（1）.
[168] 张欣，王少慧. 酒糟废水处理工程设计，给水排水，2001，27（3）.
[169] 袁秋笙. UASB反应器的结构与设计方法. 江苏环境科技，1999，2.
[170] 曾英杰，王学文. 染料中间体废水处理的设计及运行. 河南化工，2002，6.
[171] 康建雄，李静，闵海华等. UASB-A/O膜工艺处理渗滤液工程设计案例. 华中科技大学学报（城市科学版），2003，20（2）.
[172] 闫庆松，闫庆东. 偶氮染料废水处理工程实例. 给水排水，2001，27（1）.
[173] 覃环，欧明. 猪场粪水两相厌氧处理系统的设计及应用效果. 家畜生态，2000，21（4）.
[174] 李祥，黄勇，周呈，等. 增设回流提高厌氧氨氧化反应器脱氮效能. 农业工程学报，2013，29（9）：178-183.
[175] 邢书彬. 生物-物化工艺处理造纸工业废水实例分析. 重庆环境科学，2000，22（3）.
[176] TartakovskY B，Mehta P，Bourque J S，et al. Electrolysisenhanced anaerobic digestion of wastewater. Bioresource Technology，2011，102（10）：5685-5691.
[177] Andalib M，Nakhla G，Mcintee E，et al. Simultaneous denitrification and methanogenesis（SDM）：Review of two decades of research. Desalination，2011，279（1/3）：1-14.
[178] Wisecarver，K. D. and Fan L-S.，Biotechnogical and Bioengineeering. Vol. 35，No. 3，279-286，1990.
[179] Klok J B M，Van Den Bosch P L F，Buisman C J N，et al. Pathways of sulfide oxidation by haloalkaliphilic bacteria in limited-oxygen gas lift bioreactors. Environmental Science & Technology，2012，46（14）：7581-7586.
[180] Zhang D J，Bai C，Tang T，et al. Influence of influent on anaerobic ammonium oxidation in an expanded granular sludge bed-biological aerated filter integrated system. Frontiers of Environmental Science and Engineering in China，2011，5（2）：291-297..
[181] Liu J，Hu J，Zhong J，et al. The effect of calcium on the treatment of fresh leachate in an expanded granular sludge bed bioreactor. Bioresource Technology，2011，102（9）：5466-5472.
[182] Hendrickx T L G，Wang Y，Kampman C，et al. Autotrophic nitrogen removal from low strength waste water at low temperature. Water Research，2012，46（7）：2187-2193.
[183] Metcalf & Eddy. Wastewater Engineering；Treatment，Disposal and Reuse. 3rd ed. New York；McCraw-hill，Inc.，1991.
[184] Abbasi T，Abbasi S A. Formation and impact of granules in fostering clean energy production and wastewater treatment in upflow anaerobic sludge blanket（UASB）reactors. Renewable and Sustainable Energy Reviews，2012，16（3）：1696-1708.
[185] UASB反应器的启动及厌氧颗粒污泥的特性研究（研究生论文）. 天津轻工业学院.
[186] 宫徽，徐恒，左剑恶，等. 沼气精制技术的发展与应用. 可再生能源，2013，31（5）：103-108.
[187] 张颖，邓良伟. 猪场废水厌氧消化过程中的除磷效果. 生态与农村环境学报，2012，28（1）：93-97.
[188] 何强. 预挂膜加速厌氧生物膜反应器启动的试验研究. 给水排水，2001，27（5）：27-29.
[189] 崔玉波，尹军，曲波，林英姿. 厌氧填料折流板反应器的启动试验. 中国给水排水，2002，18（7），75-76.
[190] 焦珍. 工业化UASB反应器污泥颗粒化技术研究. 河北师范大学，2002.
[191] Lee Y W，Choi J Y，Kim J O，et al. Evaluation of UASB/CO_2 stripping system for simultaneous removal of organics and calcium in linerboard wastewater. Environmental Progress & Sustainable Energy，2011，30（2）：187-195.

[192] Luo G, Johansson S, Boe K, et al. Simultaneous hydrogen utilization and in situ biogas upgrading in an anaerobic reactor. Biotechnology and Bioengineering, 2012, 109 (4): 1088-1094.

[193] Nordberg A, Edstrom M, Uusi-Penttila M, et al. Selective desorption of carbon dioxide from sewage sludge for in-situ methane enrichment: Enrichment experiments in pilot scale. Biomass & Bioenergy, 2012, 37: 196-204.

[194] Luo G, Angelidaki I. Hollow fiber membrane based H2 diffusion for efficient in situ biogas upgrading in an anaerobic reactor. Applied Microbiology and Biotechnology, 2013, 97 (8): 3739-3744.

[195] Acharya B K, Pathak H, Mohana S, et al. Kinetic modelling and microbial community assessment of anaerobic biphasic fixed film bioreactor treating distillery spent wash . Water Research, 2011, 45 (14): 4248-4259.

[196] Lopez I, Borzacconi L. Modelling of an EGSB treating sugarcane vinasse using first-order variable kinetics . Water Science and Technology, 2011, 64 (10): 2080-2088.

[197] 赵文玉，吴振斌. 新型厌氧处理反应器的发展及应用. 四川环境 2002，21 (1)：32-36.

[198] 李新安，陈锡岭，赵华. 高效液相色谱法同时测定棉花及土壤中丁草胺和异噁草酮的残留. 浙江农业学报，2011，23 (6)：1172-1176.

[199] 邹容，杨仁斌，傅强，等. 噁草酮在水稻及其环境中的残留分析方法. 农药，2013，52 (5)：363-365.

[200] Fernandez F J, Villasenor J, Infantes D. Kinetic and stoichiometric modelling of acidogenic fermentation of glucose and fructose . Biomass Bioenergy, 2011, 35 (9): 3877-3883.

[201] Diresaen W Yspeert P. Anaerobic treatment of low, medium and high strength effluent in the agro-industry. Wat. Sci. Tech., 1999, 40 (8): 221-228.

[202] 胡庆昊，李秀芬，陈坚，等. 氨三乙酸促进厌氧消化产甲烷的动力学研究 . 中国环境科学，2010，30 (6)：747-751.

[203] 左剑恶，王妍春，陈浩，申强. 膨胀颗粒污泥床（EGSB）反应器处理高浓度自配水的试验研究. 中国沼气，2001，19 (2)：8-11.

[204] 王妍春，左剑恶，肖晶华. EGSB 反应器内厌氧颗粒污泥性质的研究. 中国沼气，2002，20 (4)：3-7.

[205] 崔丽娟，张岩，赵欣胜，等. 基于一级动力学模型的潜流湿地污染物去除研究. 中国环境科学，2011，31 (10)：1697-1704.

[206] Lettinga, et al. Anaerobic treatment of sewage and low strength waste water. Proc Anaerobic Digestion. Elsevier Biomedical Press, Amsterdam, 1981.

[207] Kato M T. The anaerobic treatment of low strength soluble wastewaters. Wageningen Agricultural University.

[208] Dai R H, Liu Y, Liu X, et al. Investigation of a sewage-integrated technology combining an expanded granular sludge bed (EGSB) and an electrochemical reactor in a pilot-scale plant . Journal of Hazardous Materials, 2011, 192 (3): 1161-1170.

[209] Turkdogan-Aydinol F I, Yetilmezsoy K, Comez S, et al. Performance evaluation and kinetic modeling of the start-up of a UASB reactor treating municipal wastewater at low temperature. Bioprocess and Biosystems Engineering, 2011, 34 (2): 153-162.

[210] 赵云飞，刘晓玲，李十中，等. 有机成分比例对高固体浓度厌氧发酵产甲烷的影响. 中国环境科学，2012，32 (6)：1110-1117.

[211] Basu D, Asolekar S R. Evaluation of substrate removal kinetics for UASB reactors treating chlorinated ethanes . Environmental Science and Pollution Research, 2012, 19 (6): 2419-2427.

[212] 尹军，李瑞，张振庭，等. 低温 SBR 工艺活性污泥代谢特性研究. 中国环境科学，2012，32 (1)：69-74.

[213] 马小云，万金泉. 苯酚对厌氧颗粒污泥的毒性研究. 环境科学，2011，32 (5)：1402-1406.

[214] Ni S Q, Sung S W, Yue Q Y, et al. Substrate removal evaluation of granular anammox process in a pilot-scale up-flow anaerobic sludge blanket reactor . Ecological Engineering, 2012, 38 (1): 30-36.

[215] 田建民. 废水中营养物质和污泥体积指数对浮选法活性污泥固液分离的影响. 太原重型机械学院学报. 1998，12，4 (19)，357-360，364 .

[216] 王淑莹，高春娣，彭永臻等. SBR 法处理工业废水中有机负荷对污泥膨胀的影响. 环境科学学报. 2000，3，20 (2)，129-133.

[217] Zecum, de W. Acclimatization of Anaerobic Sludge for UASB-reactor Start-up, Ph. D. Thesis. The Netherlands: WAU, 1984.

[218] Bungay HR, Bungay ML, Haas CN (1983) Engineering at the microorganism scale. In: Tsao GT (ed) Ann reprots on fermentation processes, 6. Academic Press. New York London. 149.

[219] 陈婷婷，唐崇俭，郑平. 制药废水厌氧氨氧化脱氮性能与毒性机理的研究. 中国环境科学，2010，30 (4)：504-509.

[220] Lackner S, Gilbert E M, Vlaeminck S E, et al. Full-scale partial nitritation /anammox experiences-an application survey. Water Res, 2014, 55: 292-303.

[221] Ohtsuki T, Sato K, Sugimoto N, et al. Absolute quantitative analysis for sorbic acid in processed foods using proton nuclear magnetic resonance spectroscopy . Analytica Chimica Acta, 2012, 734: 54-61.

[222] 贺纪正. 土壤生物学前沿. 科学出版社，2015.

[223] 隋军. 厌氧消化中的多相过程. 哈尔滨：哈尔滨建筑大学市政与环境工程系，1991.

[224] 张世贤，王兆英. 水分析化学. 北京：中国建筑工业出版社，1988.

[225] Winkler M K H, Kleerebezem R, van Loosdrecht M C M. Integration of anammox into the aerobic granular sludge process for main stream wastewater treatment at ambient temperatures. Water Res, 2012, 46: 136-144.

[226] Ismail S B, Parra C J d L, Temmink H, et al. Extracellular polymeric substances (EPS) in upflow anaerobic sludge blanket (UASB) reactors operated under high salinity conditions . Water Research, 2010, 44 (6): 1907-1917.

[227] Ni S Q, Lee P, Fessehaie A, et al. Enrichment and biofilm formation of Anammox bacteria in a non-woven membrane reactor . Bioresource Technology, 2010, 101 (6): 1792-1799.

[228] IKulikowska D, Bernat K. Nitritation-denitritation in landfill leachate with glycerine as a carbon source . Bioresource Technology, 2013, 142 (0): 297-303.

[229] Wang K, Wang S, Zhu R, et al. Advanced nitrogen removal from landfill leachate without addition of external carbon using a novel system coupling ASBR and modified SBR . Bioresource Technology, 2013, 134 (0): 212-218.

[230] Petre E, Selisteanu D, Sendrescu D. Adaptive and robust-adaptive control strategies for anaerobic wastewater treatment bioprocesses. Chemical Engineering Journal, 2013, 217: 363-378.

[231] Yang S, Yang F. Nitrogen removal via short-cut simultaneous nitrification and denitrification in an intermittently aerated moving bed membrane bioreactor . Journal of Hazardous Materials, 2011, 195 (0): 318-323.

[232] 任南琪，王宝贞. 有机废水发酵法生物制氢技术——原理与方法. 哈尔滨：黑龙江科学技术出版社，1994.

[233] 任南琪，赵丹，陈晓蕾等. 厌氧生物处理丙酸产生和积累的原因及控制对策. 中国科学，2002，2，32 (1)，83-89.

[234] 曹天昊，王淑莹，等. 不同基质浓度下 SBR 进水方式对厌氧氨氧化的影响. 中国环境科学，2015，35 (8)：2334-2341.

[235] 宋明川，王家彩，王秋慧，等. 焚烧法处理巴豆醛废水. 环境科技，2010，23 (5)：48-50.

[236] Liu J, Zuo J, Yang Y, et al. An autotrophic nitrogen removal process: Short-cut nitrification combined with ANAMMOX for treating diluted effluent from an UASB reactor fed by landfill leachate . Journal of Environmental Sciences, 2010, 22 (5): 777-783.

[237] Sri Shalini S, Joseph K. Nitrogen management in landfill leachate: Application of SHARON, ANAMMOX and combined SHARON-ANAMMOX process . Waste Management, 2012, 32 (12): 2385-2400.

[238] Saved, S. K. I. Anaerobic Treatment Of Slauterhoue Watewater using the UASB-process, Ph. d. Thesis. The Netherla. nds: WAU, 1987.

[239] 董春娟. 厌氧发酵中毒性物质的反应. 太原理工大学学报，33 (2)，2002，3，132-136.

[240] Jaroszynski L W, Cicek N, Sparling R, et al. Impact of free ammonia on anammox rates (anoxic ammonium oxidation) in a moving bed biofilm reactor . Chemosphere, 2012, 88 (2): 188-195.

[241] Tang C, Zheng P, Hu B, et al. Influence of substrates on nitrogen removal performance and microbiology of anaerobic ammonium oxidation by operating two UASB reactors fed with different substrate levels . Journal of Hazardous Materials, 2010, 181 (1-3): 19-26.

[242] 废水处理技术培训系列教材. 废水物化处理上海市环境保护局. 1999.

[243] Lawrence A W, McCarty P L. Kinetics of Methane Fermentationin Anaerobic Treatment. Water Poll Cont, 1969 (41): 1-17.

[244] Kimura Y, Isaka K, Kazama F, et al. Effects of nitrite inhibition on anaerobic ammonium oxidation . Appl. Microbiol. Biotechnol, 2010, 86 (1): 359-365.

[245] Bhattacharya S K, Parkin G F. Toxicity of Nickelin Methane Fermentation Systems Fate and Effect on Process Kinetics. Int'L conf. On Innovative Biological Treatment of Toxic WasteWaters, Arlington, UA: 1986: 225.

[246] Tao W, He Y, Wang Z, et al. Effects of pH and temperature on coupling nitritation and anammox in biofilters treating dairy wastewater . Ecological Engineering, 2012, 47 (0): 76-82.

[247] 李泽兵，刘常敬，赵白航，等. 多基质时厌氧氨氧化菌、异养反硝化污泥活性及抑制特征 . 中国环境科学，2013，33 (4): 648-654. .

[248] 陈重军，朱为静，黄孝肖，等. 有机碳源下废水厌氧氨氧化同步脱氮除碳. 生物工程学报，2014，30 (12): 1835-1844.

[249] Koster, I. W. and G. Lettinga. Ammoniium toxicity in anaerobic digestion. Proc. Anaerobic Wastewater Treatment Symp. The Hague, The Netherlands. 1983, 553.

[250] 操沈彬，王淑莹，吴程程，等. 有机物对厌氧氨氧化系统的冲击影响 . 中国环境科学，2013，33 (12): 2164-2169.

[251] Tang C J, Zheng P, Zhang L, et al. Enrichment features of anammox consortia from methanogenic granules loaded with high organic and methanol contents. Chemosphere, 2010, 79 (6): 613-619.

[252] Finger, R. E. Solids control in activated sludge plants with Alum. Water Pollut. control Fedn. 1973 (45): 1654.

[253] Matsche, N. F. Control of bulking sludge - practical experiences in Austria . Water Sci. Technol. 1982 (14): 311.

[254] Bown, R. B. and B. A. Dempsey. Improved performance of activated sludge with addition of inorganic solids . Water Sci. Technol. 1992, 26 (9/11): 2511-2514.

[255] Chudoba, J., J. Blaha and V. Ottova. Control of activated sludge filamentous bulking - III . Effect of sludge loading, 1974 (8): 231-237.

[256] Chiesa, S. C. and R. L. Irvine. Growth and Control of filamentous microbes in activated sludge: An Integrated Hypothesis . Water Res. 1985, 19 (4): 471-479.

[257] Jenkins D, Neething, J. B., Bode. H. and M. G. Richard. Use of Chlorination for control of activated sludge bulking. Chapter 11, Bulking of activated sludge: Preventative and remedial methods, Eds. B. Chambers and E. J. Tomlinson, Ellis Horwood Ltd., Chichester, England.

[258] Lotti T, Kleerebezem R, Hu Z, et al. Simultaneous partial nitritation and anammox at low temperature with granular sludge. Water Research, 2014, 66: 111-121.

[259] 唐崇俭，郑平，陈建伟. 流加菌种对厌氧氨氧化工艺的影响. 生物工程学报，2011，27 (1): 1-8.

[260] 卢健聪，高大文，孙学影. 基于能源回收的城市污水厌氧氨氧化生物脱氮新工艺. 环境科学，2013，34 (4) : 1435-1441.

[261] 魏金枝，王迁，李芬，等. 超声/H_2O_2 对剩余污泥溶胞效果的研究. 黑龙江大学自然科学学报，2013，30 (4): 521-524.

[262] 徐亚同，黄民生. 废水生物处理的运行管理与异常对策. 北京：化学工业出版社，2002. .

[263] 唐受印等. 废水处理工程. 北京：化学工业出版社，1999.

[264] 李卫华，盛国平，陆 锐，等. 厌氧产甲烷受抑制过程的三维荧光光谱解析. 光谱学与光谱分析，2011，31 (8): 2131-2135.

[265] 潘金锋. 进水 COD 负荷 SBR 反应器运行影响的研究. 2015，29 (4): 477-479.

[266] 赖杨岚，周少奇. 厌氧氨氧化与反硝化的协同作用特性研究. 中国给水排水，2010，26 (13) : 6-10.

[267] 扬振沂译. 厌气消化设备设计手册. 中国市政工程西南设计院、香港艺高工程有限公司，1994.

[268] 北京市市政工程设计研究总院. 给水排水设计手册第 5 册——城市排水. 北京：中国建筑工业出版社，1986.

[269] 操沈彬，王淑莹，吴程程，等. 有机物对厌氧氨氧化系统的冲击影响. 中国环境科学，2013，33 (12) : 2164-2169.

[270] 高范. 基于厌氧水解-硝化-反硝化/厌氧氨氧化技术的城市污水脱氮工艺研究 . 大连：大连理工大学，2013.

[271] Ni S Q, Ni J Y, Hu D L, et al. Effect of organic matter on the performance of granular anammox process. Bioresource Technology, 2012, 110: 701-705.

[272] Kumar M, Lin J G. Co-existence of anammox and denitrification for simultaneous nitrogen and carbon removal—strategies and issues. Journal of Hazardous Materials, 2010, 178 (1-3): 1-9.

[273] Kartal B, Kuenen J G, Van Loosdrecht M C M. Sewage treatment with anammox. Science, 2010, 328 (5979): 702-703.

[274] 王晓霞，于德爽，李津，等. ASBR 厌氧氨氧化反应器的快速启动及脱氮原理分析. 环境工程学报，2012，6 (6)：1834-1840.

[275] 党朝华. 厌氧处理技术应用介绍. 湖南造纸 2001 (3) .

[276] 贺延龄. 废水厌氧处理技术的新进展. 造纸技术，2001，11 (3) .

[277] Du R, Peng Y Z, Cao S B, et al. Advanced nitrogen removal with simultaneous. Anammox and denitrification in sequencing batch reactor. Bioresource. Technology, 2014, 162: 316-322.

[278] 马斌. 城市污水连续流短程硝化厌氧氨氧化脱氮工艺与技术. 哈尔滨：哈尔滨工业大学，2012.

[279] 张诗颖，吴鹏，等. 厌氧氨氧化与反硝化协同脱氮处理城市污水. 环境科学，2015，36 (11)：4174-4179.

[280] Andalib M, Nakhla G, Zhu J. High rate biological nutrient removal from high strength wastewater using anaerobic-circulating fluidized bed bioreacto-r (A-CFBBR). Bioresource Technology, 2012, 118: 526-535.

[281] 郭宁. 不同 COD 负荷对好氧颗粒污泥性状以及 N_2O 释放影响的研究. 济南：山东大学，2014.

[282] ULAS T. Sepuential (anaerobic/aerobic) biological treatment of Dalaman SEKA Pulp and Paper Industy effluent. Waste Management, 2001, 21: 717-724.

[283] 张珂. 我国造纸工业的污与防治. 北京工商大学 .

[284] Carvajal-Arroyo J M, Sun W, Sierra-Alvarez R, et al. Inhibition of anaerobic ammonium oxidizing (anammox) enrichment cultures by substrates, metabolites and common wastewater constituents . Chemosphere, 2013, 91 (1): 22-27.

[285] 高大明. 氯化物污染及其治理技术. 黄金，1998，19 (1)：57-59.

[286] 李剑超. 中国造纸废水处理与研究. 工业水处理，2002，1 (1)：9-16.

[287] 董 峰，张捍民，杨凤林. 数学模拟好氧颗粒污泥的形成及水力剪切强度对颗粒粒径的影响. 环境科学，2012，33 (1)：181-190.

[288] 徐熳红，蔡国平. 制浆和造纸工业中的废水分析. 造纸化学品，2001 (2) .

[289] Asadi A, Zinatizadeh A A L, Sumathi S. Simultaneous removal of carbon and nutrients from an industrial estate wastewater in a single up-flow aerobic/anoxic sludge bed (UAASB) bioreactor. Water Research, 2012, 46 (15): 4587-4598.

[290] Lotti T, van der Star W R L, Kleerebezem R, et al. The effect of nitrite inhibition on the anammox process . Water Research, 2012, 46 (8): 2559-2569.

[291] 申海虹. 缺氧反硝化去除难降解杂环化合物吡啶研究. 上海环境科学，2001 (11) .

[292] 郭楚玲，郑天凌，洪华生 多环芳烃的微生物降解与生物修复. 海洋环境科学，2000，8，19 (3).

[293] 李玉瑛，曹晨旸，李冰. 超声波对剩余污泥化学调理的影响. 生态环境学报，2012，21 (7)：1357-1360.

[294] Dixon M et al. Enzymes, Academic press, New York, 1979.

[295] Bajpai R K, et al. An induction-repression model for growth of yeasts on glucose-cellobiose mixtures. Biotechnol Bioeng, 1978, 20: 927.

[296] 李佳荣，李雪，许文峰，等. 污泥浓度对碱预处理剩余污泥水解产酸的影响. 给水排水，2011，37 (7)：132-135.

[297] Aislabie J, Bej A, Hurst H, etal. Microbial degradtion of quinoline and methylquinolines. Appl Environ Microb, 1990, 56: 345-351.

[298] 王学魁，赵斌，等. 城市污水处理厂污泥处置的现状及研究进展. 天津科技大学学报，2015，30 (4)：1-7.

[299] 王惠卿，徐颖，邵文华. 正交试验法优化好氧颗粒污泥培养条件的研究. 水资源与水工程学报，2011，22 (3)：73-76.

[300] Jang J H, Ahn J H. Effect of microwave pretreatment in presence of. NaOH on mesophilic anaerobic digestion of thickened waste activated slud-ge. Bioresource Technology, 2013, 131: 437-442.

[301] Kelessidis A, Stasinakis A S. Stasinakis. Comparative study of the methods used for treatment and final disposal of sewage sludge in European countries. Waste Management, 2012, 32 (6): 1186-1195.

[302] He junguo，Wan tian，Zhang guangming，et al. Ultrasonic reduction of excess sludge from activated sludge system：Energy efficiency improvement via operation optimization. Ultrasonics Sonochemistry，2011，18（1）：99-103.

[303] Zhou P Q，Elbeshbishy E，Nakhla G. Optimization of biological hydrogen production for anaerobic codigestion of food waste and wastewater biosolids. Bioresource Technology，2013，130：710-718.

[304] 祁振. 污水剩余污泥的处理及其合理化利用. 广东化工，2013，40（3）：118-119.

[305] 戚恺. IC反应器在造纸行业的应用. 国际造纸. 20（3）.

[306] de CLIPPELEIR H，YAN X，VERSTRAETE W，et al. OLAND is feasible to treat sewage-like nitrogen concentrations at low hydraulic residence times . Applied Microbiology and Biotechnology，2011，90（4）：1537-1545.

[307] Ak M S，Muz M，Komesli O T，et al. Enhancement of bio-gas production and xenobiotics degradation during anaerobic sludge digestion by ozone treated feed sludge. Chemical Engineering Journal，2013，230：499-505.

[308] Jin lingyun，Zhang guangming，Tian huifang. Current state of sewage treatment in China. Water Research，2014，66：85-98.

[309] 安顺乐，杨义飞. 浅谈我国剩余污泥处理处置的研究进展. 能源环境保护，2013，27（2）：14-18.

[310] 文丰玉，唐植成. 剩余污泥处理处置技术及展望. 绿色科技，2012（2）：138-140.

[311] 曹艳晓，吴俊锋，冯晓西. 臭氧氧化剩余污泥的影响因素分析及应用初探. 给水排水，2010，36（1）：135-139.

[312] 葛杰，宋永会，王毅力，等. 流化床工艺在水处理中的应用研究进展. 环境工程技术学报，2014，4（1）：46-52.

[313] 钱易. 现代废水处理新技术. 北京：中国科学技术出版社，1991，139-145.

[314] 郝晓地，刘然彬，胡沅胜. 污水处理厂"碳中和"评价方法创建与案例分析. 中国给水排水，2014，30（2）：1-7.

[315] 赵庆良，李伟光. 特种废水处理技术. 哈尔滨：哈尔滨工业大学出版社，2004.

[316] 张国强，张强. UASB厌氧系统处理味精厂淀粉及制糖废水. 中国沼气，1998，16（3）.

[317] 孟春. 厌氧-微氧生物法处理味精生产废水的研究. 福州大学学报，2000，28（1）.

[318] 彭永臻，邵和东，等. 基于厌氧氨氧化的城市污水处理厂能耗分析. 北京工业大学学报，2015，41（4）：621-627.

[319] SHOENER B D，BRADLEY I M，CUSICK R D，et al. Energy positive domestic wastewater treatment：the roles of anaerobic and phototrophic technologies . Environmental Science：Processes & Impacts，2014，16（6）：1204-1222.

[320] 魏政. 某污水厂脱氮工艺过程物料平衡分析. 西安：长安大学市政工程学院，2013.

[321] 张亮. 高氨氮污泥消化液生物脱氮工艺与优化控制. 哈尔滨：哈尔滨工业大学市政环境工程学院，2013.

[322] 赵庆良，高畅，等. 城镇生活污水的低温厌氧生物处理技术研究与应用进展. 环境保护科学，2014，40（5）：12-27.

[323] 孙俊荷. 我国水资源利用现状及对策分析. 科技传播，2010，13（1）：31-31.

[324] 艾翠玲，贺延龄. 制浆造纸废水的厌氧可处理性. 长安大学学报，2002，22（1）.

[325] 章非娟，史平. 复合式厌氧反应器处理含硫酸盐有机废水的研究. 污染防治技术，1999，12（3）.

[326] 冀滨弘，章非娟. 高硫酸盐有机废水厌氧处理技术的进展. 中国沼气，1999，17（3）.

[327] 傅剑锋. 厌氧反应除硫酸盐的新工艺. 工业给排水. 给水排水，2001，27（1）.

[328] 周万鹏，汪弋. 无机膜-厌氧水解-SRB好氧工艺在油脂洗涤废水中的应用. 岳阳师范学院学报，2002，15（1）.

[329] 任刚，李玉华. 厌氧-间歇式活性污泥法处理油脂有机废水. 中国给水排水，2002，18（11）.

[330] 裘湛，张之源. 高速厌氧反应器处理城市污水的现状与发展. 合肥工业大学学报，2002（2）.

[331] 黄翔峰. 序批式缺氧-好氧工艺处理味精废水试验研究. 环境工程，2001（2）.

[332] 张苗，黄少斌. 混凝协同好氧生物膜技术深度处理造纸废水的实验研究. 造纸科学与技术，2010，29（1）：84-88.

[333] 吴卫国. 肉类加工废水处理技术. 北京：中国环境科学出版社，1992.

[334] 武书彬. 造纸工业水污染控制与治理技术. 北京：化学工业出版社，2001.

[335] 杨学富. 制纸工业废水处理. 北京：化学工业出版社，2001.

[336] R. H. Yoo，J. H. Kim，P. L. McCarty，et al. Effect of temperature on the treatment of domestic wastewater with a staged anaerobic fluidized membrane bio-reactor（SAFMBR）system. //13th World Congress on Anaerobic Digestion. Santigo：Santigo de Compostela，2013：97.

[337] 姚晨. 一体式厌氧流化床-膜生物反应器处理生活污水试验研究. 哈尔滨：哈尔滨工业大学，2012.

[338] C. C. Andrade，J. T. Sousa，I. N. Henrique，et al. Treatment of domestic sewage in compact reactor：UASB following anaerobic filter poster and intermittent sand filter//13th World Congress on Anaerobic Digestion. Santigo：Santigo de Compostela，2013.

[339] 闫一野，乔丽洁. 新型分离方法在造纸污水处理中的应用. 环保与节能，2012 (2)：30-33.

[340] 孙江华. 化学需氧量测定方法的探讨. 理化检验，化学分册. 2002，4，38 (4)，203-204.

[341] 吕涛. 厌氧滤池-人工湿地组合处理军队营区生活污水. 西安：西安建筑科技大学，2011.

[342] 赵夕旦等. 氧化还原电位的测定及在水族中的应用. 北京水产.

[343] 李先玲，张秀芹. 城市排水建设与发展的论述. 中国科技纵横，2011 (2)：47-48.

[344] 马放，任南琪，杨基先. 污染控制微生物学实验. 哈尔滨：哈尔滨工业大学出版社，2002.

[345] 环境保护部. 关于公布2013年全国城镇污水处理设施名单的公告. 北京：环境保护部，2014.

[346] 赵斌，何绍江. 微生物学实验. 北京：科学出版社，2004.

[347] 王强，吴悦颖，等. 中国污水处理设施建设现状与存在问题研究. 环境污染与防治，2015，37 (3)：94-101.

[348] 葛士建，彭永臻，张亮，等. 改良UCT分段进水脱氮除磷工艺性能及物料平衡. 化工学报，2010，61 (4)：1009-1017.

[349] NOWAK O，KEIL S，FIMML C. Examples of energy self-sufficient municipal nutrient removal plants. Water Science and Technology，2011，64 (1) ：1-6.

[350] KARTAL B，KUENEN J G，van LOOSDRECHT M C M. Sewage treatment with anammox. Science，2010，328 (5979)：702-703.

[351] MA B，ZHANG S J，ZHANG L，et al. The feasibility of using a two-stage autotrophic nitrogen removal process to treat sewage. Bioresource Technology，2011，102 (17)：8331-8334.

[352] White D C，Stair J O，Ringeberg D B. Quantitative comparisons of in situmicrobial biodiversity by signature biomarker analysis. J. Ind. Microbiol.，1996，17：185-196.

[353] Liu W T，Marsh T L，Cheng H，etal. Characterization of microbial diversity by determining terminal restriction fragment length polymorphisms of genes encoding 16S rRNA. Appl. Environ. Microbiol，1997，63：4516-4522.

[354] Nico B，Wim D W，Willy V. Evaluation of nested PCR-DGGE (denaturing gradient gel electrophoresis) with group-specific 16S rRNA primers for the analysis of bacterial communities from different wastewater treatmentplants. FEMS Microbiology Ecology，2002，39：101-112.

[355] Bassam B J，Caetano-Anolle's G，Gresshoff P M. DNA amplification fingerprinting of bacteria. Appl. Microbiol. Biotechnol.，1992，38：70-76.

[356] Per W，Ann-Christin A，Mats F. Biomonitoring complex microbial communities using random amplified polymorphic DNA and principal component analysis. FEMS Microbiology Ecology，1999，28：131-139. .

[357] Zhao L P，Xiao H，LiYQ. ERIC-PCR as a new tool for quick identification of environmental bacteria. Chin. J. Appl. Environ. Biol.，1999，5：30-33.

[358] Gillings M，Holley M. Repetitive element PCR fingerprinting (rep-PCR) using enterobacterial repetitive intergenic consensus (ERIC) primers is not necessarily directed at ERIC elements. Lett. Appl. Microbiol.，1997. 25：17-21.

[359] Gillings M，Holley M. Amplification of anonymous DNA fragments using pairs of long primers generates reproducible DNA fingerprints that are sensitive to genetic variation. Electrophoresis，1997. 18：1512-1518.

[360] PanL，DuHM，Huang H D，etal. ERIC-PCR fingerprinting of structural features of microbial communities in children's intestines with different types of diarrhea. Chinese Journal of Microecology，15 (30)：141-143.

[361] Murray A E，Hollibaugh J T，Orrego C. Phylogenetic composition of bacterioplankton from two California estuaries compared by denaturing gradient gel electrophoresis of 16S rDNA fragments. Appl. Environ. Microbiol.，1996，62 (7)：2676-2680.

[362] Wintzingerode F. V，Gobel U B，Stackebrandt E. Determination of microbial diversity in environmental samples：pitfalls of PCR-based rRNA analysis. FEMS Microbiol. Rev. 1997，21：213-229.

[363] Olivier Lefebvre，Arnaud Uzabiaga，In Seop Chang，et al. Microbial fuel cells for energy self-sufficient domestic wastewater treatment - areview and discussion from energetic consideration. Appl Microbiol Biotechnol，2011，89 (2)：259-270.

[364] 张慧，李玉庆，等. 造纸废水生物处理技术的研究进展. 农业与环境，2015.

[365] 刘敏，谢阳村，王东，等. 基于ReNuMa模型的长春石头口门水库流域非点源污染负荷模拟. 水资源与水工程学报，2012，23 (6)：70-78.

[366] 李珂. UASB+微絮凝过滤+吸附组合工艺处理村镇污水的试验研究. 哈尔滨：哈尔滨工业大学，2011.

[367] Yoo R.，Kim J.，McCarty P. L.，et al. Anaerobic treatment of municipal wastewater with a staged anaerobic fluidized membrane bioreactor (SAF-MBR) system. Bioresource Technology，2012，120：133-139.